JN493601

Algebra for Education Students

사범대생을 위한

대수학

정상조 지음

불법복사는 지적재산을 훔치는 범죄행위입니다.
저작권법 제136조(권리의 침해죄)에 따라 위반자는 5년 이하의 징역 또는 5천만원 이하의 벌금에 처하거나 이를 병과할 수 있습니다.

KM 경문사

머리글

방정식을 푸는 방법을 연구하는 것에서 시작된 대수학(algebra, 代數學)은 수학의 한 분야로 수 대신의 문자를 쓰거나, 수학법칙을 간명하게 나타내는 것을 연구하는 학문이다. 대수학을 뜻하는 영어 단어 Algebra는 '대수학의 아버지'로 불리기도 하는 페르시아의 저명한 수학자인 알-콰리즈미(페: M. I. M. al-Khwarizmi, 783-850)가 쓴《복원과 대비의 계산(al-Kitab al-mukhtasar fi hisab al-jabr wa al-muqabala), 830년》로부터 기원한다. 이 책은 12세기 중반에 라틴어(Liber algebrae et almucabala)로 번역되어, 이후 500년 간에 걸쳐서 유럽의 대학에서 사용되었다.

대수학은 일련의 공리들을 만족하는 수학적 구조들의 일반적인 성질을 연구한다. 이러한 추상적인 성질들로 정의되는 구조들을 대수 구조라고 하며, 반군·군·환·가군·체·벡터 공간·격자 등이 있다. 대수학은 취급하는 구조에 따라서 반군론·군론·환론·선형 대수학·격자론·정수론 등으로 분류된다. 오늘날에는 대수학에 의거한 전개 방식이 해석학, 기하학 등에서도 퍼지면서 수학의 여러 영역에서 대수학은 공통 언어에 해당하는 수단을 제공하고 있다고 볼 수 있다.

대수학이란 용어는 보통 다음 2가지 중 하나의 의미를 가진다. 학교 대수는 중학교와 고등학교에서 배우는 대수를 말하는 것으로, "산술"이라고도 한다. 또 하나는 1개 이상의 변수를 가진 다항방정식을 푸는 것을 의미한다. 이때, 다항방정식의 해는 종종 덧셈, 뺄셈, 곱셈, 나눗셈의 연산 및 거듭제곱, 근의 공식에 의해서 구해진다. 이것은 함수와 그래프의 성질을 정하는 것과도 관련이 있다. 그러나 수학자들은 군, 환, 불변량 이론과 같이, 수 체계 및 그 체계 내에서의 연산에 대한 추상적 연구와 관련해서 "대수학"이라는 용어를 자주 사용한다.

2015개정 교육과정 개정 방향은 현행 교육과정(2009개정 교육과정)이 추구하는 인간상을 기초로 지식정보 사회가 요구하는 인문학적 상상력과 과학기술 창조력을 갖춘 '창의융합형 인재'로 성장할 수 있도록 우리 교육의 근본적인 패러다임을 전환하고자 하였다.

2015개정 기본 교육과정에 따르면 수학과는 생활 주변의 여러 가지 사물과 현상을 수학적으로 탐구하면서 수학의 기본적인 개념을 이해하고 기능을 습득하여 실생활의 문제를 합리적으로 해결하는 능력과 태도를 기르는 교과로 설명하고 있다.

2015개정 기본 교육과정 수학과 교육 내용은 '수와 연산', ' 도형', ' 측정', ' 규칙성', '자료와 가능성'의 5개 영역으로 구성된다. 이 중에서 대수학 관련 분야는 '수와 연산', '도형', '규칙성'의 3개 영역이다.

좀더 자세한 내용은 머리글 뒤에 첨부한 〈2015개정 수학과 교육과정의 중(고등)학교 수학 교육과정⟩을 참조하길 바란다. 또한 현행(2009개정 중학교 수학과 교육과정)에서 2015개정 중(고등)학교 수학과 교육과정으로 변경된 사항중에서 주요한 것은 ⟨2015개정 중(고등)학교 수학과 교육과정의 주요 변경사항⟩에 언급하였다. [11, 12, 13, 14]

그리고 ⟨2008학년도 대수학 임용시험 평가기준(한국교육평가원)⟩에서 대수학분야 임용시험 범위에 대하여 언급했다. 대수학에서 자주 사용하는 그리스 문자 읽기도 ⟨그리스 문자 읽기⟩에 실어 놓았다.

위에서 언급한 다양한 분야에서 활용되고 있는 대수학에 대한 기본 이론과 특히 중고등학교에서 필요한 대수학에 관련된 분야에 대한 기초 이론을 이 책에서 취급하였다.

본교재는 저자가 수학교육과에서 대수학관련 내용을 3학기동안 강의하며, 중고등학교에서 가르치는데 필요한 대수관련 부분들을 학생들이 이해하기 쉽도록 저자 나름대로 재구성하였다. 수학관련 활동에 열심인 어느 중학교 선생님이 대학교에서 '군'(group)을 왜 배우는지 교육경력 20년만에 알았다고 하였다. 3학기용(군/환/체)으로 구성하였으나, 상황에 따라 교재의 내용을 적절히 내용을 가감하여 2학기 강의(군/환· 체)를 하여도 무방하다. 아울러 그동안 대수학 분야에서 임용시험에 출제되었던 문제(1997~2018학년도)를 관련단원 부분에 수록하였으니 독자들의 임용시험 준비에 도움이 되길 바란다.

감사의 글

이 책은 Latex을 이용하여 작성하였으며, 타자를 많이 도와준 고나현, 김소현학생과 자료제공(강의노트)에 도움을 준 고연미, 백승연, 양혜선 학생에게 감사를 드린다. 이 책을 만드는 동안 헌신적인 내조를 해준 아내 오순임 교장 선생님에게 특히 감사를 드린다.

※ 추신: 이 책의 내용이나 구성 등에 대한 조언 또는 첨가하거나 교정할 사항이 있으면, 저자의 메일(math888@naver.com)로 알려주면 감사하겠다.

2018년 2월
정 상 조

〈2008학년도 대수학 임용시험 평가기준(한국교육평가원)〉

이수 과목	평가 영역	평가 내용 요소	중등학교교육 과정 관련성
현대 대수	군	군의 개념과 기본성질, 부분군, 치환군, 순환군, 잉여류와 Lagrange 정리, 준동형과 인자군, 대칭군과 교대군, 직적과 직합, 유한 가환군, Sylow 정리 및 유한군의 구조	▹7,8학년-문자와 식, ▹고등학교-순열과 조합
	환	환의 개념과 기본 성질, 부분환, 아이디얼, 극대(소)아이디얼, 정역, 체, 잉여환, 유클리드 정역, 주 아이디얼 정역, 유일인수분해 정역, 다항식 환, 기약다항식, Eisenstein 판정법, 정역의 분수체, 표수	▹7학년-수와 연산, ▹7,8,9,10학년-문자와 식, 행렬과 그래프
	체	확대체, 단순 확대, 대수적 확대,분해체, 분리체, 유한체, 작도가능성, Galois 이론	▹7-10학년-수와 연산, 문자와식, ▹7학년-기하

〈2015개정 수학과 교육과정의 중학교 수학 교육과정〉

- 아래 교육과정은 2018년 3월 1일부터 중학교 1학년부터 순차적으로 적용됨

영역	핵심개념	내용요소		
수와 연산	수의 체계	·소인수 분해	·유리수와 순환소수	·제곱근과 실수
	수의 연산	·정수와 유리수		
문자와 식	다항식	·문자의 사용과 식의 계산	·식의 계산	·다항식의 곱셈과 인수분해
	방정식과 부등식	·일차방정식	·일차부등식과 연립일차방정식	·이차방정식
함수	함수와 그래프	·좌표평면과 그래프	·일차함수와 그래프 ·일차함수와 일차방정식의 관계	·이차함수와 그래프
기하	평면도형	·기본 도형 ·작도와 합동 ·평면도형의 성질	·삼각형과 사각형의 성질 ·도형의 닮음 ·피타고라스 정리	·삼각비 ·원의 성질
	입체도형	·입체도형의 성질		
확률과 통계	확률		·확률과 그 기본 성질	
	통계	·자료의 정리와 해석		·대푯값과 산포도 ·상관관계

〈2015개정 수학과 교육과정의 고등학교 수학 교육과정〉

- 아래 교육과정은 2018년 3월 1일부터 고등학교 1학년부터 순차적으로 적용됨

<table>
<tr><th colspan="3">구분</th><th>과목</th><th>성격</th><th>핵심개념</th></tr>
<tr><td rowspan="9">보통교과</td><td colspan="2">공통과목
(8단위)</td><td>수학</td><td>중학교 3학년까지의 수학을 학습한 후 고등학교의 모든 학생들이 필수적으로 이수하는 과목</td><td>·다항식
·방정식과 부등식
·도형의 방정식
·집합과 명제
·함수와 그래프
·경우의 수</td></tr>
<tr><td rowspan="8">선택과목
5단위</td><td rowspan="4">일반선택</td><td>수학I</td><td rowspan="2">[수학]을 학습한 후, 더 높은 수준의 수학을 학습하기를 원하는 학생들이 선택할 수 있는 과목</td><td>·지수함수와 로그함수
·삼각함수 ·수열</td></tr>
<tr><td>수학II</td><td>·함수의 극한과 연속
·미분 ·적분</td></tr>
<tr><td>미적분</td><td>[수학 I]과 [수학II] 를 학습한 후, 더 높은 수준의 수학을 학습하기를 원하는 학생들이 선택할 수 있는 과목</td><td>·수열의 극한
·미분법
·적분법</td></tr>
<tr><td>확률과 통계</td><td>[수학]을 학습한 후, 더 높은 수준의 수학을 학습하기를 원하는 학생들이 선택할 수 있는 과목</td><td>·경우의 수
·확률 ·통계</td></tr>
<tr><td rowspan="4">진로선택</td><td>기하</td><td>[수학]을 학습한 후 선택할 수 있는 진로선택과목으로, 기하적 관점에서 심화된 수학 지식을 이해하고 기능을 습득하기를 원하는 학생들이 선택할 수 있는 과목</td><td>·이차곡선
·평면벡터
·공간도형과 공간좌표</td></tr>
<tr><td>실용 수학 (신설)</td><td>[수학]을 학습한 한 후 선택할 수 있는 진로선택과목으로, 수학이 실생활의 다양한 분야에서 어떻게 활용되는지 이해하고 수학을 활용하여 실생활 문제해결 방법을 알기를 원하는 학생들이 선택할 수 있는 과목</td><td>·규칙
·공간
·자료</td></tr>
<tr><td>경제 수학 (신설)</td><td>[수학 I]을 학습한 학생이 선택할 수 있는 진로 선택 과목으로, 수학의 지식과 기능을 활용하여 경제 및 금융의 기본 개념을 이해하기를 원하는 학생들이 선택할 수 있는 과목</td><td>·수와 생활경제
·수열과 금융
·함수와 경제
·미분과 경제</td></tr>
<tr><td>수학 과제 탐구 (신설)</td><td>[수학]을 학습한 후 선택할 수 있는 진로선택과목으로, 수학과제 탐구 방법을 익히고 자신의 관심과 흥미에 맞는 수학과제를 선정하여 탐구하는 경험을 통해 수학과제 탐구 능력을 향상시키기를 원하는 학생들이 선택할 수 있는 과목</td><td>·과제 탐구의 이해
·과제 탐구 실행 및 평가</td></tr>
<tr><td colspan="3" rowspan="4">전문 교과
(4 단위)</td><td>심화 수학 I (신설)</td><td rowspan="2">수학 일반선택 과목의 주요 내용을 압축하여 심화 학습하기를 원하는 과학고등학교, 과학중점고등학교, 일반계 고등학교 학생들이 선택할 수 있는 과목</td><td>·방정식과 부등식
·지수함수와 로그함수
·삼각함수
·수열의 극한·미분</td></tr>
<tr><td>심화 수학II (신설)</td><td>·적분 ·이차곡선
·공간도형과 공간좌표
·확률 ·통계</td></tr>
<tr><td>고급 수학 I</td><td rowspan="2">심화 수학을 학습하였거나 이들 과목에 포함된 수학 일반선택과 진로선택 과목을 학습한 후에 선택할 수 있는 전문교과과목으로, 더욱 심화된 수학을 학습하기를 원하는 과학고등학교, 과학중점고등학교, 일반계 고등학교 학생들이 선택할 수 있는 과목</td><td>·벡터
·행렬과 선형변환
·복소수와 극좌표
·그래프</td></tr>
<tr><td>고급 수학II</td><td>·미적분의 활용 ·급수
·수학적 모델링</td></tr>
</table>

〈2015개정 중학교 수학과 교육과정의 주요 변경사항〉

-중학교 1~3학년에서 수학교과 374시간 필수 이수-

영역	2009개정 중학교 수학과 교육과정에서 변경사항
수와 연산	·'최대공약수와 최소공배수 활용' 삭제
문자와 식	·'연립일차부등식' 고등학교로 이동 ·'방정식, 부등식, 함수'에서 '활용' 통합하여 기술 ·'간단한 등식의 변형' 삭제 ·'곱셈공식'과 '인수분해' 중학교 2학년에서 3학년으로 이동·통합
함수	·중학교 1학년 '그래프 이해' 강조 ·'정비례와 반비례'를 초등학교 5·6학년군에서 중학교 1 학년으로 이동 ·'이차함수의 최대, 최소'를 고등학교 1학년으로 이동
기하	·'원주각의 활용' 약화 ·논증 기하 교육의 방향성 변화를 교수, 학습 유의사항과 평가 유의사항에 반영 ·'피타고라스 정리'를 중학교 3학년에서 2학년으로 이동
확률과 통계	·'공학적 도구의 이용' 추가 ·'도수분포표에서 자료의 평균'을 삭제 ·'산점도와 상관계수' 추가 ·'확률과 통계' 영역의 위치 변경

〈2015개정 고등학교 수학과 교육과정의 주요 변경사항〉

-고등학교 1~3학년에서 공통과목(8단위) 포함하여 최소 필수 10단위 이수해야 함-

(1단위 = 1주일에 1시간씩 한 학기 동안 이수)

과목	영역	2009개정 고등학교 수학과 교육과정에서 변경사항
수학	·현재의 [수학 I]+[수학 II]의 '집합과 명제'+[확률과 통계]의 '경우의 수'포함	
	문자와 식	·'미지수가 3개인 연립일차방정식' 삭제 ·'미지수가 1개인 연립일차부등식'을 중학교 2학년에서 이동
	기하	·'부등식의 영역'을 [경제 수학]으로 이동
수학 I	·[수학 II]의 '지수와 로그'와 '수열', [미적분 II]의 ' 삼각함수', ' 지수함수와 로그함수' 포함	
	해석	·'지수함수, 로그함수, 삼각함수'의 뜻과 그래프를 모든 계열로 확대 ·'사인법칙, 코사인법칙' 추가
수학 II	·[미적분 I]의 '수열의 극한'은 삭제하고 미적분 관련 내용으로 구성. 변화 거의 없음	
	해석	·'구분구적법' 삭제
미적분	·현재의 [미적분 I]의 수열의 극한+[미적분 II]의 초월함수의 미적분까지	
	해석	·[기하와 벡터]에서의 '음함수와 매개변수의 미분법'이 이동되어 옴
기하	·현재의 [기하와 벡터]에서 '공간벡터' 삭제된 내용으로 구성	
	기하	·'음함수와 매개변수의 미분법', '속도와 가속도' 및 ' 속도와 거리' 관련 내용은 [미적분]으로 이동 ·'공간벡터'를 [고급 수학 I]로 이동
확률과 통계	확률과 통계	·'순열과 조합'은 [수학]으로 이동 ·'분할·모비율의 추정'을 [전문 교과]로 이동 ·'표본조사 의미' 추가

⟨그리스 문자 읽기⟩

문자	읽기	문자	읽기	문자	읽기
α	alpha	ι	iota	ρ, ρ	rho
β	beta	κ	kappa	σ, Σ	sigma
γ, Γ	gamma	λ, Λ	lambda	τ	tau
δ, Δ	delta	μ	mu	υ, Υ	upsilon
ε	epsilon	ν	nu	ϕ, φ, Φ	phi
ζ	zeta	ξ, Ξ	xi	χ	chi
η	eta	o	omicron	ψ, Ψ	psi
θ, ϑ, Θ	theta	π, Π	pi	ω, Ω	omega

차 례

제 1 장

관계와 함수

라이프니츠(1646-1716)

관계란 '친구관계', '친척관계' 등과 같이 두 대상을 짝을 지어 생각하는 것과 관련된 개념이다. 수학에서는 등호(=) 관계를 일반화한 동치관계, 부등호(<) 관계를 일반화한 순서관계 등이 있으며, 함수도 일종의 '관계' 개념으로 생각할 수 있다.[12]

특정함수(삼각함수)에 대한 연구로는, 16세기에 코페르니쿠스(폴: N. Copernicus 1473-1543)의 제자인 레티쿠스(독: Rheticus, 1514-1576)가 쓴 《팔라티누스 삼각형 서(書)(1596)》의 삼각함수표를 들 수 있지만, 현재의 함수 정의에 대한 개념이 없고 단순히 계산만 했다.

하지만, 데카르트(프: R. Descartes, 1596-1650)는 직교좌표계를 이용하여 오늘날 함수의 관계식에 해당하는 방정식을 그래프로 표현하는 방법을 제시하였다.

함수(函數, function)라는 용어를 수학적인 의미에서 처음 사용한 사람은 라이프니츠(독: G. W. Leibniz, 1646-1716)이다. 라이프니츠는 1684년 미분과 적분의 계산법을 발표하면서 연속적으로 변하게 하는 것을 함수라고 표현하였는데 이는 오늘날의 변수에 해당하는 개념이다.

18세기에 오일러(스: L. Euler, 1707-1783)는 함수를 변수와 상수에 의해서 만들어지는 해석적인 수식으로 정의하였고, 19세기에 들어와 디리클레(독: P. Dirichlet, 1805-1859)는 두 변수 x, y에 있어서 x의 값을 정하면 그에 따라서 y의 값이 정해질 때, y는 x의 함수라 정의하여 라이프니츠의 함수 개념을 바꾸었다.

현재와 같이 집합의 개념을 도입한 함수의 정의는 19세기의 수학자인 칸토어(독: G. Cantor, 1845-1918)이다. 그는 초한집합의 연구에서 '집합 X에서 집합 Y로의 사상'이란 일반화된 함수의 개념으로 정의하였다.

한국어·중국어에서 쓰이는 용어 함수(函數)는 상자(函)에서 나오는 수(數)라는 뜻으로, 청나라의 수학자 이선란(중: 李善蘭, 1810-1882)의 저서 《대수학》에서 최초로 사용하였다. 함수의 상자 개념은 예로부터 중국과 유럽권 문화에서 대중적으로 성행해온 상자마술(원래의 물건을 다른 물건으로 바꾸는 마술)에서 왔으며, 교육적 효과를 높이기 위한 용어이기도 하다.[11, 12]

1.1 증명 방법

먼저 고등학교 때까지 다루었던 수(number, 數)에 대해 알아보면, 자연수(natural number, 自然數), 정수(integer, 整數), 유리수(rational number, 有理數), 실수(real number, 實數), 복소수(complex number, 複素數)인데 이들 전체집합에 대한 표기는 다음과 같다.

$$\text{자연수 전체집합 } \mathbb{N} = \{1,\ 2,\ 3,\ \cdots\}$$
$$\text{정수 전체집합 } \mathbb{Z} = \{\cdots,\ -2,\ -1,\ 0,\ 1,\ 2,\ 3,\ \cdots\}$$
$$\text{유리수 전체집합 } \mathbb{Q} = \left\{ \frac{a}{b} \,\middle|\, a,\ b \in \mathbb{Z},\ b \neq 0 \right\}$$
$$\text{실수 전체집합 } \mathbb{R} = \mathbb{Q} \cup \{x \mid x\text{는 무리수}\}$$
$$\text{복소수 전체집합 } \mathbb{C} = \{a + bi \mid a,\ b \in \mathbb{R},\ i^2 = -1\}$$

※ 정수 전체의 집합 $\mathbb{Z}$의 표기는 독일어 Zahl(수)의 머리글자에서 유래하였다. 유리수 전체의 집합 $\mathbb{Q}$의 표기는 유리수 본래의 의미인 비(ratio, 比)의 수에서 나오는 몫(quotient)의 머리글자에서 유래하였다.

정수 $a \in \mathbb{Z}$는 $a = \dfrac{a}{1} \in \mathbb{Q}$ 로 정의하면 유리수로 볼 수 있고, 이 수들의 포함관계는 다음과 같다.

$$\mathbb{N} \subset \mathbb{Z} \subset \mathbb{Q} \subset \mathbb{R} \subset \mathbb{C}$$

$$\text{복소수 } \mathbb{C} \begin{cases} \text{실수 } \mathbb{R} \begin{cases} \text{유리수 } \mathbb{Q} \begin{cases} \text{정수 } \mathbb{Z} \begin{cases} \text{자연수 } \mathbb{N} \text{ (Peano 공리)} \\ \{0\} \\ \text{음의 정수} \end{cases} \\ \text{정수가 아닌 유리수} \end{cases} \\ \text{무리수} \end{cases} \\ \text{허수} \end{cases}$$

복소수 $a + bi,\ c + di \in \mathbb{C}$에 대하여

$$a + bi = c + di \iff a = c,\ b = d$$

이고, $z = a + bi \in \mathbb{C}$에 대하여

$$\bar{z} = \overline{a + bi} = a - bi$$

를 z의 **켤레복소수**(complex conjugate)라 한다. 또한, 다음과 같이 정의된

$$|z| = |a + bi| = \sqrt{a^2 + b^2} = \sqrt{z\bar{z}}$$

를 z의 **크기**(norm)라 한다.

다음은 **Euler 공식**(Euler's formula)이다.

$$e^{ix} = \cos x + i\sin x$$

특히, 수학에서 가장 중요한 5개의 수 0, 1, i, e, π로 이루어진 '세상에서 가장 아름다운 수식'

$$e^{i\pi} + 1 = 0$$

을 Euler 공식($x=\pi$)에서 얻을 수 있다. 또한 복소수를 다음과 같이 Euler 공식으로 표현하면 계산이 편리하다. $a+bi \neq 0$일 때,

$$z = a+bi = \sqrt{a^2+b^2}\left(\frac{a}{\sqrt{a^2+b^2}} + \frac{b}{\sqrt{a^2+b^2}}i\right) = |z|(\cos\theta + i\sin\theta) = |z|e^{i\theta}$$

단, $\cos\theta = \dfrac{a}{\sqrt{a^2+b^2}}$, $\sin\theta = \dfrac{b}{\sqrt{a^2+b^2}}$이다. 이때 θ를 z의 **편각**(Argument, 偏角)이라 한다.

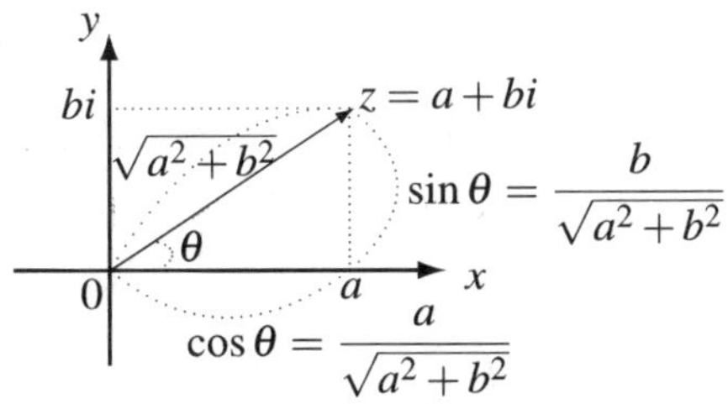

임의의 복소수 $\alpha, \beta \in \mathbb{C}$와 실수 $a,b,c,d \in \mathbb{R}$에 대하여 다음이 성립한다. 각자 증명해 볼 것.

(1) $\alpha = \overline{\alpha} \iff \alpha \in \mathbb{R}$

(2) $\overline{\alpha+\beta} = \overline{\alpha} + \overline{\beta}$

(3) $\overline{\alpha\cdot\beta} = \overline{\alpha}\cdot\overline{\beta}$

(4) $(a+bi)^{-1} = \dfrac{a-bi}{a^2+b^2}$, $a,b \in \mathbb{R}$, $a+bi \neq 0$

예 1.1.1 복소 방정식 $z^4 = -16$의 모든 복소근을 구해보자.

(풀이) $z = a+bi$라 하자. 그러면, $z = |z|(\cos\theta + i\sin\theta) = |z|e^{i\theta}$이므로,

$$-16 = z^4 = |z|^4 e^{i(4\theta)}$$

이다. 그러면 $|z|$은 양수이고, $|e^{i(4\theta)}| = |\cos(4\theta) + i\sin(4\theta)| = 1$이므로

$$|z|^4 = 16,\ e^{i(4\theta)} = -1$$

이어야 하고,

$$|z| = 2, \quad \cos(4\theta) + i\sin(4\theta) = -1$$

이다. 그러므로

$$\theta = \frac{\pi + 2n\pi}{4}, \quad z = 2e^{i\left(\frac{\pi+2n\pi}{4}\right)}, \; n \in \mathbb{Z}$$

이다. 따라서 다음 4개의 복소근을 갖는다.

$$z = |z|(\cos\theta + i\sin\theta) = \begin{cases} 2\left(\cos\frac{\pi}{4} + i\sin\frac{\pi}{4}\right) & = \sqrt{2} + i\sqrt{2} \\ 2\left(\cos\frac{3\pi}{4} + i\sin\frac{3\pi}{4}\right) & = -\sqrt{2} + i\sqrt{2} \\ 2\left(\cos\frac{5\pi}{4} + i\sin\frac{5\pi}{4}\right) & = -\sqrt{2} - i\sqrt{2} \\ 2\left(\cos\frac{7\pi}{4} + i\sin\frac{7\pi}{4}\right) & = \sqrt{2} - i\sqrt{2} \end{cases}$$

임의의 양의 정수 n에 대하여 $n! = 1 \cdot 2 \cdot \cdots \cdot n$을 n의 **계승**(factorial, 階乘)이라 하고, $0! = 1$이라 정의한다. 또 정수 $r(0 \le r \le n)$에 대하여

$$\binom{n}{r} = \frac{n!}{r!(n-r)!} = {}_nC_r$$

을 **이항계수**(binomial coefficient, 二項係數)라고 한다. 또한 다음이 성립한다.

$$\binom{n}{r} = \binom{n}{n-r}, \quad \binom{n}{r} + \binom{n}{r+1} = \binom{n+1}{r+1}$$

그리고 다음 **이항정리**(binomial theorem, 二項定理)가 성립한다.

$$\boxed{(x+y)^n = \sum_{r=0}^{n} \binom{n}{r} x^{n-r} y^r = \binom{n}{0} x^n + \binom{n}{1} x^{n-1} y + \cdots + \binom{n}{n-1} x y^{n-1} + \binom{n}{n} y^n}$$

이 책에서 사용하는 정리의 서술 방법에 대하여 언급한다. 대부분의 정리는 가정부분과 결론부분으로 구성된 조건문형태이다. 이때 가정부분을 네모상자 안에서 먼저 언급하였고, 결론부분은 둥근 상자 안에 넣었다. 가정은 참일 때에만 증명하면 되므로 증명할 필요가 없으며, 결론을 유도할 때 반드시 사용해야 한다.

☜ 조건문 형태의 정리를 증명할 때 유의점 ☞

① 가정부분은 증명하지 않음.
② 가정은 증명할 때 중요한 요소이므로 반드시 사용해야 함.
③ 가정이 참일 때, 결론에서 무한 개의 경우가 참이라더라도 **단 한 경우라도 거짓**이면 정리는 거짓이 됨.
④ 덧셈 항등원 0과 곱셈 항등원 1과 관계된 증명에서 오류를 범할 경우가 많음.

(1) 증명할 때, 정리의 결론 부분은 반드시 **맨 마지막 줄**에 나와야 함.
(2) 가정과 기존 정리(여러 개가 주어지면 **1개씩 선택**)를 이용하여 결론 부분을 증명하면 됨. 증명시 반드시 가정을 사용해야 함.
(3) 정리의 증명방법을 알 수 없으면 힌트**(가정, 정의)**를 생각하면 증명 방향이 보임.
(4) 증명할 때 각 단계마다 성립 이유를 쓰는 습관을 기르면 증명할 때 오류를 범하지 않음.

※ 서술형 풀이를 할 때 **'어느 부분까지 상세하게 서술해야 하는가'**를 고민하는 경우가 많은데, **(가정, 정리와 관련된 정의, 이름이 붙은 정리)**는 간단한 언급만 하고 나머지는 모두 서술하는 것이 좋다. 다만 논리가 아닌 통상적인 계산인 경우는 별다른 언급없이 계산 과정을 생략해도 좋다.

다음은 한정기호($\forall$, $\exists$)가 붙은 명제의 4가지 형태와 이 명제의 참·거짓을 증명하는 방법을 살펴보자. U는 변수 x의 전체집합이고 $p(x)$를 명제함수라 할 때, $p(x)$ 의 진리집합은 $P = \{x \in U \mid p(x)\text{가 참}\} = \{x \in U \mid p(x)\}$ 이다.

종 류	P와 관계	증 명
(1) $\forall x\ p(x)$**가 참(true)** (예; $\forall\, n \in \mathbb{N}$, n^2은 양수)	$P = U$	한 원소 $x \in P$를 정리에 대한 **예**(例, example) 라 한다. 즉 한 가지 x에 대하여 $p(x)$가 참. 따라서 모든 경우에서 참인 것을 확인하지 않았으므로 예는 증명이 아님. 완전한 증명은 모든 경우의 $x \in U$에 대하여 $p(x)$가 참임을 보여야 한다.
(2) $\forall x\ p(x)$**가 거짓(False)** (예; $\forall\, n \in \mathbb{N}$, n^2은 짝수)	$P \neq U$	$x \in U - P$를 **반례**(反例, counter example) 라 한다. 즉 $p(x)$가 거짓.
(3) $\exists x\ p(x)$**가 참(true)** (예; $\exists\, n \in \mathbb{N}$, n^2은 짝수)	$P \neq \varnothing$	$x \in P$를 찾는 과정을 **증명**(證明, proof)이라 한다.
(4) $\exists x\ p(x)$**가 거짓(False)** (예; $\exists\, n \in \mathbb{N}$, n^2은 음수)	$P = \varnothing$	$p(x)$가 참인 경우의 원소 x가 한 개도 없음.

※ 정리(항진 명제를 **정리**(定理, theorem)라 함)는 대부분 (1), (3)번 형태이고, (3)번 증명은 존재성(existence)의 증명이다.

다음은 전체집합의 농도(cardinality)가 가부번(자연수 개수)인 명제를 증명할 때 사용하는 수학적 귀납법에 대해 알아 보자.

공리 1.1.2 (수학적 귀납법 I, mathematical induction, 數學的 歸納法)
자연수 $n \in \mathbb{N}$에 관한 명제 $p(n)$에 대하여 다음이 성립한다.

$$\begin{cases} ① \ p(1)\text{은 참} \\ ② \ 1 \le n,\ p(n)\text{이 참} \Longrightarrow p(n+1)\text{은 참} \end{cases} \text{이 성립하면,} \quad \forall n \in \mathbb{N},\ p(n)\text{이 참}$$

공리 1.1.3 (수학적 귀납법 II, mathematical induction)
자연수 $n \in \mathbb{N}$에 관한 명제 $p(n)$에 대하여 다음이 성립한다.

$$\begin{cases} ① \ p(1)\text{은 참} \\ ② \ 1 \le \forall k \le n,\ p(k)\text{가 참} \Longrightarrow p(n+1)\text{은 참} \end{cases} \text{이 성립하면,} \ \forall n \in \mathbb{N},\ p(n)\text{이 참}$$

예 1.1.4 자연수 $n \in \mathbb{N}$에 대하여 다음을 증명하라.

$$p(n) = \textstyle\sum_{k=1}^{n} k = 1+2+3+\cdots+n = \dfrac{n(n+1)}{2}$$

(증명 1) 등차수열의 성질을 이용하여 증명하자.

$$\begin{aligned} S &= 1+2+\cdots+n \\ S &= n+(n-1)+\cdots+1\text{이므로,} \\ 2S &= (n+1)\cdot n \\ S &= \frac{n(n+1)}{2} \end{aligned}$$

(증명 2) 수학적 귀납법 I을 이용하여 증명하자. $p(n) = 1+\cdots+n$이라 하자.
$n=1$인 경우에는 $p(1) = 1 = \frac{1(1+1)}{2}$이므로 정리가 성립한다.
다음에 n인 경우에 정리가 성립한다고 가정하자. 즉, $p(n) = \frac{n(n+1)}{2}$이라 하자. 그러면

$$\begin{aligned} p(n+1) &= 1+2+\cdots+n+(n+1) = p(n)+(n+1) \\ &= \frac{n(n+1)}{2}+(n+1) = \frac{(n+1)(n+2)}{2} = \frac{(n+1)\{(n+1)+1\}}{2} \end{aligned}$$

수학적 귀납법에 의하여, 모든 자연수 $n \in \mathbb{N}$에 대하여 다음이 성립한다.

$$p(n) = 1+2+\cdots+n = \tfrac{n(n+1)}{2} \qquad ■$$

※ 서술형 증명문제 답안 작성시 어떤 학생들은 몇 가지 참인 예 (example)를 보이고 증명했다고 하는 경우가 있는데, 예는 정리를 이해하기 위한 수단이지 증명이 아니다. 예를 들어 다음과 같이 잘못된 증명을 하는 경우가 있다.

모든 소수는 홀수다

(증명) 소수 3은 홀수다. 또한 소수 5,7,11,$\cdots$도 홀수다. 그러므로 '모든 소수는 홀수다.'

라고 하면 증명이 안된다. 이것은 귀납적 증명의 일부분만 증명한 것으로 나머지 부분의 증명이 생략되어 완전한 증명이 되지 않았기 때문이다. 즉 무한 개의 경우에 참이 되고 단 한 경우(위의 예에서 2 인 경우)라도 거짓이면 명제는 거짓명제이므로, 정리가 아니다. 몇 개의 예로 증명하는 것은 완전한 증명이 될 수 없고, **성급한 일반화의 오류**(일부분만 보고 전체를 판단하여 결론을 내림)를 범할 가능성이 크다.

☜ 증명방법 ☞

조건명제 P(가정) $\longrightarrow Q$(결론) 가 참(항진 명제이면 $P \Longrightarrow Q$ 라 표기)임을 증명하는 방법은 아래의 동치 명제 중에 증명하기 쉬운 하나를 선택하여 증명하면 된다.

$P \longrightarrow Q$ 가 참 **(연역증명 또는 귀납증명)**

$\Longleftrightarrow$ $\sim P \vee Q$ 가 참

$\Longleftrightarrow$ $\sim(\sim Q) \vee \sim P$ 가 참 $\Longleftrightarrow$ $\sim Q \longrightarrow \sim P$ 가 참 **(대우증명)**

$\Longleftrightarrow$ $\sim(\sim P \vee Q)$ 가 거짓 $\Longleftrightarrow$ $P \wedge \sim Q$ 가 거짓 **(귀류증명)**

※ 연역증명 또는 (수학적)귀납증명을 **직접증명** (가정 P에서 시작하여 결론 Q로 끝남)이라 하고, 대우증명과 귀류증명을 **간접증명**(가정 $\sim Q$에서 시작하여 결론 $\sim P$로 끝남)이라 한다.

예 1.1.5 *다음 정리를 위에서 언급한 여러 가지 방법으로 증명해보자.*

자연수 $n \in \mathbb{N}$에 대하여 n이 짝수(가정) 이면 n^2도 짝수(결론) 이다.

(증명) 다음은 위 항진명제를 여러 가지 방법으로 증명한 것이다.

(1) **[연역증명]** 가정, 정의, 공리와 이미 증명된 정리를 사용하여 논리적인 설명으로 결론을 이끌어 내는 방법.

n을 짝수라 하자. 그러면 적당한 자연수 a 가 존재하여 $n = 2a$. $n^2 = (2a)^2 = 2(2a^2)$. 그러므로 n^2은 짝수이다. ■

(2) **[귀납증명]** 몇 개의 구체적인 사실을 확인해 보고(대부분 1과 n인 경우), 수학적 귀납법을 사용하여 결론을 이끌어 내는 방법.

짝수 $n = 2a$일 때 자연수 a에 관한 수학적 귀납법I을 이용한다. $a = 1$인 경우는 $n^2 = 2^2 = 2 \cdot 2$가 되어 성립한다.

1보다 크거나 같은 자연수 a인 경우 성립한다고 가정하자. 즉, $n^2 = 4a^2$이 짝수라 하자. 그러면 적당한 자연수 b가 존재하여 $4a^2 = 2b$이다[귀납가정].

$n = 2(a+1)$이라 하면, $n^2 = 2^2(a+1)^2 = 4a^2 + 8a + 4 = 4a^2 + 2(4a+2) = 2b$[귀납가정]$+ 2(4a+2) = 2(b+4a+2)$이므로 짝수가 된다.

따라서 모든 자연수 a (즉, 모든 짝수 $n = 2a$)에 대하여 n^2은 짝수이다. ■

(3) **[대우증명]** 동치명제인 대우를 사용하여 증명하는 방법. 증명할 때 결론을 부정(가정이 된다)하고 연역증명을 이용하여 가정을 부정(결론이 된다)하는 것을 이끌어 내는 증명법.

n^2이 짝수가 아니라 하자. 그러므로 적당한 음이 아닌 정수 a가 존재하여 $n^2 = 2a+1$이다. $2a = n^2 - 1 = (n-1)(n+1)$이고 2가 소수이므로 $n-1$이 2의 배수이거나 $n+1$이 2의 배수가 되어야 한다. 어느 경우나 n은 홀수이다. 대우에 의해 명제는 참이다. ■

(4) **[귀류증명(모순법)]** 가정을 참이라 하고, 결론을 부정하여 가정에 모순임을 이끌어 내는 증명법.

n이 짝수일 때 n^2이 짝수가 아니라 하자. 그러면 적당한 음이 아닌 정수 a가 존재하여 $n^2 = 2a+1$이다. 대우증명에서와 같은 방법으로 증명하면 n은 홀수가 되어야 한다. 이것은 가정 n이 짝수라는데 모순이다. 따라서 n^2은 짝수이다. ■

※ 다음은 결론이 2개 이상인 명제의 증명 방법을 알아 보자.

☜ 결론이 2개 이상인 명제의 증명 방법 ☞

(1) $A \Longrightarrow B$이고 C 인 경우 증명.
결론 B와 C가 모두 참이어야 성립하므로 $A \Longrightarrow B$와 $A \Longrightarrow C$를 증명해야 한다.

(2) $A \Longrightarrow B$ 또는 C 인 경우 증명.
이 명제를 증명하다 보면 2가지 경우가 나오는데 각 경우에 따라 결론 B 또는 C가 성립함을 보이면 된다. 증명의 또 다른 방법으로, 결론이 B와 C 둘 중 하나만 참이면 성립하므로 B(또는 C)가 성립하지 않는다고 가정하고 나머지 C(또는 B)가 성립함을 보이면 증명이 완성된다. 배타적 또는 (exclusive or)(B, C가 동시에 성립하지 않는 논리연산자)인 경우가 여기에 해당한다.

연 습 문 제 (1.1)

1. 수학적 귀납법을 이용하여 다음을 증명하라.

(1) $1+2+3+\cdots+n = \dfrac{n(n+1)}{2}$

(2) $1+3+5+\cdots+(2n-1) = n^2$

(3) $a^n - 1 = (a-1)(a^{n-1}+a^{n-2}+a^{n-3}+\cdots+a+1)$
[참조: 수학적 귀납법 II와 $a^{n+1}-1 = (a+1)(a^n-1) - a(a^{n-1}-1)$]

2. 두 개의 홀수 n, m의 곱이 홀수임을 대우증명법을 이용하여 증명하라.

3. 정수 n에 대하여 $n+m=0$이 되는 정수 m이 유일하게 존재함을 귀류증명을 이용하여 증명하라.

4. 실수 x에 대하여 $|-x| = |x|$임을 연역증명법을 이용하여 증명하라.

5. 정수 p, q가 모두 홀수일 때, 이차방정식 $x^2 - px + q = 0$의 유리수 근이 존재하지 않음을 증명하라.

6. 복소수 $z \in \mathbb{C}$가 실계수방정식 $f(x) = a_n x^n + \cdots + a_1 x + a_0 = 0, (a_n \neq 0)$의 해이면, 켤레복소수 $\bar{z} \in \mathbb{C}$도 이 방정식의 해임을 보여라.

7. 주어진 방정식의 모든 복소수의 근을 구하라.

(1) $z^6 = 1$ (2) $z^6 = -1$ (3) $z^3 = -27i$

1.2 정수

이 절에서는 대수학에서 자주 사용되는 정수의 기본 성질에 대하여 다룬다. (증명은 참고문헌 [7] 참조)

정의 1.2.1 [*정수(integer, 整數)*]
정수 전체의 집합 $\mathbb{Z}=\{\cdots,\ -2,\ -1,\ 0,\ 1,\ 2,\ \cdots\}$*는 두 연산 덧셈(+)과 곱셈(·)이 정의되어 있고, 즉,* $\forall\, a,\, b\in\mathbb{Z},\quad a+b,\ a\cdot b\in\mathbb{Z}$ *이고, 다음 성질을 만족한다.*

$(A_1)\ \forall\, a,\, b,\, c\in\mathbb{Z},\quad (a+b)+c=a+(b+c)$	(+에 대한 결합법칙)
$(A_2)\ \exists\, 0\in\mathbb{Z},\ \forall\, a\in\mathbb{Z},\quad a+0=0+a=a$	(+에 대한 항등원 0 존재)
$(A_3)\ \forall\, a\in\mathbb{Z},\ \exists\, -a\in\mathbb{Z},\quad a+(-a)=(-a)+a=0$	(+에 대한 역원 $-a$ 존재)
$(A_4)\ \forall\, a,\, b\in\mathbb{Z},\quad a+b=b+a$	(+에 대한 교환법칙)
$(M_1)\ \forall\, a,\, b,\, c\in\mathbb{Z},\quad (ab)c=a(bc)$	(·에 대한 결합법칙)
$(M_2)\ \exists\, 1\in\mathbb{Z},\ \forall\, a\in\mathbb{Z},\quad a\cdot 1=1\cdot a=a$	(·에 대한 항등원 1 존재)
$(M_3)\ \forall\, a,\, b\in\mathbb{Z},\quad ab=ba$	(·에 대한 교환법칙)
$(D)\ \forall\, a,\, b,\, c\in\mathbb{Z},\quad a(b+c)=ab+ac,\quad (a+b)c=ac+bc$	(·에 대한 분배법칙)

정리 1.2.2 (정수의 정렬성, Well-ordering property)
자연수 전체의 집합 $\mathbb{N}$*의 공이 아닌 부분집합* S*에 대하여 다음이 성립한다.*

S에서 최소원 m이 존재한다. 즉, $\varnothing\neq S\subset\mathbb{N}$일 때, $\exists\, m\in S,\ \forall\, n\in S,\quad m\leq n$

정리 1.2.3 (나눗셈 알고리즘, division algorithm)
주어진 두 정수 $a,\ b(\neq 0)\in\mathbb{Z}$*에 대하여, 다음을 만족하는 정수* $q,\ r\in\mathbb{Z}$*가 유일하게 존재한다.*

$$a=bq+r,\quad 0\leq r<|b|$$

정의 1.2.4 [*약수(divisor, 約數), 인수(factor, 因數), 배수(multiple, 倍數), 인수분해 (factorization, 因數分解)*] *정수* $a,\ d,\ e\in\mathbb{Z}$*에 대하여,*

d가 a의 **약수(인수)**, a가 d의 **배수** $\overset{\text{정의}}{\Longleftrightarrow}$ $a=de$

※ d는 a의 약수일 때, 기호로 $d\mid a$라 쓴다. $d\mid a$가 아닐 때에는 $d\nmid a$라 쓴다.

정의 1.2.5 [*최대공약수(greatest common divisor, 最大公約數)*]

임의의 정수 a, b에 대하여

d가 a와 b의 **최대공약수** (기호 : $d = \gcd(a, b)$) $\overset{\text{정의}}{\Longleftrightarrow}$ ① $d \geq 0$ ② $d \mid a,\ d \mid b$ ③ $e \mid a,\ e \mid b \Longrightarrow e \mid d$

※ 특히, $\gcd(a, b) = 1$ 이면, a와 b는 **서로소**(relatively prime, 서로素)라 한다.

정의 1.2.6 *정수 $n \in \mathbb{Z}$에 대하여 n의 배수 전체집합을 $n\mathbb{Z}$라 쓰고 다음과 같이 정의한다.*

$$n\mathbb{Z} = \{nx \mid x \in \mathbb{Z}\} = \{(-n)(-x) \mid x \in \mathbb{Z}\} = (-n)\mathbb{Z}$$

※ 정수 n에 대하여 $n\mathbb{Z} = (-n)\mathbb{Z}$이므로, n을 음이 아닌 정수라 해도 좋다.

정리 1.2.7 *임의의 정수 a, b와 정수 d에 대하여 다음이 성립한다.*

(1) 공이 아닌 $\mathbb{Z}$의 부분집합 S가 덧셈($+$)과 뺄셈($-$)에 대하여 닫혀있으면, 적당한 음이 아닌 정수 $n \in \mathbb{Z}$가 존재하여 $S = n\mathbb{Z}$이다.

(2) $\gcd(a, b) = d \quad \Longrightarrow \quad \exists x, y \in \mathbb{Z},\ d = ax + by$

(3) $\gcd(a, b) = 1 \quad \Longleftrightarrow \quad \exists x, y \in \mathbb{Z},\ 1 = ax + by$

정의 1.2.8 [*최소공배수(least common multiple, 最小公倍數)*]

임의의 정수 a, b에 대하여

s가 a와 b의 **최소공배수** (기호 : $s = \operatorname{lcm}(a, b)$) $\overset{\text{정의}}{\Longleftrightarrow}$ ① $s \geq 0$ ② $a \mid s,\ b \mid s$ ③ $a \mid e,\ b \mid e \Longrightarrow s \mid e$

정리 1.2.9 *두 양의 정수 a, b와 정수 c에 대하여 다음이 성립한다.*

(1) $\gcd(a, b)\operatorname{lcm}(a, b) = ab$

(2) $\gcd(a, b) = 1 \quad \Longrightarrow \quad \operatorname{lcm}(a, b) = ab$

(3) $\gcd(a, b) = 1,\quad a \mid bc \quad \Longrightarrow a \mid c$

(4) $a \mid c,\ b \mid c \Longrightarrow \operatorname{lcm}(a, b) \mid c$

정의 1.2.10 [*소수(prime number, 素數), 합성수(composite number, 合成數), 소인수(prime factor, 素因數)*] *1보다 큰 자연수 p, $n \in \mathbb{N}$ $(p, n \geq 2)$에 대하여*

p가 **소수** $\overset{\text{정의}}{\Longleftrightarrow}$ p의 양의 약수가 2개, 즉, 1, p만 존재하는 경우

n이 **합성수** $\overset{\text{정의}}{\Longleftrightarrow}$ n의 양의 약수가 3개 이상 존재하는 경우
즉, $\exists a, b \in \mathbb{N},\ 2 \leq a \leq b < n,\quad n = ab$

정리 1.2.11 소수 p와 정수 $a,\ b \in \mathbb{Z}$에 대하여 다음이 성립한다.

(1) $\gcd(a,\ p) = 1$ 또는 $\gcd(a,\ p) = p$

(2) $p \mid ab \implies p \mid a$ 또는 $p \mid b$

정의 1.2.12 [표준분해(standard decomposition, 標準分解)]

정수 $n(\geq 2)$의 서로 다른 소인수 전체를 $p_1,\ \cdots,\ p_r$이라 할 때,

n의 **표준분해** $\overset{\text{정의}}{\iff}$ $n = p_1^{a_1} p_2^{a_2} \cdots p_r^{a_r},\ a_1,\ a_2,\ \cdots,\ a_r \in \mathbb{N}$

정리 1.2.13 정수 $n(\geq 2)$의 양의 약수 d에 대하여 다음이 성립한다.

$n = p_1^{a_1} p_2^{a_2} \cdots p_r^{a_r}$ (표준분해) $\implies$ $0 \leq \exists\, b_i \leq a_i\ (i = 1, 2, \cdots, r),\quad d = p_1^{b_1} p_2^{b_2} \cdots p_r^{b_r}$

정의 1.2.14 [Euler 함수(Euler's function, –函數)] 양의 정수 n에 대하여

$$\mathbb{Z}_n = \{0,\ 1,\ 2,\ \cdots,\ n-1\},\quad \mathbb{Z}_n^* = \{x \in \mathbb{Z}_n \mid \gcd(x,\ n) = 1\}$$

이라 하고, 수론함수 $\varphi : \mathbb{N} \longrightarrow \mathbb{R}$일 때,

φ가 **Euler 함수** $\overset{\text{정의}}{\iff}$ $\forall\, n \in \mathbb{N},\ \varphi(n) = |\mathbb{Z}_n^*|$, 단, $|\mathbb{Z}_n^*|$은 $\mathbb{Z}_n^*$의 원소의 개수

정리 1.2.15 양의 정수 $n = p_1^{a_1} \cdots p_r^{a_r}$(표준분해)에 대하여 다음이 성립한다.

$$\varphi(n) = (p_1^{a_1} - p_1^{a_1-1}) \cdots (p_r^{a_r} - p_r^{a_r-1}) = p_1^{a_1}\left(1 - \frac{1}{p_1}\right) \cdots p_r^{a_r}\left(1 - \frac{1}{p_r}\right)$$

정의 1.2.16 [합동(congruent, 合同), 법(modulo, 法)]

고정된 양의 정수 $n \in \mathbb{N}$과 정수 $a,\ b \in \mathbb{Z}$에 대하여

a와 b가 **법 n에 대하여 합동** (기호는 $a \equiv b \pmod{n}$) $\overset{\text{정의}}{\iff}$ $n \mid (a-b)$

정리 1.2.17 양의 정수 $n,\ e$와 정수 $a,\ b,\ c,\ d$에 대하여

$$a \equiv b \pmod{n},\quad c \equiv d \pmod{n}$$

일 때, 다음이 성립한다.

(1) $a \pm c \equiv b \pm d \pmod{n}$

(2) $ac \equiv bd \pmod{n}$

(3) $ea \equiv eb \pmod{en} \iff a \equiv b \pmod{n}$

(4) $\gcd(e,\ n) = 1$이면, $ea \equiv eb \pmod{n} \implies a \equiv b \pmod{n}$

(5) $\gcd(e,\ n) = 1$이면, $ex \equiv 1 \pmod{n}$은 법 n에 대하여 유일한 해가 존재

이때 해 x를 e의 **법 n에 대한 역원**이라 한다.

정리 1.2.18 (Euler 정리(Euler's Theorem))
양의 정수 $n(\geq 2)$과 정수 a에 대하여 다음이 성립한다.

$$\gcd(a,\ n) = 1 \quad \Longrightarrow \quad \boxed{a^{\varphi(n)} \equiv 1 \pmod{n}}$$

정리 1.2.19 (Fermat 정리(Fermat's Theorem)) *소수 p와 정수 a일 때, 다음이 성립.*

(1) $\gcd(a,\ p) = 1\ (p \nmid a) \quad \Longrightarrow \quad \boxed{a^{p-1} \equiv 1 \pmod{p}}$

(2) $\boxed{a^p \equiv a \pmod{p}}$

정리 1.2.20 (중국인의 나머지정리) *자연수 $n_1,\ \cdots,\ n_r (r \geq 2)$ 이 쌍마다 서로소일 때, 연립 1차 합동식*

$$\begin{cases} x \equiv a_1 \pmod{n_1} \\ \quad \vdots \\ x \equiv a_r \pmod{n_r} \end{cases}$$

은 법 $n_1 n_2 \cdots n_r$에 대하여 다음과 같은 유일한 공통 해가 존재한다.

$$\boxed{x \equiv N_1 N_1^{-1} a_1 + N_2 N_2^{-1} a_2 + \cdots + N_r N_r^{-1} a_r \pmod{n_1 n_2 \cdots n_r}}$$

$$\text{단, } N_i = \frac{n_1 n_2 \cdots n_i \cdots n_r}{n_i}, \quad N_i N_i^{-1} \equiv 1 \pmod{n_i}$$

연 습 문 제 (1.2)

1. 다음 Euler 함수값을 구하라.

(1) $\varphi(77)$ (2) $\varphi(100)$ (3) $\varphi(125)$

1.3 관계

정의 1.3.1 *[Cartesian 곱(Cartesian product)]* 집합 $S_1, \cdots, S_n$에 대하여

$S_1 \times \cdots \times S_n$은 집합 $S_1, \cdots, S_n$의 **Cartesian 곱**	$\overset{\text{정의}}{\Leftrightarrow}$	$S_1 \times \cdots \times S_n = \{(a_1, \cdots, a_n) \mid a_1 \in S_1, \cdots, a_n \in S_n\}$

※ $S_1 = \cdots = S_n$이면, $S_1^n = S_1 \times \cdots \times S_1$ 이라 표기한다.

정의 1.3.2 *[관계(relation, 關係), 역관계 (inverse relation, 逆關係)]*
A, B가 집합일 때,

집합 R은 A에서 B로의 **관계**	$\overset{\text{정의}}{\Leftrightarrow}$	$R \subset A \times B$

※ 이때 $(a,b) \in R$을 <u>aRb</u>라고도 쓴다. $(a,b) \notin R$이면 $a\not R b$라 쓴다. 또 $R \subset A \times A$이면 R을 <u>A **위에서 관계**</u>라 한다.

집합 R^{-1}이 관계 R의 **역관계**	$\overset{\text{정의}}{\Leftrightarrow}$	$R^{-1} = \{(b,a) \in B \times A \mid (a,b) \in R\}$

정의 1.3.3 *[반사관계 (reflexive relation, 反射關係), 대칭관계 (Symmetric −, 對稱−), 추이관계 (transitive −, 推移−), 동치관계(equivalent −, 同値−)]*
집합 A에 대하여, R이 A 위에서 <u>관계</u>일 때,

R이 A 위에서 **반사관계**	$\overset{\text{정의}}{\Leftrightarrow}$	$\forall a \in A \ (a,a) \in R$
R이 A 위에서 **대칭관계**	$\overset{\text{정의}}{\Leftrightarrow}$	$(a,b) \in R$이면 $(b,a) \in R$
R이 A 위에서 **추이관계**	$\overset{\text{정의}}{\Leftrightarrow}$	$(a,b) \in R$이고 $(b,c) \in R$이면 $(a,c) \in R$
R이 A 위에서 **동치관계**	$\overset{\text{정의}}{\Leftrightarrow}$	R이 A 위에서 반사, 대칭, 추이관계를 만족하는 경우

예 1.3.4 집합 $A = \{1, 2, 3\}$ 위의 다음 관계 R에 대하여 알아 보자. 모든 관계의 수는 $2^9 = 512$개이다.

(1) 공집합 $\varnothing$은 A 위에서 대칭, 추이관계이다. (이해하기 어려우면 조건문의 진리값을 생각해 볼것.)

(2) $R = \{(1,1)\}$은 A 위에서 대칭, 추이관계이다.

(3) $R = \{(1,1), (2,2), (3,3)\}$은 A 위에서 동치관계이다.

(4) $R = \{(1,1), (2,2), (3,3), (1,2)\}$은 A 위에서 반사, 추이관계이다.

(5) $R = \{(1,1), (2,2), (3,3), (1,2), (2,3)\}$은 A 위에서 반사관계이다.

정의 1.3.5 [동치류(equivalent class, 同値類), 상집합(quotient set, 商集合)]
공이 아닌 집합 A에 대하여, A 위에서 관계 R이 동치관계이고, $a \in A$일 때,

집합 $\overline{a}$가 a의 **동치류**	$\overset{\text{정의}}{\Leftrightarrow}$	$\overline{a} = \{x \in A \mid (a,x) \in R\}$
집합 A/R이 R에 의한 A의 **상집합**	$\overset{\text{정의}}{\Leftrightarrow}$	$A/R = \{\overline{a} \mid a \in A\}$

예 1.3.6 [동치류 예] 집합 $A = \{1, 2, 3\}$ 위의 동치관계

$$R = \{(1,1),\ (2,2),\ (3,3)\}\text{과 } S = \{(1,1),\ (2,2),\ (3,3),\ (1,2),\ (2,1)\}$$

에 대하여 R과 S에 의한 A의 상집합 A/R과 A/S를 구하여 보자.

(1) $A/R = \{\overline{1} = \{1\},\ \overline{2} = \{2\},\ \overline{3} = \{3\}\} = \{\overline{1},\ \overline{2},\ \overline{3}\}$

(2) $A/S = \{\overline{1} = \{1,2\},\ \overline{2} = \{2,1\},\ \overline{3} = \{3\}\} = \{\overline{1},\ \overline{3}\}$

정의 1.3.7 [분할(partition, 分割)] *공이 아닌 집합 A와 첨자 집합 I에 대하여,*
$P = \{P_i \mid P_i \subset A,\ i \in I\}$가 A의 부분집합들의 모임일 때,

P가 A의 **분할**	$\overset{\text{정의}}{\Leftrightarrow}$	① $A = \cup_{P_i \in P} P_i$ ② $\forall P_i,\ P_j \in P,\quad P_i = P_j$ 이거나 $P_i \cap P_j = \varnothing$

정리 1.3.8 *공이 아닌 집합 A 위의 관계 R에 대하여 다음이 성립한다.*

R이 A 위에서 동치관계 $\Longrightarrow$ R에 의한 A의 상집합 A/R은 A의 분할이다.

(증명) 연습문제로 남긴다. ■

연 습 문 제 (1.3)

1. 집합 $A = \{1, 2, 3\}$ 위의 관계 R에 대해 다음 물음에 답하시오.

(1) $R = \{(1,2)\}$은 A 위에서 어떤 관계인가를 밝히고, R에 원소를 최소로 추가하여 동치관계 R'이 되는 집합 B를 구하고, R'에 의한 A의 상집합 A/R'을 구하라.

(2) $R = \{(1,1),\ (2,2)\}$은 A 위에서 어떤 관계인가를 밝히고, R에 최소로 추가하여 동치관계 R'이 되는 집합 B를 구하라. 이때 R'에 의한 A의 상집합 A/R'을 구하라.

(3) $R = \{(1,1),\ (2,2),\ (3,3),\ (1,2),\ (2,3),\ (1,3)\}$은 A 위에서 어떤 관계인가를 밝히고, R에 최소로 추가하여 동치관계 R'이 되는 집합 B를 구하라. 이때 R'에 의한 A의 상집합 A/R'을 구하라.

(4) A 위에서 모든 동치관계를 구하라.

2. (정리 1.3.8) 공이 아닌 집합 A 위의 관계 R에 대하여, R이 A 위에서 동치관계이면, R에 의한 A의 상집합 A/R은 A의 분할임을 증명하라.

3. 집합 $A = \{a,\ b,\ c,\ d\}$ 위의 동치관계

$$R = \{(a,a),\ (b,b),\ (c,c),\ (d,d),\ (a,b),\ (b,a),\ (a,c),\ (c,a),\ (b,c),\ (c,b)\}$$

에서 $a,\ d$의 동치류 $\overline{a},\ \overline{d}$를 각각 구하라.

4. 다음 물음에 답하라.

(1) 정수 $\mathbb{Z}$ 위에서 관계 R이 다음과 같이 정의되면 동치관계임을 증명하고, 1의 동치류 $\overline{1}$와 R에 의한 $\mathbb{Z}$ 의 상집합 $\mathbb{Z}/R$을 구하라.

$$\forall\, x, y \in \mathbb{Z}, \ulcorner xRy \Leftrightarrow x-y\text{가 5의 배수}\lrcorner$$

(2) $\mathbb{Z}\times\mathbb{Z}$ 위에서 관계 R이 다음과 같이 정의되면 동치관계임을 증명하고, $(1,1)$의 동치류 $\overline{(1,1)}$을 구하라.

$$\forall\, (a,b), (c,d) \in \mathbb{Z}\times\mathbb{Z}, \ulcorner (a,b)R(c,d) \Leftrightarrow a+d = b+c\lrcorner$$

5. 두 집합 $X = \{1,\ 2,\ 3,\ 4,\ 5,\ 6\}$와 $A = \{2,\ 4,\ 6\}$에 대하여 $R = \{(a,\ b) \mid a,\ b \in A\} \cup \{(x,\ x) \mid x \in X\}$라 하자. 이때 R이 X 위에서 동치관계임을 증명하고, R에 의한 X의 상집합 X/R을 구하라.

6. $f(x)$가 적분 가능한 함수일 때 실수 $\mathbb{R}$ 위에서 관계 R이 다음과 같이 정의되면, 동치관계임을 증명하라.

$$\forall\, a,\ b \in \mathbb{R},\ \ulcorner aRb \Leftrightarrow \int_a^b f(x)dx = 0\lrcorner$$

7. 실수 $\mathbb{R}$ 위의 함수 $f : \mathbb{R} \longrightarrow \mathbb{R}$에 대해 $\mathbb{R}$ 위에서 관계 S를 다음과 같이 정의한다.

$$\forall\, x, x' \in \mathbb{R},\ \ulcorner xSx' \Leftrightarrow f(x) = f(x')\lrcorner$$

(1) 관계 S는 $\mathbb{R}$ 위에서 동치관계임을 보여라.

(2) f가 $f(x) = x^2$으로 정의될 때, 1의 동치류를 구하라.

(3) $f : \mathbb{R}-\{0\} \longrightarrow \mathbb{R}-\{0\}$가 $f(x) = \begin{cases} -\dfrac{1}{x}, & x>0 \\ -x, & x<0 \end{cases}$ 으로 정의될 때, -2의 동치류를 구하라.

1.4 함수

함수는 수학에서 중요한 역할을 하며, 이 함수를 나타내는 방법에는 크게 세 가지가 있다. 첫 번째는 식으로써 나타내는 것이고, 다른 하나는 그래프로써 나타내는 것이며, 마지막으로 두 집합간의 대응관계로 나타내는 것이다. 식으로 나타낼 때에는 그래프로 그리지 못한 영역까지 추측할 수 있다는 장점이 있지만, 식으로 나타내기 힘든 함수가 있다는 점에서 한계를 가진다. 따라서 함수는 주로 두 집합간의 대응관계를 통해서 나타낸다[11].

정의 1.4.1 [*함수(function, 函數), 상등(equality, 相等)*]
두 집합 X, Y에 대하여, f는 X에서 Y로의 관계일 때,

f가 X에서 Y로의 **함수**	$\overset{\text{정의}}{\Longleftrightarrow}$	① 임의의 X의 원소 x에 대하여 $(x,y) \in f$인 $y \in Y$가 존재 ② $(x,y) \in f$, $(x',y') \in f$이고 $x = x'$이면, $y = y'$

※ 관계 f가 함수인 경우 '**잘 정의된다**(well-defined)'라고 하고, 관계기호 $(x,y) \in f$ 또는 xfy로 쓰는 대신 $y = f(x)$라 쓴다. 또한 함수관계를 간단히 $f: X \longrightarrow Y$로 나타낸다.

집합 X를 함수 f의 **정의역**(domain, 定義域), 집합 Y를 함수 f의 **공역**(codomain, 共域)이라 하고, 집합 $\{f(x) \in Y \mid x \in X\}$를 함수 f의 **치역**(range, 値域) 또는 **상**(像, image)이라 하고 $f(X)$ 또는 $\mathrm{Im}(f)$로 표시한다.

$f(A)$가 부분집합 $A(\subset X)$의 **상**	$\overset{\text{정의}}{\Longleftrightarrow}$	$f(A) = \{f(a) \in Y \mid a \in A\}$
$f^{-1}(B)$가 부분집합 $B(\subset Y)$의 **역상**	$\overset{\text{정의}}{\Longleftrightarrow}$	$f^{-1}(B) = \{b \in X \mid f(b) \in B\}$
$f = g$는 함수 f, $g: X \longrightarrow Y$가 **상등**	$\overset{\text{정의}}{\Longleftrightarrow}$	$\forall x \in X,\ f(x) = g(x)$

※ 함수의 상등을 정의할 때, 정의역이 같고 공역이 다른 경우에도 치역이 일치하고 위 조건을 만족하면 상등이라 정의하는 수학자도 있다.
※ 함수에서 정의역과 공역에 대한 언급이 없으면 정의역은 실수 $\mathbb{R}$ 집합 중 정의할 수 있는 최대 부분집합을 의미하고, 공역은 실수 전체집합 $\mathbb{R}$로 한다.

함수를 정의하여 증명을 할 때, 함수가 잘 정의되었음을 보여야 하는데, 잘 정의되었음을 보이려면 x, $x' \in X$에 대하여 $x = x'$이면 $f(x) = f(x')$ 임을 보이면 된다.

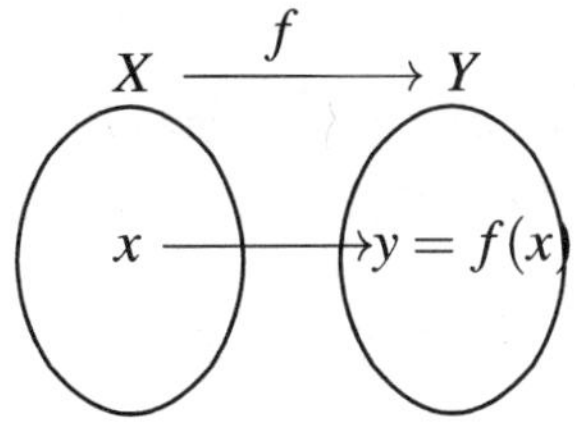

문제 1.4.2 실수 $\mathbb{R}$ 위에서 두 함수 f, $g: \mathbb{R} \longrightarrow \mathbb{R}$, $f(x) = x^2$와 $g(y) = y^2$은 같은 함수인가?

집합 X에 대하여 **집합의 크기** 또는 **농도**는 집합 X의 원소수를 말하며, $|X|$라 표기한다.

두 집합 X, Y 사이에 전단사 함수(정의 1.4.3 참조) $f: X \longrightarrow Y$가 존재하면 **농도가 같다**고 하고, $|A| = |B|$로 나타낸다.

특히, X가 무한집합이고 자연수 전체집합 $\mathbb{N}$과 농도가 같은 가부번 집합(denumerable set, 可附番集合)일 때,

$$|X| = |\mathbb{N}| = |\mathbb{Z}| = |\mathbb{Q}| = \aleph_0$$

라 표기('알레프 제로'라 읽음)하고, 실수 전체집합 $\mathbb{R}$과 농도가 같은 비가부번 집합의 농도는

$$|X| = |\mathbb{R}| = |\mathbb{C}| = \aleph_1$$

라 나타낸다. (참고 문헌 [8, p81] 참조)

정의 1.4.3 [*단사함수(injective function, 單射函數), 전사함수(surjective function, 全射函數), 전단사함수(bijective function, 全單射函數)*]

집합 X,Y에 대하여, f은 X에서 Y 로의 함수이고 x, $x' \in X$일 때,

f가 **단사함수**	$\overset{\text{정의}}{\Longleftrightarrow}$	$x \neq x' (x, x' \in X) \Longrightarrow f(x) \neq f(x')$. 즉, $f(x) = f(x')$이면 $x = x'$ 이때 $\lvert X \rvert = \lvert \mathrm{Im}(f) \rvert \leq \lvert Y \rvert$
f가 **전사함수**	$\overset{\text{정의}}{\Longleftrightarrow}$	$Y = \mathrm{Im}(f)$. 즉, $\forall\, y \in Y\ \exists\, x \in X\ y = f(x)$ 이때 $\lvert X \rvert \geq \lvert \mathrm{Im}(f) \rvert = \lvert Y \rvert$.
f가 **전단사함수**	$\overset{\text{정의}}{\Longleftrightarrow}$	f가 단사이고 전사함수인 경우. 이때 $\lvert X \rvert = \lvert \mathrm{Im}(f) \rvert = \lvert Y \rvert$.

※ 단사함수를 **1대1 함수**(1:1 function)라고도 하고, 전단사함수를 **1대1 대응**(1:1 correspondence)이라고도 한다.

예 1.4.4 세 함수 f, g, $h: \mathbb{R} \longrightarrow \mathbb{R}$가 $f(x) = x^2$, $g(x) = x^3$, $h(x) = \sin x$일 때, g는 전단사함수이지만 f, h는 단사함수도 아니고, 전사함수도 아니다. 하지만 정의역과 공역을 적당히 조절하면 단사, 전사, 전단사함수를 만들 수 있다.

(1) f의 공역을 줄여 함수 $f_1 : \mathbb{R} \longrightarrow \mathbb{R}_{\geq 0}$ (단, $\mathbb{R}_{\geq 0} = \{x \in \mathbb{R} \mid x \geq 0\}$)을 $f_1(x) = f(x)$라 정의하면, 공역 $\mathbb{R}_{\geq 0}$의 임의의 음이 아닌 실수에 x에 대하여 $f_1(\sqrt{x}) = x$가 되어 $f_1(x) = x^2$은 전사함수이다.

(2) f의 정의역을 줄여 함수 $f_2 : \mathbb{R}_{\geq 0} \longrightarrow \mathbb{R}$을 $f_2(x) = f(x)$라 정의하면 f_2는 단사함수이다. 왜냐하면 $f_2(x) = f_2(x')$이라 하자. 즉,

$$x^2 = x'^2 \text{이므로 } (x - x')(x + x') = 0 \text{이다.}$$

따라서 $x + x' = 0$이거나 $x - x' = 0$이다. $x + x' = 0$인 경우에는 x, x'은 음이 아닌 실수이므로 $x = 0 = x'$이어야 한다. $x - x' = 0$인 경우는 $x = x'$이다. 그러므로 $f_2(x) = x^2$은 단사함수가 된다.

(3) h의 정의역과 공역을 동시에 줄여 함수 $h_1 : [-\frac{\pi}{2}, \frac{\pi}{2}] \longrightarrow [-1,1]$을 $h_1(x) = h(x)$이라 정의하면 $h_1(x) = \sin x$는 전단사함수이다.

정리 1.4.5 두 유한집합 A, B의 원소수가 같을 때, 즉, $|A| = |B| = n \geq 1$이면, 함수 $f : A \longrightarrow B$에 대하여 다음은 동치명제이다.

(1) f는 전단사함수이다.
⇔ (2) f는 전사함수이다.
⇔ (3) f는 단사함수이다.

(증명) $A = \{a_1, a_2, \cdots, a_n\}$이라 하자.

(1) ⇒ (2) 정의에 의하여 성립한다.

(2) ⇒ (3) f가 전사함수라 하자. 그러면 $\{f(a_1), f(a_2), \cdots, f(a_n)\} = f(A) = B$이고, $|B| = n$이므로, $f(a_1), f(a_2), \cdots, f(a_n)$은 모두 서로 다르다. 따라서 f는 단사함수이다.

(3) ⇒ (1) f가 단사함수라 하자. 그러면 $f(a_1), f(a_2), \cdots, f(a_n)$은 모두 서로 다르고 $|B| = n$이므로, $f(A) = \{f(a_1), f(a_2), \cdots, f(a_n)\} = B$이다. 따라서 f는 전사함수가 되어 f는 전단사함수이다. ■

정의 1.4.6 [항등함수(*identity function*, 恒等函數), 합성함수(*composite function*, 合成函數), 역함수(*inverse function*, 逆函數)]

집합 X, Y, Z에서 함수 $f : X \longrightarrow Y$와 $g : Y \longrightarrow Z$와 임의의 $x \in X$에 대하여,

I_X가 **항등함수 (항등사상)**	정의 ⇔	① 정의역과 공역이 같다. ② $I_X : X \longrightarrow X$, $I_X(x) = x$인 함수.
$g \circ f$가 f와 g의 **합성함수**	정의 ⇔	① f의 공역과 g의 정의역이 같다. ② $g \circ f : X \longrightarrow Z$, $(g \circ f)(x) = g(f(x))$인 함수.
g(또는 f^{-1})가 f의 **역함수**	정의 ⇔	합성함수 $f \circ g = I_Y$와 $g \circ f = I_X$를 만족하는 함수 $g : Y \longrightarrow X$가 존재하는 경우.

※ 항등사상의 정의역 X를 분명히 알 수 있으면 I_X 대신 I라 쓴다.

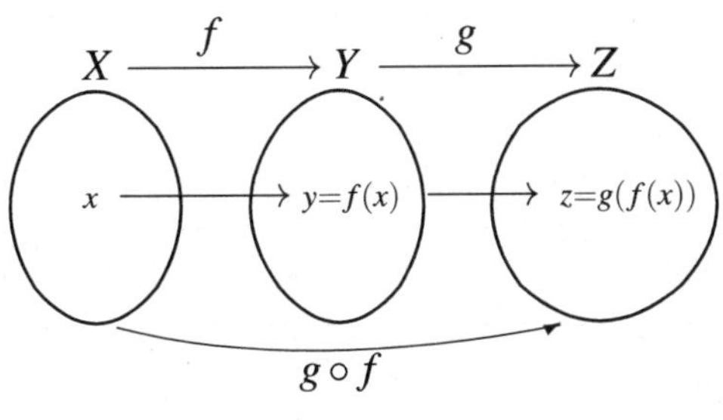

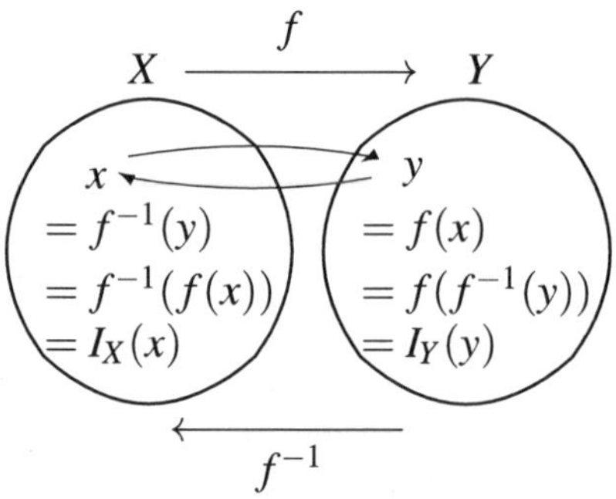

예 1.4.7 두 함수 $f,\ g : \mathbb{R} \longrightarrow \mathbb{R}$가 $f(x) = x+1$과 $g(x) = x^2$일 때, f와 g의 합성함수 $f \circ g$와 $g \circ f$를 구해보면

$$f \circ g(x) = f(g(x)) = f(x^2) = x^2 + 1$$

이고

$$g \circ f(x) = g(f(x)) = f(x+1) = (x+1)^2 = x^2 + 2x + 1$$

이므로 $f \circ g \neq g \circ f$이다. 즉, 합성 연산은 교환법칙이 성립하지 않는다.

정리 1.4.8 *집합 X, Y, Z에 대하여 다음이 성립한다.*

$f : X \longrightarrow Y$, $g : Y \longrightarrow Z$, $h : Z \longrightarrow W$가 함수	$\Rightarrow$	$(h \circ g) \circ f = h \circ (g \circ f)$ 즉, 합성에 대한 결합법칙 성립.

(증명) 임의의 원소 $x \in X$에 대하여

$$((h \circ g) \circ f)(x) = (h \circ g)(f(x)) = (h(g(f(x)))$$

이고

$$(h \circ (g \circ f))(x) = h((g \circ f)(x))) = (h(g(f(x)))$$

이므로, $(h \circ g) \circ f = h \circ (g \circ f)$이 성립한다 ■

정리 1.4.9 *함수 $f : X \longrightarrow Y$의 역함수가 존재하면 유일하다.*

※ 이때 f를 **가역함수(가역사상)**(invertible function, 可逆函數)라 하고, f의 역함수를 f^{-1}이라 표기한다.

(증명) 연습문제로 남긴다. ■

정리 1.4.10 *함수 $f : X \longrightarrow Y$에 대하여 다음은 동치이다.*

f의 [역함수 f^{-1}가 존재] $\Longleftrightarrow$ f가 [전단사함수]

(증명) 연습문제로 남긴다. ■

정리 1.4.11 *가역함수 $f, g : X \longrightarrow Y$ 에 대하여 다음이 성립한다.*

$$(f \circ g)^{-1} = g^{-1} \circ f^{-1}$$

(증명) 합성함수의 성질에 의하여

$$\begin{cases} (f \circ g) \circ (g^{-1} \circ f^{-1}) = f \circ (g \circ g^{-1}) \circ f^{-1} = f \circ I_V \circ f^{-1} = f \circ f^{-1} = I_Y \\ (g^{-1} \circ f^{-1}) \circ (f \circ g) = g^{-1} \circ (f^{-1}) \circ f) \circ g = g^{-1} \circ I_V \circ g = g^{-1} \circ g = I_Y \end{cases}$$

이므로 $(f \circ g)^{-1} = g^{-1} \circ f^{-1}$이다. ■

예 1.4.12 함수 $f : \mathbb{R} \longrightarrow \mathbb{R}$가 $f(x) = 2x + 1$일 때, f의 역함수 f^{-1}을 구하자.

(Step 1) $f(x) = f(x')$이라 하자. $2x + 1 = 2x' + 1$이므로 $x = x'$이어서 f는 단사함수이다. 또 임의의 $t \in \mathbb{R}$(공역)에 대하여 $f\left(\frac{1}{2}t - \frac{1}{2}\right) = t$이므로 f 는 전사함수이다. 즉, f는 전단사 함수이므로 정리 1.4.10에 의하여 역함수가 존재한다.

(Step 2) x와 y를 교환하여 $x = 2y + 1$을 얻는다. x와 y를 교환하는 이유는 함수 f의 공역이 역함수 f^{-1}의 정의역이 되기 때문이다.

(Step 3) y에 관하여 정리하면 $y = \frac{x-1}{2}$이 되어 f의 역함수는

$$f^{-1}(x) = \frac{x-1}{2}$$

이다. y에 관하여 정리하는 이유는 전통적으로 수식이 '$y = f(x)$'로 표현(**양함수**라 한다)하기 때문이다.

(그래프) $f(x) = 2x + 1$와 역함수 $f^{-1}(x) = \frac{1}{2}x - \frac{1}{2}$은 $y = x$에 관하여 대칭이다. 이유는 (Step 2)에서 '함수와 역함수는 x와 y를 교환하는 관계'이기 때문이다.

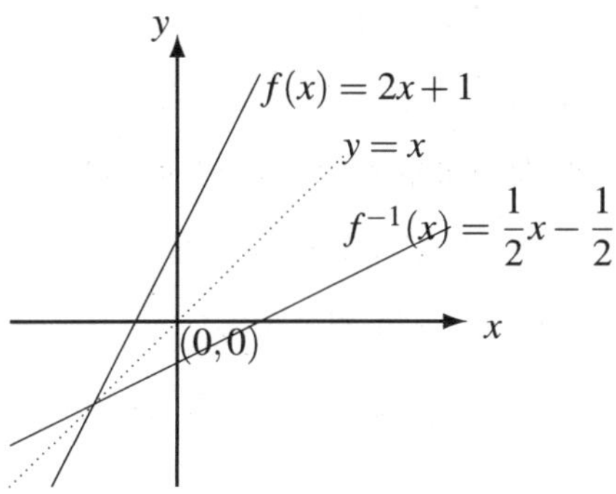

역함수가 맞는지 확인하기 위하여 함수를 합성해 보면

$$(f \circ f^{-1})(x) = f(f^{-1}(x)) = f\left(\frac{x-1}{2}\right) = x$$

$$(f^{-1} \circ f)(x) = f^{-1}(f(x)) = f^{-1}(2x+1) = x$$

이므로 $f \circ f^{-1} = I$이고 $f^{-1} \circ f = I$이다.

연 습 문 제 (1.4)

1. (정리 1.4.9) 함수 $f:X \longrightarrow Y$의 역함수가 존재하면 유일함을 증명하라.

2. (정리 1.4.10) 함수 $f:X \longrightarrow Y$에 대하여, f의 역함수 f^{-1}가 존재할 필요충분조건은 f가 전단사함수임을 증명하라.

3. 함수 $f:X \to Y$에 대하여 $A,\ A' \subset X$와 $B,\ B' \subset Y$일 때 다음이 참이면 증명하고 거짓이면 반례를 들어라.

(1) $A \subset f^{-1}(f(A))$

(2) $f(f^{-1}(B)) = B$

(3) $f(A \cup A') = f(A) \cup f(A')$

(4) $f(A - A') = f(A) - f(A')$

(5) $f^{-1}(B \cap B') = f^{-1}(B) \cap f^{-1}(B')$

4. 다음 함수의 역함수를 구하라.

(1) 함수 $f(x) = e^{x+2} - 1$의 역함수가 존재하도록 f의 정의역과 공역을 실수 $\mathbb{R}$ 내에서 최대 범위로 정하고 역함수를 구하라.

(2) 실수 $\mathbb{R}$에 대해 함수 $f:(\mathbb{R}-\{1\}) \longrightarrow (\mathbb{R}-\{2\})$가 $f(x) = 2 + \dfrac{1}{x-1}$일 때, 전단사임을 보이고, f의 역함수 f^{-1}를 구하라.

5. 두 함수 $f:X \to Y$와 $g:Y \to Z$에 대하여 다음을 증명하라.

(1) f와 g가 단사이면, 합성함수 $g \circ f$가 단사이다.

(2) f와 g가 전사이면, 합성함수 $g \circ f$가 전사이다.

(3) f와 g가 전단사이면, 합성함수 $g \circ f$가 전단사이다.

(4) 합성함수 $g \circ f$가 단사이면, f가 단사이다.

(5) 합성함수 $g \circ f$가 전사이면, g가 전사이다.

(6) 합성함수 $g \circ f$가 전단사이면, f가 단사이고 g가 전사이다.

제 2 장

이항연산과 군

Noether(1882-1935)

집합 S에 대한 이항연산(二項演算)이란, 곱집합 $S \times S$에서 집합 S로 가는 함수이다. 대표적인 예로 사칙연산이 있다. 이항연산은 독일의 여성 수학자 에미 뇌터(Emmy Noether, 1882-1935)가 정의했다. 그녀는 훌륭한 통찰력으로, 대수학의 추상적인 개념을 우아하게 발전시켰다. 특히 가환대수학에서 아이디얼(ideal)을 소 아이디얼(prime ideal)로 분해하는 중요한 결과를 얻었다.

추상대수학에서, 군(群, group)은 결합법칙, 항등원 및 역원을 가지는 이항 연산을 갖춘 대수적 구조이다.

군론(群論, group theory)은 수학의 여러 분야의 기초가 되었으며, 양자역학 등의 물리학 분야에 많이 응용된다. 역사적으로, 군론은 19세기에 방정식이론 · 수론 · 기하학의 세 갈래로부터 비롯되었다.

방정식 이론의 주요 목표는 고차 방정식을 거듭제곱근만으로 푸는 것이었다. 4차 이하의 방정식은 이러한 대수적인 해가 존재하지만, 5차 이상의 경우 일반적으로 그렇지 않다. 라그랑주(프: J. Lagrange, 1736-1813)와 루피니 (이: P. Ruffini, 1765-1822), 아벨(노: N. H. Abel, 1802-1829) 등은 고차 방정식의 해를 이해하기 위하여 자연스럽게 순열들의 군에 대한 각종 정리들을 발견하였고, 루피니와 아벨은 결국 5차 이상의 방정식의 대수적 일반해가 없음을 증명하였다.

군에 대한 개념은 갈루아(프: E. Galois, 1811-1832) 이전부터 여러 수학자들이 알고 있었지만, Galois가 Abel의 이론을 추가로 발전시켜, '군'이라는 이름을 처음으로 사용하고, 군론의 기반을 마련한 것은 Galois였다. 또 군론을 체론과 연관시킨 Galois 이론을 제창하였다.

Galois의 이론은 Galois 생전에는 주목받지 못했으나, Galois의 사후 조르당 (프: C. Jordan, 1838-1922)의 《치환과 대수 방정식에 대하여(1870)》나 네토(독: E. Netto, 1846-1919)의 《치환 이론과 그 대수학적 응용(1882)》 등을 통하여 Galois의 이론이 널리 전파되었다.

19세기 말에는 군론이 수학의 독립적인 분야로 발전하게 된다. 아서 케일리(영: A. Cayley, 1821-1895), 막스 덴 (독: M. Dehn, 1878-1952), 실로우(노: P. Sylow, 1832-1918) 등은 군론의 기초를 체계적으로 다졌다. 특히 Sylow는 1872년에 Sylow 정리를 증명하였다[11].

2.1 이항연산과 군

일차 방정식 $x+2=5$의 해를 구하는 과정을 살펴 보자. 먼저 연산이 주어져 있을 때, 각 단계마다 적용되는 법칙을 살펴보면 3가지 법칙(결합법칙, 항등원 존재, 역원 존재)이 성립하면 해를 구할 수 있다는 것을 알 수 있다.

$$\begin{aligned} x+2 &= 5 \\ (x+2)+(-2) &= 5+(-2) \text{ (2의 + 에 대한 역원)} \\ x+(2+(-2)) &= 3 \text{ (+에 대한 결합법칙)} \\ x+0 &= 3 \text{ (+에 대한 역원)} \\ x &= 3 \text{ (+에 대한 항등원)} \end{aligned}$$

이처럼 방정식의 해를 구할 때 사용되는 연산에 대한 성질을 정의해보자. 먼저 이항연산에 대하여 정의하고, 나머지 성질에 대하여 정의한다.

정의 2.1.1 [*이항연산(binary operation, 二項演算)*]

공이 아닌 집합 S에 대하여, $*$는 $S\times S$에서 S로의 관계일 때,

$*$가 집합 S 위에서 **이항연산**	$\overset{\text{정의}}{\Longleftrightarrow}$	관계 $*$가 함수(function)가 되는 경우.

※ 이항연산 $*$를 간단히 집합 S 위에서 **연산**이라고한다.

각 순서쌍 $(a,b)\in S\times S$에 대하여 S의 원소 $*(a,b)$를 $a*b$로 나타낸다.

집합과 연산을 함께 $(S,*)$라 쓰고 **대수적 구조**(algebraic structure, 代數的構造)라 한다.

※ S의 부분집합 H 위에서 연산 $*':H\times H\to H$를 $*'(x,y)=*(x,y)$이라 정의하면,

$*'$는 $*$에 의해 **유도된 연산**(derived operation)이라 하고(일반적으로 $*'=*$라 사용),

집합 H는 **연산 $*$에 관하여 닫혀있다**(closed) 고 한다.

예 2.1.2 사칙연산 $+$, $-$, $\times$, $\div$ 중 정수 집합 $\mathbb{Z}$ 위에서 닫혀있는 이항연산은 $+$, $-$, $\times$이다.

$\mathbb{Z}$ 위에서 사칙연산의 대한 예를 알아보자.

(1) 연산 $+:\mathbb{Z}\times\mathbb{Z}\longrightarrow\mathbb{Z}$에서 함수값 $+(1,2)=1+2=3\in\mathbb{Z}$

(2) 연산 $-:\mathbb{Z}\times\mathbb{Z}\longrightarrow\mathbb{Z}$ 에서 함수값 $-(1,2)=1-2=-1\in\mathbb{Z}$

(3) 연산 $\times:\mathbb{Z}\times\mathbb{Z}\longrightarrow\mathbb{Z}$에서 함수값 $\times(1,2)=1\times 2=2\in\mathbb{Z}$

(4) 함수 $\div:\mathbb{Z}\times(\mathbb{Z}-\{0\})\longrightarrow\mathbb{Q}$에서 함수값 $\div(1,2)=1\div 2=\frac{1}{2}\notin\mathbb{Z}$. 따라서 $\mathbb{Z}\times(\mathbb{Z}-\{0\})$에서 $\mathbb{Q}$로의 관계 $\div$는 $\mathbb{Z}$ 위에서 닫혀있지 않다. 그러므로 관계 $\div$는 $\mathbb{Z}$ 위에서 닫혀있는 연산이 아니다.

정의 2.1.3 [*결합법칙(associative law, associative law, 結合法則), 항등원(identity element, 恒等元), 역원(inverse element, 逆元), 교환법칙(commutative –, 交換–), 군, 가환군*]

$(S,*)$가 대수적 구조일 때,

(G_1) S가 연산 $*$에 관한 **결합법칙** 성립	$\overset{\text{정의}}{\Longleftrightarrow}$	$\forall\, a,b,c \in S \quad a*(b*c)=(a*b)*c$
(G_2) $e \in S$가 연산 $*$에 관한 **항등원**	$\overset{\text{정의}}{\Longleftrightarrow}$	$\exists\, e \in S \quad \forall\, a \in S\ a*e=e*a=a$
(G_3) b가 연산 $*$에 관한 a의 **역원**	$\overset{\text{정의}}{\Longleftrightarrow}$	$\forall\, a \in S \quad \exists\, b \in S\ a*b=b*a=e$
(G_4) S가 연산 $*$에 관한 **교환법칙** 성립	$\overset{\text{정의}}{\Longleftrightarrow}$	$\forall\, a,b \in S \quad a*b=b*a$

※ (G_2)에서 $a*e=a$일 때, e를 $*$에 관한 **우항등원**(right identity element),
$e*a=a$일 때, e를 $*$에 관한 **좌항등원**(left identity element)이라 한다.

※ (G_3)에서 $a*b=e$일 때, b를 a의 **우역원**(right inverse element),
$b*a=e$일 때, b를 a의 **좌역원**(left inverse element)이라 한다.

$(S,*)$가 **반군**(semigroup, 半群)	$\overset{\text{정의}}{\Longleftrightarrow}$	(G_1)을 만족
$(S,*)$가 **단군**(monoid, 單群)	$\overset{\text{정의}}{\Longleftrightarrow}$	(G_1), (G_2)를 만족
$(S,*)$가 **군**(group, 群)	$\overset{\text{정의}}{\Longleftrightarrow}$	(G_1), (G_2), (G_3)를 만족
$(S,*)$가 **가환군**(commutative group, 可換群)	$\overset{\text{정의}}{\Longleftrightarrow}$	(G_1), (G_2), (G_3) (G_4)를 만족

※ 가환군을 **Abel 군**(Abelian group)이라고도 한다.

예 2.1.4 덧셈$(+)$, 뺄셈$(-)$, 곱셈$(\cdot)$을 가진 수집합에 대한 대수적 구조의 종류를 알아보자.

대수적 구조	결합	항등원	역원	교환	판정
$(\mathbb{Z},-)$	×	×	×	×	반군 아님
$(\mathbb{N},+)$	○	×	×	○	반군
$(\mathbb{N},\cdot)$	○	○	×	○	단군
$(\mathbb{Z},+)$	○	○	○	○	가환군
$(\mathbb{Z},\cdot)$	○	○	×	○	단군
$(\mathbb{Q},+)$	○	○	○	○	가환군
$(\mathbb{Q},\cdot)$	○	○	×	○	단군
$(\mathbb{Q}^*,\cdot)$	○	○	○	○	가환군
$(\mathbb{R},+)$	○	○	○	○	가환군
$(\mathbb{R},\cdot)$	○	○	×	○	단군
$(\mathbb{R}^+,\cdot)$	○	○	○	○	가환군
$(GL(2,\mathbb{R}),\cdot)$	○	○	○	×	군

단,

$$\mathbb{Q}^* = \mathbb{Q} - \{0\}, \qquad \mathbb{R}^+ = \{x \in \mathbb{R} \mid x > 0\}$$

이고, 비가환군 $GL(2,\mathbb{R})$은 역행렬을 가지는 실수 성분 2×2 행렬들의 모든 집합

$$GL(2,\mathbb{R}) = \left\{ \begin{pmatrix} a & b \\ c & d \end{pmatrix} \middle| \, a,b,c,d \in \mathbb{R},\ ad-bc \neq 0 \right\}$$

이며, **일반 선형군**(general linear group, 一般 線形群)이라 한다.

가환군 $(\mathbb{Z},+)$, $(\mathbb{Q},+)$과 $(\mathbb{R},+)$에서 0이 (좌우)항등원이지만, 대수적 구조 $(\mathbb{Z},-)$에서 0은 우항등원이지만 좌항등원이 아니다. 즉, 임의의 정수 $a(\neq 0)$에 대하여

$$a-0=a, \quad 0-a\neq a$$

이다. 특히 반군 $(\mathbb{N},+)$에서 항등원 0이 없다. 또한 단군 $(\mathbb{N},\cdot)$에서 1이 항등원이다. 단군 $(\mathbb{Q},\cdot)$과 $(\mathbb{R},\cdot)$에서 0에 대한 역원은 존재하지 않으므로 군이 아니다.

※ 곱셈$(\cdot)$에 관한 군을 **곱셈군**(multiplicative group)이라 하고, 그 항등원을 e 또는 1이라 나타낸다. 또한 덧셈$(+)$에 관한 군을 **덧셈군**(additive group)이라 하고, 그 항등원을 0이라 나타낸다.

예 2.1.5 군의 예를 살펴 보자.

(1) 양의 정수 n으로 나눈 나머지 집합

$$\mathbb{Z}_n = \{0,\ 1,\ 2,\ \cdots,\ n-1\}$$

위의 연산 $+_n$(덧셈을 n으로 나눈 나머지로 정의)을 다음과 같이 정의한다. 임의의 원소 $a,\ b\in\mathbb{Z}_n$에 대하여

$$a+_n b = [a+b]_n = \begin{cases} a+b, & 0\leq a+b<n \\ a+b-n, & n\leq a+b<2n \end{cases}$$

즉, $\boxed{[a+b]_n}$은 $a+b$를 n으로 나눈 나머지이다. 문맥상 n으로 나눈 나머지를 분명히 알면 n를 생략하여

$$a+_n b = a+b$$

라 쓴다. 그러면 대수적 구조 $(\mathbb{Z}_n,+_n)$은 항등원이 0이고, $a(\neq 0)$의 역원은 $-a=n-a$인 가환군이다. [참조: 정수의 정의 1.2.1]

구체적인 예로, $\mathbb{Z}_6=\{0,\ 1,\ 2,\ 3,\ 4,\ 5\}$에서 2의 덧셈 역원은 $-2=6-2=4\in\mathbb{Z}_6$이다. 또한 $0=2+4\in\mathbb{Z}_6$이지만 $6\notin\mathbb{Z}_6$임을 유의해야 한다.

(2) 정수 n의 배수 전체집합 $\boxed{n\mathbb{Z}=\{nx \mid x\in\mathbb{Z}\}}$ 위의 덧셈 $+$을 가진 대수적 구조 $(n\mathbb{Z},+)$은 항등원이 0이고, nx의 역원은 $-nx$인 가환군이다.

(3) $\mathbb{Z}_n$의 부분집합

$$\mathbb{Z}_n^* = \{a\in\mathbb{Z}_n \mid \gcd(a,\ n)=1\}$$

위의 곱셈 $(\cdot)$ (곱셈을 n으로 나눈 나머지로 정의)을 임의의 원소 $a,\ b \in \mathbb{Z}_n^*$에 대하여

$$a \cdot b = [a \cdot b]_n$$

이라 정의하자. 그러면 $(\mathbb{Z}_n^*,\ \cdot\ )$은 항등원이 1이고, a의 역원 a^{-1}은 $ax \equiv 1 \pmod n$에서 법 n에 대한 해 x인 가환 곱셈군이다. [참조: 정리 1.2.17(5)]

구체적인 예로, 곱셈군 $\mathbb{Z}_8^* = \{1,\ 3,\ 5,\ 7\}$에서 3의 곱셈 역원은 $3^{-1} = 3 \in \mathbb{Z}_8$이다.

(4) n차 복소방정식 $z^n = 1$의 서로 다른 n개의 복소근 집합

$$\begin{aligned}\mathscr{U}_n &= \{z \in \mathbb{C} \mid z^n = 1\} \\ &= \left\{\cos\frac{2\pi k}{n} + i\sin\frac{2\pi k}{n} \;\middle|\; k = 0,\ 1, \cdots,\ n-1\right\} \\ &= \left\{e^{i\frac{2\pi k}{n}} \;\middle|\; k = 0,\ 1,\ \cdots,\ n-1\right\}\end{aligned}$$

위의 곱셈$(\cdot)$을 가진 대수적 구조 $(\mathscr{U}_n,\ \cdot\ )$은 항등원이 $e^0 = 1$이고, $e^{i\frac{2\pi k}{n}}$의 역원은 $\left(e^{i\frac{2\pi k}{n}}\right)^{-1} = e^{i\left(-\frac{2\pi k}{n}\right)}$인 가환군이다.

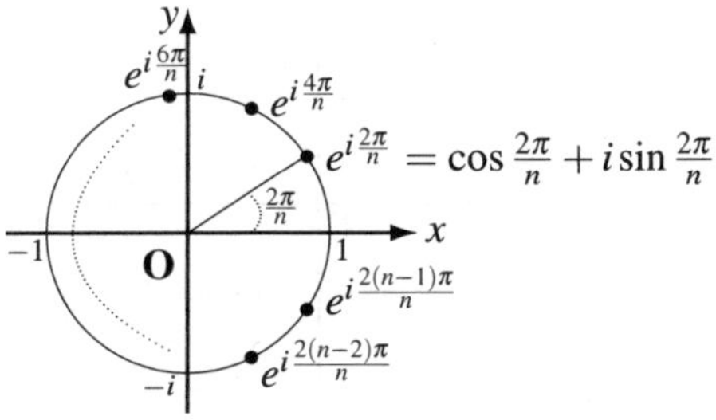

(5) 양의 실수 $p \in \mathbb{R}^+$일 때, 반개구간

$$\mathbb{R}_p = [0,\ p) = \{x \in \mathbb{R} \mid 0 \le x < p\}$$

위의 연산 $+_p$(덧셈을 p로 나눈 나머지로 정의)을 다음과 같이 정의한다. 임의의 원소 $a,\ b \in \mathbb{R}_p$에 대하여

$$a +_p b = [a+b]_p = \begin{cases} a+b, & 0 \le a+b < p \\ a+b-p, & p \le a+b < 2p \end{cases}$$

즉, $[a+b]_p$는 $a+b$를 p로 나눈 나머지이다. 문맥상 p로 나눈 나머지를 분명히 알면 p를 생략하여

$$a +_p b = a + b$$

라 쓴다. 대수적 구조 $(\mathbb{R}_p, +_p)$는 항등원이 0이고, $a(\neq 0)$의 역원은 $-a = p - a$인 가환군이다.

(6) 반지름이 1인 원상의 점집합

$$\mathscr{U} = \{z \in \mathbb{C} \mid\ |z| = 1\} = \{\cos\theta + i\sin\theta \mid \theta \in \mathbb{R}\} = \{e^{i\theta} \mid 0 \le \theta < 2\pi\}$$

위의 곱셈$(\cdot)$을 가진 대수적 구조 $(\mathscr{U},\ \cdot\ )$은 항등원이 $e^0 = 1$이고, $e^{i\theta}$의 역원은 $\left(e^{i\theta}\right)^{-1} = e^{-i\theta}$인 가환군이다.

예 2.1.6 [원소 4개인 군]

(1) 가환군 $(\mathbb{Z}_4, +)$의 연산표는 다음과 같다.

+	0	1	2	3
0	0	1	2	3
1	1	2	3	0
2	2	3	0	1
3	3	0	1	2

(2) 가로와 세로가 다른 직사각형에서 군을 만들어 보자. V는 직사각형의 무게 중심을 원점 **O**으로 하는 직교좌표계에서 회전변환과 선대칭변환을 했을 때 자기 자신과 겹치는 변환(전단사 함수임)을 원소로 갖는 집합이다. 원소는 다음 4가지가 있다.

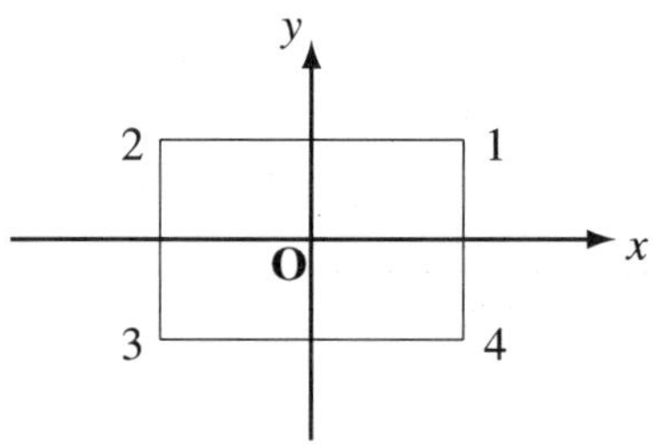

e : 제자리 (항등변환). $\quad e = \begin{pmatrix} 1 & 2 & 3 & 4 \\ 1 & 2 & 3 & 4 \end{pmatrix}$

x : x축 대칭변환. $\quad x = \begin{pmatrix} 1 & 2 & 3 & 4 \\ 4 & 3 & 2 & 1 \end{pmatrix}$

y : y축 대칭변환. $\quad y = \begin{pmatrix} 1 & 2 & 3 & 4 \\ 2 & 1 & 4 & 3 \end{pmatrix}$

o : 원점 **O**을 중심으로 180° 회전변환. $\quad o = \begin{pmatrix} 1 & 2 & 3 & 4 \\ 3 & 4 & 1 & 2 \end{pmatrix}$

그러면 $V = \{e, x, y, o\}$에서 연산을 함수(변환)의 합성 $(\circ)$으로 주면, 연산표는 다음과 같고 가환군이 된다. 예를 들어, x와 y의 연산 $xy(= x \circ y)$는 다음과 같다.

$$xy = \begin{pmatrix} 1 & 2 & 3 & 4 \\ 4 & 3 & 2 & 1 \end{pmatrix} \begin{pmatrix} 1 & 2 & 3 & 4 \\ 2 & 1 & 4 & 3 \end{pmatrix} = \begin{pmatrix} 1 & 2 & 3 & 4 \\ 3 & 4 & 1 & 2 \end{pmatrix} = o$$

$\circ$	e	x	y	o
e	e	x	y	o
x	x	e	o	y
y	y	o	e	x
o	o	y	x	e

이 가환군 $(V, \circ)$을 **Klein 4원군**(Klein four-group, 四元群)이라 한다.

독일의 수학자인 클라인(독: F. C. Klein, 1849-1925)은 군론, 비유클리드 기하학등 여러 분야를 연구하였으며, 특히 수학의 서로 다른 분야인 군론과 기하학을 연결하는 데 공헌하였다.

예 2.1.7 실수 $\mathbb{R}$ 위의 함수 집합의 대수적 구조에 대한 예를 살펴 보자.

$$F = \{f \mid f: \mathbb{R} \longrightarrow \mathbb{R}\text{는 실가함수}\}$$

임의의 함수 $f, g \in F$에 대하여 다음 4가지 이항연산$(+, -, \cdot, \circ)$을 정의하자. 임의의 실수 $x \in \mathbb{R}$ 에 대하여

$$(f+g)(x) = f(x)+g(x)\text{로 정의되는 } f+g \quad (\text{덧셈})$$
$$(f-g)(x) = f(x)-g(x)\text{로 정의되는 } f-g \quad (\text{뺄셈})$$
$$(f \cdot g)(x) = f(x) \cdot g(x)\text{로 정의되는 } f \cdot g \quad (\text{곱셈})$$
$$(f \circ g)(x) = f(g(x))\text{로 정의되는 } f \circ g \quad (\text{합성})$$

라 정의하면, 위 4개의 함수는 모두 $\mathbb{R}$을 정의역과 공역으로 가지는 실가함수이므로 F는 4가지 이항연산$(+, -, \cdot, \circ)$에 닫혀있다.

사실 $(F,+)$은 영사상$(f(x)=0)$이 항등원인 가환군이고, $(F,-)$은 결합법칙이 성립하지 않으며, $(F, \cdot)$은 상수함수$(f(x)=1)$가 항등원이고, $(F, \circ)$은 항등함수$(f(x)=x)$가 항등원인 단군이다.

정리 2.1.8 *군 $(G, *)$에 대하여 다음이 성립한다.*

(1) G의 원소 e, e'이 $*$에 대한 항등원이면 $e=e'$이다. (항등원의 유일성)
(2) G의 원소 a', a''이 $*$에 대한 a의 역원이면 $a'=a''$이다. (역원의 유일성)

※ 군에서 일반적으로 연산 $*$은 생략하고, a의 역원을 a^{-1}라 표기한다.
※ 특별히 가환군에서 연산은 덧셈 $+$을 사용하고, $+$에 대한 a의 역원은 $-a$라 표기하고, 뺄셈$(-)$연산은 $b-a=b+(-a)$라 정의한다.
※ 항등원과 역원의 유일성에 의해 $e^{-1}=e$이고, $(a^{-1})^{-1}=a$이다.

(증명) (1) 항등원을 e, e'이라 하자. (G_2)에 의하여 다음이 성립한다.

$$e = e*e' = e' \quad \Longrightarrow \quad e=e'$$

(2) a', a''을 a의 역원이라 하자. 그러면 (G_3)에 의하여

$$a*a' = a'*a = e, \qquad a*a'' = a''*a = e$$

이다. 따라서 다음이 성립한다.

$$a' = a'*e = a'*(a*a'') = (a'*a)*a'' = e*a'' = a'' \quad \Longrightarrow \quad a' = a''$$ ■

문제 2.1.9 반군 G에서 좌항등원 e_L가 우항등원 e_R이 존재하면, $e_L = e_R$임을 증명하라. 즉, e_L은 항등원이다.

정리 2.1.10 군 $(G,*)$에 대하여 다음이 성립한다.

(1) $\forall\, a,\, b,\, c \in G$, $\begin{cases} a*b = a*c \Longrightarrow b = c \\ b*a = c*a \Longrightarrow b = c \end{cases}$ (소거법칙, cancellation law, 消去法則)

(2) $\forall\, a,\, b \in G$, 방정식 $a*x = b$와 $y*a = b$는 유일한 해 $x = a^{-1}*b,\, y = b*a^{-1}$가 존재

(증명) (1) $a*b = a*c$라 하자. (G_3)에 의하여 a의 역원 a^{-1}이 존재하므로

$$a^{-1}*(a*b) = a^{-1}*(a*c)$$

이다. 결합법칙 (G_1)에 의하여

$$(a^{-1}*a)*b = (a^{-1}*a)*c$$

이다. (G_3)에 의하여

$$e*b = e*c$$

이다. (G_2)에 의하여

$$b = c$$

이다. $b*a = c*a$인 경우도 같은 방법으로 $b = c$임을 보일 수 있다.

(2) $a*x = b$라 하자. (G_3)에 의하여 a의 역원 a^{-1}이 존재하므로

$$a^{-1}*(a*x) = a^{-1}*b$$

이다. 결합법칙 (G_1)에 의하여

$$(a^{-1}*a)*x = a^{-1}*b$$

이다. (G_3)에 의하여

$$e*x = a^{-1}*b$$

이다. (G_2)에 의하여

$$x = a^{-1} * b$$

이므로 해 $a^{-1} * b$가 존재한다. 다음에 해의 유일성을 보이자. 방정식 $a * x = b$의 해 x', $x'' \in G$이 존재한다고 하자. 그러면

$$a * x' = b, \quad a * x'' = b$$

이다. 따라서

$$a * x' = a * x''$$

이고, 소거법칙에 의해 $x' = x''$이므로 해가 유일하게 존재한다. $y * a = b$인 경우도 같은 방법으로 해가 유일하게 존재함을 보일 수 있다. ■

예 2.1.11 군이 아니면 일반적으로 소거법칙(정리 2.1.10 (1))이 성립하지 않는다. 다음 예를 살펴 보자. 실수 성분 2×2 행렬들의 모든 집합

$$M_2(\mathbb{R}) = \left\{ \begin{pmatrix} a & b \\ c & d \end{pmatrix} \middle| \, a,\ b,\ c,\ d \in \mathbb{R} \right\}$$

은 곱셈에 대하여 단군이다. $M_2(\mathbb{R})$에서

$$\begin{pmatrix} 0 & 1 \\ 0 & 0 \end{pmatrix} \begin{pmatrix} 1 & 0 \\ 0 & 0 \end{pmatrix} = \begin{pmatrix} 0 & 1 \\ 0 & 0 \end{pmatrix} \begin{pmatrix} 0 & 1 \\ 0 & 0 \end{pmatrix}$$

이지만,

$$\begin{pmatrix} 1 & 0 \\ 0 & 0 \end{pmatrix} \neq \begin{pmatrix} 0 & 1 \\ 0 & 0 \end{pmatrix}$$

이다.

정리 2.1.12 *군 G의 임의의 원소 $a,\ b \in G$에 대하여 다음이 성립한다.*

$$(ab)^{-1} = b^{-1}a^{-1}$$

(증명) G가 군이므로

$$(ab)(b^{-1}a^{-1}) = a(bb^{-1})a^{-1} = aea^{-1} = aa^{-1} = e$$

이다. 같은 방법으로 $(b^{-1}a^{-1})(ab) = e$임을 알 수 있다. 따라서 $(ab)^{-1} = b^{-1}a^{-1}$이다. ■

다음 정리는 군의 정의에서 항등원과 역원에 관한 조건을 약화해도 군이 된다는 것을 의미한다. 즉, 좌항등원과 좌역원이 항상 존재하면 군이 된다(정리 2.1.13). 같은 방법으로 우항등원과 우역원이 항상 존재하면 군이 된다. 하지만 좌항등원과 우역원이 항상 존재한다고 해서 군이 되는 것은 아니다[참조: 연습문제 18번].

정리 2.1.13 *G가 반군(결합법칙 성립)일 때, 다음이 성립한다.*

$(G_2)'$ $\exists\, e_L, \forall\, a \in G,\quad e_L a = a$ (좌항등원 존재) $(G_3)'$ $\forall\, a \in G,\ \exists\, a_L \in G,\quad a_L a = e_L$ (좌역원 존재)	$\Rightarrow$	G는 군

※ 조건[$(G_2)'$, $(G_3)'$]을 군의 **좌공리**라 한다.

(증명) 우항등원과 우역원이 존재함을 보이면 된다. 먼저 우역원이 존재함을 보이자. a'을 a의 좌역원이라 하고, a''을 a'의 좌역원이라 하자. 그러면

$$a'a = e_L, \quad a''a' = e_L$$

이다. 따라서 첫번째 식에 a'의 좌역원 a''을 왼쪽에 곱하면, 결합법칙이 성립하므로

$$a''e_L = a''(a'a) = (a''a')a = e_L a = a \quad \Longrightarrow \quad a = a''e_L$$

이다. 이를 이용하여 a'이 a의 우역원임을 보이자.

$$aa' = (a''e_L)a' = a''(e_L a') = a''a' = e_L$$

이므로 a'은 a의 우역원이다.

다음에 e_L이 우항등원임을 보이자.

$$ae_L = a(a'a) = (aa')a = e_L a = a$$

이므로, e_L은 우항등원이다. 따라서 G는 군이 된다. ■

정의 2.1.14 *[위수(order, 位數)]*

대수적 구조 G가 군일 때,

$\lvert G \rvert$가 G의 **위수**(order, 位數)	$\overset{\text{정의}}{\Longleftrightarrow}$	$\lvert G \rvert$는 군 G의 원소의 개수
G가 **유한군**(finite group, 有限群)	$\overset{\text{정의}}{\Longleftrightarrow}$	G의 원소의 개수가 유한. 즉, $\lvert G \rvert < \infty$
G가 **무한군**(infinite group, 無限群)	$\overset{\text{정의}}{\Longleftrightarrow}$	G의 원소의 개수가 무한. 즉, $\lvert G \rvert = \infty$

예 2.1.15 유한군 $(G, *)$의 연산표를 만들어 보자. e는 항등원을 의미한다.

(1) $|G| = 1$인 경우. $G = \{e\}$은 항등원 1개만 가진 군으로 가환군이 된다.

(2) $|G| = 2$인 경우. $G = \{e, a\}$라 하자. e가 항등원이므로 빈칸을 채우기 쉽다. 하지만 $a * a$는 어떻게 결정할 것인가? 연산이 닫혀 있어야 하므로 e, a 중에 하나와 대응되어야 한다. 이때 (✓)같은 행과 열의 대응원소와 겹치면 안된다. 왜냐하면, 만약 $a * a = a$라면 $e * a = a$(아래 연산표의 제1행 제2열의 a와 겹침)이므로

$$a * a = a = e * a$$

가 되어 (우)소거법칙에 의하여 $a=e$가 되어 모순이다. 따라서 $a*a=e$이어야 한다.

$*$	e	a
e	e	a
a	a	$e,a?$

$\Longrightarrow$

$*$	e	a
e	e	a
a	a	e

그러므로 원소가 2개인 군은 위와 같은 연산표 한 가지 종류만 존재한다. 연산표를 보면 대각선에 관하여 대칭이므로 가환군임을 알 수 있다. 또한 $a^{-1}=a$이다.

(3) $|G|=3$인 경우. $G=\{e,\ a,\ b\}$라 하자. 먼저 항등원이 들어 있는 행과 열을 정하자. 나머지 4칸은 같은 행과 열에서 이미 대응된 원소와 다르게 선택한다(위 (✓) 참조). 따라서 아래와 같이 빈칸에 대응원소를 선택할 수 있다.

(항등원에 대한 연산 결정)

$*$	e	a	b
e	e	a	b
a	a	$e,a,b?$	$e,a,b?$
b	b	$e,a,b?$	$e,a,b?$

$\Longrightarrow$ (같은 원소 a,b 제거)

$*$	e	a	b
e	e	a	b
a	a	$e,b?$	e
b	b	e	$e,a?$

$\Longrightarrow$ (같은 원소 e 제거)

$*$	e	a	b
e	e	a	b
a	a	b	e
b	b	e	a

그러므로 원소가 3개인 군은 위와 같은 연산표 한 가지 종류만 존재한다. 연산표를 보면 가환군임을 알 수 있다. 또한 $a^{-1}=b$이고 $b^{-1}=a$이다.

(4) 원소가 4개인 군은 두 가지 종류 $\mathbb{Z}_4$, V(가환군)만 존재한다. 이에 대해서는 예 3.2.10에서 다룰 것이다.

(5) 원소가 10개 이하인 군에 대해서는 4.4절에서 다룬다. 실제로 원소가 5개 이하인 군은 항상 가환군이다.

군 $(G,\ \cdot)$에서 임의의 원소 $a,\ b,\ c\in G$에 대하여 $(a\cdot b)\cdot c=a\cdot(b\cdot c)$(결합법칙 성립)이므로 괄호를 생략하여 간단히 $a\cdot b\cdot c$라 나타낸다. 즉, $(a\cdot b)\cdot c=a\cdot(b\cdot c)=a\cdot b\cdot c$로 나타낸다. 또한 임의의 정수 n에 대하여

$$a^n=\begin{cases} a\cdot a\cdot\cdots\cdot a\ (n\text{개의 곱}), & n\text{이 양의 정수}\\ e\ (\text{곱셈 항등원}), & n=0\\ a^{-1}\cdot a^{-1}\cdot\cdots\cdot a^{-1}\ (|n|\text{개의 곱}), & n\text{이 음의 정수}\end{cases}$$

이라 정의한다. 예를 들어,

$$a^3=a\cdot a\cdot a,\qquad \boxed{a^0=e},\qquad a^{-3}=a^{-1}\cdot a^{-1}\cdot a^{-1}$$

이다. 특히 덧셈군 $(G,\ +)$에서는

$$na=\begin{cases} a+a+\cdots+a\ (n\text{개의 덧셈}), & n\text{이 양의 정수}\\ 0\ (\text{덧셈 항등원}), & n=0\\ (-a)+(-a)+\cdots+(-a)\ (|n|\text{개의 덧셈}), & n\text{이 음의 정수}\end{cases}$$

이라 정의한다. 여기서 $\boxed{n \notin G}$ 임을 주의해야 한다. 덧셈군에서 예를 들면,

$$3a = a + a + a, \qquad \boxed{0a = 0}, \qquad (-3)a = (-a) + (-a) + (-a)$$

이다. 특히, $\boxed{(-1)a = -a}$ 이다.

임용시험 출제 2.1.16 [2000학년도] 군 G의 임의의 원소 g에 대하여 $g^{-1} = g$이면, G는 가환군(commutative group)임을 보여라.

연 습 문 제 (2.1)

1. $\mathbb{Q}$ 위에서 $a * b = ab + 1$ 로 정의된 이항연산 $*$가 가환인지와 결합적인지를 결정하라.

2. $*$는 집합 S 위에서 결합적 이항연산이라고 가정하자.

$$H = \{a \in S \mid \text{모든 } x \in S\text{에 대하여 } a * x = x * a\}$$

라고 하자. H는 $*$ 아래서 닫혀 있음을 증명하라.

3. $*$가 집합 S 위에서 결합적이고 가환인 이항연산이라고 가정하자.

$$H = \{a \in S \mid a * a = a\}$$

가 $*$ 아래서 닫혀 있음을 증명하라. ($a * a = a$를 만족할 때, a를 **멱등원**(idempotent)이라 한다).

4. 군 $A = \{1, 2, 3, 4\}$가 아래 연산표를 만족할 때, 물음에 답하라.

*	1	2	3	4
1	1	2	3	4
2	2			1
3	3		1	
4	4	1		

(1) *의 항등원을 구하라. (2) 모든 원소의 역원을 구하라.

5. 집합 $S = \{a, b, c, d\}$ 위에서 이항연산 * 가 잘 정의되었을 때, 결합법칙이 성립하도록 다음 연산표의 빈칸을 채워라. 그리고 항등원과 각 원소의 역원을 구하라.

*	a	b	c	d
a	a	b		
b	b	d	a	c
c	c	a	d	b
d	d			a

6. $\mathbb{R}$ 위에서 정의된 이항연산 $*$가 $a*b=a+b+ab$로 주어질 때, 다음을 증명하라.

(1) 모든 $a,b,c\in\mathbb{R}$에 대해서 $(a*b)*c=a*(b*c)$ 이다.

(2) 모든 $a,b\in\mathbb{R}$에 대해서 $a*b=b*a$이다.

(3) $a\neq -1$이면 $a*b=a*c$일 필요충분조건은 $b=c$이다.

7. $G=\mathbb{R}-\{1\}$ 위에서 정의된 이항연산 $*$가 $a*b=a+b-ab$로 주어질 때, 다음 물음에 답하라.

(1) $*$에 관한 항등원을 구하라.

(2) $(G,*)$는 군이 됨을 보여라.

(3) $2*x*3=-1$을 만족시키는 x를 구하라.

8. 다음 집합은 $*$연산에 의해서 군이 되는 것은?

(1) $\mathbb{R}$에서 $x*y=x+y+5$

(2) $\mathbb{R}$에서 $x*y=\frac{xy}{2}$

(3) $\mathbb{R}-\{-1\}$에서 $x*y=x+y+xy$

(4) $I=(-1,1)$에서 $x*y=\frac{xy}{xy+1}$

9. 다음 집합 중 곱셈군이 아닌 것은?

① $\{a\mid a$는 홀수인 정수$\}$

② $\{1,\ -1,\ i,\ -i\}$

③ $\{z\in\mathbb{C}\mid |z|=1\}$

④ $\{-2,\ -1,\ 1,\ 2\}$

10. 다음 6개의 함수

$$f_1(x)=x,\ \ f_2(x)=\frac{1}{1-x},\ \ f_3(x)=\frac{x-1}{x},\ \ f_4(x)=\frac{1}{x},\ \ f_5(x)=1-x,\ \ f_6(x)=\frac{x}{x-1}$$

의 집합 $A=\{f_1,\ f_2,\ f_3,\ f_4,\ f_5,\ f_6\}$ 위에서 연산 $\circ$이 함수의 합성으로 주어졌다. 이때 다음 물음에 답하라.

(1) 연산 $\circ$은 교환법칙이 성립하는가?

(2) 연산 $\circ$에 관한 항등원을 구하라.

(3) 연산 $\circ$에 관한 모든 원소의 역원을 구하라.

(4) 대수적 구조 $(A,\ \circ)$은 군인지 아닌지 판단하라.

11. 정수 n에 대하여 $n\mathbb{Z}=\{na\mid a\in\mathbb{Z}\}$일 때, $(n\mathbb{Z},+)$는 군임을 증명하라.

12. 정수 $a,\ b\in\mathbb{Z}$에 대해 연산 $*$을 다음과 같이 정의할 때, $(\mathbb{Z},\ *)$가 가환군임을 보여라.

$$(a-2)*(b-2)=a+b-2$$

13. 복소수 집합 $\mathbb{C}-\{0\}$ 을 $\mathbb{C}^*$라고 정의할 때, 곱셈연산 $\cdot$에 대하여 대수적 구조 $(\mathbb{C}^*,\ \cdot)$이 가환군임을 복소수의 성질을 이용하여 증명하라.

14. 이항연산 $*$가 주어진 다음 집합 위에서 군의 구조를 이루는지 말하라. 군을 이루지 않으면 군의 정의의 $G_1,\ G_2,\ G_3$의 순서 중 성립하지 않는 맨 처음 정의를 말하라.

(1) 양의 실수 집합 $\mathbb{R}^+$ 위에서 $a*b=\sqrt{ab}$로 $*$를 정의한 경우.

(2) 복소수 집합 $\mathbb{C}$ 위에서 $a*b=|ab|$로 $*$를 정의한 경우.

15. 반군 G의 원소 a에 대해 $axa = a$인 원소 x가 존재할 때, $aya = a$이고 $yay = y$인 y를 a와 x로 표현하라.

16. 반군 G에서 우항등원 e_R과 각 원소 a의 우역원 a_R이 존재할 때, $x^2 = x$이면, $x = e_R$임을 보여라.

17. 반군 G가 다음 **우공리** $(G_2)'$, $(G_3)'$을 만족할 때 군이 됨을 보여라. 즉,

$(G_2)'$ $\exists e_R, \forall a \in G, \quad ae_R = a$ (우항등원 존재)
$(G_3)'$ $\forall a \in G, \exists a_R \in G, \quad aa_R = e_R$ (우역원 존재)
$\Rightarrow$ G는 군

18. $\mathbb{R}^*$를 0이 아닌 모든 실수의 집합이라 하자. $\mathbb{R}^*$ 위에서 $*$는 $a * b = |a|b$로 정의한다.

(1) $*$가 $\mathbb{R}^*$ 위에서 결합적 이항연산임을 보여라.

(2) $\mathbb{R}^*$에서 $*$ 아래서 좌항등원과 각 원소에 대한 우역원이 존재함을 보여라.

(3) $\mathbb{R}^*$가 이 이항연산을 갖는 군이 되는가?

(4) 이 연습문제의 의미를 설명하라. [참조: 정리 2.1.13].

19. G는 유한군이다. 모든 $x \in G$에 대하여 $x^n = e$가 되는 정수 n이 존재함을 보여라.

[참조: $e, a, a^2, \cdots, a^m$을 생각하고 소거법칙을 이용하라. 여기서 m은 G의 위수이다.]

20. $(G, *)$는 군이고, $x, y \in G$이다. 만일 $x * y = e$이면 $y * x = e$임을 보여라.

21. 군 G의 원소 a, b에 대하여 $(ab)^{-1} = a^{-1}b^{-1}$일 필요충분조건은 $ab = ba$임을 밝히시오.

22. 군 G의 모든 원소 a, b에 대하여 $(ab)^2 = a^2b^2$이면, G는 가환군임을 증명하라.

23. 군 G의 모든 원소 a, b에 대하여 $(ab)^3 = a^3b^3$과 $(ab)^5 = a^5b^5$이 성립하면, G는 가환군임을 증명하라.

24. 군 G의 모든 원소 a, b에 대하여 연속된 세 정수 i가 존재하여 $(ab)^i = a^ib^i$가 성립하면, G는 가환군임을 증명하라.

25. 군 G의 원소 a, b, c, x에 대하여 다음 물음에 답하라.

(1) $x^2 = b$, $x^5 = e$이다. x를 구하라.

(2) $x^2a = bxc^{-1}$, $acx = xac$이다. x를 a, b, c로 표시하라.

(3) $(xax)^3 = bx$, $x^2a = (xa)^{-1}$이다. x를 구하라.

26. 자연수 n에 대하여 가환곱셈군 G의 위수가 $2n+1$일 때, G의 모든 원소의 곱은 e(항등원)임을 보여라.

27. 군 G에서 $|G| = 2n$이면 $a^2 = e$, $a \neq e$인 원소가 존재함을 보여라.

[일반적으로 $|G| = pn$, p는 소수이면 $a^p = e$, $a \neq e$인 원소가 존재한다(Cauchy정리 4.2.3).]

2.2 부분군

일반적으로 군의 부분집합은 주어진 연산에 대하여 군이 되지 않는데 군이 되는 부분집합에 대하여 알아 본다. 단, 군의 원소 e는 항등원이다.

정의 2.2.1 [*부분군(subgroup, 部分群)*]

대수적 구조 $(G, \cdot)$가 군일 때, 공이 아닌 G의 부분집합 $(\varnothing \neq)S \subset G$에 대하여,

| S가 군 G의 **부분군**(subgroup, 部分群) | $\overset{\text{정의}}{\Longleftrightarrow}$ | 유도된 연산(G의 연산 $\cdot$)에 관하여 $(S, \cdot)$가 군 |

※ S가 군 G의 부분군일 때, $S < G$라 표기하며, $S \neq G$인 경우 $S \lneqq G$ 또는 $S \lneq G$라 표기

※ G를 **비진부분군**(improper subgroup)이라 하고, G와 다른 모든 부분군을 **진부분군**(proper subgroup)이라 한다. 특히, 가장 작은 부분군 $\{e\}$를 **자명**(trivial, 自明)**부분군**이라 하며, 나머지 부분군을 **비자명**(nontrivial, 非自明)**부분군**이라 한다.

예 2.2.2 [부분군] 부분군에 대한 예를 살펴 보자.

(1) 덧셈군 $(\mathbb{Z}, +)$의 부분집합 $(\mathbb{N}, +)$는 반군이지만 부분군이 아니다. 하지만 $(2\mathbb{Z}, +)$는 $(\mathbb{Z}, +)$의 부분군이다.

(2) 곱셈군 $(\mathbb{R}^* = \mathbb{R} - \{0\}, \cdot)$의 부분집합 $(\mathbb{Q}^*, \cdot)$와 $(\mathbb{R}^+, \cdot)$은 $(\mathbb{R}^*, \cdot)$의 부분군이다.

정리 2.2.3 (부분군 판정조건) *군 $(G, \cdot)$의 부분집합 S에 대하여 다음은 동치명제이다.*

(1) S가 G의 부분군

$\Leftrightarrow$ (2) $\begin{cases} ① \ \forall a, b \in S, a \cdot b \in S \\ ② \ \forall a, b, c \in S, (a \cdot b) \cdot c = a \cdot (b \cdot c) \\ ③ \ \exists e \in S \\ ④ \ \forall a \in S, \exists a^{-1} \in S \end{cases}$

$\Leftrightarrow$ (3) $\begin{cases} ① \ \forall a,b \in S, a \cdot b \in S. \\ ② \ \exists e \in S \\ ③ \ \forall a \in S, \exists a^{-1} \in S \end{cases}$

$\Leftrightarrow$ (4) $\begin{cases} ① \ \exists e \in S \\ ② \ \forall a,b \in S, a \cdot b^{-1} \in S. \end{cases}$

※ 부분군 판정조건에서 항등원 $e \in S$와 $S \neq \varnothing$은 동치조건이다.

(증명) (1) $\Leftrightarrow$ (2) 부분군의 정의이다.

(2) $\Rightarrow$ (3) 분명히 성립한다.

(3) $\Rightarrow$ (4) (3)의 가정 ①과 ③에 의하여 (4)의 ②가 성립한다.

(4) $\Rightarrow$ (2) $e \in S$이므로 임의의 원소 $a \in S$에 대하여, ②를 이용하면

$$a^{-1} = e \cdot a^{-1} \in S$$

이다. 그러므로 임의의 원소 $a,b \in S$에 대하여, $b^{-1} \in S$이므로, ②에 의하여

$$a \cdot b = a \cdot (b^{-1})^{-1} \in S$$

이다. 마지막으로 임의의 원소 $a,b,c \in S$는 군 G의 원소이므로

$$(a \cdot b) \cdot c = a \cdot (b \cdot c)$$

이 성립한다. ■

정리 2.2.4 군 G의 유한 부분집합 $H(\neq \varnothing)$에 대하여 다음이 성립한다.

임의의 원소 $a,b \in H$에 대하여 $ab \in H$ $\Rightarrow$ $H < G$ (H는 G의 부분군)

(증명) $|H| = n, H = \{a_1, a_2, \cdots, a_n\}$이라 하자. 각 $a \in H$에 대하여

$$Ha = \{a_1a,\ a_2a,\ \cdots,\ a_na\}$$

이라 하자. 그러면 가정에 의하여 $Ha \subset H$이고, (우)소거법칙에 의하여

$$a_ia = a_ja \Longrightarrow a_i = a_j \quad \text{즉} \quad a_i \neq a_j \Longrightarrow a_ia \neq a_ja$$

이므로 $|Ha| = n = |H|$이다. 또한 $Ha \subset H$이므로 $Ha = H$ 이다.

한편 $a \in H = Ha$이므로 적당한 원소 $a_i \in H$가 존재하여

$$ea = a = a_ia$$

이다. (우)소거법칙에 의하여 $e = a_i$이고 $e = a_i \in H = Ha$이다. 따라서 적당한 원소 $a_j \in H$가 존재하여

$$e = a_ja$$

이다. 우변에 a^{-1}을 곱하면 즉, $a^{-1} = a_j$이다. 따라서 $a^{-1} = a_j \in H$이다. 부분군 판정조건(정리 2.2.3)에 의하여, H는 G의 부분군이다. ■

예 2.2.5 [모든 부분군 구하기] 유한군 $(\mathbb{Z}_4, +)$의 모든 부분군을 구하자. 부분군은 항등원 0을 포함하고 $+$에 관하여 닫혀 있으므로, $\mathbb{Z}_4$의 모든 부분군은 다음과 같다.

(1) 0만 포함하는 경우의 부분군은 $\{0\}$이다.

(2) 0과 1을 포함하는 경우의 부분군은 $\{0,\ 1,\ 2,\ 3\} = \mathbb{Z}_4$이다.

(3) 0과 2를 포함하는 경우의 부분군은 $\{0,\ 2\}$이다.

(4) 0과 3을 포함하는 경우의 부분군은 $\{0,\ 3,\ 2,\ 1\} = \mathbb{Z}_4$이다.

(5) 3개 이상의 원소를 포함하는 경우의 부분군은 $\mathbb{Z}_4$이다.

따라서 $\mathbb{Z}_4$의 모든 부분군 $\{0\}$, $\{0,\ 2\}$, $\mathbb{Z}_4$인 3가지 존재하고, $\{0\} < \{0,\ 2\} < \mathbb{Z}_4$인 관계이다.

문제 2.2.6 Klein 4원군 V와 $(\mathbb{Z}_5,\ +)$, $(\mathbb{Z}_6,\ +)$의 모든 부분군을 구하라.

정리 2.2.7 군 G의 원소 $a \in G$에 대하여

$$\langle a \rangle = \{a^n \mid n \in \mathbb{Z}\}$$

라 할 때, 다음이 성립한다.

(1) $a \in \langle a \rangle$이고 $\langle a \rangle < G$이다. 또한 $\langle a \rangle$는 가환군이다.
(2) $H < G$이고 $a \in H$이면, $\langle a \rangle < H$. 즉, $\langle a \rangle$는 a를 포함하는 가장 작은 부분군

(증명) (1) 정의에 의해 $a = a^1 \in \langle a \rangle \neq \varnothing$이고, $e = a^0 \in \langle a \rangle$이다. 임의의 $a^i,\ a^j \in \langle a \rangle$에 대하여

$$a^i(a^j)^{-1} = a^i a^{-j} = a^{i-j} \in \langle a \rangle$$

이므로 $\langle a \rangle$는 G의 부분군이다(정리 2.2.3). 또, 임의의 $a^i,\ a^j \in \langle a \rangle$에 대하여

$$a^i a^j = a^{i+j} = a^j a^i$$

이므로 $\langle a \rangle$는 가환군이다.

(2) 가정에 의해 $a \in H$이고 $H < G$이므로, 임의의 정수 $i \in \mathbb{Z}$에 대하여 $a^i \in H$이다. 따라서 $\langle a \rangle < H$이다. ■

정의 2.2.8 [순환부분군(cyclic subgroup)] a가 군 G의 원소일 때,

$\langle a \rangle$가 a**에 의해 생성된** G**의 순환부분군** (cyclic subgroup, 循環部分群)	$\overset{\text{정의}}{\Longleftrightarrow}$	$\langle a \rangle = \{a^n \mid n \in \mathbb{Z}\}$ (곱셈군)
G가 **순환군**(cyclic group, 循環群)	$\overset{\text{정의}}{\Longleftrightarrow}$	$\exists\, a \in G,\ G = \langle a \rangle = \{a^n \mid n \in \mathbb{Z}\}$

※ $G = \langle a \rangle$일 때, a를 G의 **생성원**(generator, 生成元)이라 한다.
※ 덧셈군의 순환부분군은 $\langle a \rangle = \{na \mid n \in \mathbb{Z}\}$로 나타낸다.

예 2.2.9 [순환군의 생성원과 부분군] 순환군 $(\mathbb{Z}_6,\ +)$의 생성원과 모든 순환부분군을 구하자.

(1) $(\mathbb{Z}_6,\ +)$은 순환군이다. 왜냐하면,

$$\mathbb{Z}_6 = \{0,\ 1,\ 2,\ 3,\ 4,\ 5\} = \{0\cdot 1,\ 1\cdot 1,\ 2\cdot 1,\ 3\cdot 1,\ 4\cdot 1,\ 5\cdot 1\} = \langle 1 \rangle$$

이므로 1이 $(\mathbb{Z}_6,\ +)$의 생성원이다. 여기서 $n\cdot 1$은 곱셈이 아니라 생성원 1을 n번 더한 횟수이다. 예를 들어, $3\cdot 1 = 1+1+1$을 의미한다. 그리고

$$\mathbb{Z}_6 = \{0,\ 1,\ 2,\ 3,\ 4,\ 5\} = \{0\cdot(-1),\ 5\cdot(-1),\ 4\cdot(-1),\ 3\cdot(-1),\ 2\cdot(-1),\ 1\cdot(-1)\} = \langle -1 \rangle$$

이므로 -1이 $(\mathbb{Z}_6,\ +)$의 생성원이다. 또한

$$\mathbb{Z}_6 = \{0,\ 1,\ 2,\ 3,\ 4,\ 5\} = \{0\cdot 5,\ 5\cdot 5,\ 4\cdot 5,\ 3\cdot 5,\ 2\cdot 5,\ 1\cdot 5\} = \langle 5 \rangle$$

이므로 5도 $(\mathbb{Z}_6,\ +)$의 생성원이다. 같은 방법으로 -5도 생성원이 됨을 알 수 있다. 따라서 $1,\ -1,\ 5,\ -5$는 $(\mathbb{Z}_6,\ +)$의 생성원이다. $-1 = 5,\ -5 = 1$이므로 $(\mathbb{Z}_6,\ +)$의 서로 다른 생성원은 $1,\ -1$로 2개 존재한다.

(2) $(\mathbb{Z}_6,\ +)$의 모든 순환부분군을 구해 보자.

$$\langle 0\rangle = \{n\cdot 0 \mid n\in\mathbb{Z}\} = \{0\}, \qquad \langle 1\rangle = \{n\cdot 1 \mid n\in\mathbb{Z}\} = \mathbb{Z}_6,$$
$$\langle 2\rangle = \{n\cdot 2 \mid n\in\mathbb{Z}\} = \{0,\ 2,\ 4\}, \qquad \langle 3\rangle = \{n\cdot 3 \mid n\in\mathbb{Z}\} = \{0,\ 3\},$$
$$\langle 4\rangle = \{n\cdot 4 \mid n\in\mathbb{Z}\} = \{0,\ 2,\ 4\} = \langle 2\rangle, \qquad \langle 5\rangle = \{n\cdot 5 \mid n\in\mathbb{Z}\} = \mathbb{Z}_6 = \langle 1\rangle$$

따라서 $\mathbb{Z}_6$의 순환부분군은 $\langle 0\rangle,\ \langle 1\rangle,\ \langle 2\rangle,\ \langle 3\rangle$으로 4개 존재한다.

예 2.2.10 [순환군]

(1) 예 2.1.5(1)의 $(\mathbb{Z}_n,\ +)$은 생성원이 1 또는 -1인 순환군이다.

$$\mathbb{Z}_n = \langle 1\rangle = \langle -1\rangle$$

(2) 예 2.1.5(4)의 $(\mathscr{U}_n,\ \cdot\ )$도 생성원이 $e^{\frac{2\pi}{n}}$ 인 순환군이다.

$$\mathscr{U}_n = \{z\in\mathbb{C} \mid z^n = 1\} = \left\langle e^{\frac{2\pi i}{n}} \right\rangle$$

예 2.2.11 [비순환군] Klein 4원군 $V = \{e,\ x,\ y,\ o\}$는 순환군이 아니다. V의 모든 순환부분군을 구해 보자.

$$\langle e\rangle = \{e\}, \quad \langle x\rangle = \{e,\ x\}, \quad \langle y\rangle = \{e,\ y\}, \quad \langle o\rangle = \{e,\ o\}$$

이므로 모든 순환부분군은 V와 다르다. 따라서 V를 생성하는 생성원이 없으므로 V는 순환군이 아니다.

문제 2.2.12 [순환군의 생성원] 순환군 $G = \langle a\rangle$에 대하여 다음을 보여라.

(1) $\langle a\rangle = \langle a^{-1}\rangle$임을 보여라. 즉, a와 a^{-1}은 항상 순환군 G의 생성원이다.

(2) 순환군 G의 서로 다른 생성원이 없으면, $G = \langle a\rangle = \{e,\ a\}$임을 보여라. [참조: (1)과 나눗셈 알고리즘 이용]

정리 2.2.13 *군 G의 부분군 $H,\ K$에 대하여 다음이 성립한다.*

(1) $H\cap K < G$

(2) $H\cup K < G \implies H\subset K$ 이거나 $K\subset H$

(증명) (1) $e\in H$이고 $e\in K$이므로 $e\in H\cap K$이다.

임의의 $a,\ b \in H \cap K$에 대하여 $H,\ K$가 부분군이므로

$$ab^{-1} \in H \text{ 이고 } ab^{-1} \in K$$

이다. 또한

$$ab^{-1} \in H \cap K$$

이다. 따라서 $H \cap K < G$(정리 2.2.3).

(2) $H \not\subset K$이라 하자. 그러면 $a \in H - K$이 존재한다. 즉, $a \in H$이지만 $a \notin K$이다. 그러면 임의의 $b \in K$에 대하여 $H \cup K < G$이므로

$$ab \in H \cup K$$

이다. 즉, $ab \in H$이거나 $ab \in K$이다. 먼저 $ab \in K$인 경우. $b \in K$이므로 $a \in K$가 되어 모순이다. 따라서 $ab \in H$이어야 한다. $a \in H$이므로 $b \in H$이다. 그러므로 $K \subset H$이다. ■

문제 2.2.14 군 G의 부분군 $H_i(i \in I)$(I는 첨자집합)에 대하여 $\cap_{i \in I} H_i < G$임을 보여라.

예 2.2.15 일반적으로 두 부분군의 합집합은 부분군이 되지 않는다.

덧셈군 $(\mathbb{Z}, +)$의 두 부분군 $2\mathbb{Z}$, $3\mathbb{Z}$의 합집합 $2\mathbb{Z} \cup 3\mathbb{Z}$는 부분군이 되지 않는다. 왜냐하면

$$2 \in 2\mathbb{Z} \text{이고 } 3 \in 3\mathbb{Z} \text{이지만, } 2+3 = 5 \notin 2\mathbb{Z} \cup 3\mathbb{Z}$$

정의 2.2.16 [*생성원(generator, 生成元)*]

군 G의 부분집합 $(\varnothing \neq)S = \{s_i \mid i \in I\}$($I$는 첨자집합)일 때,

$\langle S \rangle$가 S**에 의해 생성되는 부분군**	$\overset{\text{정의}}{\Longleftrightarrow}$	$\langle S \rangle$는 S를 포함하는 가장 작은 부분군

※ $\langle S \rangle = \langle s_i \mid i \in I \rangle$ 라고도 나타낸다.

※ s_i를 $\langle S \rangle$의 **생성원**(generator, 生成元)이라 하고, S를 $\langle S \rangle$의 **생성원 집합**이라 한다.

※ $S = \{s_1, \cdots, s_n\}$가 유한집합일 때, $\langle s_1, \cdots, s_n \rangle$을 **유한생성부분군**이라 하고, $G = \langle s_1, \cdots, s_n \rangle$이면 G를 **유한생성군**(finitely generated group, 有限生成群)이라 한다.

※ G의 생성원 집합 S의 진부분집합 S'이 G의 생성원 집합이 아닐 때, S를 G의 **기약생성원**(irreducible generate set, 既約生成元)이라 한다.

즉, 순환군은 1개의 원소로 된 기약생성원이 존재한다.

정리 2.2.17 *군 G의 부분집합 $S(\neq \varnothing)$에 대하여 다음이 성립한다.*

(1) $\langle S \rangle = \left\{ s_1^{a_1} \cdots s_n^{a_n} \mid s_1, \cdots, s_n \in S,\ a_1, \cdots, a_n \in \mathbb{Z},\ n \geq 1 \right\}$

(2) H가 $S \subset H$인 부분군이면, $\langle S \rangle < H$

(증명) (1) $H = \left\{ s_1^{a_1} \cdots s_n^{a_n} \mid s_1, \cdots, s_n \in S, a_1, \cdots, a_n \in \mathbb{Z}, n \geq 1 \right\}$이라 하자.

분명히 $s \in S$에 대하여 $e = s^0 \in H$이다.

임의의 $r_1^{a_1} \cdots r_n^{a_n}, s_1^{b_1} \cdots s_m^{b_m} \in H, r_1, \cdots, r_n, s_1, \cdots, s_m \in S, a_1, \cdots, a_n, b_1, \cdots, b_m \in \mathbb{Z}$에 대하여

$$\left(r_1^{a_1} \cdots r_n^{a_n}\right) \left(s_1^{b_1} \cdots s_m^{b_m}\right)^{-1} = r_1^{a_1} \cdots r_n^{a_n} s_m^{-b_m} \cdots s_1^{-b_1} \in H$$

이므로 $H < G$이다. 또한 임의의 $s \in S$에 대하여 $s = s^1 \in H$이므로 $S \subset H$이다. 따라서 $\langle S \rangle$는 S를 포함하는 가장 작은 부분군이므로,

$$\langle S \rangle < H$$

이다. 역으로 임의의 $r_1^{a_1} \cdots r_n^{a_n} \in H$에 대하여 $r_1, \cdots, r_n \in S$이고, $\langle S \rangle$가 부분군이므로

$$r_1^{a_1} \cdots r_n^{a_n} \in \langle S \rangle$$

이다. 따라서 $H \subset \langle S \rangle$이고, $H = \langle S \rangle$이다.

(2) 정의에 의하여 분명히 성립한다. ■

예 2.2.18 [유한생성 부분군] 유한군에서 예를 살펴 보자.

(1) Klein 4원군 $V = \{x^0, x, y, xy\} = \langle x, y \rangle$ 이므로, $\{x, y\}$는 V의 생성원 집합이다.

(2) 덧셈군 $\mathbb{Z}_6 = \langle 1 \rangle = \{a2 + b3 \mid a, b \in \mathbb{Z}_6\} = \langle 2, 3 \rangle$이므로, $\{1\}$과 $\{2, 3\}$은 $\mathbb{Z}_6$의 기약생성원이다.

예 2.2.19 [유한생성 부분군] 두 원소 a, b로 생성되는 위수 6인 비가환군(e는 항등원) G를 만들어 보자. 항등원이 아닌 두 원소 a, b의 관계를 $\boxed{a^3 = e, b^2 = e, ab = ba^2}$라 정의하고, 이를 만족하는 연산을 가진 대수적 구조를

$$G = \langle a, b \mid a^3 = e, b^2 = e, ab = ba^2 \rangle = \{e, a, a^2, b, ba, ba^2\}$$

라 하면(**군의 표현**이라 함), 연산표는 다음과 같고 비가환군이 된다. 예를 들어, a^2과 b의 곱은 $ab = ba^2$을 이용하면, 다음과 같다.

$$a^2b = a(ab) = a(ba^2) = (ab)a^2 = (ba^2)a^2 = ba^4 = ba^3a = bea = ba$$

$\cdot$	e	a	a^2	$\boxed{b}$	ba	ba^2
e	e	a	a^2	b	ba	ba^2
a	a	a^2	e	ba^2	b	ba
$\boxed{a^2}$	a^2	e	a	$\boxed{ba}$	ba^2	b
b	b	ba	ba^2	e	a	a^2
ba	ba	ba^2	b	a^2	e	a
ba^2	ba^2	b	ba	a	a^2	e

a의 역원은 $a^{-1}=a^2$이고, ba의 역원은 $(ba)^{-1}=ba$이다. 또한 $ab=ba^2\neq ba$이므로 가환군이 아니다.

예 2.2.20 위수 8인 집합 $Q_8=\{\pm1,\ \pm i,\ \pm j,\ \pm k\}$에서 곱셈 연산을 다음과 같이 정의하자.

$$i^2=j^2=k^2=-1,\quad ij=k=-ji,\quad jk=i=-kj,\quad ki=j=-ik$$

그러면, 연산표는 다음과 같고, 대수적 구조 $(Q_8,\ \cdot\ )$은 군이 된다.

$\cdot$	1	-1	i	$-i$	j	$-j$	k	$-k$
1	1	-1	i	$-i$	j	$-j$	k	$-k$
-1	-1	1	$-i$	i	$-j$	j	$-k$	k
i	i	$-i$	-1	1	k	$-k$	$-j$	j
$-i$	$-i$	i	1	-1	$-k$	k	j	$-j$
j	j	$-j$	$-k$	k	-1	1	i	$-i$
$-j$	$-j$	j	k	$-k$	1	-1	$-i$	i
k	k	$-k$	j	$-j$	$-i$	i	-1	1
$-k$	$-k$	k	$-j$	j	i	$-i$	1	-1

하지만, Q_8은 순환군이 아닌 비가환군이다. 실제로, 다음과 같은 5개의 순환부분군을 가진다.

$$\langle 1\rangle=\{1\},\quad \langle -1\rangle=\{1,\ -1\},$$

$$\langle\ i\ \rangle=\langle -i\ \rangle=\{\pm1,\ \pm i\},\quad \langle\ j\ \rangle=\langle -j\ \rangle=\{\pm1,\ \pm j\},\quad \langle\ k\ \rangle=\langle -k\ \rangle=\{\pm1,\ \pm k\}$$

하지만,

$$Q_8=\langle i,\ j\rangle=\langle j,\ k\rangle=\langle i,\ k\rangle$$

이다. 이 군 Q_8을 **4원수군**(quaternion group, 四元數群)이라 한다.

Q_8의 부분군들의 포함관계를 아래와 같이 도표로 그려보자. 이처럼 순서관계를 나타내는 그래프를 하세(독: H. Hasse, 1898-1979)가 제안했기 때문에 **Hasse의 다이어그램**(Hasse diagram)이라 한다.

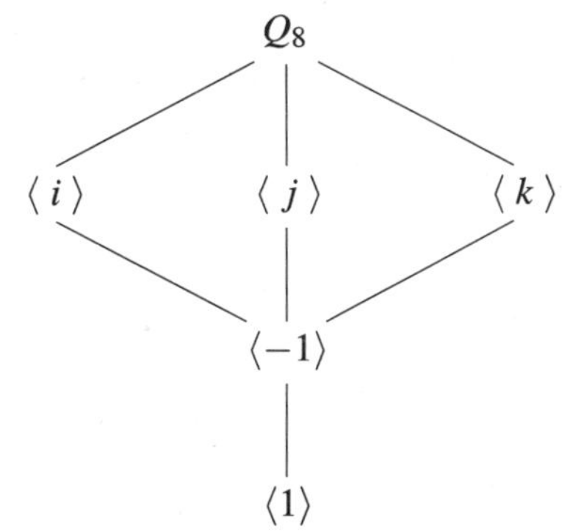

예 2.2.21 [유한생성 부분군] 무한군에서 예를 살펴 보자.

덧셈군 $\mathbb{Z}$에서

$$\begin{cases} \langle 2,\ 4\rangle = \{a2+b4 \mid a,\ b\in\mathbb{Z}\} = 2\mathbb{Z} = \langle 2\rangle \\ \langle 4,\ 6\rangle = \{a4+b6 \mid a,\ b\in\mathbb{Z}\} = 2\mathbb{Z} = \langle 2\rangle \\ \langle 2,\ 3\rangle = \{a2+b3 \mid a,\ b\in\mathbb{Z}\} = \ \mathbb{Z} = \langle 1\rangle \end{cases}$$

이므로, $\{2,\ 3\}$은 $\mathbb{Z}$의 기약생성원 집합이다. 즉, 순환군도 2개 이상의 생성원을 가질 수 있다.

문제 2.2.22 $a,\ b\in\mathbb{Z}$일 때, $\langle a,\ b\rangle = \gcd(a,\ b)\mathbb{Z}$임을 보여라. [참조: 정리 1.2.7(2)]

임용시험 출제 2.2.23 [2010학년도] 유한군(finite group) G의 부분군 H에 대하여, G와 H의 부분군의 개수가 같으면 $G=H$임을 증명하라.

연 습 문 제 (2.2)

1. 복소수의 부분집합 0을 포함한 순허수의 집합 $i\mathbb{R}=\{ai \mid a\in\mathbb{R}\}$은 덧셈 아래서 복소수의 군 $\mathbb{C}$의 부분군이 되는가를 결정하라.

2. 다음 중에서 실수 성분을 가지는 가역 $n\times n$ 행렬의 곱셈군 $GL(n,\ \mathbb{R})$의 부분군이 되는지를 결정하라.

(1) 행렬식이 -1 또는 1인 $n\times n$ 행렬의 집합

(2) $(A^T)A=I_n$인 $n\times n$ 행렬의 집합.
[참조: A의 전치행렬 A^T의 연산성질 $(AB)^T=B^TA^T$을 이용하라.]

3. 예 2.1.7 의 정의역을 $\mathbb{R}$로 갖는 모든 실가 함수의 집합으로 이루어진 덧셈군

$$F=\{f \mid f:\ \mathbb{R}\longrightarrow\mathbb{R}\text{는 실가함수}\}$$

의 부분집합

$$F'=\{f\in F \mid \forall\, x\in\mathbb{R},\ f(x)\neq 0\}$$

에 대하여 다음 명제의 참, 거짓을 판단하라.

(1) 덧셈 아래서 $(F',+)$는 F의 부분군

(2) 곱셈 아래서 $(F',\ \cdot\ )$는 군

4. $(\mathbb{Z},*)$에서 모든 $a,\ b\in\mathbb{Z}$에 대하여 $a*b=a+b+1$일 때, 순환군인지 판단하라.

5. 군 G의 원소 $a \in G$에 대하여 다음을 증명하라.

(1) $H_a = \{x \in G \mid xa = ax\}$는 G의 부분군임을 보여라.

(2) $x^2ax = a^{-1}$이면 $x \in H_a$임을 보여라.

6. $H = \{x \in G \mid$ 모든 $g \in G$에 대해서 $g^2x = xg^2\}$는 G의 부분군임을 보여라.

7. 행렬의 곱셈군 $G = \left\{ \begin{pmatrix} a & b \\ c & d \end{pmatrix} \middle| \, a, b, c, d \in \mathbb{R}, ad - bc \neq 0 \right\}$에 대하여 다음을 증명하라.

(1) $H = \left\{ \begin{pmatrix} a & b \\ 0 & d \end{pmatrix} \middle| \, a, b, d \in \mathbb{R}, ad \neq 0 \right\}$는 G의 부분군임을 보이고, 가환성을 판단하라.

(2) $A = \{g \in G \mid gH = Hg\}$를 구하고, A는 G의 부분군임을 보여라.

8. $(\mathbb{Z}, +)$의 부분군 $m\mathbb{Z}$, $n\mathbb{Z}$에 대하여 $m\mathbb{Z} \subset n\mathbb{Z}$일 동치조건을 구하라.

9. 군 G의 위수 p가 2보다 크고 부분군의 수가 2개뿐이면, p는 소수임을 보여라.

10. m과 n을 정수라 하자. $m\mathbb{Z} + n\mathbb{Z} = \{mx + ny \mid x, y \in \mathbb{Z}\}$는 $\mathbb{Z}$의 부분군임을 보여라.

11. 가환군 G의 부분군 H, K에 대하여 $HK = \{hk \mid h \in H, k \in K\}$는 G의 부분군임을 보여라.

12. 순환군 G의 위수가 9일 때, 다음 물음에 답하라.

(1) G의 서로 다른 생성원의 수를 구하라.

(2) 2개의 원소로 생성하는 서로 다른 기약생성원의 개수를 구하라.

13. 위수 12인 순환군 $U_{12} = \langle a \rangle = \{1, a, a^2, \cdots, a^{11}\}$에 대하여 다음 물음에 답하라.

(1) U_{12}의 부분군을 모두 구하고, 이들 부분군 전체에 대한 Hasse 다이어그램을 그려라.

(2) 2개의 원소로 생성하는 서로 다른 기약생성원의 수를 구하라.

14. 군 G의 부분군 H에 대하여 $H^{-1} = \{a^{-1} \mid a \in H\}$라 할 때, H^{-1}가 G의 부분군임을 보여라.

15. 군 G의 부분집합 $H(\neq \varnothing)$에 대하여 다음 명제는 거짓이다. 곱셈군 $\mathbb{R}^*$와 덧셈군 $\mathbb{Z}$에서 다음 두 명제에 대한 반례를 들어라.

(1) 임의의 $a, b \in H$에 대하여 $ab \in H$이면, H는 G의 부분군이다.

(2) 임의의 $a \in H$에 대하여 $a^{-1} \in H$이면, H는 G의 부분군이다.

2.3 순환군과 원소의 위수

이 절에서는 순환군과 원소의 위수에 대한 성질을 알아 본다.

정의 2.3.1 [*위수(order, 位數)*] *군 G의 원소 $a \in G$에 대하여*

$\|\langle a\rangle\|$가 a의 **위수**(order, 位數)	$\overset{정의}{\Longleftrightarrow}$	$\|\langle a\rangle\|$가 유한
a가 **무한위수**를 갖는다	$\overset{정의}{\Longleftrightarrow}$	$\|\langle a\rangle\|$가 무한

※ a의 위수를 $|a| = |\langle a\rangle|$ 라 나타낸다.

※ 항등원 e의 위수는 $|e| = 1$ 이고, 위수 1인 원소는 항등원 e뿐이다.

예 2.3.2 [원소의 위수] $(\mathbb{Z}_6, +)$의 모든 원소의 위수를 구하자.

$$|0| = |\langle 0\rangle| = |\{0\}| = 1, \qquad |1| = |\langle 1\rangle| = |\mathbb{Z}_6| = 6,$$
$$|2| = |\langle 2\rangle| = |\{0,\ 2,\ 4\}| = 3, \qquad |3| = |\langle 3\rangle| = |\{0,\ 3\}| = 2,$$
$$|4| = |\langle 4\rangle| = |\{0,\ 2,\ 4\}| = 3, \qquad |5| = |\langle 5\rangle| = |\mathbb{Z}_6| = 6$$

하지만 $(\mathbb{Z}, +)$에서 $|1| = |\langle 1\rangle|$는 무한이므로, 1은 무한위수를 갖는다.

정리 2.3.3 *군 G의 원소 a의 위수 $|a|$가 유한일 때, 다음이 성립한다.*

(1) $|a| = \min\{n \in \mathbb{N} \mid a^n = e\}$ 즉, a의 위수 $|a|$는 $a^n = e$인 최소 양의 정수 n이다.

(2) $a^n = e \iff |a| \mid n$ 즉, n은 $|a|$의 배수이다.

※ (1)에 의하여 $a^{|a|} = e$

※ G가 덧셈군이면 $|a| = \min\{n \in \mathbb{N} \mid na = 0\}$ 단, min은 집합에서 최소원을 의미한다.

(증명) (1) $s = \min\{n \in \mathbb{N} \mid a^n = e\}$이라 하자. 그러면 $a^s = e$이다. 나눗셈 알고리즘(정리 1.2.3)에 의해, 임의의 정수 i에 대하여

$$i = sq + t, \quad 0 \leq t < s$$

인 정수 q, t가 존재한다. 그러면 임의의 $a^i \in \langle a\rangle$에 대하여

$$a^i = a^{sq+t} = (a^s)^q a^t = e^q a^t = a^t$$

이다. 그러므로

$$\langle a\rangle = \{e,\ a^1,\ a^2,\ \cdots,\ a^{s-1}\}$$

이다. 또한 $0 \leq i \leq j < s$인 i, j에 대하여

$$a^i = a^j \implies a^{j-i} = e$$

이다. $0 \le j-i < s$이므로 양의 정수 s의 최소성에 의해 $j-i=0$ 이어야 한다. 즉, $0 \le i \le j < s$인 $i,\ j$에 대하여

$$i \ne j \quad \Longrightarrow \quad a^i \ne a^j$$

이다. 그러므로 다음이 성립한다.

$$|a| = |\langle a \rangle| = s = \min\{n \in \mathbb{N} \mid a^n = e\}$$

(2) ($\Rightarrow$) $|a| = r$이고, $a^n = e$이라 하자. 나눗셈 알고리즘에 의해

$$n = rq + t, \quad 0 \le t < r$$

인 정수 $q,\ t$가 존재한다. 그러면 (1)에 의해 $a^r = e$이므로

$$e = a^n = a^{rq+t} = (a^r)^q a^t = e^q a^t = a^t$$

이다. 또, (1)에 의해 $r = \min\{n \in \mathbb{N} \mid a^n = e\}$이고 $0 \le t < r$이므로, $t = 0$이어야 한다. 따라서

$$n = rq$$

이다. 즉, $|a| \mid n$이다.

($\Leftarrow$) $n = |a|q$라 하자. 그러면 (1)에 의하여 $a^{|a|} = e$이므로, 다음이 성립한다.

$$a^n = a^{|a|q} = (a^{|a|})^q = e^q = e$$

■

정리 2.3.4 *군 G의 원소 a의 위수 $|a|$가 유한일 때, 정수 $i,\ j,\ n$에 대하여 다음이 성립한다.*

(1) $a^i = a^j \iff i \equiv j \pmod{|a|}$

(2) $|a^n| = \dfrac{|a|}{\gcd(n,\ |a|)}$

(3) a가 무한 위수를 가지면, $a^i = a^j \iff i = j$

(증명) (1) 정리 2.3.3(2)에 의하여 다음이 성립한다.

$$a^i = a^j \iff a^{i-j} = e \iff |a| \mid (i-j) \iff i \equiv j \pmod{|a|}$$

(2) $|a^n| = t$라 하고, $d = \gcd(n,\ |a|)$, $n = dr$, $|a| = ds$라 하자. 그러면 정리 2.3.3(2)에 의하여

$$e = (a^n)^t = a^{nt} \quad \Longrightarrow \quad |a| \mid nt \quad \Longrightarrow \quad ds \mid drt \quad \Longrightarrow \quad s \mid rt$$

이다. $1 = \gcd(r,\ s)$이므로, 정리 1.2.9(3)에 의하여 다음이 성립한다.

$$s \mid t \quad \Longrightarrow \quad \frac{|a|}{d} \,\Big|\, t$$

한편 정리 2.3.3(2)에 의하여

$$(a^n)^{\frac{|a|}{d}} = \left(a^{|a|}\right)^{\frac{n}{d}} = e^{\frac{n}{d}} = e \qquad \Longrightarrow \qquad t \;\Big|\; \frac{|a|}{d}$$

이다. 따라서 다음이 성립한다.

$$|a^n| = t = \frac{|a|}{d} = \frac{|a|}{\gcd(n,\ |a|)}$$

(3) ($\Rightarrow$) 임의의 $i,\ j \in \mathbb{Z}$에 대하여

$$a^i = a^j \qquad \Longrightarrow \qquad a^{i-j} = e$$

이라 하고, $i \neq j$이라 하자. 즉, $i > j$이라 해도 좋다. 그러면 $\infty = |a| \leq i - j$이므로, 모순이다. 따라서 $i = j$이다. 역방향은 분명히 성립한다. ■

정리 2.3.5 *[2010학년도 임용시험 출제]* 순환군 $G = \langle a \rangle$에 대하여 다음이 성립한다.

$$H < G \quad \Longrightarrow \quad \exists\, r \in \mathbb{Z}, \quad \boxed{H = \langle a^r \rangle} \text{ (순환부분군)}$$

(증명) $H = \{e\}$인 경우는 $H = \langle e \rangle$는 분명히 순환부분군이다.

$H \supsetneq \{e\}$이라 하면 $(e \neq) a^r \in H$가 존재한다. 또한 H가 부분군이므로, $a^{-r} = (a^r)^{-1} \in H$이다. 그러면 $a^r \in H$인 최소 양의 정수 $r \in \mathbb{N}$이 존재한다. $H = \langle a^r \rangle$ 임을 보이자. H가 부분군이므로, 다음이 성립한다.

$$\langle a^r \rangle \subset H$$

한편 임의의 $a^m \in H < \langle a \rangle$에 대하여

$$m = qr + s \ (0 \leq s < r)$$

인 정수 $q,\ s$가 존재한다. 그러면 다음이 성립한다.

$$a^m = a^{qr+s} = (a^r)^q a^s$$

따라서 $a^m,\ a^r \in H$이므로,

$$a^s = a^m (a^r)^{-q} \in H$$

이고, r의 최소성에 의하여 $s = 0$이어야 한다. 그러므로 $m = qr$이고

$$a^m = a^{qr} = (a^r)^q \in \langle a^r \rangle$$

그래서 $H = \langle a^r \rangle$이다. ■

따름정리 2.3.6 *덧셈군 $(\mathbb{Z}, +)$에 대하여 다음이 성립한다.*

$$\boxed{H < \mathbb{Z}} \Rightarrow \text{적당한 음이 아닌 정수 } n \text{에 대하여} \quad H = \langle n \rangle = n\mathbb{Z}$$

(증명) 덧셈군 $\mathbb{Z} = \langle 1 \rangle$은 순환군이므로, 정리 2.3.5에 의하여 성립한다. ■

문제 2.3.7 덧셈순환군 $(\mathbb{Z}, +)$과 양의 정수 d, s, m, n에 대하여, 다음 물음에 답하라.

(1) $d = \gcd(m, n)$일 필요충분조건은 $m\mathbb{Z} + n\mathbb{Z} = d\mathbb{Z}$임을 보여라.

(2) $s = \operatorname{lcm}(m, n)$일 필요충분조건은 $m\mathbb{Z} \cap n\mathbb{Z} = s\mathbb{Z}$임을 보여라.

예 2.3.8 다음 순환부분군과 최대공약수와의 관계에 대하여 살펴 보자.

$\gcd(2, 3) = 1$일 때, 다음이 성립한다.

$$2\mathbb{Z} + 3\mathbb{Z} = \{2x + 3y \mid x, y \in \mathbb{Z}\} = \mathbb{Z} = 1\mathbb{Z}$$

정리 2.3.9 *무한 순환군 $G = \langle a \rangle$에 대하여 다음이 성립한다.*

두 정수 r, s에 대하여

$$\langle a^r \rangle \subset \langle a^s \rangle \iff s \mid r, \qquad \boxed{\langle a^r \rangle = \langle a^s \rangle \iff s = \pm r}$$

이고, 특히 $G = \langle a^r \rangle \iff r = \pm 1$이다.

(증명) a가 무한 위수를 가지므로 정리 2.3.4(3)에 의하여

$$\langle a^r \rangle \subset \langle a^s \rangle \iff a^r \in \langle a^s \rangle \iff a^r = a^{st} \iff r = st \iff s \mid r$$

이다. 또한 위의 증명을 활용하면

$$\langle a^r \rangle = \langle a^s \rangle \iff s \mid r,\ r \mid s \iff s = \pm r$$

이다. ■

문제 2.3.10 무한순환군 G의 서로 다른 생성원은 2개뿐임을 증명하라.

정리 2.3.11 *위수가 유한인 순환군 $G = \langle a \rangle$에 대하여, 다음이 성립한다.*

(1) $\langle a^s \rangle = \langle a^t \rangle \iff \gcd(s, |a|) = \gcd(t, |a|)$

(2) $H, H' < \langle a \rangle$일 때, $\boxed{|H| = |H'| \iff H = H'}$

※ (2)에 의하여 $|a|$의 양의 약수 d를 위수로 갖는 유한 순환군$\langle a \rangle$의 부분군은 유일하게 존재

(증명) (1) $(\Rightarrow)$ $\langle a^s \rangle = \langle a^t \rangle$라 하자. $|a^s| = |a^t|$이므로 정리 2.3.4(2)에 의하여

$$\frac{|a|}{\gcd(s, |a|)} = |a^s| = |a^t| = \frac{|a|}{\gcd(t, |a|)}$$

이다. 따라서 $\gcd(s,\ |a|) = \gcd(t,\ |a|)$이다.

($\Leftarrow$) $d = \gcd(s,\ |a|) = \gcd(t,\ |a|)$, $s = ds'$, $t = dt'$이라 하자. $\langle a\rangle$의 유한부분군 $\langle a^d\rangle$을 생각하자. $\langle a^d\rangle$의 위수는 정리 2.3.4(2)에 의하여

$$\left|\langle a^d\rangle\right| = \left|a^d\right| = \frac{|a|}{\gcd(d,\ |a|)} = \frac{|a|}{d}$$

이다. 또한 $\langle a^s\rangle$과 $\langle a^t\rangle$의 위수는 정리 2.3.4(2)에 의하여

$$\left|\langle a^s\rangle\right| = \left|a^s\right| = \frac{|a|}{\gcd(s,\ |a|)} = \frac{|a|}{d} = \frac{|a|}{\gcd(t,\ |a|)} = \left|a^t\right| = \left|\langle a^t\rangle\right|$$

이다. 따라서

$$\left|\langle a^d\rangle\right| = \left|\langle a^s\rangle\right| = \left|\langle a^t\rangle\right|$$

한편 $s = ds'$, $t = dt'$이므로

$$a^s = a^{ds'} = (a^d)^{s'} \in \langle a^d\rangle, \quad a^t = a^{dt'} = (a^d)^{t'} \in \langle a^d\rangle$$

이다. 따라서

$$\langle a^s\rangle \subset \langle a^d\rangle, \quad \langle a^t\rangle \subset \langle a^d\rangle$$

이다. 또한 $\langle a^s\rangle$, $\langle a^t\rangle$, $\langle a^d\rangle$은 유한집합이므로, 다음이 성립한다.

$$\langle a^s\rangle = \langle a^d\rangle = \langle a^t\rangle$$

(2) $H = \langle a^s\rangle$, $H' = \langle a^t\rangle$라 하자. 정리 2.3.4(2) 와 (1)에 의하여 다음이 성립한다.

$$|H| = |H'| \iff |\langle a^s\rangle| = |\langle a^t\rangle| \iff |a^s| = |a^t| \iff \frac{|a|}{\gcd(s,\ |a|)} = \frac{|a|}{\gcd(t,\ |a|)}$$
$$\iff \gcd(s,\ |a|) = \gcd(t,\ |a|) \iff \langle a^s\rangle = \langle a^t\rangle \iff H = H'$$

■

따름정리 2.3.12 *유한순환군 $G = \langle a\rangle$에 대하여 다음이 성립한다.*

(1) $a^r \in G$가 G의 생성원일 필요충분조건은 $\boxed{\gcd(r,\ |a|) = 1}$이다.
(2) G의 생성원의 개수는 $\boxed{\varphi(|a|)}$개이다. 단, φ는 Euler 함수이다.

(증명) (1) 정리 2.3.11에 의하여, 다음이 성립한다.

$$G = \langle a\rangle = \langle a^r\rangle \quad \iff \quad 1 = \gcd(1,\ |a|) = \gcd(r,\ |a|)$$

(2) (1)에 의하여 성립한다. ■

따름정리 2.3.13 덧셈군 $(\mathbb{Z}_n, +)$ $(n \geq 2)$에 대하여 다음이 성립한다.

$H < \mathbb{Z}_n$ $\Rightarrow$ n의 양의 약수 d가 존재하여 $H = \left\langle \frac{n}{d} \right\rangle = \left\{0, \frac{n}{d}, 2\frac{n}{d}, \cdots, (d-1)\frac{n}{d}\right\}$

(증명) 덧셈군 $\mathbb{Z}_n = \langle 1 \rangle$은 순환군이므로, 정리 2.3.11에 의하여 성립한다. ■

예 2.3.14 유한 순환군 $\mathbb{Z}_{12}$의 생성원을 모두 구하자.

$\mathbb{Z}_{12}$의 원소 중 1, 5, 7, 11이 12와 서로소, 즉,

$$\gcd(1, 12) = \gcd(5, 12) = \gcd(7, 12) = \gcd(11, 12) = 1$$

이다. 그러므로 $\mathbb{Z}_{12}$의 생성원은 1, 5, 7, 11로 $\phi(12) = \phi(4)\phi(3) = 2 \cdot 2 = 4$개이다.

예 2.3.15 정리 2.3.11(2)가 성립하지 않는 예. Klein 4원군 $V = \{e, x, y, o\}$은 순환군이 아니다. 그리고 위수 2인 부분은

$$\{e, x\}, \quad \{e, y\}, \quad \{e, o\}$$

로 3개 존재한다.

예 2.3.16 정리 2.3.4(2)를 이용하여 원소의 위수를 구하자.

(1) [예 2.3.2 참조] 순환군 $\mathbb{Z}_6 = \langle 1 \rangle$의 위수는 $|\mathbb{Z}_6| = 6$이다.

$$|0| = |0 \cdot 1| = \frac{6}{\gcd(0, 6)} = \frac{6}{6} = 1, \qquad |1| = |1 \cdot 1| = \frac{6}{\gcd(1, 6)} = \frac{6}{1} = 6,$$
$$|2| = |2 \cdot 1| = \frac{6}{\gcd(2, 6)} = \frac{6}{2} = 3, \qquad |3| = |3 \cdot 1| = \frac{6}{\gcd(3, 6)} = \frac{6}{3} = 2,$$
$$|4| = |4 \cdot 1| = \frac{6}{\gcd(4, 6)} = \frac{6}{2} = 3, \qquad |5| = |5 \cdot 1| = \frac{6}{\gcd(5, 6)} = \frac{6}{1} = 6$$

(2) 순환군 $\mathbb{Z}_{12} = \langle 1 \rangle$의 위수는 $|\mathbb{Z}_{12}| = 12$이다.

$\gcd(0, 12) = 12$이므로, $|0| = \frac{12}{\gcd(0, 12)} = 1$

$\gcd(1, 12) = \gcd(5, 12) = \gcd(7, 12) = \gcd(11, 12) = 1$이므로

$|1| = |5| = |7| = |11| = \frac{12}{\gcd(1, 12)} = 12$

$\gcd(2, 12) = \gcd(10, 12) = 2$이므로, $|2| = |10| = \frac{12}{\gcd(2, 12)} = 6$

$\gcd(3, 12) = \gcd(9, 12) = 3$이므로, $|3| = |9| = \frac{12}{\gcd(3, 12)} = 4$

$\gcd(4, 12) = \gcd(8, 12) = 4$이므로, $|4| = |8| = \frac{12}{\gcd(4, 12)} = 3$

$\gcd(6, 12) = 6$이므로, $|6| = \frac{12}{\gcd(6, 12)} = 2$

정리 2.3.17 군 G의 두 원소 a, b의 위수가 유한이고 $ab = ba$일 때, 다음이 성립한다.

(1) $|ab| \mid \text{lcm}(|a|, |b|)$
(2) $\gcd(|a|, |b|) = 1$이면, $|ab| = |a||b|$

(증명) (1) $s = \text{lcm}(|a|, |b|)$라 하자. 그러면 $|a| \mid s$, $|b| \mid s$이다.
정리 2.3.3(2)에 의하여 $a^s = e$, $b^s = e$이고, $ab = ba$이므로

$$(ab)^s = a^s b^s = ee = e$$

이다. 다시 정리 2.3.3(2)에 의하여 $|ab| \mid s$이다. 즉, $|ab| \mid \text{lcm}(|a|, |b|)$이다.

(2) 먼저 $ab = ba$이므로

$$(ab)^{|a||b|} = \left(a^{|a|}\right)^{|b|} \left(b^{|b|}\right)^{|a|} = ee = e$$

이므로 $|ab| \mid |a||b|$이다. 한편

$$e = (ab)^{|ab||a|} = \left(a^{|a|}\right)^{|ab|} b^{|ab||a|} = e^{|ab|} b^{|ab||a|} = b^{|ab||a|}$$

$$e = (ab)^{|ab||b|} = a^{|ab||b|} \left(b^{|b|}\right)^{|ab|} = a^{|ab||b|} e^{|ab|} = a^{|ab||b|}$$

이므로, $|b| \mid |ab||a|$, $|a| \mid |ab||b|$이다. 하지만, $\gcd(|a|, |b|) = 1$이므로, 정리 1.2.9(3)에 의하여

$$|b| \mid |ab|, \qquad |a| \mid |ab|$$

이고, 정리 1.2.9(4)에 의하여 $\text{lcm}(|a|, |b|) \mid |ab|$이고, $|a||b| \mid |ab|$이므로 $|a||b| = |ab|$이다. ■

예 2.3.18 위수 6인 순환군 $G = \{e, a, a^2, a^3, a^4, a^5\} = \langle a \rangle$의 원소 a^2, a^3, a^4의 위수는 각각 3, 2, 3이다. 하지만 이 원소들의 곱의 위수는 다음과 같다.

$$|a^2a^3| = |a^5| = 6 = |a^2||a^3|,$$
$$|a^2a^4| = |a^6| = 1 \neq |a^2||a^4|$$

임용시험 출제 2.3.19 [2009학년도] 부분군이 유한 개인 군은 유한군임을 보여라.
[참조: 군은 모든 순환부분군의 합집합이고, 순환부분군은 유한집합임을 이용.]

임용시험 출제 2.3.20 [2012학년도] 위수(order)가 360인 순환군의 생성원(generator)의 개수를 구하라.

연 습 문 제 (2.3)

1. 다음 순환부분군의 원소의 개수를 구하라.

(1) 25에 의해서 생성되는 $\mathbb{Z}_{30}$의 순환 부분군

(2) $1+i$에 의해서 생성되는 곱셈 아래서 0이 아닌 복소수로 형성된 군 $\mathbb{C}^*$의 순환 부분군

2. 곱셈군 $\mathbb{Z}_{11}^* = \{1, 2, \cdots, 10\}$에 대하여 $\mathbb{Z}_{11}^* = \langle 2 \rangle$임을 밝혀라. 그리고 이 사실을 이용하여 $\mathbb{Z}_{11}^*$의 각 원소의 위수를 구하고, 또 $\mathbb{Z}_{11}^*$의 부분군 전체에 대한 Hasse 다이어그램을 구하라. [참조: 정리 2.3.4]

3. 순환군 $\mathbb{Z}_{24}$에 대하여 다음 물음에 답하라.

(1) $\mathbb{Z}_{24}$의 모든 생성원을 구하라.

(2) $\mathbb{Z}_{24}$에서 위수가 6인 원소는 모두 몇 개인가?

4. $|a| = 12$이다. 이때 다음 물음에 답하라.

(1) $a^{8k} = e$가 되는 최소의 양의 정수 k를 구하라.

(2) $|a^n| = 12$가 되는 모든 n을 찾아라.

5. p와 q가 소수일 때 순환군 $\mathbb{Z}_{pq}$의 생성원의 개수를 구하라.

6. 위수가 6인 군의 진부분군은 순환군임을 보여라. 즉, 비가환군(예 2.2.19의 G와 예 2.4.18의 D_3)이더라도 모든 진부분군이 가환군이 될 수 있다.

7. G는 부분군이 e와 G 자신뿐인 유한군이다. 그러면 $G = \{e\}$이거나 또는 G는 위수가 소수인 순환군임을 보여라.

8. p가 소수이면 $\mathbb{Z}_p$는 비자명 진부분군을 갖지 않음을 보여라.

9. 일반선형군 $GL_2(\mathbb{R})$에서

$$A = \begin{pmatrix} 0 & -1 \\ 1 & 0 \end{pmatrix},\ B = \begin{pmatrix} 0 & 1 \\ -1 & 1 \end{pmatrix},\ C = \begin{pmatrix} 0 & 1 \\ 1 & 0 \end{pmatrix},\ D = \begin{pmatrix} 0 & -1 \\ 1 & -1 \end{pmatrix}$$

일 때, 다음이 성립함을 밝혀라.

(1) A, B의 위수는 각각 4, 6이지만 AB는 무한 위수를 가진다.

(2) C, D의 위수는 각각 2, 3이지만 CD의 위수는 2이다.

10. 군 G의 원소 a와 b에 대하여 $|ab| = n$이면 $|ba| = n$임을 보여라.

11. 가환군 G의 원소 a, b에 대하여 $|a| = n$, $|b| = m$이라 하자.

(1) $\gcd(n, m) = 1$이면 위수가 nm인 G의 순환부분군이 존재함을 보여라.

(2) (1)을 일반화해서 위수가 $\operatorname{lcm}(n, m)$인 G의 순환부분군이 존재함을 보여라.

12. 양의 정수 a, b, d, d'에 대해 $d\mathbb{Z} = a\mathbb{Z} + b\mathbb{Z}$라 하면(따름정리 2.3.6에 의하여 d가 존재), 다음 두 조건(정수론에서 최대공약수의 정의)이 성립함을 보여라. [참조: 문제 2.3.7]

(1) $d \mid a$이고 $d \mid b$. (2) $d' \mid a$이고 $d' \mid b$이면, $d' \mid d$.

13. n과 m를 양의 정수라 하자. 다음을 순환군의 부분군으로 설명하라. [참조: 문제 2.3.7]

(1) 순환군의 생성원으로서 n과 m의 최소공배수(least common multiple)를 정의하라.

(2) n과 m의 최소공배수는 어떤 조건하에서 nm가 되는가?

(3) (2)를 일반화하여 n와 m의 최대공약수와 최소공배수의 곱은 nm임을 보여라.

14. G의 부분군 H와 원소 $g \in G$에 대하여 다음을 증명하라.

(1) $gHg^{-1} = \{ghg^{-1} \mid h \in H\}$는 G의 부분군이다.

(2) K가 H와 gHg^{-1}를 모두 포함하는 G의 유한순환부분군이면 $H = gHg^{-1}$이다.

15. 군 G의 원소 a와 항등원이 아닌 원소 b에 대하여 $b^2 = aba^{-1}$이고 a이 위수가 5일 때, b의 위수를 구하라.

16. 단 하나의 생성원을 갖는 순환군의 원소수는 많아야 두 개임을 보여라.

17. 가환군 G에 대하여 다음을 증명하라.

(1) $H = \{g \in G \mid |g| \leq 2\}$는 G의 부분군이다.

(2) p가 소수일 때, $H = \{x \in G \mid |x| = p^i,\ i \in \mathbb{Z}\}$는 G의 부분군이다.

18. 가환군 G에서 유한위수를 갖는 원소들은 부분군을 형성함을 보여라. 이 부분군을 G의 **꼬임 부분군**(torsion subgroup)이라 한다.

19. 위수 n인 유한순환군 G에서 m이 n의 양의 약수일 때, 방정식 $x^m = e$는 G 내에서 정확히 m개의 해가 존재함을 보여라.

2.4 치환군(대칭군)과 정이면체군

이 절에서는 집합 위의 전단사 함수로 이루어진 군에 대해 알아 본다.

정의 2.4.1 [*치환(permutation, 置換)*]

집합 $A(\neq \varnothing)$에 대하여

σ가 A 위의 **치환**	$\overset{\text{정의}}{\Longleftrightarrow}$	$\sigma : A \longrightarrow A$는 전단사 함수

정리 2.4.2 *집합 $A(\neq \varnothing)$에 대하여 A 위의 치환 전체집합*

$$S_A = \{\sigma \mid \sigma : A \longrightarrow A\text{는 전단사 함수}\}$$

위의 연산을 함수의 합성($\circ$)으로 정의하자. 그러면 다음이 성립한다.

대수적 구조 $(S_A, \circ)$은 군이다.

※ S_A를 A 위의 **치환군**(permutation group, 置換群) 또는 **대칭군**(symmetric –, 對稱–)이라 함.
※ 양의 정수 n에 대하여 $A = \{1, 2, \cdots, n\}$일 때, S_A를 $\boxed{S_n}$이라 표기하고, n차 **대칭군**이라 함.

(증명) 정리 1.4.8에 의하여 결합법칙이 성립하며, 항등사상이 합성에 대하여 항등원이다. 또한 정리 1.4.10에 의하여 역원이 존재하므로, $(S_A, \circ)$은 군이다. ■

$|A| = |\{1, 2, \cdots, n\}| = n$이면, n차 대칭군의 원소수는 $|S_n| = n!$이다.

$\sigma \in S_n$에 대하여 $\sigma : \{1, 2, \cdots, n\} \longrightarrow \{1, 2, \cdots, n\}$을 다음과 같이 표기하자.

$$\sigma = \begin{pmatrix} 1 & 2 & \cdots & n \\ \sigma(1) & \sigma(2) & \cdots & \sigma(n) \end{pmatrix}$$

또 $\sigma, \delta \in S_n$에 대하여 다음이 성립한다.

$$\sigma \circ \delta = \begin{pmatrix} 1 & 2 & \cdots & n \\ \sigma(\delta(1)) & \sigma(\delta(2)) & \cdots & \sigma(\delta(n)) \end{pmatrix}$$

$$\sigma^{-1} = \begin{pmatrix} \sigma(1) & \sigma(2) & \cdots & \sigma(n) \\ 1 & 2 & \cdots & n \end{pmatrix}$$

예 2.4.3 대칭군 S_2와 S_3의 예를 살펴 보자.

(1) 2차 대칭군 $S_2 = \left\{ \begin{pmatrix} 1 & 2 \\ 1 & 2 \end{pmatrix}, \begin{pmatrix} 1 & 2 \\ 2 & 1 \end{pmatrix} \right\}$에서 $\begin{pmatrix} 1 & 2 \\ 2 & 1 \end{pmatrix}\begin{pmatrix} 1 & 2 \\ 2 & 1 \end{pmatrix} = \begin{pmatrix} 1 & 2 \\ 1 & 2 \end{pmatrix}$

(2) 3차 대칭군

$$S_3 = \left\{ \begin{pmatrix} 1 & 2 & 3 \\ 1 & 2 & 3 \end{pmatrix}, \begin{pmatrix} 1 & 2 & 3 \\ 1 & 3 & 2 \end{pmatrix}, \begin{pmatrix} 1 & 2 & 3 \\ 3 & 2 & 1 \end{pmatrix}, \begin{pmatrix} 1 & 2 & 3 \\ 2 & 1 & 3 \end{pmatrix}, \begin{pmatrix} 1 & 2 & 3 \\ 2 & 3 & 1 \end{pmatrix}, \begin{pmatrix} 1 & 2 & 3 \\ 3 & 1 & 2 \end{pmatrix} \right\}$$

치환의 표현(세로 대응)을 다음과 같이 가로 대응으로 정의하자. 예를 들어,

$$\sigma = \begin{pmatrix} a & b & c & d & e \\ b & c & a & e & d \end{pmatrix}$$

을 가로 대응관계로 표현하면,

$$a \longrightarrow b \longrightarrow c \longrightarrow a, \qquad d \longrightarrow e \longrightarrow d$$

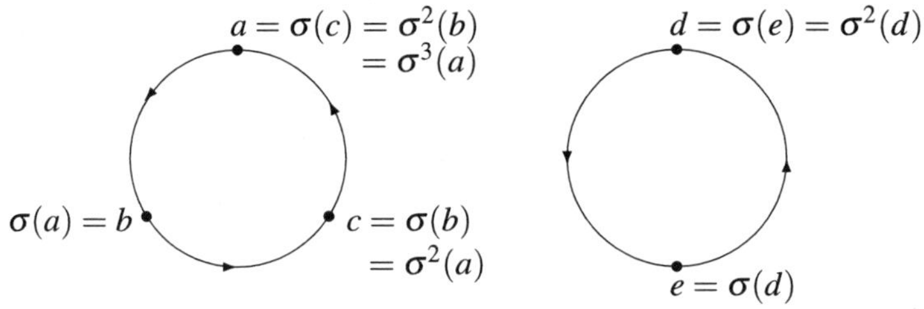

이므로, 다음과 같이 세로 대응을 가로 대응(위 그림과 같이 순환으로 나타남)으로 정의한다.

$$\begin{pmatrix} a & b & c & d & e \\ b & c & a & e & d \end{pmatrix} = (a\ b\ c)(d\ e)$$

치환에서 고정되는 수(같은 수로 대응)는 (a)로 표현하고 의미가 분명하므로 생략한다. 단, 항등원은 전부 생략할 수 없어 (1)로 정의한다. 예를 들어

$$\begin{pmatrix} 1 & 2 & 3 \\ 1 & 2 & 3 \end{pmatrix} = (1)(2)(3) = (1), \qquad \begin{pmatrix} 1 & 2 & 3 \\ 2 & 3 & 1 \end{pmatrix} = (1\ 2\ 3) = (2\ 3\ 1) = (3\ 1\ 2)$$

$$\begin{pmatrix} 1 & 2 & 3 \\ 2 & 1 & 3 \end{pmatrix} = (1\ 2)(3) = (1\ 2), \qquad \begin{pmatrix} 1 & 2 & 3 \\ 3 & 1 & 2 \end{pmatrix} = (1\ 3\ 2) = (3\ 2\ 1) = (2\ 1\ 3)$$

와 같이 정의한다.

예 2.4.4 대칭군의 치환을 가로 대응 표현으로 나타내자.

(1) 예 2.4.3의 3차 대칭군 S_3의 원소를 차례로 가로 대응으로 표현하면 다음과 같다.

$$S_3 = \{(1),\ (2\ 3),\ (1\ 3),\ (1\ 2),\ (1\ 2\ 3),\ (1\ 3\ 2)\}$$

치환 $\sigma = (1\ 2)$, $\delta = (1\ 2\ 3)$에 대하여,

$$\sigma^{-1} = (2\ 1) = (1\ 2) = \sigma, \qquad \delta^{-1} = (3\ 2\ 1) = (1\ 3\ 2) = (2\ 1\ 3)$$

이다. 치환의 곱에서 합성기호(∘)는 생략한다.

$$\sigma \circ \delta = (1\ 2)(1\ 2\ 3) = (2\ 3), \qquad \delta \circ \sigma = (1\ 2\ 3)(1\ 2) = (1\ 3)$$

이므로, $\sigma \circ \delta \neq \delta \circ \sigma$가 되어 S_3은 비가환군이다. 일반적으로 $n \geq 3$이면 S_n은 비가환군 이다.

(2) 5차 대칭군 S_5에서 치환의 가로 대응 표현

$$\begin{pmatrix} 1 & 2 & 3 & 4 & 5 \\ 2 & 3 & 1 & 4 & 5 \end{pmatrix} = (1\ 2\ 3)(4)(5) = (1\ 2\ 3), \qquad \begin{pmatrix} 1 & 2 & 3 & 4 & 5 \\ 2 & 3 & 1 & 5 & 4 \end{pmatrix} = (1\ 2\ 3)(4\ 5)$$

정의 2.4.5 [*순환치환(cycle, 循環置換), 호환(transposition, 互換)*]

치환 $\sigma \in S_n$에 대하여

σ가 길이 r인 **순환치환**	$\overset{\text{정의}}{\Longleftrightarrow}$	$\sigma = (a_1\ a_2\ \cdots\ a_r)$, 단, $a_1,\ a_2,\ \cdots,\ a_r$는 서로 다른 수
τ가 **호환**(transposition)	$\overset{\text{정의}}{\Longleftrightarrow}$	$\tau = (a_1\ a_2)$. 즉, 길이 2인 순환치환

※ 항등원 (1)은 길이 1인 순환치환이다.

※ 호환 τ의 역원은 $\tau^{-1} = \tau$이고, $|\tau| = 2$이다.

※ 길이 r인 순환치환 σ의 위수는 $|\sigma| = r$이다.

예 2.4.6 순환치환과 호환의 예를 살펴 보자.

(1) 5차 대칭군 S_5의 치환 $\begin{pmatrix} 1 & 2 & 3 & 4 & 5 \\ 2 & 3 & 1 & 4 & 5 \end{pmatrix} = (1\ 2\ 3)$는 길이 3인 순환치환이지만,

$\sigma = \begin{pmatrix} 1 & 2 & 3 & 4 & 5 \\ 2 & 3 & 1 & 5 & 4 \end{pmatrix} = (1\ 2\ 3)(4\ 5)$은 순환치환이 아니다.

(2) 3차 대칭군 S_3에서 호환은 (1 2), (1 3), (2 3)으로 3개 존재한다. 길이 3인 순환치환은 (1 2 3), (1 3 2)로 2개 존재한다.

문제 2.4.7 $A = \{1,\ 2,\ ,\cdots,\ n\}$ 위의 n차 대칭군 S_n의 원소 σ에 대하여, A 위의 관계 $\sim_\sigma$를 다음과 같이 정의하자.

$$\forall\, a,\ b \in A,\ a \sim_\sigma b \iff \exists\, n \in \mathbb{Z},\ b = \sigma^n(a)$$

(1) 관계 $\sim_\sigma$는 A 위에서 동치관계임을 보여라.

(2) A 위에서 상집합 $A/\sim_\sigma$의 원소 $\{a_1,\ \cdots,\ a_r\} \in A/\sim_\sigma$에 대하여 치환 $(a_1\ \cdots\ a_r) \in S_n$은 길이 r인 순환치환임을 보여라.

예 2.4.8 $\sigma = (1\,3\,2)(5\,6) \in S_6$일 때, 관계 $\sim_\sigma$에 의한 $A = \{1,\ 2,\ \cdots,\ 6\}$의 상집합 $A/\sim_\sigma$를 구하자. 각 원소를 대표원으로 하는 동치류를 구하자.

$\overline{1} = \{\sigma^0(1) = 1,\ \sigma^1(1) = 3,\ \sigma^2(1) = 2,\ \sigma^3(1) = 1,\ \cdots\} = \{1,\ 2,\ 3\}$

$\overline{2} = \{\sigma^0(2) = 2,\ \sigma^1(2) = 1,\ \sigma^2(2) = 3,\ \sigma^3(2) = 2,\ \cdots\} = \{1,\ 2,\ 3\}$

$\overline{3} = \{\sigma^0(3) = 3,\ \sigma^1(3) = 2,\ \sigma^2(3) = 1,\ \sigma^3(3) = 3,\ \cdots\} = \{1,\ 2,\ 3\}$

$\overline{4} = \{\sigma^0(4) = 4,\ \sigma^1(4) = 4,\ \cdots\} = \{4\}$

$\overline{5} = \{\sigma^0(5) = 5,\ \sigma^1(5) = 6,\ \sigma^2(5) = 5,\ \cdots\} = \{5,\ 6\}$

$\overline{6} = \{\sigma^0(6) = 6,\ \sigma^1(6) = 5,\ \sigma^2(6) = 6,\ \cdots\} = \{5,\ 6\}$

그러므로 $A/\sim_\sigma = \{\{1,\ 2,\ 3\},\ \{4\},\ \{5,\ 6\}\}$이다.

정의 2.4.9 [서로소(disjoint, 서로素)] *대칭군 S_n에서 두 치환 σ, τ에 대하여*

σ, τ가 **서로소**(disjoint) $\overset{\text{정의}}{\Longleftrightarrow}$ $\sigma(x) \neq x \implies \tau(x) = x$, 즉 $\tau(x) \neq x \implies \sigma(x) = x$

※ σ, τ가 서로소 $\Longleftrightarrow \{i \mid \sigma(i) \neq i\} \cap \{j \mid \tau(j) \neq j\} = \varnothing$

※ 특히, 두 순환치환 $\sigma = (a_1\ \cdots\ a_r)$, $\tau = (b_1\ \cdots\ b_s)$에 대하여

σ, τ가 서로소 $\Longleftrightarrow \{a_1,\ \cdots,\ a_r\} \cap \{b_1,\ \cdots,\ b_s\} = \varnothing$

예 2.4.10 대칭군 S_5에서 서로소에 대한 예를 살펴 보자.

$$\sigma = \begin{pmatrix} 1 & 2 & 3 & 4 & 5 \\ 1 & 2 & 3 & 5 & 4 \end{pmatrix} = (4\,5), \qquad \tau = \begin{pmatrix} 1 & 2 & 3 & 4 & 5 \\ 2 & 3 & 1 & 4 & 5 \end{pmatrix} = (1\,2\,3)$$

일 때, σ와 τ는 서로소이다.

정리 2.4.11 *대칭군 S_n에서 치환 σ, $\delta \in S_n$가 서로소이면, 다음이 성립한다.*

$$\sigma\delta = \delta\sigma$$

(증명) 임의의 i에 대하여 다음 4가지 경우로 나눌 수 있다.

먼저 $\sigma(i) = \delta(i) = i$인 경우에는

$$(\sigma\delta)(i) = \sigma(\delta(i)) = \sigma(i) = i = \delta(i) = \delta(\sigma(i)) = (\delta\sigma)(i)$$

다음에 $\sigma(i) = \delta(i) \neq i$인 경우에는 $\delta(i) \neq i$이고 σ, $\delta \in S_n$가 서로소이므로, $\sigma(i) = i$이 되어 모순이다.

또, $\sigma(i) \neq \delta(i)$이고 $\sigma(i) = i$인 경우. $\delta(i) = j$라 하면

$$i = \sigma(i) \neq \delta(i) = j$$

이다. δ가 전단사이므로 $j=\delta(i)\neq\delta(j)(i\neq j)$이다. 따라서 σ, $\delta\in S_n$가 서로소이므로, $\sigma(j)=j$이다. 그러므로

$$(\sigma\delta)(i)=\sigma(\delta(i))=\sigma(j)=j$$

$$(\delta\sigma)(i)=\delta(\sigma(i))=\delta(i)=j$$

마지막으로 $\sigma(i)\neq\delta(i)$이고 $\sigma(i)\neq i$인 경우. 이때 σ, $\delta\in S_n$가 서로소이므로, $\delta(i)=i$이다. $k=\sigma(i)$라 하면 $k=\sigma(i)\neq i$이고 σ가 전단사이므로 $k=\sigma(i)\neq\sigma(k)(i\neq k)$이다. σ, $\delta\in S_n$가 서로소이므로, $\delta(k)=k$이다. 그러므로

$$(\sigma\delta)(i)=\sigma(\delta(i))=\sigma(i)=k$$

$$(\delta\sigma)(i)=\delta(\sigma(i))=\delta(k)=k$$

가 되어, $\sigma\delta=\delta\sigma$이다. ■

정리 2.4.12 *대칭군에서 치환 $\sigma\in S_n$에 대하여 다음이 성립한다.*

> $\boxed{\sigma=\tau_1\cdots\tau_r}$을 만족하는 쌍마다 서로소인 순환치환 $\tau_1, \cdots, \tau_r\in S$이 존재한다.

(증명) σ에 의한 동치관계 $\sim_\sigma$에서 $A=\{1, 2, \cdots, n\}$의 상집합 $A/\sim_\sigma$를

$$A/\sim_\sigma=\{A_1, A_2, \cdots, A_r\}$$

라 하면 $A/\sim_\sigma$는 A의 분할이다[참조: 문제 2.4.7(2)]. 그러면 A_i, $A_j\in A/\sim_\sigma$ $(i\neq j)$에 대하여

$$|A_1|+|A_2|+\cdots+|A_r|=n, \qquad A_i\cap A_j=\varnothing$$

이다. 이를 이용하여 다음 치환 $\tau_i\in S_n(i=1, \cdots, r)$을

$$\tau_i(a)=\begin{cases}\sigma(a), & a\in A_i\\ a, & a\notin A_i\end{cases}$$

라 정의하면, τ_i는 쌍마다 서로소인 순환치환이다. 분명히 $\sigma=\tau_1\cdots\tau_r$임을 알 수 있다. ■

따름정리 2.4.13 *대칭군 $S_n(n\geq 2)$의 치환 σ에 대하여 다음이 성립한다.*

> σ는 호환의 곱으로 나타낼 수 있다.

(증명) 정리 2.4.12에 의하여 σ는 순환치환 $(a_1\, a_2\, \cdots\, a_r)$의 곱으로 나타낼 수 있고, 순환치환 $(a_1\, a_2\, \cdots\, a_r)$은 정의에 의하여 다음과 같은 호환의 곱으로 나타낼 수 있다.

$$\boxed{(a_1\, a_2\, \cdots\, a_r)=(a_1\, a_r)(a_1\, a_{r-1})\cdots(a_1\, a_2)}$$

따라서 σ는 호환의 곱으로 나타낼 수 있다. ■

예 2.4.14 대칭군 S_5에서 쌍마다 서로소인 순환치환의 곱과 호환의 곱의 예를 구하자.

$$\sigma = \begin{pmatrix} 1 & 2 & 3 & 4 & 5 \\ 2 & 3 & 1 & 5 & 4 \end{pmatrix} = (1\ 2\ 3)(4\ 5) = [(1\ 2\ 3)(4)(5)][(1)(2)(3)(4\ 5)]$$

$$= \begin{pmatrix} 1 & 2 & 3 & 4 & 5 \\ 2 & 3 & 1 & 4 & 5 \end{pmatrix} \begin{pmatrix} 1 & 2 & 3 & 4 & 5 \\ 1 & 2 & 3 & 5 & 4 \end{pmatrix}$$

으로 생각하면 σ는 순환치환 $(1\ 2\ 3) = \begin{pmatrix} 1 & 2 & 3 & 4 & 5 \\ 2 & 3 & 1 & 4 & 5 \end{pmatrix}$과 $(4\ 5) = \begin{pmatrix} 1 & 2 & 3 & 4 & 5 \\ 1 & 2 & 3 & 5 & 4 \end{pmatrix}$의 곱으로 나타낼 수 있다. 또한

$$\sigma = \begin{pmatrix} 1 & 2 & 3 & 4 & 5 \\ 2 & 3 & 1 & 5 & 4 \end{pmatrix} = (1\ 2\ 3)(4\ 5) = (1\ 3)(1\ 2)(4\ 5)$$

와 같이 호환의 곱으로 나타낼 수 있다.

치환의 호환의 곱의 표현은 유일하지 않다. 예를 들어 항등치환 (1)을 호환의 곱으로 나타내 보면

$$(1) = (1\ 2)(1\ 2) = (1\ 3)(1\ 3) = (1\ 2)(1\ 2)(1\ 3)(1\ 3)$$

등 여러가지 방법으로 나타낼 수 있다. 하지만 호환의 곱의 개수는 법 2에 관하여 합동이다. 즉, 한 번 짝수개의 호환의 곱으로 표현되면, 다른 호환의 곱도 짝수개의 호환의 곱으로 표현된다.

정리 2.4.15 *대칭군 S_n의 치환 $\sigma \in S_n$에 대하여 다음이 성립한다.*

$\sigma = \tau_1 \cdots \tau_r = \delta_1 \cdots \delta_s$ 인 호환 $\tau_1, \cdots, \tau_r, \delta_1, \cdots, \delta_s \in S_n$가 존재 $\Rightarrow$ $r \equiv s \pmod 2$ (즉, $r - s$는 2의 배수)

※ 치환 $\sigma \in S_n$가 짝수개의 호환의 곱으로 표현되면 σ를 **우치환**(even permutation, 偶置換)
치환 $\sigma \in S_n$가 홀수개의 호환의 곱으로 표현되면 σ를 **기치환**(odd permutation, 奇置換)

(증명) 참고문헌 [3]의 정리 9.15 참조. ■

정리 2.4.16 *$n(\geq 2)$차 대칭군 S_n의 부분집합 A_n, B_n에 대하여 다음이 성립한다.*

$A_n = \{\sigma \in S_n \mid \sigma$는 우치환$\}$

$B_n = S_n - A_n = \{\sigma \in S_n \mid \sigma$는 기치환$\}$

(1) $A_n < S_n$

(2) $|A_n| = |B_n| = \dfrac{n!}{2}$

※ A_n을 **n차 교대군**(alternating group, 交代群)이라 한다.

(증명) (1) 임의의 우치환 σ, $\delta \in A_n$에 대하여, $\sigma \circ \delta$는 분명히 우치환이다. 따라서 $\sigma \circ \delta \in A_n$이다. 정리 2.2.4에 의하여 $A_n < S_n$이다.

(2) 분명히

$$S_n = A_n \cup B_n, \qquad A_n \cap B_n = \varnothing$$

이다. 한편 임의의 우치환 $\sigma \in A_n$과 호환 $(1\ 2) \in S_n$에 대하여 함수 f를

$$f\ :\ A_n \longrightarrow B_n, \quad f(\sigma) = (1\ 2)\sigma$$

라 정의하면, $(1\ 2)\sigma \in B_n$이므로 f는 잘 정의된다. 우치환 $\sigma,\ \delta \in A_n$에 대하여

$$f(\sigma) = f(\delta), \qquad (1\ 2)\sigma = (1\ 2)\delta$$

이라 하면, 소약법칙에 의하여 $\sigma = \delta$이므로 f는 단사함수이다. 또한 임의의 기치환 $\tau \in B_n$에 대하여 $(1\ 2)\tau \in A_n$이고,

$$f((1\ 2)\tau) = (1\ 2)(1\ 2)\tau = \tau$$

이므로, f는 전사함수이다. 즉, f는 전단사함수이므로 $|A_n| = |B_n| = \dfrac{n!}{2}$이다. ■

예 2.4.17 3차 대칭군 S_3에서 A_3, B_3을 구하자.

$$A_3 = \{(1),\ (1\ 2\ 3),\ (1\ 3\ 2)\}, \qquad B_3 = \{(1\ 2),\ (1\ 3),\ (2\ 3)\}$$

이다. 또한 $A_3 = \langle(1\ 2\ 3)\rangle$은 위수 3인 S_3의 순환 부분군이고, $|A_3| = |B_3| = \dfrac{3!}{2} = 3$이다.

다음은 양의 정수 $n(\geq 3)$일 때, 정n각형에서 선대칭 변환(n개)과 회전이동 변환(n개)을 했을 때, 자신과 겹쳐지는 변환을 원소($2n$개)로 갖는 비가환군의 경우에 대하여 살펴보자. Klein 4원군과 마찬가지로 군이 된다(연습문제 9번 참조). 이 $2n$개의 원소를 갖는 군을 **n차 정2면체군**(dihedral group, 正二面體群)이라 하고, $\boxed{D_n}$이라 표기한다.

예 2.4.18 3차 정2면체군 $\boxed{D_3}$의 원소를 구해보자. D_3는 다음과 같은 선대칭 (μ_1, μ_2, μ_3) 3개와 120° 회전 변환으로 생성된 변환 (ρ_0, ρ_1, ρ_2) 3개로 이루어진 집합이다. 군을 만들기 위해 연산은 변환의 합성으로 준다. 원소들을 치환으로 나타내면 연산(함수의 합성)을 하기 쉽다.

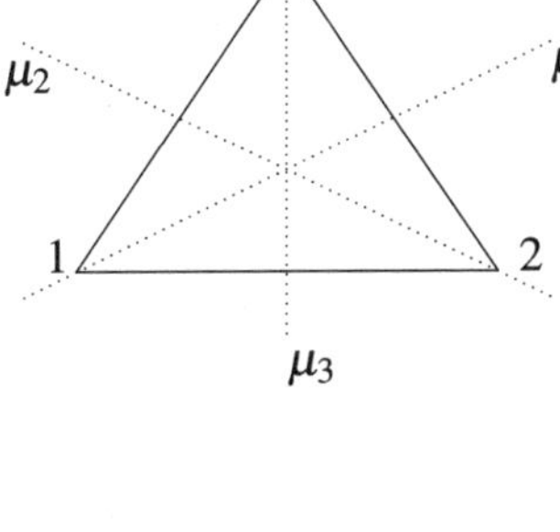

위 원소들을 치환으로 나타내면 다음과 같다.

$$D_3 = \{\rho_0 = (1),\ \rho_1 = (1\ 2\ 3),\ \rho_2 = (1\ 3\ 2),\ \mu_1 = (2\ 3),\ \mu_2 = (1\ 3),\ \mu_3 = (1\ 2)\}$$

D_3 위에서 연산($\circ$)을 해보자. 예를 들어, ρ_1과 μ_2의 연산 $\rho_1\mu_2$와 ρ_1^2은 다음과 같다.

$$\rho_1\mu_2 = (1\ 2\ 3)(1\ 3) = (2\ 3) = \mu_1, \qquad \rho_1^2 = (1\ 2\ 3)(1\ 2\ 3) = (1\ 3\ 2) = \rho_2$$

$\circ$	ρ_0	ρ_1	ρ_2	μ_1	μ_2	μ_3
ρ_0	ρ_0	ρ_1	ρ_2	μ_1	μ_2	μ_3
ρ_1	ρ_1	ρ_2	ρ_0	μ_3	μ_1	μ_2
ρ_2	ρ_2	ρ_0	ρ_1	μ_2	μ_3	μ_1
μ_1	μ_1	μ_2	μ_3	ρ_0	ρ_1	ρ_2
μ_2	μ_2	μ_3	μ_1	ρ_2	ρ_0	ρ_1
μ_3	μ_3	μ_1	μ_2	ρ_1	ρ_2	ρ_0

D_3는 항등원이 ρ_0인 비가환군이 된다. D_3의 모든 부분군을 구해보면 다음 6개의 부분군을 갖는다. D_3을 제외한 진부분군은 가환부분군(순환군)이 된다. 회색부분은 회전변환으로 이루어진 부분군이다.

$$\{\rho_0\}, \quad \{\rho_0, \mu_1\}, \quad \{\rho_0, \mu_2\}, \quad \{\rho_0, \mu_3\}, \quad \{\rho_0, \rho_1, \rho_2\}, \quad D_3$$

이 부분군들을 Hasse의 다이어그램으로 나타내면 다음과 같다.

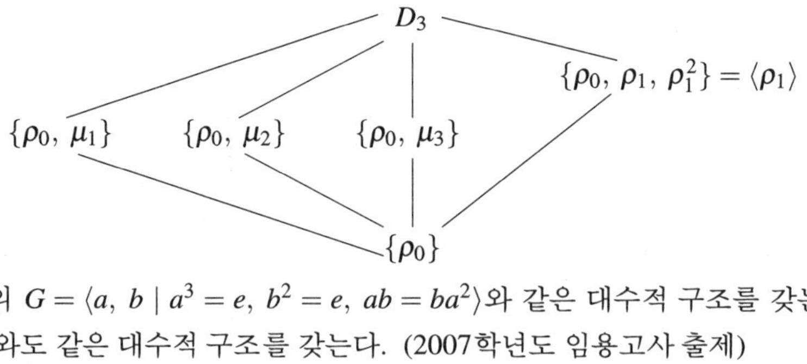

D_3은 예 2.2.19의 $G = \langle a, b \mid a^3 = e, b^2 = e, ab = ba^2\rangle$와 같은 대수적 구조를 갖는 군이다. 이들은 실제로 S_3와도 같은 대수적 구조를 갖는다. (2007학년도 임용고사 출제)

예 2.4.19 군론에서 자주 소개 되는 4차 정2면체군 D_4의 원소를 구해보자. D_4는 다음과 같은 선대칭 $\{x, y, \delta_1, \delta_2\}$ 4개와 90° 회전 변환으로 생성된 변환 $\{\rho_0, \rho_1, \rho_2, \rho_3\}$ 4개로 이루어진 집합이다. 이들 원소를 치환으로 나타내자.

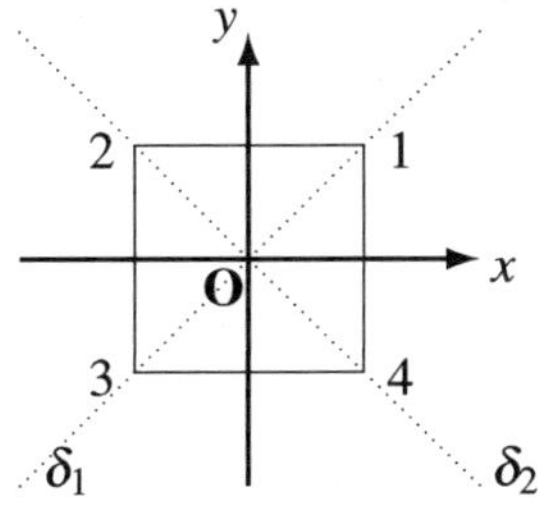

D_4의 원소중 90° 회전 변환으로 생성된 변환을 치환으로 나타내면

$$\rho_0 = (1), \qquad \rho_1 = (1\ 2\ 3\ 4), \qquad \rho_2 = (1\ 3)(2\ 4), \qquad \rho_3 = (1\ 4\ 3\ 2)$$

와 같고, 대칭변환을 치환으로 나타내면

$$x = (1\ 4)(2\ 3), \qquad y = (1\ 2)(3\ 4), \qquad \delta_1 = (2\ 4), \qquad \delta_2 = (1\ 3)$$

이다. 그러면

$$\boxed{D_4 = \{\rho_0,\ \rho_1,\ \rho_2,\ \rho_3,\ x,\ y,\ \delta_1,\ \delta_2\}}$$

이다.

D_4 위에서의 연산은 함수의 합성($\circ$)이다. 예를 들어, ρ_1와 x의 연산 $\rho_1 x$는 다음과 같다.

$$\rho_1 x = (1\ 2\ 3\ 4)(1\ 4)(2\ 3) = (2\ 4) = \delta_1, \qquad \rho_1^2 = (1\ 2\ 3\ 4)(1\ 2\ 3\ 4) = (1\ 3)(2\ 4) = \rho_2$$

$\circ$	ρ_0	ρ_1	ρ_2	ρ_3	$\boxed{x}$	y	δ_1	δ_2
ρ_0	ρ_0	ρ_1	ρ_2	ρ_3	x	y	δ_1	δ_2
$\boxed{\rho_1}$	ρ_1	ρ_2	ρ_3	ρ_0	$\boxed{\delta_1}$	δ_2	y	x
ρ_2	ρ_2	ρ_3	ρ_0	ρ_1	y	x	δ_2	δ_1
ρ_3	ρ_3	ρ_0	ρ_1	ρ_2	δ_2	δ_1	x	y
x	x	δ_2	y	δ_1	ρ_0	ρ_2	ρ_3	ρ_1
y	y	δ_1	x	δ_2	ρ_2	ρ_0	ρ_1	ρ_3
δ_1	δ_1	x	δ_2	y	ρ_1	ρ_3	ρ_0	ρ_2
δ_2	δ_2	y	δ_1	x	ρ_3	ρ_1	ρ_2	ρ_0

D_4는 항등원이 ρ_0인 비가환군이 된다. D_4의 모든 부분군을 구해보면 다음 10개의 부분군을 갖는다. D_4를 제외한 진부분군은 가환부분군이 된다. 회색부분은 회전변환으로 이루어진 부분군이다.

$$\{\rho_0\}, \quad \{\rho_0,\ x\}, \quad \{\rho_0,\ y\}, \quad \{\rho_0,\ \rho_2\}, \quad \{\rho_0,\ \delta_1\}, \quad \{\rho_0,\ \delta_2\},$$

$$\{\rho_0,\ \rho_2,\ x,\ y\}, \quad \{\rho_0,\ \rho_1,\ \rho_2,\ \rho_3\}, \quad \{\rho_0,\ \rho_2,\ \delta_1,\ \delta_2\}, \quad D_4$$

이 부분군들을 Hasse의 다이어그램으로 나타내 보면 다음과 같은 멋진 대칭성을 보인다. 위수가 같은 4원수군 $Q_8 = \{\pm 1,\ \pm i,\ \pm j,\ \pm k\}$(예 2.2.20과 예 3.3.25)와 비교해 보면, 두 군의 차이를 잘 알 수 있다.

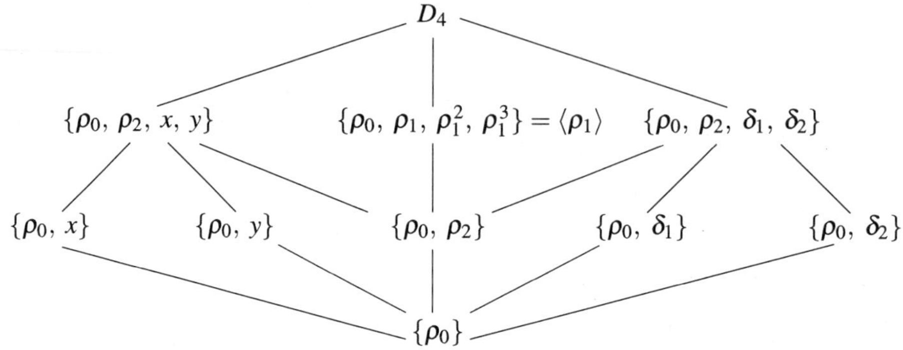

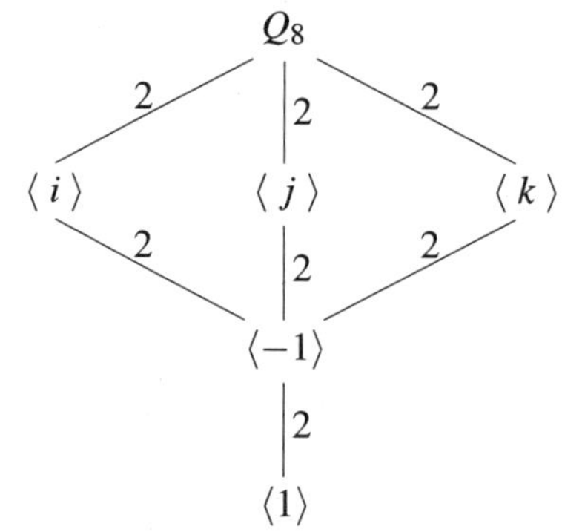

연 습 문 제 (2.4)

1. S_6에서 다음 치환을 포함하는 제시된 곱을 계산하라.

$$\sigma = \begin{pmatrix} 1 & 2 & 3 & 4 & 5 & 6 \\ 3 & 1 & 4 & 5 & 6 & 2 \end{pmatrix},\ \tau = \begin{pmatrix} 1 & 2 & 3 & 4 & 5 & 6 \\ 2 & 4 & 1 & 3 & 6 & 5 \end{pmatrix},\ \mu = \begin{pmatrix} 1 & 2 & 3 & 4 & 5 & 6 \\ 5 & 2 & 4 & 3 & 1 & 6 \end{pmatrix}$$

(1) $\sigma^{-1}\tau\mu$ (2) σ^{100} (3) τ^{100} (4) μ^{-100}

2. 연습문제 1번의 치환 σ, τ, μ에 의한 동치관계에서 각각의 상집합을 구하라.

3. S_8의 다음 치환 σ를 서로소인 순환치환의 곱으로 나타내고, 그 다음 호환의 곱으로도 나타내어라.

$$\sigma = \begin{pmatrix} 1 & 2 & 3 & 4 & 5 & 6 & 7 & 8 \\ 8 & 2 & 6 & 3 & 7 & 4 & 5 & 1 \end{pmatrix}$$

4. 다음에서 σ^{-1}, σ^2, σ^3, σ^5을 각각 구하라.

(1) $\sigma = (1\ 2\ 3)$

(2) $\sigma = (1\ 2\ 3\ 4)$

(3) $\sigma = (1\ 2\ 3\ 4\ 5\ 6)$

5. $\sigma = \begin{pmatrix} 1 & 2 & 3 & 4 & 5 & 6 & 7 & 8 & 9 \\ 3 & 7 & 8 & 9 & 4 & 5 & 2 & 1 & 6 \end{pmatrix}$일 때, 다음을 구하라.

(1) $|\sigma^{100}|$ (2) $\sigma^{2008}(9)$

(3) σ^{-2017}

6. 군 S_8의 치환에서 다음 원소의 위수와 σ^{2007}을 구하라.

(1) $\sigma = (1\ 2\ 5\ 7)$ (2) $\sigma = (1\ 5)(2\ 3\ 7)$

7. 치환 $\sigma = (1\ 2)(4\ 7\ 8)(2\ 1)(7\ 2\ 8\ 1\ 5)$의 위수를 구하라.

8. 다음 집합의 원소수를 구하라.

(1) $\{\sigma \in S_4 \mid \sigma(3) = 3\}$ (2) $\{\sigma \in S_5 \mid \sigma(2) = 5\}$

9. 집합 A의 부분집합 B의 원소 $b \in B$에 대하여 다음 집합이 S_A의 부분군이 되는지를 결정하라. 여기서 $\sigma(B) = \{\sigma(x) \mid x \in B\}$이다.

(1) $\{\sigma \in S_A \mid \sigma(b) = b\}$ (2) $\{\sigma \in S_A \mid \sigma(B) \subseteq B\}$

10. 정n각형($n \geq 3$)에서 선대칭 변환(n개)과 회전이동 변환(n개)을 했을 때, 자신과 겹쳐지는 변환을 원소($2n$개)로 갖는 n차 정이면체군 D_n은 비가환군이다.

이때 이 원소들을 기하학적으로 설명하고, 이 군에서 위수 n인 원소(부분군)와 위수 2인 원소(부분군)를 갖는다는 것을 설명하라.

11. $n \geq 3$에 대해서 S_n은 가환군이 아님을 증명하라.

12. G는 군이라 하고 a를 G의 고정된 원소라 하자. $g \in G$에 대하여 $\lambda_a(g) = ag$에 의해 주어진 사상 $\lambda_a : G \longrightarrow G$는 집합 G의 치환임을 보여라.

13. 연습문제 12번을 참고로 하여 $H = \{\lambda_a \mid a \in G\}$는 G의 모든 치환의 군 S_G의 부분군임을 보여라.

14. σ는 길이가 n인 순환치환이다.

(1) n이 홀수이면 σ^2은 순환치환이고 또 그 역도 성립함을 보여라.

(2) n이 소수이면 양의 정수 s에 대하여 σ^s은 순환치환임을 보여라.

15. $\sigma \in S_p$, p는 소수이다. $|\sigma| = p$이면 σ는 순환치환임을 보여라.

16. S_n은 $\{(1\ 2), (1\ 2\ 3\ \cdots\ n)\}$에 의하여 생성됨을 보여라.

[참조: $r(=0, \cdots, n)$이 변화하면서 $(1\ 2\ 3\ \cdots\ n)^r(1\ 2)(1\ 2\ 3\ \cdots\ n)^{n-r}$은 모든 호환 $(1\ 2)$, $(2\ 3)$, $(3\ 4)$, $\cdots$, $(n-1\ n)$, $(n\ 1)$을 생성함을 보여라. 이때 모든 치환은 적당한 이 치환들의 곱임을 보여라. 그리고 따름정리 2.4.13를 이용하라.]

17. 정사면체군(자신이 겹치도록 놓는 회전이동 전체의 집합)의 원소수를 구하고, 합성연산에 대해 동형인 S_n의 부분군을 구하라.

제 3 장

준동형사상과 잉여군

Jordan(1838-1922)

추상대수학에서, 준동형 사상(準同型寫像, homomorphism)은 두 대수적 구조 사이의, 모든 연산 및 관계를 보존하는 함수이다. 동형사상(isomorphism)은 전단사인 준동형사상을 말한다.

동형사상은 수학의 여러 영역에서 사용되는 상당히 일반적인 개념이다. 여기서 iso는 그리스어로서 '같다(equal)'는 의미를 지니고 있으며, morphism은 '모양, 형태(to form, to shape)'라는 뜻이다.

그러므로 동형사상이 정의되는 정의역과 공역의 대상물은 동일한 형태 또는 구조를 갖고 있음을 말한다.

'동형사상'이라는 이름은 조르당(프: C. Jordan, 1838-1922)이 군론에 관한 최초의 책인 그의 저서 《Traite des Substitutions (1870)》에서 처음으로 사용하였는데, 그 당시 조르당은 오늘날 구별하여 정의하는 준동형사상(homomorphism)과 동형사상(isomorphism)을 모두 지칭하여 'isomorphism'이라는 용어를 사용하였으나, 그 개념 사이의 차이점은 다소 다르게 설명하였다.

그 후 동형사상과 준동형사상의 개념은 추상대수학 분야에서 점차적으로 중요한 주제로 떠올랐다. 군 위에서 동형사상이 정의된 후에, 1870년경에는 체 위에서 동형사상이 정의되었고 그 후 50여년이 지나서 1920년경에 환 위에서의 개념으로 확장되었다.

환 위에서의 동형사상의 개념은 20세기의 가장 영향력 있는 수학자 중 한 명인 뇌터(독: E. Noether, 1882-1935)에 의해 발전되었다. 동형사상에 관련된 뇌터의 연구는 판데르바르던(네: B. van der Waerden, 1903-1996)의 대수학 교재 《Modern Algebra(1931)》에 의해 널리 알려졌다.

잉여군(quotient group)을 정의하는데 중요한 '정규부분군'의 중요성을 처음으로 인식한 사람은 '군'이라는 이름을 처음으로 사용한 Galois(프: E. Galois, 1811-1832)였다. 또한 Galois의 이름을 기려서 Galois 체라고도 불리는 유한체를 처음으로 도입하였다. 그뿐만이 아니라, Galois는 소수의 거듭제곱 p^n에 대한 일반선형군 $GL(p,n)$을 정의하고, 이의 차수를 계산하기도 하였다. 또한 특정한 5차 이상의 방정식의 일반적인 해법을 구했는데, 이는 당시 프랑스의 저명한 수학자였던 라그랑주(프: J. Lagrange, 1736-1813)도 하지 못한 일이었다[11].

3.1 잉여류와 Lagrange 정리

이 절에서는 유한군의 위수와 부분군의 위수의 관계에 논한다. 위수만 가지고 군의 성질을 알 수 있는 중요한 Lagrange 정리에 대해 알아본다.

정리 3.1.1 *군 G의 부분군 $H < G$에 대하여 G 위에서의 관계 $\sim_L$을*

$$a \sim_L b \iff a^{-1}b \in H$$

라 정의하자. 또, 관계 $\sim_R$을

$$a \sim_R b \iff ab^{-1} \in H$$

라 정의하면, 다음이 성립한다.

(1) $\sim_L$은 G 위에서 동치관계이다.
(2) $\sim_R$은 G 위에서 동치관계이다.

(증명) 연습문제로 남긴다. ■

G 위에서 동치관계 $\sim_L$일 때, $a \in G$를 포함하는 잉여류 $\overline{a_L}$를 구해보자.

$$\overline{a_L} = \{x \in G \mid a \sim_L x\} = \{x \in G \mid a^{-1}x \in H\} = \{x \in G \mid x \in aH\} = aH$$

이므로 $\boxed{\overline{a_L} = aH = \{ah \mid h \in H\}}$이다. 이때 aH를 **a를 포함하는 H의 좌잉여류**(left coset, 左剩餘類)라 한다.

같은 방법으로, G 위에서 동치관계 $\sim_R$일 때, $a \in G$를 포함하는 잉여류 $\overline{a_R}$를 구해보면,

$$\overline{a_R} = \{x \in G \mid a \sim_R x\} = \{x \in G \mid ax^{-1} \in H\} = \{x \in G \mid xa^{-1} \in H\} = \{x \in G \mid x \in Ha\} = Ha$$

이므로 $\boxed{\overline{a_R} = Ha = \{ha \mid h \in H\}}$이다. 이때 Ha를 **a를 포함하는 H의 우잉여류**(right coset, 右−)라 한다.

$aH = Ha$이면, **a를 포함하는 H의 잉여류**(coset, 剩餘類)라 한다.

예 3.1.2 [잉여류] 3차 대칭군 S_3에서 잉여류를 구하자.

(1) $aH \neq Ha$인 예. S_3의 부분군 $H = \{(1), (1\,2)\}$일 때, $(1\,3)$을 포함하는 H의 좌잉여류 $(1\,3)H$와 우잉여류 $H(1\,3)$을 구하자.

$$(1\,3)H = \{(1\,3)(1), (1\,3)(1\,2)\} = \{(1\,3), (1\,2\,3)\}$$

이지만

$$H(1\,3) = \{(1)(1\,3), (1\,2)(1\,3)\} = \{(1\,3), (1\,3\,2)\}$$

이라서 $(1\,3)H \neq H(1\,3)$이다.

(2) $\forall a \in S_3,\ aH = Ha$인 예. S_3의 3차 교대군 $A_3 = \{(1), (1\,2\,3), (1\,3\,2)\}$일 때, A_3의 좌잉여류와 우잉여류가 같음을 보이자.

$$(1)A_3 = A_3 = A_3(1), \qquad (1\,2\,3)A_3 = A_3 = A_3(1\,2\,3), \qquad (1\,3\,2)A_3 = A_3 = A_3(1\,3\,2)$$

$$(1\,2)A_3 = \{(1\,2)(1),\ (1\,2)(1\,2\,3),\ (1\,2)(1\,3\,2)\} = \{(1\,2),\ (2\,3),\ (1\,3)\} = A_3(1\,2)$$
$$(1\,3)A_3 = \{(1\,3)(1),\ (1\,3)(1\,2\,3),\ (1\,3)(1\,3\,2)\} = \{(1\,3),\ (1\,2),\ (2\,3)\} = A_3(1\,3)$$
$$(2\,3)A_3 = \{(2\,3)(1),\ (2\,3)(1\,2\,3),\ (2\,3)(1\,3\,2)\} = \{(2\,3),\ (1\,3),\ (1\,2)\} = A_3(2\,3)$$

또한 $S_3 = A_3 \cup (1\,2)A_3,\quad A_3 \cap (1\,2)A_3 = \varnothing$이다.

예 3.1.3 가환군이면 항상 좌잉여류와 우잉여류가 일치한다. 덧셈군 $(\mathbb{Z},+)$의 부분군 $2\mathbb{Z}$의 모든 잉여류를 구하자.

$$0+2\mathbb{Z} = \{\cdots,\ -2,\ 0,\ 2,\ 4,\ \cdots\} = 2\mathbb{Z}+0 = 2\mathbb{Z}$$
$$1+2\mathbb{Z} = \{\cdots,\ -1,\ 1,\ 3,\ 5,\ \cdots\} = 2\mathbb{Z}+1$$

그러므로 $2\mathbb{Z},\ 1+2\mathbb{Z}$은 $\mathbb{Z}$의 분할이다.

예 3.1.4 $3\mathbb{Z}_6 = \{0,\ 3\} < \mathbb{Z}_6$일 때, $3\mathbb{Z}_6$의 모든 잉여류를 구하자.

$0+3\mathbb{Z}_6 = \{0,\ 3\} = 3+3\mathbb{Z}_6,\quad 1+3\mathbb{Z}_6 = \{1,\ 4\} = 4+3\mathbb{Z}_6,\quad 2+3\mathbb{Z}_6 = \{2,\ 5\} = 5+3\mathbb{Z}_6$

정리 3.1.5 군 G의 부분군 H와 원소 $a \in G$에 대하여 다음이 성립한다.

$$|aH| = |H| = |Ha|$$

(증명) 연습문제로 남긴다. ■

문제 3.1.6 군 G의 부분군 H와 원소 $a \in G$에 대하여 $a \notin H$이면, $aH \nless G$이고 $Ha \nless G$임을 보여라. [참조: $e \notin aH$이고 $e \notin Ha$임을 보임]

정리 3.1.7 군 G의 부분군 H와 원소 $a,\ b \in G$에 대하여 다음이 성립한다.

(1) $aH = bH \iff a^{-1}b \in H \iff b^{-1}a \in H$

(2) $aH = bH \iff b \in aH \iff \exists\, h \in H,\ b = ah$

(3) $aH = bH \iff a \in bH \iff \exists\, h \in H,\ a = bh$

(4) $aH = H \iff a \in H$

※ 우잉여류 Ha에 대해서도 위와 대응되는 정리가 성립한다.

(증명) 연습문제로 남긴다. ■

정의 3.1.8 [지수(index, 指數)]

군 G의 부분군 $H < G$의 좌(우)잉여류 전체집합이 $G/\sim_L$ $(G/\sim_R)$일 때,
정리 3.1.5에 의하여 $|G/\sim_L| = |G/\sim_R|$이다. 이때

$|G:H|$가 G에서 H의 **지수** $\overset{\text{정의}}{\iff}$ $|G:H| = |G/\sim_L|$는 좌(우)잉여류 전체의 개수

※ 특히, 항등원 $e \in G$일 때, $|G:\{e\}| = |G|$이다.

예 3.1.9 다음 지수를 구하자.

예 3.1.3에 의하여, $\mathbb{Z}$에서 $2\mathbb{Z}$의 지수는 $|\mathbb{Z}:2\mathbb{Z}| = \left|\{2\mathbb{Z},\ 1+2\mathbb{Z}\}\right| = 2$이다.

예 3.1.4에 의하여, $\mathbb{Z}_6$에서 $3\mathbb{Z}_6$의 지수는 $\left|\mathbb{Z}_6 : \{0,\ 3\}\right| = \left|\{\{0,\ 3\},\ \{1,\ 4\},\ \{2,\ 5\}\}\right| = 3$이다.

또한 $\mathbb{Z}$에서 $\{0\}$의 지수는 $\left|\mathbb{Z}:\{0\}\right| = |\mathbb{Z}| = \aleph_0$로 무한이다.

정리 3.1.10 (Lagrange 정리) *유한군 G의 부분군 $H < G$에 대하여 다음이 성립한다.*

(1) $|H| \mid |G|$

(2) $|G| = |G:H||H|$. 즉, $|G:H| = \dfrac{|G|}{|H|}$

※ 부분군 H의 위수는 군 G의 위수 $|G|$의 약수이다. 하지만, $|G|$의 약수를 위수로 갖는 부분군이 항상 존재하는 것은 아니다. [Lagrange 정리의 역 불성립 : 참조 예 3.6.4]

※ G가 유한 가환군이면 Lagrange의 역이 성립한다. [참조: 정리 3.4.15]

(증명) 정리 1.3.8에 의하여, H의 좌잉여류 전체집합 $G/\sim_L = \{aH \mid a \in G\}$은 G의 분할이다. G가 유한 집합이므로

$$G/\sim_L = \{a_1H,\ a_2H,\ \cdots,\ a_nH \mid a_iH \neq a_jH,\ i \neq j\}$$

라 할 수 있다. 그러므로 $|G:H| = |G/\sim_L| = n$이고, 분할의 정의에 의하여

$$G = a_1H \cup a_2H \cup \cdots \cup a_nH, \qquad a_iH \cap a_jH = \varnothing\ (1 \leq i \neq j \leq n)$$

이다. 따라서

$$|G| = |a_1H| + |a_2H| + \cdots + |a_nH|$$

이다. 또한 정리 3.1.5에 의하여 $|a_1H| = \cdots = |a_nH| = |H|$이므로,

$$|G| = n|H|$$

이다. 즉, $|H| \mid |G|$이고, $|G| = |G:H||H|$이다. ■

예 3.1.11 군 G의 두 부분군 H, K의 **집합곱**(set product) HK를 다음과 같이 정의하자.

$$HK = \{hk \mid h \in H, \quad k \in K\} \subset G$$

일반적으로 HK는 G의 부분군이 아니다.

예를 들어, 3차 대칭군 S_3의 두 부분군 $A = \{(1),\ (1\ 2)\}$, $B = \{(1),\ (1\ 3)\}$은 집합곱 AB

$$AB = \{(1),\ (1\ 2)\}\{(1),\ (1\ 3)\} = \{(1),\ (1\ 2),\ (1\ 3),\ (1\ 2)(1\ 3)\}$$

은 원소수가 4이다. 4는 $|S_3| = 6$의 약수가 아니므로, Lagrange 정리에 의하여 두 부분군의 집합곱 AB는 S_3의 부분군이 될 수 없다. 실제로, $(1\ 3)(1\ 2)$는 집합곱 AB의 원소가 아니다.

정리 3.1.12 *군 G의 공이 아닌 부분집합 H에 대하여 다음은 동치이다.*

(1) $H < G$
$\Leftrightarrow$ (2) $HH = H, \quad H^{-1} = H$ [2010학년도 임용시험 출제]
$\Leftrightarrow$ (3) $HH^{-1} = H$

(증명) (1) $\Rightarrow$ (2) H가 G의 부분군이면, 집합곱의 정의에 의해

$$HH = \{ab \mid a,\ b \in H\} \subset H, \qquad H^{-1} = \{a^{-1} \mid a \in H\} \subset H$$

이다. 또, 임의의 $a \in H$에 대하여 $a = ae \in HH$, $a = (a^{-1})^{-1} \in H^{-1}$이므로, $H \subset HH$, $H \subset H^{-1}$이다. 따라서 $HH = H$, $H^{-1} = H$이다.

(2) $\Rightarrow$ (3) $HH = H$, $H^{-1} = H$이면, $HH^{-1} = HH = H$이다.

(3) $\Rightarrow$ (1) $HH^{-1} = H$이라 하면, $a \in H$에 대하여 $e = aa^{-1} \in HH^{-1} = H$이다. 또한 임의의 $a,\ b \in H$에 대하여 $ab^{-1} \in HH^{-1} = H$이므로, 부분군 판정조건(정리 2.2.3)에 의하여 H는 G의 부분군이다. ■

정리 3.1.13 *군 G의 부분군 H, K의 집합곱 HK에 대하여 다음 동치가 성립한다.*

$$\boxed{HK < G \iff HK = KH}$$

(증명) ($\Rightarrow$) $HK < G$이면, 정리 3.1.12(2)에 의하여 다음이 성립한다.

$$HK = (HK)^{-1} = K^{-1}H^{-1} = KH$$

($\Leftarrow$) $HK = KH$이면, 정리 3.1.12에 의하여 다음이 성립한다.

$$(HK)(HK)^{-1} = (HK)(K^{-1}H^{-1}) = H(KK^{-1})H^{-1} = H(KH) = H(HK) = (HH)K = HK$$

따라서 정리 3.1.12(3)에 의하여 $HK < G$이다. ■

정리 3.1.14 *군 G의 유한 부분군 H, K에 대하여 다음이 성립한다.*

$$\boxed{|HK| = \frac{|H||K|}{|H \cap K|}}$$

특히, $\boxed{\gcd(|H|,\ |K|) = 1\text{이면,} \quad |HK| = |H||K|}$이다.

(증명) H, K가 유한 부분군이고

$$HK = \{hk \mid h \in H,\ k \in K\} = \cup\{hK \mid h \in H\}$$

이므로, HK는 유한 집합이다. HK에 포함된 K의 좌잉여류 전체의 집합을 A라 하면, $A = \{hK \mid h \in H\}$이므로 $|HK| = |A||K|$이다.

또한 $H \cap K$는 유한군 H의 부분군이므로, H에서 $H \cap K$의 좌잉여류 전체의 집합을 B라 하면, Lagrange 정리(정리 3.1.10(2))에 의하여

$$|B| = |H : H \cap K| = \frac{|H|}{|H \cap K|}$$

이다.

이때 A에서 B로의 함수 f를

$$f : A \longrightarrow B, \quad f(hK) = h(H \cap K)$$

라 정의 하자. f가 잘 정의되었음을 보이자. 임의의 $h,\ h' \in H$에 대하여(정리 3.1.7(1))

$$hK = h'K \iff h^{-1}h' \in K \iff h^{-1}h' \in K \cap H \iff h(K \cap H) = h'(K \cap H)$$

이므로, f는 잘 정의되고 단사함수이다. 전사함수임은 정의에 의해 분명하므로, f는 전단사함수이다. 따라서 $A,\ B$가 유한집합이므로 다음이 성립한다.

$$|A| = |B| = \frac{|H|}{|H \cap K|}$$

그러므로

$$|HK| = |A||K| = \frac{|H|}{|H \cap K|}|K| = \frac{|H||K|}{|H \cap K|}$$

특히, $\gcd(|H|,\ |K|) = 1$인 경우에는 $H \cap K$는 유한군 H와 K의 부분군이므로, Lagrange 정리에 의해

$$|H \cap K| \,\Big|\, |H|, \qquad |H \cap K| \,\Big|\, |K|$$

이다. 그러면 $|H \cap K| \,\Big|\, \gcd(|H|,\ |K|) = 1$이 되어 $|H \cap K| = 1$이므로, $|HK| = |H||K|$이다. ■

예 3.1.15 정리 3.1.14를 이용하여 3차 대칭군 S_3와 부분군 $A = \{(1),\ (1\ 2)\}$의 집합곱 S_3A의 원소수를 구하자. $S_3 \cap A = \{(1),\ (1\ 2)\}$이므로

$$|S_3A| = \frac{|S_3||A|}{|S_3 \cap A|} = \frac{6 \cdot 2}{2} = 6$$

이다. 실제로 집합곱 $S_3A = S_3$의 원소수는 6이다.

또한 3차 교대군 A_3와 A의 집합곱 A_3A의 원소수는 $|A_3| = 3$ 이고, $\gcd(|A_3|,\ |A|) = 1$이므로

$$|A_3A| = |A_3||A| = 3 \cdot 2 = 6 = |S_3|$$

이다. 그러므로 $A_3A = S_3$이다.

이처럼 유한군에서 부분군의 원소의 개수만 알면, Lagrange 정리를 잘 활용하여 군의 많은 성질을 찾아 낼 수 있다.

정리 3.1.16 *유한군 G에 대하여 다음이 성립한다.*

(1) $\forall a \in G$, $|a| \mid |G|$ 즉, $a^{|G|} = e$

(2) $|a| = |G|$ 인 원소 $a \in G$가 존재하면, $G = \langle a \rangle$ (순환군) 이다.

(3) $|G| = p$가 소수이면, $e \neq a \in G$에 대하여 $|a| = p$이다.
또한 G는 순환군 이고 부분군은 G와 $\{e\}$뿐이다.

(증명) (1) $\langle a \rangle < G$이고 $|a| = |\langle a \rangle|$이므로, Lagrange 정리(정리 3.1.10)에 의하여

$$|a| \mid |G|$$

이다. 그러므로 $a^{|G|} = e$이다(정리 2.3.3).

(2) $\langle a \rangle < G$이고, 또한 $|a| = |G|$이고 G가 유한집합이므로, $\langle a \rangle = G$이다.

(3) $e \neq a \in G$에 대하여 $\{e\} \neq \langle a \rangle < G$이고, (1)에 의해

$$|a| \mid |G|$$

이다. $1 \neq |a|$이고 $|G| = p$는 소수이므로 $|\langle a \rangle| = |a| = p = |G|$이다. 따라서 (2)에 의해 $\langle a \rangle = G$이고, 부분군은 G와 $\{e\}$뿐이다. ■

예 3.1.17 소수 p에 대하여 $\mathbb{Z}_p$의 위수는 p이므로 순환군이다. 그러므로 가환군이다.

정리 3.1.18 *G의 부분군 H, K에 대하여*
$K < H < G$이고, $|G : H|$와 $|H : K|$가 유한일 때, 다음이 성립한다.

$|G : K|$도 유한이며, $|G : K| = |G : H||H : K|$이다.

(증명) 연습문제로 남긴다. ■

임용시험 출제 3.1.19 [1997학년도] 군 G의 원소 a, b가 다음 두 조건을 만족하고 있다. $a^3 = e$, $aba^{-1} = b^2$(e는 G의 항등원) b가 항등원이 아닐 때, b의 위수(order)를 구하라.

연 습 문 제 (3.1)

1. $\mathbb{Z}$의 부분군 $4\mathbb{Z}$의 모든 잉여류와 지수를 구하라.

2. $2\mathbb{Z}$의 부분군 $4\mathbb{Z}$의 모든 잉여류와 지수를 구하라.

3. $\mathbb{Z}_{12}$의 부분군 $\langle 2\rangle$의 모든 잉여류와 지수를 구하라.

4. 군 $\mathbb{Z}_{24}$에서의 $\langle 3\rangle$의 모든 잉여류와 지수를 구하라.

5. 3차 대칭군 S_3에서 $\langle(1\ 3)\rangle$의 모든 잉여류와 지수를 구하라.

6. 군 G의 위수는 $|G| = pq(p,\ q$ 는 소수)이다. G의 모든 진부분군은 순환군임을 보여라.

7. 군 G가 부분군이 2개뿐이면, G는 위수가 소수인 유한군임을 보여라.

8. (정리 3.1.1) 군 G의 부분군 $H < G$에 대하여 G 위에서의 관계 $\sim_L$ $(\sim_R)$을

$$a \sim_L b\ (a \sim_R b) \quad \Longleftrightarrow \quad a^{-1}b \in H\ (ab^{-1} \in H)$$

라 정의하면, 관계 $\sim_L$과 $\sim_R$은 G 위에서 동치관계임을 증명하라.

9. G의 부분군 H와 원소 $a \in G$에 대하여, $Ha \neq H$이면 Ha는 G의 부분군이 아님을 증명하라.

10. (정리 3.1.5) 군 G의 부분군 H와 원소 $a \in G$에 대하여 $|aH| = |H| = |Ha|$임을 증명하라.

11. (정리 3.1.7) 군 G의 부분군 H와 원소 $a,\ b \in G$에 대하여 다음을 증명하여라.

(1) $\boxed{aH = bH \quad \Longleftrightarrow \quad a^{-1}b \in H \quad \Longleftrightarrow \quad b^{-1}a \in H}$

(2) $aH = bH \quad \Longleftrightarrow \quad b \in aH \quad \Longleftrightarrow \quad \exists\, h \in H,\ b = ah$

(3) $aH = bH \quad \Longleftrightarrow \quad a \in bH \quad \Longleftrightarrow \quad \exists\, h \in H,\ a = bh$

(4) $\boxed{aH = H \quad \Longleftrightarrow \quad a \in H}$

12. 치환군 $G = S_3$의 부분군 $H = \langle(1\ 2)\rangle$, $K = \langle(1\ 2\ 3)\rangle$에 대하여 다음 물음에 답하라.

(1) $Ha \cap aH = \{a\}$인 $a \in G$를 구하라.

(2) $\{g \in G \mid gH = Hg\} = H$임을 보여라.

(3) 모든 $x \in G$에 대해서 $xK = Kx$임을 보여라.

13. 군 G의 부분군 H가 모든 $g \in G$와 모든 $h \in H$에 대하여 $g^{-1}hg \in H$를 만족한다고 하자. 이때 모든 $a \in G$에 대하여 $aH = Ha$임을 보여라.

14. H가 유한군 G의 지수 2인 부분군이라 하면, 모든 $a \in G$에 대하여 $aH = Ha$임을 보여라.

15. (정리 3.1.18) G의 부분군 $H,\ K$에 대하여 $K < H < G$이고, $|G : H|$와 $|H : K|$가 유한일 때, $|G : K|$도 유한이며, $|G : K| = |G : H||H : K|$임을 증명하라.

[참조: $\{a_iH \mid i = 1,\ \cdots,\ r\}$를 G에서 H의 서로 다른 좌잉여류의 집합이라 하고 $\{b_jK \mid j = 1,\ \cdots,\ s\}$를 H에서 K의 서로 다른 좌잉여류의 집합이라 하면

$$\{(a_ib_j)K \mid i = 1,\ \cdots,\ r,\ j = 1,\ \cdots,\ s\}$$

가 G에서 K의 서로 다른 좌잉여류의 집합임을 보여라.]

16. 군 G의 항등원이 아닌 원소 $a,\ b \in G$에 대하여 다음을 구하여라.

(1) $|a| = 6,\ a = b^4$일 때, $|b|$를 구하라.

(2) $|a| = 5,\ aba^{-1} = b^2$일 때, $|b|$를 구하라.

(3) $|a| = 2,\ ab = b^2a$일 때, $|b|$를 구하라.

(4) $|a| = n$이고 n은 홀수이면, $|a^2| = n$임을 보여라.

(5) $a^p = e,\ p$는 소수이면, $|a| = p$임을 보여라.

17. $H,\ K$는 G의 부분군이고 $|H| = 12,\ |K| = 5$이다. $H \cap K = \{e\}$임을 보여라.

18. 군 G는 $|G| = 8$이고 순환군이 아니다. 이때 모든 $g \in G$에 대해서 $g^4 = e$임을 보여라.

19. 유한군 G의 부분군 $H,\ K$에 대하여 다음을 증명하라. 단, $p,\ q$는 서로 다른 소수이다.

(1) $|H| = p$이면, $H \cap K = \{e\}$ 또는 $H \subseteq K$이다.

(2) $|H| = |K| = p$이면, $H = K$ 또는 $|H \cup K| = 2p - 1$이다.

(3) $|H| = p,\ |K| = q$이면, $H \cap K = \{e\}$이고 $|H \cup K| = p + q - 1$이다.

(4) $|G| = |H||K|$일 때, $|H|$와 $|K|$가 서로소이면 $H \cap K = \{e\}$이고 $G = HK$이다.

20. Lagrange 정리를 이용하여 다음이 성립함을 밝혀라. 단, p는 소수이다.

(1) (Fermat 정리) 곱셈군 $\mathbb{Z}_p^* = \{1,\ \cdots,\ p-1\}$의 모든 원소 $a \in \mathbb{Z}_p^*$에 대하여 $a^{p-1} = 1,\ a^p = a$이다.

(2) (Euler 정리) $n \geq 2$일 때, 곱셈군 $\mathbb{Z}_n^* = \{a \in \mathbb{Z}_n \mid \gcd(a,\ n) = 1\}$의 모든 원소 $a \in \mathbb{Z}_p^*$에 대하여 $a^{\varphi(n)} = 1$이다.

3.2 준동형사상과 동형사상

이 절에서는 군 위에서 연산을 보존하는 함수에 대하여 알아 본다.

정의 3.2.1 [준동형사상(homomorphism, 準同型寫像), 동형사상(isomorphism, 同型寫像)]
군 $(G, \cdot)$, $(G', *)$ 위에서 함수 $f: G \longrightarrow G'$가 정의되었을 때,

함수 f가 **(군) 준동형사상**	$\overset{\text{정의}}{\Longleftrightarrow}$	$\forall\, a, b \in G,\ f(a \cdot b) = f(a) * f(b)$
함수 f가 **(군) 동형사상**	$\overset{\text{정의}}{\Longleftrightarrow}$	① f가 단사함수 $(\forall\, a, b \in G,\ f(a) = f(b) \Rightarrow a = b)$ ② f가 전사함수 $(\forall\, b \in G',\ \exists\, a \in G,\ f(a) = b)$ ③ f가 준동형사상 $(\forall\, a, b \in G,\ f(a \cdot b) = f(a) * f(b))$

※ f가 동형사상일 때, G와 G'는 **동형**(isomorphic, 同型)이라 하고, $G \cong G'$이라 표기
※ 군 G, G'을 강조할 때, 준동형사상 $f: G \longrightarrow G'$를 **군 준동형사상**(group homomorphism)
※ G에서 G로의 준동형사상 $f: G \longrightarrow G$를 **자기준동형사상**(endomorphism, 自己−)
※ G에서 G로의 동형사상 $f: G \longrightarrow G$를 **자기동형사상**(automorphism, 自己−)이라 한다.

예 3.2.2 [준동형사상] 덧셈군 $(\mathbb{Z},+)$ 위에서 함수 $f: (\mathbb{Z},+) \longrightarrow (\mathbb{Z},+)$를 생각하자.

(1) $f(x) = x+1$이라 정의하면 전단사 함수이다. 하지만

$$\begin{cases} f(1+1) = f(2) = 2+1 = 3 \\ f(1)+f(1) = (1+1)+(1+1) = 4 \end{cases}$$

이므로, $f(1+1) \neq f(1)+f(1)$이 되어 f는 준동형사상이 아니다.

(2) $f(x) = x^2$이라 정의하자.

$$\begin{cases} f(x+y) = (x+y)^2 = x^2+2xy+y^2 \\ f(x)+f(y) = x^2+y^2 \end{cases}$$

이므로, $f(x+y) \neq f(x)+f(y)$이 되어 f는 준동형사상이 아니다.

(3) $f(x) = ax$ $(\exists\, a \in \mathbb{Z})$라 정의하면 준동형사상이 된다. 임의의 $x, y \in \mathbb{Z}$에 대하여

$$f(x+y) = a(x+y) = ax+ay = f(x)+f(y)$$

이므로, 준동형사상이다.

문제 3.2.3 덧셈군 $(\mathbb{Z},+)$ 위에서 준동형사상 $f: (\mathbb{Z},+) \longrightarrow (\mathbb{Z},+)$이면, f는 적당한 $a \in \mathbb{Z}$가 존재하여 임의의 $x \in \mathbb{Z}$에 대하여 $f(x) = ax$임을 보여라.

예 3.2.4 군 G에서 군 G'로의 함수 f를 모든 원소 $a \in G$에 대하여

$$f: G \longrightarrow G', \quad f(a) = e' (e' \text{은 } G' \text{의 항등원})$$

라 정의하면, 임의의 $a, b \in G$에 대하여

$$f(ab) = e' = e'e' = f(a)f(b)$$

이므로 군 준동형사상이 된다. 이 f를 **자명 준동형사상**(trivial homomorphism, 自明 準同型寫像)이라 한다.

예 3.2.5 n차 대칭군 S_n에서 군 $\mathbb{Z}_2$로의 함수 f를 모든 치환 $\sigma \in S_n$에 대하여

$$f: S_n \longrightarrow \mathbb{Z}_2, \qquad f(\sigma) = \begin{cases} 0, & \sigma \text{가 우치환} \\ 1, & \sigma \text{가 기치환} \end{cases}$$

라 정의하면, f는 군 준동형사상이다.

실제로 임의의 치환 σ, $\tau \in S_n$에 대하여 다음 4가지 경우에서만 증명하면 된다.

① σ가 우치환이고 τ가 우치환

② σ가 우치환이고 τ가 기치환

③ σ가 기치환이고 τ가 우치환

④ σ가 기치환이고 τ가 기치환

①의 경우에는 $\sigma\tau$가 우치환이므로

$$f(\sigma\tau) = 0 = 0 \cdot 0 = f(\sigma)f(\tau)$$

이다. ②, ③, ④의 경우에도 같은 방법으로 증명할 수 있어 f는 군 준동형사상이다.

예 3.2.6 (대입 준동형사상) 실수 $\mathbb{R}$ 위의 함수 집합 F[참조: 예 2.1.7]를

$$F = \{f \mid f: \mathbb{R} \longrightarrow \mathbb{R} \text{ 실가 함수}\}$$

라 하자. 이때 고정된 실수 $c \in \mathbb{R}$와 덧셈군 $(F, +)$ 에서 덧셈군 $(\mathbb{R}, +)$로의 함수 h_c를 다음과 같이 정의하자.

$$h_c: (F, +) \longrightarrow (\mathbb{R}, +), \quad h_c(f) = f(c)$$

그러면 임의의 $f, g \in F$에 대하여

$$h_c(f+g) = (f+g)(c) = f(c) + g(c) = h_c(f) + h_c(g)$$

이므로 h_c는 군 준동형 사상이 된다. 이 h_c를 **대입 준동형사상**이라 한다. 이 대입 준동형사상은 다항식의 해를 구할 때 유용하게 활용되므로 잘 기억하길 바란다.

예 3.2.7 [동형사상] 덧셈군 $(\mathbb{R}, +)$와 곱셈군 $(\mathbb{R}^+, \cdot)$은 동형이다.

(증명) 덧셈군 $(\mathbb{R}, +)$에서 곱셈군 $(\mathbb{R}^+, \cdot)$로의 함수 f를

$$f: (\mathbb{R}, +) \longrightarrow (\mathbb{R}^+, \cdot), \quad f(x) = e^x$$

라 정의하면 잘 정의된다. $\mathbb{R}$의 원소 x, x'에 대하여

$$f(x) = f(x') \implies e^x = e^{x'} \implies \ln e^x = \ln e^{x'} \implies x = x'$$

이므로, f는 단사함수이다. 임의의 $y \in (\mathbb{R}^+, \cdot)$에 대하여 $\ln y \in (\mathbb{R}, +)$이 존재하여,

$$f(\ln y) = e^{\ln y} = y$$

이므로, f는 전사함수이다. 다음에 임의의 $x, x' \in \mathbb{R}$에 대하여,

$$f(x+x') = e^{x+x'} = e^x \cdot e^{x'} = f(x) \cdot f(x')$$

이므로, f는 준동형사상이다. 따라서 f는 동형사상이다. 즉, $(\mathbb{R}, +) \cong (\mathbb{R}^+, \cdot)$이다. ■

☜ $(G, \cdot) \cong (G', *)$ 군 동형 증명법 1 ☞

(Step 1) 함수 $f: G \longrightarrow G'$ 정의하기

(Step 2) f가 단사함수임을 보이기 $(\forall\, a, b \in G,\ f(a) = f(b) \Rightarrow a = b)$

(Step 3) f가 전사함수임을 보이기 $(\forall\, b \in G',\ \exists\, a \in G,\ f(a) = b)$

(Step 4) f가 준동형사상임을 보이기 $(\forall\, a, b \in G,\ f(a \cdot b) = f(a) * f(b))$

예 3.2.8 곱셈군 $\mathscr{U} = \{z \in \mathbb{C} \mid |z| = 1\} = \{e^{i\theta} \in \mathbb{C} \mid |e^{i\theta}| = 1,\ 0 \le \theta < 2\pi\}$와 덧셈군 $(\mathbb{R}_{2\pi}, +_{2\pi})$가 동형임을 보이자[참조: 예 2.1.5]. 즉, $(\mathscr{U}, \cdot) \cong (\mathbb{R}_{2\pi}, +_{2\pi})$임을 보이자.

(증명) 곱셈군 $(\mathscr{U}, \cdot)$에서 덧셈군 $(\mathbb{R}_{2\pi}, +_{2\pi})$로의 함수 f를

$$f: (\mathscr{U}, \cdot) \longrightarrow (\mathbb{R}_{2\pi}, +_{2\pi}), \quad f\left(e^{i\theta}\right) = \theta$$

라 정의하면 잘 정의된다. $\mathscr{U}$의 원소 $e^{i\theta}, e^{i\theta'}$에 대하여

$$f\left(e^{i\theta}\right) = f\left(e^{i\theta'}\right) \implies \theta = \theta' \implies e^{i\theta} = e^{i\theta'}$$

이므로, f는 단사함수이다. 정의에 의하여 f는 전사함수이다. 다음에 임의의 $e^{i\theta}, e^{i\theta'} \in \mathscr{U}$에 대하여,

$$f\left(e^{i\theta}e^{i\theta'}\right) = f\left(e^{i(\theta+\theta')}\right) = f\left(e^{i(\theta+_{2\pi}\theta')}\right) = \theta +_{2\pi} \theta' = f\left(e^{i\theta}\right) + f\left(e^{i\theta'}\right)$$

이므로, f는 준동형사상이다. 따라서 f는 동형사상이다. 즉, $(\mathscr{U}, \cdot) \cong (\mathbb{R}_{2\pi}, +_{2\pi})$이다. ■

문제 3.2.9 (1) 양의 정수 n에 대하여, $(\mathbb{Z},\ +) \cong (n\mathbb{Z},\ +)$임을 보여라.

(2) $(\mathscr{U}_n,\ \cdot\ ) \cong (\mathbb{Z}_n,\ +_n)$임을 보여라[참조: 예 2.1.5].

예 3.2.10 [위수 4인 군] 위수 4인 군 G는 동형을 제외하면 다음 2가지가 존재한다. 그러므로 G는 가환군이다.

$$G \cong \mathbb{Z}_4 \qquad\qquad G \cong V = \{e,\ x,\ y,\ o\}$$

Lagrange 정리에 의하여 G의 원소의 위수는 1, 2 또는 4이다. 위수 4인 원소 $a \in G$가 존재하면, G는 순환군이 되어

$$G \cong \langle a \rangle \cong \mathbb{Z}_4$$

이다. 위수 4인 원소가 존재하지 않으면 항등원 e'를 제외한 모든 원소의 위수는 2이다.

한편 항등원 e'이 아닌 서로 다른 원소 $a,\ b \in G - \{e'\}$의 곱 ab는 소거법칙을 적용하면 $ab \neq e',\ ab \neq a,\ ab \neq b$임을 알 수 있다. 같은 방법으로 $ba \neq e',\ ba \neq a,\ ba \neq b$이다. 따라서 $c = ab = ba$라 하면 $G = \{e',\ a,\ b,\ c\}$이다. Klein 4원군 V와 G의 연산표는 다음과 같다.

$\circ$	e	x	y	o
e	e	x	y	o
x	x	e	o	y
y	y	o	e	x
o	o	y	x	e

$\cdot$	e'	a	b	c
e'	e'	a	b	c
a	a	e'	c	b
b	b	c	e'	a
c	c	b	a	e'

그러므로 함수 $f : V \longrightarrow G$를

$$f(e) = e', \qquad f(x) = a, \qquad f(y) = b, \qquad f(o) = c$$

라 정의하면, f는 동형사상이고 따라서 $G \cong V$이다.

※ 군 G의 위수가 3이하인 경우는 예 2.1.15에 의하여 순환군(가환군)이고, 위수 4인 경우는 예 3.2.10에 의하여 가환군이고, 위수 5인 경우는 정리 3.1.16(2)에 의하여 순환군(가환군)이 된다.

따라서 <u>위수 5이하의 군은 항상 가환군</u>이 된다. 이들 중에서 순환군이 아닌 경우는 Klein 4원군 V뿐이다. 그리고 <u>위수 6인 대칭군 S_3는 비가환군</u>이다.

예 3.2.11 [동형이 아닌 군] 동형이 아닌 군의 예를 살펴보자.

(1) 덧셈군$(\mathbb{Q},\ +)$과 덧셈군 $(\mathbb{Z},\ +)$은 위수가 같지만 동형이 아니다. 즉, $(\mathbb{Q},\ +) \ncong (\mathbb{Z},\ +)$

(증명) $(\mathbb{Q},\ +) \cong (\mathbb{Z},\ +)$이라 하자. 그러면 동형사상

$$f : \mathbb{Q} \longrightarrow \mathbb{Z}$$

가 존재한다. 한편 $0 \neq f(1) \in \mathbb{Z}$이고, 임의의 양의 정수 $n \in \mathbb{N}$에 대하여,

$$f(1) = f\left(n \cdot \frac{1}{n}\right) = f\left(\frac{1}{n} + \cdots + \frac{1}{n}\right) = f\left(\frac{1}{n}\right) + \cdots + f\left(\frac{1}{n}\right) = nf\left(\frac{1}{n}\right) \in \mathbb{Z}$$

이다. 즉, 정수 $(0 \neq) f(1)$은 모든 양의 정수 n의 배수이다. 이것은 $f(1) = 0$이 되어 모순이므로 동형이 아니다. 따라서 $(\mathbb{Q}, +) \not\cong (\mathbb{Z}, +)$이다. ■

(2) $(\mathbb{Q}, +) \not\cong (\mathbb{R}, +)$이다. 왜냐하면 위수가 $|\mathbb{Q}| \neq |\mathbb{R}|$이기 때문에 전단사함수가 존재하지 않는다.

문제 3.2.12 $(\mathbb{C}^*, \cdot) \not\cong (\mathbb{R}^*, \cdot)$임을 보여라. [참조: $x^2 = -1$의 해는 실수가 아님]

정의 3.2.13 [상(image)과 핵(kernel)]

군 준동형사상 $f: G \longrightarrow G'$ 과 G'의 항등원 $e' \in G'$에 대하여

$\text{Im}(f)$가 f의 **상**(image, 像)	$\overset{\text{정의}}{\Longleftrightarrow}$	$\text{Im}(f) = f(G) = \{f(a) \mid a \in G\}$
$\ker(f)$가 f의 **핵**(kernel, 核)	$\overset{\text{정의}}{\Longleftrightarrow}$	$\ker(f) = f^{-1}(\{e'\}) = \{a \in G \mid f(a) = e'\}$

정리 3.2.14 군 준동형사상 $f: G \longrightarrow G'$ 이 주어졌을 때,

G의 항등원 $e \in G$와 G'의 항등원 $e' \in G'$에 대하여 다음이 성립한다.

(1) $f(e) = e'$

(2) $f(a^{-1}) = f(a)^{-1}$

(3) $H < G \implies f(H) < G'$

(4) $H' < G' \implies f^{-1}(H') < G$

※ (3)과 (4)에 의하여 $\text{Im}(f) = f(G) < G'$ 이고 $\ker(f) = f^{-1}(\{e'\}) < G$ 이다.

(증명) (1) f가 군 준동형사상이므로,

$$e'f(e) = f(e) = f(ee) = f(e)f(e)$$

이다. 그러면 군의 우소거법칙에 의하여 $f(e) = e'$이다.

(2) 임의의 $a \in G$에 대하여 (1)에 의하여

$$e' = f(e) = f(aa^{-1}) = f(a)f(a^{-1})$$

이므로 양변의 왼쪽에 $f(a)^{-1}$을 곱하면, $f(a^{-1}) = f(a)^{-1}$이다.

(3) 위 (1)에 의하여 $e' = f(e) \in f(H)$이다. 다음에 임의의 $f(a), f(b) \in f(H)$에 대하여 $ab^{-1} \in H$이다. 또한 (2) 에 의하여

$$f(a)f(b)^{-1} = f(a)f(b^{-1}) = f(ab^{-1}) \in f(H)$$

이다. 따라서 $f(H) < G'$이다.

(4) $f(e) = e'$이므로 $e \in f^{-1}(H')$이다. 다음에 임의의 $a,\ b \in f^{-1}(H')$에 대하여 $f(a),\ f(b) \in H'$이므로

$$f(ab^{-1}) = f(a)f(b^{-1}) = f(a)f(b)^{-1} \in H'$$

이다. 따라서 $ab^{-1} \in f^{-1}(H')$이고, $f^{-1}(H') < G$이다. ■

정리 3.2.15 군 준동형사상 $f:\ G \longrightarrow G'$에 대하여 다음 동치명제가 성립한다.

$$f\text{가 단사함수} \quad \Longleftrightarrow \quad \ker(f) = \{e\}$$

(증명) ($\Longrightarrow$) f가 단사함수라 하자. 임의의 $a \in \ker(f)$라 하면, 정리 3.2.14(1) 에 의하여

$$f(a) = e' = f(e)$$

이다. 단사함수의 정의에 의하여 $a = e$이다. 따라서 $\ker(f) = \{e\}$이다.

($\Longleftarrow$) $\ker(f) = \{e\}$라 하자. 임의의 $a,\ b \in G$라 하면, 정리 3.2.14(2)에 의하여

$$\begin{aligned} f(a) = f(b) \quad &\Longrightarrow \quad f(a)f(b)^{-1} = e \quad \Longrightarrow \quad f(ab^{-1}) = e \\ &\Longrightarrow \quad ab^{-1} \in \ker(f) = \{e\} \quad \Longrightarrow \quad ab^{-1} = e \quad \Longrightarrow \quad a = b \end{aligned}$$

이다. 따라서 f는 단사함수이다. ■

정리 3.2.15에 의하여 동형사상 증명할 때, 단사함수는 $\ker(f) = \{e\}$로 보이는 것이 좀 더 편리하다. 단, 이런 경우는 준동형사상임을 먼저 보여야 한다.

☜ $(G,\ \cdot) \cong (G',\ *)$ 군 동형 증명법 2 ☞

(Step 1) 함수 $f:\ G \longrightarrow G'$ 정의하기
(Step 2) f가 준동형사상임을 보이기 ($\forall\, a,\ b \in G,\ f(a \cdot b) = f(a) * f(b)$)
(Step 3) $\ker(f) = \{e\}$ 보이기 (f가 단사함수임을 보이기)
(Step 4) f가 전사함수임을 보이기 ($\forall\, b \in G',\ \exists\, a \in G,\ f(a) = b$)

예 3.2.16 (법 n 축약 준동형사상) 양의 정수 $n \in \mathbb{N}$일 때, 덧셈군 $(\mathbb{Z},\ +)$에서 덧셈군 $(\mathbb{Z}_n,\ +_n)$로의 함수 f를

$$f:\ (\mathbb{Z},\ +) \longrightarrow (\mathbb{Z}_n,\ +_n), \quad f(a) = [a]_n\ (n\text{으로 나눈 나머지})$$

로 정의하였을 때, 준동형사상임을 증명하고 $\ker(f)$를 구하라.

(증명) 정수 a를 n으로 나눈 나머지 $[a]_n$은 나눗셈 알고리즘(정리 1.2.3) 에 의해 유일하게 존재하므로 f는 잘 정의된다. 임의의 $a,\ b \in \mathbb{Z}$에 대하여(나눗셈 알고리즘)

$$a = na' + r_1, \quad b = nb' + r_2, \quad r_1 + r_2 = nc + r, \ (0 \le r_1, \ r_2, \ r < n)$$

이라 하면

$$[a+b]_n = [na' + r_1 + nb' + r_2]_n = [r_1 + r_2]_n = [nc + r]_n = r$$

$$[a]_n +_n [b]_n = [na' + r_1]_n +_n [nb' + r_2]_n = r_1 +_n r_2 = [r_1 + r_2]_n = [nc + r]_n = r$$

이므로, $[a+b]_n = [a]_n +_n [b]_n$이다. 따라서

$$f(a+b) = [a+b]_n = [a]_n +_n [b]_n = f(a) +_n f(b)$$

이므로 f는 준동형사상이다. 한편

$$\ker(f) = \{a \in \mathbb{Z} \mid f(a) = 0\} = \{a \in \mathbb{Z} \mid [a]_n = 0\} = \{nx \mid x \in \mathbb{Z}\} = n\mathbb{Z}$$ ■

정리 3.2.17 *순환군 $G = \langle a \rangle$와 양의 정수 n에 대하여 다음이 성립한다.*

(1) $|G| = |a| = \infty \implies G \cong (\mathbb{Z}, \ +)$ [2012학년도 임용시험출제]
(2) $|G| = |a| = n \implies G \cong (\mathbb{Z}_n, \ +)$

(증명) (1) $(\mathbb{Z}, \ +)$에서 $G = \langle a \rangle$로의 함수 f 를

$$f : (\mathbb{Z}, \ +) \longrightarrow G = \langle a \rangle, \quad f(n) = a^n$$

이라 정의하자. 임의의 $n, \ m \in \mathbb{Z}$에 대하여, 정리 2.3.4(3)에 의하여

$$f(n) = f(m) \quad \implies \quad a^n = a^m \quad \implies \quad n = m$$

이다. 그러므로 f는 단사함수이다.

또, 정의에 의하여 전사임은 분명하다. 다음에 임의의 $n, \ m \in \mathbb{Z}$에 대하여

$$f(n+m) = a^{n+m} = a^n a^m = f(n)f(m)$$

이므로, f는 준동형사상이 되어 동형사상이다. 따라서 $G \cong (\mathbb{Z}, \ +)$이다.

(2) $\mathbb{Z}_n = \{0, \ 1, \ 2, \ \cdots, \ n-1\}$에서 $G = \langle a \rangle = \{e, \ a^1, \ a^2, \ \cdots, \ a^{n-1}\}$로의 함수 f를

$$f : \mathbb{Z}_n \longrightarrow G = \langle a \rangle, \quad f(i) = a^i \ (0 \le i < n)$$

이라 정의하자. 임의의 $i, \ j \in \mathbb{Z}_n$에 대하여, $-n < i - j < n$이므로, 정리 2.3.4(1)에 의하여

$$f(i) = f(j) \quad \implies \quad a^i = a^j \quad \implies \quad i \equiv j \ (\mathrm{mod} \ n) \quad \implies \quad i = j$$

이다. 그러므로 f는 단사함수이다.

또, 정의에 의하여 전사임은 분명하다. 다음에 임의의 $i, \ j \in \mathbb{Z}$에 대하여, $a^n = e$이고 법 n 축약 준동형사상(예 3.2.16)의 증명 과정과 같이 하면, $a^{[i+j]_n} = a^{[i]_n + [j]_n}$ 임을 알 수 있다. 따라서

$$f(i+j) = f([i+j]_n) = a^{[i+j]_n} = a^{[i]_n + [j]_n} = a^{[i]_n} a^{[j]_n} = a^i a^j = f(i)f(j)$$

이므로, f는 동형사상이다. 따라서 $G \cong (\mathbb{Z}_n, +)$ 이다. ■

다음 정리는 모든 군은 치환군(대칭군)의 부분군과 동형임을 알려 준다.

정리 3.2.18 (Cayley 정리) *군 G에 대하여 다음이 성립한다.*

$G \cong G'$인 S_G의 부분군 $G' < S_G$가 존재한다.

(증명) G에서 $S_G = \{\sigma \mid \sigma : G \longrightarrow G$ 전단사 함수$\}$로의 함수 f를

$$f : G \longrightarrow S_G, \quad f(x) = g_x, \quad \text{단}, \forall\, a \in G,\ g_x(a) = xa$$

라 정의하자. 이때 f가 잘 정의되었음을 보이자. 즉, $g_x \in S_G$를 보이기 위해, 함수

$$g_x : G \longrightarrow G, \quad g_x(a) = xa$$

가 전단사함수임을 보이면 된다. 임의의 $a,\ a' \in G$에 대하여

$$g_x(a) = g_x(a') \quad \Longrightarrow \quad xa = xa' \quad \Longrightarrow \quad a = a'$$

이므로, g_x는 단사함수이다. 또한 임의의 $b \in G$에 대하여 $g_x(x^{-1}b) = x(x^{-1}b) = b$이므로 g_x는 전사함수이다. 따라서 g_x는 전단사함수가 되어 $g_x \in S_G$이므로, f는 잘 정의된다.

다음에 f가 단사 준동형임을 보이자. 먼저, f가 단사함수임을 보이자. 임의의 $x,\ x' \in G$에 대하여

$$f(x) = f(x') \quad \Longrightarrow \quad g_x = g_{x'} \quad \Longrightarrow \quad g_x(e) = g_{x'}(e) \quad \Longrightarrow \quad xe = x'e \quad \Longrightarrow \quad x = x'$$

이므로, f는 단사함수이다. f가 준동형사상임을 보이기 위해 먼저 $g_{xx'} = g_x g_{x'}$임을 보이자. 임의의 $a \in G$에 대하여

$$g_{xx'}(a) = (xx')a = x(x'a) = g_x(x'a) = g_x(g_{x'}(a)) = (g_x g_{x'})(a)$$

이므로, $g_{xx'} = g_x g_{x'}$ 이다. 그러므로 임의의 $x,\ x' \in G$에 대하여

$$f(xx') = g_{xx'} = g_x g_{x'} = f(x)f(x')$$

가 되어, f는 준동형사상이다. 그러면 분명히 $f : G \longrightarrow \mathrm{Im}(f)$는 전단사함수이고 준동형사상이 되어, 동형사상이다. 즉, $G \cong \mathrm{Im}(f)$이다. 정리 3.2.14(3)에 의하여

$$G \cong \mathrm{Im}(f) < S_G$$

이다. 우리가 구하는 S_G의 부분군은 $G' = \mathrm{Im}(f)$이다. ■

정리 3.2.19 *군 G, G', G''에 대하여 다음이 성립한다.*

(1) $1_G : G \longrightarrow G$, $1_G(a) = a$는 동형사상

(2) $f : G \longrightarrow G'$가 동형사상 $\Longrightarrow$ f의 역사상 $f^{-1} : G' \longrightarrow G$도 동형사상

(3) $f : G \longrightarrow G'$, $g : G' \longrightarrow G''$가 준동형사상 $\Longrightarrow$ $g \circ f : G \longrightarrow G''$는 준동형사상

특히, f, g가 동형사상 $\Longrightarrow$ $g \circ f$는 동형사상

(증명) (1) 분명히 성립한다.

(2) 정리 1.4.10에 의하여 역함수는 전단사 함수이다. 역함수 f^{-1}가 준동형사상임을 보이자. 임의의 a', $b' \in G'$에 대하여 $f^{-1}(a') = a$, $f^{-1}(b') = b$라 하면, $f(a) = a'$, $f(b) = b'$이다. 그러므로

$$f(ab) = f(a)f(b) = a'b'$$

이다. 따라서

$$f^{-1}(a'b') = ab = f^{-1}(a')f^{-1}(b')$$

이므로, f^{-1}는 준동형사상이다. 그러므로 f^{-1}는 동형사상이다.

(3) 연습문제 (1.4) 5번에 의해 합성함수는 전단사함수이다. $g \circ f$가 준동형사상임을 보이자. 임의의 a, $b \in G$에 대하여

$$(g \circ f)(ab) = g(f(ab)) = g(f(a)f(b)) = g(f(a))g(f(b)) = (g \circ f)(a)(g \circ f)(b)$$

이므로, $g \circ f$는 준동형사상이다. 따라서 $g \circ f$는 동형사상이다. ■

따름정리 3.2.20 *군 G 위의 자기동형사상 전체집합을 $\mathrm{Aut}(G)$라 하자. 즉,*

$$\mathrm{Aut}(G) = \{\sigma \mid \sigma : G \longrightarrow G\text{는 자기동형사상}\}$$

이라 하고, 연산을 합성 $\circ$으로 주면, 다음이 성립한다.

$(\mathrm{Aut}(G), \circ)$는 군

※ 군 $\mathrm{Aut}(G)$를 **자기동형군**(automorphism group, 自己同型群)이라 한다.

(증명) 정리 3.2.19에 의하여 연산이 닫혀있고, 항등원, 역원이 존재한다. 또한 1.4.8에 의하여 결합법칙이 성립하므로 $(\mathrm{Aut}(G), \circ)$는 군이다. ■

정리 3.2.21 *군 G의 원소 $g \in G$에 대하여 다음이 성립한다.*

(1) 함수 $\boxed{\alpha_g : G \longrightarrow G,\ \alpha_g(a) = gag^{-1}\text{는 동형사상}}$ 이다.

(2) a의 위수가 유한 $\Longrightarrow$ $\boxed{|a| = |gag^{-1}|}$

(3) $H < G$에 대하여 $gHg^{-1} = \{ghg^{-1} \mid h \in H\}$이라 하면, $\boxed{gHg^{-1} < G}$이고 $\boxed{gHg^{-1} \cong H}$

※ α_g를 g에 의한 G의 **켤레 동형사상**(conjugate automorphism) 또는 **내부자기동형사상**(inner automorphism)이라 한다.

※ $\boxed{gHg^{-1}}$를 H의 **켤레부분군**(conjugate subgroup)이라 한다.

(증명) (1) 모든 $a,\ b \in G$에 대하여

$$\alpha_g(ab) = gabg^{-1} = (gag^{-1})(gbg^{-1}) = \alpha_g(a)\alpha_g(b)$$

이므로 준동형사상이다. 또한

$$\alpha_g(a) = \alpha_g(b) \quad \Longrightarrow \quad gag^{-1} = gbg^{-1} \quad \Longrightarrow \quad a = b$$

이므로 α_g는 단사함수이다. 그리고 모든 $a \in G$에 대하여

$$\alpha_g(g^{-1}ag) = g(g^{-1}ag)g^{-1} = a$$

이므로 α_g는 전사함수이다. 따라서 α_g는 동형사상이다.

(2) α_g는 전단사함수이므로, 임의의 양수 n에 대하여

$$e = a^n \quad \Longleftrightarrow \quad \alpha_g(e) = \alpha_g(a^n) \quad \Longleftrightarrow \quad e = \alpha_g(a)^n = (gag^{-1})^n$$

가 성립한다. 따라서 $|a| = |gag^{-1}|$이다.

(3) $e = geg^{-1} \in gHg^{-1}$이다. 임의의 $gag^{-1},\ gbg^{-1} \in gHg^{-1}$에 대하여

$$gag^{-1}(gbg^{-1})^{-1} = ga\big(g^{-1}(g^{-1})^{-1}\big)b^{-1}g^{-1} = gab^{-1}g^{-1} \in gHg^{-1}$$

이므로 $gHg^{-1} < G$이다.

정리 3.2.14에 의하여 $\alpha_g(H) = gHg^{-1} < G$이다. 함수

$$\phi : H \longrightarrow \alpha_g(H) = gHg^{-1}, \quad \phi(a) = \alpha_g(a) = gag^{-1}$$

는 잘 정의되고 분명히 동형사상이다. 따라서 $gHg^{-1} \cong H$ 이다. ■

예 3.2.22 S_3의 부분군 $H = \{(1),\ (1\ 2)\}$와 $A_3 = \{(1),\ (1\ 2\ 3),\ (1\ 3\ 2)\}$에 대하여 $g = (1\ 3)$에 관한 켤레부분군을 구해보자.

$$gHg^{-1} = (1\ 3)\{(1),\ (1\ 2)\}(1\ 3) = \{(1),\ (2\ 3)\} \neq H$$

이지만, 둘 다 위수가 2이므로 $gHg^{-1} \cong H$이다. 한편

$$gA_3g^{-1} = (1\ 3)\{(1),\ (1\ 2\ 3),\ (1\ 3\ 2)\}(1\ 3) = \{(1),\ (1\ 3\ 2),\ (1\ 2\ 3)\} = A_3$$

이다.

정리 3.2.23 군 준동형사상 $f: G \longrightarrow G'$ 일 때, $\boxed{H = \ker(f)}$ 라 하자. $a \in G$에 대하여

$$f^{-1}(\{f(a)\}) = \{x \in G \mid f(x) = f(a)\}$$

라 하면 다음이 성립한다.

$$f^{-1}(\{f(a)\}) = aH = Ha$$

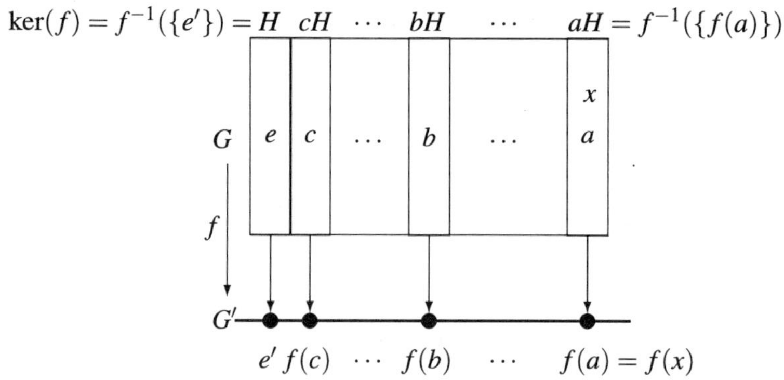

(증명) $A = f^{-1}(\{f(a)\}) = \{x \in G \mid f(x) = f(a)\}$라 하고,

$$A \subset aH \subset Ha \subset A$$

임을 증명하자. 그러면 $A = aH = Ha$가 되어 정리가 성립한다.

$(A \subset aH)$ 임의의 $x \in A$라 하면,

$$f(x) = f(a) \quad \Longrightarrow \quad f(a)^{-1}f(x) = e \quad \Longrightarrow \quad f(a^{-1})f(x) = e \quad \Longrightarrow \quad f(a^{-1}x) = e$$

이므로, $a^{-1}x \in \ker(f) = H$이다. 따라서 $a^{-1}x = h$인 원소 $h \in H$가 존재한다. 그러므로 $x = ah \in aH$가 되어, $A \subset aH$이다.

$(aH \subset Ha)$ 임의의 $ah \in aH$라 하면, $f(h) = e'$인 원소 $h \in H$가 존재한다. 그러면

$$f(aha^{-1}) = f(a)f(h)f(a^{-1}) = f(a)e'f(a)^{-1} = f(a)f(a)^{-1} = e'$$

이다. 그러므로 $aha^{-1} \in \ker(f) = H$이다. 따라서 $aha^{-1} = h$인 원소 $h \in H$가 존재한다. 그러므로 $ah \in Ha$가 되어, $aH \subset Ha$이다.

$(Ha \subset A)$ 임의의 $ha \in Ha$라 하면, $f(h) = e'$인 원소 $h \in H$가 존재한다.

$$f(ha) = f(h)f(a) = e'f(a) = f(a)$$

이다. 그러므로 $ha \in A$이다. 따라서 $Ha \subset A$이다. ■

예 3.2.24 [핵] 준동형사상 $f: \mathbb{Z} \longrightarrow \mathbb{Z}_8$, $f(1) = 4$에 대한 $\ker(f)$와 $f^{-1}(\{f(1)\})$을 구하자.

(풀이) 준동형사상 f의 핵은 다음과 같다.

$$\ker(f) = \{a \in \mathbb{Z} \mid 0 = f(a) = af(1) = 4a\} = \{2n \mid n \in \mathbb{Z}\} = 2\mathbb{Z}$$

그리고 $\{f(1)\}$의 f에 대한 역상은 다음과 같다.

$$\begin{aligned} f^{-1}(\{f(1)\}) &= \{a \in \mathbb{Z} \mid f(a) = f(1) = 4\} \\ &= \{a \in \mathbb{Z} \mid 4a = 4\} \\ &= \{a \in \mathbb{Z} \mid 4(a-1) = 0\} \\ &= \{2n+1 \mid n \in \mathbb{Z}\} \\ &= 1 + 2\mathbb{Z} = 1 + \ker(f) \end{aligned}$$

정리 3.2.25 *군 G가 $\{a_i \mid i \in I\}$(I는 적당한 첨수의 집합)에 의해 생성된다고 하자. 이때 두 군 준동형사상 $f: G \longrightarrow G'$와 $g: G \longrightarrow G'$에 대하여 다음이 성립한다.*

모든 $i \in I$에 대하여 $f(a_i) = g(a_i)$를 만족 $\Rightarrow$ $f = g$

※ 즉, 두 군 준동형사상은 군(정의역)의 생성원에 대한 상만 일치하면 같다. 그러므로 준동형사상은 정의역의 생성원에 대한 상만 결정되면 유일하게 결정된다.

(증명) $S = \{a_i \mid i \in I\}$라 하자. 그러면 정리 2.2.17에 의하여 G의 원소 x는 다음과 같은 유한개의 원소의 곱으로 표현가능하다.

$$x = a_1^{b_1} \cdots a_n^{b_n}, \quad a_1, \cdots, a_n \in S,\ b_1, \cdots, b_n \in \mathbb{Z},\ n \geq 1$$

이다. 그러면 f와 g가 존동형사상이고, $f(a_i) = g(a_i)$이므로 다음이 성립한다.

$$f(x) = f(a_1^{b_1} \cdots a_n^{b_n}) = f(a_1)^{b_1} \cdots f(a_n)^{b_n} = g(a_1)^{b_1} \cdots g(a_n)^{b_n} = g(a_1^{b_1} \cdots a_n^{b_n}) = g(x)$$

따라서 $f = g$이다. ■

임용시험 출제 3.2.26 [2004학년도] 무한 순환군(infinite cyclic group) G에 대하여 $\sigma: G \longrightarrow G$를 아래와 같이 정의할 때, 다음 물음에 답하시오. (5점)

$$\sigma(g) = g^{-1} \text{ (단, } g^{-1}\text{는 } g\text{의 역원)}$$

(1) σ가 동형사상(isomorphism)임을 보여라. (2점)

(2) G에서 G로의 동형사상은 항등사상(identity map)과 σ뿐임을 보여라. (3점)

임용시험 출제 3.2.27 [2012학년도]
체 $\mathbb{Z}_3$ 위의 행렬에 대하여 연산이 행렬의 곱셈인 군

$$G=\left\{\begin{pmatrix} a & b \\ 0 & c \end{pmatrix} \,\middle|\, a,\ b,\ c \in \mathbb{Z}_3,\ ac \neq 0\right\}$$

이 있다. 군 G에서 곱셈군 $\mathbb{Z}_3^* = \mathbb{Z}_3 - \{0\}$으로의 군 준동형사상(group homomorphism)

$$\phi : G \longrightarrow \mathbb{Z}_3^*, \quad \phi\begin{pmatrix} a & b \\ 0 & c \end{pmatrix} = ac$$

의 핵(kernel) $\ker(\phi)$와 동형인 군은? (단, S_3은 3차 대칭군(symmetric group)이고, A_4는 4차의 교대군(alternating group)이다.)

① $\mathbb{Z}_3$ ② S_3 ③ $\mathbb{Z}_6$ ④ $\mathbb{Z}_9$ ⑤ A_4

임용시험 출제 3.2.28 [2013학년도] 군 준동형사상 $f : \mathbb{Z} \to \mathbb{Z}_2 \times \mathbb{Z}_3$을 $f(k) = ([k]_2,\ [k]_3)$으로 정의할 때, $\ker(f)$를 구하라. (단, $[k]_n$은 $\mathbb{Z}$에서 법 n에 대한 k의 합동류(congruence class)이고, $\ker(f)$는 f의 핵(kernel)이다.)

연 습 문 제 (3.2)

1. 군 준동형사상 $f : \mathbb{Z} \longrightarrow \mathbb{Z}_7,\ f(1) = 4$에 대한 $\ker(f)$와 $f^{-1}(\{f(1)\})$을 구하라.

2. 군 준동형사상 $f : \mathbb{Z}_{10} \to \mathbb{Z}_{20},\ f(1) = 6$에 대한 $\ker(f)$와 $\mathrm{Im}(f)$를 구하라.

3. 군 G의 원소 a일 때, 함수 $f : (\mathbb{Z}, +) \longrightarrow G,\ f(x) = a^x$에 대하여 다음 물음에 답하라.

(1) f는 준동형사상임을 보여라.

(2) $\ker(f)$와 $\mathrm{Im}(f)$를 구하라.

4. 주어진 사상 f가 준동형사상인지를 판단하라. 단, $G,\ G_1,\ G_2,\ \cdots,\ G_r$은 군이다.

(1) $f :\ (\mathbb{Z}, +) \longrightarrow (\mathbb{R}, +),\ f(n) = n$

(2) $f_i :\ G_i \longrightarrow G_1 \times G_2 \times \cdots \times G_i \times \cdots G_r,\ f_i(g_i) = (e_1,\ e_2,\ \cdots,\ g_i,\ \cdots,\ e_r)$

(3) $f :\ G \longrightarrow G,\ f(a) = a^{-1}$

5. 함수 $f :\ G \longrightarrow G'$ 가 군 준동형사상일 때, 다음 물음에 답하라. [참조: 정리 3.2.23]

(1) $|G'|$가 유한이면, $|f(G)|$도 유한이며 $|G'|$의 약수임을 보여라.

(2) $|G|$가 유한이면, $|f(G)|$도 유한이며 $|G|$의 약수임을 보여라.

6. 주어진 군에 대한 비자명 준동형사상이 존재한다면 예를 들어라. 만약 존재하지 않으면 그 이유를 설명하라.

(1) $f :\ D_4 \longrightarrow S_3$ (2) $f :\ S_4 \longrightarrow S_3$ (3) $f :\ \mathbb{Z}_4 \longrightarrow \mathbb{Z}$

7. 다음 군준동형사상의 개수를 구하라. [참조: 항등원과 생성원에 대하여 생각하라.]

(1) $f:\mathbb{Z}_{12}\longrightarrow\mathbb{Z}_6$ (2) $f:\mathbb{Z}_{12}\longrightarrow\mathbb{Z}_{16}$

(3) $f:\mathbb{Z}\longrightarrow\mathbb{Z}_8$ (4) $f:\mathbb{Z}_2\longrightarrow\mathbb{Z}$

(5) $f:\mathbb{Z}\longrightarrow\mathbb{Z}\times\mathbb{Z}$ (6) $f:\mathbb{Z}\times\mathbb{Z}\longrightarrow\mathbb{Z}$

(7) $f:\mathbb{Z}_6\longrightarrow\mathbb{Z}_2\times\mathbb{Z}_2$ (8) $f:\mathbb{Z}_2\times\mathbb{Z}_2\longrightarrow\mathbb{Z}_6$

8. $f:\mathbb{Z}\longrightarrow\mathbb{Z}$의 군 준동형사상, 전사 군 준동형, 군 동형사상의 개수를 구하라.

9. $f:\ \mathbb{Z}_n\longrightarrow\mathbb{Z}_m$인 군준동형사상의 개수는 $d=\gcd(m,\ n)$개임을 증명하라.

[참조: $0=f(n\cdot 1)=n\cdot f(1)$을 이용]

10. $\mathbb{Z}_n$에서 $\mathbb{Z}_m$으로의 전사인 준동형사상이 존재할 필요충분조건은 $m|n$임을 보여라.

11. $f:\ G\longrightarrow H$를 군 준동형사상이라고 하자. $f(G)$가 가환이기 위한 필요충분조건은 모든 $x,\ y\in G$에 대하여 $xyx^{-1}y^{-1}\in\ker(f)$이다.

12. 주어진 준동형사상 f가 동형사상인지를 판단하라. 만약 동형사상이 아니라면 그 이유는?

(1) $f:(\mathbb{Z},\ +)\longrightarrow(\mathbb{Z},\ +),\ f(n)=-n$

(2) $f:(\mathbb{Z},\ +)\longrightarrow(\mathbb{Z},\ +),\ f(n)=2n$

13. $F=\{f\mid f:\mathbb{R}\longrightarrow\mathbb{R}$는 미분가능$\}$이라고 하자. 다음 주어진 사상 ϕ가 동형사상인지를 판단하라. 만약 동형사상이 아니라면 그 이유는?

(1) $\phi:(F,\ +)\longrightarrow(F,\ +),\ \phi(f)=\frac{d}{dx}f$

(2) $\phi:(F,\ +)\longrightarrow(F,\ +),\ \phi(f)=\int_0^x f(t)dt$

(3) $\phi:(F,\ +)\longrightarrow(F,\ +),\ \phi(f)=\frac{d}{dx}[\int_0^x f(t)dt]$

14. p는 소수이다. 위수 p인 군 G에서 자기동형사상은 몇 개인가?

15. $\mathbb{Z}$ 위에서 연산 $*$를 $a,\ b\in\mathbb{Z}$에 대하여 $a*b=a+b-1$라 정의하면, 두 군 $(\mathbb{Z},\ +)$와 $(\mathbb{Z},\ *)$는 동형임을 보여라.

16. $\mathbb{Q}-\{-1\}$의 연산 $*$를 $a*b=a+b+ab$라 하면 $(\mathbb{Q}-\{-1\},*)$은 군이다. 또, $\mathbb{Q}-\{-1\}$의 연산 $\circ$을 $a\circ b=a+b-ab$라 하면 역시 $(\mathbb{Q}-\{1\},\circ)$는 군이다. 이때 $(\mathbb{Q}-\{-1\},*)$와 $(\mathbb{Q}-\{1\},\circ)$는 동형임을 보여라.

17. 정수 $n\in\mathbb{Z}$에 대하여 $f(n)=n+1$로 정의된 함수 $f:\ \mathbb{Z}\longrightarrow\mathbb{Z}$는 전단사함수이다. f가 다음 주어진 구조 사이에서의 동형사상이 되도록 $\mathbb{Z}$ 위에서 이항연산 $*$의 정의를 구하라.

(1) $f:(\mathbb{Z},\ +)\longrightarrow(\mathbb{Z},\ *)$

(2) $f:(\mathbb{Z},\ *)\longrightarrow(\mathbb{Z},\ +)$

18. 정수 $n\in\mathbb{Z}$에 대하여 단군에 대한 함수 $f:(\mathbb{Z}-\{0\},\ \cdot)\longrightarrow(\mathbb{Z}-\{2\},\ *)$가 $f(n)=n+2$로 정의된 동형사상이다. (단, $\cdot$는 정수 곱셈)

(1) 연산 $*$를 정의하라.

(2) 연산 $*$에 대한 3의 역원의 존재성을 판단하고, 존재하면 역원을 구하라.

19. 군 G의 원소 $a \in G$와 $x \in G$에 대하여 $\rho_x(a) = ax^{-1}$인 치환 $\rho_x : G \longrightarrow G$의 집합이 G와 동형인 군을 형성한다는 것을 증명하라.

20. G는 유한가환군이고, $\gcd(n, |G|) = 1$일 때, 다음을 증명하라.

(1) 임의의 $x \in G$는 $x = y^n$을 만족시키는 $y \in G$가 존재함을 보여라.

(2) G 위에서 함수 $f : G \longrightarrow G,\ f(x) = x^n$는 군 동형사상임을 보여라.

21. 군 G의 부분군들의 집합 A 위에서 관계 $\sim$을 켤레관계로 정의하자. 즉, 다음과 같이 정의한다.

$$H \sim K \quad \Longleftrightarrow \quad \exists\, g \in G,\ K = gHg^{-1}$$

그러면 켤레관계 $\sim$는 A 위에서 동치관계임을 증명하라. [참조: 정리 3.2.21]

22. 공이 아닌 두 집합 A, B의 전단사함수 $f : A \to B$에 대하여 다음 함수

$$\phi : S_A \to S_B, \quad \phi(\sigma) = f \circ \sigma \circ f^{-1}$$

는 군 동형사상임을 보여라. 즉, 치환군 S_A와 S_B는 군 동형이다.

3.3 정규부분군과 잉여군

이 절에서는 군의 특수한 부분군과 잉여류 전체집합으로 이루어진 군에 대하여 논한다.

정의 3.3.1 [*정규부분군(normal subgroup, 正規部分群)*]

H가 군 G의 부분군일 때,

H가 군 G의 **정규부분군**(normal subgroup, 正規部分群) $\overset{\text{정의}}{\Longleftrightarrow}$ $\forall\, a \in G,\ aH = Ha$

※ H가 군 G의 정규부분군일 때, $H \lhd G$라 표기.

정리 3.3.2 *군 G의 부분군 $H < G$에 대하여 다음이 성립한다.*

$|G:H| = 2 \quad \Longrightarrow \quad H \lhd G$ (H는 G의 정규부분군)

(증명) $|G:H| = 2$이라 하면, 모든 $a \notin H$에 대하여, 좌잉여류 전체집합은

$$G/\!\sim_L = \{H,\ aH\}$$

이고, 우잉여류 전체집합은

$$G/\!\sim_R = \{H,\ Ha\}$$

이다. 따라서

$$H \cup aH = G = H \cup Ha \qquad \text{이고} \qquad aH \cap H = Ha \cap H = \varnothing$$

이므로 $aH = G - H = Ha$이다. 그러므로 $H \lhd G$이다. ■

예 3.3.3 정규부분군의 예를 살펴보자.

(1) 군 G에서 분명히 $\{e\} \lhd G$, $G \lhd G$이다.

(2) n차 대칭군 S_n에서 $|S_n : A_n| = 2$이므로, 정리 3.3.2에 의하여, $A_n \lhd S_n$이다.

(3) [2011학년도 임용시험 출제] 가환군 G의 모든 부분군 H는 정의에 의하여 정규부분군 ($H \lhd G$)이 된다.

(4) 군 준동형사상 $f:\ G \longrightarrow G'$의 핵 $\ker(f)$은 정리 3.2.23에 의하여, $\ker(f) \lhd G$이다.

※ 하지만 $\mathrm{Im}(f)$는 일반적으로 정규부분군이 아니다. 예를 들어, 덧셈군 $\mathbb{Z}_2$에서 3차 대칭군 S_3로의 군 준동형사상 f를

$$f:\ \mathbb{Z}_2 \longrightarrow S_3, \quad f(0) = (1),\ f(1) = (1\ 2)$$

로 정의하면, 예 3.1.2에 의하여 $\mathrm{Im}(f) = \{(1),\ (1\ 2)\}$는 S_3의 정규부분군이 아니다.

정리 3.3.4 (정규부분군 판정조건) *군 G의 부분군 H에 대하여 다음은 동치이다.*

(1) $\boxed{H \lhd G}$. 즉, $\forall g \in G$, $\boxed{gH = Hg}$

$\Leftrightarrow$ (2) $\forall g \in G$, $\boxed{gHg^{-1} = H}$

$\Leftrightarrow$ (3) $\forall g \in G$, $\boxed{gHg^{-1} \subset H}$

$\Leftrightarrow$ (4) $\forall g \in G$, $gH \subset Hg$

(증명) (1) $\Rightarrow$ (2)임의의 $g \in G$에 대하여 $gH = Hg$라 하자. 그러면 임의의 $gh \in gH$에 대하여 $gh = h'g$인 $h' \in H$가 존재한다. 그러므로, 다음이 성립한다.

$$gHg^{-1} = \{ghg^{-1} \mid h \in H\} = \{h'gg^{-1} \mid h' \in H\} = \{h' \mid h' \in H\} = H$$

(2) $\Rightarrow$ (3) 분명히 성립한다.

(3) $\Rightarrow$ (4)임의의 $gh \in gH$에 대하여 $ghg^{-1} \in gHg^{-1} \subset H$이다. 따라서 $ghg^{-1} = h' \in H$인 $h' \in H$가 존재한다. 그러므로 $gh = h'g$이다. 따라서 다음이 성립한다.

$$gH \subset Hg$$

(4) $\Rightarrow$ (1)임의의 $g \in G$에 대하여, $gH \subset Hg$라 하자. $Hg \subset gH$임을 보이면, $Hg = gH$이다. 임의의 $hg \in Hg$ 에 대하여 $g^{-1}h \in g^{-1}H \subset Hg^{-1}$이므로, $g^{-1}h = h'g^{-1}$인 $h' \in H$가 존재한다. 그러므로

$$g^{-1}hg = h'g^{-1}g = h' \qquad \Longrightarrow \qquad hg = gh' \in gH$$

이고, 따라서 $Hg \subset gH$이다. ■

문제 3.3.5 군 G에서 위수 n인 부분군 H가 유일하게 존재하면, H는 정규부분군임을 보여라.

정리 3.3.6 *군 G의 부분군 H, K의 집합곱 HK에 대하여 다음이 성립한다.*

(1) $H \lhd G$ 이거나 $K \lhd G \implies HK < G$

(2) $H \lhd G$ 이고 $K \lhd G \implies HK \lhd G$ [2010학년도 임용시험 출제]

(증명) (1) $H \lhd G$인 경우에 증명하자. 분명히 $e = ee \in HK$이다. 임의의 ab, $a'b' \in HK$에 대하여 $H \lhd G$이므로, $b'^{-1}a'^{-1} = a_1b'^{-1}$, $ba_1 = a_2b$인 원소 a_1, $a_2 \in H$가 존재하여,

$$\begin{aligned}(ab)(a'b')^{-1} &= (ab)(b'^{-1}a'^{-1}) = ab(a_1b'^{-1}) = a(ba_1)b'^{-1} \\ &= a(a_2b)b'^{-1} = (aa_2)(bb'^{-1}) \in HK\end{aligned}$$

이다. 따라서 부분군 판정조건(정리 2.2.3)에 의하여 HK는 G의 부분군이다.

(2) (1)에 의하여 HK는 G의 부분군이다. 임의의 $ab \in HK$와 $g \in G$에 대하여, $H \lhd G$이고 $K \lhd G$이므로, $gag^{-1} \in H$, $gbg^{-1} \in K$이다. 그러므로 다음이 성립한다.

$$g(ab)g^{-1} = (gag^{-1})(gbg^{-1}) \in HK$$

따라서 정규부분군 판정조건(정리 3.3.4)에 의하여 HK는 G의 정규부분군이다. ■

정리 3.3.7 *군 G의 정규부분군 H, K에 대하여 다음이 성립한다.*

(1) $H \cap K \lhd G$

(2) $\boxed{H \cap K = \{e\}}$ $\Longrightarrow$ 모든 $a \in H$, $b \in K$에 대하여 $\boxed{ab = ba}$이다. 즉, $HK = KH$

특히, <u>H와 K가 가환부분군</u>이면, $\boxed{HK\text{는 가환부분군}}$이다.

(증명) (1) 정리 2.2.13에 의하여, $HK < G$이다. 모든 $a \in H \cap K$와 $g \in G$에 대하여 $a \in H$, $a \in K$이므로

$$gag^{-1} \in H, \quad gag^{-1} \in K \qquad \Longrightarrow \qquad gag^{-1} \in H \cap K$$

이다. 따라서 정규부분군 판정조건에 의하여 $H \cap K \lhd G$이다.

(2) 임의의 $a \in H$, $b \in K$에 대하여 H, K가 정규 부분군이므로 $ba^{-1}b^{-1} \in H$, $aba^{-1} \in K$이다. 따라서

$$aba^{-1}b^{-1} = a(ba^{-1}b^{-1}) \in H$$

$$aba^{-1}b^{-1} = (aba^{-1})b^{-1} \in K$$

이다. 그러므로 $aba^{-1}b^{-1} \in H \cap K = \{e\}$이다. 따라서 $aba^{-1}b^{-1} = e$ 즉 $ab = ba$이다.

다음에, H와 K가 가환부분군이라 하자. 정리 3.3.6에 의하여 HK는 (정규)부분군이다. 한편 임의의 ab, $a'b' \in HK$, $(a, a' \in H,\ b, b' \in K)$에 대하여

$$(ab)(a'b') = a(ba')b' = a(a'b)b' = (aa')(bb') = (a'a)(b'b) = a'(ab')b = a'(b'a)b = (a'b')(ab)$$

이므로 HK는 가환부분군이다. ■

정리 3.3.8 *군 G의 정규부분군 H, K에 대하여*

$$G = HK, \qquad H \cap K = \{e\}$$

이면, 다음이 성립한다.

$$\boxed{G \cong H \times K}$$

(증명) $H \times K$에서 G로의 함수 f를

$$f : H \times K \longrightarrow G, \quad f(a, b) = ab$$

라 정의하자. 그러면 $\text{Im}(f) = \{ab \mid a \in H,\ b \in K\} = HK = G$이므로, f는 전사함수이다. 또, $H \cap K = \{e\}$이므로 정리 3.3.7에 의하여, 임의의 $a \in H$, $b \in K$에 대하여 $ab = ba$이다. 그러면 임

의의 $(a, b), (a', b') \in H \times K$에 대하여

$$f\big((a, b)(a', b')\big) = f(aa', bb') = aa'bb' = aba'b' = f(a, b)f(a', b')$$

가 되어 f는 준동형사상이다.

다음에 $(a, b) \in \ker(f)$이면, $e = f(a, b) = ab$이므로, $a = b^{-1} \in H \cap K = \{e\}$이다. 따라서 $(a, b) = (e, e)$가 되어 $\ker(f) = \{(e, e)\}$이다. 따라서 f는 단사함수이다. 즉, f는 동형사상이고 $G \cong H \times K$이다. ■

정리 3.3.9 *군 준동형사상 $f : G \longrightarrow G'$에 대하여 다음이 성립한다.*

(1) $N \lhd G \implies f(N) \lhd f(G)$
(2) $N' \lhd f(G) \implies f^{-1}(N') \lhd G$

※ 일반적으로, $N \lhd G$일 때, $f(N) < G'$이지만 $f(N) \ntriangleleft G'$이다. [참조: 예 3.3.3]

(증명) 연습문제로 남긴다. ■

정리 3.3.10 *[2001학년 임용시험 출제] 군 G의 부분군 $H < G$의 좌잉여류 전체집합 $G/H = \{aH \mid a \in G\}$ 위에서 연산$(\cdot)$을 아래와 같이 정의할 때, 다음은 동치이다.*

$$(aH) \cdot (bH) = abH$$

(1) G/H 위에서 연산$(\cdot)$이 잘 정의된다.
$\Leftrightarrow$ (2) $\forall a \in G,\ aH = Ha$. 즉 H는 G의 정규부분군

(증명) $(\Rightarrow)$ G/H 위에서 연산 $(aH) \cdot (bH) = abH$가 잘 정의된다고 하자. 임의의 $a \in G$에 대하여 $aHa^{-1} \subset H$임을 보이자. 임의의 $a \in G$와 $h \in H$에 대하여

$$aha^{-1} = (ah)(a^{-1}e) \in (a^{-1}H) \cdot (aH) = (a^{-1}a)H = eH = H$$

이므로, $aha^{-1} \in H$이다. 그러면 정규부분군의 판정조건(정리 3.3.4)에 의하여 H는 G의 정규부분군이다.

$(\Leftarrow)$ 임의의 $a \in G$에 대하여 $aH = Ha$라 하자. 임의의 $aH, a'H, bH, b'H \in G/H$에 대하여 $aH = a'H$이고 $bH = b'H$라 하자. 그러면

$$a = ae \in aH = a'H \implies \exists\, h \in H,\ a = a'h$$
$$b = be \in bH = b'H \implies \exists\, h' \in H,\ b = b'h'$$

이다. 그리고 $(aH) \cdot (bH) = (a'H) \cdot (b'H)$, 즉 $abH = a'b'H$임을 보이자. 가정 $Hb' = b'H$에 의하여 $hb' = b'h''$인 $h'' \in H$가 존재하므로

$$abe = ab = (a'h)(b'h') = a'(hb')h' = a'(b'h'')h' = (a'b')(h''h') \in a'b'H \cap abH$$

이다. 따라서 $a'b'H \cap abH \neq \varnothing$이므로, 잉여류 상등에 의하여 $abH = a'b'H$이다.

즉, $(aH)\cdot(bH)=(a'H)\cdot(b'H)$이 되어 연산은 잘 정의된다. ■

정리 3.3.11 *[2001학년 임용시험 출제]* 군 G의 정규부분군 $N \lhd G$의 잉여류 전체집합 $G/N=\{aN \mid a\in G\}$에 대하여 다음이 성립한다.

연산 $(aN)(bN)=abN$ 아래서 $\boxed{G/N\text{은 군}}$이다.

※ G/N은 N에 의한 G의 **잉여군**(factor group, 剩餘群) 또는 **상군**(quotient group, 商群)

(증명) 임의의 $aN,\ bN,\ cN\in G/N$에 대하여

$$(aN)[(bN)(cN)]=(aN)[(bc)N]=[a(bc)]N=[(ab)c]N=[(ab)N](cN)=[(aN)(bN)](cN)$$

이므로 G/N에서 결합법칙이 성립한다. 또한

$$(aN)(eN)=(ae)N=aN=(ea)N=(eN)(aN)$$

이므로 $eN=N$은 G/N의 항등원이다. 마지막으로

$$(aN)(a^{-1}N)=(aa^{-1})N=eN=(a^{-1}a)N=(a^{-1}N)(aN)$$

이므로 $(aN)^{-1}=a^{-1}N$은 aN의 역원이다. 따라서 G/N은 군이다. ■

예 3.3.12 양의 정수 n에 대하여 덧셈군 $\mathbb{Z}$의 정규부분군 $n\mathbb{Z}$의 잉여군

$$\mathbb{Z}/n\mathbb{Z}=\{\overline{0},\ \overline{1},\ \cdots,\ \overline{n-1}\}\ (\overline{a}=a+n\mathbb{Z}),\qquad \mathbb{Z}_n=\{0,\ 1,\ \cdots,\ n-1\}$$

은 동형이다. 즉, $\boxed{\mathbb{Z}/n\mathbb{Z}\cong\mathbb{Z}_n}$이다.

$\mathbb{Z}/n\mathbb{Z}$에서 $\mathbb{Z}_n$으로의 함수 f를

$$f:\ \mathbb{Z}/n\mathbb{Z}\longrightarrow\mathbb{Z}_n,\quad f(\overline{a})=[a]_n\ (n\text{으로 나눈 나머지})$$

라 정의하자. f가 잘 정의되었음을 보이자. $\overline{a}=a+n\mathbb{Z}$이므로 정리 3.1.7(1)에 의하여

$$\overline{a}=\overline{b}\quad\Longrightarrow\quad\overline{a-b}\in n\mathbb{Z}\quad\Longrightarrow\quad a-b=nt\quad\Longrightarrow\quad a\equiv b(\operatorname{mod} n)\quad\Longrightarrow\quad[a]_n=[b]_n$$

이므로 $f(\overline{a})=f(\overline{b})$가 되어 f는 잘 정의된다.

정의에 의해 f는 전단사함수임을 알 수 있다. 마지막으로 임의의 $\overline{a},\ \overline{b}\in\mathbb{Z}/n\mathbb{Z}$에 대하여

$$f(\overline{a}+\overline{b})=f(\overline{a+b})=[a+b]_n=[a]_n+[b]_n=f(\overline{a})+f(\overline{b})$$

이므로 f는 준동형사상이 되어 f는 동형사상이다. 따라서 $\mathbb{Z}/n\mathbb{Z}\cong\mathbb{Z}_n$이다.

문제 3.3.13 양의 실수 $c \in \mathbb{R}^+$에 대하여
덧셈군 $\langle c \rangle = \{nc \mid n \in \mathbb{Z}\} = \{\cdots, -2c, -c, 0, c, 2c, \cdots\}$일 때

$$\text{덧셈군 } \mathbb{R}_c = [0, c), \quad \text{잉여군 } \mathbb{R}/\langle c \rangle$$

는 동형 $(\mathbb{R}_c \cong \mathbb{R}/\langle c \rangle)$임을 보여라. (참조 $f : \mathbb{R}_c \longrightarrow \mathbb{R}/\langle c \rangle$, $f(x) = x + \langle c \rangle$라 정의)

정리 3.3.14 *군 G의 정규부분군 $N \lhd G$에 대하여 다음이 성립한다.*

(1) G가 유한군이면, 잉여군 G/N은 유한군이고 그 위수는 다음과 같다.

$$|G/N| = |G : N| = \frac{|G|}{|N|}, \qquad |G/N| \; \Big| \; |G|$$

(2) $a \in G$의 위수가 유한 $\Longrightarrow$ $\boxed{|aN| \mid |a|}$

(3) G가 가환군 $\Longrightarrow$ G/N은 가환군

(4) G가 순환군 $\Longrightarrow$ G/N은 순환군

(증명) (1) Lagrange 정리(정리 3.1.10)에 의하여 (1)이 성립한다.

(2) $(aN)^{|a|} = a^{|a|}N = eN$이므로 정리 2.3.3에 의하여 $|aN| \mid |a|$이다.

(3) 임의의 $aN, bN \in G/N$에 대하여

$$(aN)(bN) = abN = baN = (bN)(aN)$$

이므로 G/N은 가환군이다.

(3) $G = \langle a \rangle$라 하자. 그러면,

$$G/N = \{a^n N \mid n \in \mathbb{Z}\} = \{(aN)^n \mid n \in \mathbb{Z}\} = \langle aN \rangle$$

이므로 G/N은 순환군이다. ■

예 3.3.15 [잉여군의 위수] $G = \mathbb{Z}_8 \times \mathbb{Z}_8/\langle(1, 2)\rangle$에 대하여 다음 물음에 답하라.

(1) 잉여군 G의 위수를 구하라.

(2) G의 원소 $(1, 1) + \langle(1, 2)\rangle$의 위수를 구하라.

(풀이) (1) $\langle(1, 2)\rangle = \{(1, 2), (2, 4), (3, 6), (4, 0), (5, 2), (6, 4), (7, 6), (0, 0)\}$이므로 Lagrange 정리에 의하여

$$|G| = |\mathbb{Z}_8 \times \mathbb{Z}_8/\langle(1, 2)\rangle| = |\mathbb{Z}_8 \times \mathbb{Z}_8|/|\langle(1, 2)\rangle| = 64/8 = 8$$

(2) G의 위수가 8이므로, $(1, 1) + \langle(1, 2)\rangle$의 위수는 Lagrange 정리에 의하여 1, 2, 4, 8에서 존재한다. 한편

$$1(1, 1) = (1, 1) \notin \langle(1, 2)\rangle$$

$$2(1, 1) = (2, 2) \notin \langle(1, 2)\rangle$$

$$4(1, 1) = (4, 4) \notin \langle(1, 2)\rangle$$

이므로 $(1,\ 1)+\langle(1,\ 2)\rangle$의 위수는 8이다.

정의 3.3.16 [*단순군(simple group, 單純群), 극대 정규부분군(maximal normal subgroup, 極大正規部分群)*]

군 G와 정규부분군 M에 대하여

G가 **단순군**(simple group)	$\overset{\text{정의}}{\Leftrightarrow}$	G의 정규부분군이 $\{e\}$와 G뿐인 경우
M이 군 G의 **극대 정규부분군** (maximal normal subgroup)	$\overset{\text{정의}}{\Leftrightarrow}$	① $M \lhd G,\quad M \neq G$ ② $\exists N \lhd G,\ M \lhd N \lhd G \Longrightarrow M = N$ 또는 $N = G$

예 3.3.17 단순군과 극대 정규부분군의 예를 살펴보자.

(1) $\mathbb{Z}_2$는 부분군이 $\{0\}$, $\mathbb{Z}_2$개뿐이므로 단순군이다.

(2) $n(n \geq 5)$차 교대군 A_n은 단순군이다. [3, 정리 15.15] 참조.

(3) n차 교대군 A_n은 S_n의 극대 정규부분군이다. 왜냐하면, $|S_n : A_n| = 2$이므로 정리 3.3.2에 의하여 $A_n \lhd S_n$이고, Lagrange 정리에 의하여 A_n과 S_n 사이에 부분군이 존재하지 않으므로, A_n은 S_n의 극대 정규부분군이 된다.

(4) $\mathbb{Z}_2 \times \mathbb{Z}_2$의 극대 정규부분군은 $\mathbb{Z}_2 \times \{0\}$과 $\{0\} \times \mathbb{Z}_2$으로 2개 존재한다.

문제 3.3.18 덧셈군 $(\mathbb{Z},\ +)$에서 다음은 동치이다.

$$p\text{가 소수} \quad \Longleftrightarrow \quad p\mathbb{Z}\text{는 } \mathbb{Z}\text{의 극대정규부분군}$$

정리 3.3.19 *위수가 2 이상인 군 G에 대하여 다음은 동치이다.*

(1) G는 유한군이고 $|G|$는 소수

$\Leftrightarrow$ (2) G는 순환군이고 단순군

$\Leftrightarrow$ (3) G는 가환군이고 단순군

(증명) 정리 3.1.16에 의하여 (1) $\Rightarrow$ (2)가 성립하고, 분명히 (2) $\Rightarrow$ (3) 이 성립한다.

(3) $\Rightarrow$ (1) G의 부분군이 $\{e\}$, G뿐이라 하자.

이때 원소 $(e \neq)a \in G$를 선택하면, G가 가환군이므로 $\langle a\rangle$는 G의 정규부분군이다. 또한 $\{e\} \subsetneq \langle a\rangle < G$이므로 $\langle a\rangle = G$가 되어 G는 순환군이다. 그리고

$$\{e\} \subsetneq \langle a^2\rangle = G = \langle a\rangle$$

이다. 만약 G가 무한군이면, 정리 2.3.9에 의하여 $2 = \pm 1$이 되어 모순이다. 따라서 G는 유한군이다.

$|G| = n$이라 하자. n이 소수가 아니면 $n = ds$ $(1 < d,\ s < n)$인 정수 $d,\ s \in \mathbb{Z}$가 존재한다. 그러면 G가 단순군이므로 정리 2.3.4(2)에 의하여 $s = |\langle a^d \rangle| = |\langle a \rangle| = n$이 되어 모순이다. 따라서 G의 위수는 소수이다. ■

정리 3.3.20 군 G의 정규부분군 $N \lhd G$와 에 대한 다음 함수

$$\pi : G \longrightarrow G/N, \quad \pi(a) = aN$$

와 $N < H < G$에 대하여 $H/N = \{aN \mid a \in H\}$라 할 때, 다음이 성립한다.

(1) π는 군 준동형사상이고, 전사함수이다.
(2) $H/N < G/N$
(3) $H \lhd G \iff H/N \lhd G/N$

※ π를 G에서 G/N 위로의 **자연준동형사상**(natural homomorphism, 自然準同型寫像)이라 함.

(증명) (1) 모든 $a,\ b \in G$에 대하여

$$\pi(ab) = abN = (aN)(bN) = \pi(a)\pi(b)$$

이므로 π는 군 준동형사상이다. 또한 정의에 의하여 전사함수이다.

(2) (3) π는 전사함수이므로,

$$\mathrm{Im}(\pi) = \pi(G) = G/N, \qquad \pi(H) = \{aN \mid a \in H\} = H/N$$

이므로, 정리 3.2.14(3)과 정리 3.3.9에 의하여 정리가 성립한다. ■

정리 3.3.21 군 G의 정규부분군 $M \lhd G$에 대하여 다음은 동치이다.

M이 G의 극대 정규부분군 $\iff$ G/M은 단순군

(증명) 먼저 G에서 G/M으로의 함수 f를 자연준동형사상

$$f : G \longrightarrow G/M, \quad f(a) = aM$$

이라 정의하자. 그러면 전사함수이다.

($\Longrightarrow$) M이 G의 극대 정규부분군이라 하자.

G/M의 정규부분군 $N/M \lhd G/M$의 역상 $f^{-1}(N/M) = N$은 M을 포함하고, G의 정규부분군이다(정리 3.3.20(3)). 즉,

$$M \lhd N \lhd G$$

이다. M이 극대 정규부분군이므로 $M = N$이거나 $N = G$이다. 따라서 $N/M = M/M$이거나 $N/M = G/M$이므로, G/M은 단순군이다.

($\Longleftarrow$) G/M이 단순군이라 하자.

$M \lhd N \lhd G$인 G의 정규부분군 $N \lhd G$이 존재한다고 하자. 그러면 정리 3.3.20에 의하여

$$M/M \lhd N/M \lhd G/M$$

이다. 그러면 G/M이 단순군이므로, $M/M = N/M$ 또는 $N/M = G/M$이다. 즉, $N = M$ 또는 $N = G$이다. 따라서 M은 극대 정규부분군이다. ■

정의 3.3.22 [중심(center, 中心)] 군 G에 대하여

$Z(G)$가 군 G의 **중심**(center, 中心)	$\overset{\text{정의}}{\Longleftrightarrow}$	$Z(G) = \{a \in G \mid \forall\, g \in G,\ ga = ag\}$

※ Z는 독일어의 Zentrum(center)에서 왔다.

정리 3.3.23 *군 G의 중심 $Z(G)$과 부분군 N에 대하여 다음이 성립한다.*

(1) $Z(G)$는 가환 정규부분군. $\boxed{Z(G) \lhd G}$

(2) $N \subset Z(G) \quad \Longrightarrow \quad N \lhd G$

(3) G가 가환군 $\quad \Longleftrightarrow \quad Z(G) = G$

(증명) (1) 모든 $g \in G$에 대하여 $ge = g = eg$이므로 $e \in Z(G)$이다.

또한 임의의 $x,\ y \in Z(G)$와 $g \in G$에 대하여 $xg = gx,\ yg = gy$이므로,

$$(xy)g = x(yg) = x(gy) = (xg)y = (gx)y = g(xy)$$

이므로, $xy \in Z(G)$이다. 그리고 $xg = gx$이므로,

$$(xg)^{-1} = (gx)^{-1} \quad \Longrightarrow \quad g^{-1}x^{-1} = x^{-1}g^{-1} \quad \Longrightarrow \quad x^{-1} \in Z(G)$$

이다. 그리고 $xy = yx$임은 분명하므로, $Z(G)$는 G의 가환 부분군이다.

마지막으로, 임의의 $x \in Z(G)$와 $g \in G$에 대하여

$$gxg^{-1} = x(gg^{-1}) = x \in Z(G)$$

이므로 $Z(G) \lhd G$이다.

(2) 임의의 $x \in N \subset Z(G)$와 $g \in G$에 대하여

$$gxg^{-1} = x(gg^{-1}) = x \in N$$

이므로 $N \lhd G$이다.

(3) 정의에 의하여 성립한다. ■

정리 3.3.24 *[2013학년도 임용시험 출제] 군 G의 중심 $Z(G)$에 대하여 다음이 성립한다.*

$G/Z(G)$가 순환군이면, G는 가환군이다.

(증명) 연습문제로 남긴다. ■

예 3.3.25 비가환군에서의 중심을 구하자.

(1) 3차 대칭군 S_3의 중심 $Z(S_3)$은 예 2.4.18의 연산표를 보면, 항등원을 제외한 원소들의 곱은 가환이 되지 않으므로, $Z(S_3) = \{(1)\}$이다.

(2) $Z(S_3 \times \mathbb{Z}_5) = \{(1)\} \times \mathbb{Z}_5$

(3) 예 2.2.20의 4원수군 $Q_8 = \{\pm 1,\ \pm i,\ \pm j,\ \pm k\}$의 중심 $Z(Q_8)$을 구하자.

Q_8의 원소 $\pm i,\ \pm j,\ \pm k$는 모두 비가환이므로, $Z(Q_8) = \{1,\ -1\}$이다. 그러면 정리 3.3.23에 의하여 $Z(Q_8) = \{1,\ -1\}$은 Q_8의 정규부분군이고, 순환군이다.

위수가 4인 원소는 $\pm i,\ \pm j,\ \pm k$이므로, 위수가 4인 모든 부분군은 다음과 같다.

$$\langle i \rangle = \{\pm 1,\ \pm i\},\quad \langle j \rangle = \{\pm 1,\ \pm j\},\quad \langle k \rangle = \{\pm 1,\ \pm k\}$$

이들은 정리 3.3.2에 의하여 Q_8의 정규부분군이다. 따라서 Q_8의 모든 부분군은 정규부분군이다. 하지만 Q_8은 가환군이 아니고, 순환군도 아니다.

위수가 같은 4차 정2면체군 D_4(예 2.4.19)와 비교해 보면, 두 군의 차이를 잘 알 수 있다.

문제 3.3.26 4차 정2면체군 D_4의 중심 $Z(D_4)$를 구하라.

정의 3.3.27 *[교환자(commutator, 交換子)] 군 G의 원소 $a,\ b \in G$에 대하여*

$aba^{-1}b^{-1}$가 a, b의 **교환자**(commutator) $\overset{\text{정의}}{\Longleftrightarrow}$ $aba^{-1}b^{-1}$의 형태

정리 3.3.28 *군 G의 모든 교환자로 생성된 집합을 C_G라 하면, 다음이 성립한다.*

$$C_G = \langle aba^{-1}b^{-1} \mid a,\ b \in G \rangle.$$

(1) $C_G \lhd G$

(2) G가 가환군 $\Longleftrightarrow$ $C_G = \{e\}$

(3) $N \lhd G$일 때, G/N가 가환군 $\Longleftrightarrow$ $C_G < N$

※ G의 모든 교환자로 생성된 부분군 C_G를 **G의 교환자부분군**(commutator subgroup)이라 함.

※ (3)에 의하여 G/C_G는 가환군

(증명) (1) 교환자는 분명히 부분군 C_G를 생성한다. C_G가 정규임을 보이자.

항등원 $e = eee^{-1}e^{-1}$는 교환자이고, 교환자 $aba^{-1}b^{-1}$의 역원 $(aba^{-1}b^{-1})^{-1} = bab^{-1}a^{-1}$은 다시 교환자가 된다.

그러면, 정리 2.2.17에 의하여, 모든 원소 $x \in C_G$는 유한 개의 교환자 $y_1, y_2, \cdots, y_n$의 곱으로 표현된다. 즉, 임의의 $g \in G$에 대하여

$$x = y_1y_2\cdots y_n = y_1ey_2e\cdots ey_n = y_1(g^{-1}g)y_2(g^{-1}g)\cdots(g^{-1}g)y_n$$

으로 표현이 가능하다. 그러므로 C_G가 정규임을 보이기 위해서, 임의의 $g \in G$에 대하여

$$gxg^{-1} = gy_1(g^{-1}g)y_2(g^{-1}g)\cdots(g^{-1}g)y_ng^{-1} = (gy_1g^{-1})(gy_2g^{-1})\cdots(gy_ng^{-1}) \in C_G$$

임을 보여야 한다. 이때 각 교환자 $aba^{-1}b^{-1}(= y_i)$에 대하여 $g(aba^{-1}b^{-1})g^{-1} \in C_G$를 보이면 충분하다. 실제로,

$$\begin{aligned} g(aba^{-1}b^{-1})g^{-1} &= (gag^{-1})(gbg^{-1})(ga^{-1}g^{-1})(gb^{-1}g^{-1}) \\ &= (gag^{-1})(gbg^{-1})(gag^{-1})^{-1}(gbg^{-1})^{-1} \in C_G \end{aligned}$$

이므로, $g(aba^{-1}b^{-1})g^{-1} \in C_G$이다. 따라서 $C_G \lhd G$이다.

(2) 모든 $a, b \in G$에 대하여

$$ab = ba \quad\Longleftrightarrow\quad ab(ba)^{-1} = e \quad\Longleftrightarrow\quad aba^{-1}b^{-1} = e$$

이므로, (2)가 성립한다.

(3) ($\Longrightarrow$) G/N이 가환군이라 하자. 모든 생성원 $aba^{-1}b^{-1} \in C_G$에 대하여

$$aba^{-1}b^{-1}N = (aN)(bN)(a^{-1}N)(b^{-1}N) = (aN)(a^{-1}N)(bN)(b^{-1}N) = (aa^{-1})N(bb^{-1})N = N$$

이므로, 정리 3.1.7(4)에 의하여 $aba^{-1}b^{-1} \in N$이다. 따라서 $C_G < N$

($\Longleftarrow$) $C_G < N$이라 하자. 모든 $aN, bN \in G/N$에 대하여 $b^{-1}a^{-1}ba \in C_G \subset N$이므로

$$(aN)(bN) = abN = ab(b^{-1}a^{-1}ba)N = baN = (bN)(aN)$$

이다. 따라서 G/N은 가환군이다. ■

예 3.3.29 비가환군의 교환자부분군을 구하자.

(1) 3차 대칭군 S_3의 교환자부분군 C_{S_3}을 구하자.

3차 교대군 A_3의 위수가 3이므로 정규부분군(정리 3.3.2)이 된다. 또한

$$S_3/A_3 \cong \mathbb{Z}_2$$

가 가환군이므로, 정리 3.3.28(3) 에 의하여 $C_{S_3} \subset A_3$이다. 또한 S_3는 비가환군이므로, 정리 3.3.28(2)에 의하여 $C_{S_3} \neq \{(1)\}$이다. 그러므로 S_3의 교환자부분군 C_{S_3}은 다음과 같다.

$$C_{S_3} = \langle aba^{-1}b^{-1} \mid a, b \in S_3\rangle = A_3$$

(2) 예 2.2.20의 4원수군 $Q_8 = \{\pm 1, \pm i, \pm j, \pm k\}$의 교환자부분군 C_{Q_8}을 구하자.

Q_8의 부분군 $\langle i\rangle$와 $\langle j\rangle$의 위수가 4이므로 정규부분군(정리 3.3.2)이 된다. 또한

$$Q_8/\langle i\rangle \cong \mathbb{Z}_2, \quad Q_8/\langle j\rangle \cong \mathbb{Z}_2$$

가 가환군이므로, 정리 3.3.28(3)에 의하여

$$C_{Q_8} \subset \langle i\rangle = \{\pm 1, \pm i\}, \quad C_{Q_8} \subset \langle j\rangle = \{\pm 1, \pm j\} \quad \Longrightarrow \quad C_{Q_8} \subset \langle i\rangle \cap \langle j\rangle = \{1, -1\}$$

이다. 한편 Q_8은 비가환군이므로 $C_{Q_8} \neq \{1\}$이다. 따라서 $C_{Q_8} = \{1, -1\}$이다.

문제 3.3.30 4차 정2면체군 D_4의 교환자부분군 C_{D_4}를 구하라.

임용시험 출제 3.3.31 [2006학년도] 복소수 집합을 $\mathbb{C}$라 하고, 2차 정사각행렬의 일반선형군 $GL(2, \mathbb{C}) = \left\{ \begin{pmatrix} a & b \\ c & d \end{pmatrix} \middle| \, ad-bc \neq 0, a, b, c, d \in \mathbb{C} \right\}$을 생각하자. 행렬의 사원수군(quaternion group) Q는 $GL(2, \mathbb{C})$의 부분집합

$$Q = \{I, A, A^2, A^3, B, BA, BA^2, BA^3 = AB\}$$

으로 위수 8인 부분군이다. 이때 Q의 모든 부분군이 정규부분군임을 보여라.

단, $I = \begin{pmatrix} 1 & 0 \\ 0 & 1 \end{pmatrix}$, $A = \begin{pmatrix} 0 & 1 \\ -1 & 0 \end{pmatrix}$, $B = \begin{pmatrix} 0 & i \\ i & 0 \end{pmatrix}$이다.

임용시험 출제 3.3.32 [2010학년도] 잉여군(quotient group, factor group)에 관련된 다음 물음에 답하라.

(1) 군 $G = \mathbb{Z}_2 \times \mathbb{Z}_2$의 잉여군의 집합

$$X = \{G/N \mid N\text{은 } G\text{의 정규부분군}\}$$

에 속하며 서로 동형이 아닌 잉여군의 개수를 구하라.

(2) 정수의 집합에서 정의된 덧셈군 $\mathbb{Z}$의 부분군 $6\mathbb{Z}$에 의한 잉여군 $\mathbb{Z}/6\mathbb{Z}$의 부분군의 개수를 구하라.

임용시험 출제 3.3.33 [2015학년도] 덧셈군 $G = \mathbb{Z}_{12} \times \mathbb{Z}_6$에서 $(5, 5) \in G$로 생성된 부분군을 H라 하자. 잉여군(quotient group, factor group) G/H에서 원소 $(3, 3) + H$의 위수(order)를 구하라.

임용시험 출제 3.3.34 [2016학년도]
군 준동형사상(group homomorphism) $f : \mathbb{Z}_{12} \times \mathbb{Z}_6 \to \mathbb{Z}_{12}$를 $f(x,\ y) = 9x$로 정의하자. f의 핵(kernel)을 K라 할 때, 잉여군(상군, factor group, quotient group) $\mathbb{Z}_{12} \times \mathbb{Z}_6/K$의 위수(order)를 구하라. (단, 양의 정수 n에 대하여 $\mathbb{Z}_n$은 위수가 n인 덧셈 순환군(additive cyclic group)이다.)

임용시험 출제 3.3.35 [2017학년도] 위수가 200인 군 G가 부분군 H와 정규 부분군(normal subgroup) N을 가진다. H와 N의 위수가 각각 8과 40일 때, H가 N의 부분군임을 보여라.

연 습 문 제 (3.3)

1. 주어진 잉여군의 위수를 구하라.

(1) $\mathbb{Z}_6/\langle 3\rangle$ (2) $(\mathbb{Z}_4 \times \mathbb{Z}_2)/\langle(2,\ 1)\rangle$

(3) $(\mathbb{Z}_4 \times \mathbb{Z}_{12})/\langle(2,\ 2)\rangle$ (4) $(\mathbb{Z}_4 \times \mathbb{Z}_{12})/(\langle 2\rangle \times \langle 2\rangle)$

2. 덧셈군 $G = \mathbb{Z}_{12} \times \mathbb{Z}_6$에서 $(2,3)$ 으로 생성된 부분군을 H라고 하자. 잉여군 G/H에서 원소 $(5,5)+H$의 위수를 구하라.

3. 주어진 잉여군의 원소의 위수를 구하라.

(1) $\mathbb{Z}_{12}/\langle 4\rangle$의 원소 $2+\langle 4\rangle$ (2) $\mathbb{Z}_{12}/\langle 4\rangle$의 원소 $5+\langle 4\rangle$

(3) $(\mathbb{Z}_3 \times \mathbb{Z}_6)/\langle(1,\ 1)\rangle$의 원소 $(2,\ 1)+\langle(1,\ 1)\rangle$

4. 잉여군 $\mathbb{Z}_4 \times \mathbb{Z}_6/\langle(1,\ 0)\rangle$에서 위수가 6인 원소를 모두 구하라.

5. 함수 $f : (\mathbb{R},+) \longrightarrow (\mathbb{C}^*,\ \cdot),\ f(x) = \cos x + i\sin x$에 대하여 다음 물음에 답하라.

(1) f가 군 준동형사상임을 보여라.

(2) $\ker(f)$와 $\operatorname{Im}(f)$을 구하라.

(3) $g(x) = \cos 2\pi x + i\sin 2\pi x$일 때, $\ker(g)$를 구하라.

6. 군 준동형사상 $f : \mathbb{Z}_8 \longrightarrow \mathbb{Z}_4,\ f(n) = [n]_4$일 때, $\ker(f)$와 $|\mathbb{Z}_8/\ker(f)|$를 구하라.

7. 군 준동형사상 $f : \mathbb{Z}_{18} \longrightarrow \mathbb{Z}_{12},\ f(1) = 10$에 대하여 다음 물음에 답하라.

(1) $K = \ker(f)$와 $\operatorname{Im}(f)$를 구하라.

(2) $\mathbb{Z}_{18}/K$의 원소를 구하라.

(3) $\mathbb{Z}_{18}/K \cong \operatorname{Im}(f)$임을 증명하라.

8. 군 G의 원소 $a \in G$와 부분군 $G' < Z(G)$에 대하여 함수 $\theta : G' \longrightarrow G,\ \theta(x) = xax^{-1}a^{-1}$는 군 준동형사상임을 보여라. 또 $\ker(\theta)$를 구하라.

9. (정리 3.3.9) 군 준동형사상 $f: G \longrightarrow G'$일 때, 다음을 증명하여라.

(1) $N \lhd G \quad \Longrightarrow \quad f(N) \lhd f(G)$

(2) $N' \lhd f(G) \quad \Longrightarrow \quad f^{-1}(N') \lhd G$

10. (2013학년도 임용시험 출제. 정리 3.3.24) 군 G의 중심 $Z(G)$에 대하여 $G/Z(G)$가 순환군이면, G는 가환군임을 보여라.

11. S_3의 정규부분군을 모두 구하라.

12. 일반 선형군 $G = GL(2,\mathbb{R})$의 부분군 $H = \left\{ \begin{pmatrix} a & b \\ 0 & d \end{pmatrix} \in G \;\middle|\; ad \neq 0 \right\}$에 대하여 다음 물음에 답하라.

(1) H는 G의 정규부분군인가?

(2) $K = \left\{ \begin{pmatrix} a & b \\ 0 & d \end{pmatrix} \in G \;\middle|\; ad = 1 \right\}$은 G의 정규부분군임을 보여라.

13. 행렬식의 성질을 이용하여 다음을 증명하라.

(1) 행렬식이 1인 $n \times n$ 행렬 전체집합은 $GL(n, \mathbb{R})$의 정규부분군이다.

(2) 행렬식이 ± 1인 $n \times n$ 행렬 전체집합은 $GL(n, \mathbb{R})$의 정규부분군이다.

14. [참조: 예 2.1.7] 실수 $\mathbb{R}$ 위에서 정의된 덧셈군 $G = \{f \mid f: \mathbb{R} \longrightarrow \mathbb{R}$는 함수$\}$의 부분집합 $H = \{f \in G \mid f(0) = 0\}$는 G의 정규부분군임을 보여라.

15. 잉여군 $\mathbb{Q}/\mathbb{Z}$의 모든 유한부분군은 순환군임을 보여라.

16. 가환군 G의 부분군 H의 잉여군 G/H는 무한순환군이다. 이때 $G = HK$, $H \cap K = \{e\}$인 부분군 K가 존재함을 보여라.

17. 군 G의 정규부분군 K와 부분군 H에 대하여 $G = HK$, $H \cap K = \{e\}$이면, $G/K \cong H$임을 증명하라.

18. 유한군 G의 정규부분군 H에 대하여 $|G:H| = 20$일 때, $x^7 = e$이면 $x \in H$임을 보여라.

19. G의 정규부분군 N과 유한부분군 H에 대하여, $|G:N|$은 유한이고 $\gcd(|G:N|, |H|) = 1$이다. 이때 H는 N의 부분군임을 보여라.

20. G의 정규부분군 N과 부분군 H에 대하여, $H \cap N$은 H에서 정규부분군임을 보여라. 하지만, $H \cap N$은 G에서는 정규부분군일 필요가 없음을 예를 들어 보여라. [참조: 예 4.2.13]

21. 군 G의 위수가 $|G| = pq$(단, p, q는 서로 다른 소수)이고 $|H| = p$, $|K| = q$인 정규부분군 H, K가 존재하면 G는 순환군임을 보여라.

22. 군 G의 정규부분군 N이 순환군이면, N의 모든 부분군은 G의 정규부분군이 됨을 보여라.

23. 군 G에서 가환군 K로의 준동형사상 $f: G \longrightarrow K$에 대하여 군 G의 부분군 N이 $\ker(f)$를 포함하면 N은 G의 정규부분군임을 밝혀라.

24. 켤레 동형사상 $i_g : G \longrightarrow G$, $i_g(x) = gxg^{-1}$가 항등사상이 되는 모든 $g \in G$들의 집합은 군 G의 정규부분군임을 보여라.

25. 부분군 H와 H'이 각각 군 G와 군 G'의 정규부분군일 때, 군 준동형사상 $f : G \longrightarrow G'$가 $f(H) \subseteq H'$이면, f는 자연스러운 준동형사상 $f^* : G/H \longrightarrow G'/H'$을 유도함을 보여라(이 사실은 대수적 위상(algebraic topology)에서 자주 사용된다).

26. 군 G의 두 정규부분군 H와 K가 동형이지만, 각 잉여군은 $G/H \not\cong G/K$인 예를 들어라.

27. 군 G의 정규부분군 N_1, N_2에 대하여 잉여군 G/N_1, G/N_2가 모두 가환군이면, 잉여군 $G/(N_1 \cap N_2)$도 가환군임을 밝혀라.

28. H가 군 G의 정규부분군이고 $m = |G : H|$일 때, 모든 $a \in G$에 대하여 $a^m \in H$임을 보여라.

29. G를 군이라 하고 $\mathscr{P}(G)$는 G의 모든 부분집합의 모임이라고 하자. 원소 A, $B \in \mathscr{P}(G)$에 대하여, 부분집합의 곱을 $AB = \{ab \mid a \in A,\ b \in B\}$로 정의하자.

(1) $\mathscr{P}(G)$는 부분집합의 곱 연산 아래서 단군(monoid)이지만 군이 아님을 보여라.

(2) N이 G의 정규부분군이면, N의 잉여류들의 집합은 $\mathscr{P}(G)$ 위에서 위의 연산 아래 닫혀 있음과 이 연산이 정리 3.3.11의 공식으로 주어진 곱셈이 됨을 보여라.

(3) G에서 N의 잉여류들이 위의 연산 아래서 군임을 군의 정의에 따라 보여라. 위 군의 항등원은 $\mathscr{P}(G)$의 항등원과 같은가?

30. 군 $\mathbb{Z}_3 \times S_3$의 중심과 교환자부분군을 구하라.

31. 위수 $2n$인 정이면체군 $D_n = \langle \sigma,\ \tau \rangle$의 교환자부분군 C_{D_n}을 구하라.

32. 군 G에서 위수가 n인 원소가 a뿐이면, $a \in Z(G)$임을 보여라.

33. 가환군이 아닌 군 G의 위수가 $|G| = pq$(단, p, q는 서로 다른 소수)이면 $Z(G) = \{e\}$임을 보여라. [참조: 정리 3.3.24]

3.4 직접곱(직적)과 유한생성 가환군

이 절에서는 여러 개의 군을 확장하여 새로운 군을 만드는 방법에 대하여 논한다.

정리 3.4.1 군 $G_1, \cdots, G_n$의 Cartesian 곱 $G_1 \times \cdots \times G_n$의 원소 $(a_1, \cdots, a_n), (b_1, \cdots, b_n)$에 관한 연산을 다음과 같이 정의하자.

$$(a_1, \cdots, a_n)(b_1, \cdots, b_n) = (a_1b_1, \cdots, a_nb_n)$$

그러면, 다음이 성립한다.

$G_1 \times \cdots \times G_n$은 군이다.

※ 군 $G_1 \times \cdots \times G_n$을 $G_1, \cdots, G_n$의 **직접곱(직적)**(direct product, 直接곱)이라 한다.

※ $G_1, \cdots, G_n$가 곱셈군이면 직접곱을 $G_1 \times \cdots \times G_n = \prod_{i=1}^n G_i$ 라 표기

※ $G_1, \cdots, G_n$가 덧셈군(가환군)이면 직접곱을 $G_1 \oplus \cdots \oplus G_n = \bigoplus_{i=1}^n G_i$ 라 표기하고 **직접합(직합)**(direct sum, 直接合)이라 한다.

(증명) 임의의 $a_i, b_i \in G_i$에 대하여 $a_ib_i \in G_i$이므로 연산은 잘 정의된다. 항등원은 $(e_1, \cdots, e_n)$이고, $(a_1, \cdots, a_n)$의 역원은

$$(a_1, \cdots, a_n)^{-1} = (a_1^{-1}, \cdots, a_n^{-1})$$

이다. 결합법칙이 성립하는 것은 쉽게 증명할 수 있으므로 각자 해볼 것. ■

정리 3.4.2 군 $G_1, \cdots, G_n$의 직접곱 $G_1 \times \cdots \times G_n$에 대하여 다음이 성립한다.

(1) $G_1, \cdots, G_n$이 모두 유한군이면, $|G_1 \times \cdots \times G_n| = |G_1| \cdots |G_n|$

(2) $G_1, \cdots, G_n$이 모두 가환군이면, $G_1 \times \cdots \times G_n$은 가환군

(3) $H_1 < G_1, \cdots, H_n < G_n$이면, $H_1 \times \cdots \times H_n < G_1 \times \cdots \times G_n$

(4) $H_1 \lhd G_1, \cdots, H_n \lhd G_n$이면, $H_1 \times \cdots \times H_n \lhd G_1 \times \cdots \times G_n$

(증명) (1) (2) 정의에 의하여 정리가 성립한다.

(3) 분명히 $(e_1, \cdots, e_n) \in H_1 \times \cdots \times H_n$이고, 임의의 $(a_1, \cdots, a_n), (b_1, \cdots, b_n) \in H_1 \times \cdots \times H_n$에 대하여

$$(a_1, \cdots, a_n)(b_1, \cdots, b_n) = (a_1b_1, \cdots, a_nb_n) \in H_1 \times \cdots \times H_n$$

이다. 또한

$$(a_1, \cdots, a_n)(a_1^{-1}, \cdots, a_n^{-1}) = (a_1a_1^{-1}, \cdots, a_na_n^{-1}) = (e_1, \cdots, e_n)$$

이므로, $(a_1, \cdots, a_n)^{-1} = (a_1^{-1}, \cdots, a_n^{-1}) \in H_1 \times \cdots \times H_n$이다.

그러므로 부분군 판정조건(정리 2.2.3) 에 의하여, $H_1 \times \cdots \times H_n < G_1 \times \cdots \times G_n$이다.

(4) 임의의 $(a_1, \cdots, a_n) \in H_1 \times \cdots \times H_n$와 임의의 $(g_1, \cdots, g_n) \in G_1 \times \cdots \times G_n$에 대하여, $H_1 \lhd G_1, \cdots, H_n \lhd G_n$이므로

$$(g_1, \cdots, g_n)(a_1, \cdots, a_n)(g_1, \cdots, g_n)^{-1} = (g_1a_1g_1^{-1}, \cdots, g_na_ng_n^{-1}) \in H_1 \times \cdots \times H_n$$

이다. 따라서 정규부분군 판정조건 (정리 3.3.4)에 의하여, $H_1 \times \cdots \times H_n \lhd G_1 \times \cdots \times G_n$이다. ■

문제 3.4.3 두 군 G, G'에 대하여 다음을 증명하라.

$$\boxed{G \times G' \cong G' \times G}$$

따라서 직접곱의 곱의 순서가 바뀌어도 대수적 구조는 변하지 않는다. 그러므로 대수학에서 직접곱의 순서가 바뀌어도 같은 대수적 구조로 간주한다.

예 3.4.4 덧셈군 $\mathbb{Z}_2$와 $\mathbb{Z}_3$의 직접합 $\mathbb{Z}_2 \times \mathbb{Z}_3$을 구하자.

$$\mathbb{Z}_2 \times \mathbb{Z}_3 = \{(0, 0), (0, 1), (0, 2), (1, 0), (1, 1), (1, 2)\}$$

은 $(1, 1)$이 생성원인 순환군이다. 왜냐하면

$$(0, 0) = (0 \cdot 1, 0 \cdot 1) = 0(1, 1), \qquad (1, 0) = (3 \cdot 1, 3 \cdot 1) = 3(1, 1),$$
$$(0, 1) = (4 \cdot 1, 4 \cdot 1) = 4(1, 1), \qquad (1, 1) = (1 \cdot 1, 1 \cdot 1) = 1(1, 1),$$
$$(0, 2) = (2 \cdot 1, 2 \cdot 1) = 2(1, 1), \qquad (1, 2) = (5 \cdot 1, 5 \cdot 1) = 5(1, 1)$$

이다. 따라서 $\mathbb{Z}_2 \times \mathbb{Z}_3 = \langle (1, 1) \rangle$이다.

예 3.4.5 덧셈군 $\mathbb{Z}_3$와 $\mathbb{Z}_3$의 직접합 $\mathbb{Z}_3 \times \mathbb{Z}_3$을 구하자.

$$\mathbb{Z}_3 \times \mathbb{Z}_3 = \{(0, 0), (0, 1), (0, 2), (1, 0), (1, 1), (1, 2), (2, 0), (2, 1), (2, 2)\}$$

은 순환군이 아니다. 왜냐하면, 임의의 $(a, b) \in \mathbb{Z}_3 \times \mathbb{Z}_3$에 대하여

$$3(a, b) = (3 \cdot a, 3 \cdot b) = (0, 0)$$

이므로, (a, b)의 위수는 $|(a, b)| \le 3$이 되어 $\mathbb{Z}_3 \times \mathbb{Z}_3$은 순환군이 아니다.

정리 3.4.6 *[2011학년도 임용시험 출제] 유한 순환군 $\mathbb{Z}_m$, $\mathbb{Z}_n$에 대하여 다음은 동치이다.*

$$\boxed{\mathbb{Z}_m \times \mathbb{Z}_n \cong \mathbb{Z}_{mn} \text{ (순환군)}} \iff \boxed{\gcd(m, n) = 1}$$

(증명) ($\Rightarrow$) $\mathbb{Z}_m \times \mathbb{Z}_n = \langle (a, b) \rangle$라 하면 $|(a, b)| = mn$ 이다. $\gcd(m, n) = d$라 하자.

$$\frac{mn}{d}(a, b) = \left(\frac{mn}{d}a, \frac{mn}{d}b\right) = \left(\frac{n}{d}(ma), \frac{m}{d}(nb)\right) = (0, 0)$$

이므로 정리 2.3.3에 의하여 $mn \,\Big|\, \dfrac{mn}{d}$이다. 따라서 $d=1$이다. 즉, $\gcd(m,\ n)=1$이다.

($\Leftarrow$) $\gcd(m,\ n)=1$이라 하고, $|(1,\ 1)|=mn$임을 보이자. $|(1,\ 1)|=t$라 하자. 그러면

$$(0,\ 0)=t(1,\ 1)=(t\cdot 1,\ t\cdot 1)$$

이고, 정리 2.3.3에 의하여 $m \mid t,\ n \mid t$이다. 그러면 $\operatorname{lcm}(m,\ n) \,\big|\, t$이고, $\gcd(m,\ n)=1$이므로, 정리 1.2.9에 의하여

$$mn \,\big|\, t$$

이다. 한편 $1 \le t \le mn$이므로 $t=mn$이다. 즉, $|(1,\ 1)|=mn$이 되어 정리 3.1.16(2)에 의하여

$$\mathbb{Z}_m \times \mathbb{Z}_n = \langle (1,\ 1) \rangle$$

이다. 따라서 $\mathbb{Z}_m \times \mathbb{Z}_n$은 순환군이고, 정리 3.2.17(2)에 의하여 $\mathbb{Z}_m \times \mathbb{Z}_n \cong \mathbb{Z}_{mn}$이다. ■

3개 이상의 순환군의 직접곱에 대해서도 정리 3.4.6과 비슷한 방법으로 다음 정리를 증명할 수 있다.

따름정리 3.4.7 *유한 순환군 $\mathbb{Z}_{n_1}, \cdots, \mathbb{Z}_{n_r}$에 대하여 다음은 동치이다.*

$$\mathbb{Z}_{n_1} \times \cdots \times \mathbb{Z}_{n_r} \cong \mathbb{Z}_{n_1 \cdots n_r}\ (\text{순환군}) \quad \Longleftrightarrow \quad n_i,\ n_j\ (1 \le i \ne j \le r)\ \text{는 쌍마다 서로소}$$

정리 3.4.8 *직접곱 $G_1 \times G_2$의 원소 $(a,\ b) \in G_1 \times G_2$의 위수가 유한일 때, 다음이 성립한다.*

$$\boxed{|(a,\ b)| = \operatorname{lcm}(|a|,\ |b|)}$$

(증명) $|(a,\ b)|=t$라 하자. 그러면

$$(e_1,\ e_2)=(a,\ b)^t=(a^t,\ b^t) \quad \Longrightarrow \quad a^t=e_1, \quad b^t=e_2$$

이다. 정리 2.3.3에 의하여

$$|a| \,\big|\, t, \quad |b| \,\big|\, t \quad \Longrightarrow \quad \operatorname{lcm}(|a|,\ |b|) \,\big|\, t$$

이다. 한편 $\operatorname{lcm}(|a|,\ |b|)=s$라 하면, $s=|a|a'=|b|b'$인 정수 $a',\ b' \in \mathbb{Z}$가 존재하므로,

$$(a,\ b)^s=(a^s,\ b^s)=\left(a^{|a|a'},\ b^{|b|b'}\right)=\left(\left(a^{|a|}\right)^{a'},\ \left(b^{|b|}\right)^{b'}\right)=(e_1,\ e_2)$$

이다. 따라서 $t \,\big|\, s$이고, 즉 $t \,\big|\, \operatorname{lcm}(|a|,\ |b|)$이다. 그러므로 $t=\operatorname{lcm}(|a|,\ |b|)$이다. ■

3개 이상인 군의 직접곱의 원소의 위수에 대해서도 정리 3.4.8과 비슷한 방법으로 다음 정리를 증명할 수 있다.

따름정리 3.4.9 직접곱 $G_1 \times \cdots \times G_n$ $(n \geq 2)$에서
원소 $(a_1, \cdots, a_n) \in G_1 \times \cdots \times G_n$의 위수가 유한일 때, 다음이 성립한다.

$$|(a_1, \cdots, a_n)| = \text{lcm}(|a_1|, \cdots, |a_n|)$$

예 3.4.10 직접곱 $\mathbb{Z}_{12} \times \mathbb{Z}_{60} \times \mathbb{Z}_{24}$의 원소 (1, 1, 1)과 (8, 4, 10)의 위수를 구해보자.
(풀이) $|(1,\ 1,\ 1)| = \text{lcm}(|1|_{12},\ |1|_{60},\ |1|_{24}) = \text{lcm}(12,\ 60,\ 24) = 120$이다. 한편

$$\begin{aligned}|(8,\ 4,\ 10)| &= \text{lcm}(|8|_{12},\ |4|_{60},\ |10|_{24})\\ &= \text{lcm}\left(\frac{12}{\gcd(8,\ 12)},\ \frac{60}{\gcd(4,\ 60)},\ \frac{24}{\gcd(10,\ 24)}\right) = \text{lcm}(3,\ 15,\ 12) = 60\end{aligned}$$

예 3.4.11 $\mathbb{Z}_{27} \times \mathbb{Z}_{18}$의 원소 중에서 위수 9인 것의 개수를 구하자.
$|(a,\ b)| = 9$인 원소의 개수를 구하기 위해 정리 3.4.8을 이용하면,

$$|(a,\ b)| = \text{lcm}(|a|,\ |b|) = 9$$

인 $(a,\ b)$를 찾으면 된다. Lagrange 정리에 의해 a의 위수는 27의 약수 1, 3, 9, 27 중에서 있고, b의 위수는 18 의 약수 1, 2, 3, 6, 9, 18 중에서 있으므로, $9 = \text{lcm}(|a|,\ |b|)$인 $(|a|,\ |b|)$의 쌍은 다음 5가지

$$(|a|,\ |b|) = (1,\ 9),\quad (3,\ 9),\quad (9,\ 9),\quad (9,\ 1),\quad (9,\ 3)$$

이다. 먼저 $a \in \mathbb{Z}_{27}$에서 a의 위수는 정리 2.3.4(2)에 의하여 $|a| = \dfrac{27}{\gcd(a,\ 27)}$이다. 그러므로

$$\begin{cases} |a| = 1\text{인 원소 } a\text{는 } \gcd(a,\ 27) = 27\text{인 경우} & \Rightarrow 0\ (1\text{개})\\ |a| = 3\text{인 원소 } a\text{는 } \gcd(a,\ 27) = 9\text{인 경우} & \Rightarrow 9 = 9\cdot 1,\ 18 = 9\cdot 2\ (2\text{개})\\ |a| = 9\text{인 원소 } a\text{는 } \gcd(a,\ 27) = 3\text{인 경우} & \Rightarrow 3 = 3\cdot 1,\ \ 6 = 3\cdot 2,\ 12 = 3\cdot 4,\\ & \quad 15 = 3\cdot 5,\ 21 = 3\cdot 7,\ 24 = 3\cdot 8\ (6\text{개})\end{cases}$$

이다. 다음에 $b \in \mathbb{Z}_{18}$에서 b의 위수는 정리 2.3.4(2)에 의하여 $|b| = \dfrac{18}{\gcd(b,\ 18)}$이다. 그러므로

$$\begin{cases} |b| = 1\text{인 원소 } b\text{는 } \gcd(b,\ 18) = 18\text{인 경우} & \Rightarrow 0\ (1\text{개})\\ |b| = 3\text{인 원소 } b\text{는 } \gcd(b,\ 18) = 6\text{인 경우} & \Rightarrow 6 = 6\cdot 1,\ 12 = 6\cdot 2\ (2\text{개})\\ |b| = 9\text{인 원소 } b\text{는 } \gcd(b,\ 18) = 2\text{인 경우} & \Rightarrow 2 = 2\cdot 1,\ \ 4 = 2\cdot 2,\ \ 8 = 2\cdot 4,\\ & \quad 10 = 2\cdot 5,\ 14 = 2\cdot 7,\ 16 = 2\cdot 8\ (6\text{개})\end{cases}$$

이다. 따라서 다음은 위수 9 ($|(a, b)| = \text{lcm}(|a|, |b|)$ 인 원소쌍 (a, b)의 수)인 원소의 수이다.

$$(|a|, |b|) = \begin{cases} (1, 9)\text{인 원소쌍 } (a, b)\text{의 수} & \Rightarrow 1 \cdot 6 = 6\text{개} \\ (3, 9)\text{인 원소쌍 } (a, b)\text{의 수} & \Rightarrow 2 \cdot 6 = 12\text{개} \\ (9, 9)\text{인 원소쌍 } (a, b)\text{의 수} & \Rightarrow 6 \cdot 6 = 36\text{개} \\ (9, 1)\text{인 원소쌍 } (a, b)\text{의 수} & \Rightarrow 6 \cdot 1 = 6\text{개} \\ (9, 3)\text{인 원소쌍 } (a, b)\text{의 수} & \Rightarrow 6 \cdot 2 = 12\text{개} \end{cases}$$

이므로, 위수 9인 원소는 72개이다.

유한생성 가환군의 완전한 정보를 알려 주는 다음 정리는 증명 없이 언급한다.

정리 3.4.12 (유한생성 가환군의 기본정리)
유한생성 가환군 $G = \langle a_1, \cdots, a_n \rangle$*에 대하여 다음이 성립한다.*

$$\boxed{G \cong \mathbb{Z}_{p_1}^{r_1} \times \mathbb{Z}_{p_2}^{r_2} \times \cdots \times \mathbb{Z}_{p_s}^{r_s} \times \mathbb{Z}^t}$$

여기서 $p_1, p_2, \cdots, p_s$는 소수(같을 수도 있음), $r_1, r_2, \cdots, r_s \in \mathbb{N}$, $t \in \mathbb{N} \cup \{0\}$.
특히, G가 유한 가환군이면, $\boxed{G \cong \mathbb{Z}_{p_1}^{r_1} \times \mathbb{Z}_{p_2}^{r_2} \times \cdots \times \mathbb{Z}_{p_s}^{r_s}}$

(증명) 참고문헌 [2] 7.2절 참조. ■

예 3.4.13 유한 가환군을 동형을 제외(즉, 동형인 것은 같은 것으로 함)한 군의 분류를 해보자. 위수 360인 가환군을 분류하라.

(풀이) $|G| = 360 = 2^3 \cdot 3^2 \cdot 5$이므로 다음과 같이 분류할 수 있다.

(1타입) $\mathbb{Z}_{2^3} \times \mathbb{Z}_{3^2} \times \mathbb{Z}_5 \cong \mathbb{Z}_{2^3 \cdot 3^2 \cdot 5} = \mathbb{Z}_{360}$(순환군)

(2타입) $\mathbb{Z}_{2^3} \times \mathbb{Z}_3 \times \mathbb{Z}_3 \times \mathbb{Z}_5$(순환군 아님)

(3타입) $\mathbb{Z}_{2^2} \times \mathbb{Z}_2 \times \mathbb{Z}_{3^2} \times \mathbb{Z}_5$

(4타입) $\mathbb{Z}_{2^2} \times \mathbb{Z}_2 \times \mathbb{Z}_3 \times \mathbb{Z}_3 \times \mathbb{Z}_5$

(5타입) $\mathbb{Z}_2 \times \mathbb{Z}_2 \times \mathbb{Z}_2 \times \mathbb{Z}_{3^2} \times \mathbb{Z}_5$

(6타입) $\mathbb{Z}_2 \times \mathbb{Z}_2 \times \mathbb{Z}_2 \times \mathbb{Z}_3 \times \mathbb{Z}_3 \times \mathbb{Z}_5$

따라서 6가지 종류가 있다.

(별해) 유한 가환군 G의 위수의 표준분해 $|G| = 360 = 2^3 \cdot 3^2 \cdot 5$에서 서로 다른 소인수의 지수의 수의 분할의 개수와 군의 분류의 개수와 일치한다.

$$\begin{cases} 2^3\text{의 지수 3의 수의 분할은 } 3(1,\ 2\text{타입}),\ 2+1(3,\ 4\text{타입}),\ 1+1+1(5,\ 6\text{타입})\text{의 3가지} \\ 3^2\text{의 지수 2의 수의 분할은 } 2(1,\ 3,\ 5\text{타입}),\ 1+1(2,\ 4,\ 6\text{타입})\text{의 2가지} \\ 5^1\text{의 지수 1의 수의 분할은 } 1(1 \sim 6\text{타입})\text{의 1가지} \end{cases}$$

이고, 동시에 발생(동형이 아님)하지 않으므로 $6 = 3 \cdot 2 \cdot 1$ 종류가 있다.

문제 3.4.14 $|G| = 16 = 2^4$인 가환군 G의 종류와 각 가환군에서 위수 4인 원소의 개수를 구하라.

유한 가환군에서는 Lagrange 정리(정리 3.1.10)의 역이 성립한다. 유한생성 가환군의 기본정리(정리 3.4.12)를 이용하여 다음 정리를 증명하자.

정리 3.4.15 (Lagrange 정리의 역 성립)
유한 가환군 G의 위수 $|G| = n$의 약수 r에 대하여 다음이 성립한다.

위수 $|H| = r$인 부분군 $H < G$가 존재한다.

(증명) 유한생성 가환군의 기본정리(정리 3.4.12) 에 의하여

$$G \cong \mathbb{Z}_{p_1}^{a_1} \times \cdots \times \mathbb{Z}_{p_s}^{a_s}$$

인 소수 $p_1, \cdots, p_s$가 존재한다. 그러면 G의 위수는 소인수분해 $|G| = p_1^{a_1} \cdots p_s^{a_s}$와 같다. $r \mid n$이므로

$$r = p_1^{b_1} \cdots p_s^{b_s} \ (0 \le b_i \le a_i)$$

인 정수 b_i $(1 \le i \le s)$가 존재한다. 한편 $\mathbb{Z}_{p_i}^{a_i}$ $(1 \le i \le s)$의 부분군 $\langle p_i^{a_i - b_i} \rangle$의 위수는

$$\left| p_i^{a_i - b_i} \right| = \frac{p_i^{a_i}}{\gcd(p_i^{a_i - b_i},\ p_i^{a_i})} = \frac{p_i^{a_i}}{p_i^{a_i - b_i}} = p_i^{b_i}$$

이다(정리 2.3.4(2)). 이때

$$H = \langle p_1^{a_1 - b_1} \rangle \times \langle p_2^{a_2 - b_2} \rangle \times \cdots \times \langle p_s^{a_s - b_s} \rangle$$

라 하면, 정리 3.4.2(3)에 의하여 $H < \mathbb{Z}_{p_1}^{a_1} \times \cdots \times \mathbb{Z}_{p_s}^{a_s} \cong G$이고,

$$|H| = |p_1^{a_1 - b_1}||p_2^{a_2 - b_2}| \cdots |p_s^{a_s - b_s}| = p_1^{b_1} p_2^{b_2} \cdots p_s^{b_s} = r$$

이다. ■

정리 3.4.16 *유한가환군 G의 위수가 $|G| = p_1 p_2 \cdots p_r$ (p_i는 서로 다른 소수)이면,*

G는 순환군

(증명) 유한생성 가환군의 기본정리와 따름정리 3.4.7에 의하여 다음이 성립한다.

$$G \cong \mathbb{Z}_{p_1} \times \cdots \times \mathbb{Z}_{p^r} \cong \mathbb{Z}_{p_1 \cdots p_r}$$ ■

임용시험 출제 3.4.17 [2009학년도] 군에 대한 다음 성질 중에서 옳은 것을 모두 골라라.

① 위수가 8인 군은 Abel 군(가환군)이다.

② 부분군의 개수가 유한인 군은 유한군이다.

③ 위수 27인 Abel 군 중에서 동형이 아닌 것의 종류는 3가지이다.

임용시험 출제 3.4.18 [2011학년도] 덧셈군 $G = \mathbb{Z}_{12} \times \mathbb{Z}_7$에 대하여 다음 중에서 옳은 것을 모두 골라라.

① G의 모든 부분군(subgroup)은 정규부분군(normal subgroup)이다.

② G의 원소 $(3, 1)$의 위수(order)는 28이다.

③ G는 순환군(cyclic group)이다.

임용시험 출제 3.4.19 [2012학년도] 다음 군에 대한 성질 중에서 옳은 것을 모두 골라라.

① 무한순환군(infinite cyclic group) G는 덧셈군 $\mathbb{Z}$와 서로 동형(isomorphic)이다.

② 두 덧셈군 $\mathbb{Z}_4 \times \mathbb{Z}_{18} \times \mathbb{Z}_{15}$와 $\mathbb{Z}_3 \times \mathbb{Z}_{10} \times \mathbb{Z}_{36}$은 서로 동형이다.

③ 위수(order)가 360인 순환군의 생성원(generator)은 모두 96개이다.

임용시험 출제 3.4.20 [2013학년도] 다음 군에 대한 성질 중에서 옳은 것을 모두 골라라.

① 함수 $f : \mathbb{Z} \to \mathbb{Z}_2 \times \mathbb{Z}_3$을 $f(k) = ([k]_2,\ [k]_3)$으로 정의할 때, $\ker(f) = 6\mathbb{Z}$이다.

(단, $[k]_n$은 $\mathbb{Z}$에서 법 n에 대한 k의 합동류(congruence class)이고, $\ker(f)$는 f의 핵(kernel)이다.)

② 군 G의 잉여군(quotient group, factor group) $G/Z(G)$가 순환군(cyclic group)이면, G는 Abel 군(가환군)이다. (단, $Z(G)$는 G의 중심(center)이다.)

③ 위수(order)가 400인 Abel 군 중에서 서로 동형이 아닌 것의 종류는 8가지이다.

임용시험 출제 3.4.21 [2014학년도] 위수(order)가 $2014 = 2 \times 19 \times 53$인 순환군(cyclic group) G의 부분군의 개수를 m, G에서 위수가 38인 원소의 개수를 n이라 할 때, $m+n$의 값을 구하라.

임용시험 출제 3.4.22 [2018학년도] 위수(order)가 각각 10과 n인 두 순환군(cyclic group) $\mathbb{Z}_{10}$과 $\mathbb{Z}_n$의 직접곱(직적, direct product) $\mathbb{Z}_{10} \times \mathbb{Z}_n$이 순환군이 되도록 하는 10 이상이고 100 이하인 자연수 n의 개수를 구하라.

연 습 문 제 (3.4)

1. 다음과 같은 위수가 가지는 가환군을 분류하여라.

(1) 36 (2) 72 (3) 100 (4) 250

2. 위수가 36인 가환군 G를 분류하고 각 가환군에 대하여 다음을 구하라.

(1) 각 G에서 위수 4인 부분군의 개수를 구하라.

(2) 각 G에서 위수 6인 부분군의 개수를 구하라.

(3) 각 G에서 위수 9인 부분군의 개수를 구하라.

3. 다음 유한가환군의 원소 x의 위수를 구하여라.

(1) $x = (4,\ 9) \in \mathbb{Z}_{18} \times \mathbb{Z}_{18}$

(2) $x = (8,\ 6,\ 4) \in \mathbb{Z}_{18} \times \mathbb{Z}_9 \times \mathbb{Z}_8$

(3) $x = (8,\ 6,\ 4) \in \mathbb{Z}_9 \times \mathbb{Z}_{17} \times \mathbb{Z}_{10}$

4. 다음 유한가환군에 대하여 물음에 답하라.

(1) $\mathbb{Z}_{24}$에서 위수 6인 원소를 모두 구하라.

(2) $\mathbb{Z}_{15} \times \mathbb{Z}_{18} \times \mathbb{Z}_{19}$에서 위수 18인 원소의 개수를 구하라.

(3) $\mathbb{Z}_2 \times \mathbb{Z}_4$에서 위수가 4인 원소와 위수가 4인 모든 부분군을 구하라.

(4) $\mathbb{Z}_2 \times \mathbb{Z} \times \mathbb{Z}_4$에서 위수가 4인 원소와 위수가 4인 모든 부분군을 구하라.

5. 다음 유한가환군에 대하여 물음에 답하라.

(1) $\mathbb{Z}_4 \times \mathbb{Z}_4$의 모든 부분군을 구하라.

(2) $\mathbb{Z}_2 \times \mathbb{Z}_2 \times \mathbb{Z}_2$의 모든 부분군을 구하라.

(3) $\mathbb{Z}_2 \times \mathbb{Z}_2 \times \mathbb{Z}_4$의 부분군 중에서 Klein 4군과 동형인 것을 모두 구하라.

6. 다음 가환군이 동형인지 아닌지 판단하라.

(1) $\mathbb{Z}_2 \times \mathbb{Z}_{12}$와 $\mathbb{Z}_4 \times \mathbb{Z}_6$

(2) $\mathbb{Z}_8 \times \mathbb{Z}_{10} \times \mathbb{Z}_{24}$와 $\mathbb{Z}_4 \times \mathbb{Z}_{12} \times \mathbb{Z}_{40}$

7. 유한가환군 G가 위수가 각각 m, n인 부분군을 가진다면 G는 위수가 m, n의 최소공배수인 부분군을 가짐을 보여라.

8. m과 n을 서로소인 양의 정수라고 하자. 만약 위수 m인 가환군(동형을 무시하고)이 r개, 위수 n인 가환군(동형을 무시하고)이 s개 존재한다면, 위수 mn인 가환군(동형을 무시하고)은 rs개 존재함을 보여라.

9. H와 K가 군이라 하고 $G = H \times K$라 하자. 자연스럽게 H와 K를 G의 동형인 부분군으로 간주한다. 이 부분군 H(실제로 $H \times \{e\}$)와 K(실제로 $\{e\} \times K$)가 다음 성질을 가짐을 보여라. [정리 3.3.8과 비교해 볼 것.]

(1) G의 모든 원소는 적당한 $h \in H$와 $k \in K$에 대해 hk의 형태이다.

(2) 모든 $h \in H$와 $k \in K$에 대하여 $hk = kh$이다.

(3) $H \cap K = \{e\}$

10. 유한가환군 G가 순환군이 아닐 필요충분조건은 G가 적당한 소수 p에 대해 $\mathbb{Z}_p \times \mathbb{Z}_p$와 동형인 부분군을 포함하는 것임을 보여라.

11. 유한생성가환군 G, H와 K에 대하여 $G \times K$와 $H \times K$가 동형이면 $G \cong H$임을 보여라.

12. H가 유한가환군 G의 부분군일 때, G/H와 동형인 G의 부분군을 구하라.

13. 덧셈군 $\mathbb{Z}_{36} = \{0, 1, 2, \cdots, 35\}$을 0이 아닌 두 부분군의 직합으로 분해하라.

3.5 군의 동형정리

이 절에서는 군의 동형사상과 잉여군에 관련된 정리에 대하여 논한다.

정리 3.5.1 (제1동형정리, first isomorphism theorem, 第一同型定理)
군 준동형사상 $f: G \longrightarrow G'$에 대하여 다음이 성립한다.

$$\boxed{G/\ker(f) \cong \mathrm{Im}(f) = f(G)}$$

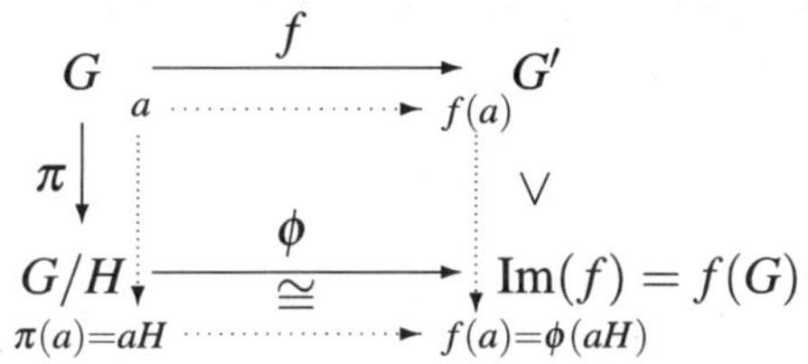

(증명) $H = \ker(f)$라 하자. 그러면 정리 3.2.23에 의하여, $H \lhd G$이다.
H의 잉여군 G/H에서 $\mathrm{Im}(f)$로의 함수 ϕ를 다음과 같이 정의하자.

$$\phi: G/H \longrightarrow \mathrm{Im}(f), \quad \phi(aH) = f(a)$$

ϕ가 잘 정의되었음을 보이자. 정리 3.1.7(1)에 의하여

$$\begin{aligned} aH = bH \quad &\Longleftrightarrow \quad a^{-1}b \in H = \ker(f) \quad \Longleftrightarrow \quad f(a^{-1}b) = e' \\ &\Longleftrightarrow \quad f(a)^{-1}f(b) = e' \quad \Longleftrightarrow \quad f(a) = f(b) \end{aligned}$$

이므로 ϕ는 잘 정의되고 단사함수이다. 다음에 모든 $aH,\ bH \in G/H$에 대하여

$$\phi\big((aH)(bH)\big) = \phi(abH) = f(ab) = f(a)f(b) = \phi(aH)\phi(bH)$$

이므로, 따라서 ϕ는 준동형사상이다. 또한

$$\mathrm{Im}(\phi) = \{\phi(aH) \mid a \in G\} = \{f(a) \mid a \in G\} = \mathrm{Im}(f) = f(G)$$

이므로, ϕ는 전사함수이다. 따라서 ϕ는 동형사상이고, $G/\ker(f) \cong \mathrm{Im}(f) = f(G)$이다. ■

예 3.5.2 양의 정수 $n \in \mathbb{N}$일 때, 덧셈군 $(\mathbb{Z},\ +)$에서 덧셈군 $(\mathbb{Z}_n,\ +_n)$로의 법 n 축약 준동형사상(예 3.2.16)

$$f: (\mathbb{Z},\ +) \longrightarrow (\mathbb{Z}_n,\ +_n), \quad f(a) = [a]_n \ (n\text{으로 나눈 나머지})$$

일 때, $\ker(f) = n\mathbb{Z}$이다. 그러면, f는 전사함수이므로, 제1동형정리에 의하여

$$\mathbb{Z}/n\mathbb{Z} = \mathbb{Z}/\ker(f) \cong \mathrm{Im}(f) = \mathbb{Z}_n$$

이다. 즉, $\boxed{\mathbb{Z}/n\mathbb{Z} \cong \mathbb{Z}_n}$이다.

정리 3.5.3 *군 G일 때,*

$$\mathrm{Aut}(G) = \{\sigma \mid \sigma : G \longrightarrow G\text{는 자기동형사상}\}$$

$$\mathrm{Inn}(G) = \{\alpha_g \mid \alpha_g : G \longrightarrow G\text{는 켤레 동형사상}, g \in G\}$$

위의 합성 $\circ$ 연산이 주어질 때, 다음이 성립한다.

(1) $\mathrm{Inn}(G)$, $\mathrm{Aut}(G)$는 군이고, $\boxed{\mathrm{Inn}(G) \lhd \mathrm{Aut}(G)}$

(2) $\mathrm{Inn}(G) \cong G/Z(G)$

※ 군 $\mathrm{Aut}(G)$를 **자기동형군**(automorphism group, 自己同型群)이라 한다.

※ 군 $\mathrm{Inn}(G)$를 **내부자기동형군**(inner automorphism group, 內部自己同型群)이라 한다.

(증명) (1) 따름정리 3.2.20에 의하여 $\mathrm{Aut}(G)$는 군이다. 임의의 α_g, $\alpha_h \in \mathrm{Inn}(G)$, $x \in G$에 대하여,

$$\begin{aligned}(\alpha_g \circ \alpha_h)(x) &= \alpha_g(\alpha_h(x)) = \alpha_g(hxh^{-1}) = g(hxh^{-1})g^{-1} \\ &= (gh)x(h^{-1}g^{-1}) = (gh)x(gh)^{-1} = \alpha_{gh}(x)\end{aligned}$$

이므로 $\alpha_g \circ \alpha_h = \alpha_{gh} \in \mathrm{Inn}(G)$이므로 연산이 닫혀있고, 항등원 α_e, 역원 $(\alpha_g)^{-1} = \alpha_{g^{-1}}$이 존재한다. 또한 1.4.8에 의하여 결합법칙이 성립하므로, $\mathrm{Inn}(G)$는 군이다.

켤레 동형사상은 자기동형사상이므로, $\mathrm{Inn}(G) < \mathrm{Aut}(G)$이다.

그리고 모든 $\sigma \in \mathrm{Aut}(G)$, $\alpha_g \in \mathrm{Inn}(G)$와 임의의 $x \in G$에 대하여

$$\begin{aligned}(\sigma \circ \alpha_g \circ \sigma^{-1})(x) &= \sigma(\alpha_g(\sigma^{-1}(x))) = \sigma(g\sigma^{-1}(x)g^{-1}) \\ &= \sigma(g)\sigma(\sigma^{-1}(x))\sigma(g^{-1}) = \sigma(g)x\sigma(g^{-1}) \\ &= \sigma(g)x\sigma(g)^{-1} = \sigma_{\sigma(g)}(x)\end{aligned}$$

이다. 따라서 $\sigma \circ \alpha_g \circ \sigma^{-1} = \sigma_{\sigma(g)} \in \mathrm{Inn}(G)$가 되어 $\mathrm{Inn}(G) \lhd \mathrm{Aut}(G)$이다.

(2) G에서 $\mathrm{Inn}(G)$로의 함수

$$\phi : G \longrightarrow \mathrm{Inn}(G), \quad \phi(g) = \alpha_g$$

라 정의하자. 임의의 $g, h \in G$에 대하여

$$\phi(gh) = \alpha_{gh} = \alpha_g \circ \alpha_h = \phi(g)\phi(h)$$

이므로, ϕ는 준동형사상이다. 정의에 의해 전사함수이다. 즉, $\mathrm{Im}(\phi) = \mathrm{Inn}(G)$이다. 한편

$$\begin{aligned} g \in \ker(\phi) &\iff \alpha_e = \phi(g) = \alpha_g \\ &\iff \forall\, x \in G,\ \alpha_e(x) = \alpha_g(x) \\ &\iff \forall\, x \in G,\ x = gxg^{-1} \\ &\iff g \in Z(G)\end{aligned}$$

이므로 $\ker(\phi) = Z(G)$이다. 제1동형정리에 의하여 $\mathrm{Inn}(G) \cong G/Z(G)$이다. ■

예 3.5.4 $n \geq 3$일 때, 대칭군 S_n의 중심 $Z(S_3) = \{(1)\}$ (예 3.3.25)이므로, 정리 3.5.3(2)에 의하여 $\text{Inn}(S_3) \cong S_3/\{(1)\} \cong S_3$이다.

문제 3.5.5 임의의 군 G에 대하여, 다음이 성립함을 보여라.

$$\boxed{G/\{e\} \cong G, \qquad G/G \cong \{e\}, \qquad G \times \{e\} \cong G}$$

정리 3.5.6 *군 $G_1, \cdots, G_n$의 각 정규부분군 $\underline{N_1 \lhd G_1, \cdots, N_n \lhd G_n}$에 대하여 다음이 성립한다.*

(1) $(N_1 \times \cdots \times N_n) \lhd (G_1 \times \cdots \times G_n)$
(2) $\boxed{(G_1 \times \cdots \times G_n)/(N_1 \times \cdots \times N_n) \cong (G_1/N_1) \times \cdots \times (G_n/N_n)}$

(증명) (1) 임의의 $(a_1, \cdots, a_n) \in G_1 \times \cdots \times G_n$, $(b_1, \cdots, b_n) \in N_1 \times \cdots \times N_n$에 대하여

$$\begin{aligned}(a_1, \cdots, a_n)(b_1, \cdots, b_n)(a_1, \cdots, a_n)^{-1} &= (a_1, \cdots, a_n)(b_1, \cdots, b_n)(a_1^{-1}, \cdots, a_n^{-1}) \\ &= (a_1 b_1 a_1^{-1}, \cdots, a_n b_n a_n^{-1}) \in N_1 \times \cdots \times N_n\end{aligned}$$

이므로, $(N_1 \times \cdots \times N_n) \lhd (G_1 \times \cdots \times G_n)$이다.

(2) 함수 $f: G_1 \times \cdots \times G_n \longrightarrow (G_1/N_1) \times \cdots \times (G_n/N_n)$, $\quad f(a_1, \cdots, a_n) = (a_1N_1, \cdots, a_nN_n)$라 정의하자. 임의의 $(a_1, \cdots, a_n)$, $(b_1, \cdots, b_n) \in G_1 \times \cdots \times G_n$에 대하여

$$\begin{aligned}f\big((a_1, \cdots, a_n)(b_1, \cdots, b_n)\big) &= f(a_1b_1, \cdots, a_nb_n) = (a_1b_1N_1, \cdots, a_nb_nN_n) \\ &= \big((a_1N_1)(b_1N_1), \cdots, (a_nN_n)(b_nN_n)\big) \\ &= \big(a_1N_1, \cdots, a_nN_n\big)\big(b_1N_1, \cdots, b_nN_n\big) = f(a_1, \cdots, a_n)f(b_1, \cdots, b_n)\end{aligned}$$

이므로 f는 준동형사상이고, 분명히 전사함수이다. 다음에 정리 3.1.7에 의하여

$$\begin{aligned}\ker(f) &= \big\{(a_1, \cdots, a_n) \mid (N_1, \cdots, N_n) = f(a_1, \cdots, a_n) = (a_1N_1, \cdots, a_nN_n)\big\} \\ &= \big\{(a_1, \cdots, a_n) \mid a_1 \in N_1, \cdots, a_n \in N_n\big\} \\ &= N_1 \times \cdots \times N_n\end{aligned}$$

이므로, 제1동형정리에 의해 $(G_1 \times \cdots \times G_n)/(N_1 \times \cdots \times N_n) \cong (G_1/N_1) \times \cdots \times (G_n/N_n)$이다. ■

따름정리 3.5.7 *군 H, K의 직접곱 $H \times K$에 대하여 다음이 성립한다.*

(1) $(H \times \{e\}) \lhd (H \times K)$, $\quad (\{e\} \times K) \lhd (H \times K)$
(2) $(H \times K)/(H \times \{e\}) \cong K$, $\quad (H \times K)/(\{e\} \times K) \cong H$

(증명) $\{e\} \lhd H$, $H \lhd H$이고 $\{e\} \lhd K$, $K \lhd K$이므로, 정리 3.5.6(1)에 의하여

$$(H \times \{e\}) \lhd (H \times K), \quad (\{e\} \times K) \lhd (H \times K)$$

이다. 또한 정리 3.5.6(2)와 문제 3.5.5에 의하여

$$(H \times K)/(H \times \{e\}) \cong (H/H) \times (K/\{e\}) \cong \{e\} \times K \cong K$$
$$(H \times K)/(\{e\} \times K) \cong (H/\{e\}) \times (K/K) \cong H \times \{e\} \cong H$$

이다. ■

예 3.5.8 군 G의 두 정규부분군 H, K가 <u>동형 $H \cong K$</u>이더라도, 일반적으로 이들의 <u>잉여군은 동형이 아니다</u>. 즉, $G/H \not\cong G/K$이다.

예를 들어, $\mathbb{Z}$의 두 정규부분군 $\mathbb{Z}$, $n\mathbb{Z}$는 동형 $\mathbb{Z} \cong n\mathbb{Z}$이지만, 이들의 잉여군은

$$\mathbb{Z}/\mathbb{Z} \cong \{0\}, \qquad \mathbb{Z}/n\mathbb{Z} \cong \mathbb{Z}_n$$

이므로, 동형이 아니다. 즉, $\mathbb{Z}/\mathbb{Z} \not\cong \mathbb{Z}/n\mathbb{Z}$이다.

예 3.5.9 $(\mathbb{Z}_4 \times \mathbb{Z}_2)/(\{0\} \times (\mathbb{Z}_2))$와 동형인 군을 찾아라.

(풀이1) [위수 이용법] 정리 3.3.14에 의하여

$$\left|(\mathbb{Z}_4 \times \mathbb{Z}_2)/(\{0\} \times (\mathbb{Z}_2))\right| = \frac{|\mathbb{Z}_4 \times \mathbb{Z}_2|}{|\{0\} \times \mathbb{Z}_2|} = \frac{8}{2} = 4$$

이다. 그러면 유한생성 가환군의 기본정리에 의하여

$$(\mathbb{Z}_4 \times \mathbb{Z}_2)/(\{0\} \times (\mathbb{Z}_2)) \cong \mathbb{Z}_4 \qquad \text{이거나} \qquad (\mathbb{Z}_4 \times \mathbb{Z}_2)/(\{0\} \times (\mathbb{Z}_2)) \cong \mathbb{Z}_2 \times \mathbb{Z}_2$$

이다.

한편 $|(1, 1) + \{0\} \times \mathbb{Z}_2| = 4$가 되어 순환군이다. 따라서 $(\mathbb{Z}_4 \times \mathbb{Z}_2)/(\{0\} \times (\mathbb{Z}_2)) \cong \mathbb{Z}_4$이다.

(풀이2) [정리 3.5.6 이용법]

가환군에서 모든 부분군이 정규부분군이므로, 정리 3.5.6과 문제 3.5.5에 의하여

$$(\mathbb{Z}_4 \times \mathbb{Z}_2)/(\{0\} \times (\mathbb{Z}_2)) \cong (\mathbb{Z}_4/\{0\}) \times (\mathbb{Z}_2/\mathbb{Z}_2) \cong \mathbb{Z}_4 \times \{0\} \cong \mathbb{Z}_4$$

(풀이3) [제1동형정리 이용법] 함수 ($\ker(f)$가 $\{0\} \times \mathbb{Z}_2$가 되도록 정의함)

$$f : \mathbb{Z}_4 \times \mathbb{Z}_2 \longrightarrow \mathbb{Z}_4, \quad f(a, b) = a$$

라 정의하자. 모든 $(a,\ b),\ (a',\ b') \in \mathbb{Z}_4 \times \mathbb{Z}_2$에 대하여

$$f\big((a,\ b)+(a',\ b')\big) = f(a+a',\ b+b') = a+a' = f(a,\ b)+f(a',\ b')$$

이므로, f는 준동형사상이다. 정의에 의해 f는 전사함수이다.

$$\ker(f) = \big\{(a,\ b) \in \mathbb{Z}_4 \times \mathbb{Z}_2 \mid 0 = f(a,\ b) = a\big\} = \big\{(0,\ b) \in \mathbb{Z}_4 \times \mathbb{Z}_2 \mid b \in \mathbb{Z}_2\big\} = \{0\} \times \mathbb{Z}_2$$

이므로 제1동형정리에 의하여 $(\mathbb{Z}_4 \times \mathbb{Z}_2)/(\{0\} \times \mathbb{Z}_2) \cong \mathbb{Z}_4$이다.

☜ 제1동형정리 활용하여 G/H와 동형인 G' 찾기 ☞

(Step1) $H = \ker(f)$가 되도록, 함수 $f:\ G \longrightarrow G'$ 정의하기

(Step2) f가 준동형사상임을 확인

(Step3) 전사확인(필요하면 치역을 공역이라 놓음)

(Step4) 제1동형정리 $\boxed{G/\ker(f) \cong \mathrm{Im}(f)}$ 이용

정리 3.5.10 (제2동형정리)

군 G의 정규부분군 $N \lhd G$과 부분군 $H < G$에 대하여 다음이 성립한다.

(1) $N \lhd HN,\quad (H \cap N) \lhd H$ (2) $\boxed{(HN)/N \cong H/(H \cap N)}$

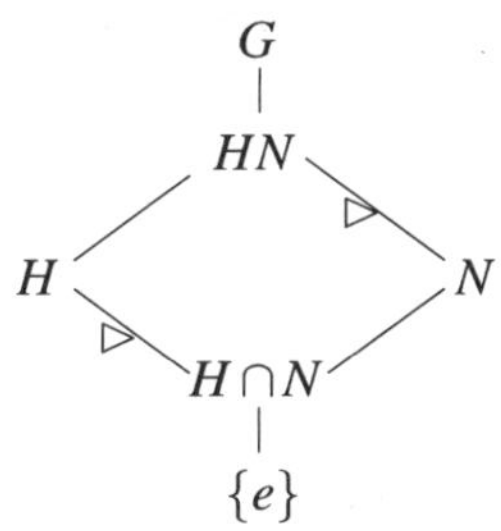

(증명) (1) $N \lhd G$이므로 $N \lhd HN$이다. 한편 모든 $a \in H \cap N,\ h \in H$에 대하여

$$hah^{-1} \in H,\quad hah^{-1} \in N \quad \Longrightarrow \quad hah^{-1} \in H \cap N$$

이므로, $(H \cap N) \lhd H$이다.

(2) 함수 $f:\ H \longrightarrow (HN)/N,\quad f(h) = hN$이라 정의하자. 임의의 $h,\ h' \in H$에 대하여

$$f(hh') = hh'N = (hN)(h'N) = f(h)f(h')$$

이므로, f는 준동형사상이다. 또, $hnN = hN = f(h)$이므로 f는 전사함수이다.

$$\ker(f) = \{h \in H \mid f(h) = eN\} = \{h \in H \mid hN = N\} = \{h \in H \mid h \in N\} = N \cap H$$

제1동형정리에 의하여 $H/(H \cap N) = H/\ker(f) \cong \mathrm{Im}(f) = (HN)/N$이다. ■

예 3.5.11 $G=\mathbb{Z}\times\mathbb{Z}\times\mathbb{Z}$의 정규부분군 $H=\mathbb{Z}\times\mathbb{Z}\times\{0\}$와 $N=\{0\}\times\mathbb{Z}\times\mathbb{Z}$에 대하여 다음이 성립한다.

$$HN=H+N=\mathbb{Z}\times\mathbb{Z}\times\mathbb{Z},\quad H\cap N=\{0\}\times\mathbb{Z}\times\{0\}$$

제2동형정리가 성립함을 확인하자. 정리 3.5.6과 문제 3.5.5에 의하여

$$HN/N \cong (\mathbb{Z}\times\mathbb{Z}\times\mathbb{Z})/(\{0\}\times\mathbb{Z}\times\mathbb{Z}) \cong (\mathbb{Z}/\{0\})\times(\mathbb{Z}/\mathbb{Z})\times(\mathbb{Z}/\mathbb{Z}) \cong \mathbb{Z}$$
$$H/(H\cap N)\cong(\mathbb{Z}\times\mathbb{Z}\times\{0\})/(\{0\}\times\mathbb{Z}\times\{0\})\cong(\mathbb{Z}/\{0\})\times(\mathbb{Z}/\mathbb{Z})\times(\{0\}/\{0\})\cong\mathbb{Z}$$

이므로 $HN/N\cong H/(H\cap N)$이다.

정리 3.5.12 (제3동형정리)

군 G의 두 정규부분군 $N\lhd G$, $H\lhd G$가 $N<H$일 때, 다음이 성립한다.

$$\boxed{G/H\cong(G/N)/(H/N)}$$

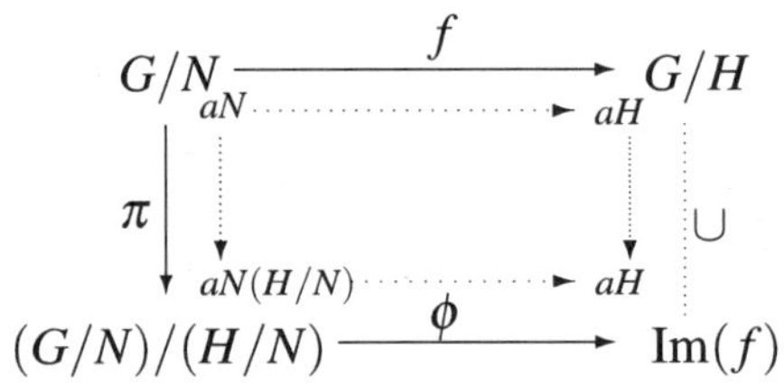

(증명) 함수 $f:\ G/N\longrightarrow G/H,\quad f(aN)=aH$라 정의하자. f가 잘 정의되었음을 보이자. $N\subset H$이므로, 정리 3.1.7에 의하여

$$aN=bN\quad\Longrightarrow\quad a^{-1}b\in N\subset H\quad\Longrightarrow\quad aH=bH$$

이다. 따라서 f가 잘 정의되었다. 그리고 모든 $aN,\,bN\in G/N$에 대하여

$$f\big((aN)(bN)\big)=f\big(abN\big)=abH=(aH)(bH)=f(aN)f(bN)$$

이므로 f는 군준동형사상이다. 정의에 의해 f는 전사함수이다. 또, 정리 3.1.7에 의하여

$$\ker(f)=\big\{aN\in G/N\mid H=f(aN)=aH\big\}=\big\{aN\in G/N\mid a\in H\big\}=H/N$$

이므로, 제1동형정리에 의해 $G/H\cong(G/N)/(H/N)$이다. ■

예 3.5.13 $G=\mathbb{Z}$의 정규부분군 $H=2\mathbb{Z}$와 $N=6\mathbb{Z}$에 대하여 다음이 성립한다(예 3.3.12).

$$G/H=\mathbb{Z}/2\mathbb{Z}\cong\mathbb{Z}_2,\qquad G/N=\mathbb{Z}/6\mathbb{Z}\cong\mathbb{Z}_6,\qquad H/N=2\mathbb{Z}/6\mathbb{Z}\cong\mathbb{Z}_3$$

그러므로

$$|G/N|=|\mathbb{Z}_6|=6,\qquad |H/N|=|\mathbb{Z}_3|=3$$

이다. 따라서 $(G/N)/(H/N) = \dfrac{|G/N|}{|H/N|} = \dfrac{6}{3} = 2$이다. 따라서 유한생성 가환군의 기본정리에 의하여 $(G/N)/(H/N) \cong \mathbb{Z}_2$이다. 그러면

$$G/H \cong \mathbb{Z}_2 \cong (G/N)/(H/N)$$

이 되어 제3동형정리가 성립한다.

연 습 문 제 (3.5)

1. $f : \mathbb{Z}_{12} \longrightarrow \mathbb{Z}_3$을 $f(1) = 2$인 준동형사상이라 하자.

(1) f의 핵 K를 구하라.

(2) $\mathbb{Z}_{12}/K$에서 잉여류를 원소나열법으로 구하여라.

(3) $\mathbb{Z}_{12}/K$와 $\mathbb{Z}_3$을 각각 계산하여 제1동형정리가 성립함을 보여라.

2. 덧셈군 $\mathbb{Z}_{24}$의 부분군 $H = \langle 4 \rangle$와 $N = \langle 6 \rangle$에 대하여 다음 물음에 답하라.

(1) HN(덧셈군에서는 $H+N$으로도 쓴다)와 $H \cap N$을 원소나열법으로 나타내어라.

(2) HN/N에서 잉여류를 원소나열법으로 나타내어라.

(3) $H/(H \cap N)$에서 잉여류를 원소나열법으로 나타내어라.

(4) HN/N과 $H/(H \cap N)$을 각각 계산하여 제2동형정리가 성립함을 보여라.

3. 덧셈군 $G = \mathbb{Z}_{24}$의 부분군 $H = \langle 4 \rangle$와 $N = \langle 8 \rangle$에 대하여 다음 물음에 답하라.

(1) G/H에서 잉여류를 원소나열법으로 구하라.

(2) G/N에서 잉여류를 원소나열법으로 구하라.

(3) H/N에서 잉여류를 원소나열법으로 구하라.

(4) $(G/N)/(H/N)$에서 잉여류를 원소나열법으로 구하라.

(5) G/H와 $(G/N)/(H/N)$을 각각 계산하여 제3동형정리가 성립함을 보여라.

4. 곱셈군 $\mathscr{U} = \{z \in \mathbb{C} \mid |z| = 1\}$과 양의 정수 n에 대하여

$$f : \mathscr{U} \longrightarrow \mathscr{U}, \quad f(z) = z^n$$

는 준동형사상임을 밝히고, 또 $\mathscr{U}/\mathscr{U}_n \cong \mathscr{U}$ 임을 밝혀라.

5. 군 준동형사상 $f : G \to G'$에 대하여 $K = \ker(f)$이라고 할 때, 군 G의 부분군 H에 대하여 $(H \cap K) \lhd H$, $H/(H \cap K) \cong f(H)$임을 밝혀라.

6. 덧셈군 $\mathbb{Z} \times \mathbb{Z}$의 부분군 $N = \langle (3,\ 6) \rangle = \{k(3,\ 6) \mid k \in \mathbb{Z}\}$에 대하여 $(\mathbb{Z} \times \mathbb{Z})/N \cong \mathbb{Z} \times \mathbb{Z}_3$임을 밝혀라.

7. 덧셈군 $\mathbb{Z} \times \mathbb{Z}$의 부분군 $N = \langle (a,\ b) \rangle = \{k(a,\ b) \mid k \in \mathbb{Z}\}$에 대하여 a, b가 서로소인 정수일 때, $(\mathbb{Z} \times \mathbb{Z})/N \cong \mathbb{Z}$임을 밝혀라.

3.6 잉여군의 계산

이 절에서는 잉여군의 다양한 예에 대하여 살펴본다.

예 3.6.1 $\mathbb{Z}/\{0\} \cong \mathbb{Z}$임을 보이자. [참조: 예 3.3.12와 문제 3.5.5]

$\{0\} \lhd \mathbb{Z}$이고 $\mathbb{Z}/\{0\} = \{a+\{0\} \mid a \in \mathbb{Z}\} = \{\{a\} \mid a \in \mathbb{Z}\}$이다. 다음 $\mathbb{Z}$ 위에서 항등사상

$$f : \mathbb{Z} \longrightarrow \mathbb{Z}, \quad f(n) = n$$

을 생각하면 $\ker(f) = \{0\}$이고 f는 전단사함수이다. 분명히 준동형사상이다. 따라서 제1동형정리에 의해

$$\mathbb{Z}/\{0\} \cong \mathrm{Im}(f) = \mathbb{Z}$$

이다.

예 3.6.2 $n \neq 0$이 양의 정수일 때, 덧셈군 $(\mathbb{R}, +)$의 부분군

$$n\mathbb{R} = \{na \mid a \in \mathbb{R}\}$$

을 생각하자. $\mathbb{R}/n\mathbb{R} \cong \{0\}$임을 보이자.

$n\mathbb{R}$은 $\mathbb{R}$의 정규부분군이다. 또, $n \neq 0$ 이므로

$$n\mathbb{R} = \{na \mid a \in \mathbb{R}\} = \left\{na \cdot \frac{1}{n} \;\middle|\; a \in \mathbb{R}\right\} = \{a \mid a \in \mathbb{R}\} = \mathbb{R}$$

이므로, 문제 3.5.5에 의하여 다음이 성립한다.

$$\mathbb{R}/n\mathbb{R} = \mathbb{R}/\mathbb{R} \cong \{0\}$$

예 3.6.3 $n(\geq 2)$차 대칭군 S_n의 교대군 A_n에 대하여, $|S_n : A_n| = 2$이므로 $A_n \lhd S_n$이다. 그러므로 $a \notin A_n$에 대하여

$$S_n/A_n = \{A_n,\ aA_n\} \cong \mathbb{Z}_2$$

이다. S_n/A_n의 연산표는 다음과 같다.

$\circ$	A_n	aA_n
A_n	A_n	aA_n
aA_n	aA_n	A_n

예 3.6.4 (Lagrange 정리의 역의 반례) Lagrange 정리(정리 3.1.10)의 역이 성립하지 않는 예에 대해 알아보자. 즉, 군의 위수의 약수를 위수로 갖는 부분군이 없을 수 있음을 보이자.

4차 교대군 A_4는 $A_4 \lhd S_4$이다(정리 3.3.2). 또한 A_4의 위수는 $|A_4| = \frac{4!}{2} = 12$이고, 6은 12의 약수이다. 이때 A_4는 위수 6인 부분군이 존재하지 않음을 보이자.

위수 6인 A_4의 부분군 H가 있다고 하자. 그러면, $|A_4 : H| = 2$이므로 $H \lhd A_4$이다(정리 3.3.2). 그리고 잉여군 $(A_4/H, \cdot)$의 위수는 2이다. 따라서 모든 $a \in A_4$에 대하여

$$(aH)(aH) = H \quad \Longrightarrow \quad a^2H = H \quad \Longrightarrow \quad a^2 \in H$$

이다. 그러면 H는 다음 우치환의 곱을 원소로 가진다.

$$\begin{aligned}
(1\,2\,3) &= (1\,3\,2)^2 \in H, &\quad (1\,3\,2) &= (1\,2\,3)^2 \in H,\\
(1\,2\,4) &= (1\,4\,2)^2 \in H, &\quad (1\,4\,2) &= (1\,2\,4)^2 \in H,\\
(1\,3\,4) &= (1\,4\,3)^2 \in H, &\quad (1\,4\,3) &= (1\,3\,4)^2 \in H,\\
(2\,3\,4) &= (2\,4\,3)^2 \in H, &\quad (2\,4\,3) &= (2\,3\,4)^2 \in H
\end{aligned}$$

즉, H는 적어도 8개 이상의 원소를 가지게 된다. 이것은 H의 위수가 6이라는데 모순이다. 따라서 A_4는 위수 6인 부분군이 존재하지 않는다.

예 3.6.5 잉여군 $(\mathbb{Z}_4 \times \mathbb{Z}_6)/\langle(0,\ 1)\rangle$와 동형인 군을 구해보자.

(풀이1) [위수 이용] $|\mathbb{Z}_4 \times \mathbb{Z}_6| = 24$이고

$$\langle(0,\ 1)\rangle = \{(0,\ 0),\ (0,\ 1),\ (0,\ 2),\ (0,\ 3),\ (0,\ 4),\ (0,\ 5)\}$$

이므로, $\left|(\mathbb{Z}_4 \times \mathbb{Z}_6)/\langle(0,\ 1)\rangle\right| = \frac{24}{6} = 4$이다. 그러므로 유한생성 가환군의 기본정리에 의하여 $(\mathbb{Z}_4 \times \mathbb{Z}_6)/\langle(0,\ 1)\rangle \cong \mathbb{Z}_4$ 또는 $(\mathbb{Z}_4 \times \mathbb{Z}_6)/\langle(0,\ 1)\rangle \cong \mathbb{Z}_2 \times \mathbb{Z}_2$이다. 한편 위수가 가장 큰 원소 $(1,\ 1) + \langle(0,\ 1)\rangle$의 위수는

$$\left|(1,\ 1) + \langle(0,\ 1)\rangle\right| = 4$$

이므로, $(\mathbb{Z}_4 \times \mathbb{Z}_6)/\langle(0,\ 1)\rangle \cong \mathbb{Z}_4$이어야 한다.

(풀이2) [정리 3.5.6 이용] $\langle(0,\ 1)\rangle = \{(0,\ 0),\ (0,\ 1),\ (0,\ 2),\ (0,\ 3),\ (0,\ 4),\ (0,\ 5)\} = \{0\} \times \mathbb{Z}_6$이므로,

$$(\mathbb{Z}_4 \times \mathbb{Z}_6)/\langle(0,\ 1)\rangle = (\mathbb{Z}_4 \times \mathbb{Z}_6)/(\{0\} \times \mathbb{Z}_6) \cong (\mathbb{Z}_4/\{0\}) \times (\mathbb{Z}_6/\mathbb{Z}_6) \cong \mathbb{Z}_4$$

이다(문제 3.5.5).

(풀이3) [제1동형정리 이용] 함수 ($\ker(f) = \langle(0,\ 1)\rangle$이 되도록 정의함)

$$f : \mathbb{Z}_4 \times \mathbb{Z}_6 \longrightarrow \mathbb{Z}_4, \quad f(a,\ b) = a$$

라 정의하면 f는 전사함수이다. 준동형임은 쉽게 증명할 수 있다. 다음에

$$\ker(f) = \{(0, 0), (0, 1), (0, 2), (0, 3), (0, 4), (0, 5)\} = \langle(0, 1)\rangle$$

이다. 그러므로 제1동형정리에 의해 $\mathbb{Z}_4 \times \mathbb{Z}_6/\langle(0, 1)\rangle \cong \mathbb{Z}_4$이다.

(풀이4) [격자점 이용] 그림으로 $\mathbb{Z}_4 \times \mathbb{Z}_6/\langle(0, 1)\rangle$의 대수적 구조를 살펴보자.

$H = \langle(0, 1)\rangle = \{(0, 0), (0, 1), (0, 2), (0, 3), (0, 4), (0, 5)\}$은 $y(x=0)$축 상의 동그란 점(○)으로 나타나고, H 전체를 x축으로 1만큼씩 화살표 방향으로 이동(덧셈 연산)하면, 제자리를 포함하여 4번만에 모든 점(●)을 겹치게 할 수 있다. 이는 위수가 4인 순환잉여군을 의미하며, 위수 4인 순환군과 동형임을 의미한다. 따라서 $\mathbb{Z}_4 \times \mathbb{Z}_6/\langle(0, 1)\rangle \cong \mathbb{Z}_4$이다.

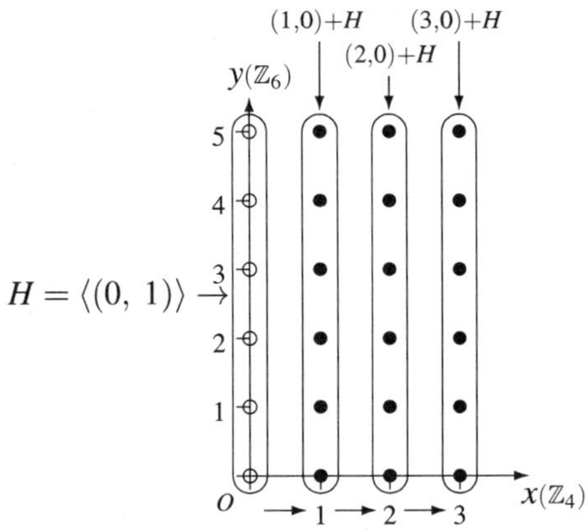

예 3.6.6 잉여군 $(\mathbb{Z}_4 \times \mathbb{Z}_6)/\langle(0, 2)\rangle$와 동형인 군을 구해보자.

(풀이1) [위수 이용] $|(\mathbb{Z}_4 \times \mathbb{Z}_6)/\langle(0, 2)\rangle| = \frac{24}{3} = 8$이고

$$\langle(0, 2)\rangle = \{(0, 0), (0, 2), (0, 4)\}$$

이므로, $|(\mathbb{Z}_4 \times \mathbb{Z}_6)/\langle(0, 2)\rangle| = \frac{24}{3} = 8$이다. 유한생성 가환군의 기본정리에 의하여 $(\mathbb{Z}_4 \times \mathbb{Z}_6)/\langle(0, 2)\rangle$은

$$\mathbb{Z}_8, \quad \mathbb{Z}_4 \times \mathbb{Z}_2, \quad \mathbb{Z}_2 \times \mathbb{Z}_2 \times \mathbb{Z}_2$$

중의 하나와 동형이다. 위수가 가장 큰 원소 $(1, 1) + \langle(0, 2)\rangle$의 위수는

$$|(1, 1) + \langle(0, 2)\rangle| = 4$$

이므로, 순환군이 아니다. 또 위수 4인 원소가 존재하므로 $(\mathbb{Z}_4 \times \mathbb{Z}_6)/\langle(0, 2)\rangle$은 $\mathbb{Z}_4 \times \mathbb{Z}_2$와 동형이 되어야 한다. 즉, $(\mathbb{Z}_4 \times \mathbb{Z}_6)/\langle(0, 2)\rangle \cong \mathbb{Z}_4 \times \mathbb{Z}_2$이다.

(풀이2) [정리 3.5.6 이용] $\langle(0, 2)\rangle = \{(0, 0), (0, 2), (0, 4)\} = \{0\} \times 2\mathbb{Z}_6$이므로,

$$(\mathbb{Z}_4 \times \mathbb{Z}_6)/\langle(0, 2)\rangle = (\mathbb{Z}_4 \times \mathbb{Z}_6)/(\{0\} \times 2\mathbb{Z}_6) \cong (\mathbb{Z}_4/\{0\}) \times (\mathbb{Z}_6/2\mathbb{Z}_6) \cong \mathbb{Z}_4 \times \mathbb{Z}_2$$

이다(문제 3.5.5).

(풀이3) [제1동형정리 이용] 함수 ($\ker(f) = \langle (0,\ 2) \rangle$가 되도록 정의함)

$$f:\ \mathbb{Z}_4 \times \mathbb{Z}_6 \longrightarrow \mathbb{Z}_4 \times \mathbb{Z}_2, \quad f(a,\ b) = (a,\ [b]_2)$$

라 정의하면, f는 전사 준동형사상이고, $\ker(f) = \langle (0,\ 2) \rangle$이므로, 제1동형정리에 의하여 다음이 성립한다.

$$(\mathbb{Z}_4 \times \mathbb{Z}_6)/\langle (0,\ 2) \rangle \cong \mathbb{Z}_4 \times \mathbb{Z}_2$$

(풀이4) [격자점 이용] 그림으로 $(\mathbb{Z}_4 \times \mathbb{Z}_6)/\langle (0,\ 2) \rangle$의 대수적 구조를 살펴보자.

$H = \langle (0,\ 2) \rangle = \{(0,\ 0),\ (0,\ 2),\ (0,\ 4)\}$은 y축 상의 동그란 점(○)으로 나타나고, $y(x=0)$축으로 1만큼 위로 올라가면($(0,\ 1)+H$), y축 위의 (검은)점(●)이 모두 겹치게 된다. 이것은 $\mathbb{Z}_2$와 동형임을 의미한다.

그런 다음, 이들 전체를 x축으로 1만큼씩 화살표 방향으로 이동(덧셈 연산)하면, 제자리를 포함하여 4번만에 모든 점을 겹치게 할 수 있다. 이는 위수가 4인 순환군과 동형임을 의미한다. 따라서 $(\mathbb{Z}_4 \times \mathbb{Z}_6)/\langle (0,\ 2) \rangle \cong \mathbb{Z}_4 \times \mathbb{Z}_2$이다.

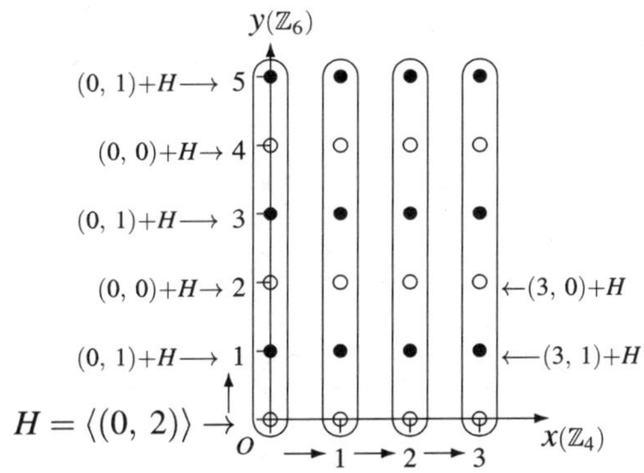

예 3.6.7 잉여군 $(\mathbb{Z}_4 \times \mathbb{Z}_6)/\langle (2,\ 3) \rangle$와 동형인 군을 구해보자.

(풀이1) [위수 이용]$|\mathbb{Z}_4 \times \mathbb{Z}_6| = 24$이고,

$$\langle (2,\ 3) \rangle = \{(0,\ 0),\ (2,\ 3)\}$$

이므로, $|(\mathbb{Z}_4 \times \mathbb{Z}_6)/\langle (2,\ 3) \rangle| = \frac{24}{2} = 12$이다.

따라서 가환군 $(\mathbb{Z}_4 \times \mathbb{Z}_6)/\langle (2,\ 3) \rangle$은 $\mathbb{Z}_{12}(\cong \mathbb{Z}_4 \times \mathbb{Z}_3)$ 또는 $\mathbb{Z}_2 \times \mathbb{Z}_6(\cong \mathbb{Z}_2 \times \mathbb{Z}_2 \times \mathbb{Z}_3)$ 중 하나와 동형이다. 위수가 가장 큰 원소 $(1,\ 1) + \langle (2,\ 3) \rangle$의 위수는

$$|(1,\ 1) + \langle (2,\ 3) \rangle| = 12$$

이므로 $(\mathbb{Z}_4 \times \mathbb{Z}_6)/\langle (2,\ 3) \rangle \cong \mathbb{Z}_{12}$이다.

(풀이2) [제1동형정리 이용] 함수 ($\ker(f) = \langle(2, 3)\rangle$이 되도록 정의함)

$$f : \mathbb{Z}_4 \times \mathbb{Z}_6 \longrightarrow \mathbb{Z}_{12}, \quad f(a, b) = 3a - 2b$$

라 정의하면, $\gcd(2, 3) = 1$이므로 $3 \cdot 1 - 2 \cdot 1 = 1$ 이고, 모든 $m \in \mathbb{Z}_{12}$에 대하여

$$f\big(\langle m\rangle_6, \langle m\rangle_{12}\big) = 3 \cdot m - 2 \cdot m = m(3 \cdot 1 - 2 \cdot 1) = m$$

이다. 따라서 f는 전사 준동형사상이다. $\ker(f) = \langle(2, 3)\rangle$이므로, 제1동형정리에 의해 다음이 성립한다.

$$(\mathbb{Z}_4 \times \mathbb{Z}_6)/\langle(2, 3)\rangle \cong \mathbb{Z}_{12}$$

(풀이3) [격자점 이용] 그림으로 $(\mathbb{Z}_4 \times \mathbb{Z}_6)/\langle(2, 3)\rangle$의 대수적 구조를 살펴보자.

$H = \langle(2, 3)\rangle = \{(0, 0), (2, 3)\}$은 y축 상의 동그란 점(○)으로 나타나고, y축으로 1만큼 위로 이동($(0, 1) + H$)을 6번 하면, $y(x = 0)$축과 $x = 2$축 위의 (검은)점(●)이 모두 겹치게 된다.

그리고 x축으로 1만큼 이동($(1, 0) + H$)한 다음 다시 y축으로 1만큼 위로 이동($(1, 1) + H$)을 6번 하면, $x = 1$축과 $x = 3$축 위의 (검은)점(●)이 모두 겹치게 된다

즉, x축과 y축 방향으로 각각 1만큼씩 12번 이동(덧셈 연산)해야 전체와 겹치게 된다. 이는 위수가 12인 순환군과 동형임을 의미한다. 따라서 $(\mathbb{Z}_4 \times \mathbb{Z}_6)/\langle(2, 3)\rangle \cong \mathbb{Z}_{12}$이다.

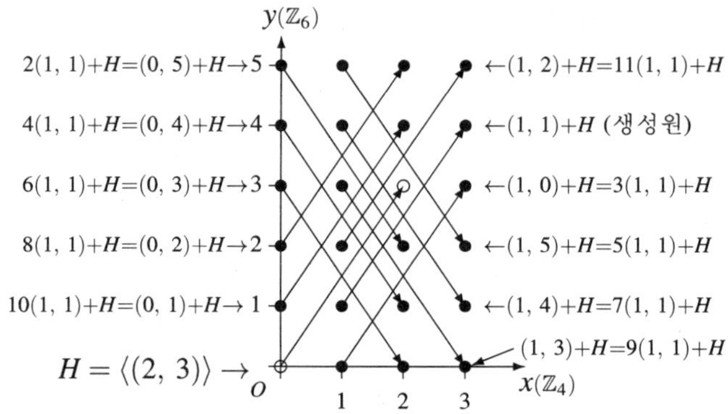

예 3.6.8 잉여군 $(\mathbb{Z}_4 \times \mathbb{Z}_4 \times \mathbb{Z}_8)/\langle(1, 2, 4)\rangle$와 동형인 군을 구해보자.

(풀이1) [위수 이용] $\left|\mathbb{Z}_4 \times \mathbb{Z}_4 \times \mathbb{Z}_8\right| = 128$이고,

$$\langle(1, 2, 4)\rangle = \{(0, 0, 0), (1, 2, 4), (2, 0, 0), (3, 2, 4)\}$$

이므로, $|(\mathbb{Z}_4 \times \mathbb{Z}_4 \times \mathbb{Z}_8)/\langle(1, 2, 4)\rangle| = \frac{4\times4\times8}{4} = 32$이다. 한편 $(\mathbb{Z}_4 \times \mathbb{Z}_4 \times \mathbb{Z}_8)/\langle(1, 2, 4)\rangle$에 위수가 가장 큰 원소 $(1, 1, 1) + \langle(1, 2, 4)\rangle$의 위수는

$$\left|(1, 1, 1) + \langle(1, 2, 4)\rangle\right| = 8$$

이므로, 가환군 $(\mathbb{Z}_4 \times \mathbb{Z}_4 \times \mathbb{Z}_8)/\langle(1, 2, 4)\rangle$은 순환군이 아니고, 위수 8인 원소가 존재하므로, 다음 중 하나와 동형이다.

$$\mathbb{Z}_8 \times \mathbb{Z}_4, \quad \mathbb{Z}_8 \times \mathbb{Z}_2 \times \mathbb{Z}_2,$$

두 군의 원소 중에서 위수 2인 것의 수는 $\mathbb{Z}_8 \times \mathbb{Z}_4$에서 3개 ((4, 0), (4, 2), (0, 2))이고, $\mathbb{Z}_8 \times \mathbb{Z}_2 \times \mathbb{Z}_2$에서 7개 ((4, 0, 0), (0, 1, 0), (0, 0, 1), (4, 1, 0), (4, 0, 1), (0, 1, 1), (4, 1, 1))이므로, $(\mathbb{Z}_4 \times \mathbb{Z}_4 \times \mathbb{Z}_8)/\langle(1, 2, 4)\rangle$에서 위수 2인 원소 $(a, b, c) + \langle(1, 2, 4)\rangle$를 구하자. 그러면 $(a, b, c) \notin \langle(1, 2, 4)\rangle$이고

$$(2a, 2b, 2c) \in \langle(1, 2, 4)\rangle = \{(0, 0, 0), (1, 2, 4), (2, 0, 0), (3, 2, 4)\}$$

이다.

먼저 $(2a, 2b, 2c) = (0, 0, 0)$인 경우 중에서 위수가 2인 (a, b, c)는

$$(a, b, c) = (0, 0, 4), (0, 2, 0), (0, 2, 4), (2, 0, 4), (2, 2, 0), (2, 2, 4)$$

이다.

다음에 $(2a, 2b, 2c) = (1, 2, 4)$인 경우의 (a, b, c)는 없다.

또, $(2a, 2b, 2c) = (2, 0, 0)$인 경우 중에서 위수가 2인 (a, b, c)는

$$(a, b, c) = (1, 0, 0), (1, 0, 4), (1, 2, 0), (3, 0, 0), (3, 0, 4), (3, 2, 0)$$

이다.

마지막으로 $(2a, 2b, 2c) = (3, 2, 4)$인 경우의 (a, b, c)는 없다.

따라서 위수 2인 원소는

$$\begin{aligned}(a, b, c) =&(0, 0, 4), (0, 2, 0), (0, 2, 4), (2, 0, 4), (2, 2, 0), (2, 2, 4),\\ &(1, 0, 0), (1, 0, 4), (1, 2, 0), (3, 0, 0), (3, 0, 4), (3, 2, 0)\end{aligned}$$

에서 나온다. $\overline{(a, b, c)} = (a, b, c) + \langle(1, 2, 4)\rangle$라 정의하자. 그러면 정리 3.1.7에 의하여

$$\begin{aligned}\overline{(0, 0, 4)} = \overline{(2, 0, 4)} = \overline{(1, 2, 0)} = \overline{(3, 2, 0)}\\ \overline{(0, 2, 0)} = \overline{(2, 2, 0)} = \overline{(1, 0, 4)} = \overline{(3, 0, 4)},\\ \overline{(0, 2, 4)} = \overline{(2, 2, 4)} = \overline{(1, 0, 0)} = \overline{(3, 0, 0)},\end{aligned}$$

이므로, 가환군 $(\mathbb{Z}_4 \times \mathbb{Z}_4 \times \mathbb{Z}_8)/\langle(1, 2, 4)\rangle$에서 위수가 2인 서로 다른 원소는 3개이다. 따라서 가환군 $(\mathbb{Z}_4 \times \mathbb{Z}_4 \times \mathbb{Z}_8)/\langle(1, 2, 4)\rangle$은 $\mathbb{Z}_8 \times \mathbb{Z}_4$와 동형이다.

(풀이2) [제1동형정리 이용] 함수 ($\ker(f) = \langle(1, 2, 4)\rangle$가 되도록 정의함)

$$f : \mathbb{Z}_4 \times \mathbb{Z}_4 \times \mathbb{Z}_8 \longrightarrow \mathbb{Z}_4 \times \mathbb{Z}_8, \quad f(a, b, c) = (2a - b, 2b - c)$$

라 정의하면 f는 준동형임은 쉽게 증명할 수 있다. 다음에

$$\ker(f) = \{(0, 0, 0), (1, 2, 4), (2, 0, 0), (3, 2, 4)\} = \langle(1, 2, 4)\rangle$$

이다.

f가 전사함수임을 보이자. 임의의 $(x, y) \in \mathbb{Z}_4 \times \mathbb{Z}_8$에 대하여

$$f(a, b, c) = (2a-b, 2b-c) = (x, y)$$

인 $(a, b, c) \in \mathbb{Z}_4 \times \mathbb{Z}_4 \times \mathbb{Z}_8$이 존재하면 된다. $(2a-b, 2b-c) = (x, y)$에서 $a = 1$이라 하면, $b = 2-x$이고 $c = 4-2x-y$이다. 따라서 $\big(1, \langle 2-x\rangle_4, \langle 4-2x-y\rangle_8\big) \in \mathbb{Z}_4 \times \mathbb{Z}_4 \times \mathbb{Z}_8$가 존재하여

$$f\big(1, \langle 2-x\rangle_4, \langle 4-2x-y\rangle_8\big) = (x, y)$$

가 되어 f는 전사함수이다.

그러므로 제1동형정리에 의해 $(\mathbb{Z}_4 \times \mathbb{Z}_4 \times \mathbb{Z}_8)/\langle(1, 2, 4)\rangle \cong \mathbb{Z}_4 \times \mathbb{Z}_8$이다.

다음은 무한 가환군의 잉여군과 동형인 군을 구해보자.

예 3.6.9 잉여군 $(\mathbb{Z} \times \mathbb{Z})/\langle(1, 1)\rangle$과 동형인 군을 구해보자.

(풀이1) [동형사상 이용] $H = \langle(1, 1)\rangle$라 하면, 정리 3.1.7에 의하여, $(a, a)+H = H$이므로,

$$\begin{aligned}(\mathbb{Z} \times \mathbb{Z})/\langle(1, 1)\rangle &= \{(a, b)+H \mid a, b \in \mathbb{Z}\}\\ &= \{(a, b)+(-b, -b)+H \mid a, b \in \mathbb{Z}\}\\ &= \{(a-b, 0)+H \mid a, b \in \mathbb{Z}\}\\ &= \{(x, 0)+H \mid x \in \mathbb{Z}\}\end{aligned}$$

이다. $\mathbb{Z}$에서 $(\mathbb{Z} \times \mathbb{Z})/H$로의 함수

$$f : \mathbb{Z} \longrightarrow (\mathbb{Z} \times \mathbb{Z})/H, \quad f(a) = (a, 0)+H$$

라 정의하자. 그러면 전사함수이고 준동형사상이다. f가 단사임을 보이자.

$$\ker(f) = \{a \in \mathbb{Z} \mid f(a) = 0\} = \{a \in \mathbb{Z} \mid H = (a, 0)+H\} = \{a \in \mathbb{Z} \mid (a, 0) \in H\} = \{0\}$$

이므로, f는 단사함사함수이다. 즉, f는 동형사상이다. 따라서 $(\mathbb{Z} \times \mathbb{Z})/\langle(1, 1)\rangle \cong \mathbb{Z}$이다.

(풀이2) [제1동형정리 이용] ($\ker(f) = \langle(1, 1)\rangle$ 이 되도록 정의함)
$\mathbb{Z} \times \mathbb{Z}$에서 $\mathbb{Z}$로의 함수

$$f : \mathbb{Z} \times \mathbb{Z} \longrightarrow \mathbb{Z}, \quad f(a, b) = b-a$$

라 정의하면, f는 전사함수이고, 준동형사상이다. 또한

$$\ker(f) = \big\{(a, b) \mid f(a, b) = 0\big\} = \big\{(a, b) \mid b-a = 0\big\} = \big\{(a, a) \mid a \in \mathbb{Z}\big\} = \langle(1, 1)\rangle$$

이므로, 제1동형정리에 의하여 $(\mathbb{Z} \times \mathbb{Z})/\langle(1, 1)\rangle \cong \mathbb{Z}$이다.

(풀이3) [격자점 이용] 그림으로 $(\mathbb{Z}\times\mathbb{Z})/\langle(1,\ 1)\rangle$의 대수적 구조를 살펴보자.

$H=\langle(1,\ 1)\rangle$은 직선 $y=x$ 상의 동그란 점(○)으로 나타나고, x축으로 1만큼 오른쪽으로 이동($(1,\ 0)+H$)하면, 직선 $y=x-1$ 상의 (검은)점(●)이 모두 겹치게 된다. 이처럼 x축으로 1만큼 좌우로 계속 이동(덧셈 연산)하면 전체와 겹치게 된다. 이는 무한위수인 순환군 $\mathbb{Z}$를 의미한다. 따라서 $(\mathbb{Z}\times\mathbb{Z})/\langle(1,\ 1)\rangle\cong\mathbb{Z}$이다.

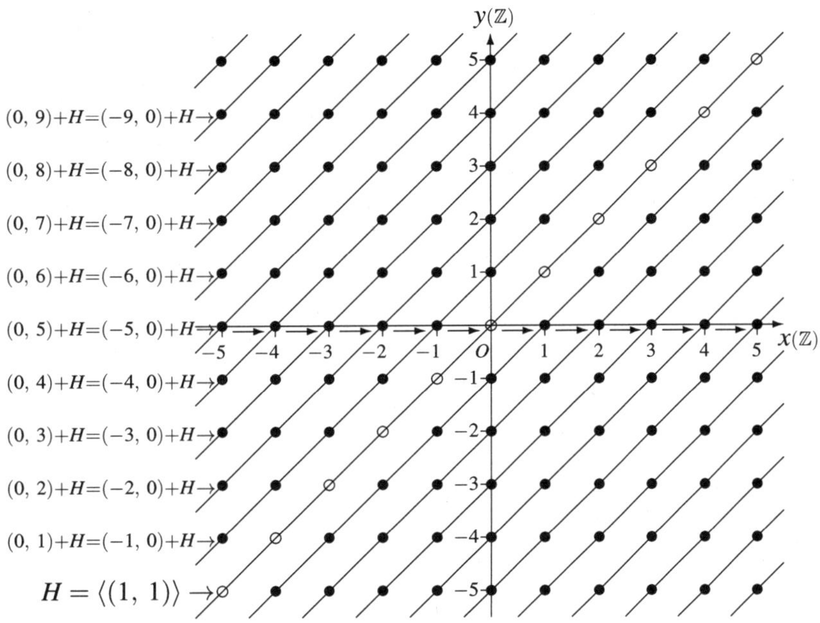

예 3.6.10 잉여군 $(\mathbb{Z}\times\mathbb{Z})/\langle(2,\ 2)\rangle$와 동형인 군을 구해보자.

(풀이1) [격자점 이용] 그림으로 $(\mathbb{Z}\times\mathbb{Z})/\langle(2,\ 2)\rangle$의 대수적 구조를 살펴보자.

$H=\langle(2,\ 2)\rangle=\{\cdots,\ (-2,\ -2),\ (0,\ 0),\ (2,\ 2),\ \cdots\}$은 직선 $y=x$ 상의 동그란 점(○)이 하나씩 건너 나타나고, 이 점들은 45° 방향으로 1만큼 이동하면, 직선 $y=x$ 상의 모든 검은 점(●)과 겹치게 된다. 이는 $\mathbb{Z}_2$와 동형임을 의미한다.

다음에 이들($y=x$ 상의 모든 점)을 x축으로 1만큼 오른쪽으로 이동하면, 직선 $y=x-1$ 상의 모든 점이 겹치게 된다. 이처럼 x축으로 1만큼 좌우로 계속 이동(덧셈 연산)하면 전체와 겹치게 된다. 이는 무한위수인 순환군 $\mathbb{Z}$와 동형임을 의미한다. 따라서$(\mathbb{Z}\times\mathbb{Z})/\langle(1,\ 1)\rangle\cong\mathbb{Z}\times\mathbb{Z}_2$이다.

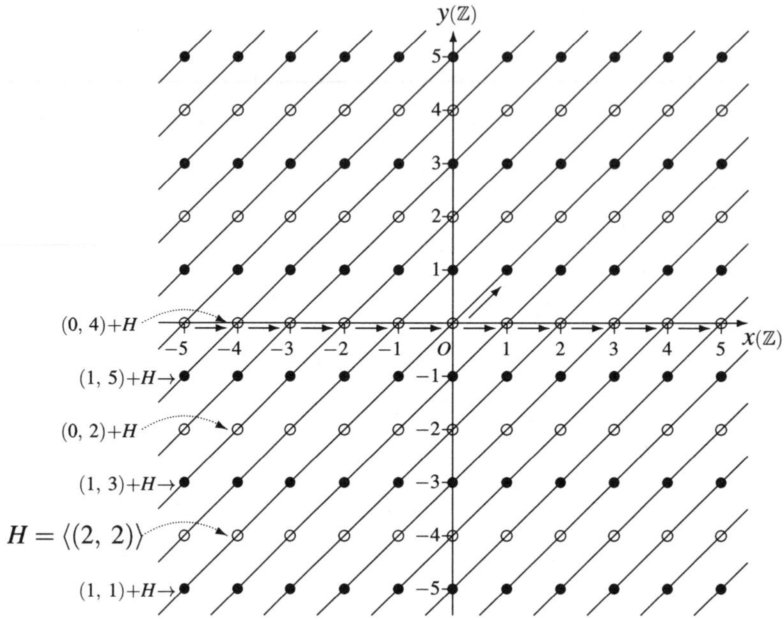

(풀이2) [제1동형정리 이용] 함수 ($\ker(f) = \langle(2,\ 2)\rangle$가 되도록 정의함) $\mathbb{Z}\times\mathbb{Z}$에서 $\mathbb{Z}\times\mathbb{Z}_2$로의 함수를

$$f:\ \mathbb{Z}\times\mathbb{Z}\longrightarrow\mathbb{Z}\times\mathbb{Z}_2,\quad f(a,\ b)=(a-b,\ [b]_2)$$

라 정의하면, f는 전사함수이고, 준동형사상이다. 또한

$$\ker(f)=\{(a,\ b)\mid(0,\ 0)=f(a,\ b)=(a-b,\ [b]_2)\}=\{(2x,\ 2x)\mid x\in\mathbb{Z}\}=\langle(2,\ 2)\rangle$$

이므로, 제1동형정리에 의하여 $\mathbb{Z}\times\mathbb{Z}/\langle(2,\ 2)\rangle\cong\mathbb{Z}\times\mathbb{Z}_2$이다.

예 3.6.11 다음 잉여군과 동형인 군을 구하라.

(1) 잉여군 $(\mathbb{Z}\times\mathbb{Z})/\langle(2,\ 3)\rangle$과 동형인 군을 구해보자.

(2) 잉여군 $(\mathbb{Z}\times\mathbb{Z})/(2\mathbb{Z}\times3\mathbb{Z})$와 동형인 군을 구해보자.

(1) (풀이1) [격자점 이용] 그림으로 $(\mathbb{Z}\times\mathbb{Z})/\langle(2,\ 3)\rangle$의 대수적 구조를 살펴보자.

$H=\langle(2,\ 3)\rangle=\{\cdots,\ (-2,\ -3),\ (0,\ 0),\ (2,\ 3),\ \cdots\}$은 직선 $y=\frac{2}{3}x$ 상의 동그란 점(○)으로 나타나고, 45° 방향으로 1만큼 이동($(1,\ 1)+H$)하면, 직선 $y=\frac{2}{3}x-\frac{1}{2}$ 상의 (검은)점(●)이 모두 겹치게 된다. 이처럼 45° 방향으로 1만큼 좌우로 계속 이동(덧셈 연산)하면 전체와 겹치게 된다. 이는 무한위수인 순환군 $\mathbb{Z}$와 동형임를 의미한다. 따라서 $(\mathbb{Z}\times\mathbb{Z})/\langle(2,\ 3)\rangle\cong\mathbb{Z}$이다.

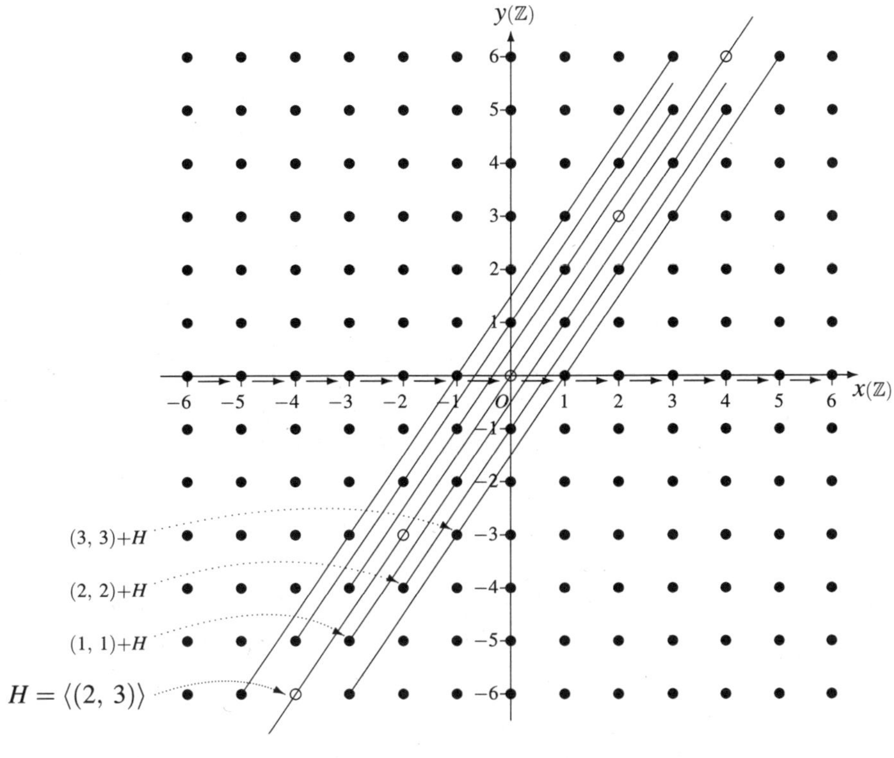

(풀이2) [제1동형정리 이용] ($\ker(f) = \langle(2, 3)\rangle$ 이 되도록 정의함)
$\mathbb{Z}\times\mathbb{Z}$에서 $\mathbb{Z}$로의 함수

$$f:\ \mathbb{Z}\times\mathbb{Z}\longrightarrow\mathbb{Z},\quad f(a,\ b) = 3a-2b$$

라 정의하면, f는 준동형사상이다. 또한 $\gcd(2,\ 3) = 1$, 즉, $3\cdot 1 - 2\cdot 1 = 1$이므로 모든 $a\in\mathbb{Z}$에 대하여

$$3a-2a = a \quad\Longrightarrow\quad f(a,\ a) = 3a-2a = a(3\cdot 1-2\cdot 1) = a$$

가 되어 f는 전사함수이다.

또한

$$\ker(f) = \left\{(a,\ b)\mid 0 = f(a,\ b) = 3a-2b\right\} = \left\{(a,\ b)\mid 3a = 2b\right\} = \left\{(2x,\ 3x)\mid x\in\mathbb{Z}\right\} = \langle(2,\ 3)\rangle$$

이므로, 제1동형정리에 의하여 $(\mathbb{Z}\times\mathbb{Z})/\langle(2,\ 3)\rangle\cong\mathbb{Z}$이다.

(2) (풀이1) [정리 3.5.6 이용] 정리 3.5.6에 의하여

$$(\mathbb{Z}\times\mathbb{Z})/(2\mathbb{Z}\times 3\mathbb{Z})\cong(\mathbb{Z}/2\mathbb{Z})\times(\mathbb{Z}/3\mathbb{Z})\cong\mathbb{Z}_2\times\mathbb{Z}_3\cong\mathbb{Z}_6$$

(풀이2) [격자점 이용] 격자점 그림으로 보면 아래와 같은 구조를 갖는다. $H = 2\mathbb{Z}\times 3\mathbb{Z}$ (동그란 점 (∘))을 오른쪽으로 2번, 위로 3번 이동하면, 즉, 모두 6번 이동하면 모든 점(•)을 겹치게 할 수 있다. 따라서 $(\mathbb{Z}\times\mathbb{Z})/(2\mathbb{Z}\times 3\mathbb{Z})\cong\mathbb{Z}_6$이다.

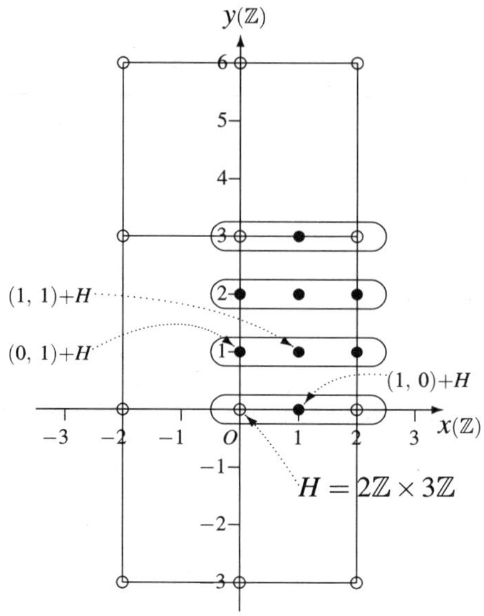

※ 예 3.6.10과 3.6.11(1)에서의 잉여군의 대수적 구조는 gcd(2, 2) = 2와 gcd(2, 3) = 1의 차이에서 그 구조가 달라진다.

연 습 문 제 (3.6)

1. $(\mathbb{Z}_4 \times \mathbb{Z}_8)/\langle(2, 4)\rangle \cong \mathbb{Z}_2 \times \mathbb{Z}_8$임을 보여라.

2. $(\mathbb{Z} \times \mathbb{Z})/\langle(2, 4)\rangle \cong \mathbb{Z} \times \mathbb{Z}_2$임을 증명하라.

3. 유한생성 가환군의 기본정리에 따라 다음 주어진 군을 분류하라.

(1) $(\mathbb{Z}_2 \times \mathbb{Z}_4)/\langle(0, 1)\rangle$ (2) $(\mathbb{Z}_2 \times \mathbb{Z}_4)/\langle(1, 2)\rangle$

(3) $(\mathbb{Z}_4 \times \mathbb{Z}_6)/\langle(1, 2)\rangle$ (4) $(\mathbb{Z} \times \mathbb{Z})/\langle(1, 2)\rangle$

(5) $(\mathbb{Z}_4 \times \mathbb{Z}_8)/\langle(2, 4)\rangle$ (6) $(\mathbb{Z}_4 \times \mathbb{Z}_8)/\langle(1, 3)\rangle$

(7) $(\mathbb{Z}_4 \times \mathbb{Z}_4 \times \mathbb{Z}_8)/\langle(1, 2, 3)\rangle$ (8) $(\mathbb{Z} \times \mathbb{Z} \times \mathbb{Z})/\langle(3, 3, 3)\rangle$

제 4 장

Sylow 정리와 군의 표현

Sylow(1832-1918)

군론에서, 노르웨이의 수학자 실로우(쉴로브, P. Sylow, 1832-1918)가 1872년에 증명한 Sylow 정리(Sylow's theorem 또는 쉴로브의 정리)는 '유한군의 위수의 약수인 소수의 거듭제곱 위수를 가진 부분군의 존재성' 등 매우 유용한 성질들을 알 수 있게 해 주는 근본적이면서도 중요한 정리이다. 이 정리는 군의 작용이라는 수학적 도구를 이용하여 얻을 수 있다.

Sylow는 40년(1858-1898) 동안 할렌에서 고등학교 수학 교사였었고, 1862년부터 오슬로 대학교에 수학 강사로 나갔다.

오슬로 대학교에서 오늘날 Sylow 부분군이라고 불리는 개념에 대하여 연구했으며, 이후 1872년에 Sylow 정리를 발표하였다. 1872 년부터 1880년 사이에 아벨(노: N. H. Abel, 1802-1829)의 원고들을 편집해 출판하였다. 1898 년에 66세에 고등학교 교사에서 오슬로 대학교 교수가 되었다. Sylow는 오슬로에서 태어나 오슬로에서 사망하였다.

Sylow 정리는 라그랑주(프: J. Lagrange, 1736-1813)의 정리(유한군의 부분군의 위수는 군의 위수의 약수)의 역의 특별한 경우에 대한 성과인 코시(프: A. L. Cauchy, 1789-1857)의 정리(유한군의 위수의 약수인 소수 위수를 가진 부분군의 존재성)를 폭넓게 일반화한 것이다.

이 Sylow 정리는 추상대수학의 발전사에서 중요한 위치를 점하고 있다. 또 이 정리를 이용하면, 유한 단순군의 성질에 관한 몇 가지 중요한 결과를 유도할 수 있다.

군론에서, 군의 표현(表現, representation)은 주어진 군을 생성원과 이들 사이의 관계식들을 통해 구체적으로 적는 방법이다. 군 표현론은 물리학에서 물리적 계(系, system)의 대칭군과 그 계를 기술하는 방정식의 해의 관계를 탐구하면서 널리 응용된다. 특히, 양자역학에서, 상태공간인 힐베르트 공간은 계의 대칭군의 표현을 이룬다[11].

4.1 군의 작용

이 절에서는 선형대수에서 스칼라곱의 일반화인 집합 위에서 군의 작용에 대하여 다룬다.

정의 4.1.1 [*G-집합(G-set, 集合), G-작용(G-action, 作用)*]
군 G와 집합 $X(\neq \varnothing)$에 대한 다음 함수 $(*)$에 대하여,

$$*: G \times X \longrightarrow X, \quad (g, x) \mapsto g * x$$

함수 $*$가 X **위에서** G-**작용**(G-action), 집합 X가 G-**집합**(G-set)	$\overset{\text{정의}}{\Longleftrightarrow}$	임의의 $g, h \in G$, $x \in X$에 대하여 ① $(gh)*x = g*(h*x)$, ② $e*x = x$

예 4.1.2 군 G에 대하여 $X = G$라고 할 때, 다음이 성립한다.

(1) 함수 $*$를 임의의 $g \in G$, $x \in G$에 대하여

$$*: G \times G \longrightarrow G, \quad (g, x) \mapsto g * x = gx$$

라 정의(곱사상)하면, 군의 정의(결합법칙과 항등원 존재성)에 의해 $*$는 G-작용(action)이다. 그러므로 G는 G-집합(G-set)이다.

또한 G의 부분군 $H < G$에 대하여 $*$의 H로의 제한사상 $*_H$를

$$*_H: H \times G \longrightarrow G, \quad (h, x) \mapsto h *_H x = hx$$

라 정의(곱사상)하면, G는 H-집합(H-set)이다.

(2) 함수 $*$를 임의의 $g \in G$, $x \in G$에 대하여

$$*: G \times G \longrightarrow G, \quad (g, x) \mapsto g * x = gxg^{-1}$$

라 정의(켤레 동형사상)하면, $*$는 G-작용(action)이다. 왜냐하면, 임의의 $g, h, x \in G$에 대하여

$$\begin{cases} (gh)*x = (gh)x(gh)^{-1} = (gh)x(h^{-1}g^{-1}) = g(hxh^{-1})g^{-1} = g*(hxh^{-1}) = g*(h*x), \\ e*x = ex = x \end{cases}$$

이다. 그러므로 G는 G-집합(G-set)이다.

예 4.1.3 G의 부분군 $H < G$에 대하여 H의 좌잉여류의 집합 $G/H = \{aH \mid a \in G\}$에 대하여

$$*: G \times G/H \longrightarrow G/H, \quad (g, xH) \mapsto g * xH = (gx)H$$

라 정의하자. 먼저 $*$가 잘 정의됨을 보이자.

$$\begin{aligned} xH = yH \quad &\Longrightarrow \quad x = yh\ (\exists\, h \in H) \quad \Longrightarrow \quad gx = gyh \quad \Longrightarrow \quad (gx)H = (gyh)H \\ &\Longrightarrow \quad (gx)H = (gy)(hH) \quad \Longrightarrow \quad (gx)H = (gy)H \quad \Longrightarrow \quad g*xH = g*yH \end{aligned}$$

이므로, $*$는 잘 정의된다. 또한 임의의 $g,\ h \in G$, $xH \in G/H$에 대하여

$$(gh)*xH = (ghx)H = g(hxH) = g*(hxH) = g*(h*xH), \qquad e*xH = (ex)H = xH$$

이므로, $*$는 G-작용(G-action)이고 G/H는 G-집합(G-set)이다.

예 4.1.4 집합 X에 대한 치환군 S_X에 대하여 다음 함수는 S_X-작용이다.

$$*: S_X \times X \longrightarrow X, \quad (\sigma,\ x) \mapsto \sigma * x = \sigma(x)$$

실제로, 임의의 $\sigma,\ \delta \in S_X$, $x \in X$에 대하여

$$(\sigma\delta)*x = (\sigma\delta)(x) = \sigma(\delta(x)) = \sigma*(\delta*x), \qquad i*x = i(x) = x$$

이다. 그러므로 $*$는 S_X-작용(S_X-action)이고 X는 S_X-집합(G-set)이다.

예 4.1.5 체(정의 5.1.1 참조) F 위의 벡터공간 V에 대하여 스칼라 곱 $(\cdot)$

$$\cdot: F \times V \longrightarrow V, \quad (r,\ x) \mapsto r \cdot x$$

은 F-작용이다. 실제로, 임의의 $r,\ s \in F$, $x \in V$에 대하여

$$(rs)\cdot x = r\cdot(s\cdot x), \qquad 1\cdot x = x$$

이다. 그러므로 $(\cdot)$는 F-작용(F-action)이고 V는 F-집합(F-set)이다.

예 4.1.6 아래 그림과 같이 정4각형의 중심 C와 꼭지점 4개 $\{1,\ 2,\ 3,\ 4\}$, 각 변의 중점 4개 $\{P_1,\ P_2,\ P_3,\ P_4\}$와 8개의 선분 $\{x',\ y',\ \delta_1',\ \delta_2',\ s_1,\ s_2,\ s_3,\ s_4\}$로 이루어진 집합을 X라 하자. 즉,

$$X = \{C,\ 1,\ 2,\ 3,\ 4,\ P_1,\ P_2,\ P_3,\ P_4,\ x',\ y',\ \delta_1',\ \delta_2',\ s_1,\ s_2,\ s_3,\ s_4\}$$

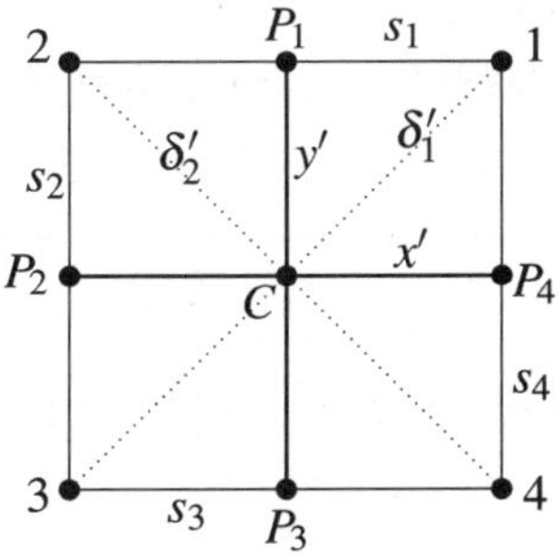

4차 정2면체군 $D_4 = \{\rho_0, \rho_1, \rho_2, \rho_3, x, y, \delta_1, \delta_2\}$(예 2.4.19 참조)와 X에 관한 함수

$$*: D_4 \times X \longrightarrow X, \quad (\sigma, a) \mapsto \sigma * a = \sigma(a)$$

에서 $\sigma * a$는 a가 σ에 의해 이동되는 대응점(선분) $\sigma(a)$라 정의하면, $*$는 D_4-작용이 된다. 이 D_4-작용에 대한 대응점(선분)은 다음과 같다.

$*$	C	1	2	3	4	P_1	P_2	P_3	P_4	x'	y'	δ_1'	δ_2'	s_1	s_2	s_3	s_4
ρ_0	C	1	2	3	4	P_1	P_2	P_3	P_4	x'	y'	δ_1'	δ_2'	s_1	s_2	s_3	s_4
ρ_1	C	2	3	4	1	P_2	P_3	P_4	P_1	y'	x'	δ_2'	δ_1'	s_2	s_3	s_4	s_1
ρ_2	C	3	4	1	2	P_3	P_4	P_1	P_2	x'	y'	δ_1'	δ_2'	s_3	s_4	s_1	s_2
ρ_3	C	4	1	2	3	P_4	P_1	P_2	P_3	y'	x'	δ_2'	δ_1'	s_4	s_1	s_2	s_3
x	C	4	3	2	1	P_3	P_2	P_1	P_4	x'	y'	δ_2'	δ_1'	s_3	s_2	s_1	s_4
y	C	2	1	4	3	P_1	P_4	P_3	P_2	x'	y'	δ_2'	δ_1'	s_1	s_4	s_3	s_2
δ_1	C	1	4	3	2	P_4	P_3	P_2	P_1	y'	x'	δ_1'	δ_2'	s_4	s_3	s_2	s_1
δ_2	C	3	2	1	4	P_2	P_1	P_4	P_3	y'	x'	δ_1'	δ_2'	s_2	s_1	s_4	s_3

정의 4.1.7 [*안정화 부분군(stabilizer, 安定化 部分群), G-궤도(orbit, 軌道)*]

G가 군이고, $X(\neq \varnothing)$가 G-집합일 때, $x \in X$에 대하여

G_x가 G에서 x의 **안정화 부분군**(stabilizer)	$\overset{\text{정의}}{\Longleftrightarrow}$	$G_x = \{g \in G \mid g * x = x\} \subset G$
$\mathscr{O}_x$가 x를 **포함하는** G-**궤도**(G-orbit)	$\overset{\text{정의}}{\Longleftrightarrow}$	$\mathscr{O}_x = \{g * x \mid g \in G\} \subset X$

예 4.1.8 예 4.1.6의 D_4-집합 $X = \{C, 1, 2, 3, 4, P_1, P_2, P_3, P_4, x', y', \delta_1', \delta_2', s_1, s_2, s_3, s_4\}$에 대하여 안정화 부분군과 궤도의 예를 살펴보자.

$$(D_4)_1 = \{\rho_0, \delta_1\}, \quad (D_4)_{P_1} = \{\rho_0, y\}, \quad (D_4)_{x'} = \{\rho_0, \rho_2, x, y\}, \quad (D_4)_{s_2} = \{\rho_0, x\}$$

$$\mathscr{O}_1 = \{1, 2, 3, 4\}, \quad \mathscr{O}_{P_1} = \{P_1, P_2, P_3, P_4\}, \quad \mathscr{O}_{x'} = \{x', y'\}, \quad \mathscr{O}_{s_2} = \{s_1, s_2, s_3, s_4\}$$

정리 4.1.9 *G가 군이고, $X(\neq \varnothing)$가 G-집합일 때,*

X 위에서 관계 $\sim$를 아래와 같이 정의하면 다음이 성립한다. $x, y \in X$에 대하여

$$x \sim y \iff \exists g \in G,\ y = g * x$$

$\sim$은 X 위에서 동치관계이다.

※ 위 동치관계에서 x를 포함하는 동치류는 G-궤도 $\mathscr{O}_x$가 된다.

(증명) 임의의 $x \in X$에 대하여 $e * x = x$이므로, $x \sim x$이다.

$x \sim y$라 하면, 적당한 $g \in G$에 대하여 $y = g * x$이다. 그러면,

$$g^{-1} * y = g^{-1} * (g * x) = (g^{-1} g) * x = e * x = x$$

이므로, $y \sim x$이다.

마지막으로 $x \sim y$이고 $y \sim z$라 하자. 그러면 적당한 $g, h \in G$에 대하여 $y = g * x$, $z = h * y$이다. 그러므로

$$(hg) * x = h * (g * x) = h * y = z$$

이므로, $x \sim z$이다. 따라서 $\sim$은 X 위에서 동치관계이다. ■

정리 4.1.10 *G가 군이고, $X(\neq \varnothing)$가 G-집합일 때, $x \in X$에 대하여 다음이 성립한다.*

(1) $G_x < G$

(2) G가 유한군이면, 다음이 성립한다.

$$|\mathscr{O}_x| = |G : G_x| = \frac{|G|}{|G_x|}, \quad |\mathscr{O}_x| \,\big|\, |G|$$

(증명) (1) $e * x = x$이므로, $e \in G_x$이다. 모든 $g, h \in G_x$에 대하여 $g * x = x$, $h * x = x$이므로,

$$(gh) * x = g * (h * x) = g * x = x$$

이다. 따라서 $gh \in G_x$이다. 다음에

$$x = e * x = (g^{-1} g) * x = g^{-1} * (g * x) = g^{-1} * x$$

이므로, $g^{-1} \in G_x$이다. 따라서 $G_x < G$이다.

(2) G가 유한군일 때, G_x의 좌잉여류 집합을 $G/G_x = \{gG_x \mid g \in G\}$라 하자. 그러면 Lagrange 정리(정리 3.1.10)에 의하여

$$|G/G_x| = |G : G_x| = \frac{|G|}{|G_x|},$$

이다.

다음에 $\mathscr{O}_x = \{g * x \mid g \in G\}$에서 G/G_x로의 함수 ϕ를 다음과 같이 정의하자.

$$\phi : \mathscr{O}_x \longrightarrow G/G_x, \quad \phi(g * x) = gG_x$$

그러면 ϕ는 잘 정의된다. 실제로

$$\begin{aligned} g * x = h * x \quad &\Longleftrightarrow \quad h^{-1} * (g * x) = h^{-1} * (h * x) \\ &\Longleftrightarrow \quad (h^{-1} g) * x = (h^{-1} h) * x \\ &\Longleftrightarrow \quad (h^{-1} g) * x = e * x \\ &\Longleftrightarrow \quad (h^{-1} g) * x = x \quad \Longleftrightarrow \quad h^{-1} g \in G_x \quad \Longleftrightarrow \quad gG_x = hG_x \end{aligned}$$

이므로, ϕ는 잘 정의되고, 단사함수이다. 정의에 의하여 분명히 전사함수이므로, ϕ는 전단사함수이다. 따라서 $|\mathscr{O}_x| = |G/G_x| = |G : G_x| = \dfrac{|G|}{|G_x|}$ 이고, 그러므로 $|\mathscr{O}_x| \,\big|\, |G|$가 성립한다. ■

예 4.1.11 예 4.1.8의 D_4-집합 X의 원소 x에 대하여 G-궤도 $\mathscr{O}_x$와 안정화 부분군 $(D_4)_x$ 사이에서 다음 관계가 성립한다.

$$4 = |\mathscr{O}_1| = |D_4 : (D_4)_1| = \frac{|D_4|}{|(D_4)_1|} = \frac{8}{2}$$

$$2 = |\mathscr{O}_{x'}| = |D_4 : (D_4)_{x'}| = \frac{|D_4|}{|(D_4)_{x'}|} = \frac{8}{4}$$

정의 4.1.12 [*고정점(fixed point, 固定點)*]

G가 군이고, $X(\neq \varnothing)$가 G-집합의 원소 $x \in X$에 대하여

x가 G-**작용의 고정점**(fixed point)	$\overset{\text{정의}}{\Longleftrightarrow}$	$\forall g \in G,\ g * x = x$
X_0가 G-**작용의 고정점 전체집합**	$\overset{\text{정의}}{\Longleftrightarrow}$	$X_0 = \{x \in X \mid \forall g \in G,\ g * x = x\}$

※ x는 G-작용의 고정점 $\iff$ $\mathscr{O}_x = \{x\}$ $\iff$ $|\mathscr{O}_x| = 1$ $\iff$ $G_x = G$가 성립

예 4.1.13 예 4.1.6의 D_4-집합 X에서 D_4-작용의 고정점은 C로 1개이다.
즉, $X_0 = \mathscr{O}_C = \{C\}$이고 $(D_4)_C = D_4$이다.

앞에서 얻은 결과를 종합하면 다음 정리를 얻는다.

정리 4.1.14 *유한군 G에 대하여, $X(\neq \varnothing)$가 G-집합, X_0가 <u>G-작용의 고정점 전체집합</u>이고, X에서 서로 다른 G-궤도 전체를 $\mathscr{O}_1, \cdots, \mathscr{O}_n$이라 할 때, 다음이 성립한다.*

(1) $X = \mathscr{O}_1 \cup \cdots \cup \mathscr{O}_n$, $\quad \mathscr{O}_i \cap \mathscr{O}_j = \varnothing\ (1 \leq i \neq j \leq n)$이고 $|X| = |\mathscr{O}_1| + \cdots + |\mathscr{O}_n|$

(2) $x_i \in \mathscr{O}_i$이면, $\mathscr{O}_{x_i} = \mathscr{O}_i$이고 $|\mathscr{O}_i| = |G : G_{x_i}| = \dfrac{|G|}{|G_{x_i}|}$, $\quad |\mathscr{O}_{x_i}| \,\big|\, |G|$

(3) $|\mathscr{O}_1| = \cdots = |\mathscr{O}_n| = 1$이면 $|X| = |X_0|$이다.
한편 $|\mathscr{O}_1| = \cdots = |\mathscr{O}_t| = 1$, $|\mathscr{O}_{t+1}| \geq 2, \cdots, |\mathscr{O}_n| \geq 2$, $(0 \leq t < n)$이면,
$|X| = |X_0| + |\mathscr{O}_{t+1}| + \cdots + |\mathscr{O}_n|$, $|X_0| = t$

따름정리 4.1.15 *유한군 G 위에서 G-작용을*

$$*: G\times G \longrightarrow G,\quad (g,\, x)\mapsto g*x = gxg^{-1}$$

라 정의(켤레사상)하자. G-집합 G에서 서로 다른 G-궤도 전체를 $\mathscr{O}_1, \cdots, \mathscr{O}_n$이라 할 때, G-작용의 고정점 전체집합 X_0에 대하여 다음이 성립한다.

(1) $X_0 = Z(G)$이고 $x\in G$에 대하여 $\boxed{\mathscr{O}_x = \{gxg^{-1} \mid g\in G\}}$이다. 특히, $e\in X_0$이다.

(2) $\boxed{|G| = |\mathscr{O}_1| + \cdots + |\mathscr{O}_n|}\ \cdots$ ①

(3) $x_i\in\mathscr{O}_i$이면, $\boxed{\mathscr{O}_{x_i} = \mathscr{O}_i}$이고 $\boxed{|\mathscr{O}_i| = |G:G_{x_i}| = \dfrac{|G|}{|G_{x_i}|},\quad |\mathscr{O}_{x_i}|\,\big|\,|G|}$

(4) G가 가환군이면, $G = Z(G)$이고 $|\mathscr{O}_1| = \cdots = |\mathscr{O}_n| = 1,\ n = |G|$이다.

한편 G가 비가환군일 때,

$|\mathscr{O}_1| = \cdots = |\mathscr{O}_t| = 1,\ |\mathscr{O}_{t+1}| \geq 2, \cdots, |\mathscr{O}_n| \geq 2,\ (1\leq t<n)$이라 하면,

$$\boxed{|G| = |Z(G)| + |\mathscr{O}_{t+1}| + \cdots + |\mathscr{O}_n|,\quad |Z(G)| = t}\ \cdots ②$$

※ ①, ②식을 **G의 류등식**(class equation, 類等式)이라 한다.

※ G-궤도 $\mathscr{O}_x = \{gxg^{-1} \mid g\in G\}$를 **$G$에서 켤레류**(conjugate class)라 하고 $\boxed{\mathscr{C}_x}$라 표기한다.

(증명) (1) $X_0 = \{x\in G \mid \forall\, g\in G,\ gxg^{-1} = x\} = \{x\in G \mid \forall\, g\in G,\ gx = xg\} = Z(G)$.

G-궤도의 정의에 의하여 $\mathscr{O}_x = \{g*x \mid g\in G\} = \{gxg^{-1} \mid g\in G\}$이다.

그리고 정의에 의해 $e\in Z(G) = X_0$이다.

(2), (3), (4)는 정리 4.1.14에 의하여 성립한다. ■

예 4.1.16 D_3 위에서 여러가지 D_3-작용에 대한 고정점과 궤도에 대한 예를 살펴보자.

(1) [궤도] 예 2.4.18의 유한군 D_3 위에서 D_3-작용을

$$*: G\times G \longrightarrow G,\quad (g,\, x)\mapsto g*x = gx$$

라 정의(곱사상)하면, 이 D_3-작용의 고정점은 없다. 또한 D_3의 D_3-궤도는 D_3로 1개이다. 즉, 모든 $x\in D_3(=X)$에 대하여, 군의 정의에 의하여 다음이 성립한다.

$$X_0 = \varnothing,\qquad \mathscr{O}_x = \{g*x \mid g\in D_3\} = D_3$$

(2) [켤레류] 유한군 D_3 위에서 D_3-작용을

$$*: G\times G \longrightarrow G,\quad (g,\, x)\mapsto g*x = gxg^{-1}$$

라 정의(켤레사상)하면, 이 D_3-작용의 고정점은 항등원 (1)로 1개뿐이다.

또한 모든 $x\in D_3(=X)$에 대하여, x가 우치환(기치환)이면, gxg^{-1}도 우치환(기치환)이므로, D_3-궤도(켤레류)는 다음과 같은 3가지이고, 각각의 원소수는 $|D_3| = 6$의 약수이다.

$$X_0 = \mathscr{C}_{(1)} = \{(1)\},\qquad \mathscr{C}_{(1\,2\,3)} = \mathscr{C}_{(1\,3\,2)} = \{(1\,2\,3),\ (1\,3\,2)\}$$

$$\mathscr{C}_{(1\,2)} = \mathscr{C}_{(1\,3)} = \mathscr{C}_{(2\,3)} = \{(1\,2),\ (1\,3),\ (2\,3)\}$$

그러므로 D_3의 류등식(따름정리 4.1.15)은 다음과 같다.

$$6 = |D_3| = |X_0| + |\mathscr{C}_{(1\ 2\ 3)}| + |\mathscr{C}_{(1\ 2)}| = 1 + 2 + 3$$

예 4.1.17 예 4.1.6의 D_4-궤도를 구하자. D_4-집합 X에서 고정점은 C로 1개이다. 또한 D_4-궤도(켤레류)는 다음과 같다.

$$\begin{aligned} X_0 = \mathscr{O}_C &= \{C\} \\ \mathscr{O}_1 = \mathscr{O}_2 = \mathscr{O}_3 = \mathscr{O}_4 &= \{1,\ 2,\ 3,\ 4\}, \\ \mathscr{O}_{P_1} = \mathscr{O}_{P_2} = \mathscr{O}_{P_3} = \mathscr{O}_{P_4} &= \{P_1,\ P_2,\ P_3,\ P_4\}, \\ \mathscr{O}_{x'} = \mathscr{O}_{y'} &= \{x',\ y'\}, \\ \mathscr{O}_{\delta_1} = \mathscr{O}_{\delta_1} &= \{\delta_1,\ \delta_2\}, \\ \mathscr{O}_{s_1} = \mathscr{O}_{s_2} = \mathscr{O}_{s_3} = \mathscr{O}_{s_4} &= \{s_1,\ s_2,\ s_3,\ s_4\} \end{aligned}$$

그러므로 X의 서로 다른 궤도는 $\mathscr{O}_C$, $\mathscr{O}_1$, $\mathscr{O}_{P_1}$, $\mathscr{O}_{x'}$, $\mathscr{O}_{\delta_1}$, $\mathscr{O}_{s_1}$의 6가지이고, 각각의 원소수는 $|D_4| = 8$의 약수이다. 그러므로 정리 4.1.14에 의하여

$$|X| = |X_0| + |\mathscr{O}_1| + |\mathscr{O}_{P_1}| + |\mathscr{O}_{x'}| + |\mathscr{O}_{\delta_1}| + |\mathscr{O}_{s_1}| = 1 + 4 + 4 + 2 + 2 + 4 = 17$$

연 습 문 제 (4.1)

1. X는 G-집합이다. $g \in G$, x, $y \in X$에 대하여 $gx = y$라고 하면 $G_y = gG_xg^{-1}$임을 보여라.

2. X를 G-집합이라 하고 $Y \subseteq X$라 하자. $G_Y = \{g \in G \mid$ 모든 $y \in Y$에 대해 $gy = y\}$라 하자. 정리 4.1.10(1)을 일반화해서 G_Y는 G의 부분군임을 보여라.

3. 예 4.1.6에서와 같은 D_4-집합 $X = \{C,\ 1,\ 2,\ 3,\ 4,\ P_1,\ P_2,\ P_3,\ P_4,\ x',\ y',\ \delta_1',\ \delta_2',\ s_1,\ s_2,\ s_3,\ s_4\}$에 대하여 안정화 부분군 $(D_4)_C$, $(D_4)_1$, $(D_4)_2$, $\cdots$, $(D_4)_{s_3}$, $(D_4)_{s_4}$를 구하라.

4. 유한군 G에서 원소 x를 포함하는 켤레류 $\mathscr{C}_x = \{gxg^{-1} \mid g \in G\}$에 꼭 두 개의 원소가 존재하면, $\mathscr{C}_x \lhd G$, $\{e\} \subsetneq \mathscr{C}_x \subsetneq G$임을 밝혀라.

5. 유한군 G에 꼭 두 개의 켤레류가 존재하면, $|G| = 2$임을 밝혀라.

6. 다음 군의 켤레류를 모두 구하라.

(1) 대칭군 S_4

(2) 사원군 Q_8

(3) 정이면체군 D_4

4.2 Sylow 정리

유한생성 가환군은 유한생성 가환군의 기본정리에 의하여 모든 정보를 얻을 수 있지만 비가환군에서는 유한군일 때 Lagrange 정리로 일부의 정보를 얻을 수 있다. 하지만 Lagrange 역은 성립하지 않는다(예 3.6.4). 이 절에서는 유한 비가환군을 연구(Lagrange 역에 대한 좀 더 유용한 정보)할 때 중요한 역할을 하는 Sylow 정리에 대하여 알아본다.

※ 이 절 전체에서 p는 소수이다.

정의 4.2.1 [*p-부분군(p-subgroup), p-군(p-group)*]

군 G의 부분군 H와 소수 p에 대하여

H가 p-**부분군** (p-subgroup)	$\overset{\text{정의}}{\Leftrightarrow}$	$\forall\, g \in H,\ \lvert g\rvert = p^r\ (r \geq 0)$
G가 p-**군** (p-group)	$\overset{\text{정의}}{\Leftrightarrow}$	$\forall\, g \in G,\ \lvert g\rvert = p^r\ (r \geq 0)$

예 4.2.2 p-군의 예를 알아 보자.

(1) $G = \mathbb{Z}_9$은 3-군이다. 실제로, 모든 $g \in \mathbb{Z}_9$, $|g|\,|\,3^2$이다.

(2) $G = \mathbb{Z}_4 \times \mathbb{Z}_3$에서, $\mathbb{Z}_4 \times \{0\}$는 2-부분군이고, $\{0\} \times \mathbb{Z}_3$은 3-부분군이다. 하지만 G는 p-군이 아니다.

정리 4.2.3 (Cauchy 정리)

유한군 G의 위수가 $|G| = pn\ (n \geq 1)$일 때, 다음이 성립한다.

위수 p인 원소 $g \in G$가 존재한다. 즉, 위수 p인 부분군 $\langle g\rangle < G$가 존재한다.

(증명) G가 가환군인 경우이면, 정리 3.4.15에 의하여 위수 p인 부분군 H가 존재한다. 이는 순환군이고 그 생성원의 위수가 p가 되어 정리가 성립한다(정리 3.1.16).

n에 관한 귀납법으로 증명하자.

$n = 1$인 경우, G는 위수 p인 순환군이므로, 가환군이 되어 정리가 성립한다.

$n \geq 2$라 하고, 위수가 $pm\ (1 \leq m < n)$인 군에 대하여 성립한다고 하자.

따름정리 4.1.15에 의하여 G의 류등식은

$$(*)\ |G| = |Z(G)| + |\mathscr{O}_{t+1}| + \cdots + |\mathscr{O}_n|, \quad |Z(G)| = t,\ |\mathscr{O}_{t+1}| \geq 2,\ \cdots,\quad |\mathscr{O}_n| \geq 2,\ (1 \leq t < n)$$

인 형태이고, 각 $i\ (t < i \leq n)$에 대하여 $x_i \in \mathscr{O}_i$라 하면 다음이 성립한다.

$$(**)\ 2 \leq |\mathscr{O}_i| = |G : G_{x_i}| = \frac{|G|}{|G_{x_i}|}, \quad |G_{x_i}| < |G|$$

이때 $p \,\big|\, |\mathscr{O}_{t+1}|, \cdots, p \,\big|\, |\mathscr{O}_n|$이면, $p \,\big|\, |G|$이므로 $(*)$에 의하여 $p \,\big|\, |Z(G)|$이다. 그러면 G의 중심 $Z(G)$는 가환군이므로, $Z(G)$에서 위수가 p인 원소가 존재하여 정리가 성립한다.

한편 적당한 $i\ (t < i \le n)$에 대하여 $p \nmid |\mathscr{O}_i|$이면, $(**)$에 의하여 $2 \le |\mathscr{O}_i| = \dfrac{|G|}{|G_{x_i}|} = \dfrac{pn}{|G_{x_i}|}$에 p의 인수가 없으므로,

$$|G_{x_i}| = pm,\ 1 \le m < n$$

이어야 한다. 그러면 귀납 가정에 의하여 G_{x_i}의 원소 중에서 위수 p인 원소가 존재한다. 따라서 G의 원소 중에서 위수 p인 원소가 존재한다. ■

따름정리 4.2.4 *유한군 G에 대하여, 다음이 성립한다.*

$$\boxed{G\text{가 } p\text{-군}} \iff \boxed{|G| = p^r}$$

(증명) 연습문제로 남긴다. ■

정리 4.2.5 *유한군 $G(\neq \varnothing)$가 p-군일 때, 다음이 성립한다.*

(1) $p \mid |Z(G)|$
(2) $\boxed{|G : Z(G)| \le p \implies G\text{는 가환군}}$이다. 즉, G가 비가환군이면, $|G : Z(G)| \ge p^2$이다.
(3) $\boxed{|G| = p^2 \implies G\text{는 가환군}}$

(증명) (1) G가 가환군이면, $Z(G) = G$이므로, 따름정리 4.2.4에 의하여 (1)이 성립한다.
다음에 G가 비가환군이면, 따름정리 4.1.15에 의하여 G의 류등식은

$$(*)\ |G| = |Z(G)| + |\mathscr{O}_{t+1}| + \cdots + |\mathscr{O}_n|, \quad |Z(G)| = t,\ |\mathscr{O}_{t+1}| \ge 2,\ \cdots,\quad |\mathscr{O}_n| \ge 2,\ (1 \le t < n)$$

인 형태이다. 또한 $|G| = p^r$이라 하면, 각 $i\ (t < i \le n)$에 대하여 다음이 성립한다.

$$2 \le |\mathscr{O}_i|,\quad |\mathscr{O}_i| \,\big|\, |G| \implies |\mathscr{O}_i| \,\big|\, p^r$$

따라서 $p \,\big|\, |\mathscr{O}_{t+1}|, \cdots, p \,\big|\, |\mathscr{O}_n|$이고, $p \,\big|\, |G|$이므로 $(*)$에 의하여 $p \,\big|\, |Z(G)|$이다.

(2) 먼저 $|G : Z(G)| = 1$이면, $G = Z(G)$이므로 G는 가환군이다(정리 3.3.23).
다음에 $|G : Z(G)| = p$이면, 잉여군 $G/Z(G)$는 위수 p인 순환군이고, 정리 3.3.24에 의하여 G는 가환군이다.

(3) $|G| = p^2$이라 하자. (1)에 의하여 $p \mid |Z(G)|$이므로 $|Z(G)| = p$이거나 $|Z(G)| = p^2$이다.
따라서 $|G : Z(G)| \le p$이므로 (2)에 의해 G는 가환군이다. ■

정의 4.2.6 [*정규화 부분군(normalizer, 正規化 部分群)*]
군 G의 부분군 $H < G$에 대하여

$$\boxed{N_G(H)\text{가 군 } G\text{에서 } H\text{의 } \textbf{정규화 부분군}} \overset{\text{정의}}{\iff} \boxed{N_G(H) = \{g \in G \mid gHg^{-1} = H\}}$$

예 4.2.7 S_3의 부분군 $H=\{(1),\ (1\ 2)\}$와 A_3의 정규화 부분군 $N_{S_3}(H)$와 $N_{S_3}(A_3)$을 구해보자.

$$\begin{aligned} &(1)H(1)^{-1}=\{(1),\ (1\ 2)\}=H, && (1\ 2)H(1\ 2)^{-1}=\{(1),\ (1\ 2)\}=H,\\ &(1\ 3)H(1\ 3)^{-1}=\{(1),\ (2\ 3)\}\neq H, && (1\ 2\ 3)H(1\ 3\ 2)=\{(1),\ (2\ 3)\}\neq H,\\ &(2\ 3)H(2\ 3)^{-1}=\{(1),\ (1\ 3)\}\neq H, && (1\ 3\ 2)H(1\ 2\ 3)=\{(1),\ (1\ 3)\}\neq H \end{aligned}$$

이고, $A_3 \lhd S_3$이다. 그러므로 $N_{S_3}(H)=\{(1),\ (1\ 2)\}=H$이고, $N_{S_3}(A_3)=S_3\neq A_3$이다.

정리 4.2.8 *군 G의 부분군 $H<G$에 대하여 다음이 성립한다.*

(1) $N_G(H)<G$

(2) $\boxed{H\lhd N_G(H)}$

(증명) (1) 분명히 $H\subset N_G(H)$이다. 따라서 $e\in N_G(H)$이다. 다음에 모든 $x,\ y\in N_G(H)$에 대하여 $xHx^{-1}=H,\ yHy^{-1}=H$이므로,

$$xyH(xy)^{-1}=x(yHy^{-1})x^{-1}=xHx^{-1}=H$$

이다. 따라서 $xy\in N_G(H)$이다. 또한

$$\begin{aligned} H=xHx^{-1} \quad &\Longrightarrow \quad x^{-1}Hx=x^{-1}(xHx^{-1})x=(x^{-1}x)H(x^{-1}x)=eHe=H\\ &\Longrightarrow \quad x^{-1}H(x^{-1})^{-1}=x^{-1}Hx=H \end{aligned}$$

이므로, $x^{-1}\in N_G(H)$이다. 따라서 $N_G(H)<G$

(2) 모든 $x\in N_G(H)$에 대하여 $xHx^{-1}=H$이므로 $H\lhd N_G(H)$이다. ■

정리 4.2.9 *p-군 G의 위수가 $|G|=p^r$이고 유한집합 X가 G-집합일 때, G-작용의 고정점의 전체집합을 X_0라 하면, 다음이 성립한다.*

$$|X|\equiv|X_0|\ (\mathrm{mod}\ \ p)$$

특히, $p\nmid|X|$이면, G-작용의 고정점이 적어도 하나 존재한다.

(증명) X의 서로 다른 G-궤도 전체를 $\mathscr{O}_1,\ \cdots,\ \mathscr{O}_n$라 하자.

이때 $|\mathscr{O}_1|=\cdots=|\mathscr{O}_t|=1,\ |\mathscr{O}_{t+1}|\geq 2,\ \cdots,\ |\mathscr{O}_n|\geq 2,\ (1\leq t\leq n)$이면, $|\mathscr{O}_i|\ (t<i\leq n)$에 대하여 정리 4.1.14에 의하여 다음이 성립한다.

$$|\mathscr{O}_i|\,\Big|\,|G|, \qquad |X|=|X_0|+|\mathscr{O}_{t+1}|+\cdots+|\mathscr{O}_n|$$

그러면 $|G|=p^r$이고 $2\leq|\mathscr{O}_i|\ (t<i\leq n)$이므로 $p\,\Big|\,|\mathscr{O}_i|\ (t<i\leq n)$이다. 따라서

$$|X|-|X_0|=|\mathscr{O}_{t+1}|+\cdots+|\mathscr{O}_n|$$

는 p의 배수이다. 그러므로 $|X| \equiv |X_0| \pmod{p}$이다.

특히, $p \nmid |X|$이면, $p \nmid |X_0|$이므로 $|X_0| \neq 0$이다. 따라서 G-작용의 고정점이 적어도 하나 존재한다. ■

정리 4.2.10 *유한군 G의 부분군 H가 p-부분군일 때, 다음이 성립한다.*

$$|N_G(H) : H| \equiv |G : H| \pmod{p}$$

(증명) $L_H = \{aH \mid a \in G\}$을 H의 좌잉여류의 집합이라 하자. 그러면 함수

$$* : H \times L_H \longrightarrow L_H, \quad h * xH = (hx)H$$

라 정의하면, L_H는 H-집합이 된다. 또한 지수의 정의에 의해 $|L_H| = |G : H|$이다.

다음에 L_H에서 H-작용의 고정점 전체집합 X_0를 구해보자. 임의의 $h \in H$에 대하여

$$\begin{aligned} xH \in X_0 \quad &\Longleftrightarrow \quad xH = h * (xH) \quad \Longleftrightarrow \quad H = x^{-1}hxH \quad \Longleftrightarrow \quad x^{-1}hx \in H \\ &\Longleftrightarrow \quad x^{-1}h(x^{-1})^{-1} \in H \quad \Longleftrightarrow \quad x^{-1} \in N_G(H) \quad \Longleftrightarrow \quad x \in N_G(H) \end{aligned}$$

이다. 따라서 $N_G(H)$에서 H의 좌잉여류 집합을 $N_G(H)/H$이라 하면, 다음 함수

$$\phi : X_0 \longrightarrow N_G(H)/H, \quad \phi(xH) = xH$$

는 잘 정의된다. 분명히 ϕ는 전단사함수이다. 그러므로

$$|X_0| = |N_G(H)/H| = |N_G(H) : H|$$

이다. 그러면 정리 4.2.9에 의하여 $|L_H| \equiv |X_0| \pmod{p}$이므로

$$|G : H| \equiv |L_H| \equiv |X_0| \equiv |N_G(H) : H| \pmod{p}$$

이다. ■

예 4.2.11 예 4.2.7에서 S_3의 부분군 $H = \{(1), (1\ 2)\}$와 A_3의 정규화 부분군은 $N_{S_3}(H) = H$이고 $N_{S_3}(A_3) = S_3$이다. 또한 H는 2-부분군이고, A_3는 3-부분군이다. 그러므로

$$|N_{S_3}(H) : H| = |H : H| = 1, \quad |S_3 : H| = 3 \quad \Longrightarrow \quad 1 \equiv 3 \pmod{2}$$

이고,

$$|N_{S_3}(A_3) : A_3| = |S_3 : A_3| = 2, \quad |S_3 : A_3| = 2 \quad \Longrightarrow \quad 2 \equiv 2 \pmod{3}$$

이다.

정리 4.2.12 **(Sylow 1정리)**

유한군 G의 위수가 $|G| = p^n m$, $\gcd(p, m) = 1$, $n \geq 1$일 때, 다음이 성립한다.

(1) 각 정수 i $(1 \leq i \leq n)$에 대하여 위수 p^i인 부분군 $H_i < G$가 존재한다.

(2) 위수 p^i인 부분군 H_i $(1 \leq i < n)$에 대해, $H_i < H_{i+1}$인 위수 p^{i+1}인 부분군 H_{i+1}이 존재.
특히, $H_i < H_{i+1}$이면, $H_i \lhd H_{i+1}$이다.

※ 위수 p^n인 부분군 H_n을 **Sylow p-부분군**(Sylow p-subgroup)이라 한다.

(증명) n에 관한 귀납법을 이용하자. $n = 1$인 경우는 Cauchy 정리(정리 4.2.3)에 의하여 위수 p인 부분군이 존재한다.

다음에 $1 \leq i < n$인 i에 대하여 위수 p^i인 부분군 H가 존재한다고 하자. $i < n$이므로, $p \,\big|\, |G:H|$이다. 그러면, 정리 4.2.10에 의하여 $p \,\big|\, |N_G(H):H|$이다. 또한 $H \lhd N_G(H)$이므로 잉여군 $N_G(H)/H$이 존재하고 $p \,\big|\, |N_G(H)/H|$이다. 그러면 Cauchy 정리(정리 4.2.3)에 의하여 잉여군 $N_G(H)/H$는 위수 p인 부분군 K/H를 갖는다. 한편 자연 준동형사상

$$\pi : N_G(H) \longrightarrow N_G(H)/H$$

를 생각하면 $\pi^{-1}(K/H) = K$는 $N_G(H)$의 부분군이다. 그러므로 G의 부분군이고

$$|K/H| = p, \quad |H| = p^i$$

이므로 $|K| = p^{i+1}$이다. 따라서 귀납법에 의하여 (1)이 성립한다.

(2) (1)의 증명에서 $|H| = p^i$, $|K| = p^{i+1}$이고

$$H < K < N_G(H)$$

이다.

특히, $H < K$, $|H| = p^i$, $|K| = p^{i+1}$라 하고, (1)의 증명을 다시 적용하면,

$$H < K < N_G(H), \quad H \lhd N_G(H)$$

이므로, $H \lhd K$이다. 따라서 (2)가 성립한다. ■

예 4.2.13 4차 정2면체군 $D_4 = \{\rho_0, \rho_1, \rho_2, \rho_3, x, y, \delta_1, \delta_2\}$(예 2.4.19 참조)의 2-부분군 $A = \{\rho_0, x\}$, $B = \{\rho_0, \rho_2, x, y\}$, D_4에 대하여, $|D_4 : B| = |B : A| = 2$이므로, 다음이 성립한다.

$$A \lhd B \lhd D_4$$

이다. 하지만,

$$A \ntriangleleft D_4$$

이다. 실제로, A의 원소를 치환표현으로 하면 $\rho_0 = (1)$, $x = (1\,4)(2\,3)$이고, $\delta_2 = (1\,3)$이다. 그러면

$$\delta_2 A = (1\,3)\{(1),\ (1\,4)(2\,3)\} = \{(1\,3),\ (1\,4\,3\,2)\} = \{\delta_2,\ \rho_3\}$$
$$A\delta_2 = \{(1),\ (1\,4)(2\,3)\}(1\,3) = \{(1\,3),\ (1\,2\,3\,4)\} = \{\delta_2,\ \rho_1\}$$

이므로, $\delta_2 A \neq A\delta_2$이다. 따라서 $A \ntriangleleft D_4$이다.

즉, A는 B의 정규부분군, B는 C의 정규부분군이나 A는 C의 정규부분군이 되지 않는 경우도 있다.

정리 4.2.14 *유한군 G의 부분군 H에 대하여 다음이 성립한다.*

(1) 임의의 $g \in G$와 H의 켤레부분군 gHg^{-1}에 대하여, $|gHg^{-1}| = |H|$
(2) 위수가 같은 부분군 H가 유일하게 존재하면, $H \lhd G$이다.

(증명) 연습문제로 남긴다. ■

정리 4.2.15 (Sylow 2정리)

유한군 G의 Sylow p-부분군 H, S에 대하여 다음이 성립한다.

$H = gSg^{-1}$인 $g \in G$가 존재한다. 즉, H와 S는 G에서 켤레부분군이다.

(증명) $L_H = \{aH \mid a \in G\}$을 H의 좌잉여류의 집합이라 하자. 그러면 함수

$$* : S \times L_H \longrightarrow L_H, \quad s * xH = (sx)H$$

라 정의하면, L_H는 S-집합이 된다. L_H에서 S-작용의 고정점 전체집합을 X_0라 하면

$$|L_H| \equiv |X_0| \pmod{p}$$

이고(정리 4.2.9), $|L_H| = |G : H|$는 $p \nmid |G : H|$이므로, $p \nmid |X_0|$이다. 따라서 $|X_0| \neq 0$이다.

따라서 S-작용의 고정점을 $xH \in X_0$라 하면, 모든 $y \in S$에 대하여

$$yxH = xH \quad \Longrightarrow \quad x^{-1}yx \in H$$

이다. 즉, $x^{-1}Sx \subset H$이다.

한편 $|S| = |H|$이므로 $|x^{-1}Sx| = |x^{-1}Hx| = |H|$가 되어 $x^{-1}Sx = H$이다. ■

예 4.2.16 S_3에서, Sylow 2-부분군은 $\{(1),\ (1\,2)\}$, $\{(1),\ (1\,3)\}$, $\{(1),\ (2\,3)\}$으로 3개 존재하고, 이들은 모두 쌍마다 켤레부분군이다. 실제로, 다음이 성립한다.

$$(2\,3)\{(1),\ (1\,2)\}(2\,3)^{-1} = (2\,3)\{(1),\ (1\,2)\}(2\,3) = \{(1),\ (2\,3)(1\,2)(2\,3)\} = \{(1),\ (1\,3)\}$$

$$(1\,3)\{(1),\,(1\,2)\}(1\,3)^{-1} = (1\,3)\{(1),\,(1\,2)\}(1\,3) = \{(1),\,(1\,3)(1\,2)(1\,3)\} = \{(1),\,(2\,3)\}$$
$$(1\,2)\{(1),\,(1\,3)\}(1\,2)^{-1} = (1\,2)\{(1),\,(1\,3)\}(1\,2) = \{(1),\,(1\,2)(1\,3)(1\,2)\} = \{(1),\,(2\,3)\}$$

정리 4.2.17 (Sylow 3정리) *유한군 G의 위수가 $p\,\big|\,|G|$일 때,*

$$S = \{H < G \mid H\text{는 Sylow } p\text{-부분군}\}$$

이라 하면 다음이 성립한다.

$$|S|\,\big|\,|G|\,, \qquad |S| \equiv 1 \pmod p$$

(증명) G의 Sylow p-부분군에 대하여, 함수

$$* : H \times S \longrightarrow S, \quad h * T = hTh^{-1}$$

라 정의(켤레사상)하면, S는 H-집합이 된다. S에서 H-작용의 고정점 전체집합을 X_0라 하면

$$|S| \equiv |X_0| \pmod p$$

이다(정리 4.2.9). X_0를 구하자. $T \in X_0$라 하면 모든 $x \in H$에 대하여

$$x * T = T \quad \Longrightarrow \quad xTx^{-1} = T$$

이므로, $H < N_G(T)$이다. 또한 $T < N_G(T)$이다. 그러면 H, T는 둘 다 G의 Sylow p-부분군이므로 $N_G(T)$의 Sylow p-부분군이다. 따라서 Sylow 2정리(정리 4.2.15)에 의하여 $N_G(T)$에서 H, T는 켤레부분군이다. 즉,

$$gTg^{-1} = H$$

인 $g \in N_G(T)$가 존재한다. 그런데 $T \lhd N_G(T)$이므로

$$T = gTg^{-1} = H$$

이다. 따라서 $X_0 = \{H\}$이다. 그러므로

$$|S| \equiv |X_0| \equiv 1 \pmod p$$

이다.

다음에 함수

$$\cdot : G \times S \longrightarrow S, \quad g \cdot T = gTg^{-1}$$

라 정의(켤레사상)하면, S는 G-집합이 된다. 한편 Sylow p-부분군은 모두 켤레부분군이므로, G-궤도는 S 하나만 존재한다. 그러므로 $T \in S$이면 정리 4.1.10에 의하여

$$|S| = |\mathscr{O}_T| = |G : G_T| = \frac{|G|}{|G_T|}$$

이므로, $|S|\,\big|\,|G|$이다. ■

예 4.2.18 [Sylow p-부분군] 위수 6인 치환군 S_3에서 Sylow 2-부분군과 3-부분군을 구하자.

Sylow 2-부분군은 $\{(1), (1\ 2)\}$, $\{(1), (1\ 3)\}$, $\{(1), (2\ 3)\}$으로 3개 존재한다. Sylow 3정리에 의해 3은 6의 약수이고, $3 \equiv 1 \pmod{2}$이다.

Sylow 3-부분군은 $A_3 = \{(1),\ (1\ 2\ 3),\ (1\ 3\ 2)\}$로 1개 존재하므로, 정리 4.2.14(2)에 의하여 $A_3 \lhd S_3$이다.

한편 $|S_3 : A_3| = 2$이므로 정리 3.3.2에 의하여 $A_3 \lhd S_3$임을 알고 있다.

예 4.2.19 위수 15인 군 G는 다음이 성립한다.

(1) 단순군이 아니다.

(2) 순환군이다.

(증명) (1) $|G| = 3 \cdot 5$이므로 Sylow 1정리에 의해 Sylow 3-군과 Sylow 5-군이 존재한다.

Sylow 3-군의 개수는 Sylow 3정리에 의해 15의 약수 1, 3, 5, 15 중에서 법 3에 대하여 1과 합동인 수와 일치한다. 그러한 수는 1뿐이다. 즉, 1개만 존재한다. 정리 4.2.14에 의하여 Sylow 3-군은 정규부분군이 된다. 또한 위수가 3이므로 G는 단순군이 아니다.

(2) (1)과 같은 방법으로 증명하면 Sylow 5-군이 1개 존재하므로 정규부분군임을 알 수 있다.

(풀이1) Sylow 3-군을 $H \lhd G$라 하고 Sylow 5-군을 $N \lhd G$이라 하자. 그러면 $H \cap N = \{e\}$이므로, 정리 3.1.14에 의하여

$$|HN| = \frac{|H||N|}{|H \cap N|} = |H||N| = 3 \cdot 5 = 15 = |G|$$

이다. 따라서 $HN = G$이다. 또한 H와 N은 순환군(가환군)이므로(정리 3.1.16), 정리 3.3.7에 의하여 $HN = G$는 가환군이다. 유한생성 가환군의 기본정리에 의하여 $G \cong \mathbb{Z}_3 \times \mathbb{Z}_5 \cong \mathbb{Z}_{15}$는 순환군(정리 3.4.6)이다.

(풀이2) Sylow 3-군을 $H \lhd G$라 하고 Sylow 5-군을 $N \lhd G$이라 하자.

각각의 잉여군 G/H, G/N의 위수는 5와 3이므로 순환군이 되어 가환군이다. 정리 3.3.28에 의하여 G의 교환자부분군 C_G는

$$C_G = \langle aba^{-1}b^{-1} \mid a,\ b \in G \rangle < H \cap N = \{e\}$$

이다. 즉,

$$C_G = \langle aba^{-1}b^{-1} \mid a,\ b \in G \rangle = \{e\}$$

이다. 그러면, 임의의 $a,\ b \in G$에 대하여 $aba^{-1}b^{-1} = e$이므로 $ab = ba$이다. 따라서 G는 가환군이므로, 유한생성 가환군의 기본정리에 의하여 $G \cong \mathbb{Z}_3 \times \mathbb{Z}_5 \cong \mathbb{Z}_{15}$는 순환군(정리 3.4.6)이다.

임용시험 출제 4.2.20 [2010학년도] 잉여군(quotient group, factor group)에 관련된 다음 명제중 옳은 것을 모두 골라라.

① 군 G의 위수가 40이면, 위수가 5인 정규부분군 H와 위수가 8인 잉여군 G/H가 존재한다.

② 군 $G = \mathbb{Z}_2 \times \mathbb{Z}_2$의 잉여군의 집합

$$X = \{G/N \mid N\text{은 } G\text{의 정규부분군}\}$$

에 속하며 서로 동형이 아닌 잉여군은 모두 4개이다.

③ 정수의 집합에서 정의된 덧셈군 $\mathbb{Z}$의 부분군 $6\mathbb{Z}$에 의한 잉여군 $\mathbb{Z}/6\mathbb{Z}$는 모두 3개의 부분군을 갖는다.

연 습 문 제 (4.2)

1. 대칭군 S_4, S_5의 Sylow 2-부분군과 Sylow 3-부분군을 각각 구하라.

2. 대칭군 S_4의 부분군 $H = \langle(1\,2\,3)\rangle = \{(1), (1\,2\,3), (1\,3\,2)\}$에 대하여 다음 물음에 답하라.

(1) H의 정규화 부분군 $N_{S_4}(H)$를 구하라.

(2) S_4의 모든 Sylow 3-부분군을 gHg^{-1}인 형태로 표현하라.

3. 위수가 45인 군은 위수가 9인 정규부분군을 가짐을 보여라.

4. 위수가 $(35)^3$인 군은 위수가 125인 정규부분군을 가짐을 보여라.

5. 위수가 36인 가환군 G에 대하여 다음 물음에 답하라.

(1) 모든 $g \in G$에 대해서 $g = ab$, $|a|$는 9의 약수, $|b|$는 4의 약수 꼴로 쓸 수 있음을 보여라.

(2) $G = HK$, $H \cap K = \{e\}$인 Sylow 2-부분군 H와 Sylow 3-부분군 K를 구하라.

6. 군 G의 위수가 pn, $p > n$(p는 소수)일 때, 위수 p인 부분군은 정규부분군임을 보여라.

7. 군 G의 위수가 $p^n q$($p > q$는 소수)일 때, 지수가 q인 정규부분군이 유일하게 존재함을 보여라.

8. (따름정리 4.2.4) 유한군 G에 대하여, G가 p-군일 필요충분조건은 $|G| = p^r$임을 증명하라.

9. (정리 4.2.14) 유한군 G의 부분군 H에 대하여 다음을 증명하라.

(1) 임의의 $g \in G$와 H의 켤레부분군 gHg^{-1}에 대하여, $\boxed{|gHg^{-1}| = |H|}$

(2) 위수가 같은 부분군 H가 유일하게 존재하면, $\boxed{H \lhd G}$이다. [참조: 문제 3.3.5]

10. 군 G의 정규부분군 N과 잉여군 G/N이 모두 p-군이면, G도 p-군임을 보여라.

11. p가 소수일 때 위수가 p^2인 군 G는 항상 가환군이 됨을 Sylow 정리를 써서 증명하라. [정리 4.2.5(3)과 비교]

12. 유한 p-군 $G(\neq \{e\})$가 단순군일 조건을 구하라.

13. 유한 p-군 $G(\neq \{e\})$의 부분군 H에 대하여 다음이 성립함을 밝혀라.

(1) $H \subsetneq G$이면, $H \subsetneq N_G(H)$이다.

(2) $|G : H| = p$이면, $H \lhd G$이다.

4.3 Sylow 정리의 응용

이 절에서는 유한군에서 Sylow 정리의 응용에 대하여 다룬다. 특히, 단순군이 아닌 경우의 판정에 유용하다.

정리 4.3.1 *유한군 G와 서로소인 두 소수 p, q $(p<q)$에 대하여 다음이 성립한다.*

(1) $|G|=p \implies$ G는 순환군이고, $G\cong\mathbb{Z}_p$

(2) $|G|=p^2 \implies$ G는 가환군이고, $G\cong\mathbb{Z}_{p^2}$ 또는 $G\cong\mathbb{Z}_p\times\mathbb{Z}_p$

(3) $|G|=p^r(r\geq 2) \implies$ G는 단순군이 아니다.

(4) $|G|=pq \implies$ G는 단순군이 아니다. 특히,

① $q\not\equiv 1(\bmod p) \implies G\cong\mathbb{Z}_{pq}$ (순환군)

② $q\equiv 1(\bmod p)$일 때,

$$\begin{cases} G\text{가 가환군} \implies G\cong\mathbb{Z}_{pq}\ (\text{순환군}), \\ G\text{가 비가환군} \implies G=\langle a,\, b \mid |a|=q,\ |b|=p,\ ba=a^rb\rangle \\ \qquad\qquad \text{단, } r^p\equiv 1(\bmod q),\ 1<r<q. \end{cases}$$

※ ②의 결론부분에서 p, q가 바뀌어도 정리가 성립한다. 즉,

$q\equiv 1(\bmod p)$이고 G가 비가환군 $\implies G=\langle a,\, b \mid |a|=p,\ |b|=q,\ ba=a^rb\rangle$

단, $r^q\equiv 1(\bmod p)$, $1<r<p$.

(증명) (1) 정리 3.1.16에 의하여 성립한다.

(2) 정리 4.2.5에 의하여 G는 가환군이다. 유한생성 가환군의 기본정리에 의하여 성립한다.

(3) Sylow 1정리에 의하여 위수 $p^{r-1}(\neq 1)$인 부분군이 존재하고 G의 정규부분군이다. 따라서 G는 단순군이 아니다.

(4) Sylow 1정리에 의하여 Sylow q-부분군이 존재한다.

Sylow 3정리에 의하여 Sylow q-부분군의 수는 pq의 약수 1, p, q, pq 중에서 법 q로 1과 합동이다. 하지만,

$$p\not\equiv 1(\bmod q),\quad q\not\equiv 1(\bmod q),\quad pq\not\equiv 1(\bmod q)$$

이므로 Sylow q-부분군은 1개 존재한다. 정리 4.2.14에 의하여 Sylow q-부분군은 정규부분군이 된다. 또한, 위수가 q이므로 G는 단순군이 아니다.

① $q\not\equiv 1(\bmod p)$라 하자. Sylow 1정리에 의하여 Sylow p-부분군이 존재한다. 그러면 $q\not\equiv 1(\bmod p)$이므로, 위와 같은 방법으로 Sylow p-군도 정규부분군임을 증명할 수 있다.

Sylow p-군을 $P(\lhd G)$라 하고 Sylow q-군을 $Q(\lhd G)$이라 하자. $P\cap Q=\{e\}$이므로 정리 3.1.14에 의하여

$$|PQ|=\frac{|P||Q|}{|P\cap Q|}=|P||Q|=pq=|G|$$

이다. 따라서 $PQ=G$이다. 또한 P와 Q는 순환부분군(가환부분군)이므로, 정리 3.3.7에 의하여 $PQ=G$는 가환군이다.

그러면 유한생성 가환군의 기본정리에 의하여 $G \cong \mathbb{Z}_p \times \mathbb{Z}_q \cong \mathbb{Z}_{pq}$이다.

② 가환군이면 유한생성 가환군의 기본정리에 의하여 $G \cong \mathbb{Z}_p \times \mathbb{Z}_q \cong \mathbb{Z}_{pq}$이다(정리 3.4.6).

다음에 G가 비가환군이라 하자. 그러면 위에서 Sylow q-부분군 Q는 위수 q(소수)인 G의 정규부분군임을 알았다. 따라서 Q는 순환부분군(정리 3.1.16)이다. 그러면 적당한 $(e \neq)a \in G$에 대하여 $Q = \langle a \rangle$이고,

$$a^q = e, \qquad 즉, \qquad |a| = q$$

이다. $b \in G - Q$를 선택하자. $|G/Q| = p$이므로 $b^p \in Q$이다. $b^p \neq e$이면 $|b| = pq = |G|$이다. 그러면 G는 순환군이 되어 가환군이므로 모순이다. 따라서

$$b^p = e, \qquad 즉, \qquad |b| = p$$

이어야만한다.

그러므로

$$G/Q = \langle bQ \rangle = \{b^i Q \mid i = 0,\ 1,\ \cdots,\ p-1\}, \quad G = Q \cup bQ \cup \cdots \cup b^{p-1}Q = \langle a,\ b \mid\ |a| = q,\ |b| = p \rangle$$

이다. 또한 $Q \lhd G$이므로 $bab^{-1} \in Q$이다. 만약 $bab^{-1} = a$이면 $ba = ab$가 되어 $|ab| = |a||b| = pq$이다(정리 2.3.17). 그러면 G가 순환군(가환군)이 되어 모순이다. 따라서 $bab^{-1} \neq a$이다. 또한 $bab^{-1} \neq e$이므로,

$$bab^{-1} \in \{a^2,\ \cdots,\ a^{q-1}\}$$

이다. 즉, 적당한 $r \in \{2,\ \cdots,\ q-1\}$이 존재하여 $ba = a^r b$이다.

이때 $0 \le s,\ u,\ w < q$와 $0 \le t,\ v,\ z < p$에 대하여

$$(a^s b^t)[(a^u b^v)(a^w b^z)] = (a^s b^t)[a^{u+wr^v} b^{v+z}] = a^{s+(u+wr^v)r^t} b^{t+v+z}$$

이다. 또한 $b^p = 1$이므로

$$[(a^s b^t)(a^u b^v)](a^w b^z) = (a^{s+ur^t} b^{t+v})(a^w b^z) = (a^{s+ur^t} b^{r_1})(a^w b^z) = a^{s+ur^t+wr^{r_1}} b^{r_1+z},\ r_1 = [t+v]_p$$

이다(예 3.2.16의 법 n 축약 준동형사상 참조). 그러면 결합법칙이 성립하므로

$$s + (u + wr^v) r^t \equiv s + ur^t + wr^{r_1} (\text{mod } q), \quad \Longrightarrow \quad wr^{v+t} \equiv wr^{r_1} (\text{mod } q) \cdots ①$$

이다. ①에서 w와 $t+v$는 임의로 선택할 때마다 성립하므로 $w = 1,\ t+v = p$로 선택하면

$$r^p \equiv r^{r_1} \equiv r^{[t+v]_p} \equiv r^{[p]_p} \equiv r^0 \equiv 1 (\text{mod } q)$$

이다. 즉, $r^p \equiv 1 (\text{mod } q),\ 1 < r < q$이다. 그러면,

$$\begin{aligned} G &= \langle a,\ b \mid\ |a| = q,\ |b| = p,\ ba = a^r b \rangle, \qquad 단,\ r^p \equiv 1(\text{mod } q),\ 1 < r < q \\ &= \{e,\ a,\ a^2,\ \cdots,\ a^{q-1},\ b,\ ba,\ ba^2,\ \cdots,\ ba^{q-1},\ \cdots, \\ &\qquad b^{p-1},\ b^{p-1}a,\ b^{p-1}a^2,\ \cdots,\ b^{p-1}a^{q-1} \mid ba = a^r b\} \end{aligned}$$

이다. ■

예 4.3.2 군 G의 위수가 $|G| = 20 = 2^2 \cdot 5$이면 G는 단순군이 아니다.

(증명) Sylow 1정리에 의하여, Sylow 2-부분군과 Sylow 5-부분군이 존재한다. Sylow 3정리에 의해 Sylow 5-부분군의 수는 20의 약수 1, 2, 4, 5, 10, 20 중에서 법 5에 대하여 1과 합동인 수이므로, 1개 존재한다. 그러면 정리 4.2.14에 의하여 Sylow 5-군은 정규부분군이 된다. 또한 위수가 5이므로 G는 단순군이 아니다.

예 4.3.3 군 G의 위수가 $|G| = 30 = 2 \cdot 3 \cdot 5$이면 G는 단순군이 아니다.

(증명) Sylow 1정리에 의하여 Sylow 2-부분군, Sylow 3-부분군, Sylow 5-부분군이 존재한다. Sylow 3정리에 의해 Sylow 5-부분군의 수는 1개 또는 6개 존재 가능하고, Sylow 3-부분군의 수는 1개 또는 10개 존재 가능하다. 만약 Sylow 5-부분군이 6개 존재하고, Sylow 3-부분군이 10개 존재한다면, Sylow 5-부분군에서 위수 5인 원소의 수는

$$6 \cdot 4 = 24$$

개이고, Sylow 3-부분군에서 위수 3인 원소의 수는

$$10 \cdot 2 = 20$$

개이다. 따라서 위수 5인 원소의 수와 위수 3인 원소의 수의 개수는 최소

$$24 + 20 = 44$$

개이다. 이것은 G의 원소수가 30이라는데 모순이다. 따라서 Sylow 5-부분군 또는 Sylow 3-부분군이 하나만 존재해야 한다. 이것이 정리 4.2.14에 의하여 정규부분군이 된다. 그러므로, G는 단순군이 아니다.

예 4.3.4 군 G의 위수가 $|G| = 48 = 2^4 \cdot 3$이면 G는 단순군이 아니다.

(증명) Sylow 1정리에 의하여, Sylow 2-부분군과 Sylow 3-부분군이 존재한다. Sylow 3정리에 의해 Sylow 2-부분군의 수는 1개이거나 3개 존재할 수 있다. (Sylow 3-부분군의 수는 1개, 4개이거나 16개 존재할 수 있다.)

이때 Sylow 2-부분군이 1개 존재한다면, 이것이 정리 4.2.14에 의하여 정규부분군이 된다. 따라서 G는 단순군이 아니다.

다음에 Sylow 2-부분군이 3개 존재한다고 하자. 그 중 2개를 H, K라 하자. Sylow 2-부분군의 위수는 16이므로, 정리 3.1.14에 의하여

$$|HK| = \frac{|H||K|}{|H \cap K|} = \frac{16 \cdot 16}{|H \cap K|} \leq |G| = 48$$

이고 $|H \cap K|$의 후보자 1, 2, 4, 8 중에서 위 식을 만족하는 것은 $|H \cap K| = 8$뿐이다.

그러면 $|H:(H\cap K)| = |K:(H\cap K)| = 2$이므로, 정리 3.3.2 또는 Sylow 1정리(정리 4.2.12)에 의하여

$$(H\cap K) \lhd H, \qquad (H\cap K) \lhd K$$

이다. 그러므로 H, K는 $H\cap K$의 정규화부분군 $N_G(H\cap K)$에 포함된다. 즉,

$$H < N_G(H\cap K) < G, \qquad K < N_G(H\cap K) < G$$

이다. 그러면, $|N_G(H\cap K)|$은 16보다 크지만, Lagrange 정리에 의하여 16의 배수이며, 동시에 48의 약수이어야 한다. 따라서

$$|N_G(H\cap K)| = 48$$

이다. 즉, $N_G(H\cap K) = G$이다. 그러면,

$$(H\cap K) \lhd N_G(H\cap K) = G$$

가 되어 G는 단순군이 아니다.

예 4.3.5 군 G의 위수가 $|G| = 36 = 2^2\cdot 3^2$이면 G는 단순군이 아니다.

(증명) Sylow 정리에 의해 Sylow 3-부분군이 1개 또는 4개 존재한다. 만약 Sylow 3-부분군이 1개 존재한다면 이것이 G의 정규부분군이 되어 G는 단순군이 아니다.

Sylow 3-부분군이 4개 존재한다고 하자. 그 중 2개를 H, K라 하자. Sylow 3-부분군의 위수는 9이므로, 정리 3.1.14에 의하여

$$|HK| = \frac{|H||K|}{|H\cap K|} = \frac{9\cdot 9}{|H\cap K|} \le |G| = 36$$

이고 $|H\cap K|$의 후보자 1, 3 중에서 위 식을 만족하는 것은 $|H\cap K| = 3$뿐이다. 그러면 Sylow 1정리에 의해

$$(H\cap K) \lhd H, \qquad (H\cap K) \lhd K$$

이다. 그러므로 H, K는 $H\cap K$의 정규화부분군 $N_G(H\cap K)$에 포함된다. 즉,

$$H < N_G(H\cap K) < G, \qquad K < N_G(H\cap K) < G$$

이다. 그러면, $|N_G(H\cap K)|$은 9보다 크지만, Lagrange 정리에 의하여 9의 배수이며, 동시에 36의 약수이어야 한다. 따라서

$$|N_G(H\cap K)| = 18\text{이거나 } 36$$

이다. 먼저 $|N_G(H\cap K)| = 18$인 경우에는 $|G:N_G(H\cap K)| = 2$이므로 $N_G(H\cap K) \lhd G$가 되어 G는 단순군이 아니다.

다음에 $|N_G(H\cap K)| = 36$인 경우에는 $N_G(H\cap K) = G$이다. 그러면,

$$(H\cap K) \lhd N_G(H\cap K) = G$$

가 되어 G는 단순군이 아니다.

예 4.3.6 군 G의 위수가 $|G| = 3 \cdot 5 \cdot 17$이면 G는 순환군이다.

(증명) Sylow 정리에 의해 Sylow 17-부분군이 1개 존재하여 정규부분군이 된다. 이 부분군을 H라 하면, 잉여군 G/H의 위수는 15이다. 그러면 정리 4.3.1에 의하여 G/H는 가환군이다. 정리 3.3.28에 의하여 G의 교환자부분군 C_G는

$$C_G = \langle aba^{-1}b^{-1} \mid a,\ b \in G \rangle < H$$

이다.

한편 Sylow 3-부분군은 1개 또는 85개가 존재할 수 있으며, Sylow 5-부분군은 1개 또는 51개가 존재할 수 있다. 만일 Sylow 3-부분군이 85개가 존재하고, Sylow 5-부분군이 51개가 존재한다면, 위수 3인 원소는 적어도 $85 \cdot 2 = 170$개 존재하고, 위수 5인 원소는 적어도 $51 \cdot 4 = 204$개 존재하여, 이들의 원소수는 G의 원소수 255보다 많아 모순이다.

따라서 Sylow 3-부분군이나 Sylow 5-부분군 중에서 1개만 존재해야하고, 이 부분군을 K라 하면 정규부분군이 된다. 그러면 잉여군 G/K의 위수는 $5 \cdot 17$이거나 $3 \cdot 17$이고, 정리 4.3.1에 의하여 가환군이 된다. 그러므로 정리 3.3.28에 의하여 G의 교환자부분군 C_G는

$$C_G < K$$

이다. 즉,

$$C_G = \langle aba^{-1}b^{-1} \mid a,\ b \in G \rangle < H \cap K = \{e\}$$

이므로, 임의의 $a,\ b \in G$에 대하여 $aba^{-1}b^{-1} = e$이므로 $ab = ba$이다. 따라서 G는 가환군이다. 그러면 유한생성 가환군의 기본정리에 의하여

$$G \cong \mathbb{Z}_3 \times \mathbb{Z}_5 \times \mathbb{Z}_{17} \cong \mathbb{Z}_{255}$$

이므로 G는 순환군이다.

임용시험 출제 4.3.7 [2010학년도] 군 G가 유한군(finite group)이고, H와 K가 G의 부분군일 때, 다음 명제 중 옳지 않은 것은?

① G와 H의 부분군의 개수가 같으면 $G = H$이다.
② G가 Abel 군(가환군)이면 HK는 G의 정규부분군(normal subgroup)이다.
③ G의 위수(order)가 12이면 G는 단순군(simple group)이다.
④ G가 순환군(cyclic group)이면 H와 K는 모두 Abel 군이다.
⑤ $H^{-1} = \{a^{-1} \mid a \in H\}$는 G의 부분군이다. (단, a^{-1}는 a의 역원이다.)

연 습 문 제 (4.3)

1. 위수가 각각 12, 56, 96, 160, 200 인 군은 단순군이 아님을 보여라.

2. 위수가 39인 유한군 G가 가환군인 경우와 비가환군인 경우에 대하여 Sylow 3-부분군 전체의 개수와 Sylow 13- 부분군 전체의 개수를 각각 구하라.

3. 위수가 70인 유한군 G에 대하여 다음을 구하라.

(1) 위수가 7인 정규부분군이 존재함을 보여라.

(2) 위수가 35인 부분군이 존재함을 보여라.

4. 위수 $5 \cdot 7 \cdot 13$인 유한군 G에 대하여 다음을 증명하라.

(1) 위수 13인 정규부분군이 존재함을 보여라.

(2) 위수 7인 정규부분군이 존재함을 보여라.

(3) G가 가환군임을 보여라.

(4) G가 순환군임을 보여라.

5. 위수가 33인 유한군은 순환군임을 증명하여라.

6. 위수가 30인 군은 위수가 15인 부분군을 갖는다. [참조: 예 4.3.3]

7. 위수 28인 비가환군에서 위수 7인 원소의 수는?

8. 위수 44인 비가환군에서 위수 11인 원소의 수는?

9. 위수가 $168 = 2^3 \cdot 3 \cdot 7$인 단순군에서 위수가 7인 원소는 모두 몇 개인가?

10. 위수가 $231 = 3 \cdot 7 \cdot 11$인 군 G의 Sylow 11-부분군은 G의 중심 $Z(G)$에 포함됨을 보여라.

11. 위수가 45인 유한군 G에 대하여 P와 Q를 각각 G의 Sylow 3-부분군, Sylow 5-부분군이라고 할 때, $G = PQ$이고 G는 가환군임을 밝혀라.

12. 위수가 p^2q (p, q는 소수)인 군은 단순군이 아님을 보여라.

13. 위수가 p^rm (p는 소수, $r \geq 1$, $p > m > 1$)인 군은 단순군이 아님을 보여라.

14. 유한 단순군 G의 위수가 60보다 클 때, G에는 $1 < |G : H| \leq 5$인 부분군 H가 존재하지 않음을 증명하여라.

4.4 군의 표현

이 절에서는 위수 10이하의 유한군의 생성원과 원소의 관계의 표현에 대하여 살펴본다.

예 4.4.1 군 G의 위수가 2, 3, 4, 5, 7, 9이면 G는 항상 가환군이 된다.

실제로 군의 위수가 소수 2, 3, 5, 7이면 순환군이다(정리 3.1.16). 위수가 4, 9인 경우도 가환군이다(정리 4.2.5). 그러므로 유한생성 가환군의 기본정리(정리 3.4.12)를 이용하면 다음과 같이 가환군을 분류할 수 있다.

(1) $|G|=2 \quad \Longrightarrow \quad G\cong(\mathbb{Z}_2,\ +)$

(2) $|G|=3 \quad \Longrightarrow \quad G\cong(\mathbb{Z}_3,\ +)$

(3) $|G|=4 \quad \Longrightarrow \quad G\cong\mathbb{Z}_4$ 또는 $G\cong\mathbb{Z}_2\times\mathbb{Z}_2$ (정리 4.2.5)

(4) $|G|=5 \quad \Longrightarrow \quad G\cong(\mathbb{Z}_5,\ +)$

(5) $|G|=7 \quad \Longrightarrow \quad G\cong(\mathbb{Z}_7,\ +)$

(6) $|G|=9 \quad \Longrightarrow \quad G\cong\mathbb{Z}_9$ 또는 $G\cong\mathbb{Z}_3\times\mathbb{Z}_3$ (정리 4.2.5)

군의 위수가 6, 8, 10인 경우에는 비가환군이 있다. 이 경우에 다음 예를 통해서 모든 종류의 군을 찾아 보자.

예 4.4.2 위수 6인 군 G의 모든 종류를 구하자.

(풀이1) $|G|=2\cdot 3$이므로, G가 가환군이면 정리 4.3.1(4)①에 의하여 $G\cong\mathbb{Z}_6$이다.

G가 비가환군이면 $3\equiv 1 \pmod 2$이고, $2^2\equiv 1 \pmod 3$이므로, 정리 4.3.1(4)②에 의하여

$$G=\langle a,\ b\ |\ |a|=3,\ |b|=2,\ ba=a^2b\rangle$$

이다(비교 : 예 2.2.19). 실제로 위수 6인 비가환군은 $G\cong S_3\cong D_3$로 한 가지 종류이다. 즉,

$$G=\langle a,\ b\ |\ |a|=3,\ |b|=2,\ ba=a^2b\rangle\cong S_3\cong D_3$$

(풀이2) 먼저 G가 가환군이면 유한생성 가환군의 기본정리에 의하여

$$G\cong\mathbb{Z}_2\times\mathbb{Z}_3\cong\mathbb{Z}_{2\times 3}$$

으로 순환군이 된다.

다음에 G가 비가환군인 경우를 살펴보자.

Sylow 정리에 의하여 위수 3인 원소 $a\in G$가 존재한다. $|G:\langle a\rangle|=2$이므로 $\langle a\rangle\lhd G$이다.

또한 원소 $b\in G-\langle a\rangle$에 대하여

$$\langle a\rangle\cup b\langle a\rangle=G,\qquad G=\{e,\ a,\ a^2,\ b,\ ba,\ ba^2\}=\langle a,\ b\rangle$$

이고, G는 위와 같은 형태의 원소 6개를 갖는다. 즉, a, b가 G의 생성원이다. 다음에 a, b의 관계에 대하여 알아보자.

$b\langle a\rangle \in G/\langle a\rangle$에 대하여 $|G/\langle a\rangle| = 2$이므로,

$$b^2\langle a\rangle = (b\langle a\rangle)^2 = \langle a\rangle = \{e,\ a,\ a^2\}$$

이므로, $b^2 \in \langle a\rangle = \{e,\ a,\ a^2\}$이다. 만약 $b^2 = a$이면 $b^6 = a^3 = e$이다.

그러면 $|b| = 1,\ 2,\ 3,\ 6$에서 b가 항등원이 아니고 G가 비가환군이므로 $|b| = 2,\ 3$이다. 하지만 $|b| = 2$이면 $e = b^2 = a$가 되어 모순이다. 또한 $|b| = 3$이면 $e = b^3 = bb^2 = ba$가 되어 모순이다. 따라서 $b^2 \neq a$이다. 같은 방법으로 $b^2 \neq a^2$임을 알 수 있다. 그러므로 $b^2 = e$, $|b| = 2$이다.

또한 $\langle bab^{-1}\rangle = b\langle a\rangle b^{-1}$은 $\langle a\rangle$의 켤레부분군이므로

$$|bab^{-1}| = |a| = 3$$

이다. 따라서

$$bab^{-1} = a \text{이거나 } bab^{-1} = a^2$$

이다. 만약 $bab^{-1} = a$이면 $ba = ab$이므로, G가 가환군이 되어 모순이다. 그러므로 $bab^{-1} = a^2$, 즉, $ba = a^2b$가 된다. 그러므로 G에서 생성원 a, b의 관계식은 다음과 같다.

$$G = \left\langle a,\ b \;\middle|\; |a| = 3,\ |b| = 2,\ ba = a^2b \right\rangle$$

(별해) $b^2 = e$(항등원)임을 다음과 같은 방법으로 확인할 수 있다. $a^3 = e$이므로

$$\begin{aligned}
b^2(a) &= b(ba) = b(a^2b) = (ba)(ab) = (a^2b)(ab) = a^2(ba)b = a^2(a^2b)b = (a)b^2 \\
b^2(a^2) &= b(ba)a = b(a^2b)a = (ba)a(ba) = (a^2b)a(a^2b) = (a^2)b^2 \\
b^2(ba) &= b^2(a^2b) = b(ba)(ab) = b(a^2b)(ab) = ba^2(ba)b = ba^2(a^2b)b = (ba)b^2 \\
b^2(ba^2) &= b^2(ba)a = b^2(a^2b)a = b^2a^2(ba) = b^2a^2(a^2b) = b(ba)b = b(a^2b)b = (ba^2)b^2
\end{aligned}$$

이다. 따라서 $b^2 = e$이고 $|b| = 2$이다.

예 4.4.3 위수 8인 군 G의 모든 종류를 구하자.

(풀이) 먼저 G가 가환군이면 유한생성 가환군의 기본정리에 의하여 다음 3가지 종류가 존재한다.

$$G \cong \mathbb{Z}_2 \times \mathbb{Z}_2 \times \mathbb{Z}_2, \qquad G \cong \mathbb{Z}_4 \times \mathbb{Z}_2, \qquad G \cong \mathbb{Z}_8$$

다음에 G가 비가환군인 경우를 살펴보자.

위수 8인 원소가 존재하면 순환군(가환군)이 되어 모순이다. 또한 항등원이 아닌 모든 원소의 위수가 2이면 가환군(정리 2.1.16)이 되어 모순이다. 따라서 위수 4인 원소 $a \in G$가 존재한다. $|G : \langle a\rangle| = 2$이므로 $\langle a\rangle \lhd G$이다.

그러면 원소 $b \in G - \langle a \rangle$에 대하여

$$\langle a \rangle \cup b\langle a \rangle = G, \qquad G = \{e,\ a,\ a^2,\ a^3,\ b,\ ba,\ ba^2,\ ba^3\} = \langle a,\ b \rangle$$

이다. 즉, a, b가 G의 생성원이다. 다음에 a, b의 관계에 대하여 알아보자.

$b\langle a \rangle \in G/\langle a \rangle$에 대하여 $|G/\langle a \rangle| = 2$이므로,

$$b^2\langle a \rangle = (b\langle a \rangle)^2 = \langle a \rangle = \{e,\ a,\ a^2,\ a^3\}$$

이므로, $b^2 \in \langle a \rangle = \{e,\ a,\ a^2,\ a^3\}$이다. 만약 $b^2 = a$이거나 $b^2 = a^3$이면 $|b| = 8$이고 G가 가환군이 되어 모순이다. 따라서 $b^2 = e$이거나 $b^2 = a^2$이다.

또한 $\langle bab^{-1} \rangle = b\langle a \rangle b^{-1}$은 $\langle a \rangle$의 켤레부분군이므로

$$|bab^{-1}| = |a| = 4$$

이다. 따라서

$$bab^{-1} = a\text{이거나 } bab^{-1} = a^3$$

이다. 만약 $bab^{-1} = a$이면 $ba = ab$이므로, G가 가환군이 되어 모순이다. 그러므로 $bab^{-1} = a^3$, 즉, $ba = a^3b$이 된다.

따라서 G는 다음과 같은 2가지 종류의 비가환군이 존재한다.

$$G = \left\langle a,\ b \;\middle|\; |a| = 4,\ |b| = 2,\ ba = a^3b \right\rangle$$
$$G = \left\langle a,\ b \;\middle|\; |a| = 4,\ b^2 = a^2,\ ba = a^3b \right\rangle$$

실제로 G는 다음과 같이 D_4나 Q_8과 동형이다. 즉,

$$G = \left\langle a,\ b \;\middle|\; |a| = 4,\ |b| = 2,\ ba = a^3b \right\rangle \cong D_4$$
$$G = \left\langle a,\ b \;\middle|\; |a| = 4,\ b^2 = a^2,\ ba = a^3b \right\rangle \cong Q_8$$

예 4.4.4 위수 10인 군 G의 모든 종류를 구하자.

(풀이1) $|G| = 2 \cdot 5$이므로, G가 가환군이면 정리 4.3.1(4)①에 의하여 $G \cong \mathbb{Z}_{10}$이다.
G가 비가환군이면 $5 \equiv 1 \pmod 2$이고, $4^2 \equiv 1 \pmod 5$이므로, 정리 4.3.1(4)②에 의하여

$$G = \left\langle a,\ b \;\middle|\; |a| = 5,\ |b| = 2,\ ba = a^4b \right\rangle$$

이다. 실제로 G는 D_5와 동형이다. 즉,

$$G = \left\langle a,\ b \;\middle|\; |a| = 5,\ |b| = 2,\ ba = a^4b \right\rangle \cong D_5$$

(풀이2) 먼저 G가 가환군이면 유한생성 가환군의 기본정리에 의하여 다음 1가지 종류가 존재한다.

$$G \cong \mathbb{Z}_2 \times \mathbb{Z}_5 \cong \mathbb{Z}_{10}$$

다음에 G가 비가환군인 경우를 살펴보자.

Sylow 정리에 의하여 위수 5인 정규부분군 $H = \langle a \rangle$가 존재하고, $|a| = 5$이다.

그러면 원소 $b \in G - \langle a \rangle$에 대하여, $|G : \langle a \rangle| = 2$이므로

$$\langle a \rangle \cup b\langle a \rangle = G, \qquad G = \{e,\ a,\ a^2,\ a^3,\ a^4,\ b,\ ba,\ ba^2,\ ba^3,\ ba^4\} = \langle a,\ b \rangle$$

이다. 즉, a, b가 G의 생성원이다. $b\langle a \rangle \in G/\langle a \rangle$에 대하여 $|G/\langle a \rangle| = 2$이므로,

$$b^2\langle a \rangle = (b\langle a \rangle)^2 = \langle a \rangle = \{e,\ a,\ a^2,\ a^3,\ a^4\}$$

이므로, $b^2 \in \langle a \rangle = \{e,\ a,\ a^2,\ a^3,\ a^4\}$이다. 만약 $b^2 = e$가 아니면 나머지 원소들의 위수는 모두 5이므로 $|b| = 10$이다. 이것은 G가 가환군이 되어 모순이다. 따라서 $b^2 = e$. $|b| = 2$이다.

또한 $\langle bab^{-1} \rangle = b\langle a \rangle b^{-1}$은 $\langle a \rangle$의 켤레부분군이므로

$$|bab^{-1}| = |a| = 5$$

이다. 따라서 bab^{-1}는

$$a,\ a^2,\ a^3,\ a^4$$

중에서 일치한다. 만약 $bab^{-1} = a$이면 $ba = ab$가 되어 G가 가환군이 되어 모순이다.

다음에 $ba = a^2b$라면 $b^2 = e$이므로

$$a = b(a^2b) = (ba)ab = (a^2b)ab = a^2(ba)b = a^4b^2 = a^4$$

에서 $|a| = 3$이므로 모순이다.

다음에 $ba = a^3b$라면 $b^2 = e$이므로

$$a = b(a^3b) = (ba)a^2b = (a^3b)a^2b = a^3(ba)ab = a^3(a^3b)ab = a^6(ba)b = a(a^3b)b = a^4b^2 = a^4$$

에서 $|a| = 3$이므로 모순이다.

따라서 $ba = a^4b$이어야 한다. 그러므로 G에서 a, b의 관계는 다음과 같다.

$$G = \left\langle a,\ b \;\middle|\; |a| = 5,\ |b| = 2,\ ba = a^4b \right\rangle$$

문제 4.4.5 위수 $2p$(p는 홀수인 소수)인 군 G는 $G \cong \mathbb{Z}_{2p}$(순환군) 또는 $G \cong D_p$(비가환군)인 두 종류뿐임을 증명하라.

임용시험 출제 4.4.6 [2007학년도] 정이면체군 $D_3 = \left\langle a,\ b \mid a^2 = b^3 = 1,\ a^{-1}ba = b^{-1} \right\rangle$과 대칭군 $S_3 = \langle (1\ 2),\ (1\ 2\ 3) \rangle$이 동형(isomorphic)임을 보여라.

연 습 문 제 (4.4)

1. 위수가 14인 군 G의 모든 종류를 구하라. [참조: 정리 4.3.1(4)]

2. 위수가 21인 군 G의 모든 종류를 구하라. [참조: 정리 4.3.1(4)를 이용하라. 비가환군을 만드는 표현이 두 가지 있는 것처럼 보이면 동형임을 보여라.]

3. 군 G의 표현이 $\langle a, b \mid |a| = 4, |b| = 2, ba = a^3 b\rangle$인 군의 원소는

$$G = \{1, a, a^2, a^3, b, ab, a^2 b, a^3 b\}$$

이다. 이때 다음 물음에 답하라.

(1) $a^2 ba^2$와 같은 원소를 구하라.

(2) ba^2의 위수를 구하라.

제 5 장

환과 다항식환

Dedekind(1831-1916)

환(ring, 環)의 연구는 다항식환 및 수체의 대수적 정수의 이론으로부터 출발했다. 환의 개념은 데데킨트(독: J. W. R. Dedekind, 1831-1916)가 1879년 그의 저서 《Vorlesungen über Zahlentheorie》(영어: Lectures on Number Theory)에서 도입했으며, 1897년에 현대 수학의 아버지로 불리는 힐베르트(독: D. Hilbert, 1862-1943)가 수체의 대수적 정수환을 다루는 동안 처음으로 "수환"(독일어: Zahlring = Zahl(數) + Ring (環))이라는 용어를 사용하였다.

오늘날과 같은 엄밀한 환의 정의는 1914년에 프렝켈 (독: A. Fraenkel, 1891-1965)이 쓴 글에 처음 나타난다.

20세기 초에 '추상'이라는 개념은 수학, 미술, 음악, 무용, 건축, 물리, 문학 등 거의 모든 분야를 휩쓸고 있었다. 당시의 지식인들은 자연세계와 인간세계를 포괄적으로 설명할 수 있는 추상적인 법칙이 존재하며, 이 법칙이 곧 진리를 가리킨다고 믿었다. 수학에서는 군(groups), 환(rings), 이데알(ideal), 체(fields) 등과 같은 수학적 구조의 추상적 특징이 본격적으로 논의되기 시작했다.

추상대수학의 황금시대를 연 수학자는 여성으로 '여자 아인슈타인'이란 별명을 가진 뇌터(독: A. E. Noether, 1882-1935)는 1921년의 논문에서 가환환의 이론을 공리적으로 전개하였다. 또한 그녀의 연구는 일반 상대성이론의 수학적 기초를 제공하였다.

가환환은 비가환환보다 훨씬 많은 성질이 알려져 있으며, 이들의 연구를 가환대수학이라고 한다. 가환대수학은 대수기하학 및 대수적 수론과 깊은 관련이 있다. 1980년대 이후에는 비가환 기하학과 양자군 등의 이론이 나타나면서 비가환환에 대해서도 상당한 연구가 이루어지고 있다. [11, 12]

5.1 환과 체

대수적 구조 중에서 연산 두 개를 가지는 환의 정의에 대하여 알아보자.

정의 5.1.1 [*환(ring, 環), 체(field, 體)*]

공이 아닌 집합 R이 연산 2개 덧셈$(+)$과 곱셈$(\cdot)$을 가진 대수적 구조이고, 덧셈항등원을 0, 곱셈항등원을 **단위원**(*unity, 單位元*)*이라 하며 1이라 표기할 때,*

$(R, +, \cdot)$이 **환** $\overset{\text{정의}}{\Longleftrightarrow}$

- (R_1) $\forall a, b, c \in R$, $(a+b)+c = a+(b+c)$ (+에 대한 결합법칙)
- (R_2) $\exists 0 \in R, \forall a \in R$, $a+0 = 0+a = a$ (+에 대한 항등원 0 존재)
- (R_3) $\forall a \in R, \exists -a \in R$, $a+(-a) = (-a)+a = 0$ (+에 대한 역원 $-a$ 존재)
- (R_4) $\forall a, b \in R$, $a+b = b+a$ (+에 대한 교환법칙)
- (R_5) $\forall a, b, c \in R$, $\begin{cases} a\cdot(b+c) = a\cdot b + a\cdot c \\ (a+b)\cdot c = a\cdot c + b\cdot c \end{cases}$ ($\cdot$에 대한 분배법칙)
- (R_6) $\forall a, b, c \in R$, $(a\cdot b)\cdot c = a\cdot(b\cdot c)$ ($\cdot$에 대한 결합법칙)

$(R,+,\cdot)$이 **단위원을 갖는 환**(ring with unity) $\overset{\text{정의}}{\Longleftrightarrow}$

- $(R_1) \sim (R_6)$이 성립, 즉, R이 환이고,
- (R_7) $\exists 1 \in R, \forall a \in R$, $a\cdot 1 = 1\cdot a = a$ ($\cdot$에 대한 항등원 1 존재)

$(R,+,\cdot)$이 **가환환**(commutative ring, 可換環) $\overset{\text{정의}}{\Longleftrightarrow}$

- $(R_1) \sim (R_6)$이 성립, 즉, R이 환이고,
- (R_8) $\forall a, b \in R$, $a\cdot b = b\cdot a$ ($\cdot$에 대한 교환법칙)

$(R,+,\cdot)$이 **단위원을 갖는 가환환** $\overset{\text{정의}}{\Longleftrightarrow}$ $(R_1) \sim (R_8)$이 성립하는 환

$(R,+,\cdot)$이 **나눗셈 환**(division ring, skew field) $\overset{\text{정의}}{\Longleftrightarrow}$

- $(R_1) \sim (R_7)$이 성립, 즉, R이 단위원을 갖는 환이고,
- (R_9) $\forall a(\neq 0) \in R, \exists a^{-1} \in R$, $a\cdot a^{-1} = a^{-1}\cdot a = 1$ ($\cdot$에 대한 역원 a^{-1} 존재)

$(R,+,\cdot)$이 **체**(field, 體) $\overset{\text{정의}}{\Longleftrightarrow}$ $(R_1) \sim (R_9)$가 성립하는 환, 즉, 가환인 나눗셈환.

※ 환에서 두 연산기호를 $+$와 $\cdot$라 하는 이유는 아무리 추상화된 수학이라 하더라도 덧셈과 곱셈으로 대응하여 정의할 수 있기 때문이다.

※ 대수적 구조 $(S,+,\cdot)$에서 $b \in S$의 덧셈과 곱셈에 대한 역원 $-b$, b^{-1}가 존재하는 경우에는 뺄셈과 나눗셈은 각각 다음과 같이 정의한다.

$$a-b = a+(-b), \quad a \div b = a\cdot b^{-1}\ (b \neq 0)$$

※ 곱셈에 대해 가환법칙이 성립하고 $b \in S$의 곱셈에 대한 역원 b^{-1}를 가지면,

$$a \cdot b^{-1} = \frac{a}{b}$$

라 쓰고, 일반적으로 곱셈 기호는 생략하여 $a \cdot b = ab$라 쓴다.

※ 참고: 일반적으로 a의 곱셈역원 a^{-1}은 $\frac{1}{a}$이 아니다. $\frac{1}{a}$은 수의 표현 형태이다. 정수 2의 '곱셈에 대한 역원' 2^{-1}은 $\frac{1}{2}$은 '유리수'인데 수에서는 이들이 일치 $\left(2^{-1} = \frac{1}{2}\right)$하여, 곱셈역원에서 a^{-1}과 $\frac{1}{a}$은 같은 개념이란 오류를 범하기 쉽다. 예를 들면 가역행렬에서

$$\begin{pmatrix} 1 & 1 \\ 0 & 1 \end{pmatrix}^{-1} \neq \frac{1}{\begin{pmatrix} 1 & 1 \\ 0 & 1 \end{pmatrix}}$$

이다. 하지만 곱셈에 대한 가환법칙이 성립할 때, a의 곱셈에 대한 역원을 $a^{-1} = \frac{1}{a}$이라 표기(정의)하기도 한다.

또한 덧셈 $+$에서도 정수 -2는 자연수(양의 정수) 2의 덧셈에 대한 역원인데 수에서는 이를 음수라 특별히 부른다. 그리고 $-(-2) = 2$는 -2의 덧셈에 대한 역원인데 음수라 하지 않는다.

정의 5.1.2 [반복 연산]

환 $(R, +, \cdot)$의 원소 $a \in R$와 정수 $n \in \mathbb{Z}$에 대하여

$$n \cdot a = \begin{cases} \overbrace{a + a + \cdots + a}^{n\text{번}}, & n > 0 \\ 0, & n = 0 \\ (-a) + (-a) + \cdots + (-a), & n < 0 \end{cases}, \quad a^n = \begin{cases} \overbrace{a \cdot a \cdot \, \cdots \, \cdot a}^{n\text{번}}, & n > 0 \\ 1(\exists 1 \in R), & n = 0 \\ a^{-1} \cdot a^{-1} \cdots a^{-1} (a \neq 0), & n < 0 \end{cases}$$

※ $n \cdot a$에서 $(\cdot)$은 n과 a의 (R에서) 곱이 아니라 기호임을 유의해야 한다.

※ $0 \cdot a = 0$에서 왼쪽 0은 정수(또는 R의 원소)이고, 오른쪽 0은 R의 원소(덧셈 항등원)이다.

예 5.1.3 환 R의 원소 a에 대하여 다음과 같이 표기한다.

$$\begin{cases} 2 \cdot a = a + a \\ 0 \cdot a = 0 \\ -2 \cdot a = (-a) + (-a) = 2 \cdot (-a) \end{cases} \qquad \begin{cases} a^2 = a \cdot a \\ a^0 = 1 \ (\exists 1 \in R) \\ a^{-2} = a^{-1} \cdot a^{-1} = (a^{-1})^2 (a \neq 0) \end{cases}$$

앞으로 환 $(R, +, \cdot)$의 두 원소 $a, b \in R$의 곱 $a \cdot b$를 간단히 ab로 나타내기로 한다. 특히 환 R에서 $(R, +)$는 덧셈 가환군이므로 연산 $+$에 대한 군의 성질을 모두 만족한다.

정리 5.1.4 환 $(R, +, \cdot)$의 임의의 원소 $a, b \in R$에 대하여 다음이 성립한다.

(1) $a \cdot 0 = 0 \cdot a = 0$
(2) $a \cdot (-b) = (-a) \cdot b = -(ab)$
(3) $(-a)(-b) = ab$

※ (3)은 중학교에서 음수를 배울 때, 음수와 음수의 곱이 양수가 되는 이유를 설명하고 있다.

(증명) (1) 환의 정의 (R_2), (R_5)를 이용하면

$$0 + a \cdot 0 = a \cdot 0 = a \cdot (0+0) = a \cdot 0 + a \cdot 0$$

이고, 군의 소거법칙(정리 2.1.10)을 이용(즉, 양변에 $-a \cdot 0$을 더함)하면 다음과 같다.

$$a \cdot 0 = 0$$

(2) 덧셈에 대한 항등원의 정의에 의해 $a \cdot (-b)$와 $(-a) \cdot b$가 ab의 역원임을 보이면 된다. 따라서 환의 분배법칙(R_5)와 (1)을 이용하면,

$$a \cdot (-b) + ab = a((-b) + b) = a \cdot 0 = 0$$

과

$$(-a) \cdot b + ab = ((-a) + a)b = 0 \cdot b = 0$$

이 되어, $-(ab) = a \cdot (-b) = (-a) \cdot b$임을 알 수 있다.

(3) 위 (2)의 성질을 두 번 이용하면 된다. 즉,

$$(-a)(-b) = -(a(-b)) = -(-(ab))$$

이다. 또한 $ab + (-ab) = 0$이므로 ab는 $(-ab)$의 덧셈 역원이다. 따라서

$$ab = -(-ab) = (-a)(-b)$$

이다. ■

문제 5.1.5 단위원 1을 갖는 환에서 $0 = 1$, 즉, (덧셈 항등원)=(곱셈 항등원)이면, $R = \{0\}$임을 보여라. 이런 환을 **영환**(zero ring, 零環)이라 한다.

※ 단위원을 가진 환 R에서 $0 = 1$이면, $R = \{0\}$이 되어 별로 의미가 없어, 앞으로 단위원을 가진 환을 논할 때는 $\boxed{0 \neq 1}$이라 간주한다. 그러므로 단위원을 가진 환은 적어도 2개의 원소 $\{0, 1\}$ 을 포함하는 것으로 생각한다.

※ 주의: 0과 1은 수(number)에서 숫자 0, 1을 빌려온 것임을 주의해야 한다.

정의 5.1.6 [*정역(Integral domain, 整域)*]

단위원 $1(\neq 0)$을 갖는 가환환 R에 대하여

R이 **정역**(integral domain, 整域)	$\overset{\text{정의}}{\Longleftrightarrow}$	$ab = 0 \implies a = 0$ 또는 $b = 0$

정의 5.1.7 [*단원(unit, 單元), 가역원(invertible element, 可逆元)*]

단위원 $1(\neq 0)$을 갖는 환 R의 원소 $u \in R$에 대하여

u가 **단원**(unit) 또는 **가역원**(invertible element)	$\overset{\text{정의}}{\Longleftrightarrow}$	$\exists u^{-1} \in R,\ uu^{-1} = 1$

※ 환 R의 단원 전체집합을 $U(R) = \{u \in R \mid u\text{는 단원}\}$이라 표기한다. R이 단위원을 가지면 $U(R)$은 곱셈에 관하여 군이 된다(연습문제 7번). 이 $U(R)$을 **단원군**(unit group)이라 한다.

※ 환 R의 0이 아닌 원소 전체 집합을 $R^* = R - \{0\}$ 라 표기. 즉, R이 체이면 $U(R) = R^*$

예 5.1.8 [여러가지 환] 다음 환에 대한 예를 살펴 보자.

(1) 짝수 성분 2×2행렬 집합 $M_2(2\mathbb{Z}) = \left\{ \begin{pmatrix} a & b \\ c & d \end{pmatrix} \middle|\ a, b, c, d \in 2\mathbb{Z} \right\}$은 단위원이 없는 비가환이고, 단위원이 없으므로 역원을 정의할 수 없어 $U(M_2(2\mathbb{Z})) = \varnothing$이다.

(2) 유리수 성분 2×2행렬 집합 $M_2(\mathbb{Q}) = \left\{ \begin{pmatrix} a & b \\ c & d \end{pmatrix} \middle|\ a, b, c, d \in \mathbb{Q} \right\}$은 단위원을 갖는 비가환이고, $U(M_2(\mathbb{Q})) = \{A \in M_2(\mathbb{Q}) \mid |A| \neq 0\}$이다.

(3) 짝수 전체 집합 $(2\mathbb{Z}, +, \cdot)$은 단위원이 없는 가환환이고, 단위원이 없으므로 역원을 정의할 수 없어 $U(2\mathbb{Z}) = \varnothing$이다.

(4) 정수 전체 집합 $(\mathbb{Z}, +, \cdot)$은 단위원을 갖는 가환환(정역)이고, $U(\mathbb{Z}) = \{1, -1\}$이다.

$(\mathbb{Z}, +, \cdot)$은 환의 정의 $(R_1) \sim (R_8)$은 만족하나 정의 (R_9)를 만족하지 않으므로 체가 아니다. 반례로, $2^{-1} = \dfrac{1}{2} \notin \mathbb{Z}$이므로, 정수는 1, -1이외의 정수는 곱셈에 대한 역원을 갖지 않는다.

(5) 나눗셈환에 대해서는 예 5.1.13에서 다룬다.

(6) $(\mathbb{Q}, +, \cdot)$, $(\mathbb{R}, +, \cdot)$, $(\mathbb{C}, +, \cdot)$은 체이고, 체에서 단원은 0이 아닌 원소 전체이다. 즉, $U(\mathbb{Q}) = \mathbb{Q}^*$, $U(\mathbb{R}) = \mathbb{R}^*$, $U(\mathbb{C}) = \mathbb{C}^*$이다.

예 5.1.9 [예 2.1.7 참조] 실수 $\mathbb{R}$ 위의 실가함수 집합 F의 대수적 구조에 대해 알아보자.

$$F = \{f \mid f : \mathbb{R} \longrightarrow \mathbb{R}\text{는 실가함수}\}$$

$(F, +, \cdot)$은 단위원$(f(x) = 1)$을 갖는 가환환($\cdot$은 함수의 곱)이다(연습문제 9번). 그리고 단원군 전체의 집합은 $U(F) = \{f \in F \mid \forall x \in \mathbb{R},\ f(x) \neq 0\}$이다.

한편 F의 부분집합중에서 군 $(F, +)$에 대한 군 준동형사상의 집합을

$$S = \{f \in F \mid f : \mathbb{R} \longrightarrow \mathbb{R}\text{는 군 준동형사상}\}$$

라 하면, $(S, +, \circ)$은 단위원($f(x) = x$)을 갖는 정리 5.1.10에 의하여 비가환($\circ$은 함수의 합성)이다(정리 5.1.10). 그리고 단원군 전체의 집합은 $U(S) = \{f \in S \mid f\text{는 역함수 존재}\}$이다.

정리 5.1.10 *가환군 $(A, +)$ 위의 자기준동형사상 전체 집합*

$$\mathrm{End}(A) = \{f \mid f : A \longrightarrow A\text{는 군 자기준동형사상}\}$$

의 원소 $f,\ g \in \mathrm{End}(A)$와 원소 $x \in A$에 대하여

$$(f+g)(x) = f(x) + g(x), \qquad (f \circ g)(x) = f(g(x))$$

라 정의하면 다음이 성립한다.

$(\mathrm{End}(A), +, \circ)$은 단위원을 가진 비가환환이다.

(증명) 연습문제로 남긴다. ■

예 5.1.11 환 $R_1, \cdots, R_n$의 Cartesian 곱 $R_1 \times \cdots \times R_n$의 원소 $(a_1, \cdots, a_n)$, $(b_1, \cdots, b_n)$에 관한 연산을 다음과 같이 정의하자.

$$(a_1, \cdots, a_n) + (b_1, \cdots, b_n) = (a_1 + b_1, \cdots, a_n + b_n)$$
$$(a_1, \cdots, a_n)(b_1, \cdots, b_n) = (a_1 b_1, \cdots, a_n b_n)$$

그러면, Cartesian 곱(직접곱) $R_1 \times \cdots \times R_n$은 환이다. [참조: 정리 6.4.1]

n개의 환 R의 직접곱은 $\boxed{R^n = R \times \cdots \times R}$이라 표기한다.

예 5.1.12 [예 2.1.5 참조] 유한환(finite ring)의 예를 살펴 보자.

양의 정수 n으로 나눈 나머지 집합

$$\mathbb{Z}_n = \{0, 1, 2, \cdots, n-1\}$$

위의 덧셈과 곱셈 연산 $+_n$, $\cdot_n$을 다음과 같이 정의한다. 임의의 원소 $a,\ b \in \mathbb{Z}_n$에 대하여

$$a +_n b = [a+b]_n, \qquad a \cdot_n b = [a \cdot b]_n$$

즉, $\boxed{[a+b]_n,\ [a \cdot b]_n}$은 각각 $a+b,\ a \cdot b$를 n으로 나눈 나머지이다. 문맥상 n으로 나눈 나머지를 분명히 알면 n을 생략하여

$$a +_n b = a + b, \qquad a \cdot_n b = a \cdot b$$

라 쓴다. 그러면 대수적 구조 $(\mathbb{Z}_n, +, \cdot)$은 단위원 1을 가진 가환환이다.

예 5.1.13 [예 2.2.20 참조] 비가환 나눗셈환에 대해 알아 보자.

복소수를 포함하는 다음과 같은 대수적 구조 $\mathbb{H}$를 생각하자.

$$\mathbb{H} = \{a+bi+cj+dk \mid a,\ b,\ c,\ d \in \mathbb{R},\quad i^2 = j^2 = k^2 = -1,\quad ijk = -1\}$$

이 구조는 복소수를 확장하는 구조에 대해 연구하던 해밀턴(영: W. R. Hamilton, 1805-1865)이 1843년 10월 16일 그의 아내와 더블린의 로열 운하(Royal Canal)를 산책하면서 브로엄 다리(Brougham Bridge)를 건널 때, 번쩍이는 아이디어(연산 규칙: $i^2 = j^2 = k^2 = ijk = -1$)가 떠올라 이것을 다리 난간에 칼로 새겨 놓은 것으로 유명하다.

$\mathbb{H}$에서 덧셈($+$)과 곱셈($\cdot$) 연산을 다음과 같이 정의하자. 즉,

$$(a+bi+cj+dk)+(a'+b'i+c'j+d'k) = (a+a')+(b+b')i+(c+c')j+(d+d')k$$

이고, 곱셈은 $i^2 = j^2 = k^2 = -1$과 $ijk = -1$에서 다음과 같은 결과를 얻을 수 있다.

$$\boxed{ij = k = -ji,\quad jk = i = -kj,\quad ki = j = -ik}$$

따라서 곱셈은 다음과 같다.

$$\begin{aligned}(a+bi+cj+dk)(a'+b'i+c'j+d'k) &= (aa'-bb'-cc'-dd')+(ab'+ba'+cd'-dc')i \\ &\quad +(ac'-bd'+ca'+db')j+(ad'+bc'-cb'+da')k\end{aligned}$$

그러면, 대수적 구조 $(\mathbb{H},\ +,\ \cdot\ )$은 비가환 나눗셈환이 된다.

또한 $\alpha = a+bi+cj+dk \in \mathbb{H}$에 대하여

$$\overline{\alpha} = a-bi-cj-dk$$
$$N(\alpha) = \alpha\overline{\alpha} = a^2+b^2+c^2+d^2$$

를 각각 α의 **켤레**(conjugate) 또는 **노름**(norm)이라 한다.

임의의 원소 $a+bi+cj+dk \in \mathbb{H}$의 덧셈과 곱셈 역원은 다음과 같다.

$$\begin{cases} -(a+bi+cj+dk) = -a-bi-cj-dk \\ \boxed{(a+bi+cj+dk)^{-1} = \dfrac{\overline{a+bi+cj+dk}}{N(a+bi+cj+dk)} = \dfrac{a-bi-cj-dk}{a^2+b^2+c^2+d^2},\ \text{단},\ a+bi+cj+dk \neq 0} \end{cases}$$

이 비가환 나눗셈환 $\mathbb{H}$를 **사원수환**(quaternion ring, 四元數環)이라 한다.

그리고 0이 아닌 원소들로 이루어진 $(\mathbb{H}^*,\ \cdot\ )$은 비가환 곱셈군이 되고 사원수군

$$Q_8 = \{\pm 1,\ \pm i,\ \pm j,\ \pm k\}$$

은 $\mathbb{H}^*$의 부분군이다.

문제 5.1.14 사원수 $\alpha,\ \beta \in \mathbb{H}$에 대하여 다음을 증명하라.

(1) $N(\alpha) = 0 \iff \alpha = 0$

(2) $N(\alpha\beta) = N(\alpha)N(\beta)$

(3) $\overline{\alpha+\beta} = \overline{\alpha} + \overline{\beta}, \quad \overline{\alpha \cdot \beta} = \overline{\beta} \cdot \overline{\alpha}$ (순서 주의)

정리 5.1.15 *단위원 1을 가진 가환환 F에 대하여 다음이 성립한다.*

체 F는 정역이다.

(증명) F의 두 원소 $a,\ b \in F$에 대하여 $ab = 0,\ a \neq 0$ 이라 하자. 그러면 a의 역원 $a^{-1} \in F$이 존재한다.

$$ab = 0 \implies a^{-1}(ab) = 0 \implies (a^{-1}a)b = 0 \implies 1b = 0 \implies b = 0$$

이므로 F는 정역이다. ■

유한인 비가환 나눗셈환은 없다. 이는 웨더번(영: Joseph Henry Maclagen Wedderburn, 1882-1948)이 찾아냈으며, 증명이 학부 수준을 벗어나므로 소개만 한다.

정리 5.1.16 (Wedderburn의 정리) *모든 유한 나눗셈환은 체이다.*

연 습 문 제 (5.1)

1. 집합 $\mathbb{Q}(\sqrt{2}) = \{a + b\sqrt{2} \mid a,\ b \in \mathbb{Q}\}$는 보통 수의 합과 곱에서 체가 됨을 보여라. 이 체 $\mathbb{Q}(\sqrt{2})$를 **이차체**(quadratic field)라 한다.

2. 집합 $\mathbb{Z}(\sqrt{2}) = \{a + b\sqrt{2} \mid a,\ b \in \mathbb{Z}\}$는 보통 수의 합과 곱에서 환이 되는지 판단하라. 만약 환이 되지 않는다면 그 이유를 말하고, 환이 되면 그 환이 가환환인지, 단위원을 갖는지, 체가 되는지를 설명하라.

3. $(R,\ +)$는 가환군이다. $a,\ b \in R$일 때, $ab = 0$으로 정의하면 $(R,\ +,\ \cdot\ )$는 환임을 보여라.

4. 유리수체 $\mathbb{Q}$의 원소 $a,\ b$에 대하여 $a * b = a + b - 1,\ a \cdot b = a + b - ab$라 할 때, $(\mathbb{Q},\ *,\ \cdot)$는 체가 되는가?

5. 가환환 $\mathbb{Z}_{26} = \{0,\ 1,\ 2,\ \cdots,\ 25\}$에서 $3^{-1},\ 5^{-1},\ 11^{-1}$를 구하라.

6. 1을 가진 환 R에서 $ax = 1,\ ya = 1$이면, $x = y$임을 보여라.

7. 1을 가진 환 $(R,\ +,\ \cdot\ )$의 모든 가역원(단원)들의 모임 $(U(R),\ \cdot\ )$은 곱셈군임을 보여라.

8. 환 R의 원소 a가 $a^2 = a$를 만족하면 **멱등원**(idempotent, 冪等元)이라고 한다. 단위원 1을 가진 환 R에서 다음이 성립함을 보여라.

(1) 멱등원 $a \in R$가 단원이면, $a = 1$이다.

(2) R이 나눗셈환일 때, R의 멱등원은 0과 1뿐이다.

(3) 가환환의 모든 멱등원의 집합은 곱셈에 관해 닫혀 있음을 보여라.

(4) 환 $\mathbb{Z}_6$, $\mathbb{Z}_{12}$의 멱등원을 모두 구하라.

9. 체 F 위의 함수 집합 $F^F = \{f \mid f : F \longrightarrow F$는 함수$\}$의 원소 $f, g \in F^F$와 $x \in F$에 대해서

$$(f+g)(x) = f(x)+g(x), \quad (f \cdot g)(x) = f(x)g(x)$$

라 정의하면,

(1) $(F^F, +, \cdot)$은 단위원을 갖는 가환환임을 보여라.

(2) F^F에서 모든 멱등원을 구하라.

10. (정리 5.1.10) 가환군 $(A, +)$ 위의 자기준동형사상 전체 집합 $\mathrm{End}(A)$ 위에서 연산 덧셈$(+)$과 합성$(\circ)$을 가진 대수적 구조 $(\mathrm{End}(A), +, \circ)$은 단위원을 가진 환임을 증명하라.

11. 환 R의 원소 a가 $a^n = 0$이 되는 양의 정수 n이 있을 때, a를 **멱영원**(nilpotent element, 冪零元)이라고 한다. 이때 다음 물음에 답하라.

(1) $\mathbb{Z}$, $\mathbb{Z}_{12}$, $\mathbb{Z}_{32}$의 멱영원을 각각 구하라.

(2) $\mathbb{Z}_n$의 멱영원은 어떤 원소인가? [참조: 표준분해 생각]

12. a와 b가 가환환의 멱영원이면 $a+b$도 멱영원임을 보여라.

13. R은 1을 가진 가환환이다. $x \in R$이 멱영원일 때, u가 단원이면 $x+u$도 단원이다.

14. 환 R이 영이 아닌 멱영원을 가지지 않을 필요충분조건은 $x^2 = 0$의 해가 0뿐임을 보여라.

15. 환 R에 대하여 다음이 성립함을 증명하라.

(1) R이 가환환 $\Longleftrightarrow$ 모든 원소 $a, b \in R$에 대하여 $a^2 - b^2 = (a+b)(a-b)$

(2) R이 0이외의 멱영원이 없는 환일 때,

$$R\text{이 가환환} \Longleftrightarrow \text{모든 원소 } a, b \in R\text{에 대하여 } (ab)^2 = a^2b^2$$

16. S는 집합이고 $+$와 $\cdot$은 다음 세 조건을 만족하는 S의 이항연산이다.

$(S, +)$는 군이다.

$(S^*, \cdot)$는 군이다. 단, S^*는 덧셈항등원을 제외한 S의 모든 원소들의 집합이다.

모든 $a, b, c \in S^*$에 대하여 $a(b+c) = ab+ac$, $(a+b)c = ac+ab$를 만족한다.

그러면 $(S, +, \cdot)$는 **나눗셈환(division ring)** 임을 보여라. [도움말 : $(1+1)(a+b)$에 분배법칙을 사용하여 덧셈이 교환법칙을 만족함을 보여라.]

17. 단위원 1을 가진 가환환 R에서 R의 부분집합 S가 다음 두 조건을 만족시킬 때, S를 R의 **곱셈집합**(multiplicative set)이라고 한다.

$$(i)\ 0 \notin S,\ 1 \in S \qquad (ii)\ s,\ t \in S \Rightarrow st \in S$$

(1) D가 정역일 때, $S = D - \{0\}$는 D의 곱셈집합임을 확인하라.

(2) 정수 $b(\geq 2)$에 대하여 $S = \{b^n \mid n = 0,\ 1,\ 2,\ \cdots\}$는 정수환 $\mathbb{Z}$의 곱셈집합임을 보여라.

18. $\mathbb{Z}[i] = \{a + bi \mid a,\ b \in \mathbb{Z},\ i^2 = -1\}$이라면 $\mathbb{Z}[i]$는 $\mathbb{C}$의 부분집합이다.

(1) $(\mathbb{Z}[i],\ +,\ \cdot)$은 1을 가진 가환환이 됨을 보여라. (이 환을 **Gauss의 정수환**이라 한다.)

(2) $N(a + bi) = a^2 + b^2$라고 하면, $x,\ y \in \mathbb{Z}[i]$일 때 $N(x \cdot y) = N(x)N(y)$임을 보여라.

(3) $x = a + bi$가 단원일 필요충분조건은 $N(x) = 1$임을 보여라.

(4) $\mathbb{Z}[i]$의 모든 단원을 구하라.

(5) $\mathbb{Z}[i]$의 단원들의 군은 무엇과 같은가?

19. 다음 사원수환 $\mathbb{H}$의 원소를 $a_1 + a_2 i + a_3 j + a_4 k,\ a_i \in \mathbb{R}$의 형태로 나타내라.

(1) $(i + j)(1 + 2j - k)$

(2) $j^3 i^2 k j i^5$

(3) $[(1 + 3i)(4j + 3k)]^{-1}$

5.2 환의 기본 성질, 부분환과 부분체

이 절에서는 환의 기본 성질에 대한 것을 알아 본다.

예 5.2.1 다음 방정식의 해를 구해 보자.

(1) $(x-2)(x-3)=0$의 $\mathbb{Z}$에서 해는 $x=2,\ 3$으로 2개이다.

(2) $(x-2)(x-3)=0$의 $\mathbb{Z}_6$에서 해는 $x=0,\ 2,\ 3,\ 5$로 4개이다.

(3) $x^2+5=0$의 해는 $\mathbb{Z}$에서 0개이고, $\mathbb{Z}_6$에서는 $x=1,\ 5$로 2개이다.

위와 같은 해의 개수의 차이는 어디서 오는 걸까? 이는 0 이 아닌 원소들의 곱이 0이 되는 성질을 갖느냐 아니냐 하는 환의 성질의 차이에서 온다.

정의 5.2.2 [영인자(zero divisor, 零因子)]

환 R의 원소 $a(\neq 0)$, $b(\neq 0)$에 대하여

a와 b가 R의 **영인자**(zero divisor)	$\overset{\text{정의}}{\Longleftrightarrow}$	$ab=0$

※ a를 **좌영인자**, b를 **우영인자**라고 한다.

※ R의 영인자 전체 집합을 $\boxed{\text{Zero}(R)=\{a\in R \mid a\text{는 } R\text{의 영인자}\}}$로 나타낸다.

※ 단위원을 가진 가환환 R이 $\boxed{\text{정역일 필요충분조건은 } \text{Zero}(R)=\varnothing}$이다.

예 5.2.3 다음 영인자의 예를 살펴보자.

(1) $\mathbb{Z}$의 영인자 전체 집합은 $\text{Zero}(\mathbb{Z})=\varnothing$이다.

(2) $\mathbb{Z}_6$의 영인자 전체 집합은 $\text{Zero}(\mathbb{Z}_6)=\{2,\ 3,\ 4\}$이다.

(3) 2차 행렬 전체 집합 $M_2(\mathbb{R})$에서

$$\begin{pmatrix}0&1\\0&0\end{pmatrix}\begin{pmatrix}1&0\\0&0\end{pmatrix}=\begin{pmatrix}0&0\\0&0\end{pmatrix}$$

이므로 $\begin{pmatrix}0&1\\0&0\end{pmatrix}$는 $M_2(\mathbb{R})$의 (좌)영인자이고 $\begin{pmatrix}1&0\\0&0\end{pmatrix}$는 $M_2(\mathbb{R})$의 (우)영인자이다.

하지만 $\begin{pmatrix}1&0\\0&0\end{pmatrix}\begin{pmatrix}0&1\\0&0\end{pmatrix}=\begin{pmatrix}0&1\\0&0\end{pmatrix}\neq\begin{pmatrix}0&0\\0&0\end{pmatrix}$이다. 그리고 $\begin{pmatrix}0&0\\0&1\end{pmatrix}\begin{pmatrix}0&1\\0&0\end{pmatrix}=\begin{pmatrix}0&0\\0&0\end{pmatrix}$이므로 $\begin{pmatrix}0&1\\0&0\end{pmatrix}$는 $M_2(\mathbb{R})$의 (우)영인자가 된다.

정리 5.2.4 *자연수 $n>1$에 대해 다음이 성립한다.*

$$\text{Zero}(\mathbb{Z}_n)=\{a\in\mathbb{Z}_n \mid \gcd(a,\ n)\neq 1,\ a\neq 0\}$$

(증명) $B=\{a\in\mathbb{Z}_n \mid \gcd(a,\ n)\neq 1,\ a\neq 0\}$라 하고, $\text{Zero}(\mathbb{Z}_n)=B$임을 보이자.

($\subset$) $a\in\text{Zero}(\mathbb{Z}_n)$이라 하자. 그러면 $a\neq 0$이고 $ab=0$인 원소 $(0\neq)b\in\mathbb{Z}_n$가 존재한다. 만약 $\gcd(n,\ a)=1$이면

$$1=ax+ny$$

인 정수 $x,\ y\in\mathbb{Z}$가 존재(정리 1.2.7) 하고, $\mathbb{Z}_n$에서

$$1=ax$$

이다. 따라서 $\mathbb{Z}_n$에서

$$b=1b=(ax)b=(ab)x=0x=0$$

이므로 모순이다. 따라서 $\gcd(n,\ a)\neq 1$이다. 그러므로 $\text{Zero}(\mathbb{Z}_n)\subset B$이다.

($\supset$) $a\in B$라 하고 $d=\gcd(n,\ a)$라 하자. 그러면 $a\neq 0$이고, $d\neq 1$이다. 그러면 $a=da'$이고 $n=dn'$인 자연수 $n',\ a'\in\mathbb{N}$이 존재한다. 또한 $1<d<n$이므로 $\mathbb{Z}_n$에서 $n'\neq 0$이다. 그리고 $\mathbb{Z}_n$에서

$$an'=da'n'=a'(dn')=a'n=0$$

따라서 $a\in\text{Zero}(\mathbb{Z}_n)$이다. 즉, $B\subset\text{Zero}(\mathbb{Z}_n)$이다.

그러므로 $\text{Zero}(\mathbb{Z}_n)=B$이다. ■

따름정리 5.2.5 *p가 소수이면 다음이 성립한다.*

$\text{Zero}(\mathbb{Z}_p)=\varnothing$. 즉, $\mathbb{Z}_p$는 영인자가 없다.

※ $\mathbb{Z}_p$는 정역이다.

(증명) 정리 5.2.4에 의하여 성립한다. ■

문제 5.2.6 체 R은 영인자를 갖지 않음을 보여라. 그러므로 체는 정역이다.

정의 5.2.7 [*소거법칙(cancellation law, 消去法則)*]

환 R의 원소 $a,\ b,\ c\in R$에 대하여

환 R이 **소거법칙(소약율)**을 만족 $\overset{\text{정의}}{\Longleftrightarrow}$ $\begin{cases} ab=ac(a\neq 0) \implies b=c \\ ba=ca(a\neq 0) \implies b=c \end{cases}$

※ 덧셈에 대한 소거법칙은 군의 성질(정리 2.1.10)에 의해 항상 성립한다.

정리 5.2.8 *환 R에 대하여 다음은 동치명제이다.*

R이 소거법칙 만족 $\iff$ $\text{Zero}(R)=\varnothing$

(증명) (⇒) $\text{Zero}(R) \neq \varnothing$이라 하자. 그러면 $a(\neq 0) \in \text{Zero}(R)$와 $b(\neq 0) \in R$가 존재하여

$$ab = 0 = a0$$

이다. 소거법칙에 의해 $b = 0$이 되어 모순이다. 따라서 $\text{Zero}(R) = \varnothing$이다.

(⇐) $a,\ b,\ c \in R$에 대하여

$$ab = ac, \quad a \neq 0$$

라 하자. 그러면

$$0 = ab - ac = a(b - c)$$

영인자가 없으므로 $b - c = 0$이어야 한다. 따라서 $b = c$이다. 또한 $ba = ca$, $a \neq 0$이면 같은 방법으로 증명할 수 있다. ■

정리 5.2.9 *(1999학년도 임용시험 출제) 정역 D에 대하여 다음이 성립한다.*

> 유한정역 D는 체이다

(증명) 유한정역 D는 단위원을 가진 가환환이므로, 임의의 0이 아닌 원소 $(0 \neq)a \in D$의 역원 $a^{-1} \in D$이 존재함을 보이면 된다.

$|D| = n$이라 하자. 즉, $D = \{a_1,\ a_2,\ \cdots,\ a_n\}$이라 하면,

$$aD = \{aa_1,\ aa_2,\ \cdots,\ aa_n\} \subset D$$

이다. 또한 D는 소거법칙을 만족하므로 $aa_i = aa_j$이면, $a_i = a_j$이 성립하여 $|aD| = n$이다. 즉, $|aD| = n = |D|$이고, 따라서 $aD = D$이다. 그러므로

$$\{aa_1,\ aa_2,\ \cdots,\ aa_n\} = \{a_1,\ a_2,\ \cdots,\ a_n\} = D$$

$1 \in D$이므로 $1 = aa_i$인 원소 $a_i \in D$가 존재한다. 그러므로 $a^{-1} = a_i$이다. 따라서 D는 체이다. ■

따름정리 5.2.10 *소수 p에 대하여 다음이 성립한다.*

> $\mathbb{Z}_p$는 체이다.

(증명) 따름정리 5.2.5와 정리 5.2.9에 의하여 성립한다. ■

정의 5.2.11 [*부분환(subring, 部分環)*]

환 $(R, +, \cdot)$의 공이 아닌 부분집합 $(\varnothing \neq)S$에 대해서

S가 R의 **부분환**, 기호는 $S < R$ $\overset{\text{정의}}{\Longleftrightarrow}$ $(S, +, \cdot)$가 환. 즉, 다음을 만족한다.

① $a, b \in S,\ a+b \in S$

② $a, b \in S,\ ab \in S$

③ $(R_1) \sim (R_6)$ 환의 성질 만족

정리 5.2.12 *환 $(R, +, \cdot)$의 공이 아닌 부분집합 $(\varnothing \neq)S$에 대해서 다음은 동치명제이다.*

S가 R의 부분환 $\Longleftrightarrow$

① $0 \in S$

② 임의의 원소 $a, b \in S$에 대하여 $a - b \in S$

③ 임의의 원소 $a, b \in S$에 대하여 $ab \in S$

(증명) $(\Rightarrow)$ 부분환의 정의에 의하여 ①, ②, ③이 성립한다.

$(\Leftarrow)$ 조건 ①, ②, ③이 성립한다고 하자. 정리 2.2.3에 의하여 $(S, +)$는 $(R, +)$의 부분군이다. 또한 덧셈과 곱셈에 관하여 닫혀 있으므로 S에서 덧셈 교환법칙과 곱셈에 관한 결합법칙과 분배법칙이 성립한다. 따라서 S는 R의 부분환이다. ■

정리 5.2.13 *환 $(F, +, \cdot)$에 대하여 다음은 동치이다.*

$(F, +, \cdot)$가 체 $\Longleftrightarrow$

① $(F, +)$가 가환군

② $(F - \{0\}, \cdot)$가 가환군

(증명) 정의에 의해 성립한다. ■

정의 5.2.14 [*부분체(subfield, 部分體)*]

체 $(F, +, \cdot)$의 공이 아닌 부분집합 $(\varnothing \neq)S$에 대해서

S가 F의 **부분체**, 기호는 $S < F$ $\overset{\text{정의}}{\Longleftrightarrow}$ $(S, +, \cdot)$가 체. 즉, 다음을 만족한다.

① $a, b \in S,\ a+b \in S$

② $a, b \in S,\ ab \in S$

③ $(R_1) \sim (R_9)$ 체의 성질 만족

정리 5.2.15 *체 $(F, +, \cdot)$의 공이 아닌 부분집합 $(\varnothing \neq)S$에 대해서 다음은 동치명제이다.*

S가 F의 부분체 $\iff$ $\begin{cases} ① \ 0 \in S, \quad 1 \in S \\ ② \ \text{임의의 원소 } a, b \in S\text{에 대하여 } a-b \in S \\ ③ \ \text{임의의 원소 } a, b(\neq 0) \in S\text{에 대하여 } ab^{-1} \in S \end{cases}$

(증명) 정리 2.2.3와 정리 5.2.13에 의해 성립한다. ■

예 5.2.16 [부분환] 정수환 $\mathbb{Z}$의 부분환은 모두

$$n\mathbb{Z} = \{nx \mid x \in \mathbb{Z}\}, \quad n \geq 0$$

인 형태로 나타난다(따름정리 2.3.6).

특히, $n \geq 2$이면 부분환 $n\mathbb{Z}$는 단위원이 존재하지 않는다.

예 5.2.17 [단위원]가환환 $\mathbb{Z}^2 = \{(a, b) \mid a, b \in \mathbb{Z}\}$의 부분환

$$A = \{(a, 0) \mid a \in \mathbb{Z}\}, \quad B = \{(0, b) \mid b \in \mathbb{Z}\}$$

는 $\mathbb{Z}^2$의 단위원 $(1, 1)$을 포함하지 않으나, A는 단위원 $(1, 0)$을 가진 정역이고, B는 단위원 $(0, 1)$을 가진 정역이다.

※ 단위원을 가진 환 R의 부분환 S는 단위원이 없을 수도 있고, 부분환 S의 단위원은 R의 단위원과 다를 수도 있다.

예 5.2.18 [부분환]가환환 $\mathbb{Z}_n(\geq 2)$의 부분환은 모두 d가 0 또는 $n(=dm)$의 약수일 때,

$$d\mathbb{Z}_n = \{0, d, 2d, \cdots, (m-1)d\}$$

인 형태로 나타난다(따름정리 2.3.13).

특히, $2 \leq d < n$이면 부분환 $d\mathbb{Z}_n$은 단위원이 존재하지 않는다.

정리 5.2.19 *환 R과 체 F에 대하여 다음이 성립한다.*

(1) 환 R의 부분환 A, B에 대하여 $A \cap B$도 부분환이다.
(2) 체 F의 부분체 A, B에 대하여 $A \cap B$도 부분체이다.

(증명) (1) A, B가 환 R의 부분환이라 하자. 그러면, $0 \in A$, $0 \in B$이므로 $0 \in A \cap B$이다. 다음에, a, $b \in A \cap B$이라고 하자. 그러면 a, $b \in A$이고 a, $b \in B$이므로

$$a-b,\ ab \in A, \qquad a-b,\ ab \in B$$

이다. 따라서 $a-b$, $ab \in A \cap B$이므로 $A \cap B$는 R의 부분환이다(정리 5.2.12).

(2) (1)과 같은 방법으로 증명할 수 있다. ■

예 5.2.20 가환환 $\mathbb{Z}$의 부분환 $2\mathbb{Z}$와 $3\mathbb{Z}$에 대하여

$$2\mathbb{Z} \cup 3\mathbb{Z}$$

은 $\mathbb{Z}$의 부분환이 아니다. 실제로

$$2 \in 2\mathbb{Z},\ 3 \in 3\mathbb{Z} \quad \Longrightarrow \quad 2+3=5 \notin 2\mathbb{Z} \cup 3\mathbb{Z}$$

이 되어 $2\mathbb{Z} \cup 3\mathbb{Z}$은 $\mathbb{Z}$의 부분환이 아니다.

정수론에서 증명한 페르마(프: Pierre de Fermat, 1601-1665) 정리(정리 1.2.19)와 Euler(스: Leonhard Euler, 1707-1783) 정리(정리 1.2.18)를 대수학에서 증명해보자.

정리 5.2.21 (Fermat 소정리) *소수 p와 정수 $a \in \mathbb{Z}$에 대하여 다음이 성립한다.*

(1) $\gcd(a,\ p)=1 \implies a^{p-1} \equiv 1 \pmod{p}$
(2) $\forall\, a \in \mathbb{Z} \implies a^p \equiv a \pmod{p}$

(증명) (1) p가 소수이므로 $\mathbb{Z}_p = \{0,\ 1,\ 2, \cdots,\ p-1\}$는 체이다(따름정리 5.2.10). 그러면 $\mathbb{Z}_p^* = \{1,\ 2, \cdots,\ p-1\}$는 위수가 $p-1$인 곱셈에 대한 가환군이다(정리 5.2.13). 또한 $[a]_p$(a를 p로 나눈 나머지)는 $\gcd(a,\ p)=1$이므로 $[a]_p \in \mathbb{Z}_p^*$이다. Lagrange 정리(정리 3.1.16)에 의해

$$\big|[a]_p\big| \,\Big|\, p-1 \quad \Longrightarrow \quad [a]_p^{p-1} = 1 \text{ in } \mathbb{Z}_p \quad \Longrightarrow \quad a^{p-1} \equiv [a]_p^{p-1} \equiv 1 \pmod{p}$$

(2) $\gcd(a,\ p)=1$이면 (1)에 의하여

$$a^{p-1} \equiv 1 \pmod{p} \quad \Longrightarrow \quad a^p \equiv a \pmod{p}$$

이다. $\gcd(a,\ p)=p$이면

$$a \equiv 0 \pmod{p} \quad \Longrightarrow \quad a^p \equiv 0 \equiv a \pmod{p}$$

이므로 $a^p \equiv a \pmod{p}$이다. ■

정리 5.2.22 *양의 정수 $n \geq 2$과 $\mathbb{Z}_n^* = \{a \in \mathbb{Z}_n \mid \gcd(a,\ n) = 1\}$에 대하여 다음이 성립한다.*

$(\mathbb{Z}_n^*,\ \cdot\ )$는 위수 $\varphi(n)$인 법 n에 관한 곱셈군이다. 단, $\varphi(n)$은 Euler 함수값이다.

※ $\mathbb{Z}_n^* = \mathbb{Z}_n - \text{Zero}(\mathbb{Z}_n) - \{0\}$이다. 즉, $\mathbb{Z}_n^*$의 원소 $a(\neq 0)$는 영인자가 아니다(정리 5.2.4).

(증명) (1) 분명히 $1 \in \mathbb{Z}_n^*$이다.

다음에 $\mathbb{Z}_n^*$는 곱셈에 관하여 닫혀있음을 보이자. 임의의 원소 $a,\ b \in \mathbb{Z}_n^*$는 $\gcd(a,\ n) = \gcd(b,\ n) = 1$이므로 영인자가 아니다(정리 5.2.4). 그러므로 $ab \neq 0$이다. ab가 영인자가 아님을 보이면, $\mathbb{Z}_n^*$는 곱셈에 관하여 닫혀있다. 적당한 $c \in \mathbb{Z}_n$가 존재하여

$$0 = (ab)c = a(bc)$$

이라 하면, a가 영인자가 아니므로

$$bc = 0$$

이다. 또한 b가 영인자가 아니므로 $c = 0$이어야 한다. 즉, ab는 영인자가 아니다. 따라서 $\gcd(ab,\ n) = 1$이고 $ab \in \mathbb{Z}_n^*$이다.

마지막으로 곱셈에 대한 역원이 존재함을 보이자. $\mathbb{Z}_n^*$는 유한집합이므로 $\varphi(n)$개의 원소를

$$a_1,\ a_2,\ \cdots,\ a_{\varphi(n)}$$

라 하자. 임의의 원소 $a(\neq 0) \in \mathbb{Z}_n^*$에 대하여

$$a\mathbb{Z}_n^* = \{aa_1,\ aa_2,\ \cdots,\ aa_{\varphi(n)}\} \subset \mathbb{Z}_n^*$$

이다. 또한 $\mathbb{Z}_n^*$는 소거법칙을 만족(정리 5.2.8)하므로 $aa_i = aa_j$이면, $a_i = a_j$이 성립하여 $|a\mathbb{Z}_n^*| = \varphi(n)$이다. 즉, $|a\mathbb{Z}_n^*| = \varphi(n) = |\mathbb{Z}_n^*|$이고, 따라서 $a\mathbb{Z}_n^* = \mathbb{Z}_n^*$이다. 그러므로

$$\{aa_1,\ aa_2,\ \cdots,\ aa_{\varphi(n)}\} = \{a_1,\ a_2,\ \cdots,\ a_{\varphi(n)}\} = \mathbb{Z}_n^*$$

$1 \in \mathbb{Z}_n^*$이므로 $1 = aa_i$인 원소 $a_i \in \mathbb{Z}_n^*$가 존재한다. 그러므로 a는 곱셈역원을 가진다. 따라서 $\mathbb{Z}_n^*$는 군이다. ■

정리 5.2.23 (Euler 정리) *양의 정수 $n \in \mathbb{N}$과 정수 $a \in \mathbb{Z}$에 대하여 다음이 성립한다.*

$$\gcd(a,\ n) = 1 \quad \Longrightarrow \quad a^{\varphi(n)} \equiv 1 \pmod{n}$$

(증명) $\gcd(a,\ n) = 1$이면, $[a]_n$(a를 n으로 나눈 나머지)는 $\gcd([a]_n,\ p) = 1$이다. 그러므로 $[a]_n \in \mathbb{Z}_n^*$이다. Lagrange 정리(정리 3.1.16)와 정리 5.2.22에 의해

$$\big|[a]_n\big| \;\Big|\; \varphi(n) \quad \Longrightarrow \quad [a]_n^{\varphi(n)} = 1 \text{ in } \mathbb{Z}_n \quad \Longrightarrow \quad a^{\varphi(n)} \equiv [a]_n^{\varphi(n)} \equiv 1 \pmod{n}$$

이므로 정리가 성립한다. ■

연 습 문 제 (5.2)

1. 다음 가환환의 단원군과 영인자를 모두 구하여라.

(1) $\overline{\mathbb{Z}_{18}} = \{\overline{0}, \overline{1}, \overline{2}, \cdots, \overline{17}\}$

(2) $\mathbb{Z}_{18} = \{0, 1, 2, \cdots, 17\}$

(3) $\mathbb{Z}_2^2 = \{(0, 0), (0, 1), (1, 0), (1, 1)\}$

2. $\mathbb{Z}_2 \times \mathbb{Z}_3$에서 단원, 영인자, 멱등원, 멱영원을 모두 구하라.

3. 가환환 $\mathbb{Z}^2 = \mathbb{Z} \times \mathbb{Z} = \{(a, b) \mid a, b \in \mathbb{Z}\}$에 대하여 다음 물음에 답하라.

(1) $\mathbb{Z}^2$의 단원군 $U(\mathbb{Z}^2)$와 영인자 전체의 집합 $\text{Zero}(\mathbb{Z}^2)$를 구하라.

(2) $\mathbb{Z}^2$의 단원도 아니고 영인자도 아닌 원소를 둘만 들어라.

4. 환 R의 원소 a, b에 대하여 ab가 영인자이면, a 또는 b가 영인자임을 보여라.

5. (2013학년도 임용시험 출제) 단위원 1을 가진 환 R의 영인자는 단원이 아님을 보여라.

6. 환 R의 원소 a에 대하여 $I_a = \{x \in R \mid ax = 0\}$는 R의 부분환임을 보여라.

7. 환 R이 단위원 1을 가지고, $r(\neq 0, 1)$이 멱등원일 때, 다음을 증명하라.

(1) $1 - r$도 멱등원이다.

(2) r과 $1 - r$은 영인자이다.

8. 정역 D의 부분정역들의 공통집합은 D의 부분정역임을 보여라.

9. 단위원 $1(\neq 0)$을 갖고 영인자가 없는 유한환은 나눗셈환(division ring)임을 보여라.
[참조: $a \neq 0$의 '왼쪽곱셈역원'이 '오른쪽곱셈역원'이 됨을 보여라.]

10. 단위원 $1(\neq 0)$을 가지는 환 중에서 부분환의 단위원 $1'(\neq 0)$이 1과 다른 환의 예를 들라.
[참조: 직접곱이나 $\mathbb{Z}_6$의 부분환을 생각하라.]

11. 정역 D의 부분정역 D'의 단위원 $1_{D'}$은 정역 D의 단위원 1_D임을 보여라.

12. 다음 가환환의 부분환을 모두 구하라.

(1) $\mathbb{Z}_{14} = \{0, 1, 2, 3, \cdots, 13\}$

(2) $\mathbb{Z}_{18} = \{0, 1, 2, 3, \cdots, 17\}$

13. 다음 집합은 2×2 행렬환 $M_2(\mathbb{Z})$의 부분환임을 보여라.

(1) $R = \left\{ \begin{pmatrix} a & b \\ 0 & c \end{pmatrix} \middle| \, a, b, c \in \mathbb{Z} \right\}$

(2) $R = \left\{ \begin{pmatrix} a & 2b \\ b & a \end{pmatrix} \middle| \, a, b \in \mathbb{Z} \right\}$

14. 정수 $b(\geq 2)$에 대하여

$$R_b = \left\{ \frac{a}{b^n} \;\middle|\; a \in \mathbb{Z},\ n = 0,\ 1,\ 2,\ \cdots \right\}$$

이라고 할 때, 다음이 성립함을 보여라.

(1) R_b는 유리수체 $\mathbb{Q}$의 부분환이지만 부분체는 아니다.

(2) $\mathbb{Z} \subsetneq R_b \subsetneq \mathbb{Q}$이다.

15. 환 R의 모든 원소 a가 $a^2 = a$(멱등원)를 만족하는 환은 **Boole 환(Boolean ring)**이다. 이때 다음을 증명하라.

(1) 임의의 $r \in R$에 대해서 $r + r = 0$이다.

(2) R은 가환환이다.

16. Boole 환 $\mathbb{Z}_2 \times \mathbb{Z}_2$의 덧셈표와 곱셈표를 구하라.

17. 환 R이 단위원 1을 가진 Boole 환일 때, 다음이 성립함을 보여라.

(1) R의 단원은 1뿐이다.

(2) R에서 0, 1이외의 원소가 존재하는 경우에 이러한 원소는 모두 R의 영인자이다.

5.3 환 준동형사상과 동형사상

정의 5.3.1 [*환 준동형사상(ring homomorphism, 環準同型寫像)*]

환 R, R'에 대한 함수(사상) $f : R \longrightarrow R'$에 대하여

f가 R에서 R'으로의 **(환) 준동형사상** $\overset{\text{정의}}{\Longleftrightarrow}$ $\forall a,\ b \in R,\quad \begin{cases} f(a+b) = f(a)+f(b) \\ f(ab) = f(a)f(b) \end{cases}$

f가 R에서 R'으로의 **(환) 동형사상**(ring isomorphism) $\overset{\text{정의}}{\Longleftrightarrow}$ $\begin{cases} f\text{가 전단사함수} \\ f\text{가 환 준동형사상} \end{cases}$

※ f가 환 동형사상일 때, R과 R'은 **동형**(isomorphic, 同型)이라 하고, $R \cong R'$이라 표기

예 5.3.2 [환 준동형사상] 정수환 $\mathbb{Z}$와 가환환 $\mathbb{Z}_n$에 대한 다음 환 준동형사상의 예를 살펴 보자.

(1) 함수 $f : \mathbb{Z} \longrightarrow \mathbb{Z}_n$, $f(a) = [a]_n$을 생각하자. 단, $[a]_n$은 a를 n으로 나눈 나머지를 의미한다. 예 3.2.16에 의하여 $f(a+b) = f(a)+f(b)$임을 알고 있다. 그리고 법 n에 관한 연산을 생각하면

$$f(ab) = [ab]_n = [a]_n[b]_n = f(a)f(b)$$

이므로 f는 환 준동형사상이다. 군론에서 예 3.5.2을 참조하면 환으로서 $\mathbb{Z}/n\mathbb{Z} \cong \mathbb{Z}_n$이다.

(2) 또 다른 방법으로, 함수 $f : \mathbb{Z}_n \longrightarrow \mathbb{Z}/n\mathbb{Z}$, $f(a) = \overline{a}$을 생각하자. 단, $\overline{a} = a+n\mathbb{Z}$이다. 그러면

$$f(a+b) = \overline{a+b} = \overline{a}+\overline{b} = f(a)+f(b)$$
$$f(ab) = \overline{ab} = \overline{a}\,\overline{b} = f(a)f(b)$$

이므로 f는 환 동형사상이다. 따라서 $\mathbb{Z}_n \cong \mathbb{Z}/n\mathbb{Z}$이다.

예 5.3.3 [환 준동형사상]가환군 $(\mathbb{Z},\ +)$와 $(2\mathbb{Z},\ +)$은 군 동형이다(문제 3.2.9). 실제로 함수 $f : \mathbb{Z} \longrightarrow 2\mathbb{Z}$, $f(a) = 2a$라 정의하면, 덧셈군으로 군 동형사상이다. 즉, $(\mathbb{Z},\ +) \cong (2\mathbb{Z},\ +)$이다.

하지만, 가환환 $(\mathbb{Z},\ +,\ \cdot)$와 $(2\mathbb{Z},\ +,\ \cdot)$은 환으로 동형이 아니다. 왜냐하면 환 동형이라 하면, 환 동형사상 $f : \mathbb{Z} \longrightarrow 2\mathbb{Z}$, $f(1) = 2a(\exists a \in \mathbb{Z})$가 존재한다. 그러면

$$2a = f(1) = f(1^2) = f(1)f(1) = 2a2a = 4a^2$$

이므로 $a = \frac{1}{2}$이 되어 모순이다. 따라서 환 동형사상이 존재하지 않는다.
즉, $(\mathbb{Z},\ +,\ \cdot) \ncong (2\mathbb{Z},\ +,\ \cdot)$이다.

예 5.3.4 예 5.1.9의 단위원을 갖는 가환환 $F = \{f \mid f : \mathbb{R} \longrightarrow \mathbb{R}$는 실가함수$\}$를 생각하자. 실수 $a \in \mathbb{R}$와 $(F,+,\cdot)$의 임의의 원소 $f \in F$에 대하여

$$\phi_a : F \longrightarrow \mathbb{R}, \quad \phi_a(f) = f(a)$$

라 정의하면 환준동형사상이 된다. 이 사상을 **대입 준동형사상**(evaluation homomorphism, 代入準同型寫像)이라 한다. 이 함수는 다항식의 근을 구하는데 중요한 역할을 한다. 사실 $f(x) = 0$를 만족하는 실수해는 $\phi_a(f) = 0$인 $a \in \mathbb{R}$를 구하는 것과 같다. 특히 대입 준동형사상은 체론(field theory, 體論)에서 자주 사용된다.

정리 5.3.5 *환 R, R', R''에 대하여 다음이 성립한다.*

(1) 항등함수 $1_R : R \longrightarrow R$, $1_R(a) = a$는 환 동형사상

(2) $f : R \longrightarrow R'$가 환 동형사상 $\Longrightarrow$ f의 역사상 $f^{-1} : R' \longrightarrow R$도 환 동형사상

(3) $f : R \longrightarrow R'$, $g : R' \longrightarrow R''$가 환 준동형사상 $\Longrightarrow$ $g \circ f : R \longrightarrow R''$는 환 준동형사상

특히, f, g가 환 동형사상 $\Longrightarrow$ $g \circ f$는 환 동형사상

(증명) 가환군 R, R', R''에 대해서는 정리 3.2.19에 의하여 성립하므로 환 준동형의 곱셈 보존에 대해서만 증명하면 된다.

(1) 분명히 성립한다.

(2) 정리 1.4.10에 의하여 역함수는 전단사 함수이다. 역함수 f^{-1}가 환 준동형사상임을 보이자. 임의의 a', $b' \in R'$에 대하여 $f^{-1}(a') = a$, $f^{-1}(b') = b$라 하면, $f(a) = a'$, $f(b) = b'$이다. 그러므로

$$f(ab) = f(a)f(b) = a'b'$$

이다. 따라서

$$f^{-1}(a'b') = ab = f^{-1}(a')f^{-1}(b')$$

이므로, f^{-1}는 환 준동형사상이다. 그러므로 f^{-1}는 환 동형사상이다.

(3) 연습문제 (1.4) 5번에 의해 합성함수는 전단사함수이다. $g \circ f$가 환 준동형사상임을 보이자. 임의의 a, $b \in R$에 대하여

$$(g \circ f)(ab) = g(f(ab)) = g(f(a)f(b)) = g(f(a))g(f(b)) = (g \circ f)(a)(g \circ f)(b)$$

이므로, $g \circ f$는 환 준동형사상이다. 따라서 $g \circ f$는 환 동형사상이다. ■

정리 5.3.6 *환 준동형사상 $f : R \longrightarrow R'$과 임의의 원소 a, $b \in R$에 대하여 다음이 성립한다. 단, 0, $0'$은 R, R'의 덧셈$(+)$에 대한 항등원이다.*

(1) $f(0) = 0'$, $\quad f(-a) = -f(a)$, $\quad f(a-b) = f(a) - f(b)$

(2) 모든 정수 $n \in \mathbb{Z}$에 대하여 $f(na) = nf(a)$

(3) 모든 양의 정수 $n \in \mathbb{N}$에 대하여 $f(a^n) = f(a)^n$

(증명) (1), (2) $(R, +)$과 $(R', +)$은 덧셈군이므로, 정리 3.2.14에 의하여 성립한다.

(3) 환 준동형의 정의에 의하여 성립한다. ■

정리 5.3.7 환 준동형사상 $f : R \longrightarrow R'$에 대하여 다음이 성립한다.

(1) S가 R의 부분환이면, S의 상 $f(S) = \{f(a) \mid a \in S\}$는 R'의 부분환이다. 특히,

$$\mathrm{Im}(f) = f(R) = \{f(a) \mid a \in R\} < R'$$

는 R'의 부분환이다.

(2) S'가 R'의 부분환이면, S'의 역상 $f^{-1}(S')$는 R의 부분환이다.

(3) $$\ker(f) = \{a \in R \mid f(a) = 0'\} < R$$

(4) R이 가환환이면 $\mathrm{Im}(f)$도 가환환이다.

※ $\mathrm{Im}(f)$를 f에 의한 R의 **상**(image, 像)이라 하고, $\ker(f)$를 f의 **핵**(kernel, 核)이라 한다.

(증명) 정리 3.2.14에 의하여 $f(S)$와 $\mathrm{Im}(f)$는 R'의 부분군이고, $\ker(f)$는 R의 부분군이다. 그러므로 곱셈에 대해서만 증명하면 된다.

(1) 임의의 $a, b \in S$에 대하여 $ab \in S$이므로

$$f(a)f(b) = f(ab) \in f(S)$$

이므로 $f(S)$와 $\mathrm{Im}(f)$는 R'의 부분환이다.

(2) $f(0) = 0'$이므로 $0 \in f^{-1}(S')$이다.

한편 임의의 원소 $a, b \in f^{-1}(S')$에 대하여 $f(a), f(b) \in S'$이므로

$$f(a-b) = f(a) - f(b) \in S', \quad f(ab) = f(a)f(b) \in S'$$

이다. 그러므로 $a-b, ab \in f^{-1}(S')$이다. 따라서 $f^{-1}(S') < R$이다.

(3) 임의의 $a, b \in \ker(f)$에 대하여

$$f(ab) = f(a)f(b) = 0'0' = 0'$$

이므로 $ab \in \ker(f)$이다. 따라서 $\ker(f)$는 R의 부분환이다.

(4) 임의의 원소 $f(a), f(b) \in \mathrm{Im}(f)$에 대하여

$$f(a)f(b) = f(ab) = f(ba) = f(b)f(a)$$

이므로 $\mathrm{Im}(f)$은 가환환이다. ■

정리 5.3.8 환 준동형사상 $f : R \longrightarrow R'$에 대하여 다음이 성립한다.

(1) f가 전사함수 $\iff$ $\mathrm{Im}(f) = R'$

(2) f가 단사함수 $\iff$ $\ker(f) = \{0\}$

(3) f가 단사함수이고 $S < R$ $\Longrightarrow$ $S \cong f(S)$이고, 특히, $R \cong f(R) = \mathrm{Im}(f)$

(증명) f가 환 준동형사상이면 군 준동형사상이다.

(1) 전사함수의 정의에 의하여 성립한다.

(2) 정리 3.2.15에 의하여 성립한다.

(3) 정리 5.3.7에 의하여 $f(S) < R'$이다. 또한 f가 단사 준동형사상이므로, 함수

$$g : S \longrightarrow f(S), \quad g(a) = f(a)$$

은 환 동형사상이다. 따라서 $S \cong f(S)$이다. ■

정리 5.3.9 *환 준동형사상 $f : R \longrightarrow R'$에 대하여 다음이 성립한다. 단, 1은 R의 단위원이다.*

(1) $f(1)$은 R'의 멱등원이다. 즉, $f(1) = f(1)^2$

(2) $f(1) \neq 0$이면, $f(1)$은 $\mathrm{Im}(f)$의 단위원이다. f가 전사이면, $f(1)$은 R'의 단위원

(3) $f(1) = 1'$(R'의 단위원)일 때,
R의 단원 $u \in R$에 대하여, $f(u)$는 R'의 단원이고 $f(u^{-1}) = f(u)^{-1}$이다.

※ 일반적으로 $f(1) \neq 1'$이다(예 5.3.10).

(증명) (1) $f(1) = f(1^2) = f(1)f(1) = f(1)^2$이므로 $f(1)$은 R'의 멱등원이다.

(2) 임의의 원소 $f(a) \in f(R)$에 대하여

$$f(a) = f(a \cdot 1) = f(a)f(1), \quad f(a) = f(1 \cdot a) = f(1)f(a)$$

이므로 $f(1)$은 $f(R)$의 단위원이다.

(3) u가 R의 단원이고 $f(1) = 1'$이므로

$$1' = f(1) = f(uu^{-1}) = f(u)f(u^{-1}), \quad 1' = f(1) = f(u^{-1}u) = f(u^{-1})f(u)$$

이다. 따라서 $f(u)$는 R'의 단원이고 $f(u^{-1}) = f(u)^{-1}$이다. ■

예 5.3.10 [단위원] 단위원 $(1,1)$을 갖는 가환환 $\mathbb{Z}^2 = \{(a,\ b) \mid a,\ b \in \mathbb{Z}\}$ 위의 함수

$$f : \mathbb{Z}^2 \longrightarrow \mathbb{Z}^2, \quad f(a,b) = (a,0)$$

은 환 준동형사상이다. 이때 $f(1,1) = (1,0) \neq (1,1)$이다. $\mathrm{Im}(f) = \{(a,\ 0) \mid a \in \mathbb{Z}\}$는 단위원 $(1,\ 0)$을 가진 정역이고, $\mathbb{Z}^2$의 단위원 $(1,\ 1)$을 포함하지 않는다.

예 5.3.11 정수환 $\mathbb{Z}$ 위의 환 준동형사상의 개수를 구하자. 함수 $f : \mathbb{Z} \longrightarrow \mathbb{Z}$가 환 준동형사상이라 하자. 임의의 $a \in \mathbb{Z}$에 대하여

$$f(a) = af(1)$$

이므로 f는 1의 상 $f(1)$에 의하여 결정된다. 또한 $f(1) = f(1^2) = f(1)^2$에서 $f(1) = 0$ 또는 $f(1) = 1$이어야 한다. 그러므로 정수환 $\mathbb{Z}$ 위의 환 준동형사상은 다음 2가지만 존재한다.

$$\begin{cases} f_0 : \mathbb{Z} \longrightarrow \mathbb{Z}, & f_0(a) = 0 \\ f_1 : \mathbb{Z} \longrightarrow \mathbb{Z}, & f_1(a) = a \end{cases}$$

예 5.3.12 유리수체 $\mathbb{Q}$ 위의 환 준동형사상의 개수를 구하자. 함수 $f : \mathbb{Q} \longrightarrow \mathbb{Q}$가 환 준동형사상이라 하자. 임의의 $a \in \mathbb{Z}$에 대하여

$$f(a) = af(1)$$

이다. 또한 임의의 유리수 $\frac{a}{b} \in \mathbb{Q}$, a, $b(>0) \in \mathbb{Z}$에 대하여

$$bf\left(\frac{a}{b}\right) = f\left(\frac{ab}{b}\right) = f(a) = af(1)$$

이므로 다음이 성립한다.

$$f\left(\frac{a}{b}\right) = \frac{a}{b}f(1)$$

따라서 f는 1의 상 $f(1)$에 의하여 결정된다. 또한 $f(1) = f(1^2) = f(1)^2$에서 $f(1) = 0$ 또는 $f(1) = 1$이어야 한다. 그러므로 유리수체 $\mathbb{Q}$ 위의 환 준동형사상은 다음 2가지만 존재한다.

$$\begin{cases} f_0 : \mathbb{Q} \longrightarrow \mathbb{Q}, & f_0(x) = 0 \\ f_1 : \mathbb{Q} \longrightarrow \mathbb{Q}, & f_1(x) = x \end{cases}$$

예 5.3.13 가환환 $\mathbb{Z}_n = \{0,\ 1,\ \cdots,\ n-1\}$ 위의 환 준동형사상의 개수를 구하자. 함수 f : $\mathbb{Z}_n \longrightarrow \mathbb{Z}_n$가 환 준동형사상이라 하자. 임의의 $a \in \mathbb{Z}_n$에 대하여

$$f(a) = af(1)$$

이므로 f는 1의 상 $f(1)$에 의하여 결정된다. 또한 $f(1) = f(1^2) = f(1)^2$이므로 $f(1)$은 멱등원이어야 한다.

한편 $\mathbb{Z}_n$의 멱등원을 a라 하면 $a = a^2$이다. $\mathbb{Z}_n$ 위의 함수

$$f_a : \mathbb{Z}_n \longrightarrow \mathbb{Z}_n, \quad f_a(x) = xa$$

를 생각하자. 그러면 임의의 원소 x, $y \in \mathbb{Z}_n$에 대하여

$$f_a(x+y) = (x+y)a = xa + ya = f_a(x) + f_a(y)$$
$$f_a(xy) = (xy)a = xya^2 = (xa)(ya) = f_a(x)f_a(y)$$

이므로 f_a는 환 준동형사상이다. 그러므로 가환환 $\mathbb{Z}_n$ 위의 환 준동형사상은 멱등원의 개수와 같다.

예를 들어, 가환환 $\mathbb{Z}_{12} = \{0, 1, \cdots, 11\}$ 위의 환 준동형사상

$$f : \mathbb{Z}_{12} \longrightarrow \mathbb{Z}_{12}$$

의 개수를 구하자. 위의 풀이에 의해 $\mathbb{Z}_{12}$에서 멱등원을 찾으면 된다.

$$0^2 = 0, \quad 1^2 = 1, \quad 2^2 = 4, \quad 3^2 = 9, \quad 4^2 = 4, \quad 5^2 = 1$$
$$6^2 = 0, \quad 7^2 = 1, \quad 8^2 = 4, \quad 9^2 = 9, \quad 10^2 = 4, \quad 11^2 = 1$$

이므로 $\mathbb{Z}_{12}$의 멱등원은 0, 1, 4, 9로 4개가 되어 환 준동형사상은 다음과 같은 4개가 존재한다.

$$\begin{cases} f_0 : \mathbb{Z}_{12} \longrightarrow \mathbb{Z}_{12}, & f_0(x) = 0, & \mathrm{Im}(f_0) = \{0\} \\ f_1 : \mathbb{Z}_{12} \longrightarrow \mathbb{Z}_{12}, & f_1(x) = x, & \mathrm{Im}(f_1) = \mathbb{Z}_{12} \\ f_4 : \mathbb{Z}_{12} \longrightarrow \mathbb{Z}_{12}, & f_4(x) = 4x, & \mathrm{Im}(f_4) = \{0, 4, 8\} \\ f_9 : \mathbb{Z}_{12} \longrightarrow \mathbb{Z}_{12}, & f_9(x) = 9x, & \mathrm{Im}(f_9) = \{0, 9, 6, 3\} \end{cases}$$

이 중에서 환 동형사상은 f_1뿐이다.

연 습 문 제 (5.3)

1. $\phi : \mathbb{Z}_3 \to \mathbb{Z}_6$, $\phi(x) = x + x$는 환준동형사상이 되느냐? 또 $\phi : \mathbb{Z}_3 \to \mathbb{Z}_6$, $\phi(x) = 4x$는 환준동형사상이 되느냐?

2. 대입 준동형사상

$$\phi_5 : \mathbb{Q}[x] \longrightarrow \mathbb{Q}, \quad \phi_5(f(x)) = f(5)$$

의 핵(kernel)에 속하는 6개의 원소를 구하라.

3. $a, b \in \mathbb{R}$일 때, 함수

$$\phi : \mathbb{C} \longrightarrow M_2(\mathbb{R}), \quad \phi(a+bi) = \begin{pmatrix} a & b \\ -b & a \end{pmatrix}$$

는 단사 환준동형사상임을 보여라.

4. 가환환 $\mathbb{Z}_9 = \{0, 1, 2, \cdots, 8\}$에 대하여 다음 물음에 답하라.

(1) $\mathbb{Z}_9$의 모든 멱등원을 구하라.

(2) 모든 환준동형사상 $f : \mathbb{Z}_9 \longrightarrow \mathbb{Z}_9$를 구하여라.

5. 환 $\mathbb{Z} \times \mathbb{Z}$에서 $\mathbb{Z} \times \mathbb{Z}$로의 모든 환준동형사상을 구하라. [참고: $\phi(1, 0) = \phi(1, 0) \cdot \phi(1, 0)$, $\phi(0, 1) = \phi(0, 1) \cdot \phi(0, 1)$, $\phi((1, 0) \cdot (0, 1)) = (0, 0)$를 이용하라.]

6. 정수환 $\mathbb{Z}$과 유리수체 $\mathbb{Q}$에서 다음 함수에서 모든 준동형사상을 구하라.

(1) $f:\mathbb{Z}\longrightarrow\mathbb{Z}_7$ (2) $f:\mathbb{Z}\longrightarrow\mathbb{Z}_{12}$

(3) $f:\mathbb{Z}\longrightarrow\mathbb{Z}\times\mathbb{Z}$ (4) $f:\mathbb{Z}\times\mathbb{Z}\longrightarrow\mathbb{Z}$

(5) $f:\mathbb{Z}\longrightarrow\mathbb{Q}$ (6) $f:\mathbb{Q}\longrightarrow\mathbb{Z}$

7. 환 $2\mathbb{Z}$와 환 $3\mathbb{Z}$는 동형이 아님을 보여라. 체 $\mathbb{R}$과 $\mathbb{C}$는 동형이 아님을 보여라.

8. $\mathbb{Z}[\sqrt{2}]=\{a+b\sqrt{2}\mid a,\,b\in\mathbb{Z}\}$일 때 $\mathbb{Z}[\sqrt{2}]$에서 $\mathbb{Z}[\sqrt{2}]$로의 모든 환준동형사상을 구하라.

9. 복소수체 $\mathbb{C}$에 대하여 다음 사상이 환 동형사상임을 밝혀라.

$$f:\ \mathbb{C}\longrightarrow\mathbb{C},\quad f(a+bi)=a-bi$$

10. 다음 함수는 환 동형사상임을 보여라.

(1) $f:\mathbb{Z}_{10}\longrightarrow\mathbb{Z}_2\times\mathbb{Z}_5$ (2) $f:\mathbb{Z}_{12}\longrightarrow\mathbb{Z}_3\times\mathbb{Z}_4$

11. $\phi:\ R\to R'$가 환의 준동형사상이고 $\phi\neq 0$이라 하자. 이때 R이 단위원 1을 가지고 R'에 영인자가 없다면, $\phi(1)$은 R'의 단위원임을 보여라.

12. $\phi:R\to S(\neq\{0\})$는 전사인 환준동형사상이고 R은 1을 가진 환이다. u가 R의 단원일 때 $\phi(u)$가 S의 단원일 필요충분조건은 $u\notin\ker(\phi)$임을 보여라.

13. 체 F에 대하여 함수 $\phi:F\longrightarrow F$가 환준동형사상이면, $\phi=0$이거나 단사임을 보여라.

14. 체 F에서 단위원 1을 가진 환 $R(\neq\{0\})$로의 환준동형사상 $f:F\to R$이 전사이면, f는 동형사상임을 보여라.

15. 환준동형사상 $\sigma:R\to S$와 다항식 $f(x)=a_0+a_1x+a_2x^2+\cdots+a_nx^n\in R[x]$에 대하여

$$\phi_\sigma:R[x]\longrightarrow S[x],\quad \phi_\sigma(f(x))=\sigma(a_0)+\sigma(a_1)x+\cdots+\sigma(a_n)x^n$$

라 정의하면, 함수 ϕ_σ는 환 준동형사상임을 보여라.

16. 체 F 위의 다항식환 $F[x]$의 다항식 $f(x)=a_0+a_1x+a_2x^2+\cdots+a_nx^n$에 대하여 **형식적 미분**사상(formal differentiation map) D를 아래와 같이 정의할 때, 다음 물음에 답하라.

$$D:F[x]\longrightarrow F[x],\quad D(f(x))=f'(x)=a_1+2\cdot a_2x+\cdots+n\cdot a_nx^{n-1}$$

(1) 임의의 다항식 $f(x),\ g(x)\in F[x]$와 $a\in F$에 대하여 다음이 성립함을 증명하라.

$$(f(x)+g(x))'=f'(x)+g'(x),\quad (af(x))'=af'(x),\quad (f(x)g(x))'=f'(x)g(x)+f(x)g'(x)$$

즉, D는 군 준동형사상이지만 환 준동형사상이 아니다.

(2) 사상 D에 의한 $F[x]$의 상 $D(F[x])$를 구하라.

17. 함수 $\phi : \mathbb{H} \to M_2(\mathbb{C})$를

$$\phi(a+bi+cj+dk) = a\begin{pmatrix}1 & 0\\ 0 & 1\end{pmatrix} + b\begin{pmatrix}0 & 1\\ -1 & 0\end{pmatrix} + c\begin{pmatrix}0 & i\\ i & 0\end{pmatrix} + dK$$

로 정의하면 ϕ가 환동형사상이 되는 행렬 $K \in M_2(\mathbb{C})$가 존재한다.

(1) 행렬 K를 구하라.

(2) ϕ가 환준동형사상임을 보이기 위하여 꼭 확인해야 할 8개의 식을 찾아라.

(3) ϕ가 $\mathbb{H}$와 $\phi(\mathbb{H})$ 사이의 동형사상임을 보이기 위하여 (2)에서 확인한 사실 외의 어떤 것을 더 확인해야 하나?

18. R이 단위원을 갖는 환에 대하여 군 $(R, +)$의 자기준동형사상 전체집합 $\text{End}(R)$은 환이다. 이때 원소 $a \in R$에 대하여, 함수 λ_a를

$$\lambda_a : R \longrightarrow R, \quad \lambda_a(x) = ax,\ x \in R$$

이라 정의할 때, 다음 물음에 답하라.

(1) $\lambda_a \in \text{End}(R)$임을 보여라.

(2) $R' = \{\lambda_a \mid a \in R\}$은 $\text{End}(R)$의 부분환임을 보여라.

(3) (2)의 R'이 R과 환동형임을 보임으로써, 군에 대한 Cayley의 정리와 유사한 정리를 환 R에 대하여 기술하고 증명하라.

19. 가환환 $(\mathbb{Z}, +, \cdot)$, $(\mathbb{Z}_n, +, \cdot)$, $(\mathbb{Z}_2 \times \mathbb{Z}_2, +, \cdot)$에 대하여 다음 물음에 답하라.

(1) $\text{End}(\mathbb{Z}, +)$는 $(\mathbb{Z}, +, \cdot)$와 환동형임을 보여라.

(2) $\text{End}(\mathbb{Z}_n, +)$는 $(\mathbb{Z}_n, +, \cdot)$와 환동형임을 보여라.

(3) $\text{End}(\mathbb{Z}_2 \times \mathbb{Z}_2, +)$는 $(\mathbb{Z}_2 \times \mathbb{Z}_2, +, \cdot)$와 환동형이 <u>아님</u>을 보여라.

5.4 다항식환

수학에서 문자(변수)의 의미는 여러가지로 쓰인다[5, p.10]. 여러가지 변수의 성질 중에서 **부정원**(indeterminate, 不定元)을 도입하여 환의 원소를 계수로 하는 다항식을 추가하여 확장한 대수적 구조에 대해 알아 본다.

대수식	예	문자	문자의 성질
공식	$V = RI$	V(전압), R(저항), I(전류)	임의의 양에 대한 기호, 한 변수의 변화는 다른 변수의 변화 (모두 독립변수)
공식	$S = \pi r^2$	π	고정된 수, $\pi = 3.1415\cdots$, $e = 2.718\cdots$
방정식	$(x+1)^2 = 0$	x	미지수(유한 개의 실수)
항등식	$(x+1)^2 = x^2+2x+1$	x	임의의 실수
수의 성질	$1 = n(1/n)$	n	산술 패턴의 일반화
수의 성질	$a(b+c) = ab+ac$	$a,\ b,\ c$	어떤 수 집합의 모든 원소를 대표하는 문자
함수식	$y = ax+b$	$a,\ b,\ x,\ y$	$a,\ b$:상수(한 번 대입), x:독립변수, y:종속변수
다항식	$ax+b$	$a,\ b,\ x$	$a,\ b$:상수(한 번 대입), x: 부정원(대입 못함)

정의 5.4.1 [*다항식(polynomial, 多項式)*]

환 R과 부정원 x에 대하여

$f(x)$는 R **위의 다항식**(polynomial) $\overset{\text{정의}}{\Longleftrightarrow}$

$$f(x) = a_0 + a_1x + \cdots + a_nx^n + \cdots \quad (a_i \in R)$$
$$= a_0 + a_1x + \cdots + a_nx^n \quad (a_i = 0,\ i > n)$$

(유한 개를 제외한 모든 i에 대하여 $a_i = 0$)

(단, $x^0 = 1,\ 0 \cdot x^i = 0,\ 1 \cdot x^i = x^i$)

$R[x]$는 R **위의 다항식 전체 집합** $\overset{\text{정의}}{\Longleftrightarrow}$ $R[x] = \{a_0 + a_1x + \cdots + a_nx^n \mid a_0, \cdots, a_n \in R,\ n \geq 0\}$

※ R 위의 x에 관한 다항식 $f(x) = a_0 + a_1x + \cdots + a_nx^n + \cdots \in R[x]$에 대하여

- $a_0,\ a_1x,\ \cdots,\ a_nx^n,\ \cdots$: $f(x)$의 **항**(term, 項)
- a_0 : $f(x)$의 **상수항**(constant term, 常數項)
- $a_0,\ a_1,\ \cdots,\ a_n,\ \cdots$: $f(x)$의 **계수**(coefficient, 係數)
- $f(x) = a_0$: $f(x)$는 **상수다항식**(constant polynoial)
- $f(x) = 0$: $f(x)$는 **영다항식**(zero polynomial)

※ 다항식(x가 부정원)과 다항함수(x가 변수)는 표기는 같지만 성질은 전혀 다르다.

정의 5.4.2 [다항식(polynomial, 多項式)]

환 R 위의 다항식

$$f(x) = a_0 + a_1x + \cdots + a_nx^n, \quad g(x) = b_0 + b_1x + \cdots + b_nx^n$$

에 대하여 (필요하면 계수가 0인 항을 첨가하여 항의 개수 $n+1$을 맞춤)

$$f(x) = g(x) \overset{\text{정의}}{\Longleftrightarrow} a_0 = b_0, \quad a_1 = b_1, \quad \cdots, \quad a_n = b_n$$

$f(x) = a_0 + a_1x + \cdots + a_nx^n$, $a_n \neq 0$일 때,

- n을 $f(x)$**의 차수**(degree, 次數)라 하고, $\deg(f(x)) = n$라 표기
- $f(x)$는 n**차 다항식**(n-th degree polynomial)
- a_n은 $f(x)$**의 최고차 항의 계수**(leading coefficient)
- 최고차 항의 계수 $a_n = 1$이면, $f(x)$는 **모닉 다항식**(monic polynomial)이라고 한다.

※ 영다항식의 차수 $\deg(0) = -\infty$라 정의한다.
영이 아닌 상수다항식 $a(\neq 0)$의 차수는 $\deg(a) = 0$이다.

정리 5.4.3 환 R 위의 다항식

$$f(x) = a_0 + a_1x + \cdots + a_nx^n, \quad g(x) = b_0 + b_1x + \cdots + b_mx^m$$

에 대하여, $n \leq m$이라 할 때, 덧셈과 곱셈을 다음과 같이 정의하자.

$$f(x) + g(x) = (a_0 + b_0) + (a_1 + b_1)x + \cdots + (a_n + b_n)x^n + b_{n+1}x^{n+1} + \cdots + b_mx^m$$

$$f(x)g(x) = c_0 + c_1x + \cdots + c_{n+m}x^{n+m}, \quad c_i = \Sigma_{k=0}^{i} a_kb_{i-k} = a_0b_i + a_1b_{i-1} + \cdots + a_ib_0$$

그러면 다음이 성립한다.

$(R[x], +, \cdot)$은 환이다. 이 환을 R **위의 다항식환**(polynomial ring, 多項式環)이라 한다.

※ 환 R은 다항식환 $R[x]$의 부분환이다.

(증명) 연습문제로 남긴다. ■

체 F는 체 E의 부분체($F < E$)라고 하자. 그러면 $F[x]$에서 E로 가는 아주 중요한 준동형사상이 존재한다. 이 사상은 **체론에서 상당히 중요한 역할을 한다**. 예 5.3.4의 대입 준동형사상과 다음 정리를 비교하기 바란다.

정리 5.4.4 (체론을 위한 대입 준동형사상) *체 F는 체 E의 부분체($F < E$)이고 $\alpha \in E$, x는 부정원이다. 이때 $F[x]$에서 E로의 함수*

$$\phi_\alpha : F[x] \longrightarrow E, \quad \phi_\alpha(a_0 + a_1x + \cdots + a_nx^n) = a_0 + a_1\alpha + \cdots + a_n\alpha^n$$

이라 정의하면 다음이 성립한다.

(1) ϕ_α는 환 준동형사상이다.

(2) $\phi_\alpha|_F : F \longrightarrow E$, $\phi_\alpha|_F(a_0) = \phi_\alpha(a_0) = a_0$는 단사 준동형사상이고 $F = \mathrm{Im}(\phi_\alpha|_F)$이다.

※ ϕ_α는 부정원 x자리에 원소 α를 대입하는 함수이다. 이때 ϕ_α를 α에서 **대입 준동형사상**(evaluation homomorphism, 代入 準同型寫像)이라 한다.

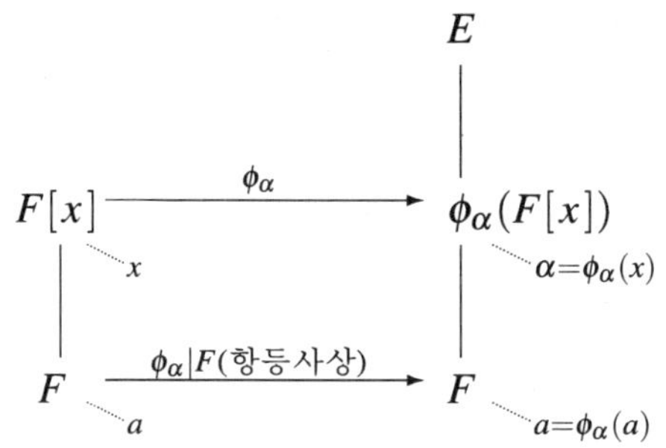

(증명) (1) 환 R 위의 다항식

$$f(x) = a_0 + a_1x + \cdots + a_nx^n, \quad g(x) = b_0 + b_1x + \cdots + b_mx^m$$

에 대하여, $n \le m$이라 할 때, ϕ_α가 환 준동형사상임을 보이자.

$$\begin{aligned}
\phi_\alpha(f(x)+g(x)) &= \phi_\alpha((a_0+b_0)+(a_1+b_1)x+\cdots+(a_n+b_n)x^n+b_{n+1}x^{n+1}+\cdots+b_mx^m) \\
&= (a_0+b_0)+(a_1+b_1)\alpha+\cdots+(a_n+b_n)\alpha^n+b_{n+1}\alpha^{n+1}+\cdots+b_m\alpha^m \\
&= (a_0+a_1\alpha+\cdots+a_n\alpha^n)+(b_0+b_1\alpha+\cdots+b_n\alpha^n+b_{n+1}\alpha^{n+1}+\cdots+b_m\alpha^m) \\
&= \phi_\alpha(f(x))+\phi_\alpha(g(x)) \\
\phi_\alpha(f(x)g(x)) &= \phi_\alpha(c_0+c_1x+\cdots+c_{n+m}x^{n+m}), \quad c_i = \Sigma_{k=0}^{i} a_kb_{i-k} = a_0b_i + a_1b_{i-1}+\cdots+a_ib_0 \\
&= c_0+c_1\alpha+\cdots+c_{n+m}\alpha^{n+m} = f(\alpha)g(\alpha) = \phi_\alpha(f(x))\phi_\alpha(g(x))
\end{aligned}$$

이므로 ϕ_α가 환 준동형사상이다.

(2) (1)에 의해 성립한다. ■

예 5.4.5 [대입 준동형사상(정리 5.4.4)] $F = \mathbb{Q}$, $E = \mathbb{R}$이라 하자.

(1) 대입 준동형사상

$$\phi_0 : \mathbb{Q}[x] \longrightarrow \mathbb{R}, \quad \phi_0(a_0 + a_1x + \cdots + a_nx^n) = a_0 + a_10 + \cdots + a_n0^n = a_0$$

은 다항식의 상수항으로 사상한다.

(2) 대입 준동형사상

$$\phi_1 : \mathbb{Q}[x] \longrightarrow \mathbb{R}, \quad \phi_1(a_0 + a_1 x + \cdots + a_n x^n) = a_0 + a_1 + \cdots + a_n$$

에서 $x^2 - 3x + 2$은 $\ker(\phi_1)$의 원소이다. 이때

$$x^2 - 3x + 2 = (x-1)(x-2)$$

로 $x-1$을 인수로 갖는 인수분해가 된다. 특히, $\phi_1(x-1) = 1 - 1 = 0$이다. 따라서 $x-1$을 인수로 갖는 다항식은 모두 $\ker(\phi_1)$의 원소이다. 즉,

$$\phi_1((x-1)g(x)) = (1-1)g(1) = 0$$

이다. 역으로 인수정리(정리 5.5.4)에 의하면, $\ker(\phi_1)$의 원소는 모두 $x-1$을 인수로 갖는 다항식이 된다.

(3) 대입 준동형사상

$$\phi_\pi : \mathbb{Q}[x] \longrightarrow \mathbb{R}, \quad \phi_\pi(a_0 + a_1 x + \cdots + a_n x^n) = a_0 + a_1 \pi + \cdots + a_n \pi^n$$

에서 $\ker(\phi_\pi)$는 다음과 같이 알려진 π의 성질(유리수 계수 다항식 형태의 성질)

$$a_0 + a_1 \pi + \cdots + a_n \pi^n = 0 \quad \Longleftrightarrow \quad a_0 = a_1 = \cdots = a_n = 0$$

에서 $\ker(\phi_\pi) = \{0\}$임을 알 수 있다. 따라서 ϕ_π는 단사함수이다. 그러므로 다음과 같은 π에 관한 **형식적 다항식**(formal polynomial, 形式的 多項式) 전체 집합

$$\mathbb{Q}[\pi] = \{f(\pi) \mid f(\pi) = a_0 + a_1 \pi + \cdots + a_n \pi^n,\ a_i \in \mathbb{Q}\} \subset \mathbb{R}$$

는 대입 준동형사상

$$\phi_\pi : \mathbb{Q}[x] \longrightarrow \mathbb{Q}[\pi], \quad \phi_\pi(a_0 + a_1 x + \cdots + a_n x^n) = a_0 + a_1 \pi + \cdots + a_n \pi^n$$

에 의하여 $\mathbb{Q}[x]$와 동형인 환이 된다. 즉, $\boxed{\mathbb{Q}[x] \cong \mathbb{Q}[\pi]}$이다.

예 5.4.6 [대입 준동형사상(정리 5.4.4)] $F = \mathbb{Q}$, $E = \mathbb{C}$이라 하자.

(1) 대입 준동형사상

$$\phi_i : \mathbb{Q}[x] \longrightarrow \mathbb{C}, \quad \phi_i(a_0 + a_1 x + \cdots + a_n x^n) = a_0 + a_1 i + \cdots + a_n i^n$$

이고 $\phi_i(x) = i$이다. 특히

$$\phi_i(x^2 + 1) = i^2 + 1 = 0$$

이므로 $x^2 + 1 \in \ker(\phi_i)$이다.

정의 5.4.7 [*다항식의 해(zero, 解)*]

체 F는 체 E의 부분체이고 $\alpha \in E$라 하자. α에 대한 대입 준동형사상 $\phi_\alpha : F[x] \longrightarrow E$와 1차 이상의 다항식 $f(x) = a_0 + a_1x + \cdots + a_nx^n \in F[x]$에 대하여

α가 $f(x)$**의 해**(zero, 解) 또는 **근**(root, 根) $\overset{정의}{\Longleftrightarrow}$ $\phi_\alpha(f(x)) = a_0 + a_1\alpha + \cdots + a_n\alpha^n = 0$

다항식의 해의 정의를 위 정의 5.4.7처럼 x에 직접 대입하지 않고 대입 준동형사상을 이용하는 이유는 다항식환에서 x는 변수가 아니라 부정원이라서 직접 대입할 수 없다. 이는 x를 변수라 하면 다항식환을 구성할 수 없기 때문이다.

일반적으로 다항식의 해를 구하는 것이 매우 어렵기 때문에 대수적 구조인 체를 이용하여 다항식의 해의 구조에 대한 아름다운 이론을 체론에서 경험하게 될 것이다.

예 5.4.8 [다항식의 해] 중고등학교에서 다항식 $f(x) = x^2 - x - 6$의 모든 실근 $\alpha \in \mathbb{R}$을 찾는 방법은 $f(x)$를 1차인수로 인수분해 하여 해를 구하였다. 하지만 인수분해는 다항식이 3차 이상이면 일반적으로 매우 어렵다. 따라서 해를 구하는 문제를 대입 준동형사상 $\phi_\alpha : \mathbb{Q}[x] \longrightarrow \mathbb{R}$에서

$$\phi_\alpha(x^2 - x - 6) = 0$$

인 모든 $\alpha \in \mathbb{R}$를 찾는 문제로 바꿀 수 있다. 실제로

$$\{\alpha \in \mathbb{R} \mid \phi_\alpha(x^2 - x - 6) = 0\} = \{r \in \mathbb{R} \mid r^2 - r - 6 = (r+2)(r-3) = 0\} = \{-2, 3\}$$

이므로 두 방법의 해는 같다. 여기서 x는 부정원이고 r은 변수이다.

이처럼 함수(대입 준동형사상)를 이용하여 해를 구하는 방법을 찾을 수 있다. 이에 대해서는 뒤(8장)에서 다룬다.

예 5.4.9 [다항식의 해의 존재성] $\sqrt{2}$는 무리수임을 증명하라. 이는 다음 명제와 동치이다.

다항식 $x^2 - 2$는 유리수 해를 가지지 않는다

(증명1) $\sqrt{2}$가 유리수라고 하자. 그러면 유리수 $a/b \in \mathbb{Q}$, $b \neq 0$, $\gcd(a,b) = 1$가 존재하여 다항식 $x^2 - 2$의 해가 된다. 즉, $(a/b)^2 = 2$라 하자. 그러면

$$a^2 = 2n^2$$

이다. 여기서 $2n^2$은 짝수이므로 a^2도 짝수이다. 홀수의 제곱은 홀수이므로 a는 짝수이어야 한다. 즉, $a = 2c$인 정수 $c \in \mathbb{Z}$가 존재한다. 그러므로

$$2b^2 = a^2 = (2c)^2 = 4c^2 \quad \Longrightarrow \quad b^2 = 2c^2$$

이 되어 b도 짝수이다. 이는 a와 b의 최대공약수가 1이라는데 모순이다. 따라서 x^2-2는 유리수 해를 가지지 않으므로 $\sqrt{2}$는 무리수이다.

(증명2) $\sqrt{2}$가 유리수라고 하자. 그러면 유리수 $a/b \in \mathbb{Q}$, $b \neq 0$가 존재하여 다항식 x^2-2의 해가 된다. 즉, $(a/b)^2 = 2$라 하자. 그러면

$$a^2 = 2b^2$$

이다. 여기서 a와 b를 표준분해하여 2의 인수의 개수를 비교하면 a^2에서 2의 개수는 짝수이지만 $2b^2$에서 2의 개수는 홀수가 되어 소인수분해의 유일성에 모순이다. 따라서 x^2-2는 유리수 해를 가지지 않으므로 $\sqrt{2}$는 무리수이다.

예 5.4.10 다항식의 연산에서 차수에 대한 성질을 알아보자.

정역 D 위의 다항식환의 원소 $f(x)\cdot g(x) \in D[x]$에 대하여 다음이 성립한다.

$$\deg(f(x)+g(x)) \leq max\{\deg(f(x)),\ \deg(g(x))\}$$
$$\deg(f(x)\cdot g(x)) = \deg(f(x))+\deg(g(x))$$

영인자를 갖는 환 R 위의 다항식환의 원소 $f(x)\cdot g(x) \in R[x]$에 대하여 다음이 성립한다.

$$\deg(f(x)+g(x)) \leq max\{\deg(f(x)),\ \deg(g(x))\}$$
$$\deg(f(x)\cdot g(x)) \leq \deg(f(x))+\deg(g(x))$$

예를 들어 정역 $\mathbb{Z}$ 위의 다항식환 $\mathbb{Z}[x]$에서 $f(x)=1+x$, $g(x)=1-x$를 생각하자.

$$\deg(f(x)+g(x)) = \deg(1+x+1-x) = 0 \leq max\{\deg(1+x),\ \deg(1-x)\} = 1,$$
$$\deg(f(x)\cdot g(x)) = \deg(1+x)(1-x) = \deg(1-x^2) = 2 = \deg(1+x)+\deg(1-x) = 2$$

영인자를 갖는 환 $\mathbb{Z}_6$ 위의 다항식환 $\mathbb{Z}_6[x]$에서 $f(x)=1+4x$, $g(x)=1+3x$를 생각하자.

$$\deg(f(x)+g(x)) = \deg(1+4x+1+3x) = \deg(2+x) = 1 = max\{\deg(1+4x),\ \deg(1+3x)\} = 1,$$
$$\begin{aligned}\deg(f(x)\cdot g(x)) &= \deg(1+4x)(1+3x) = \deg(1+x+4\cdot 3x^2) = \deg(1+x) = 1\\ &\leq \deg(1+4x)+\deg(1+3x) = 2\end{aligned}$$

정리 5.4.11 *환 R 위의 다항식환 $R[x]$에 대하여 다음이 성립한다.*

(1) R이 단위원을 가진 가환환 $\Longrightarrow$ $R[x]$도 단위원을 가진 가환환

(2) D가 정역 $\Longrightarrow$ $D[x]$도 정역이고 $\boxed{U(D[x]) = U(D)}$

(3) F가 체 $\Longrightarrow$ $F[x]$는 정역(체가 아님)

(증명) (1) 다항식환 $R[x]$의 원소

$$f(x) = a_0 + a_1x + \cdots + a_nx^n, \quad g(x) = b_0 + b_1x + \cdots + b_mx^m$$

에 대하여, $n \leq m$이라 할 때,

$$f(x)g(x) = c_0 + c_1x + \cdots + c_{n+m}x^{n+m}, \quad c_i = \Sigma_{k=0}^{i} a_kb_{i-k} = a_0b_i + a_1b_{i-1} + \cdots + a_ib_0$$

에서 R이 가환환이므로

$$c_i = \Sigma_{k=0}^{i} a_kb_{i-k} = a_0b_i + a_1b_{i-1} + \cdots + a_ib_0 = b_0a_i + \cdots + b_{i-1}a_1 + b_ia_0 = \Sigma_{k=0}^{i} b_ka_{i-k}$$

이다. 따라서

$$f(x)g(x) = c_0 + c_1x + \cdots + c_{n+m}x^{n+m} = g(x)f(x)$$

이다. 또한 R의 단위원 1은

$$1_{R(x)} = 1 + 0 \cdot x + 0 \cdot x^2 + \cdots + 0 \cdot x^n + \cdots = 1_R$$

이므로 1은 $R[x]$의 단위원이다. 그러므로 $R[x]$는 단위원을 가진 가환환이다.

(2) 임의의 영이 아닌 다항식 $f(x)$, $g(x) \in D[x]$에 대하여 $\deg(f(x)) = n \geq 0$, $\deg(g(x)) = m \geq 0$이라 하자. 또 $f(x)$와 $g(x)$의 최고차 항의 계수를 $a_n (\neq 0) \in D$과 $b_m (\neq 0) \in D$라 하자. D가 정역이므로 $a_nb_m \neq 0$이다. 따라서 $f(x)g(x)$의 최고차 항의 계수 $a_nb_m \neq 0$이므로 $f(x)g(x) \neq 0$이다. 그러므로 $D[x]$는 정역이다.

한편 $f(x) \in D[x]$가 단원이라 하자. 그러면

$$1 = f(x)g(x)$$

인 다항식 $g(x) \in D[x]$가 존재한다. 그러면 $D[x]$는 정역이므로

$$0 = \deg(1) = \deg(f(x)g(x)) = \deg f(x) + \deg g(x)$$

이므로 $\deg f(x) = \deg g(x) = 0$이어야 한다. 따라서 $f(x)$, $g(x) \in D$이고 D의 단원이 된다. 역으로 D의 단원은 분명히 $D[x]$의 단원이다.

(3) 체 F는 정역이므로 (2)에 의하여 $F[x]$는 정역이다.

※ 참고로 $F[x]$는 체가 아니다. $x \in F[x]$는 단원(가역원)이 아니다.

x의 역원 $x^{-1} = f(x) = a_0 + a_1x + \cdots + a_nx^n \in F[x]$이 존재한다고 하자. 그러면

$$1 = x(a_0 + a_1x + \cdots + a_nx^n) = a_0x + a_1x^2 + \cdots + a_nx^{n+1}$$

다항식의 상등에 의하여 $1 = 0$이 되어 모순이다. 따라서 $x^{-1} \notin R[x]$ ■

정의 5.4.12 [*n개의 부정원의 다항식환(polynomial ring, 多項式環)*]
환 R과 부정원 $x_1, x_2, \cdots, x_n$에 대하여 순차적으로 정의된 다항식환

$$R[x_1], \quad (R[x_1])[x_2], \quad \cdots, \quad (\cdots((R[x_1])[x_2])\cdots)[x_n]$$

을 각각

$$R[x_1], \quad R[x_1, x_2], \quad \cdots, \quad R[x_1, x_2, \cdots, x_n]$$

으로 나타내고, 다항식환 $R[x_1, x_2, \cdots, x_n]$을 R 위의 $x_1, x_2, \cdots, x_n$에 관한 **다항식환** *(polynomial ring, 多項式環)이라 한다. 또한 $R[x_1, x_2, \cdots, x_n]$의 원소를 R 위의 $x_1, x_2, \cdots, x_n$에 관한* **다항식***(polynomial)이라 한다.*

※ $R[x, y] = (R[x])[y] = (R[y])[x]$

예 5.4.13 [다항식환] 유리수체 $\mathbb{Q}$ 위의 다항식환 $\mathbb{Q}[x, y]$에서 다항식

$$f(x, y) = x^2y^3 - 2x^2y + 4xy - 3x^3 - 2y + 1 \in \mathbb{Q}[x, y]$$

에 대하여 다음이 성립한다.

$$f(x, y) = -3x^3 + (y^3 - 2y)x^2 + 4yx + (-2y + 1) \in (\mathbb{Q}[y])[x]$$
$$f(x, y) = x^2y^3 + (-2x^2 + 4x - 2)y + (-3x^3 + 1) \in (\mathbb{Q}[x])[y]$$

연 습 문 제 (5.4)

1. 다항식환 $\mathbb{Z}_3[x]$에서 다음 다항식을 간단히 하라.

(1) $(2x+1)+(x+2)$ (2) $(x+1)-(2x+2)$

(3) $(2x+1)(x+2)$ (4) $(2x^2+x+1)(2x+1)$

2. 다음 다항식환의 모든 단원을 구하라.

(1) $\mathbb{Z}[x]$ (2) $\mathbb{Q}[x]$

(3) $\mathbb{Z}_7[x]$ (4) $\mathbb{Z}_{12}[x]$

3. (정리 5.4.3) 환 R 위의 다항식 전체 집합 $(R[x], +, \cdot)$은 환임을 증명하라.

4. $(\mathbb{Q}[x])[y]$의 원소

$$f(x, y) = (3x^3 + 2x)y^3 + (x^2 - 6x + 1)y^2 + (x^4 - 2x)y + (x^4 - 3x^2 + 2)$$

를 $(\mathbb{Q}[y])[x]$의 원소인 것처럼 표현하라.

5. F가 체이고 $F^F = \{\phi \mid \phi: F \to F$는 함수$\}$라고 하자. 이때 $\phi \in F^F$가 다항식 $f(x) \in F[x]$가 존재하여 F의 모든 원소 a에 대하여 $\phi(a) = f(a)$이면 ϕ를 **다항 함수**(polynomial function)라고 한다. (5.1)의 연습문제 9번을 참조하여 다음 문제를 풀어라.

(1) 다항함수들의 집합 $P_F = \{a_0 + a_1 x + \cdots + a_n x^n \mid a_0,\ a_1,\ \cdots,\ a_n \in F\}$($x$는 변수)는 F^F의 부분환임을 보여라.

(2) P_F는 $F[x]$와 동형일 필요는 없음을 보여라. [도움말: F가 유한체이면, P_F와 $F[x]$의 원소의 개수가 다름을 보이면 된다.]

5.5 체 위의 다항식환

다항식의 인수분해를 하는 이유는 다항식의 해를 구하는데 도움을 받는데 있다. 체 F가 체 E의 부분체($F < E$)일 때, F 위의 다항식 $f(x) \in F[x]$가 $F[x]$에서 인수분해된다고 하자. 즉, $g(x)$, $h(x) \in F(x)$가 존재하여 $f(x) = g(x)h(x)$라 하자. 그러면 $\alpha \in E$에 관한 대입 준동형사상 $\phi_\alpha : F[x] \longrightarrow E$를 이용하면

$$f(\alpha) = \phi_\alpha(f(x)) = \phi_\alpha(g(x)h(x)) = \phi_\alpha(g(x))\phi_\alpha(h(x)) = g(\alpha)h(\alpha)$$

이다. 따라서

$$f(\alpha) = 0 \quad \Longleftrightarrow \quad g(\alpha) = 0 \text{ 또는 } h(\alpha) = 0$$

이다. 따라서 $f(x)$의 해를 구하는 문제는 $f(x)$의 차수보다 작은 차수의 다항식 $g(x)$ 또는 $h(x)$의 해를 구하는 문제로 귀착할 수 있다.

정수의 나눗셈 알고리즘(정리 1.2.3)과 같은 성질을 가진 체 F 위의 다항식환 $F[x]$에서의 나눗셈 알고리즘에 대해 알아보자.

정리 5.5.1 (다항식의 나눗셈 알고리즘) *체 F 위의 다항식 $f(x)$, $g(x) \in F[x]$에 대하여*

$$f(x) = a_nx^n + a_{n-1}x^{n-1} + \cdots + a_1x + a_0, \quad a_n \neq 0$$
$$g(x) = b_mx^m + b_{m-1}x^{m-1} + \cdots + b_1x + b_0, \quad b_m \neq 0,\ \deg(g(x)) = m \geq 1$$

이라 하면 다음이 성립한다.

$$\boxed{f(x) = g(x)h(x) + r(x), \quad r(x) = 0 \text{ 또는 } 0 \leq \deg(r(x)) < \deg(g(x))}$$

인 F 위의 다항식 $h(x)$, $r(x) \in F[x]$가 유일하게 존재한다.

※ $h(x)$, $r(x)$를 각각 $f(x)$를 $g(x)$로 나누었을 때의 **몫**(quotient)과 **나머지**(remainder)라 한다.

(증명) $S = \{f(x) - g(x)s(x) \mid s(x) \in F[x]\} \subset F[x]$라 하자.

먼저 $0 \in S$인 경우에는 $s(x) \in F[x]$가 존재해서

$$f(x) - g(x)s(x) = 0$$

이므로 $f(x) = g(x)s(x) + 0$이다. 따라서 $h(x) = s(x)$, $r(x) = 0$이라 하면 정리가 성립한다.

다음에 $0 \notin S$인 경우에는 $f(x) = f(x) - g(x)0 \in S$이므로 $S \neq \varnothing$이다. S에서 최소 차수 다항식 $r(x) \in S$를 선택하자. 그러면 $r(x) \neq 0$이고 적당한 다항식 $h(x) \in F[x]$에 대하여

$$f(x) - g(x)h(x) = r(x) \quad \Longrightarrow \quad f(x) = g(x)h(x) + r(x)$$

이다. $\deg(r(x)) < \deg(g(x))$임을 보이자. $\deg(g(x)) \leq \deg(r(x))$라 하고

$$r(x) = c_tx^t + c_{t-1}x^{t-1} + \cdots + c_1x + c_0 (c_t \neq 0) \in F[x]$$

라 하자.

$$\frac{c_t}{b_m}x^{t-m}g(x) = \frac{c_t}{b_m}x^{t-m}(b_mx^m + b_{m-1}x^{m-1} + \cdots + b_1x + b_0) = c_tx^t + \text{「}(t-1)\text{차 이하의 항」}$$

이라 하면

$$\deg\left(r(x) - \frac{c_t}{b_m}x^{t-m}g(x)\right) < t$$

이다. 이때

$$f(x) = g(x)h(x) + r(x) = g(x)h(x) + \frac{c^t}{b_m}x^{t-m}g(x) + r(x) - \frac{c_t}{b_m}x^{t-m}g(x)$$

이므로

$$r(x) - \frac{c_t}{b_m}x^{t-m}g(x) = f(x) - g(x)\left(h(x) - \frac{c^t}{b_m}x^{t-m}\right) \in S$$

이다. 따라서 $r(x) - \frac{c_t}{b_m}x^{t-m}g(x) \in S$이다. 한편 $\deg\left(r(x) - \frac{c_t}{b_m}x^{t-m}g(x)\right) < t$이므로 이는 S에서 다항식의 차수의 최소성 t에 모순이다. 따라서 $\deg(g(x)) > \deg(r(x))$이어야 한다.

마지막으로 유일성을 보이자. 적당한 다항식 $h(x)$, $h'(x)$, $r(x)$, $r'(x) \in F[x]$에 대하여

$$f(x) = g(x)h(x) + r(x), \quad \deg(r(x)) < \deg(g(x))$$

과

$$f(x) = g(x)h'(x) + r'(x), \quad \deg(r'(x)) < \deg(g(x))$$

이라 하자. 그러면

$$g(x)(h(x) - h(x)) = r'(x) - r(x)$$

이다. 이때 $h(x) - h'(x) \neq 0$이면 $\deg(r'(x)) + \deg(r(x)) < \deg(g(x))$이므로

$$\deg(g(x)) + \deg((h'(x) - h(x)) = \deg(g(x)(h(x) - h(x)) = \deg(r'(x)) + \deg(r(x)) < \deg(g(x))$$

이다. 여기서 $g(x) \neq 0$이므로 모순이다. 따라서 $h(x) - h'(x) = 0$이어야만 한다. 그러므로 $h(x) = h'(x)$이고 $r(x) = r'(x)$를 얻는다. ■

예 5.5.2 $\mathbb{Z}_3[x]$에서 다항식 $f(x) = x^4 - x^3 + 2x^2 + x - 1$를 $g(x) = x^2 - 2x + 1$로 나눌 때 정리 5.5.1에서의 몫과 나머지를 구하자.

$$\begin{array}{r|l} & x^2 + x \\ \hline x^2 - 2x + 1 & x^4 - x^3 + 2x^2 + x - 1 \\ & x^4 - 2x^3 + x^2 \\ \hline & \quad x^3 + x^2 + x \\ & \quad x^3 - 2x^2 + x \\ \hline & \qquad\qquad -1 \end{array}$$

따라서 몫은 x^2+x이고 나머지는 -1이다. 그러므로

$$x^4-x^3+2x^2+x-1=(x^2-2x+1)(x^2+x)-1$$

이다.

예 5.5.3 다항식환 $F[x]$에서의 F가 체가 아니면 나눗셈 알고리즘이 성립하지 않는다.

예를 들어, 정수환(정역) $\mathbb{Z}$ 위의 다항식환 $\mathbb{Z}[x]$에서 다항식

$$f(x)=x^2+x+1$$

을 $2x+1$로 나눈 몫과 나머지는 존재하지 않는다. 만약 몫과 나머지가 존재한다고 하고 각각 $ax+b,\ c\in\mathbb{Z}[x]$라 하자. 그러면

$$f(x)=x^2+x+1=(2x+1)(ax+b)+c=2ax^2+(a+2b)x+b+c$$

이다. 따라서 다항식의 상등에 의하여

$$2a=1,\quad a+2b=1,\quad b+c=1$$

이어야 하는데 a는 정수환 $\mathbb{Z}$에서 구할 수 없다.

정리 5.5.4 (인수정리, 나머지정리)

체 F 위의 다항식 $f(x)\in F[x]$와 $a\in F$에 대하여 다음은 동치이다.

a가 $f(x)$의 해 $\iff$ 적당한 다항식 $g(x)\in F[x]$에 대하여 $f(x)=(x-a)g(x)$

※ 인수정리는 단위원 1을 가진 가환환 R 위의 다항식환 $R[x]$에서도 예 5.5.2의 방법으로 직접 나누면 인수정리가 성립함을 알 수 있다.

(증명) ($\Rightarrow$) $a\in F$가 $f(a)=0$이라 하자. 정리 5.5.1에 의하여

$$f(x)=(x-a)g(x)+r(x),\quad r(x)=0 \text{ 또는 } 0\le\deg(r(x))<\deg(x-a)=1$$

이다. 그러므로 $r(x)=c\in F$이다. 따라서

$$f(x)=(x-a)g(x)+c$$

이다. 이제 정리 5.4.4의 대입 준동형사상 $\phi_a : F[x]\longrightarrow F$를 적용하면

$$\phi_a(f(x))=f(a)=0 \quad\Longrightarrow\quad 0=f(a)=(a-a)g(a)+c=0g(a)+c=c$$

이므로 $c=0$이다. 따라서 $f(x)=(x-a)g(x)$이다.

($\Leftarrow$) $f(x) = (x-a)g(x)$이라 하자. 그러면

$$f(a) = (a-a)g(a) = 0g(a) = 0$$

이다. ■

예 5.5.5 $\mathbb{Z}_3[x]$에서 다항식

$$f(x) = x^4 - x^3 + 2x^2 - x + 1$$

에 대하여

$$f(2) = f(-1) = 1 + 1 + 2 + 1 + 1 = 0$$

이므로 $f(2) = 0$이다. 즉, 2는 $f(x)$의 해이다. 그러므로 인수정리(정리 5.5.4)에 의하여 $\mathbb{Z}_3[x]$에서 $f(x) = x^4 - x^3 + 2x^2 - x + 1$은 $(x-2)g(x)$인 형태로 표현된다. 실제 나눗셈을 하면 다음을 얻는다.

$$\begin{array}{r|l}
 & x^3 + x^2 + x + 1 \\ \hline
x-2 & x^4 - x^3 + 2x^2 - x + 1 \\
 & \underline{x^4 - 2x^3} \\
 & \qquad x^3 + 2x^2 \\
 & \qquad \underline{x^3 - 2x^2} \\
 & \qquad\qquad x^2 - x \\
 & \qquad\qquad \underline{x^2 - 2x} \\
 & \qquad\qquad\qquad x + 1 \\
 & \qquad\qquad\qquad \underline{x - 2} \\
 & \qquad\qquad\qquad\quad 0
\end{array}$$

(조립제법)

$$\begin{array}{r|rrrrr}
 & 1 & -1 & 2 & -1 & 1 \\
2 & & 2 & 2 & 2 & 2 \\ \hline
 & \boxed{1} & \boxed{1} & \boxed{1} & \boxed{1} & \llcorner 0 \\
2 & & 2 & 0 & 2 & \\ \hline
 & 1 & 0 & 1 & \llcorner 0 &
\end{array}$$

오른쪽의 **조립제법**(synthetic division, 組立除法)은 고등학교 과정에서 이미 배운 방법으로 1차인수로 나눌 때, 몫과 나머지를 구하는 편리한 방법이다. 첫번째 조립제법에서 네모 박스 부분이 $f(x)$를 $x-2$ 로 나눈 몫 $g(x) = x^3 + x^2 + x + 1$이고 'ㄴ' 부분이 나머지 0이다. 그러므로

$$f(x) = (x-2)(x^3 + x^2 + x + 1)$$

이다. 그리고

$$g(2) = g(-1) = -1 + 1 - 1 + 1 = 0$$

이므로, 두번째 조립제법에서 $g(x) = x^3 + x^2 + x + 1$을 $x-2$로 나눈 몫 $x^2 + 1$과 나머지 0을 구할 수 있다. 따라서 $g(x)$는 $\mathbb{Z}_3[x]$에서 다음과 같이 인수분해된다.

$$g(x) = x^3 + x^2 + x + 1 = (x-2)(x^2 + 1)$$

그리고 $h(x) = x^2 + 1$은

$$h(0) = 1 \neq 0, \quad h(1) = 2 \neq 0, \quad h(2) = 2 \neq 0$$

이므로 인수정리에 의해 $\mathbb{Z}_3[x]$에서 1차인수를 갖지 않는다. 그러므로 $f(x)$는 $\mathbb{Z}_3[x]$에서 다음과 같이 인수분해된다.

$$f(x) = (x-2)(x^3+x^2+x+1) = (x-2)(x-2)(x^2+1) = (x-2)^2(x^2+1)$$

따름정리 5.5.6 *체 F 위의 0이 아닌 n차 다항식 $f(x) \in F[x]$에 대하여 다음이 성립한다.*

$f(x)$는 F에서 많아야 n개의 해가 존재한다.

(증명) $\deg(f(x)) = n$에 관한 귀납법을 이용하자.

$\deg(f(x)) = 0$이면, $f(x) = c \in F$의 해는 없으므로 0개의 해가 존재한다.

$\deg(f(x)) = 1$인 경우 $f(x) = ax+b \in F[x](a \neq 0)$이라 하면, $ax+b=0$의 해는 $-\frac{b}{a}$로 1개의 해가 존재한다.

$\deg(f(x)) = n$이하인 경우 n개 이하의 해가 존재한다고 하자. $\deg(f(x)) = n+1$이라 하자. $f(x)$의 해가 없으면 정리가 성립한다. 다음에 $f(x)$의 해 $a \in F$가 존재한다고 하자. 그러면 인수정리에 의해 적당한 $g(x) \in F[x]$에 대하여

$$f(x) = (x-a)g(x), \quad \deg(g(x)) = n$$

이다. 귀납가정에 의해 $g(x)$는 F에서 많아야 n개의 해가 존재한다. 한편 a와 다른 $f(x)$의 해 $b \in F$에 대하여

$$0 = f(b) = (b-a)g(b) \in F$$

이다. $b-a \neq 0$이므로 $g(b) = 0$. 즉, b는 $g(x)$의 해이다. 따라서 $f(x)$는 F에서 $n+1$개 이하의 해가 존재한다. ■

예 5.5.7 따름정리 5.5.6에서 F가 체가 아니면 성립하지 않는다.

예를 들어, 단위원 1을 가진 가환환 $\mathbb{Z}_4$ 위의 1차 다항식환 $f(x) = 2x \in \mathbb{Z}_4[x]$의 해는 0, 2로 2개 존재한다.

정리 5.5.8 *체 F에 대하여 $F^* = F - \{0\}$라 할 때, 다음이 성립한다.*

(1) $(F^*, \cdot)$는 가환군 곱셈군이다.
(2) G가 F^*의 유한부분군이면, G는 순환 부분군이다.
특히, F가 유한체이면, $(F^*, \cdot)$는 순환군 이다.

(증명) (1) 정리 5.2.13에 따른다.

(2) $|G| = n$이라 하자. 그러면 유한생성가환군 정리에 의해 다음이 성립한다.

$$G \cong \mathbb{Z}_{d_1} \times \mathbb{Z}_{d_2} \times \cdots \times \mathbb{Z}_{d_r}, \quad d_i = p_i^{a_i}(p_i\text{는 소수, } a_i\text{는 자연수})$$

이때 $n = d_1 d_2 \cdots d_r$이다. 또한 d_i들의 최소공배수를 $m = \text{lcm}(d_1, d_2, \cdots, d_r)$이라 할 때, $m = n$임을 보이면 d_i는 쌍마다 서로소이다. 그러면 정리 3.4.6에 의하여

$$G \cong \mathbb{Z}_{d_1} \times \mathbb{Z}_{d_2} \times \cdots \times \mathbb{Z}_{d_r} \cong \mathbb{Z}_{d_1 d_2 \cdots d_r}$$

이 되어 G는 순환군이다. 따라서 $m = n$임을 보이면 정리가 성립한다.

정의에 의해 $n \geq m$임을 자명하다. 다음에 임의의 $(a_1, a_2, \cdots, a_r) \in \mathbb{Z}_{d_1} \times \mathbb{Z}_{d_2} \times \cdots \times \mathbb{Z}_{d_r}$에 대하여 $|a_i|$는 d_i의 약수(Lagrange 정리)이므로 m의 약수가 된다. 따라서

$$|(a_1, a_2, \cdots, a_r)| \mid m$$

이다. 즉, 임의의 $a \in G$에 대하여 $|a| \mid m$이다. 따라서

$$a^m = 1$$

이다.

한편 $A = \{a \in F \mid a\text{는 } x^m - 1 = 0\text{의 해}\}$라 하면, $G \subset A$이다. 따라서 따름정리 5.5.6에 의하여

$$n = |G| \leq |A| \leq m$$

이므로 $n \leq m$이고 $n = m$이다.

따라서 d_i는 쌍마다 서로소이므로 $G \cong \mathbb{Z}_{d_1} \times \mathbb{Z}_{d_2} \times \cdots \times \mathbb{Z}_{d_r} \cong \mathbb{Z}_{d_1 d_2 \cdots d_r} = \mathbb{Z}_n$는 순환군이다(정리 3.4.6). ■

예 5.5.9 $\mathbb{Z}_5^* = \{1, 2, 3, 4\}$는 정리 5.5.8에 의하여 곱셈 순환군이므로 생성원을 찾아보자. 따름정리 2.3.12(2)에 의하여 $\mathbb{Z}_5^*$의 생성원 수는 $\varphi(\varphi(5)) = \varphi(4) = 2$개이다. 실제로 계산하여 생성원을 찾아 보면

$$\mathbb{Z}_5^* = \langle 2 \rangle = \{2, 2^2, 2^3, 2^4\}$$

이어서 2가 $\mathbb{Z}_5^*$의 생성원이다. 다른 생성원을 찾기 위해서 따름정리 2.3.12(1)을 이용하면 2^r에서 r이 $|2| = 4$와 서로소인 $r = 3$에서 생성원이 된다. 즉, $2^3 = 3$도 $\mathbb{Z}_5^*$의 생성원이다. 계산해보면

$$\mathbb{Z}_5^* = \langle 3 \rangle = \{3, 3^2, 3^3, 3^4\}$$

이다. 따라서 $\mathbb{Z}_5^*$의 생성원은 2와 3이다.

연 습 문 제 (5.5)

1. 다음을 증명하라.

(1) n이 홀수이면, $x^n + 1$은 $x + 1$의 배수임을 보여라.

(2) $\mathbb{Z}_3[x]$에서 $x + 2$는 $x^m + 2$의 약수임을 보여라.

2. 주어진 환 안에서 각 다항식의 모든 근을 구하라. [참조: 원소 직접 대입]

(1) $\mathbb{Z}_2$에서 x^2+1

(2) $\mathbb{Z}_5$에서 $x^5+3x^3+x^2+2x$

(3) $\mathbb{Z}_{10}$에서 x^2-x

3. 체 $\mathbb{Z}_5$에서 $2x^{219}+3x^{74}+2x^{57}+3x^{44}$의 모든 근을 구하라. [참조: Fermat 정리 이용]

4. 곱셈순환군 $\mathbb{Z}_{11}^* = \{1, 2, \cdots, 10\}$의 생성원을 모두 찾아라.

5. p는 소수이다. $x^p - x \in \mathbb{Z}_p[x]$는 p개의 근을 가짐을 보여라.

6. $f(x)$를 $g(x)$로 나누었을 때, 몫과 나머지를 구하라.

(1) $\mathbb{Z}_3[x]$에서 $f(x)=x^4+2x^3+x^2+2x+1,\ g(x)=x+2$

(2) $\mathbb{Z}_7[x]$에서 $f(x)=x^6+3x^5+4x^2-3x+2,\ g(x)=x^2+2x-3$

(3) $\mathbb{Z}_{11}[x]$에서 $f(x)=x^4+5x^3-3x^2,\ g(x)=5x^2-x+2$

5.6 체 위의 다항식환의 기약다항식과 인수분해

정수론에서 소수에 해당하는 성질을 갖고 있는 체 F 위에서 다항식환 $F[x]$에서의 기약다항식을 정의한다. 이 다항식은 앞으로 체론을 연구할 때 아주 중요하게 사용된다.

정의 5.6.1 *[기약다항식(irreducible polynomial, 既約多項式)]*

체 F 위에서 다항식환 $F[x]$에서 1차 이상의 다항식 $f(x) \in F[x]$에 대하여

$f(x)$가 F 위에서 **기약**, $f(x)$가 $F[x]$의 **기약다항식**	$\overset{\text{정의}}{\Longleftrightarrow}$	$f(x) = g(x)h(x)$, $g(x), h(x) \in F[x]$이면, $g(x)$ 또는 $h(x)$가 단원 즉, $\deg(g(x)) = 0$ 또는 $\deg(h(x)) = 0$

※ $f(x)$가 F 위에서 기약이 아니면 **가약**(reducible, 可約) 또는 $F[x]$의 **가약다항식**(reducible polynomial, 可約多項式)이라 한다.

$F[x]$의 기약다항식 $f(x) \in F[x]$의 정의를 여러가지 방법으로 정의해 보면 다음과 같다.
다항식 $g(x), h(x) \in F[x]$에 대하여 $f(x) = g(x)h(x)$이면,

$$\begin{aligned} & g(x)\text{가 단원 또는 } h(x)\text{가 단원} \\ \Longleftrightarrow\ & g(x) \in F^* \text{ 또는 } h(x) \in F^* \\ \Longleftrightarrow\ & \deg(g(x)) = 0 \text{ 또는 } \deg(h(x)) = 0 \\ \Longleftrightarrow\ & \deg(f(x)) = \deg(g(x)) \text{ 또는 } \deg(f(x)) = \deg(h(x)) \end{aligned}$$

기약에 대한 일반적인 정의인 기약원은 정역에서 정의된다(정의 7.1.1).

예 5.6.2 기약과 가약에 대한 예를 살펴보자.

(1) $4x+2 \in \mathbb{Z}[x]$는 $\mathbb{Z}$ 위에서 가약(reducible)이다.

(2) $4x+2 \in \mathbb{Q}[x]$는 $\mathbb{Q}$ 위에서 기약(irreducible)이다.

(3) $x^2-2 \in \mathbb{Q}[x]$는 $\mathbb{Q}$ 위에서 기약(irreducible)이다.

(4) $x^2-2 \in \mathbb{R}[x]$는 $\mathbb{R}$ 위에서 가약(reducible)이다.

(풀이) (1) $4x+2 = 2(2x+1)$이고 2와 $2x+1$은 $\mathbb{Z}$ 위에서 가역원(단원)이 아니므로, $4x+2$는 $\mathbb{Z}$ 위에서 기약이 아니다.

(2) $4x-2 = a(4a^{-1}x - 2a^{-1})$이고 a는 $\mathbb{Q}$에서 단원(가역원)이므로, $4x-2$는 $\mathbb{Q}$ 위에서 기약이다.

(3) x^2-2가 $\mathbb{Q}$ 위에서 가약이라 하자. 그러면

$$x^2-2 = (ax+b)(cx+d), \quad a, b, c, d \in \mathbb{Q}$$

이다. 양변 계수 비교하면 $ac = 1$, $ad+bc = 0$, $bd = -2$이다. 그러므로

$$0 = acd^2 + bdc^2 = d^2 - 2c^2 \quad \Longrightarrow \quad \sqrt{2} = \pm\frac{d}{c} \in \mathbb{Q}$$

이 되어 모순이다(예 5.4.9). 그러므로 x^2-2는 $\mathbb{Q}$ 위에서 기약이다.

(4) $x^2-2=(x+\sqrt{2})(x-\sqrt{2})$이므로 x^2-2는 $\mathbb{R}$ 위에서 가약(reducible)이다.

예 5.6.3 $f(x)=x^3+3x+2\in\mathbb{Z}_5[x]$가 $\mathbb{Z}_5$ 위에서 기약임을 보이자.

(풀이) $\deg(f(x))=3$이므로 $f(x)$가 가약이면 반드시 1차 인수를 갖는다. 그러면 인수정리에 의하여 $f(a)=0$인 $a\in\mathbb{Z}_5$가 존재한다. 하지만

$$f(0)=2\neq 0,\quad f(1)=1\neq 0,\quad f(2)=1\neq 0,\quad f(-2)=3\neq 0,\quad f(-1)=3\neq 0$$

그러므로 $f(x)$는 $\mathbb{Z}_5[x]$에서 1차 인수가 없다. 따라서 $f(x)$는 $\mathbb{Z}_5$ 위에서 기약이다.

기약다항식은 체론에서 아주 중요한 역할을 한다. 하지만 체 F 위에서 주어진 다항식 $f(x)\in F[x]$가 F 위에서 기약인지를 결정하는 문제는 일반적으로 어려운 문제이다. 이 절에서 기약을 판정하는 몇 가지 경우에 대하여 알아본다. 특히 2차와 3차 다항식인 경우 인수정리를 이용하면 비교적 쉽게 기약인지를 판정할 수 있다.

정리 5.6.4 *체 F 위의 2차 이상의 다항식 $f(x)\in F[x]$에 대하여 다음이 성립한다.*

(1) $f(x)$가 F 안에서 근이 존재하면, $f(x)$는 F 위에서 가약(reducible)이다.

(2) $\deg f(x)=2$ 또는 3이면, 다음은 동치이다.

$$\forall a\in F,\ f(a)\neq 0 \iff f(x)\text{가 } F \text{ 위에서 기약(irreducible)}$$

(증명) (1) $\exists\, a\in F,\ f(a)=0$이라 하자. 인수정리(정리 5.5.4)에 의해

$$f(x)=(x-a)g(x),\ \exists\, g(x)\in F[x],\ \deg(g(x))\geq 1$$

이다. 따라서 $f(x)$는 F 위에서 가약이다.

(2) ($\Leftarrow$) (1)의 대우에 의하여 성립한다.

($\Rightarrow$) $f(x)$가 F 위에서 가약이면, $\deg(f(x))=2$ 또는 3이므로, $f(x)$는 반드시 1차 인수를 갖는다. 그러면 인수정리에 의하여 $\exists\, a\in F,\ f(a)=0$이다. ■

예 5.6.5 [기약다항식] 체 $\mathbb{Z}_2$ 위의 4 차까지의 기약다항식을 구해보자.

체 $\mathbb{Z}_2$ 위의 1차 다항식은 $\boxed{x,\ x+1}$(2개)뿐인데 모두 기약다항식이다.

체 $\mathbb{Z}_2$ 위의 2차 다항식은 $x^2,\ x^2+1,\ x^2+x,\ x^2+x+1$($2^2$개)뿐인데 이중 0과 1을 근으로 갖지 않으면 기약다항식이므로(정리 5.6.4) 상수항이 0이 아니고 홀수개의 항을 가지는 다음과 같은 2차 다항식 1개만 기약다항식이다.

$$\boxed{x^2+x+1}$$

같은 방법으로 체 $\mathbb{Z}_2$ 위의 3차 다항식은 2^3개인데 이중 0과 1을 근으로 갖지 않으면 기약다항식이므로(정리 5.6.4) 다음과 같은 상수항이 0이 아니고 홀수개의 항을 가지는 2개의 3차 기약다항식이 존재한다.

$$\boxed{x^3+x^2+1, \quad x^3+x+1}$$

체 $\mathbb{Z}_2$ 위의 4차 다항식은 2^4개인데 이중 0과 1을 근으로 가지면 1차 다항식으로 인수분해되므로(정리 5.6.4) 다음과 같은 상수항이 0이 아니고 홀수개의 항을 가진 4개의 다항식중에서 4차 기약다항식이 존재한다.

$$x^4+x+1, \quad x^4+x^2+1, \quad x^4+x^3+1, \quad x^4+x^3+x^2+x+1$$

이 중에서 2차 다항식으로 인수분해되는 경우는 2차 기약다항식은 x^2+x+1뿐이므로

$$(x^2+x+1)^2 = x^4+x^2+1$$

이 가약이다. 따라서 4차 기약다항식은 다음과 같은 3개가 존재한다.

$$\boxed{x^4+x+1, \quad x^4+x^3+1, \quad x^4+x^3+x^2+x+1}$$

문제 5.6.6 체 $\mathbb{Z}_3$ 위의 2차 모닉기약다항식(3개)과 3차 모닉기약다항식(8개)을 구하라.

정리 5.6.7 $f(x) \in \mathbb{Z}[x]$, $\deg(f(x)) = n \geq 1$, $0 \leq r, s \leq n$에 대해 다음이 성립한다.

$$\exists\, g(x), h(x) \in \mathbb{Q}[x], \deg(g(x)) = r, \deg(h(x)) = s, f(x) = g(x)h(x)$$
$$\Rightarrow \exists\, g_1(x), h_1(x) \in \mathbb{Z}[x], \deg(g_1(x)) = r, \deg(h_1(x)) = s, f(x) = g_1(x)\, h_1(x)$$

※ 유리수 계수 인수분해는 항상 정수 계수 인수분해로 나타낼 수 있다.

(증명) 정리 7.1.20와 정리 7.1.21에서 증명한다. ■

예 5.6.8 $\mathbb{Z}[x]$에서 다항식 $x+2$와 x^2-1에 대하여 $\mathbb{Q}[x]$에서 인수분해를 생각하자.

$$x+2 = \frac{1}{3}\cdot(3x+6) = 1\cdot(x+2)$$
$$x^2-1 = \left(\frac{1}{2}x+\frac{1}{2}\right)(2x-2) = (x+1)(x-1)$$

이다. 이처럼 $\mathbb{Q}[x]$에서 인수분해는 $\mathbb{Z}[x]$에서의 인수분해로 변환 가능하지만, $\mathbb{R}[x]$에서는 변환 가능하지 않다. 예를 들면,

$$x^2-2 = (x+\sqrt{2})(x-\sqrt{2})$$

로 $\mathbb{R}[x]$에서 인수분해되지만 $\mathbb{Z}[x]$에서는 인수분해되지 않는다. 이는 정수환 $\mathbb{Z}$와 유리수환 $\mathbb{Q}$의 특수한 관계(분수체: 예 5.7.4)에서 비롯된다. 즉, 유리수환 $\mathbb{Q}$는 정수환 $\mathbb{Z}$의 분수체이지만, 실수환 $\mathbb{R}$은 정수환 $\mathbb{Z}$의 분수체가 아니다.

따름정리 5.6.9 $\mathbb{Z}[x]$에서 다항식 $f(x) = a_n x^n + a_{n-1}x^{n-1} + \cdots + a_1 x + a_0 \in \mathbb{Z}[x]$이 유리수 해 $m \in \mathbb{Q}(f(m) = 0)$을 가질 때, 다음이 성립한다.

(1) $m = \dfrac{b}{a}$, $a|a_n$, $b|a_0$인 정수 a, $b \in \mathbb{Z}$가 존재한다.

(2) $f(x)$가 모닉다항식$(a_n = 1)$이면 $\Longrightarrow$ $m \in \mathbb{Z}$, $m|a_0$

(증명) (1) $f(x)$가 유리수 해 $m = \dfrac{b}{a} \in \mathbb{Q}$을 가진다고 하자. 그러면 인수정리(정리 5.5.4)와 정리 5.6.7에 의하여

$$f(x) = a_n x^n + a_{n-1}x^{n-1} + \cdots + a_1 x + a_0 = (ax - b)(b_{n-1}x^{n-1} + \cdots + b_0)$$

인 다항식 $ax - b$, $b_{n-1}x^{n-1} + \cdots + b_0 \in \mathbb{Z}[x]$가 존재한다. 따라서

$$ab_{n-1} = a_n, \quad -bb_0 = a_0$$

이다. 그러므로 $a|a_n$이고 $b|a_0$이다.

(2) $f(x)$가 모닉다항식이므로 $a_n = 1$이다. 따라서 (1)에서 a를 양수로 선택하면 $a = 1$이어야 하므로 $m = b \in \mathbb{Z}$이고 $m|a_0$이다. ■

예 5.6.10 (예 5.4.9 참조) $x^2 - 2 \in \mathbb{Q}[x]$가 $\mathbb{Q}$ 위에서 기약임을 보여라.

(풀이) $x^2 - 2$가 $\mathbb{Q}$ 위에서 기약을 보이려면 정리 5.6.4에 의하여 $\mathbb{Q}$에서 해가 없음을 보이면 된다. 그러면 $x^2 - 2$가 모닉다항식이므로 따름정리 5.6.9에 의하여 정수해가 없음을 보이면 된다.

따름정리 5.6.9에 의하여 $x^2 - 2$의 해가 정수에서 존재하면, 해는 -2의 약수이다. 즉, ± 1 또는 ± 2에서 해가 존재한다. 하지만

$$f(\pm 1) = -1 \neq 0, \quad f(\pm 2) = 2 \neq 0$$

이므로 $x^2 - 2$의 정수해는 없다. 그러므로 $x^2 - 2$는 $\mathbb{Q}$에서 해가 없으므로 $\mathbb{Q}[x]$에서 1차인수가 없다. 따라서 $x^2 - 2$는 $\mathbb{Q}$ 위에서 기약이다.

예 5.6.11 $f(x) = x^4 - 2x^2 + 8x + 1$은 $\mathbb{Q}$ 위에서 기약임을 보여라.

(풀이) $f(x)$가 $\mathbb{Q}[x]$에서 1 차인수가 있으면, 따름정리 5.6.9에 의하여 $f(x)$는 정수해를 가져야 한다. 또한 정수해는 1의 약수에서 존재한다. 하지만

$$f(1) = 8 \neq 0, \quad f(-1) = -8 \neq 0$$

이므로 $f(x)$는 1차인수가 없다.

다음에 $f(x)$가 두 2차 다항식의 곱으로 인수분해된다면, 정리 5.6.7에 의하여

$$f(x)=(x^2+ax+b)(x^2+cx+d), \quad a,\ b,\ c,\ d\in\mathbb{Z}$$

가 되어야 한다. 양변의 각 항의 계수를 비교하면

$$a+c=0, \quad b+ac+d=-2, \quad ad+bc=8, \quad bd=1$$

이다. $bd=1$에서 $b=d=1$과 $b=d=-1$을 얻는다. $b=d=1$인 경우 $a+c=0$, $a+c=8$이므로 모순이다. $b=d=-1$인 경우 역시 $a+c=0$, $a+c=-8$이므로 모순이다. 따라서 $f(x)$는 2차인수가 없으므로, $f(x)$는 $\mathbb{Q}$ 위에서 기약이다.

유리수체 $\mathbb{Q}$ 위에서 기약판정법을 만든 아이젠슈타인(독: F. G. M. Eisenstein, 1823-1852)은 수학과 음악에 재능이 뛰어났으며, 디리클레(독: J. P. G. L. Dirichlet, 1805-1859)의 제자이고 해밀턴(영: W. R. Hamilton, 1805-1865)과도 교류하였으며, 특히 피아노를 탁월하게 연주하였다.

정리 5.6.12 (Eisenstein 기약 판정) *정수환 $\mathbb{Z}$ 위의 n차 다항식*

$$f(x)=a_nx^n+a_{n-1}x^{n-1}+\cdots+a_1x+a_0, \quad n\geq 2$$

에 대하여 다음이 성립한다.

(1) 적당한 소수 p에 대하여 $p\nmid a_n, \quad p|a_{n-1}, \quad \cdots, \quad p|a_1, \quad p|a_0, \quad p^2\nmid a_0$ 이면, $f(x)$는 유리수체 $\mathbb{Q}$ 위에서 기약이다.

(2) 적당한 소수 p에 대하여 $p^2\nmid a_n, \quad p|a_n, \quad p|a_{n-1}, \quad \cdots, \quad p|a_1, \quad p\nmid a_0$ 이면, $f(x)$는 유리수체 $\mathbb{Q}$ 위에서 기약이다.

(증명) (1) 정리 5.6.7에 의하여 $f(x)$는 $\mathbb{Z}[x]$에서 차수가 n보다 작은 두 다항식의 곱으로 표현할 수 없음을 보이면 된다. 이제 $\mathbb{Z}[x]$에서 $0<r,\ s<n$이면서

$$f(x)=(b_rx^r+b_{r-1}x^{r-1}+\cdots+b_1x+b_0)(c_sx^s+c_{s-1}x^{s-1}+\cdots+c_1x+c_0), \quad b_i,\ c_j\in\mathbb{Z}$$

라 하자. 그러면 $b_rc_s\equiv a_n\not\equiv 0 \pmod{p}$이고 p가 소수이므로

$$b_r\not\equiv 0 \ (\mathrm{mod}\ p), \quad c_s\not\equiv 0 \ (\mathrm{mod}\ p)$$

이다. 한편 $b_0c_0\equiv a_0\equiv 0 \pmod{p}$, $a_0\not\equiv 0 \pmod{p^2}$이므로

$$b_0\not\equiv 0 \ (\mathrm{mod}\ p), \quad c_0\equiv 0 \ (\mathrm{mod}\ p)$$

이라 해도 좋다. 이때 $c_j\not\equiv 0$ (mod p)인 j 중에서 최소인 자연수를 m이라 하자. 그러면 법 p에 관하여

$$c_0\equiv 0, \quad \cdots, \quad c_{m-1}\equiv 0, \quad c_m\not\equiv 0, \quad 1\leq m\leq s<n$$

이다. 따라서 양변의 x^m항의 계수를 비교하면

$$a_m = b_0c_m + b_1c_{m-1} + \cdots + \begin{cases} b_mc_0 & \text{if } r \geq m \\ b_rc_{m-r} & \text{if } r < m \end{cases}$$

이다. 여기서 법 p에 관하여

$$b_0c_m \not\equiv 0, \quad b_1c_{m-1} \equiv 0, \quad \cdots, \quad b_rc_{m-r} \equiv 0, \quad \cdots, \quad b_mc_0 \equiv 0$$

이므로 $a_m \not\equiv 0 \pmod{p}$이다. 따라서 $m = n$이어야 한다. 그러면

$$n = m \leq s < n$$

이 되어 모순이다. 따라서 $f(x)$는 $\mathbb{Q}$ 위에서 기약이다. ■

문제 5.6.13 체 F 위의 다항식 $f(x) \in F[x]$, $\deg(f(x)) = n \geq 1$와 F의 원소 $a \in F$에 대하여 다음을 증명하라.

(1) $f(x+a)$가 F 위에서 기약이면, $f(x)$도 F 위에서 기약 이다.

(2) a가 단원이고 $af(x)$가 F 위에서 기약이면, $f(x)$도 F 위에서 기약 이다.

(3) $x^n f\left(\frac{1}{x}\right)$가 F 위에서 기약이면, $f(x)$도 F 위에서 기약이다.

예 5.6.14 임의의 소수 p와 양의 정수 n에 대하여 $\mathbb{Z}[x]$에서의 다항식

$$x^n + p, \quad x^n - p, \quad x^n + px + p$$

은 Eisenstein 기약 판정(정리 5.6.12)에 의하여 $\mathbb{Q}$ 위에서 기약이다.

그러므로 $x^2 - 2$는 $\mathbb{Q}$ 위에서 기약이다(예 5.4.9와 예 5.6.10 참조).

예 5.6.15 다항식 $f(x) = \frac{1}{3}x^3 - 5x^2 + 2x + 4$은 $\mathbb{Q}$ 위에서 기약이다.

(풀이) 3이 $\mathbb{Q}$에서 단원이므로 $3f(x) = x^3 - 15x^2 + 6x + 12$가 $\mathbb{Q}$ 위에서 기약이면, $f(x)$도 $\mathbb{Q}$ 위에서 기약이다(문제 5.6.13).

$p = 3$에 대하여

$$3 \nmid 1, \quad 3 \mid (-15), \quad 3 \mid 6, \quad 3 \mid 12, \quad 3^2 \nmid 12$$

이므로 Eisenstein 기약 판정에 의해 $3f(x)$는 $\mathbb{Q}$ 위에서 기약이다. 따라서 $f(x)$는 $\mathbb{Q}$ 위에서 기약이다.

예 5.6.16 다항식 $f(x)=x^4+2x+7$는 $\mathbb{Q}$ 위에서 기약이다.

(풀이) $f(x+1)=(x+1)^4+2(x+1)+7$이 $\mathbb{Q}$ 위에서 기약임을 보이면 된다(문제 5.6.13). 이항정리를 이용하면

$$f(x+1)=(x+1)^4+2(x+1)+7=x^4+4x^3+6x^2+6x+10$$

이다. $p=2$에 대하여

$$2\nmid 1,\quad 2|4,\quad 2|6,\quad 2|6,\quad 2^2\nmid 10$$

이므로 Eisenstein 기약 판정에 의해 $f(x+1)$은 $\mathbb{Q}$ 위에서 기약이다. 따라서 $f(x)$는 $\mathbb{Q}$ 위에서 기약이다.

따름정리 5.6.17 *(Gauss) 소수 p에 대하여 다음이 성립한다.*

$$\Phi_p(x)=\frac{x^p-1}{x-1}=x^{p-1}+x^{p-2}+\cdots+x+1 \text{은 } \mathbb{Q} \text{ 위에서 기약.}$$

※ $\Phi_p(x)$를 **제p원분다항식**(p-th cyclotomic polynomial, 圓分多項式)이라 한다(정리 9.5.4).

(증명) 문제 5.6.13에 의해서 $\Phi_p(x+1)$가 $\mathbb{Q}$ 위에서 기약임을 보이면 충분하다.

$$\begin{aligned}\Phi_p(x+1)&=\frac{(x+1)^p-1}{(x+1)-1}\\&=\frac{1}{x}\left(x^p+\binom{p}{1}x^{p-1}+\cdots+\binom{p}{p-1}x+\binom{p}{p}-1\right)\\&=x^{p-1}+\binom{p}{1}x^{p-2}+\cdots+\binom{p}{p-2}x+\binom{p}{p-1}\end{aligned}$$

여기서 $\binom{p}{i}=\dfrac{p!}{i!(p-i)!}$, $i=1,\ 2,\ \cdots,\ p-1$이므로,

$$p!=\binom{p}{i}i!(p-i)!,\quad p|p!,\quad p\nmid i!,\quad p\nmid (p-i)!$$

이므로 $p\left|\binom{p}{i}\right.$이다. 또한 $\binom{p}{p-1}=p$이므로 $p^2\nmid\binom{p}{p-1}$이다. 그러므로 Eisenstein 기약 판정에 의해서 $\Phi_p(x+1)$가 $\mathbb{Q}$ 위에서 기약이다. 따라서 $\Phi_p(x)$는 $\mathbb{Q}$ 위에서 기약이다. ■

정리 5.6.18 *소수 p와 양의 n에 대하여 다음이 성립한다(예 9.5.8 참조).*

$$\Phi_{p^n}(x)=\frac{x^{p^n}-1}{x^{p^{n-1}}-1}=x^{p^{n-1}(p-1)}+x^{p^{n-1}(p-2)}+\cdots+x^{p^{n-1}}+1 \text{은 } \mathbb{Q} \text{ 위에서 기약.}$$

(증명) 따름정리 5.6.17에 의하여 $n=1$일 때 정리가 성립한다.

이제 $n \geq 2$일 때 문제 5.6.13에 의해서 $\Phi_{p^n}(x+1)$이 $\mathbb{Q}$ 위에서 기약임을 보이면 충분하다.

$$(*) \cdots f(x) = \Phi_{p^n}(x+1) = x^q + a_1x^{q-1} + \cdots + a_{q-1}x + a_q, \quad q = p^{n-1}(p-1),\ a_i \in \mathbb{Z}$$

이라 하자. 그러면 $a_q = f(0) = \Phi_{p^n}(1) = p$이므로 $p|a_q$, $p^2 \nmid a_q$이다. 한편

$$f(x) = \Phi_{p^n}(x+1) = \frac{(x+1)^{p^n}-1}{(x+1)^{p^{n-1}}-1} = \frac{\sum_{i=1}^{p^n}\binom{p^n}{i}x^i}{\sum_{j=1}^{p^{n-1}}\binom{p^{n-1}}{j}x^j}$$

이다. 여기서 $1 \leq i < p^n$, $1 \leq j < p^{n-1}$일 때,

$$\frac{i}{p^n}\binom{p^n}{i} = \binom{p^n-1}{i-1}, \quad \frac{j}{p^{n-1}}\binom{p^{n-1}}{j} = \binom{p^{n-1}-1}{j-1}$$

이므로

$$i\binom{p^n}{i} = p^n\binom{p^n-1}{i-1}, \quad j\binom{p^{n-1}}{j} = p^{n-1}\binom{p^{n-1}-1}{j-1}$$

이다. 따라서 $\binom{p^n}{i}$와 $\binom{p^{n-1}}{j}$은 p의 배수이다.

그러므로 적당한 다항식 $g(x)$, $h(x) \in \mathbb{Z}[x]$에 대하여

$$f(x) = \frac{(x+1)^{p^n}-1}{(x+1)^{p^{n-1}}-1} = \frac{x^{p^n}+p\cdot h(x)}{x^{p^{n-1}}+p\cdot g(x)} \implies x^{p^n}+p\cdot h(x) = f(x)x^{p^{n-1}}+p\cdot f(x)g(x)$$

이므로 $(*)$에 의하여

$$\begin{aligned} p\cdot(h(x)-f(x)g(x)) &= f(x)x^{p^{n-1}} - x^{p^n} = (f(x)-x^{p^n-p^{n-1}})x^{p^{n-1}} \\ &= (x^q + a_1x^{q-1} + \cdots + a_{q-1}x + a_q - x^q)x^{p^{n-1}} \\ &= (a_1x^{q-1} + \cdots + a_{q-1}x + a_q)x^{p^{n-1}} \end{aligned}$$

이고 따라서 a_1, a_2, $\cdots$, a_q는 모두 p의 배수이다. 그러므로 Eisenstein 기약 판정에 의해서 $\Phi_{p^n}(x+1)$가 $\mathbb{Q}$ 위에서 기약이다. 따라서 $\Phi_{p^n}(x)$는 $\mathbb{Q}$ 위에서 기약이다. ■

예 5.6.19 따름정리 5.6.17에서 p가 소수가 아니면 $\Phi_p(x)$는 $\mathbb{Q}$ 위에서 기약이 아니다. 예를 들어 $f(x) = x^3+x^2+x+1$은 $\mathbb{Q}$ 위에서 기약이 아니다. 실제로

$$f(x) = x^3+x^2+x+1 = x^2(x+1)+(x+1) = (x^2+1)(x+1)$$

이므로 $f(x)$는 $\mathbb{Q}$ 위에서 기약이 아니다.

예 5.6.20 정리 5.6.18에 의하여 다음은 모두 유리수체 $\mathbb{Q}$ 위에서 기약이다.

(1) $\Phi_{2^2}(x) = \dfrac{x^4-1}{x^2-1} = x^2+1$

(2) $\Phi_{2^3}(x) = \dfrac{x^8-1}{x^4-1} = x^4+1$

(3) $\Phi_3(x) = \dfrac{x^3-1}{x-1} = x^2+x+1$

(4) $\Phi_{3^2}(x) = \dfrac{x^9-1}{x^3-1} = x^6+x^3+1$

(5) $\Phi_5(x) = \dfrac{x^5-1}{x-1} = x^4+x^3+x^2+x+1$

정의 5.6.21 [인수(*factor, 因數, 約數*), 배수(*multiple, 倍數*)]

체 F 위의 다항식 $f(x),\ g(x),\ h(x) \in F[x]$에 대하여

$g(x)$는 $f(x)$**의 인수**(factor, 因數), **약수**(divisor, 約數), $f(x)$는 $g(x)$**의 배수**(multiple, 倍數),	$\overset{\text{정의}}{\Longleftrightarrow}$	$f(x) = g(x)h(x)$

※ 이때 기호로 $g(x)|f(x)$라 표기. $g(x)|f(x)$가 아니면, $g(x)\nmid f(x)$라 나타낸다.

정리 5.6.22 *기약다항식 $p(x) \in F[x]$와 다항식 $f(x),\ g(x) \in F[x]$에 대해 다음이 성립한다.*

$$p(x)|f(x)g(x) \quad \Longrightarrow \quad p(x)|f(x) \text{ 또는 } p(x)|g(x)$$

(증명) 증명은 정리 6.5.19에서 한다. ■

따름정리 5.6.23 *기약다항식 $p(x) \in F[x]$와 다항식 $f_1(x),\ \cdots,\ f_t(x) \in F[x]$에 대해 다음이 성립한다.*

$$p(x) \mid f_1(x)\cdots f_t(x) \quad \Longrightarrow \quad p(x)|f_i(x)$$

(증명) 정리 5.6.22과 수학적 귀납법을 이용한다. ■

정의 5.6.24 [동반원(*associates, 同伴元*)]

단위원 1을 갖는 가환환 R의 원소 $a,\ b \in R$에 대하여

a와 b는 R에서 **동반원**(associates)	$\overset{\text{정의}}{\Longleftrightarrow}$	$\exists$ 단원 $u \in U(R),\ a = bu$

예 5.6.25 [동반원]

(1) 정수환 $\mathbb{Z}$의 단원은 $1,\ -1$이므로 12의 동반원은 $12,\ -12$이다.

(2) 정수환 $\mathbb{Z}$ 위의 다항식 $2x+2 \in \mathbb{Z}[x]$의 동반원은 $2x+2,\ -2x-2$뿐이다.

(3) 유리수체 $\mathbb{Q}$ 위의 다항식 $2x+2 \in \mathbb{Q}[x]$의 동반원은 $u(x+1)$, $u(\neq 0) \in \mathbb{Q}$인 모든 다항식이다.

정리 5.6.26 *체 F 위의 다항식 $f(x) \in F[x]$, $\deg(f(x)) = n \geq 1$에 대하여 다음이 성립한다.*

(1) $\exists$ 기약다항식 $p_1(x), \cdots, p_r(x) \in F[x]$, $f(x) = p_1(x) \cdots p_r(x)$ (인수분해 존재성)

(2) $\exists$ 기약다항식 $p_1(x), \cdots, p_r(x), g_1(x), \cdots, g_s(x) \in F[x]$

$$\begin{cases} f(x) = p_1(x) \cdots p_r(x) \\ f(x) = g_1(x) \cdots g_s(x) \end{cases} \Longrightarrow \begin{cases} r = s, \\ g_i(x)\text{와 } p_i(x)\text{는 동반원} \end{cases} \quad \text{(인수분해 유일성)}$$

(증명) (1) 다항식 $f(x)$의 차수 n에 관한 귀납법을 이용하자.

$n=1$인 경우 $f(x)$는 기약이므로 정리가 성립한다.

n차 이하인 경우 인수분해 가능하다고 하자. $\deg(f(x)) = n+1$라 하자. $f(x)$가 기약이면 정리가 성립한다. $f(x)$가 기약이 아니면, n보다 작은 차수의 다항식 $g(x)$, $h(x) \in F[x]$이 존재하여

$$f(x) = g(x)h(x)$$

이다. 귀납가정에 의해 기약다항식 $p_1(x), \cdots, p_r(x), g_1(x), \cdots, g_s(x) \in F[x]$가 존재하여

$$g(x) = p_1(x) \cdots p_r(x), \quad h(x) = g_1(x) \cdots g_s(x)$$

이다. 그러므로

$$f(x) = g(x)h(x) = p_1(x) \cdots p_r(x) g_1(x) \cdots g_s(x)$$

가 되어 $f(x)$는 기약다항식의 곱으로 인수분해된다.

(2) 기약다항식 $p_1(x), \cdots, p_r(x), g_1(x), \cdots, g_s(x) \in F[x]$에 대하여

$$f(x) = p_1(x) \cdots p_r(x), \quad f(x) = g_1(x) \cdots g_s(x) \ (r \leq s)$$

라고 하자. 그러면

$$p_1(x) \mid g_1(x) \cdots g_s(x)$$

이고 $p_1(x)$가 기약다항식이므로 따름정리 5.6.23에 의하여 필요하면 순서를 바꾸어 $p_1(x) \mid g_1(x)$라 해도 좋다. 그러면

$$g_1(x) = p_1(x)h(x), \ \exists\, h(x) \in F[x]$$

이고 $g_1(x)$도 기약이므로 $h(x)$는 단원이어야 한다. 즉, $g_1(x)$과 $p_1(x)$은 동반원이다. 이때 $u_1 = h(x) \in F$이라 하면, $g_1(x) = u_1 p_1(x)$이다. 다음에

$$p_1(x)p_2(x) \cdots p_r(x) = u_1 p_1(x) g_2(x) \cdots g_s(x) \quad \Longrightarrow \quad p_2(x) \cdots p_r(x) = u_1 g_2(x) \cdots g_s(x)$$

이다. 같은 방법으로 계속하면 단원 $u_1, u_2, \cdots, u_r \in F^*$가 존재하여

$$g_i(x) = u_i p_i(x) \ (i = 1, 2, \cdots, r)$$

이므로

$$p_2(x) \cdots p_r(x) = u_1(u_2 p_2(x)) \cdots (u_r p_r(x)) \cdots g_s(x) = p_2(x) \cdots p_r(x) u_1 u_2 \cdots u_r g_{r+1}(x) \cdots g_s(x)$$

이다. 그러므로 $1 = u_1 u_2 \cdots u_r g_{r+1}(x) \cdots g_s(x)$이고, 따라서 $s = r$이어야 한다. ■

☜ 기약다항식 판정법 ☞

유리수체 $\mathbb{Q}$ 위의 다항식 $f(x) \in \mathbb{Z}[x]$에 대하여

(1) Eisenstein 기약 판정: 소수 p, $f(x) = a_0 + a_1 x + \cdots + a_n x^n \in \mathbb{Z}[x]$

$$\begin{cases} ① \ p|a_0, \ p|a_1, \ \cdots, \ p|a_{n-1}, \ p\nmid a_n, \ p^2 \nmid a_0 \\ ② \ p\nmid a_0, \ p|a_1, \ \cdots, \ p|a_{n-1}, \ p|a_n, \ p^2 \nmid a_n \end{cases} \Longrightarrow f(x)\text{는 } \mathbb{Q} \text{ 위에서 기약}$$

(2) p가 소수일 때, $\mathbb{Q}$ 위에서 $x^{p-1} + x^{p-2} + \cdots + x + 1$은 기약

(3) $p(x)$가 $\mathbb{Q}$ 위에서 기약 $\Longleftrightarrow$ $p(x+a)$은 $\mathbb{Q}$ 위에서 기약

(4) $\sigma_m : \mathbb{Z}[x] \longrightarrow \mathbb{Z}_m[x]$, $\sigma_m(a_0 + a_1 x + \cdots + a_n x^n) = [a_0]_m + [a_1]_m x + \cdots + [a_n]_m x^n$일 때, $\sigma_m(f(x))([a_n]_m \neq 0)$가 $\mathbb{Z}_m[x]$에서 기약 $\Longrightarrow$ $f(x)$는 $\mathbb{Q}$ 위에서 기약(연습문제 17번)

임용시험 출제 5.6.27 [2014학년도] 다항식 환 $\mathbb{Z}_{2014}[x]$에서 $f(x) = x^2 - 14$를 두 일차식의 곱

$$f(x) = (ax+b)(cx+d)$$

로 나타낼 수 없음을 증명하라.

연 습 문 제 (5.6)

1. 다항식 $f(x) = 4x^3 - 2x^2 - x - 1$의 근 중에서 정수인 근을 구하라.

2. 다음 다항식을 일차식의 곱으로 분해하라.

(1) $\mathbb{Z}_5[x]$에서 $x^4 + 4$

(2) $\mathbb{Z}_7[x]$에서 $x^3 + 2x^2 + 2x + 1$

(3) $\mathbb{Z}_{11}[x]$에서 $4x^2 + 7x + 8$

3. $x^4 - 4$를 $\mathbb{Q}[x]$, $\mathbb{R}[x]$, $\mathbb{C}[x]$에서 각각 인수분해하라.

4. 다음 다항식을 유리수체 $\mathbb{Q}$ 위에서 기약다항식의 곱으로 인수분해하라.

(1) $2x^3+x^2-x-2$ (2) x^4+x^2+1

5. 다음을 기약다항식의 곱으로 써라.

(1) $2x^3+x^2+2 \in \mathbb{Z}_3[x]$ (2) $x^4+x^3+2x^2+x+2 \in \mathbb{Z}_3[x]$

(3) $x^3+3x^2+x+4 \in \mathbb{Z}_5[x]$ (4) $x^2+5 \in \mathbb{Z}_7[x]$

6. 다음 다항식은 유리수체 $\mathbb{Q}$ 위에서 기약인지를 판정하라.

(1) $x^3-2x-15$ (2) $x^4+x^3-x+\dfrac{1}{2}$

(3) $4x^3-2x^2+x+1$ (4) $x^4+x^3+x^2+2x+1$

7. 다음 다항식 $f(x)$가 다항식환 D에서 기약다항식인지를 판정하라.

(1) $f(x)=3x-5,\ D=\mathbb{Z}[x]$ (2) $f(x)=3x-6,\ D=\mathbb{Z}[x]$

(3) $f(x)=3x-6,\ D=\mathbb{Q}[x]$ (4) $f(x)=3x-6,\ D=\mathbb{Z}_7[x]$

8. 다음 다항식이 $\mathbb{Q}[x]$에서 기약임을 보여라.

(1) x^4+1 (2) x^3+3x^2-8

(3) $x^{10}-\dfrac{25}{2}x^2+5x-15$ (4) $x^3+\dfrac{1}{2}x^2-\dfrac{3}{2}x+\dfrac{6}{5}$

9. $f(x)=x^3+8x-2$는 $\mathbb{Q}$ 위에서 기약임을 보여라. $f(x)$는 $\mathbb{R}$ 위에서도 기약인가?

10. 양의 정수 n에 대하여 다항식 $f(x)=x^n-1$를 실수체 $\mathbb{R}$ 위에서 기약다항식의 곱으로 인수분해하라.

11. 서로 다른 소수 p, q와 양의 정수 $n \ge 2$에 대하여 다항식 $f(x)=x^n-pq$, $g(x)=x^n+pq$는 유리수체 $\mathbb{Q}$ 위에서 기약임을 밝히고, $\sqrt[n]{pq}$는 무리수임을 보여라.

12. 정수 p가 소수일 때, 체 $\mathbb{Z}_p$ 위의 모닉 이차 다항식 $f(x)=x^2+ax+b$ 중에서 기약인 다항식 전체의 개수는 $\frac{p(p-1)}{2}$ 임을 보여라.

13. 주어진 환에서 주어진 차수를 가지는 모든 기약 다항식을 구하라.

(1) $\mathbb{Z}_2[x]$의 2차 기약 다항식

(2) $\mathbb{Z}_3[x]$의 2차 기약 다항식

(3) $\mathbb{Z}_2[x]$의 3차 기약다항식

14. p가 소수일 때, $x^p+a \in \mathbb{Z}_p[x]$는 가약임을 보여라.

15. $\mathbb{Z}_p[x]$에서 $x+2$가 $x^4+x^3+x^2-x+1$의 인수가 되는 모든 소수 p를 구하라.

16. F가 체이고 $a \neq 0$이 $f(x)=a_0+a_1x+\cdots+a_nx^n \in F[x]$의 해이면, $\frac{1}{a}$은 $a_n+a_{n-1}x+\cdots+a_0x^n$의 해가 됨을 보여라.

17. 정수 $a \in \mathbb{Z}$에 대하여 $[a]_m$을 a를 자연수 m으로 나눈 나머지로 정의하면 다음이 성립한다.

(1) 함수

$$\sigma_m : \mathbb{Z}[x] \to \mathbb{Z}_m[x], \quad \sigma_m(a_0 + a_1x + \cdots + a_nx^n) = [a_0]_m + [a_1]_m x + \cdots + [a_n]_m x^n$$

은 환 준동형사상임을 증명하라.

(2) $f(x) \in \mathbb{Z}[x]$와 $\sigma_m(f(x))$의 차수가 모두 n이고 $\sigma_m(f(x))$가 $\mathbb{Z}_m[x]$에서 차수가 더 낮은 다항식의 곱으로 표현되지 않으면, $f(x)$는 $\mathbb{Q}$ 위에서 기약임을 보여라.

(3) (2)를 이용하여 $x^3 + 17x + 36$은 $\mathbb{Q}[x]$에서 기약임을 보여라. [참조: 주어진 다항식을 간단하게 만드는 소수를 선택하여 (2)를 이용한다.]

5.7 정역과 분수체

분수체는 정수환 $\mathbb{Z}$에서 유리수체 $\mathbb{Q}$로 만드는 과정을 일반화한 것으로 정역 D를 이용하여 (분수)체로 확장해 보자.

이 절에서는 정역(Integral Domain)에 관한 성질을 다룬다.

※ 정역 D를 다음 단계를 거쳐 분수체 F로 확장한다.

1) F의 원소 정의
2) $(F, +, \cdot)$에서 덧셈(+), 곱셈(·) 정의
3) $(F, +, \cdot)$가 체임을 확인
4) D는 체 $(F, +, \cdot)$의 부분 정역임을 확인

정리 5.7.1 *정역 D에 대하여 $S = D \times D^* = \{(a, b) \mid a, b(\neq 0) \in D\}$라 하고, S 위에서의 관계 $\sim$를 다음과 같이 정의하면 다음이 성립한다.*

$$(a, b) \sim (c, d) \iff ad = bc$$

관계 $\sim$은 S 위에서 동치관계이다.

(증명) $(a, b) \sim (a, b) \Leftrightarrow ab = ba \Leftrightarrow (a, b) \sim (a, b)$ (반사관계).

$(a, b) \sim (c, d) \Leftrightarrow ad = bc \Leftrightarrow da = cb \Leftrightarrow (c, d) \sim (a, b)$ (대칭관계).

$(a, b) \sim (c, d)$, $(c, d) \sim (e, f)$이라면, $ad = bc$, $cf = de$이다. $d \neq 0$이므로

$$adf = bcf = bde \implies af = be$$

이다. 따라서 $(a, b) \sim (e, f)$이다(추이관계).

그러므로 관계 $\sim$는 S 위에서 동치관계이다. ■

S 위에서 동치관계 $\sim$에 관하여 $(a, b) \in S$를 포함하는 동치류를 $\dfrac{a}{b}$로 나타내고 동치류 전체 집합을 $Q(D)$로 나타내면,

$$Q(D) = S/\sim = \left\{ \frac{a}{b} \,\middle|\, a, b(\neq 0) \in D \right\}, \quad \frac{a}{b} = \{(c, d) \in D \times D^* \mid ad = bc\}$$

이다. 또한 $\boxed{\dfrac{a}{b} = \dfrac{c}{d} \iff ad = bc}$ 이다.

예 5.7.2 정수환 $\mathbb{Z}$에서 $S = \mathbb{Z} \times \mathbb{Z}^* = \{(a, b) \mid a, b(\neq 0) \in \mathbb{Z}\}$라 하자. S 위에서의 관계 $\sim$를 정리 5.7.1와 같이 정의하자. 그러면

$$Q(\mathbb{Z}) = S/\sim = \left\{ \frac{a}{b} \,\middle|\, a, b(\neq 0) \in \mathbb{Z} \right\}, \quad \frac{a}{b} = \{(c, d) \in \mathbb{Z} \times \mathbb{Z}^* \mid ad = bc\}$$

이다. 그리고 (0, 1), (1, 1), (1, 2) $\in \mathbb{Z} \times \mathbb{Z}^*$를 각각 포함하는 동치류 $\frac{0}{1}$, $\frac{1}{1}$, $\frac{1}{2}$은 다음과 같다.

$$\frac{0}{1} = \{(0, a) \mid a \in \mathbb{Z}^*\} = \{(0, 1), (0, 2), (0, -1), \cdots, (0, a), \cdots\}$$
$$\frac{1}{1} = \{(a, a) \mid a \in \mathbb{Z}^*\} = \{(1, 1), (2, 2), (-1, -1), \cdots, (a, a), \cdots\}$$
$$\frac{1}{2} = \{(a, 2a) \mid a \in \mathbb{Z}^*\} = \{(1, 2), (2, 4), (-1, -2), \cdots, (a, 2a), \cdots\}$$

정리 5.7.3 *정역 D에 대하여 $Q(D) = \left\{ \frac{a}{b} \;\middle|\; a, b(\neq 0) \in D \right\}$라 하고, $Q(D)$ 위에서 덧셈과 곱셈을 아래와 같이 정의하면 다음이 성립한다.*

$$\frac{a}{b} + \frac{c}{d} = \frac{ad+bc}{bd}, \quad \frac{a}{b} \cdot \frac{c}{d} = \frac{ac}{bd}$$

(1) $Q(D)$ 위에서 덧셈과 곱셈은 잘 정의된다.

(2) $(Q(D), +, \cdot)$은 체이다.

(3) 함수

$$\phi : D \longrightarrow Q(D), \quad \phi(a) = \frac{a}{1}$$

은 단사 환 준동형사상이다. 따라서 $D \cong \phi(D) = \left\{ \frac{a}{1} \;\middle|\; a \in D \right\}$이다.

※ 이와 같이 정의된 체 $Q(D)$를 정역 D의 **분수체**(field of fractions, 分數體) 또는 **상체**(field of quotient, 商體)라 한다. 상체는 상환(잉여환)과 용어가 비슷하지만 개념이 달라 잘 사용하지 않는다.

※ (3)에 의하여 D의 각 원소 a와 $\phi(D)$의 원소 $\frac{a}{1}$를 동일시하여 D와 $\phi(D)$를 같다고 생각한다. 따라서 정역 D를 분수체 $Q(D)$의 부분환으로 간주한다.

(증명) (1) $Q(D) = \left\{ \frac{a}{b} \;\middle|\; a, b(\neq 0) \in D \right\}$에서

$$\frac{a}{b} = \frac{c}{d} \iff (a, b) \sim (c, d) \iff ad = bc$$

이다. 덧셈(+)이 잘 정의됨을 보이자. $\frac{a}{b} = \frac{a'}{b'}$, $\frac{c}{d} = \frac{c'}{d'}$일 때, $\frac{a}{b} + \frac{c}{d} = \frac{a'}{b'} + \frac{c'}{d'}$임을 보이자. 가정에서 $(a, b) \sim (a', b')$, $(c, d) \sim (c', d')$이므로

$$ab' = ba', \quad cd' = dc' \implies ab'dd' = ba'dd', \quad bb'cd' = bb'dc'$$

이다. 오른쪽 두 식을 더하면,

$$ab'dd' + bb'cd' = ba'dd' + bb'dc' \implies (ad+bc)b'd' = bd(a'd' + b'c')$$

그러므로 $\frac{ad+bc}{bd} = \frac{a'd'+b'c'}{b'd'}$이다. 따라서 $\frac{a}{b} + \frac{c}{d} = \frac{a'}{b'} + \frac{c'}{d'}$이므로 덧셈(+)은 잘 정의된다.

곱셈($\cdot$)에 대해 잘 정의됨을 보이자. $\frac{a}{b}=\frac{a'}{b'}$, $\frac{c}{d}=\frac{c'}{d'}$ 일 때, $\frac{a}{b}\cdot\frac{c}{d}=\frac{a'}{b'}\cdot\frac{c'}{d'}$ 임을 보이자.

$$ab'=ba',\quad cd'=dc' \quad\Longrightarrow\quad ab'cd'=ba'dc' \quad\Longrightarrow\quad acb'd'=bda'c'$$

이다. 그러면

$$\frac{ac}{bd}=\frac{a'c'}{b'd'}$$

이다. 따라서 $\frac{a}{b}\cdot\frac{c}{d}=\frac{a'}{b'}\cdot\frac{c'}{d'}$ 이 되어 곱셈이 잘 정의된다.

(2) $(Q(D),\ +,\ \cdot\ )$가 체임을 보이자. 두 연산 $+$, $\cdot$에 관하여 체의 정의 $(R_1)\sim(R_9)$가 성립함을 증명할 수 있다.

(R_1) $\left(\frac{a}{b}+\frac{c}{d}\right)+\frac{e}{f}=\frac{a}{b}+\left(\frac{c}{d}+\frac{e}{f}\right)$,

(R_2) $\frac{a}{b}+\frac{0}{1}=\frac{0}{1}+\frac{a}{b}=\frac{a}{b}$,

(R_3) $\frac{a}{b}+\frac{-a}{b}=\frac{-a}{b}+\frac{a}{b}=\frac{0}{1}$ 즉 $-\frac{a}{b}=\frac{-a}{b}$,

(R_4) $\frac{a}{b}+\frac{c}{d}=\frac{c}{d}+\frac{a}{b}$

(R_5) $\frac{a}{b}\cdot\left(\frac{c}{d}+\frac{e}{f}\right)=\frac{a}{b}\cdot\frac{c}{d}+\frac{a}{b}\cdot\frac{e}{f}$,

(R_6) $\left(\frac{a}{b}\cdot\frac{c}{d}\right)\cdot\frac{e}{f}=\frac{a}{b}\cdot\left(\frac{c}{d}\cdot\frac{e}{f}\right)$,

(R_7) $\frac{a}{b}\cdot\frac{1}{1}=\frac{1}{1}\cdot\frac{a}{b}=\frac{a}{b}$,

(R_8) $\frac{a}{b}\cdot\frac{c}{d}=\frac{c}{d}\cdot\frac{a}{b}$,

(R_9) $\frac{a}{b}\neq\frac{0}{1}$ 일 때, $\frac{a}{b}\cdot\frac{b}{a}=\frac{b}{a}\cdot\frac{a}{b}=\frac{1}{1}$ 즉 $\left(\frac{a}{b}\right)^{-1}=\frac{b}{a}$.

따라서 $(Q(D),\ +,\ \cdot\ )$은 체이다.

(3) 임의의 원소 $a,\ b\in D$에 대하여 다음이 성립한다.

$$\phi(a+b)=\frac{a+b}{1}=\frac{a}{1}+\frac{b}{1}=\phi(a)+\phi(b)$$
$$\phi(ab)=\frac{ab}{1}=\frac{a}{1}\cdot\frac{b}{1}=\phi(a)\cdot\phi(b)$$

이므로 ϕ는 환 준동형사상이다. 마지막으로 단사임을 보이자.

$$\phi(a)=\phi(b) \quad\Longleftrightarrow\quad \frac{a}{1}=\frac{b}{1} \quad\Longleftrightarrow\quad a=b$$

이므로 ϕ는 단사함수이다.

따라서 ϕ는 단사 환 준동형사상이므로 $D\cong\phi(D)=\left\{\frac{a}{1}\ \middle|\ a\in D\right\}$이다. ■

예 5.7.4 정수환 $\mathbb{Z}$의 분수체는 유리수체 $\mathbb{Q}$이고 다음이 성립한다.

$$\mathbb{Q}=\left\{\frac{a}{b}\ \middle|\ a,\ b(\neq 0)\in\mathbb{Z}\right\}$$

$$\frac{a}{b}=\frac{c}{d} \iff ad=bc,$$
$$\frac{a}{b}+\frac{c}{d}=\frac{ad+bc}{bd}, \quad \frac{a}{b}\cdot\frac{c}{d}=\frac{ac}{bd},$$
$$-\frac{a}{b}=\frac{-a}{b}=\frac{a}{-b}$$

정리 5.7.5 *정역 D의 분수체를 $Q(D)$라 하면 D를 포함하는 모든 체 F와 함수*

$$\phi : Q(D) \longrightarrow F, \quad \phi\left(\frac{a}{b}\right)=ab^{-1}$$

에 대하여 다음이 성립한다.

ϕ는 D의 원소를 보존하는 단사 환 준동형사상이다.
즉, $a\in D$이면 $\phi(a)=a$이고, $Q(D)\cong\phi(Q(D))<F$이다.

※ 정역 D의 분수체 $Q(D)$는 <u>D를 포함하는 체중에서 최소</u>이다.

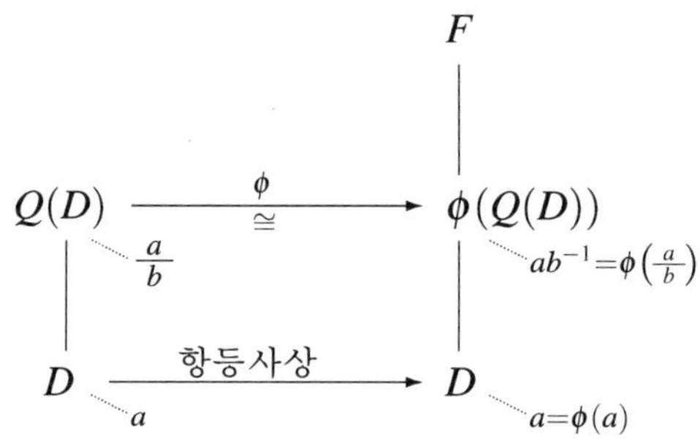

(증명) 두 원소 $\frac{a}{b}$, $\frac{c}{d}\in Q(D)$에 대하여 $b\neq 0$, $d\neq 0$이므로

$$\begin{aligned}\frac{a}{b}=\frac{c}{d}\ (Q(D)\text{에서}) &\iff ad=bc\ (D\text{에서})\\ &\iff ab^{-1}=cd^{-1}\ (F\text{에서})\\ &\iff \phi\left(\frac{a}{b}\right)=\phi\left(\frac{c}{d}\right)\ (F\text{에서})\end{aligned}$$

가 성립하여 ϕ는 잘 정의된 단사함수이다. ϕ가 환 준동형사상임을 보이자.

$$\phi\left(\frac{a}{b}+\frac{c}{d}\right)=\phi\left(\frac{ad+bc}{bd}\right)=(ad+bc)(bd)^{-1}=ab^{-1}+cd^{-1}=\phi\left(\frac{a}{b}\right)+\phi\left(\frac{c}{d}\right),$$
$$\phi\left(\frac{a}{b}\cdot\frac{c}{d}\right)=\phi\left(\frac{ac}{bd}\right)=(ac)(bd)^{-1}=ab^{-1}cd^{-1}=\phi\left(\frac{a}{b}\right)\cdot\phi\left(\frac{c}{d}\right)$$

이므로 ϕ는 환준동형 사상이다.

다음에 $a\in D$이면

$$\phi(a)=\phi\left(\frac{a}{1}\right)=a1^{-1}=a$$

이고, ϕ가 단사 환 준동형사상이므로 $Q(D)\cong\phi(Q(D))<F$이다. ■

따름정리 5.7.6 *정역 D의 임의의 분수체 E, E'에 대하여 다음이 성립한다.*

$$E \cong E'$$

(증명) 정리 5.7.5의 증명에서 $E = F$라 하면, $E \cong Q(D) \cong E'$이다. ■

예 5.7.7 정역 D의 다항식환 $D[x]$는 정역이므로 분수체 $Q(D[x])$가 정의된다(정리 5.7.3). 이 분수체를 $D(x)$로 나타낸다. 그리고 다음과 같은 성질을 가지고 있다.

$$\boxed{D(x) = Q(D[x]) = \left\{ \frac{f(x)}{g(x)} \;\middle|\; f(x),\ g(x) \in D[x],\ g(x) \neq 0 \right\}}$$

$$\frac{f(x)}{g(x)} = \frac{h(x)}{k(x)} \iff f(x)k(x) = g(x)h(x),$$

$$\frac{f(x)}{g(x)} + \frac{h(x)}{k(x)} = \frac{f(x)k(x) + g(x)h(x)}{g(x)k(x)}, \quad \frac{f(x)}{g(x)} \cdot \frac{h(x)}{k(x)} = \frac{f(x)h(x)}{g(x)k(x)},$$

$$-\frac{f(x)}{g(x)} = \frac{-f(x)}{g(x)} = \frac{f(x)}{-g(x)}, \quad \frac{f(x)}{1} = f(x)$$

그러면 다음과 같은 부분환 관계가 된다.

$$D < D[x] < D(x)$$

분수체 $D(x)$를 D 위의 **유리식체**(rational field, 有理式體)라하고, $D(x)$의 각 원소를 D 위의 (x에 관한) **유리식**(rational expression, 有理式)이라고 한다.

문제 5.7.8 체 F가 정역 D의 분수체일 때, F 위의 유리식체 $F(x)$는 D 위의 유리식체 $D(x)$와 일치함을 보여라. 즉, $F(x) = D(x)$이다.

연 습 문 제 (5.7)

1. 체 $\mathbb{Z}_2 = \{0, 1\}$ 위의 유리식체 $\mathbb{Z}_2(x)$에서 다음을 간단히 하라.

(1) $\dfrac{x^2+1}{x+1}$ (2) $\dfrac{x^2+1}{x+1} + \dfrac{x^2+1}{x+1}$ (3) $\dfrac{x+1}{x} + \dfrac{x}{x+1}$

2. 소수 p에 대하여 $S = \mathbb{Z} - p\mathbb{Z}$일 때, 다음 집합 $\mathbb{Q}_p$에 대하여 물음에 답하라.

$$\mathbb{Q}_p = \left\{ \frac{a}{s} \in \mathbb{Q} \;\middle|\; a \in \mathbb{Z},\ s \in S \right\}$$

(1) S는 정수환 $\mathbb{Z}$의 곱셈집합임을 보여라.

(2) $\mathbb{Q}_p$는 유리수체 $\mathbb{Q}$의 부분환이지만 부분체는 아니고 $\mathbb{Z} \subsetneq \mathbb{Q}_p \subsetneq \mathbb{Q}$임을 보여라.

(3) $\mathbb{Q}_p$의 분수체는 유리수체 $\mathbb{Q}$임을 보여라.

3. 복소수체 $\mathbb{C}$의 부분정역

$$D=\{a+bi \mid a,\ b\in\mathbb{Z}\}$$

의 분수체 F를 구성하는 모든 원소들을 찾아라. (D의 원소를 **Gauss 정수**(Gaussian integers)라고 부른다.)

4. 영이 아닌 가환환 R의 부분집합 $T(\neq\varnothing)$는 영도 영인자도 포함하지 않고 곱셈에 의해 닫힌 집합이다. $R\times T$로 시작해서 이 절의 분수체의 구성 방법을 그대로 따라함으로써 R을 **분수부분환**(partial ring of quotients) $Q(R,\ T)$로 확장시킬 수 있다. 이때 다음을 증명하라.

(1) 환 R이 곱셈항등원을 가지지 않더라도 $Q(R,\ T)$는 곱셈항등원을 가진다.

(2) $Q(R,\ T)$에서 T의 모든 원소는 가역원이다.

5. 연습문제 4번을 이용하여 영과 영인자가 아닌 원소를 포함하는 모든 가환환은 곱셈항등원을 가진 가환환으로 확장가능하다는 것을 증명하라.

6. 연습문제 4번을 참고하면서 환 $Q(\mathbb{Z}_6,\ \{1,\ 5\})$의 원소의 개수를 구하여라.

제 6 장

아이디얼과 잉여환, 환 동형정리

Hilbert(1862-1943)

환론에서, 아이디얼(ideal) 또는 이데알(독일어: Ideal)은 특정한 조건을 만족시키는 환의 부분집합이다. 이는 군론에서 정규부분군에 대하여 잉여군을 구성하는 것과 유사한 개념으로 아이디얼을 이용하여 잉여환을 만들 수 있다.

아이디얼을 사용하여 수론적 개념을 보다 일반적인 환들에 대하여 확장시킬 수 있다. 예를 들어, 소수의 개념을 확장한 소 아이디얼 및 서로소인 수의 개념을 확장한 서로소 아이디얼을 정의하면, 일반화된 중국인의 나머지 정리를 증명할 수 있다.

독일 수학자 쿠머(독: E. E. Kummer, 1810-1893)는 환에서 유일한 소인수분해의 성질을 갖고 있는 수라는 '이상적인 수(ideale Zahlen)'를 정의하여, 페르마(프: P. Fermat, 1601-1665)의 마지막 정리를 증명하는 데 사용하고자 했다.

그 후 데데킨트(독: J. W. R. Dedekind, 1831-1916)가 이상적인 수의 개념을 일반화하여 1876년에 저서에서 Ideal의 개념을 처음으로 언급했다.

아이디얼은 힐베르트(독: D. Hilbert, 1862-1943)와 뇌터(독: A. E. Noether, 1882-1935)에 의해 많이 연구되었다.

특히, 뇌터는 1921년 평생 동안 자신을 믿고 지원해 주었던 아버지가 사망하자, 아버지의 영전에 「가환환의 이데알 이론(Theory of Ideals in Rings)」이라는 논문을 바쳤다. 여기서 그녀는 이데알들이 오름사슬 조건(ascending chain condition)을 만족하는 환을 정식화했는데, 그것은 오늘날 '뇌터 환(Noetherian ring)'으로 불린다.

추상대수학에서, 준동형 사상(homomorphism, 準同型寫像)은 두 구조 사이의, 모든 연산 및 관계를 보존하는 함수이다. 이들은 범주(Category, 範疇)의 사상을 이룬다. 여기서 '동형(Isomorphism)'은 '똑같은 형태'를 의미하는 그리스어이고, '사상(Morphism)'은 변환(함수 등)에서 수학적 구조를 그대로 보존함을 추상화한 것을 의미한다.

두 개 이상의 수학적 대상물들이 동형(isomorphic, 同型)이라는 것은 표현 방법이 다를지라도 대수적 구조상 동일한 형태를 갖고 있음을 의미한다. [11, 12]

6.1 아이디얼과 잉여환

이 절에서는 잉여군에 대응하는 환의 구조에 대해 알아 본다.

정의 6.1.1 [*아이디얼(ideal)*]

환 R의 부분집합 $H(\neq \varnothing)$에 대하여

H가 R의 **아이디얼** (ideal) $\overset{\text{정의}}{\Longleftrightarrow}$ $\begin{cases} ① \ (H,\ +) < (R,\ +) \text{ 즉, } \forall\, a,\ b \in H,\ a-b \in H \\ ② \ \forall\, a \in R,\ aH \subset H,\ Ha \subset H \end{cases}$

※ 아이디얼은 정의에 의하여 R의 부분환이 되며, $H \lhd R$이라 표기한다.

예 6.1.2 [아이디얼] 환 R에서 $\{0\}$과 R은 R의 아이디얼이다. 이때 $\{0\}$을 **영아이디얼**(zero ideal)이라고 한다.

예 6.1.3 [아이디얼] 정수환 $\mathbb{Z}$에서 부분환은 모두

$$n\mathbb{Z} = \{nx \mid x \in \mathbb{Z}\}, \quad n \geq 0$$

형태(따름정리 2.3.6)인데 이는 $\mathbb{Z}$의 아이디얼도 된다. 실제로 임의의 $x,\ y \in \mathbb{Z}$에 대하여

$$y(nx) = n(xy) \in n\mathbb{Z}$$

이므로 $n\mathbb{Z} \lhd \mathbb{Z}$이다.

예 6.1.4 [아이디얼이 아닌 예] 유리수체 $\mathbb{Q}$의 부분환

$$\mathbb{Z} = \{x \mid x \in \mathbb{Z}\}$$

은 $\mathbb{Q}$의 아이디얼이 아니다. 왜냐하면 $\frac{1}{2} \in \mathbb{Q}$과 $1 \in \mathbb{Z}$에 대하여

$$\frac{1}{2} \cdot 1 = \frac{1}{2} \notin \mathbb{Z}$$

이기 때문이다.

예 6.1.5 [아이디얼이 아닌 예] 실수 $\mathbb{R}$ 위의 실가함수 집합을

$$F = \{f \mid f:\ \mathbb{R} \longrightarrow \mathbb{R}\text{은 실가함수}\}$$

라 하면, $(F, +, \cdot)$은 단위원$(f(x) = 1)$을 갖는 가환환이다(예 5.1.9). F에서 모든 상수함수들의 집합을

$$C = \{f \mid f(\mathbb{R}) = a, \exists\, a \in \mathbb{R}\}$$

라 하면 F의 부분환이지만 아이디얼이 아니다.

실제로 영함수 $0 \in C$이다. 또한 임의의 상수함수 $f,\ g \in C$에 대하여 $f(\mathbb{R}) = a,\ f(\mathbb{R}) = b$라 하면

$$(f-g)(\mathbb{R}) = f(\mathbb{R}) - g(\mathbb{R}) = a - b$$
$$(f \cdot g)(\mathbb{R}) = f(\mathbb{R}) \cdot g(\mathbb{R}) = ab$$

가 되어 $f-g,\ f \cdot g \in C$이므로 C는 F의 부분환이다(정리 5.2.12). 하지만 상수함수 $2 \in C$와 함수 $f(x) = x^2$에 대하여 $2 \cdot f(x) = 2x^2$은 상수함수가 아니다. 따라서 C는 F의 아이디얼이 아니다.

정리 6.1.6 *단위원 1을 가진 환 R의 아이디얼 H에 대하여 다음이 성립한다.*

(1) $1 \in H \implies H = R$
(2) 단원 $u \in R$에 대하여, $u \in H \implies H = R$

(증명) (1) 임의의 원소 $a \in R$에 대하여

$$a = a1 \in H$$

이므로 $H = R$이다.

(2) $u \in H$가 단원이면 $u^{-1} \in R$이다. 따라서

$$1 = u^{-1}u \in H$$

이므로 (1)에 의하여 $H = R$이다. ■

따름정리 6.1.7 *체 F에 대하여 다음이 성립한다.*

F의 아이디얼은 $\{0\}$과 F뿐이다.

(증명) F의 아이디얼 H가 영아이디얼이 아니면 H가 단원을 포함하므로 정리 6.1.6에 의하여 $H = F$이다. ■

정리 6.1.8 *환 R의 두 아이디얼 H, K에 대하여*

$$H \cap K = \{a \mid a \in H, a \in K\}, \quad H + K = \{a + b \mid a \in H, b \in K\}$$

이라고 하면, 다음이 성립한다.

(1) $H \cap K$와 $H + K$는 R의 아이디얼이다.
(2) $H \cap K \subset H, \quad H \cap K \subset K, \quad H \subset H + K, \quad K \subset H + K$

(증명) (1) 분명히 $0 \in H \cap K$이다.

임의의 원소 $a, b \in H \cap K$와 $r \in R$라 하면, $a, b \in H$이고 $a, b \in K$이다. 따라서

$$a - b \in H, \quad ar, ra \in H$$

이고

$$a - b \in K, \quad ar, ra \in K$$

이다. 따라서

$$a - b \in H \cap K, \quad ar, ra \in H \cap K$$

이므로 $H \cap K$는 R의 아이디얼이다.

다음에 $0 = 0 + 0 \in H + K$이다.

임의의 원소 $a + b, a' + b' \in H + K$, $a, a' \in H$, $b, b' \in K$와 $r \in R$에 대하여 다음이 성립한다.

$$(a + b) - (a' + b') = (a - a') + (b - b') \in H + K$$

이고,

$$r(a + b) = ra + rb \in H + K, \quad (a + b)r = ar + br \in H + K$$

이다. 따라서 $H + K$는 R의 아이디얼이다.

(2) 분명히 $H \cap K \subset H, \quad H \cap K \subset K$이다. 임의의 원소 $a \in H, b \in K$에 대하여

$$a = a + 0 \in H + K, \quad b = 0 + b \in H + K$$

이므로 $H \subset H + K, \quad K \subset H + K$이다. ■

환 R의 두 아이디얼 H, K에 대하여 일반적으로 $H \cup K$는 R의 아이디얼이 아니다. 예를 들어

$$2\mathbb{Z} \lhd \mathbb{Z}, 3\mathbb{Z} \lhd \mathbb{Z} \quad \Longrightarrow \quad 2 + 3 = 5 \notin 2\mathbb{Z} \cup 3\mathbb{Z}$$

이므로 $2\mathbb{Z} \cup 3\mathbb{Z} \ntriangleleft \mathbb{Z}$이다.

정리 6.1.9 단위원 1을 가진 가환환 R의 원소 $a \in R$에 대하여

$$\langle a \rangle' = \{ar \mid r \in R\}$$

이라고 하면, 다음이 성립한다.

(1) $\langle a \rangle'$는 R의 아이디얼이고, $a \in \langle a \rangle'$이다.
(2) R의 아이디얼 H에 대하여 $a \in H$이면, $\langle a \rangle' \subset H$이다.

※ $\langle a \rangle'$를 a에 의해 생성된 **주 아이디얼**(principal ideal) 또는 **단항 아이디얼**(單項)이라 한다. $\langle a \rangle' = aR$로 나타내기도 한다.

(증명) (1) 임의의 원소 $b, c \in \langle a \rangle'$이라 하면, 적당한 두 원소 $x, y \in R$가 존재하여 $b = ax$, $c = ay$이다. 임의의 원소 $r \in R$에 대하여

$$b - c = ax - ay = a(x - y) \in \langle a \rangle'$$
$$rb = br = (ax)r = a(xr) \in \langle a \rangle'$$

이므로 $\langle a \rangle'$는 R의 아이디얼이다. 그리고 $a = a1 \in \langle a \rangle'$이다.

(2) $a \in H$이면, 임의의 원소 $r \in R$에 대하여 $ar \in H$이므로 $\langle a \rangle' \subset H$이다. ■

예 6.1.10 [순환부분군과 주 아이디얼의 차이] 정수환 $(\mathbb{Z}, +, \cdot)$에서 주 아이디얼 $\langle n \rangle'$은 가환군 $(\mathbb{Z}, +)$에서 순환부분군 $\langle n \rangle$과 일치한다. 실제로

$$\langle n \rangle = n\mathbb{Z} = \{nx \mid x \in \mathbb{Z}\} = \langle n \rangle'$$

이 되어 $\boxed{\langle n \rangle = \langle n \rangle'}$이다. 하지만 유리수체 $(\mathbb{Q}, +, \cdot)$에서 주 아이디얼 $\langle n \rangle'$은 가환군 $(\mathbb{Q}, +)$에서 순환부분군 $\langle n \rangle$과 일치하지 않는다. 예를 들어,

$$\langle 2 \rangle = \{2x \mid x \in \mathbb{Z}\} = 2\mathbb{Z}$$
$$\langle 2 \rangle' = \{2x \mid x \in \mathbb{Q}\} = \mathbb{Q}$$

이므로 $\langle 2 \rangle \neq \langle 2 \rangle'$이다.

정의 6.1.11 [인수(factor, 因數, 約數), 배수(multiple, 倍數)]
단위원 1을 가진 가환환 R의 원소 $a, b, c \in R$에 대하여

a는 c**의 인수**(factor, 因數), **약수**(divisor, 約數), c는 a**의 배수**(multiple, 倍數), $\overset{\text{정의}}{\Longleftrightarrow}$ $c = ab$

※ 이때 기호로 $a|c$라 표기. $a|c$가 아니면, $a \nmid c$라 나타낸다.

정리 6.1.12 *단위원 1을 가진 가환환 R의 원소 a, $b \in R$에 대하여 다음이 성립한다.*

(1) $a|a$, $a|0$, $1|a$
(2) $a|b$, $b|c \Longrightarrow a|c$
(3) $\langle a\rangle' \subset \langle b\rangle' \iff a \in \langle b\rangle' \iff b|a$
(4) a가 영인자가 아니면, $\langle a\rangle' = \langle b\rangle' \iff a|b,\ b|a \iff a$와 b는 동반원
(5) $\langle a\rangle' = R \iff a|1 \iff a$와 1은 동반원 ($a$는 단원)

(증명) (1)과 (2)는 약수의 정의에 의하여 성립한다.

(3) 먼저 $a \in \langle b\rangle' \Longleftrightarrow b|a$는 분명히 성립한다.

다음에 $\langle a\rangle' \subset \langle b\rangle'$이면, $a \in \langle a\rangle' \subset \langle b\rangle'$이다.

역으로 $a \in \langle b\rangle'$이면, 적당한 $c \in R$에 대하여 $a = bc$이다. 그러면 임의의 원소 $ax \in \langle a\rangle'$에 대하여

$$ax = (bc)x = b(cx) \in \langle b\rangle'$$

이므로 $\langle a\rangle' \subset \langle b\rangle'$이다. 따라서 $\langle a\rangle' \subset \langle b\rangle' \Longleftrightarrow a \in \langle b\rangle'$이 성립한다.

(4) 앞의 (3)에 의하여 $\langle a\rangle' = \langle b\rangle' \Longleftrightarrow a|b,\ b|a$이다.

다음에 $a|b$, $b|a$라 하자. 그러면 적당한 원소 x, $y \in R$에 대하여 $a = bx$, $b = ay$이다. 이때 $a = 0$이면, $b = 0$이 되어 $a = b = b1$이 되어 a와 b는 동반원이다. 한편 $a \neq 0$이면, 다음 식을 생각하자.

$$a = bx = (ay)x = a(yx) \quad \Longrightarrow \quad a(1 - yx) = 0$$

a가 영인자가 아니므로 $yx = 1$이어야 한다. 따라서 x와 y는 단원이 되어 a와 b는 동반원이다.

역으로 a와 b가 동반원이라고 하자. 그러면 적당한 원소 $u \in R$이 존재하여 $a = bu$이므로 $b = au^{-1}$이다. 따라서 $a|b$, $b|a$이다.

(5) 위의 (3)과 (4)에 의하여 성립한다. ■

정리 6.1.13 *단위원 1을 가진 가환환 R의 원소 $a_1, a_2, \cdots, a_n \in R$에 대하여*

$$\langle a_1, a_2, \cdots, a_n\rangle' = \{a_1r_1 + a_2r_2 + \cdots + a_nr_n \mid r_1, r_2, \cdots, r_n \in R\}$$

이라고 하면, 다음이 성립한다.

(1) $\langle a_1, a_2, \cdots, a_n\rangle'$은 R의 아이디얼이고, $a_1, a_2, \cdots, a_n \in \langle a\rangle'$이다.
(2) R의 아이디얼 H에 대하여 $a_1, a_2, \cdots, a_n \in H$이면, $\langle a_1, a_2, \cdots, a_n\rangle' \subset H$이다.

※ $\langle a_1, a_2, \cdots, a_n\rangle'$를 $a_1, a_2, \cdots, a_n$에 의해 **생성된 아이디얼**(ideal)이라 한다.

(증명) (1) 분명히

$$\begin{aligned}\langle a_1, a_2, \cdots, a_n\rangle' &= \{a_1r_1 + a_2r_2 + \cdots + a_nr_n \mid r_1, r_2, \cdots, r_n \in R\} \\ &= \langle a_1\rangle' + \langle a_2\rangle' + \cdots + \langle a_n\rangle'\end{aligned}$$

이므로 정리 6.1.8과 정리 6.1.9에 의하여 정리가 성립한다.

(2) 아이디얼의 정의에 의하여 성립한다. ■

정의 6.1.14 [*주 아이디얼 환(principal ideal ring)*]

단위원 1을 가진 가환환 R*에 대하여*

환 R이 **주 아이디얼 환** 또는 **단항 아이디얼 환**	$\overset{\text{정의}}{\Longleftrightarrow}$	R의 모든 아이디얼이 주 아이디얼(단항 아이디얼)

※ 정역 D가 주 아이디얼 환일 때 **주(단항) 아이디얼 정역**(principal ideal domain)이라 하고 **PID**라 나타낸다.

예 6.1.15 [PID] 체 F는 PID이다.

실제로 체 F의 아이디얼은 $\{0\} = \langle 0\rangle'$과 $F = \langle 1\rangle'$뿐이다(따름정리 6.1.7).

예 6.1.16 [PID] 정수환 $\mathbb{Z}$는 PID이다.

실제로 $\mathbb{Z}$의 아이디얼은 모두

$$\langle n\rangle' = n\mathbb{Z} = \{nx \mid x \in \mathbb{Z}\}, \quad n \geq 0$$

와 같은 형태이다(예 6.1.3).

그리고 두 양의 정수 m, n의 최대공약수와 최소공배수를 각각 $d = \gcd(m, n), s = \operatorname{lcm}(m, n)$이라 하면

$$m\mathbb{Z} + n\mathbb{Z} = d\mathbb{Z} = \langle d\rangle', \quad m\mathbb{Z} \cap n\mathbb{Z} = s\mathbb{Z} = \langle s\rangle'$$

이다(문제 2.3.7).

예 6.1.17 [주 아이디얼 환]가환환 $\mathbb{Z}_n$, $n \geq 2$은 주 아이디얼 환이다(n이 합성수이면 PID가 아님).

실제로 $\mathbb{Z}_n$의 아이디얼은 모두 n의 양의 약수 $d(n = dm)$를 위수로 갖는 순환부분군이 유일하게 존재(정리 2.3.11)하므로

$$\langle m\rangle' = m\mathbb{Z}_n = \{0, m, 2m, \cdots, (d-1)m\}$$

인 형태 또는 $\langle 0\rangle'$인 형태이다(따름정리 2.3.13).

예를 들어, 가환환 $\mathbb{Z}_6$의 아이디얼은 다음과 같은 4가지뿐이다.

$$\langle 1\rangle' = \mathbb{Z}_6, \quad \langle 2\rangle' = \{0, 2, 4\}, \quad \langle 3\rangle' = \{0, 3\}, \quad \langle 0\rangle' = \{0\}$$

문제 6.1.18 정역 $\mathbb{Z}[x]$는 주 아이디얼 정역이 아님을 보여라. 즉,

$$\langle 2,\ x\rangle' = \{2f(x) + xg(x) \mid f(x),\ g(x) \in \mathbb{Z}[x]\}$$

은 $\mathbb{Z}[x]$의 아이디얼이지만 주 아이디얼이 아님을 보여라.

정의 6.1.19 [멱영원(nilpotent element, 冪零元)]
환 R의 원소 $a \in R$에 대하여

환 a가 R의 **멱영원**(nilpotent element)	$\overset{\text{정의}}{\Longleftrightarrow}$	적당한 양의 정수 n에 대하여 $a^n = 0$

정리 6.1.20 *(1998학년도 임용시험 출제) 가환환 R의 멱영원 전체 집합을 $N(R)$이라 하면, 다음이 성립한다.*

$N(R)$은 R의 아이디얼이다.

(증명) 연습문제로 남긴다. ■

예 6.1.21 [멱영원] 환 R이 정역이면 멱영원은 0뿐이다.

(1) 가환환 $\mathbb{Z}_8 = \{0,\ 1,\ 2,\ 3,\ 4,\ 5,\ 6,\ 7\}$의 멱영원은 다음과 같다.

$$\langle 2\rangle' = \{0,\ 2,\ 4,\ 6\}$$

(2) 가환환 $\mathbb{Z}_{12} = \{0,\ 1,\ 2,\ \cdots,\ 11\}$의 멱영원은 다음과 같다.

$$\langle 2 \cdot 3\rangle' = \{0,\ 6\}$$

문제 6.1.22 양의 정수 $n(\geq 2)$의 표준분해가 $n = p_1^{a_1} \cdots p_r^{a_r}$일 때, 가환환 $\mathbb{Z}_n$의 멱영원 전체로 이루어진 아이디얼은 $\langle p_1 \cdots p_r\rangle'$임을 보여라.

정리 6.1.23 *(정리 3.3.10 비교) 환 R의 부분환 H에 대하여 H의 덧셈 잉여류 전체 집합을*

$$R/H = \{a + H \mid a \in R\}$$

이라 할 때, 다음은 동치이다.

(1) H의 덧셈 잉여류의 곱셈

$$(a + H)(b + H) = ab + H$$

이 잘 정의된다.

$\Leftrightarrow$ (2) $\forall\, a \in R,\ aH \subset H,\ Ha \subset H$. 즉 $\boxed{H \lhd R}$

(증명) (1) $\Rightarrow$ (2) 임의의 원소 $ah \in aH$에 대하여

$$ah = (a+0)(0+h) \in (a+H)(0+H) = a \cdot 0 + H = 0 + H = H$$

이므로 $aH \subset H$이다.

또한 임의의 원소 $ha \in Ha$에 대하여

$$ha = (0+h)(a+0) \in (0+H)(a+H) = 0 \cdot a + H = 0 + H = H$$

이므로 $Ha \subset H$이다.

(2) $\Rightarrow$ (1) 임의의 원소 $a \in R$에 대하여 $aH \subset H$, $Ha \subset H$라 하자. $a+H = a'+H$와 $b+H = b'+H$에 대하여 $ab+H = a'b'+H$임을 보이면, 연산이 잘 정의된다.

그러면 적당한 원소 h, $h' \in H$가 존재하여(정리 3.1.7)

$$a = a' + h, \quad b = b' + h'$$

이다. 따라서 가정에 의하여

$$ab = (a'+h)(b'+h') = a'b' + a'h' + hb' + hh' \in a'b' + H$$

이다. 그러므로 $ab + H = a'b' + H$가 되어 곱셈은 잘 정의된다(정리 3.1.7). ■

정리 6.1.24 *환 R의 아이디얼 H에 대하여 집합 $R/H = \{a+H \mid a \in R\}$에서 덧셈과 곱셈이 아래와 같이 정의되면, 다음이 성립한다.*

$$(a+H)+(b+H) = (a+b)+H$$

$$(a+H)\cdot(b+H) = ab+H$$

$(R/H, +, \cdot\,)$은 환이 된다.

※ 환 R/H를 환 R의 아이디얼 H에 의한 **잉여환**(factor ring, 剩餘環) 또는 **상환**(quotient ring, 商環)이라 한다.

(증명) 덧셈과 곱셈은 정리 3.3.10과 정리 6.1.23에 의해서 잘 정의된다. 또한 정리 3.3.11와 정리 3.3.14에 의하여 $(R/H, +\,)$는 덧셈 가환군이 된다. 따라서 곱셈에 대한 성질만 확인하면 된다.

임의의 원소 $a+H$, $b+H$, $c+H \in R/H$에 대하여

$$((a+H)\cdot(b+H))\cdot(c+H) = (a+H)\cdot((b+H)\cdot(c+H)),$$

$$(a+H)\cdot((b+H)+\cdot(c+H)) = (a+H)\cdot(b+H)+(a+H)\cdot(c+H),$$

$$((a+H)+(b+H))\cdot(c+H) = (a+H)\cdot(c+H)+(b+H)\cdot(c+H)$$

이 성립한다. 그러므로 $(R/H, +, \cdot\,)$은 환이다. ■

정리 6.1.25 *환 R의 아이디얼 H에 대하여 다음이 성립한다.*

(1) R이 가환환이면, 잉여환 R/H도 가환환이다.
(2) R이 단위원 1을 가진 환이고 $H \neq R$이면, 잉여환 R/H도 단위원 $1+H$을 가진 환이고 $1+H \neq 0+H$이다.

(증명) (1) 임의의 원소 $a+H,\ b+H \in R/H$에 대하여

$$(a+H)(b+H) = ab+H = ba+H = (b+H)(a+H)$$

이므로 잉여환 R/H도 가환환이다.

(2) $H \neq R$이므로 $1 \notin H$이다(정리 6.1.6). 그러므로 $1+H \neq 0+H$이다.

다음에 임의의 원소 $a+H \in R/H$에 대하여

$$(a+H)(1+H) = a+H = (1+H)(a+H)$$

이므로 잉여환 R/H도 단위원 $1+H$을 가진 환이다. ■

예 6.1.26 [예 3.3.12 참조] 양의 정수 n에 대하여 정수환 $\mathbb{Z}$의 잉여환은

$$\mathbb{Z}/\langle n\rangle' = \mathbb{Z}/n\mathbb{Z} = \{\overline{0},\ \overline{1},\ \cdots,\ \overline{n-1}\} \quad (\overline{a} = a+n\mathbb{Z})$$

이고 가환환 $\mathbb{Z}_n = \{0,\ 1,\ \cdots,\ n-1\}$과 환 동형이다. 즉, $\boxed{\mathbb{Z}/n\mathbb{Z} \cong \mathbb{Z}_n}$이다.

실제로 잉여환 $\mathbb{Z}/n\mathbb{Z}$에서 가환환 $\mathbb{Z}_n$으로의 함수 f를

$$f:\ \mathbb{Z}/n\mathbb{Z} \longrightarrow \mathbb{Z}_n, \quad f(\overline{a}) = [a]_n \ (n\text{으로 나눈 나머지})$$

라 정의하면 군 동형사상이 된다(예 3.3.12).

마지막으로 f가 곱셈을 보존하는 것을 보이면 된다. 임의의 $\overline{a},\ \overline{b} \in \mathbb{Z}/n\mathbb{Z}$에 대하여

$$f\left(\overline{a}\cdot\overline{b}\right) = f\left(\overline{a\cdot b}\right) = [a\cdot b]_n = [a]_n\cdot[b]_n = f\left(\overline{a}\right)\cdot f\left(\overline{b}\right)$$

이므로 f는 환 준동형사상이 되어 f는 환 동형사상이다. 따라서 환으로서 $\mathbb{Z}/n\mathbb{Z} \cong \mathbb{Z}_n$이다.

임용시험 출제 6.1.27 [1998학년도] 가환환 R의 멱영원 전체 집합

$$N(R) = \{a \in R \mid a^n = 0,\ \exists n \in \mathbb{N}\}$$

은 R의 아이디얼임을 보여라. 아이디얼 $N(R)$을 **닐래디칼**(nilradical)이라 한다.

임용시험 출제 6.1.28 [2005학년도] 환 준동형사상(ring homomorphism)

$$f : \mathbb{Z} \to \mathbb{Z}/3\mathbb{Z} \oplus \mathbb{Z}/5\mathbb{Z} \oplus \mathbb{Z}/7\mathbb{Z}$$

는 다음과 같이 정의된다.

$$f(x) = (x + 3\mathbb{Z},\ x + 5\mathbb{Z},\ x + 7\mathbb{Z})$$

① f의 핵(kernel)을 구하라.

② $f(x) = (2 + 3\mathbb{Z},\ 3 + 5\mathbb{Z},\ 4 + 7\mathbb{Z})$를 만족시키는 정수 x를 구하라.

연 습 문 제 (6.1)

1. 다음 가환환의 아이디얼을 모두 구하라.

(1) $\mathbb{Z}_{12} = \{0, 1, 2, \cdots, 11\}$　　(2) $\mathbb{Z}_{30} = \{0, 1, 2, \cdots, 29\}$

2. $\mathbb{Z} \times \mathbb{Z}$에서 $\{(2a, 3b) \mid a, b \in \mathbb{Z}\}$는 $\mathbb{Z} \times \mathbb{Z}$의 아이디얼임을 밝히고, 또 $\{(2k, 3k) \mid k \in \mathbb{Z}\}$는 $\mathbb{Z} \times \mathbb{Z}$의 아이디얼이 아님을 보여라.

3. $\mathbb{Z}_3 \times \mathbb{Z}_3$의 부분환은 되지만 아이디얼이 안되는 예를 구하라.

4. 환 R의 부분환 S와 아이디얼 I에 대하여 $S + I = \{s + a \mid s \in S,\ a \in I\}$이라고 하면, $S + I$는 R의 부분환임을 증명하라.

5. 환 R의 두 아이디얼 I, J에 대하여 $I \cap J = \{0\}$일 때, 모든 원소 $a \in I$와 모든 원소 $b \in J$에 대하여 $ab = 0 = ba$임을 증명하라.

6. 환 $R(\neq \{0\})$의 아이디얼이 R과 $\{0\}$뿐일 때, R를 **단순환**(simple ring, 單純環)이라고 한다. 체 F 위의 $n(\geq 2)$차 행렬환 $M_n(F)$는 단순환임을 증명하라.

7. 실수체 $\mathbb{R}$ 위의 2차 행렬환 $M_2(\mathbb{R})$에서 다음 집합이 부분환을 이룸을 보여라.

$$R = \left\{ \begin{pmatrix} a & b \\ 0 & c \end{pmatrix} \;\middle|\; a \in \mathbb{Z},\ b \in \mathbb{R},\ c \in \mathbb{Q} \right\}$$

그리고

$$I = \left\{ \begin{pmatrix} 0 & b \\ 0 & 0 \end{pmatrix} \;\middle|\; b \in \mathbb{Z} \right\}, \quad J = \left\{ \begin{pmatrix} 0 & b \\ 0 & 0 \end{pmatrix} \;\middle|\; b \in \mathbb{Q} \right\}$$

이라고 할 때, I는 J의 아이디얼이고 또 J는 R의 아이디얼이지만 I는 R의 아이디얼이 아님을 보여라.

8. F가 체일 때, $M_2(F)$의 부분집합

$$S = \left\{ \begin{pmatrix} a & b \\ 0 & 0 \end{pmatrix} \;\middle|\; a, b \in F \right\}$$

는 $M_2(F)$의 **우 아이디얼**(right ideal)은 되지만 **좌 아이디얼**(left ideal)이 아님을 보여라.
즉, S는 부분환이고 $M_2(F)$의 원소를 오른쪽에서 S의 원소에 곱하면 다시 S의 원소이나 왼쪽에서 곱하면 S에 속하지 않을 수도 있음을 보이면 된다.

9. F는 체이고 $f(x)$, $g(x) \in F[x]$이다. 집합

$$N = \{r(x)f(x) + s(x)g(x) \mid r(x),\ s(x) \in F[x]\}$$

은 $F[x]$의 아이디얼임을 보여라. 또 $f(x)$와 $g(x)$의 차수가 다르고 $N \neq F[x]$이면, $f(x)$와 $g(x)$는 둘 다 F 위에서 기약일 수는 없음을 보여라.

10. 환 R의 아이디얼 A와 B에 대하여, **집합곱**(set product) AB는 다음과 같이 정의한다.

$$AB = \left\{ \sum_{i=1}^{n} a_i b_i \,\middle|\, a_i \in A,\ b_i \in B,\ n \in \mathbb{N} \right\}$$

(1) AB는 R의 아이디얼임을 보여라.

(2) $AB \subseteq (A \cap B)$임을 보여라.

11. 만약 A와 B가 환 R의 아이디얼이면, (A를 B로 나눈) **몫**(quotient) $(A:B)$는 다음과 같이 정의한다.

$$(A:B) = \{r \in R \mid rB \subset A\}$$

몫 $(A:B)$는 R의 아이디얼임을 보여라.

12. R이 가환환일 때, 다음 물음에 답하라.

(1) 원소 $x \in R$에 대하여 $\mathrm{Ann}(x) = \{r \in R \mid rx = 0\}$은 R의 아이디얼임을 보여라.
이때 $\mathrm{Ann}(x)$를 **x의 영화군**(annihilator, 零化群)이라 한다.

(2) 부분집합 $X \subset R$에 대하여 $\mathrm{Ann}(X) = \{r \in R \mid rX = \{0\}\}$은 R의 아이디얼임을 보여라.

(3) $R = \mathbb{Z}_{12}$일 때 $\mathrm{Ann}(2)$와 $\mathrm{Ann}(\{2,\ 3\})$을 구하라.

13. 가환환 R의 닐래디칼 $N(R)$에 의한 잉여환 $R/N(R)$은 $\bar{0}(= 0 + N(R))$ 이외의 멱영원이 없음을 보여라.

14. R이 가환환이고 N은 R의 아이디얼이다. 이때

$$\sqrt{N} = \{a \in R \mid a^n \in N,\ \exists n \in \mathbb{N}\}$$

은 R의 아이디얼임을 보여라. 이 아이디얼 $\sqrt{N}$을 N의 **래디칼**(radical)이라 한다.

15. 잉여환 $\mathbb{Z}/18\mathbb{Z}$의 아이디얼을 모두 구하라.

16. 체 F의 잉여환은 원소가 하나인 영환이거나 그 체와 동형임을 보여라.

17. N과 N'이 각각 환 R과 R'의 아이디얼이라 하자. 이때 환준동형사상 $\phi : R \to R'$이 $\phi(N) \subseteq N'$을 만족하면, ϕ는 환준동형사상 $\phi' : R/N \to R'/N'$을 유도함을 보여라.

6.2 환의 동형정리

이 절에서는 환에 대한 동형정리와 그에 대한 응용을 다룬다.

정리 6.2.1 *함수 $f: R \longrightarrow R'$가 환 준동형사상일 때 다음이 성립한다.*

(1) H가 R의 아이디얼이면, $f(H)$는 환 $f(R)$의 아이디얼이다.
(2) $\ker(f)$는 R의 아이디얼이다.
(3) S'가 R'의 아이디얼이면, S'의 역상 $f^{-1}(S')$는 R의 아이디얼이다.

(증명) (1) 정리 5.3.7에 의하여 $f(H)$는 환 R'의 부분환이다. 그러므로 $f(H)$는 환 $f(R)$의 부분환이다. 임의의 원소 $a \in H, r \in R$에 대하여 $ar,\ ra \in H$이므로

$$f(r)f(a) = f(ra) \in f(H)$$
$$f(a)f(r) = f(ar) \in f(H)$$

이므로 $f(H)$는 환 $f(R)$의 아이디얼이다.

(2) 정리 5.3.7에 의하여 $\ker(f)$는 R의 부분환이다. 임의의 원소 $a \in \ker(f), r \in R$에 대하여

$$f(ra) = f(r)f(a) = f(r)0' = 0'$$
$$f(ar) = f(a)f(r) = 0'f(r) = 0'$$

이므로 $ar,\ ra \in \ker(f)$이다. 따라서 $\ker(f)$는 R의 아이디얼이다.

(3) 정리 5.3.7에 의하여 $f^{-1}(S')$는 R의 부분환이다. 임의의 원소 $a \in f^{-1}(S'), r \in R$에 대하여 $f(a) \in S'$이므로

$$f(ra) = f(r)f(a) \in S'$$
$$f(ar) = f(a)f(r) \in S'$$

이므로 $ra,\ ar \in f^{-1}(S')$이다. 따라서 $f^{-1}(S')$는 R의 아이디얼이다. ■

예 6.2.2 환 준동형사상 $f: \mathbb{Z} \longrightarrow \mathbb{Q},\ f(n) = n$에서 $f(\mathbb{Z}) = \mathbb{Z}$는 $\mathbb{Q}$의 부분환이지만 아이디얼이 아니다(예 6.1.4).

또한 $2\mathbb{Z}$는 $\mathbb{Z}$의 아이디얼이고 $f(\mathbb{Z}) = \mathbb{Z}$의 아이디얼이지만, $\mathbb{Q}$의 아이디얼이 아니다.

정리 6.2.3 *(정리 3.3.20 유사정리) 환 R의 아이디얼 H에 대한 다음 함수*

$$\boxed{\pi : R \longrightarrow R/H, \quad \pi(a) = a+H}$$

와 $H < K < R$에 대하여 $K/H = \{a+H \mid a \in K\}$라 할 때, 다음이 성립한다.

(1) π는 환 준동형사상이고, 전사함수이다.
(2) $K/H < R/H$
(3) $K \lhd R \iff K/H \lhd R/H$

※ π를 R에서 R/H 위로의 **자연준동형사상**(natural homomorphism, 自然準同型寫像)이라 함.

(증명) 정리 3.3.20에서 군에 대한 성질은 모두 만족하므로 환의 곱셈부분만 확인하면 된다.

(1) 모든 $a, b \in R$에 대하여

$$\pi(ab) = ab + H = (a+H)(b+H) = \pi(a)\pi(b)$$

이므로 π는 환 준동형사상이다. 또한 정의에 의하여 전사함수이다.

(2) (3) π는 전사함수이므로,

$$\text{Im}(\pi) = \pi(R) = R/H, \qquad \pi(K) = \{a+H \mid a \in K\} = K/H$$

이므로, 정리 5.3.7과 정리 6.2.1에 의하여 정리가 성립한다. ■

정리 6.2.4 *(정리 3.5.1와 유사정리)* **(제1동형정리(환))**

환 준동형사상 $f : R \longrightarrow R'$에 대하여 다음이 성립한다.

$$\boxed{R/\ker(f) \cong \text{Im}(f)}$$

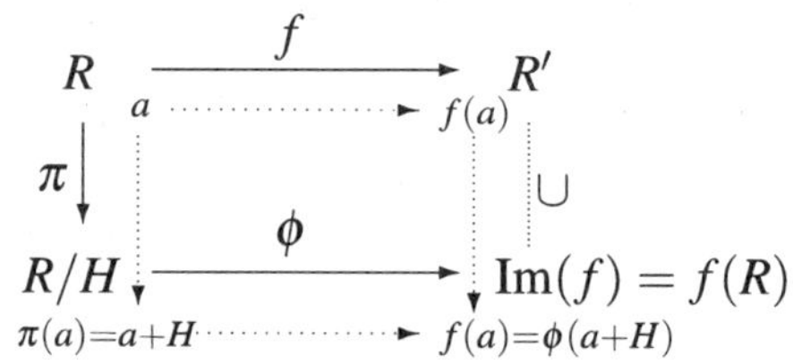

(증명) $H = \ker(f)$라 하면, 정리 6.2.1에 의하여 H는 R의 아이디얼이므로 잉여환 R/H가 존재한다. 함수

$$\phi : R/H \longrightarrow \text{Im}(f), \quad \phi(a+H) = f(a)$$

라 정의하자. 그러면 정리 3.5.1에 의하여 ϕ는 군 동형사상이다. 그러므로 곱셈에 대한 보존성만 보이면, 환 동형사상이 된다. 임의의 원소 $a+H,\ b+H \in R/H$에 대하여

$$\phi((a+H)(b+H)) = \phi(ab+H) = f(ab) = f(a)f(b) = \phi(a+H)\phi(b+H)$$

이므로 ϕ는 환 동형사상이다. 그러므로 $R/\ker(f) \cong \text{Im}(f)$이다. ■

예 6.2.5 (예 6.1.26 참조) 함수

$$\phi : \mathbb{Z} \longrightarrow \mathbb{Z}_n, \quad \phi(a) = [a]_n \ ([a]_n\text{은 } a\text{를 } n\text{으로 나눈 나머지})$$

라 정의하면, 예 3.2.16에서 $\ker(\phi) = n\mathbb{Z}$ 이고 ϕ는 전사 군 준동형사상임을 보였다. ϕ가 곱셈을 보존함을 보이자. 임의의 원소 $a, b \in \mathbb{Z}$에 대하여

$$\phi(ab) = [ab]_n = [a]_n[b]_n = \phi(a)\phi(b)$$

이므로 ϕ는 환 준동형사상이다. 그러므로 환으로서 제1동형정리(정리 6.2.4)에 의하여 $\mathbb{Z}/n\mathbb{Z} \cong \mathbb{Z}_n$이다.

군에서와 마찬가지로 환으로서 제2동형정리와 제3동형정리를 증명할 수 있으나 학부에서는 거의 사용되지 않는다.

정리 6.2.6 *(정리 3.5.10와 유사정리)* **(제2동형정리(환))**
환 R의 아이디얼 H와 부분환 K에 대하여 다음이 성립한다.

(1) $(H \cap K) \lhd K$
(2) $(H+K)/H \cong K/(H \cap K)$

(증명) 연습문제로 남긴다. ■

정리 6.2.7 *(정리 3.5.12와 유사정리)* **(제3동형정리(환))**
환 R의 두 아이디얼 H, K가 $H < K$일 때, 다음이 성립한다.

(1) $(K/H) \lhd (R/H)$
(2) $R/K \cong (R/H)/(K/H)$

(증명) 연습문제로 남긴다. ■

임용시험 출제 6.2.8 [2006학년도] 정수환 $\mathbb{Z}$에서 가환환 $\mathbb{Z}_6$으로 가는 환 준동형사상(rig homomorphism) $f : \mathbb{Z} \to \mathbb{Z}_6$을 다음과 같이 정의하자.

$$f(n) \equiv 4n \pmod 6$$

위의 f를 이용하여 두 개의 환 $\mathbb{Z}/3\mathbb{Z}$와 $2\mathbb{Z}_6$이 동형(isomorphic)임을 보여라.

(단, $\mathbb{Z}_6 = \{0,\ 1,\ 2,\ 3,\ 4,\ 5\}$는 6을 법(modulo)으로 하는 덧셈과 곱셈 연산을 가지는 가환환이다.)

임용시험 출제 6.2.9 [2011학년도] $\mathbb{Z}$는 정수환이고 $\mathbb{Q}$는 유리수환이다. 환준동형사상(ring homomorphism) $g:\mathbb{Z}\to\mathbb{Q}$가 일대일(injective) 사상일 때, 다음에서 옳은 것을 모두 골라라.

① 임의의 정수 n에 대하여 $g(n)=n$이다.

② $\mathbb{Z}$의 임의의 아이디얼(ideal) I에 대하여 $g(I)$는 $\mathbb{Q}$의 아이디얼이다.

③ $\mathbb{Q}$의 임의의 아이디얼 J에 대하여 $g(I)=J$가 성립하는 $\mathbb{Z}$의 아이디얼 I가 존재한다.

연 습 문 제 (6.2)

1. (환의 제2동형정리) 환 R의 아이디얼 H와 부분환 K에 대하여 다음을 증명하라.

(1) $(H\cap K)\lhd K$

(2) $\boxed{(H+K)/H\cong K/(H\cap K)}$

2. (환의 제3동형정리) 환 R의 두 아이디얼 H, K가 $H<K$일 때, 다음을 증명하라.

(1) $(K/H)\lhd(R/H)$

(2) $\boxed{R/K\cong(R/H)/(K/H)}$

3. 환 준동형사상 $\phi:\ \mathbb{Z}\to\mathbb{Z}$, $\phi(x)=5x$에 대하여 $\mathbb{Z}/\mathrm{Im}(\phi)$는 체가 됨을 보여라.

4. 복소수체 $\mathbb{C}=\{a+bi\mid a,\ b\in\mathbb{Q}\}$에 대하여 사상

$$f:\ \mathbb{C}\longrightarrow M_2(\mathbb{R}),\quad f(a+bi)=\begin{pmatrix}a & -b\\ b & a\end{pmatrix}$$

가 환 준동형사상임을 밝히고, 제1동형정리를 적용한 결과를 말하라.

5. 유한환 R에서 환 R'으로의 사상 $f:\ R\longrightarrow R'$가 환 준동형사상일 때,

$$|\ker(f)||\mathrm{Im}(f)|=|R|$$

임을 보여라.

6. 다항식환 $\mathbb{Z}[x]$와 $\mathbb{Z}_2=\{0,1\}$에 대하여 사상

$$\phi:\mathbb{Z}[x]\longrightarrow\mathbb{Z}_2,\quad \phi(f(x))=f(0)$$

는 환 준동형사상임을 보여라. 그리고

$$\ker(\phi)=\{2a+xg(x)\mid a\in\mathbb{Z},\ g(x)\in\mathbb{Z}[x]\},\quad \mathrm{Im}(\phi)=\mathbb{Z}_2$$

임을 밝히고, 제1동형정리를 적용한 결과를 말하라.

6.3 환과 체의 표수

이 절에서는 모든 원소가 일정한 횟수를 더하면 0이 되는 환에 대해 논한다.

정의 6.3.1 [*표수(characteristic, 標數)*]
환 R과 정수 $n(\geq 0) \in \mathbb{Z}$에 대하여

n이 환 R의 **표수**(characteristic) $\overset{\text{정의}}{\Longleftrightarrow}$ $n = \begin{cases} \min\{m \in \mathbb{N} \mid \forall a \in R, \ ma = 0\} \\ 0, \quad \text{Otherwise} \end{cases}$

※ 표수의 기호는 $\boxed{\text{char } R = n}$이라 정의한다.

예 6.3.2 다음 표수의 예를 살펴 보자.

(1) 자연수 n에 대하여 $\boxed{\text{char } \mathbb{Z}_n = n}$이다. 왜냐하면 임의의 원소 $a \in \mathbb{Z}_n$에 대하여

$$n \cdot a = a + a + \cdot + a = 0$$

이다. 하지만 $1 \leq m < n$에 대하여 $\mathbb{Z}_n$에서 다음이 성립한다.

$$m \cdot 1 = m \neq 0$$

(2) $\boxed{\text{char } \mathbb{Z} = 0}$이다. 왜냐하면 임의의 자연수 $n \in \mathbb{N}$에 대하여

$$n \cdot 1 = n \neq 0$$

이기 때문이다.

(3) $\text{char } \mathbb{Q} = 0, \quad \text{char } \mathbb{R} = 0, \quad \text{char } \mathbb{C} = 0$

(4) 가환환 $\mathbb{Z}_2 \times \mathbb{Z}$의 표수는 $\text{char } (\mathbb{Z}_2 \times \mathbb{Z}) = 0$이지만 부분환 $\mathbb{Z}_2 \times \{0\}$의 표수는 2이다.

(5) 환 R이 영환 $\{0\}$일 필요충분조건은 $\text{char}\{R\} = 1$이다.

정리 6.3.3 *단위원 1을 가진 환 R에 대하여 다음이 성립한다.*

(1) 모든 자연수 $m \in \mathbb{N}$에 대하여 $m \cdot 1 \neq 0$이면, $\boxed{\text{char } R = 0}$이다.

(2) $m \cdot 1 = 0$인 자연수 $m \in \mathbb{N}$이 존재하면, $\boxed{\text{char } R = \min\{m \in \mathbb{N} \mid m \cdot 1 = 0\}}$이다.

(증명) (1) 표수의 정의에 의하여 $\text{char } R = 0$이다.

(2) 가정에 의해 $m \cdot 1 = 0$이 되는 자연수 m 중에서 가장 작은 자연수 n이 존재한다. 그러면 $n \cdot 1 = 0$이다. 임의의 원소 $a \in R$에 대하여

$$n \cdot a = a + a + \cdots + a = a(1 + 1 + \cdots + 1) = a(n \cdot 1) = a0 = 0$$

이므로 $\text{char } R = n$이다. ■

문제 6.3.4 영환이 아닌 유한환 R의 표수는 $\boxed{\text{char}\, R \geq 2\text{이고 } R\text{의 위수 } |R|\text{의 약수}}$임을 보여라. [참조: Lagrange 정리 3.1.10와 유한생성 가환군의 정리 3.4.12 이용]

예 6.3.5 표수가 0이 아닌 무한환의 예를 살펴 보자. 예 6.3.2에서 char $\mathbb{Z}_2 = 2$임을 알 수 있다. $\mathbb{Z}_2$ 위의 다항식환

$$\mathbb{Z}_2[x] = \{a_0 + a_1 x + \cdots + a_n x^n \mid a_0,\ a_1,\ \cdots,\ a_n \in \mathbb{Z}_2\}$$

은 무환환이고, 표수는 char $\mathbb{Z}_2[x] = 2$이다.

정리 6.3.6 *정역 D에 대하여 다음이 성립한다.*

> D의 표수 char D는 0이거나 소수이다. 특히, 체의 표수는 0 또는 소수이다.

(증명) 정역 D의 표수 $n = \text{char}\, D \neq 0$이 합성수라 하자. 이때 $n = de$, $1 < d \leq e < n$이라 하면, 정리 6.3.3 (2)에 의하여 $d \cdot 1 \neq 0$, $e \cdot 1 \neq 0$이고

$$0 = n \cdot 1 = (d \cdot 1)(e \cdot 1)$$

이므로 D가 정역이라는데 모순이다. 따라서 D의 표수는 0이거나 소수이다. ■

정리 6.3.7 *단위원 1을 가진 환 R에 대하여 다음이 성립한다.*

> (1) char $R = 0$이면, 정수환(정역) $\mathbb{Z}$와 동형인 부분환을 포함한다.
> (2) char $R = n (\geq 2)$이면, $\mathbb{Z}_n$과 동형인 부분환을 포함한다.

(증명) 다음과 같은 함수

$$f : \mathbb{Z} \longrightarrow R, \quad f(a) = a \cdot 1$$

를 생각하자. 그러면 임의의 $a,\ b \in \mathbb{Z}$에 대하여

$$f(a+b) = (a+b) \cdot 1 = a \cdot 1 + b \cdot 1 = f(a) + f(b)$$
$$f(ab) = (ab) \cdot 1 = (a \cdot 1)(b \cdot 1) = f(a)f(b)$$

이므로 f는 환 준동형사상이고, $\text{Im}(f) = \{a \cdot 1 \mid a \in \mathbb{Z}\}$는 R의 부분환이다. 또한 환의 제1동형정리(정리 6.2.4)에 의하여 $\mathbb{Z}/\ker(f) \cong \text{Im}(f)$이다.

(1) char $R = 0$이면,

$$\ker(f) = \{a \in \mathbb{Z} \mid 0 = f(a) = a \cdot 1\} = \{0\}$$

이다. 따라서

$$\text{Im}(f) \cong \mathbb{Z}/\ker(f) \cong \mathbb{Z}/\{0\} \cong \mathbb{Z}$$

는 R의 부분환이다.

(2) char $R = n$이면,

$$\ker(f) = \{a \in \mathbb{Z} \mid 0 = f(a) = a \cdot 1\} = \{na \mid a \in \mathbb{Z}\} = n\mathbb{Z}$$

이다. 따라서

$$\mathrm{Im}(f) \cong \mathbb{Z}/\ker(f) \cong \mathbb{Z}/n\mathbb{Z} \cong \mathbb{Z}_n$$

는 R의 부분환이다. ■

정리 6.3.8 *체 F에 대하여 다음이 성립한다.*

(1) char $F = 0$이면, 유리수체 $\mathbb{Q}$와 동형인 부분체를 포함한다.

(2) char $F = p$(소수)이면, 체 $\mathbb{Z}_p$와 동형인 부분체를 포함한다.

※ char $F = 0$인 경우 $\mathbb{Q} \subset F$라 간주하고 유리수체 $\mathbb{Q}$를 F의 **소체**(prime field, 素體)라 한다.

※ char $F = p$인 경우 $\mathbb{Z}_p \subset F$라 간주하고 체 $\mathbb{Z}_p$를 F의 **소체**(prime field, 素體)라 한다.

(증명) 체의 표수는 0 또는 소수 p이다(정리 6.3.6).

(1) char $F = 0$이면, 정리 6.3.7의 증명에 의하여 F는 정수환(정역) $\mathbb{Z}$와 동형인 부분환 $S = \{a \cdot 1 \mid a \in \mathbb{Z}\}$를 포함한다. 한편 정수환 $\mathbb{Z}$의 분수체는 유리수체 $\mathbb{Q}$이고, 또 F 안에서 S의 분수체는

$$Q(S) = \left\{ \frac{a \cdot 1}{b \cdot 1} \;\middle|\; a,\ b \in \mathbb{Z},\ b \neq 0 \right\}$$

이므로, 다음 함수

$$f : \mathbb{Q} \longrightarrow Q(S), \quad f\left(\frac{a}{b}\right) = \frac{a \cdot 1}{b \cdot 1}$$

는 환 동형사상이다. 따라서 $\mathbb{Q} \cong Q(S)$이다.

(2) char $F = p$이면, 정리 6.3.7에 의하여 체 $\mathbb{Z}_p$와 동형인 부분체를 포함한다. ■

예 6.3.9 단위원 1을 가진 영환이 아닌 유한환 R에 대하여 다음이 성립한다.

(1) R의 위수 $|R|$가 소수 p이면, $R \cong \mathbb{Z}_p$이다. 왜냐하면, 문제 6.3.4에 의하여 R의 표수는 $|R|$의 약수이므로 char $R = p$이고, 정리 6.3.8에 의하여 $R \cong \mathbb{Z}_p$이다.

(2) R의 위수 $|R|$가 6이면, $R \cong \mathbb{Z}_6$이다(유한생성 가환군의 기본정리). 따라서 위수 6인 체는 존재하지 않는다. 실제로 체의 표수는 항상 0 또는 소수이다(정리 6.3.6).

예 6.3.10 유한체 F에 대하여 다음이 성립한다.

(1) F의 표수는 소수 p(정리 6.3.6)이며, F의 소체는 $\mathbb{Z}_p$이다(정리 6.3.8).

(2) 체 $\mathbb{Z}_p = \{0,\ 1,\ \cdots,\ p-1\}$ 위의 유리식체 $\mathbb{Z}_p(x) = \left\{ \frac{f(x)}{g(x)} \;\middle|\; f(x),\ g(x) \in \mathbb{Z}_p[x] \right\}$는 표수 p인 무한체이고 그 소체는 $\mathbb{Z}_p$이다.

정리 6.3.11 *가환환 R의 표수가 소수 p일 때, 원소 $a,\ b \in R$에 대하여 다음이 성립한다.*

(1) 함수 $\sigma_p : R \longrightarrow R,\ \sigma_p(a) = a^p$는 환 준동형사상이다. 특히, $\boxed{(a+b)^p = a^p + b^p}$

(2) R이 정역이면, σ_p는 단사함수이다.

(증명) (1) 임의의 원소 $a,\ b \in R$에 대하여 이항정리에 의해

$$(a+b)^p = a^p + \binom{p}{1} a^{p-1}b + \cdots + \binom{p}{p-1} ab^{p-1} + b^p$$

이다. 여기서 $p \Big| \binom{p}{i},\ i = 1,\ 2,\ \cdots,\ p-1$이다(따름정리 5.6.17). 또한 char $R = p$이므로 $\binom{p}{i} a^{p-i}b^i = 0$이다.

따라서 $(a+b)^p = a^p + b^p$이다. 그러므로 임의의 원소 $a,\ b \in R$에 대하여

$$\sigma_p(a+b) = (a+b)^p = a^p + b^p = \sigma_p(a) + \sigma_p(b)$$
$$\sigma_p(ab) = (ab)^p = a^p b^p = \sigma_p(a)\sigma_p(b)$$

이므로 σ_p는 환 준동형사상이다.

(2) R이 정역이면,

$$\ker(\sigma_p) = \{a \in R \mid 0 = \sigma_p(a) = a^p\} = \{0\}$$

이므로 σ_p는 단사함수이다. ■

정리 6.3.12 *유한체 F의 표수가 소수 p일 때, 다음이 성립한다.*

(1) 함수 $\sigma_p : F \longrightarrow F,\ \sigma_p(a) = a^p$는 환 동형사상이다.

(2) $\{a^p \mid a \in F\} = F$이고, 모든 $a \in \mathbb{Z}_p$에 대하여 $\sigma_p(a) = a$이다. 즉, $a^p = a$이다.

※ 환 동형사상 σ_p를 유한체 F의 **Frobenius 동형사상**이라 한다.

(증명) (1) 정리 6.3.11에 의하여 σ_p 는 단사 환 준동형사상이고, F가 유한체이므로 정리 1.4.5에 의하여 σ_p는 전사함수이다. 따라서 σ_p는 환 동형사상이다.

(2) (1)에 의하여 $\{a^p \mid a \in F\} = F$이고, 모든 $\mathbb{Z}_p$의 원소 $a = 1+1+\cdots+1$(a개)에 대하여

$$\sigma_p(a) = \sigma_p(1+1+\cdots+1) = \sigma_p(1) + \sigma_p(1) + \cdots + \sigma_p(1) = 1+1+\cdots+1 = a$$

이므로 $\sigma_p(a) = a$이다. ■

정리 6.3.13 *체 F의 표수가 소수 p일 때, F의 소체 $\mathbb{Z}_p$ 위의 n차 다항식 $f(x) = a_n x^n + \cdots + a_1 x + a_0 \in \mathbb{Z}_p[x]$에 대하여 $\underline{\alpha \in F\text{가 } f(x)\text{의 근}}$이면, 다음이 성립한다.*

(1) $f(x)^p = a_n(x^p)^n + \cdots + a_1 x^p + a_0 = f(x^p)$

(2) $\boxed{f(\alpha) = 0 \implies f(\alpha^p) = 0}$ 즉, $\boxed{\alpha,\ \alpha^p,\ \alpha^{p^2},\ \cdots,\ \alpha^{p^n},\ \cdots\text{은 } f(x)\text{의 근}}$이다.

(증명) (1) 다항식환 $\mathbb{Z}_p[x]$의 표수는 p이다. 또, $a_n, \cdots, a_1, a_0 \in \mathbb{Z}_p$이므로 Fermat 정리(정리 1.2.19)에 의하여

$$a_n^p = a_n, \quad \cdots \quad, \quad a_1^p = a_1, \quad a_0^p = a_0$$

이다. 그러면 정리 6.3.11과 정리 9.1.20에 의하여 다음이 성립한다.

$$\begin{aligned} f(x)^p &= (a_n x^n + \cdots + a_1 x + a_0)^p \\ &= (a_n x^n)^p + \cdots + (a_1 x)^p + a_0^p \\ &= a_n^p (x^n)^p + \cdots + a_1^p x^p + a_0^p \\ &= a_n (x^p)^n + \cdots + a_1 x^p + a_0 = f(x^p) \end{aligned}$$

(2) $\alpha \in F$가 $f(x)$의 근이면, (1)에 의하여

$$f(\alpha^p) = f(\alpha)^p = 0^p = 0$$

이므로 α^p도 $f(x)$의 근이다. 그러면 다시 (1)에 의하여 $0 = f((\alpha^p)^p) = f(\alpha^{p^2})$이다. 따라서 α^{p^2}도 $f(x)$의 근이다. 귀납적으로 $\alpha^{p^i}(i = 0,\ 1,\ 2,\ \cdots)$은 $f(x)$의 근임을 보일 수 있다. ■

예 6.3.14 다항식환 $\mathbb{Z}_5[x]$에서 다음이 성립한다.

(1) $(x+1)^5 = x^5 + 1, \qquad (2x-3)^5 = 2x^5 - 3$

(2) $(2x+3)^{10} = \left((2x+3)^5\right)^2 = (2x^5+3)^2 = 4x^{10} + 2x^5 + 4$

예 6.3.15 표수가 2인 체 F의 소체 $\mathbb{Z}_2$ 위의 다항식 $f(x) = x^3 + x + 1 \in \mathbb{Z}_2[x]$에 대하여 원소 $\alpha \in F$가 $f(x)$의 근일 때, F에서 $f(x)$를 인수분해하라.

(풀이) 정리 6.3.13에 의하여 $\alpha,\ \alpha^2,\ \alpha^{2^2} \in F$은 $f(x)$의 근이다. 또한 $f(0) \neq 0,\ f(1) \neq 0$이므로 $\alpha \neq 0,\ 1$이다. $\alpha^3 = \alpha + 1$에서

$$\alpha^4 = \alpha^2 + \alpha$$

이므로, $\alpha,\ \alpha^2,\ \alpha^4$은 $f(x)$의 서로 다른 세 근이다. 따라서 $f(x)$는 다음과 같이 인수분해된다.

$$f(x) = (x-\alpha)(x-\alpha^2)(x-\alpha^4) = (x-\alpha)(x-\alpha^2)(x-\alpha^2-\alpha)$$

임용시험 출제 6.3.16 [2013학년도] 다음 중에서 옳은 것을 모두 골라라.

① 환 $\mathbb{Z}_n$의 0이 아닌 원소 a가 영인자(zero divisor)이면 a는 단원(unit)이 아니다.

② 정역(integral domain) R의 표수(characteristic) n이 양수이면 n은 소수이다.

③ 다항식 $x^7 + 9x^4 + 3x^2 - 15x + 12$는 $\mathbb{Q}[x]$에서 기약(irreducible)이다.

연 습 문 제 (6.3)

1. 다음 환의 표수를 구하라.

(1) $\mathbb{Z}_4$ (2) $\mathbb{Z}_4[x]$ (3) $\mathbb{Q}(x)$ (4) $M_n(\mathbb{R})$

2. 다음 환의 표수를 구하라.

(1) $\mathbb{Z}_3 \times 3\mathbb{Z}$ (2) $\mathbb{Z}_3 \times \mathbb{Z}_3$ (3) $\mathbb{Z}_3 \times 3\mathbb{Z}_4$

3. 환 $\mathbb{Z}_5 \times \mathbb{Z}_6$의 표수를 구하고, 단원과 영인자를 모두 구하라.

4. 환 R의 표수가 p이면 $R[x]$의 표수도 p임을 보여라.

5. 정역 D의 부분정역 S에 대하여 다음을 증명하라.

(1) $1_S = 1_D$임을 보여라.

(2) $\text{char}(S) = \text{char}(D)$임을 보여라.

6. 체 $\mathbb{Z}_p = \{0, 1, \cdots, p-1\}$ 위에서 다음 다항식을 간단히 하라.

(1) $(ax+b)^p$ (2) $(x^2+x+1)^p$ (3) $(x-1)^{p^2}$

7. 환 R의 표수가 0이면 $S = R \times \mathbb{Z}$로, R의 표수가 n이면 $S = R \times \mathbb{Z}_n$이라 하고, S에서 덧셈과 곱셈을 아래와 정의할 때, 다음 물음에 답하라. (정수곱 $a \cdot r'$은 정의 5.1.2를 참조)

$$(r,\ a) + (r',\ a') = (r + r',\ a + a')$$
$$(r,\ a)(r',\ a') = (rr' + a \cdot r' + a' \cdot r,\ aa')$$

(1) S는 환임을 보여라.

(2) S는 곱셈항등원을 가짐을 보여라.

(3) S와 R은 표수가 같음을 보여라.

(4) 함수 $f : R \longrightarrow S$를 $f(r) = (r,\ 0)$으로 정의하면 f는 단사 준동형사상임을 보여라.
즉, R은 S의 부분환과 동형임을 보여라.

※ 위 연습문제는 모든 환 R은 같은 표수를 가지며 곱셈항등원을 갖는 환 S로 확장될 수 있음을 보여준다.

8. 표수가 3인 체 F의 소체 $\mathbb{Z}_3$ 위의 다항식 $f(x) = x^3 - x + 1 \in \mathbb{Z}_2[x]$에 대하여 원소 $\alpha \in F$가 $f(x)$의 근일 때, F에서 $f(x)$를 인수분해하라.

6.4 환의 직접합(직합)

이 절에서는 여러 개의 환을 확장하여 새로운 환을 만드는 방법에 대하여 논한다.

정리 6.4.1 *환 $R_1, \cdots, R_n$의 Cartesian 곱 $R_1 \times \cdots \times R_n$의 원소 $(a_1, \cdots, a_n), (b_1, \cdots, b_n)$에 관한 덧셈과 곱셈을 다음과 같이 정의하자.*

$$(a_1, \cdots, a_n) + (b_1, \cdots, b_n) = (a_1 + b_1, \cdots, a_n + b_n)$$
$$(a_1, \cdots, a_n)(b_1, \cdots, b_n) = (a_1 b_1, \cdots, a_n b_n)$$

그러면, 다음이 성립한다.

$R_1 \times \cdots \times R_n$은 환이다.

※ 이 환을 $R_1, \cdots, R_n$의 (외부)**직접곱(직적)**(direct product, 直接곱) 또는 (외부)**직접합(직합)**(direct sum, 直接合)이라 한다.
※ 이 환을 $R_1 \times \cdots \times R_n = \prod_{i=1}^{n} R_i$ 또는 $R_1 \oplus \cdots \oplus R_n = \bigoplus_{i=1}^{n} R_i$라 표기한다.

(증명) 정리 3.4.1에서 가환군이 되므로 곱셈에 대해서만 보이면 된다. 임의의 $a_i, b_i \in R_i$에 대하여 $a_i b_i \in R_i$이므로 곱셈이 잘 정의된다. 곱셈에 대한 분배법칙과 결합법칙이 성립하는 것은 쉽게 증명할 수 있으므로 각자 해볼 것. ■

정리 6.4.2 *환 $R_1, \cdots, R_n$의 직합 $R_1 \times \cdots \times R_n$에 대하여 다음이 성립한다.*

(1) $R_1, \cdots, R_n$이 모두 유한환이면, $|R_1 \times \cdots \times R_n| = |R_1| \cdots |R_n|$
(2) $R_1, \cdots, R_n$이 모두 가환환이면, $R_1 \times \cdots \times R_n$은 가환환
(3) $H_1 < R_1, \cdots, H_n < R_n$이면, $H_1 \times \cdots \times H_n < R_1 \times \cdots \times R_n$
(4) $H_1 \lhd R_1, \cdots, H_n \lhd R_n$이면, $H_1 \times \cdots \times H_n \lhd R_1 \times \cdots \times R_n$

(증명) 정리 3.4.2에서 군에 대한 성질은 만족하므로 곱셈에 대한 것만 증명한다.

(1) (2) 정의에 의하여 정리가 성립한다.

(3) 임의의 $(a_1, \cdots, a_n), (b_1, \cdots, b_n) \in H_1 \times \cdots \times H_n$에 대하여

$$(a_1, \cdots, a_n)(b_1, \cdots, b_n) = (a_1 b_1, \cdots, a_n b_n) \in H_1 \times \cdots \times H_n$$

이다. 그러므로 부분환 판정조건(정리 5.2.12)에 의하여, $H_1 \times \cdots \times H_n < R_1 \times \cdots \times R_n$이다.

(4) 임의의 $(a_1, \cdots, a_n) \in H_1 \times \cdots \times H_n$와 임의의 $(r_1, \cdots, r_n) \in R_1 \times \cdots \times R_n$에 대하여, $H_1 \lhd R_1, \cdots, H_n \lhd R_n$이므로

$$(r_1, \cdots, r_n)(a_1, \cdots, a_n) = (r_1 a_1, \cdots, r_n a_n) \in H_1 \times \cdots \times H_n$$
$$(a_1, \cdots, a_n)(r_1, \cdots, r_n) = (a_1 r_1, \cdots, a_n r_n) \in H_1 \times \cdots \times H_n$$

이다. 따라서 $H_1 \times \cdots \times H_n \lhd R_1 \times \cdots \times R_n$이다. ■

문제 6.4.3 두 환 R, R'에 대하여 다음을 증명하라.

$$\boxed{R \times R' \cong R' \times R}$$

따라서 직합의 곱의 순서가 바뀌어도 대수적 구조는 변하지 않는다. 그러므로 대수학에서 직합의 순서가 바뀌어도 같은 대수적 구조로 간주한다.

정리 6.4.4 *환 $R_1, \cdots, R_n$이 단위원을 가진 환일 때, 다음이 성립한다.*

(1) $R_1 \times \cdots \times R_n$은 단위원을 가진 환이다.

(2) 단원군은 $U(R_1 \times \cdots \times R_n) = U(R_1) \times \cdots \times U(R_n)$이다.

(증명) (1) 환 $R_1, \cdots, R_n$이 단위원을 각각 $1_1, \cdots 1_n$이라고 하자. 임의의 원소 $(a_1, \cdots, a_n) \in R_1 \times \cdots \times R_n$에 대하여

$$(a_1, \cdots, a_n)(1_1, \cdots, 1_n) = (a_1 1_1, \cdots, a_n 1_n) = (a_1, \cdots, a_n)$$
$$(1_1, \cdots, 1_n)(a_1, \cdots, a_n) = (1_1 a_1, \cdots, 1_n a_n) = (a_1, \cdots, a_n)$$

이므로 $(1_1, \cdots, 1_n)$은 $R_1 \times \cdots \times R_n$의 단위원이다.

(2) 임의의 $(a_1, \cdots, a_n), (b_1, \cdots, b_n) \in R_1 \times \cdots \times R_n$에 대하여

$$(a_1, \cdots, a_n)(b_1, \cdots, b_n) = (a_1 b_1, \cdots, a_n b_n) = (1_1, \cdots, 1_n)$$
$$(b_1, \cdots, b_n)(a_1, \cdots, a_n) = (b_1 a_1, \cdots, b_n a_n) = (1_1, \cdots, 1_n)$$

일 필요충분조건은

$$a_1 b_1 = 1_1, \quad \cdots, \quad a_n b_n = 1_n$$

이다. 그러므로

$$U(R_1 \times \cdots \times R_n) = \{(a_1, \cdots, a_n) \mid a_1 \in U(R_1), \cdots, a_n \in U(R_n)\} = U(R_1) \times \cdots \times U(R_n)$$

이다. ■

※ 영환이 아닌 정역의 직적은 항상 정역이 아니다(연습문제 2 번).

예 6.4.5 가환환 $\mathbb{Z}_4$와 $\mathbb{Z}_6$의 직합 $\mathbb{Z}_4 \times \mathbb{Z}_6$을 구하자.

$$\mathbb{Z}_4 \times \mathbb{Z}_6 = \{(a, b) \mid a \in \mathbb{Z}_4, b \in \mathbb{Z}_6\}$$

은 $(1, 1)$이 단위원인 가환환이다. 그리고 단원군은

$$U(\mathbb{Z}_4 \times \mathbb{Z}_6) = U(\mathbb{Z}_4) \times U(\mathbb{Z}_6) = \{(1, 1), (1, 5), (3, 1), (3, 5)\}$$

이고, 표수는 $\mathrm{char}(\mathbb{Z}_4 \times \mathbb{Z}_6) = 12$이다.

문제 6.4.6 임의의 환 R에 대하여, 다음이 성립함을 보여라.

$$\boxed{R/\{e\} \cong R, \qquad R/R \cong \{e\}, \qquad R \times \{e\} \cong R}$$

정리 6.4.7 환 $R_1, \cdots, R_n$의 각 아이디얼 $N_1 \lhd R_1, \cdots, N_n \lhd R_n$에 대하여 다음이 성립한다.

(1) $(N_1 \times \cdots \times N_n) \lhd (R_1 \times \cdots \times R_n)$

(2) $\boxed{(R_1 \times \cdots \times R_n)/(N_1 \times \cdots \times N_n) \cong (R_1/N_1) \times \cdots \times (R_n/N_n)}$

(증명) (1) 정리 6.4.2(4)에 의하여 성립한다.

(2) 함수 $f: R_1 \times \cdots \times R_n \longrightarrow (R_1/N_1) \times \cdots \times (R_n/N_n), \quad f(a_1, \cdots, a_n) = (a_1N_1, \cdots, a_nN_n)$라 정의하자. 그러면 정리 3.5.6에서 f는 군 준동형사상이고, 군으로서

$$(R_1 \times \cdots \times R_n)/(N_1 \times \cdots \times N_n) \cong (R_1/N_1) \times \cdots \times (R_n/N_n)$$

이다. f가 곱셈을 보존함을 보이자. 임의의 $(a_1, \cdots, a_n), (b_1, \cdots, b_n) \in R_1 \times \cdots \times R_n$에 대하여

$$\begin{aligned} f\big((a_1, \cdots, a_n)(b_1, \cdots, b_n)\big) &= f(a_1b_1, \cdots, a_nb_n) = (a_1b_1N_1, \cdots, a_nb_nN_n) \\ &= \big((a_1N_1)(b_1N_1), \cdots, (a_nN_n)(b_nN_n)\big) \\ &= \big(a_1N_1, \cdots, a_nN_n\big)\big(b_1N_1, \cdots, b_nN_n\big) = f(a_1, \cdots, a_n)f(b_1, \cdots, b_n) \end{aligned}$$

이므로 f는 환 준동형사상이다. 그러므로 환으로서

$$(R_1 \times \cdots \times R_n)/(N_1 \times \cdots \times N_n) \cong (R_1/N_1) \times \cdots \times (R_n/N_n)$$

이다. ■

따름정리 6.4.8 환 R, S의 직합 $R \times S$에 대하여 다음이 성립한다.

(1) $(R \times \{e\}) \lhd (R \times S), \quad (\{e\} \times S) \lhd (R \times S)$

(2) $(R \times S)/(R \times \{e\}) \cong S, \quad (R \times S)/(\{e\} \times S) \cong R$

(증명) $\{e\} \lhd R$, $R \lhd R$이고 $\{e\} \lhd S$, $S \lhd S$이므로, 정리 6.4.7(1)에 의하여

$$(R \times \{e\}) \lhd (R \times S), \quad (\{e\} \times S) \lhd (R \times S)$$

이다. 또한 정리 6.4.7(2)와 문제 6.4.6에 의하여

$$(R \times S)/(R \times \{e\}) \cong (R/R) \times (S/\{e\}) \cong \{e\} \times S \cong S$$
$$(R \times S)/(\{e\} \times S) \cong (R/\{e\}) \times (S/S) \cong R \times \{e\} \cong R$$

이다. ■

예 6.4.9 위수 24인 가환환 $\mathbb{Z}_4 \times \mathbb{Z}_6$의 모든 아이디얼을 구하면 다음과 같은 12개가 존재한다(연습문제 3번 참조).

$$\begin{array}{cccc} \{0\}\times\{0\}, & \{0\}\times\langle 2\rangle', & \{0\}\times\langle 3\rangle', & \{0\}\times\mathbb{Z}_6, \\ \langle 2\rangle'\times\{0\}, & \langle 2\rangle'\times\langle 2\rangle', & \langle 2\rangle'\times\langle 3\rangle', & \langle 2\rangle'\times\mathbb{Z}_6, \\ \mathbb{Z}_4\times\{0\}, & \mathbb{Z}_4\times\langle 2\rangle', & \mathbb{Z}_4\times\langle 3\rangle', & \mathbb{Z}_4\times\mathbb{Z}_6, \end{array}$$

그리고 다음이 성립한다.

$$(\mathbb{Z}_4 \times \mathbb{Z}_6)/(\mathbb{Z}_4 \times \langle 3\rangle') \cong (\mathbb{Z}_4/\mathbb{Z}_4) \times (\mathbb{Z}_6/\{0,\ 3\}) \cong \{0\} \times \mathbb{Z}_3 \cong \mathbb{Z}_3$$

정리 6.4.10 *환 R의 두 아이디얼 I, J에 대하여 다음이 성립한다.*

$$I \cap J = \{0\} \quad \Longrightarrow \quad \forall a \in I,\ b \in J,\ \ ab = ba = 0$$

(증명) (1) 임의의 원소 $a \in I$, $b \in J$에 대하여

$$ab \in I \cap J = \{0\}, \quad ba \in I \cap J = \{0\}$$

이므로 $ab = ba = 0$이다. ■

정리 6.4.11 *환 R의 두 아이디얼 I, J에 대하여*

$$R = I + J, \quad I \cap J = \{0\}$$

일 때, I, J의 (외적) 직합 $I \times J$에서 R로의 함수를

$$f : I \times J \longrightarrow R, \quad f(a,\ b) = a + b$$

라 정의하면, 다음이 성립한다.

f는 환 동형사상이다. 즉, $R \cong I \times J$이다.

(증명) $R = I + J$이므로 f는 전사함수이다. 또한 $I \cap J = \{0\}$이므로, 모든 원소 $a \in I$, $b \in J$에 대하여 $ab = ba = 0$이다(정리 6.4.10).

따라서 임의의 원소 $(a,\ b)$, $(a',\ b') \in I \times J$에 대하여

$$\begin{aligned} f((a,\ b) + (a',\ b')) &= f(a + a',\ b + b') \\ &= a + a' + b + b' = a + b + a' + b' \\ &= f(a,\ b) + f(a',\ b'), \\ f((a,\ b)(a',\ b')) &= f(aa',\ bb') = aa' + bb' \\ &= aa' + ab' + ba' + bb' \\ &= (a + b)(a' + b') = f(a,\ b)f(a',\ b') \end{aligned}$$

이므로 f는 환 준동형사상이다. 마지막으로 $(a, b) \in \ker(f)$라 하면

$$0 = f(a, b) = a + b \implies a = -b \in I \cap J = \{0\} \implies a = b = 0$$

이므로 $\ker(f) = \{(0, 0)\}$가 되어 f는 단사함수이고, f는 환 동형사상이다. 따라서 $R \cong I \times J$이다. ■

정의 6.4.12 [*직합(internal direct sum, 直合)*]

환 R의 두 아이디얼 I, J에 대하여

환 R은 I, J의 (내부)**직합** (internal direct sum) $\overset{\text{정의}}{\Longleftrightarrow}$ $R = I + J, \quad I \cap J = \{0\}$

※ 환 R은 I, J의 (내부)직합을 $R = I \oplus' J$ 라 나타낸다. 이때 'R은 I, J의 **직합으로 분해된다**'라고 하고, I, J를 R의 **직합인자**(direct summand, 直合因子)라고 한다.

예 6.4.13 [직합] 환 R의 아이디얼 I, J에 대하여 다음은 직합이다.

$$R = \{0\} \oplus' R = R \oplus' \{0\}$$

이고 다음이 성립한다.

$$R = I \oplus' J \implies R = J \oplus' I$$

정리 6.4.14 *환 R의 두 아이디얼 I, J에 대하여 다음은 동치명제이다.*

(1) $R = I \oplus' J$, 즉 $R = I + J, \quad I \cap J = \{0\}$

$\Leftrightarrow$ (2) 각 원소 $x \in R$에 대하여 다음과 같은 단 한 가지 방법으로 표현된다.

$$x = a + b \quad (a \in I,\ b \in J)$$

$\Leftrightarrow$ (3) $R = I + J$이고, 또 다음이 성립한다.

$$a + b = 0\ (a \in I,\ b \in J) \implies a = b = 0$$

(증명) (1)⇒(2) $R = I + J$이므로, 각 원소 $x \in R$에 대하여 적당한 $a \in I$, $b \in J$가 존재하여 $x = a + b$이다. 유일성을 증명하자. 원소 $a, a' \in I$, $b, b' \in J$에 대하여 $x = a + b = a' + b'$이라고 하자. 그러면

$$a - a' = b' - b \in I \cap J = \{0\}$$

이므로 $a = a'$이고 $b' = b$이다.

(2)⇒(3) (2)가 성립하면 $R = I + J$이다. 그리고 $a + b = 0\ (a \in I,\ b \in J)$이면

$$a + b = 0 = 0 + 0$$

이므로 가정에 의해서 한 가지 방법으로만 표현되므로 $a = b = 0$이여야 한다.

(3)⇒(1) (3)이 성립하면 $R=I+J$이다. 다음에 $a\in I\cap J$라 하자. 그러면

$$a+(-a)=0\ (a\in I,\ -a\in J) \implies a=(-a)=0$$

이다. 그러므로 $I\cap J=\{0\}$이다. ■

예 6.4.15 [(내부)직합]가환환 $\mathbb{Z}_{12}$에서 서로소인 두 원소 3, 4에 대하여 $\mathbb{Z}_{12}$는 아이디얼 $\langle 3\rangle'$와 $\langle 4\rangle'$의 내부직합이다. 즉,

$$\mathbb{Z}_{12}=\langle 3\rangle'\oplus'\langle 4\rangle'=\{0,\ 3,\ 6,\ 9\}\oplus'\{0,\ 4,\ 8\}$$

실제로 $\mathbb{Z}_{12}$의 모든 원소는 다음과 같이 $\langle 3\rangle'$와 $\langle 4\rangle'$의 원소의 합으로 유일하게 나타낼 수 있다.

$$\begin{aligned}&0=0+0,\quad 1=9+4,\quad 2=6+8,\quad 3=3+0,\quad 4=0+4,\quad 5=9+8,\\&6=6+0,\quad 7=3+4,\quad 8=0+8,\quad 9=9+0,\quad 10=6+4,\quad 11=3+8\end{aligned}$$

정리 6.4.16 (중국인의 나머지 정리)
환 R의 두 아이디얼 I, J에 대하여 $R=I+J$이라 할 때, 다음이 성립한다.

$$R/I\cap J\ \cong\ R/I\times R/J$$

(증명) 다음 함수

$$f:R\longrightarrow R/I\times R/J,\quad f(a)=(a+I,\ a+J)$$

가 전사 환 준동형사상임을 보이자. 임의의 원소 a, $b\in R$에 대하여

$$\begin{aligned}f(a+b)&=(a+b+I,\ a+b+J)=(a+I,\ a+J)+(b+I,\ b+J)=f(a)+f(b)\\f(ab)&=(ab+I,\ ab+J)=(a+I,\ a+J)(b+I,\ b+J)=f(a)f(b)\end{aligned}$$

이므로 환 준동형사상이다.

다음에 f가 전사함수임을 보이자. 임의의 원소 $(a+I,\ b+J)\in R/I\times R/J$에 대하여 $a-b\in R=I+J$이므로 적당한 $x\in I$, $y\in J$가 존재하여

$$a-b=x+y \implies a=b+x+y$$

이다. 또한 정리 3.1.7에 의하여

$$I=x+I,\quad J=y+J$$

이다. 따라서

$$\begin{aligned}a+I&=b+x+y+I=b+y+I\\b+J&=b+y+J\end{aligned}$$

이다. 그러므로

$$f(b+y) = (b+y+I,\ b+y+J) = (a+I,\ b+J)$$

이므로 f는 전사함수이다. 따라서 f는 전사 환 준동형사상이다. 한편

$$\ker(f) = \{a \in R \mid (0+I,\ 0+J) = f(a) = (a+I,\ a+J)\} = \{a \in R \mid a \in I \cap J\} = I \cap J$$

이다. 그러면 환 제1동형정리(정리 6.2.4)에 의하여 $R/I \cap J \cong R/I \times R/J$이다. ■

따름정리 6.4.17 (중국인의 나머지 정리) *가환환 $\mathbb{Z}_m$, $\mathbb{Z}_n$에 대하여 다음은 동치이다.*

$$\boxed{\mathbb{Z}_m \times \mathbb{Z}_n \cong \mathbb{Z}_{mn}} \iff \boxed{\gcd(m,\ n) = 1}$$

(증명) ($\Rightarrow$) 군으로서도 동형이므로 정리 3.4.6에 의하여 성립한다.

($\Leftarrow$) $\gcd(m,\ n) = 1$이라 하자. 그러면

$$m\mathbb{Z} + n\mathbb{Z} = \mathbb{Z}, \quad m\mathbb{Z} \cap n\mathbb{Z} = mn\mathbb{Z}$$

이다(문제 2.3.7). 한편 정리 6.4.16에서 $R = \mathbb{Z}$, $I = m\mathbb{Z}$, $J = n\mathbb{Z}$이라 하면, 정리 6.4.16의 가정을 만족하므로

$$\mathbb{Z}/m\mathbb{Z} \cap n\mathbb{Z} \cong \mathbb{Z}/m\mathbb{Z} \times \mathbb{Z}/n\mathbb{Z} \implies \mathbb{Z}/mn\mathbb{Z} \cong \mathbb{Z}/m\mathbb{Z} \times \mathbb{Z}/n\mathbb{Z} \implies \mathbb{Z}_{mn} \cong \mathbb{Z}_m \times \mathbb{Z}_n$$

이다(예 6.1.26). ■

3개 이상의 순환환의 직합에 대해서도 위 따름정리 6.4.17와 비슷한 방법으로 다음 정리를 증명할 수 있다.

따름정리 6.4.18 *가환환 $\mathbb{Z}_{n_1}, \cdots, \mathbb{Z}_{n_r}$에 대하여 다음은 동치이다.*

$$\mathbb{Z}_{n_1} \times \cdots \times \mathbb{Z}_{n_r} \cong \mathbb{Z}_{n_1 \cdots n_r} \iff n_i,\ n_j\ (1 \le i \ne j \le r) \text{ 는 쌍마다 서로소}$$

예 6.4.19 다음 함수는 환 동형사상이다.

$$f : \mathbb{Z}_6 \longrightarrow \mathbb{Z}_2 \times \mathbb{Z}_3, \quad f(a) = ([a]_2,\ [a]_3)$$

실제로 함수의 대응을 살펴보면 다음과 같다.

$$f(0) = (0,\ 0), \quad f(1) = (1,\ 1), \quad f(2) = (0,\ 2), \quad f(3) = (1,\ 0), \quad f(4) = (0,\ 1), \quad f(5) = (1,\ 2)$$

임용시험 출제 6.4.20 [2017학년도] 환 $\mathbb{Z}_{60}$의 잉여환(factor ring, quotient ring)으로 나타나는 모든 체(field)의 직접곱(직적, direct product)을 R이라 하자. 환 R의 표수(characteristic)를 구하라.

연 습 문 제 (6.4)

1. 환 $\mathbb{Z} \times \mathbb{Q} \times \mathbb{Z}$의 모든 가역원(단원)을 구하라.

2. 영환이 아닌 환 R에 대하여 $R \times R$은 항상 정역이 아님을 보여라.

3. 두 환 R, R'이 단위원을 가진 환일 때, J가 $R \times R'$의 아이디얼이면, R, R'의 적당한 아이디얼 I, I'에 대하여 $J = I \times I'$임을 보여라.

4. 다음 가환환의 아이디얼을 모두 구하라.

(1) $\mathbb{Z}_2 \times \mathbb{Z}_2$ (2) $\mathbb{Z}_2 \times \mathbb{Z}_6$ (3) $\mathbb{Z}_3 \times \mathbb{Z}_3$

5. 단위원 1을 가진 가환환 R에서 $e \in R$가 멱등원일 때, $f = 1 - e$이라고 하면, 다음이 성립함을 보여라.

(1) f는 멱등원이고 $e + f = 1$, $ef = 0$이다.

(2) R는 두 아이디얼 eR, fR의 직합이다. 즉, $R = eR \oplus' fR$이다.

6.5 소 아이디얼과 극대 아이디얼

이 절에서는 특별한 아이디얼에 관하여 다룬다.

예 6.5.1 정수환(정역) $\mathbb{Z}$의 아이디얼의 잉여환에 대한 성질을 알아보자.

(1) 소수 p에 대하여 $\mathbb{Z}/p\mathbb{Z} \cong \mathbb{Z}_p$는 체이다.

(2) $\mathbb{Z}/\{0\} \cong \mathbb{Z}$는 체가 아닌 정역이다.

(3) $\mathbb{Z}/6\mathbb{Z} \cong \mathbb{Z}_6$은 정역이 아닌 가환환이다.

위의 예처럼 잉여환은 주어진 환보다 성질이 좋아질 수도 있고 안 좋아질 수도 있다. 이는 아이디얼의 구조와 관계가 있다.

정의 6.5.2 [*극대 아이디얼(maximal ideal, 極大)*]

환 R의 아이디얼 M에 대하여

M이 R의 **극대 아이디얼**	$\overset{\text{정의}}{\Longleftrightarrow}$	① $M \neq R$ ② $\exists N \lhd R,\ M < N < R \implies M = N$ 또는 $N = R$

정의 6.5.3 [*소 아이디얼(prime ideal, 素)*]

환 R의 아이디얼 P에 대하여

P가 R의 **소 아이디얼**	$\overset{\text{정의}}{\Longleftrightarrow}$	① $P \neq R$ ② $ab \in P \implies a \in P$ 또는 $b \in P$

예 6.5.4 정수환(PID) $\mathbb{Z}$에서 극대 아이디얼과 소 아이디얼을 구하자. $\mathbb{Z}$의 아이디얼은 모두 $m\mathbb{Z}(m \geq 0)$인 형태이다.

(1) 소수 p일 때, 아이디얼 $p\mathbb{Z}$가 $\mathbb{Z}$의 극대 아이디얼임을 보이자.

아이디얼 $m\mathbb{Z}$이 존재하여

$$p\mathbb{Z} < m\mathbb{Z} < \mathbb{Z}$$

이라 하자. 그러면 $p = ma$이다. p가 소수이므로 $p = m$이거나 $p = a$이어야 한다. 먼저 $p = m$이면

$$p\mathbb{Z} = m\mathbb{Z}$$

이다. 다음에 $p = a$인 경우에는 $m = 1$이다. 그러므로

$$m\mathbb{Z} = \mathbb{Z}$$

이다. 따라서 $p\mathbb{Z}$는 $\mathbb{Z}$의 극대 아이디얼이다.

(2) 소수 p일 때, 아이디얼 $p\mathbb{Z}$가 $\mathbb{Z}$의 소 아이디얼임을 보이자.

정수 $a,\ b \in \mathbb{Z}$가 존재하여 $ab \in p\mathbb{Z}$이라 하자. 그러면 적당한 정수 c에 대하여 $ab = pc$이다. p가 소수이므로 $p|a$이거나 $p|b$이어야 한다. 먼저 $p|a$이면

$$a \in p\mathbb{Z}$$

이다. 다음에 $p|b$인 경우에는

$$b \in p\mathbb{Z}$$

이다. 따라서 $p\mathbb{Z}$는 $\mathbb{Z}$의 소 아이디얼이다.

(3) 영아이디얼 $\{0\}$은 극대 아이디얼이 아니지만 $\mathbb{Z}$의 소 아이디얼임을 보이자.

$2\mathbb{Z}$는 (1)에 의해 $\mathbb{Z}$의 극대 아이디얼이다.

$$\{0\} < 2\mathbb{Z} < \mathbb{Z}$$

이므로 영아이디얼 $\{0\}$은 극대 아이디얼이 아니다. 다음에

$$ab \in \{0\} \quad \Longrightarrow \quad ab = 0 \quad \Longrightarrow \quad a = 0 \text{ 또는 } b = 0 \quad \Longrightarrow \quad a \in \{0\} \text{ 또는 } b \in \{0\}$$

이므로 $\{0\}$은 소 아이디얼이다.

(4) 아이디얼 $6\mathbb{Z}$는 $\mathbb{Z}$의 소 아이디얼도 아니고 극대 아이디얼도 아님을 보이자.

$$6\mathbb{Z} < 2\mathbb{Z} < \mathbb{Z}$$

이므로 $6\mathbb{Z}$는 극대 아이디얼이 아니다.

그리고

$$2 \cdot 3 = 6 \in 6\mathbb{Z} \text{이지만 } 2 \notin 6\mathbb{Z} \text{이고 } 3 \notin 6\mathbb{Z}$$

이므로 $6\mathbb{Z}$는 소 아이디얼도 아니다.

문제 6.5.5 정수환 $\mathbb{Z}$의 아이디얼 $p\mathbb{Z}$가 극대 아이디얼이면, p가 소수임을 보여라.

예 6.5.6 소 아이디얼이지만 극대 아이디얼이 아닌 예를 살펴보자.

(1) 가환환 $\mathbb{Z} \times \mathbb{Z}$의 아이디얼 $\mathbb{Z} \times \{0\}$은 $\mathbb{Z} \times \mathbb{Z}$의 소 아이디얼이지만 극대 아이디얼이 아니다.

실제로

$$\mathbb{Z} \times \{0\} < \mathbb{Z} \times 2\mathbb{Z} < \mathbb{Z} \times \mathbb{Z}$$

이 되어 극대 아이디얼이 아니다. 하지만 $(a,\ b)(c,\ d) = (ac,\ bd) \in \mathbb{Z} \times \{0\}$이라 하면 $bd = 0$이므로

$$(a,\ b) = (a,\ 0) \in \mathbb{Z} \times \{0\} \text{ 또는 } (c,\ d) = (c,\ 0) \in \mathbb{Z} \times \{0\}$$

이다. 따라서 $\mathbb{Z}\times\{0\}$은 $\mathbb{Z}\times\mathbb{Z}$의 소 아이디얼이지만 극대 아이디얼이 아니다.

(2) 가환환 $\mathbb{Z}_6$의 아이디얼 $\{0\}$은 극대 아이디얼도 아니고 소아이디얼도 아니다. 왜냐하면

$$\{0\} < 2\mathbb{Z}_6 < \mathbb{Z}_6$$

이므로 영아이디얼 $\{0\}$은 극대 아이디얼이 아니다. 다음에

$$2\cdot 3 \in \{0\} \text{ 이지만, } 2 \notin \{0\} \text{ 이고 } 3 \notin \{0\}$$

이므로 $\{0\}$은 $\mathbb{Z}_6$의 소 아이디얼이 아니다.

예 6.5.7 극대 아이디얼이지만 소 아이디얼이 아닌 예를 살펴보자.

(1) 가환환 $2\mathbb{Z}$의 아이디얼 $4\mathbb{Z}$는 $2\mathbb{Z}$의 극대 아이디얼이지만 소 아이디얼이 아니다. 실제로 $2\mathbb{Z}$의 아이디얼 $m\cdot 2\mathbb{Z}(m>0)$에 대하여

$$4\mathbb{Z} < m\cdot 2\mathbb{Z} < 2\mathbb{Z}$$

이라 하자. 그러면 적당한 정수 a에 대하여 $4 = m\cdot 2a$이다. 즉, $2 = ma$이므로 $m = 2$이거나 $a = 2$이다. 먼저 $m = 2$이면

$$m\cdot 2\mathbb{Z} = 4\mathbb{Z}$$

이다. 다음에 $a = 2$인 경우에는 $m = 1$이다. 그러므로

$$m\cdot 2\mathbb{Z} = 2\mathbb{Z}$$

이다. 따라서 $4\mathbb{Z}$는 $\mathbb{Z}$의 극대 아이디얼이다.

한편 $2\cdot 2 = 4 \in 4\mathbb{Z}$이지만 $2 \notin 4\mathbb{Z}$이므로 $4\mathbb{Z}$는 $2\mathbb{Z}$의 소 아이디얼이 아니다.

(2) 체 F 위의 비가환환 $M_2(F)$는 단순환(6.1절 연습문제 6번)이므로 $\{\mathbb{O}\}$은 $M_2(F)$의 극대 아이디얼이다. 한편

$$\begin{pmatrix}0&1\\0&0\end{pmatrix}\begin{pmatrix}1&0\\0&0\end{pmatrix} = \begin{pmatrix}0&0\\0&0\end{pmatrix} \in \{\mathbb{O}\}$$

이지만

$$\begin{pmatrix}0&1\\0&0\end{pmatrix}, \begin{pmatrix}1&0\\0&0\end{pmatrix} \neq \begin{pmatrix}0&0\\0&0\end{pmatrix}$$

이 되어 $\{\mathbb{O}\}$은 $M_2(F)$의 소 아이디얼이 아니다.

정리 6.5.8 *단위원 1을 가진 가환환 R의 아이디얼 $M(\neq R)$에 대하여 다음은 동치이다.*

M이 R의 극대 아이디얼 $\iff$ 잉여환 R/M이 체

(증명) ($\Rightarrow$) M이 R의 극대 아이디얼이라 하자. R이 단위원 1을 가진 가환환이고 $M \neq R$이므로 R/M은 영환이 아닌 단위원 $1+M(\neq 0+M)$을 가진 가환환이다.

임의의 원소 $a+M(\neq 0+M) \in R/M$에 대하여

$$\langle a\rangle' + M = aR + M = \{ar+m \mid r \in R,\ m \in M\}$$

은 R의 아이디얼임을 쉽게 증명할 수 있다(문제 6.5.9). 한편 $a \notin M$이지만 $a = a1+0 \in aR+M$이므로

$$M \subsetneqq aR+M < R$$

이다. 그러면 M이 R의 극대 아이디얼이므로 $aR+M = R$이어야 한다. 따라서 적당한 원소 $r \in R,\ m \in M$이 존재하여 $ar+m = 1$이다. 즉, $ar = 1-m$이다. 그러면 다음이 성립한다.

$$(a+M)(r+M) = ar+M = 1-m+M = 1+M(\because m \in M)$$

따라서 $(r+M) = (a+M)^{-1}$이므로 R/M은 체이다.

($\Leftarrow$) 잉여환 R/M을 체라 하자. R의 아이디얼 N에 대하여 $M \subsetneqq N < R$이라 하자. 그러면 적당한 원소 $a \in N-M(\because M \subsetneq N)$이 존재하여 $a+M \neq 0+M$이다. 그러면 R/M이 체이므로 적당한 원소 $r+M \in R/M$이 존재하여 다음이 성립한다.

$$(a+M)(r+M) = 1+M \implies ar+M = 1+M \implies 1-ar \in M \subset N \implies 1-ar \in N$$

따라서 $a \in N$이므로 $1 \in N$이다. 그러면 정리 6.1.6에 의하여 $N = R$이다. 그러므로 M은 R의 극대 아이디얼이다. ■

문제 6.5.9 단위원 1을 가진 가환환 R의 아이디얼 M과 원소 $a \in R$에 대하여

$$\langle a\rangle' + M = aR + M = \{ar+m \mid r \in R,\ m \in M\}$$

은 R의 아이디얼임을 보여라.

따름정리 6.5.10 *단위원 1을 가진 가환환 R에 대하여 다음은 동치이다.*

R이 체 $\iff$ R의 아이디얼은 $\{0\}$과 R뿐이다.

(증명) ($\Rightarrow$) 따름정리 6.1.7에 의하여 성립한다.

($\Leftarrow$) 환 R의 아이디얼은 $\{0\}$과 R뿐이면, $\{0\}$이 R의 극대 아이디얼이다. 그러면 정리 6.5.8에 의하여

$$R \cong R/\{0\}$$

이 체가 된다. ■

예 6.5.11 정리 6.5.8에서 R이 단위원 1을 가진 가환환이 아니면 정리가 성립하지 않는다.

예를 들어 실수 성분 2차 행렬환 $M_2(\mathbb{R})$의 아이디얼은 2개 $\{\mathbb{O}\}$와 $M_2(\mathbb{R})$뿐이다(6.1절 연습문제 6번)이다. 따라서 영 아이디얼 $\{\mathbb{O}\}$는 극대 아이디얼이다. 하지만

$$M_2(\mathbb{R}) \cong M_2(\mathbb{R})/\{\mathbb{O}\}$$

은 체가 아니다.

정리 6.5.12 *단위원 1을 가진 가환환 R의 아이디얼 $P(\neq R)$에 대하여 다음은 동치이다.*

P가 R의 소 아이디얼 $\iff$ 잉여환 R/P가 정역

(증명) ($\Rightarrow$) P가 R의 소 아이디얼이라 하자. 그러면 R/P는 단위원을 가진 가환환이다. 다음에 원소 $a+P,\ b+P \in R/P$에 대하여 P가 소 아이디얼이므로 다음이 성립한다.

$$(a+P)(b+P) = 0+P \implies ab+P = P \implies ab \in P \implies a \in P \text{ 또는 } b \in P$$

그러므로 $a+P = 0+P$ 또는 $b+P = 0+P$가 되어 R/P는 정역이다.

($\Leftarrow$) R/P가 정역이라 하자. 원소 $a,\ b \in R$에 대하여

$$ab \in P \implies ab+P = 0+P$$

이다. 그러면 R/P가 정역이므로 다음이 성립한다.

$$0+P = ab+P = (a+P)(b+P) \implies a+P = 0+P \text{ 또는 } b+P = 0+P \implies a \in P \text{ 또는 } b \in P$$

따라서 P는 R의 소 아이디얼이다. ■

따름정리 6.5.13 *단위원 1을 가진 가환환 R에 대하여 다음이 성립한다.*

(1) M이 R의 극대 아이디얼 $\implies$ M이 R의 소 아이디얼
(2) R이 유한환이면, R의 극대 아이디얼과 소 아이디얼은 일치한다.
(3) R이 Boole 환이면, R의 극대 아이디얼과 소 아이디얼은 일치한다.

(증명) (1) M이 R의 극대 아이디얼이라 하자. 정리 6.5.8에 의하여 R/M은 체이다. 그러면 R/M는 정역이다(정리 5.1.15). 따라서 정리 6.5.12에 의하여 M이 R의 소 아이디얼이다.

(2) P가 R의 소 아이디얼이라 하자. 그러면 R/P는 유한 정역이므로 R/P는 체이다(정리 5.2.9). 따라서 정리 6.5.8에 의하여 P는 R의 극대 아이디얼이다.

한편 (1)에 의하여 극대 아이디얼이면 소 아이디얼이므로 (2)가 성립한다.

(3) P가 Boole 환 R의 소 아이디얼이라고 하자. 그러면 정리 6.5.12에 의하여 R/P는 정역이다. 그러면 임의의 원소 $a+P(\neq 0+P = P) \in R/P$에 대하여

$$0+P = (a-a^2)+P = (a+P)(1-a+P) \implies 1-a+P = 0+P \implies a+P = 1+P(\text{단원})$$

이다. 그러므로 R/P는 체가 된다. 따라서 정리 6.5.8에 의하여 P는 R의 극대 아이디얼이다.

한편 (1)에 의하여 극대 아이디얼이면 소 아이디얼이므로 (2)가 성립한다. ■

예 6.5.14 정수환(PID) $\mathbb{Z}$와 정수 $p \geq 2$에 대하여 다음 다섯 조건은 서로 동치이다. 따라서 $\mathbb{Z}$에서 $\{0\}$을 제외한 모든 소 아이디얼은 극대 아이디얼이다.

(1) 정수 p는 소수이다.

(2) $p\mathbb{Z}$는 $\mathbb{Z}$의 극대 아이디얼이다.

(3) $\mathbb{Z}/p\mathbb{Z} = \{\overline{0}, \overline{1}, \cdots, \overline{p-1}\}$은 체이다.

(4) $\mathbb{Z}/p\mathbb{Z} = \{\overline{0}, \overline{1}, \cdots, \overline{p-1}\}$은 정역이다.

(5) $p\mathbb{Z}$는 $\mathbb{Z}$의 소 아이디얼이다.

(증명) 예 6.5.4, 문제 6.5.5, 정리 6.5.8, 정리 5.1.15, 정리 6.5.12에 의하여 성립한다.

예 6.5.15 가환환 $\mathbb{Z}_n$, $(n \geq 2)$의 소 아이디얼과 극대 아이디얼은 일치한다(따름정리 6.5.13).

(1) p가 소수이면, $\mathbb{Z}_p$는 체이므로 $\mathbb{Z}_p$의 극대 아이디얼과 소 아이디얼은 $\{0\}$뿐이다.

(2) p가 소수이면, $\mathbb{Z}_{p^k}$, $(k \geq 2)$의 극대 아이디얼과 소아이디얼은 $\langle p \rangle' = p\mathbb{Z}_{p^k}$뿐이다(예 6.1.17).

(3) 정수 n의 표준분해가 $n = p_1^{a_1} p_2^{a_2} \cdots p_r^{a_r} (r \geq 2)$이면, $\mathbb{Z}_n$의 극대 아이디얼과 소 아이디얼은

$$\langle p_1 \rangle' = p_1\mathbb{Z}_n, \quad \langle p_2 \rangle' = p_2\mathbb{Z}_n, \quad \cdots, \quad \langle p_r \rangle' = p_r\mathbb{Z}_n$$

뿐이다.

예를 들면, 가환환 $\mathbb{Z}_{12}$, $12 = 2^2 \cdot 3$의 극대 아이디얼과 소 아이디얼은

$$\langle 2 \rangle' = \{0,\ 2,\ 4,\ 6,\ 8,\ 10\}, \quad \langle 3 \rangle' = \{0,\ 3,\ 6,\ 9\}$$

뿐이다.

문제 6.5.16 다항식환에서의 극대 아이디얼과 소 아이디얼에 대하여 알아보자.

(1) 체 F 위의 다항식환 $F[x]$와 $a \in F$에 대하여

$$\langle x-a \rangle' = \{(x-a)f(x) \mid f(x) \in F[x]\}$$

는 $F[x]$의 극대 아이디얼임을 보여라.

(2) 정역 D 위의 다항식환 $D[x]$와 $a \in D$에 대하여

$$\langle x-a \rangle' = \{(x-a)f(x) \mid f(x) \in D[x]\}$$

는 $D[x]$의 소 아이디얼임을 보여라.

[참조: a에서 대입 준동형사상 ϕ_a(정리 5.4.4)와 제1동형정리를 이용.]

정리 6.5.17 *(2000학년도 임용시험 출제) 체 F 위의 다항식환 $F[x]$에 대해 다음이 성립.*

$F[x]$는 주 아이디얼정역(PID)이다.

※ 주 아이디얼 $\langle p(x)\rangle'(\neq \langle 0\rangle')$의 생성원 $p(x)$의 최고차 항의 계수를 a라 하면, $\langle p(x)\rangle' = \langle a^{-1}p(x)\rangle'$이므로 $p(x)$를 모닉다항식으로 택할 수 있다.

(증명) $F[x]$의 아이디얼을 N이라 하자.

먼저 $N = \{0\}$인 경우에는 $N = \langle 0\rangle'$이므로 주 아이디얼이다.

다음에 $N \neq \{0\}$인 경우에는 N의 원소 중 0이 아닌 차수 중 최소인 원소 $p(x) \in N$가 존재한다. 그러면

$$\langle p(x)\rangle' \subset N$$

이다. 임의의 원소 $f(x) \in N$에 대해서, 나눗셈 알고리즘(정리 5.5.1)에 의해 다항식 $g(x)$, $r(x) \in F[x]$가 존재해서

$$f(x) = q(x)p(x) + r(x), \quad r(x) = 0 \text{ 또는 } 0 \leq \deg(r(x)) < \deg(p(x))$$

이다. 그러면

$$r(x) = f(x) - q(x)p(x) \in N$$

이므로 $r(x) \in N$이고, $p(x)$의 차수의 최소성에 의해서 $r(x) = 0$이어야 한다. 따라서

$$f(x) = q(x)p(x) \in \langle p(x)\rangle'$$

이고, $N \subset \langle p(x)\rangle'$이다. 그러므로 $N = \langle p(x)\rangle'$는 주 아이디얼이다. ■

정리 6.5.18 *(2003학년도 임용시험출제)*
체 F 위의 다항식환 $F[x]$의 다항식 $0 \neq p(x) \in F[x]$에 대하여 다음은 동치이다.

$\langle p(x)\rangle'$가 $F[x]$의 극대 아이디얼 $\iff$ $p(x)$가 F 위에서 기약

(증명) ($\Rightarrow$) $\langle p(x)\rangle'$를 $F[x]$의 극대 아이디얼이라 하자. 그리고 $p(x) = f(x)g(x)$, $f(x)$, $g(x) \in F[x]$라 하자. 그러면 $\langle p(x)\rangle'$가 극대 아이디얼이므로 소 아이디얼이다(따름정리 6.5.13). 따라서

$$f(x)g(x) = p(x) \in \langle p(x)\rangle' \implies f(x) \in \langle p(x)\rangle' \text{ 이거나 } g(x) \in \langle p(x)\rangle'$$

이다.

먼저 $f(x) \in \langle p(x)\rangle'$인 경우에는 $f(x) = h(x)p(x)$, $h(x) \in F[x]$이다. 그러면 $p(x) \neq 0$이므로

$$p(x) = h(x)p(x)g(x) \implies h(x) \cdot g(x) = 1 \implies g(x)\text{가 단원}$$

이다.

다음에 $g(x) \in \langle p(x) \rangle'$인 경우에도 같은 방법으로 하면 $f(x)$가 단원임을 증명할 수 있다. 따라서 $p(x)$는 F 위에서 기약이다.

($\Leftarrow$) $p(x)$가 F 위에서 기약이라 하자. 그러면 $F[x]$의 아이디얼 N에 대해서

$$\langle p(x) \rangle' < N < F[x]$$

라 하자. $F[x]$는 PID이므로 적당한 다항식 $r(x) \in F[x]$가 존재해서 $N = \langle r(x) \rangle'$이다. 따라서 $p(x)$가 기약이므로 적당한 다항식 $h(x) \in F[x]$가 존재해서

$$p(x) \in \langle p(x) \rangle' < \langle r(x) \rangle' \quad \Longrightarrow \quad p(x) = h(x)r(x) \quad \Longrightarrow \quad h(x)\text{가 단원 또는 } r(x)\text{가 단원}$$

이다.

먼저 $h(x)$가 단원인 경우에는 $h(x) = a(\neq 0) \in F$이므로

$$p(x) = ar(x) \quad \Longrightarrow \quad r(x) = a^{-1}p(x) \in \langle p(x) \rangle'$$

이다. 따라서 $\langle r(x) \rangle' < \langle p(x) \rangle'$이고 $\langle p(x) \rangle' = \langle r(x) \rangle = N$이다.

다음에 $r(x)$가 단원인 경우에는 정리 6.1.6 에 의하여 $N = \langle r(x) \rangle' = F[x]$이다.

그러므로 $\langle p(x) \rangle'$는 $F[x]$의 극대 아이디얼이다. ■

정리 6.5.19 *체 F 위의 다항식환 $F[x]$의 다항식 $0 \neq p(x) \in F[x]$에 대해 다음이 성립한다.*

$$p(x)\text{가 기약다항식이고 } p(x)|f(x)g(x) \quad \Longrightarrow \quad p(x)|f(x) \text{ 또는 } p(x)|g(x)$$

(증명) $p(x)$가 기약다항식이므로 정리 6.5.18에 의하여 $\langle p(x) \rangle'$는 $F[x]$의 극대 아이디얼이다. 그러면 따름정리 6.5.13에 의해서 $\langle p(x) \rangle'$는 $F[x]$의 소 아이디얼이다. 그러므로

$$f(x)g(x) \in \langle p(x) \rangle' \quad \Longrightarrow \quad f(x) \in \langle p(x) \rangle' \text{ 또는 } g(x) \in \langle p(x) \rangle'$$

이다. 따라서 적당한 다항식 $h(x),\ k(x) \in F[x]$가 존재해서

$$f(x) = h(x)p(x) \text{ 또는 } g(x) = k(x)p(x) \quad \Longrightarrow \quad p(x)|f(x) \text{ 또는 } p(x)|g(x)$$

이다. ■

예 6.5.20 체 위에서의 다항식환에서 기약다항식에 관한 성질을 살펴 보자.

(1) 체 $\mathbb{Z}_2$ 위의 다항식환 $\mathbb{Z}_2[x]$에서 $p(x) = x^3 + x + 1$는 기약다항식이다.

실제로 $p(0) = 1 \neq 0,\ p(1) = 1 \neq 0$이므로 $p(x)$는 $\mathbb{Z}_2$ 위에서 기약다항식이다(정리 5.6.4). 그러면 $\mathbb{Z}_2[x]/\langle p(x) \rangle'$는 체가 된다. 이 체는 8개의 원소를 가진 체이다. $\alpha = x + \langle p(x) \rangle'$라 하면 $\alpha^3 + \alpha + 1 = 0$이다. 원소를 원소 나열법으로 표현하면 다음과 같다.

$$\mathbb{Z}_2[x]/\langle p(x) \rangle' = \{0,\ 1,\ \alpha,\ \alpha+1,\ \alpha^2,\ \alpha^2+1,\ \alpha^2+\alpha,\ \alpha^2+\alpha+1\}, \quad \text{단, } \alpha^3+\alpha+1=0$$

덧셈과 곱셈 연산의 예는 다음과 같다. $\text{char}(\mathbb{Z}_2) = 2$이고 $1 = -1$임을 활용한다.

$$(\alpha+1)+(\alpha^2+1) = \alpha^2+\alpha,$$
$$(\alpha+1)(\alpha^2+1) = \alpha^3+\alpha+\alpha^2+1 = (\alpha+1)+\alpha+\alpha^2+1 = \alpha^2$$

(2) 유리수체 $\mathbb{Q}$ 위의 다항식환 $\mathbb{Q}[x]$에서 기약다항식 x^2-2를 생각하자(Eisenstein 기약 판정). $\mathbb{Q}[x]/\langle x^2-2\rangle'$는 체가 되고 $\sqrt{2} = x+\langle x^2-2\rangle'$라 하면 $\sqrt{2}^2-2=0$이다. 원소는 다음과 같다.

$$\mathbb{Q}[x]/\langle x^2-2\rangle' = \{a+b\sqrt{2} \mid a,\ b \in \mathbb{Q}\}$$

(3) 실수체 $\mathbb{R}$ 위의 다항식환 $\mathbb{R}[x]$에서 기약다항식 x^2+1을 생각하자. $\mathbb{R}[x]/\langle x^2+1\rangle'$는 체가 되고 $i = x+\langle x^2+1\rangle'$라 하면 $i^2+1=0$이다. 원소는 다음과 같다.

$$\mathbb{R}[x]/\langle x^2+1\rangle' = \{a+bx+\langle x^2+1\rangle' \mid a,\ b \in \mathbb{R}\} = \{a+bi \mid a,\ b \in \mathbb{R}\} = \mathbb{C}$$

임용시험 출제 6.5.21 [2011학년도] 환 $\mathbb{Z}_{24}$ 위의 다항식환(polynomial ring) $R = \mathbb{Z}_{24}[x]$에 대하여 옳은 것은?

① R은 정역(integral domain)이다.

② R은 8개 이상의 단원(unit)을 갖는다.

③ R은 환 $\mathbb{Z}_4[x] \times \mathbb{Z}_6[x]$와 동형이다.

④ 다항식 $f(x) = x^3-6x^2+11x-6$은 $\mathbb{Z}_{24}$에서 오직 3개의 근을 갖는다.

⑤ 주 아이디얼(principal ideal) $I = \langle x^2+12\rangle$에 대하여 잉여환(factor ring, quotient ring) R/I는 체이다.

임용시험 출제 6.5.22 [2012학년도 2차] 다음은 대수학 강의 시간에 박 교수와 학생이 나눈 대화의 일부분이다. 다음을 읽고 물음에 답하시오.[논술형]

박교수: 지금까지 다항식 환에 대한 다음 정리를 증명하였습니다.

〈정 리〉

F가 체이면 다항식 환 $F[x]$가 주 아이디얼 정역(principal ideal domain)이다.

학생 A: 네. 체 위에서의 다항식 환이 주 아이디얼 정역임을 이해하였습니다.

박교수: 이정리를 출발점으로 하여 ①브라운(S. Brown)과 월터(M. Walter)가 제시한 '만약 그렇지 않다면 어떻게 될까(What if not)' 전략에 따라 수업을 진행하고자 합니다. 그럼, 이 전략에 따라 새로운 문제를 만드는 단계까지 진행하고 그 결과를 발표해 봅시다.

학생 B: 앞의 정리를 바탕으로 다음과 같은 새로운 명제를 만들었습니다.

〈명 제〉

다항식 환 $R[x]$가 주 아이디얼이면 다항식 R은 체이다.

박 교수: 참 잘 만든 명제입니다. 사실 이 명제는 참입니다. 이제 이 명제를 증명해 봅시다.

(1) 문제해결 과정에서 문제제기(문제설정, problem posing) 활동의 중요성을 3가지만 제시하시오. 그리고 아래의 정리를 출발점으로 하여, ①의 단계에 따라 이 정리가 n차 방정식인 경우로 일반화될 수 있음을 구체적으로 설명하시오(단, 모든 근의 합과 모든 근의 곱에 대한 성질만 유도하시오.)[10점]

〈정 리〉

이차방정식 $ax^2+bx+c=0$의 두 근을 α_1과 α_2라 하면 $\alpha_1+\alpha_2=-\dfrac{b}{a}$이고 $\alpha_1\alpha_2=\dfrac{c}{a}$이다.

(2) 학생 B가 만든 〈명제〉가 참임을 증명하라.[20점]

임용시험 출제 6.5.23 [2018학년도] 다음 두 조건을 만족시키는 유한체(finite field) $\mathbb{Z}_5$ 위의 다항식환(polynomial ring) $\mathbb{Z}_5[x]$의 아이디얼(ideal) I의 개수를 풀이 과정과 함께 쓰시오.

(가) 잉여환(factor ring, quotient ring) $\mathbb{Z}_5[x]/I$의 위수(order)는 25이다.
(나) $\mathbb{Z}_5[x]/I$의 극대 아이디얼(maximal ideal)의 개수는 2이다.

연 습 문 제 (6.5)

1. 다음 환의 소 아이디얼과 극대 아이디얼을 구하라.

(1) $\mathbb{Z}_6$　　(2) $\mathbb{Z}_{12}$

(3) $\mathbb{Z}_2 \times \mathbb{Z}_2$　　(4) $\mathbb{Z}_2 \times \mathbb{Z}_4$

2. $R = \mathbb{Z} \times \mathbb{Z}$에서 다음 물음에 답하라.

(1) $M = \mathbb{Z} \times p\mathbb{Z}$($p$는 소수)는 R의 극대 아이디얼이 됨을 증명하라.

(2) R에서 극대 아이디얼이 아닌 소 아이디얼을 구하라.

3. 다음 잉여환이 체가 되는 상수 c를 모두 구하라.

(1) $\mathbb{Z}_3[x]/\langle x^2 + c\rangle'$　　(2) $\mathbb{Z}_5[x]/\langle x^2 + cx + 1\rangle'$

4. 유리수체 $\mathbb{Q}$에 대하여 $\mathbb{Q}[x]/\langle \frac{x^4}{3} - x + 1\rangle'$은 체임을 보여라.

5. 체 F 위의 다항식환 $F[x]$에 대하여 다음 물음에 답하라.

(1) $\langle x\rangle'$는 $F[x]$의 극대 아이디얼임을 보여라.

(2) $\langle x\rangle'$가 아닌 $F[x]$의 또 다른 극대 아이디얼을 구하라.

(3) $F[x]$의 모든 비자명 소 아이디얼은 극대 아이디얼임을 보여라.

6. 다항식환 $\mathbb{Z}[x]$에서 $I = \{2a + xg(x) \mid a \in \mathbb{Z},\ g(x) \in \mathbb{Z}[x]\}$는 $\mathbb{Z}[x]$의 극대 아이디얼이고 $\langle x\rangle'$은 극대 아이디얼이 아님을 보여라.

7. 정수환 $\mathbb{Z}$에서 I, J가 $\{0\}$이 아닌 서로 다른 소 아이디얼일 때, $I \cap J$는 $\mathbb{Z}$의 소 아이디얼이 아님을 보여라.

8. 단위원 1을 가진 가환환 R에서 $P(\neq R)$가 R의 아이디얼일 때, P가 R의 소 아이디얼이기 위한 필요충분조건은 $S = R - P$가 R의 곱셈집합인 것임을 보여라.

9. 소수 p에 대하여 $S = \mathbb{Z} - p\mathbb{Z}$이라 하고

$$\mathbb{Q}_p = \left\{ \frac{a}{s} \in \mathbb{Q} \,\middle|\, a \in \mathbb{Z},\ s \in S \right\}, \quad M = \left\{ \frac{b}{s} \in \mathbb{Q} \,\middle|\, b \in p\mathbb{Z},\ s \in S \right\}$$

이라고 할 때, $\mathbb{Q}_p$는 유리수체 $\mathbb{Q}$ 의 부분환이다.

(1) M은 가환환 $\mathbb{Q}_p$의 극대 아이디얼임을 보여라.

(2) $U(\mathbb{Q}_p) = \mathbb{Q}_p - M$이고, 또 $\mathbb{Q}_p$의 극대 아이디얼은 M뿐임을 보여라.

10. 환 R가 단항 아이디얼 정역일 때, $P(\neq \{0\})$가 R의 소 아이디얼이면 P는 R의 극대 아이디얼임을 보여라. (정리 7.2.6을 사용하지 말고 소 아이디얼과 극대 아이디얼의 정의를 이용하여 증명할 것)

11. N이 환 R의 극대 아이디얼이기 위한 필요충분조건은 R/N이 단순환임을 보여라.

12. 환 R에서 체 F로의 환준동형사상 $\phi : R \to F$가 전사이면, $\ker(\phi)$는 R의 극대 아이디얼임을 보여라.

13. 환 R이 단위원 1을 가진 가환환일 때, R의 소 아이디얼 P에 대하여 잉여환 R/P가 유한환이면, P는 R의 극대 아이디얼임을 보여라.

제 7 장

정역

가환대수학에서, 정역(integral domain, 整域)은 영인자가 존재하지 않는, 영환이 아닌 가환환이다. 정역은 정수환의 일반화이며, 0이 아닌 원소의 역원을 추가하여 분수체 (field of fractions, 分數體)를 만들 수 있다.

유클리드 정역(ED: Euclidean domain, Euclid 整域), 또는 유클리드 환(Euclidean ring, -環)은 특수한 구조를 가지고 있어서 유클리드 호제법과 비슷한 과정이 가능한 정역을 부르는 말이다.

주 아이디얼 정역(PID: principal ideal domain, 主ideal整域)은 모든 아이디얼이 하나의 원소로 생성되는 정역이다.

유일 인수분해 정역(UFD: unique factorization domain 有一因數分解整域)은 0이 아닌 원소를 소원으로 유일하게 인수분해할 수 있는 가환환이다. 이는 정수의 유일 인수분해 가능성을 일반화한 것이다.

대수론과 대수학에서, 인수분해(factorization, 因數分解)는 곱이 정의된 집합내의 어떤 원소를 다른 원소들의 곱으로 표현하는 것을 가리킨다. 특히, 정수집합에서 어떤 주어진 정수를 소수들의 곱으로 표현하는 것은 소인수분해라고 부른다. 따라서 소인수분해는 인수분해의 일종이 된다.

인수분해의 목적은 보통 어떤 원소를 더 기초적이고 간단한 조각으로 분해하는 데 있다. 예를 들어, 수를 소수들의 곱으로, 다항식을 인수분해되지 않는 다항식으로 분해하는 것이다. 그리고 다항식의 경우는, 변수 x에 대하여 x가 근삿값일 때, 근삿값을 참값에 가깝게 계산하기 위함과 방정식 등을 풀기 위해 사용한다. 정수 집합에서는 산술의 기본 정리, 다항식의 집합에서는 대수학의 기본 정리와 관련이 있다. 그러나 모든 환에서 인수분해가 더 이상 분해되지 않는 원소들의 곱으로 유일하게 표현되는 것은 아니다. 유일한 인수분해가 성립하는 가환환을 유일 인수분해 정역이라고 한다.

큰 정수의 소인수분해는 매우 어려운 작업이다. 현재까지 충분히 빠른 속도로 이러한 작업을 수행하는 알고리즘이 알려져 있지 않으며, RSA 암호 알고리즘은 이를 근거로 작동한다. [11, 12]

7.1 유일 인수분해 정역(UFD)

정수환 $\mathbb{Z}$는 정역이고 다음과 같은 3가지 중요한 성질을 가지고 있다.

(1) [나눗셈 알고리즘 (ED)] 주어진 두 정수 a, $b(\neq 0) \in \mathbb{Z}$에 대하여,

$$a = bq + r, \quad 0 \leq r < |b|$$

을 만족하는 q, $r \in \mathbb{Z}$가 유일하게 존재한다(정리 1.2.3).

(2) [주 아이디얼 정역(PID)] 정수환 $\mathbb{Z}$의 모든 아이디얼 H는 주 아이디얼이다(따름정리 2.3.6). 즉, 아이디얼 H에 대하여 다음과 같은 정수 $n(\geq 0)$이 존재한다.

$$H = \langle n \rangle' = n\mathbb{Z}$$

(3) [소인수분해의 유일성(UFD)] 모든 양의 정수 $n(\geq 2)$은 유일하게 소인수분해된다. 즉, n의 서로 다른 소인수 전체를 $p_1, \cdots, p_r$이라 할 때, 다음과 같은 양의 정수 $a_1, a_2, \cdots, a_r \in \mathbb{N}$이 유일하게 존재한다.

$$n = p_1^{a_1} p_2^{a_2} \cdots p_r^{a_r}$$

체 F 위의 다항식환 $F[x]$도 정역이며 위의 3가지 성질을 모두 갖는다. 즉, $F[x]$는 나눗셈 알고리즘(정리 5.5.1), 주 아이디얼 정역(정리 6.5.17), 인수분해의 유일성(정리 5.6.26)이 성립한다.

이 절에서는 이러한 정수의 중요한 3가지 성질 중에서 유일 소인수분해에 해당하는 성질을 만족하는 정역에 대해 논한다.

정의 7.1.1 *[기약원(irreducible element, 既約元), 소원(prime element, 素元)]*

정역 D의 원소 p에 대하여

p는 D의 **기약원(기약)**(irreducible element)	$\overset{\text{정의}}{\iff}$	① $p \neq 0$, $p \notin U(D)$(단원이 아님) ② $p = ab \implies a$ 또는 b가 단원

※ 체 F 위의 다항식환 $F[x]$에서 기약원은 기약다항식이다(정의 5.6.1).

p는 D의 **소원(소수)**(prime element)	$\overset{\text{정의}}{\iff}$	① $p \neq 0$, $p \notin U(D)$(단원이 아님) ② $p \mid ab \implies p \mid a$ 또는 $p \mid b$

※ 소원을 소수라 하는 이유는 정수에서의 소수와 같은 성질을 갖기 때문이다.

예 7.1.2 [기약원과 소원이 같은 예] 정수환 $\mathbb{Z}$에서 기약원과 소원에 대해 알아보자.

(1) 정수환 $\mathbb{Z}$에서 p가 기약원이면, 다음을 만족한다.

① $p \neq 0$, $p \neq \pm 1$(단원이 아님)

② $p = ab \implies a = \pm 1$ 또는 $b = \pm 1$ (소수의 정의)

따라서 정수 $p(\geq 2)$가 $\mathbb{Z}$에서 기약원이면, 소수를 의미한다.

(2) 정수환 $\mathbb{Z}$에서 p가 소원이면, 다음을 만족한다.

① $p \neq 0,\ p \neq \pm 1$(단원이 아님)

② $p|ab \implies p|a$ 또는 $p|b$ (소수의 성질)

따라서 정수 $p(\geq 2)$가 $\mathbb{Z}$에서 소원이면, 소수를 의미한다.

즉, 정수환에서는 양수인 기약원과 소원은 모두 소수가 되어 일치한다.

예 7.1.3 [기약원과 소원이 다른 예] 체 F 위의 다항식환 $F[x]$에서 부분정역 $D = F[x^2, xy, y^2]$을 생각하자.

그러면 D의 원소 형태는 다음과 같다. 단, 유한 개의 0이 아닌 항을 갖는다.

$$\sum \alpha_{abc}(x^2)^a(xy)^b(y^2)^c, \quad \alpha_{abc} \in F,\ a,\ b,\ c \in \mathbb{N} \cup \{0\}$$

이때 D의 원소는 x^2, xy, y^2의 유한 개의 곱형태로 표시되므로 x^2, xy, y^2는 D의 기약원이다. 하지만 D의 소원이 아니다.

예를 들어, xy가 D의 소원이 아님을 보이자. 다음에서

$$(xy)(xy) = (x^2)(y^2) \implies (xy)\big|(x^2)(y^2) \implies xy \nmid x^2 \text{ 이고 } xy \nmid y^2$$

이므로 xy는 D의 소원이 아니다. 같은 방법으로 x^2과 y^2도 D의 소원이 아님을 알 수 있다.

※ 위의 예는 일반 정역에서 기약원으로 인수분해가 유일하지 않음을 보여준다.

예 7.1.4 정역 D의 원소 p가 기약원이면, p의 동반원 p'도 기약원이다.

실제로 $p' = up(u \in U(D))$라 하고 $p' = ab(a,\ b \in D)$라 하자. 그러면

$$up = ab \implies p = u^{-1}(ab) = (u^{-1}a)b$$

이다. p가 기약원이므로 $u^{-1}a \in U(D)$ 또는 $b \in U(D)$ 이다. 그러므로 $a \in U(D)$ 또는 $b \in U(D)$이다. 따라서 p'은 기약원이다.

문제 7.1.5 정역 D의 원소 p가 소원이면, p의 동반원 p'도 소원임을 보여라.

정의 7.1.6 *[유일 인수분해 정역(unique factorization domain, 有一因數分解整域)]*

정역 D에 대하여

D가 **유일 인수분해 정역** $\overset{\text{정의}}{\iff}$

$a \neq 0,\ a \notin U(D)$(단원이 아님)인 원소 $a \in D$에 대하여

① $a = p_1 \cdots p_n$ ($p_1, \cdots, p_n$은 D의 기약원)**[인수분해 정역]**

② $a = p_1 \cdots p_n = q_1 \cdots q_m$ (p_i와 q_i는 기약원)

$\implies n = m,\quad p_i$와 q_i는 동반원 **[유일성]**

※ 인수분해 정역을 **FD**(factorization domain)라 한다.

※ 유일 인수분해 정역을 **UFD**(unique factorization domain)라 한다.

예 7.1.7 UFD의 예를 살펴보자.

(1) 정수환 $\mathbb{Z}$는 정수론의 기본정리에 의하여 UFD이다.

(2) 체 F 위의 다항식환 $F[x]$는 UFD이다(정리 5.6.26).

(3) $F[x]$의 부분정역 $D = F[x^2, xy, y^2]$은 UFD가 아니다. 실제로 x^2, xy, y^2은 D에서 기약원이다(예 7.1.3 참조). 그리고 다음과 같이 유일하지 않은 기약원의 곱으로 인수분해된다.

$$x^2 \cdot y^2 = xy \cdot xy$$

정리 7.1.8 *정역 D의 원소 p에 대하여*

$$p\text{가 소원} \implies p\text{가 기약원}$$

※ 이 정리의 역은 성립하지 않는다(예 7.1.3).

(증명) p가 소원이라 하자. 그러면 원소 $a, b \in D$에 대하여

$$p = ab \implies p|ab \implies p|a \text{ 또는 } p|b$$

이 성립한다.

먼저 $p|a$인 경우에는 적당한 원소 $u \in D$에 대하여 $a = pu$ 이므로

$$p = ab = (pu)b = p(ub), \quad p \neq 0 \implies ub = 1$$

이다. 따라서 b는 단원이다.

같은 방법으로 $p|b$이면, a가 단원임을 증명할 수 있다. 따라서 p는 D의 기약원이다. ■

정리 7.1.9 *정역 D의 원소 p가 $p \neq 0$, $p \notin U(D)$(단원이 아님)일 때, 다음은 동치이다.*

(1) p는 D의 소원이다.
⇔ (2) 아이디얼 $\langle p \rangle'$는 D의 소 아이디얼이다.
⇔ (3) 잉여환 $D/\langle p \rangle'$는 정역이다.

(증명) (1) ⇔ (2) $p \notin U(D)$이므로 정리 6.1.6에 의하여 $\langle p \rangle' \neq D$이다.

그리고 원소 $a, b \in D$에 대하여

$$ab \in \langle p \rangle' \iff p|ab \iff p|a \text{ 또는 } p|b \iff a \in \langle p \rangle' \text{ 또는 } b \in \langle p \rangle'$$

이므로 정리가 성립한다.

(2) ⇔ (3) 정리 6.5.12에 의하여 성립한다. ■

정리 7.1.10 *정역 D의 원소 p가 $p \neq 0$, $p \notin U(D)$(단원이 아님)일 때,*
원소 $a \in D$에 대하여 다음은 동치이다.

(1) p는 D의 기약원이다.
$\Leftrightarrow$ (2) $a|p$이면, a는 단원이거나 a와 p는 동반원이다.
$\Leftrightarrow$ (3) $\langle p\rangle' \subset \langle a\rangle'$이면, $\langle a\rangle' = D$ 또는 $\langle a\rangle' = \langle p\rangle'$이다.

※ (정리 7.2.6) 정역 D가 PID이면, p는 D의 기약원 $\Longleftrightarrow$ $\langle p\rangle'$가 극대 아이디얼

(증명) (1) $\Rightarrow$ (2) p가 D의 기약원이고 $a|p$이라 하자. 그러면 적당한 원소 $b \in D$에 대하여 $p = ab$이다. 기약원의 정의에 의하여 a 또는 b가 단원이다. 따라서 a가 단원이거나 a와 p는 동반원이다.

(2) $\Rightarrow$ (3) 조건 (2)가 성립하고 $\langle p\rangle' \subset \langle a\rangle'$이라고 하자.

그러면 정리 6.1.12에 의하여 다음이 성립한다.

$$p \in \langle a\rangle' \implies a|p \implies a\text{는 단원 또는 } a\text{와 } p\text{는 동반원}$$
$$\implies \langle a\rangle' = D \text{ 또는 } \langle a\rangle' = \langle p\rangle'$$

(3) $\Rightarrow$ (1) 조건 (3)이 성립하고 원소 $a, b \in D$에 대하여 $p = ab$라 하자. 가정에 의하여 $\langle a\rangle' = D$ 또는 $\langle a\rangle' = \langle p\rangle'$이다.

먼저 $\langle a\rangle' = D$인 경우에는 정리 6.1.12에 의하여 a는 단원이다.

다음에 $\langle a\rangle' = \langle p\rangle'$인 경우에는 적당한 원소 $u \in D$에 대하여 $a = pu$이다. 그러면

$$p = ab = (pu)b = p(ub),\ p \neq 0 \implies 1 = ub$$

이므로 b는 단원이다. 따라서 p는 D의 기약원이다. ■

정의 7.1.11 [*최대공약수(greatest common divisor, 最大公約數), 최소공배수(least common multiple, 最小公倍數)*]

정역 D에서 원소 $d, e, m, a_1, a_2, \cdots, a_n \in D$, $n \geq 2$에 대하여

d가 $a_1, a_2, \cdots, a_n$의 **최대공약수**	$\overset{\text{정의}}{\Leftrightarrow}$	① $d\vert a_1, d\vert a_2, \cdots, d\vert a_n$ ② $e\vert a_1, e\vert a_2, \cdots, e\vert a_n \implies e\vert d$

※ $a_1, a_2, \cdots, a_n$의 최대공약수의 전체 집합을 $\text{GCD}(a_1, a_2, \cdots, a_n)$이라 표기한다. 그러면 $d \in \text{GCD}(a_1, a_2, \cdots, a_n)$이다.

※ $a_1, a_2, \cdots, a_n$의 최대공약수가 단원일 때, $a_1, a_2, \cdots, a_n$은 **서로소**(relatively prime)라 한다. 이때 $\text{GCD}(a_1, a_2, \cdots, a_n) = U(D)$이다(정리 7.1.14).

m이 $a_1, a_2, \cdots, a_n$의 **최소공배수**	$\overset{\text{정의}}{\Leftrightarrow}$	① $a_1\vert m, a_2\vert m, \cdots, a_n\vert m$ ② $a_1\vert e, a_2\vert e, \cdots, a_n\vert e \implies m\vert e$

※ $a_1, a_2, \cdots, a_n$의 최소공배수의 전체 집합을 $\text{LCM}(a_1, a_2, \cdots, a_n)$이라 표기한다.

예 7.1.12 정수환 $\mathbb{Z}$에서 6, 8의 최대공약수와 최소공배수를 구하자.

$6 = 2\cdot 3 = (-2)\cdot(-3)$이고 $8 = 2\cdot 4 = (-2)\cdot(-4)$이므로 $2 = \gcd(6,\ 8) \in \mathrm{GCD}(6,\ 8)$이고 최대공약수 전체집합은 다음과 같다.

$$\mathrm{GCD}(6,\ 8) = \{2,\ -2\}$$

또한 $24 = \mathrm{lcm}(6,\ 8) \in \mathrm{LCM}(6,\ 8)$이고 최소공배수 전체집합은 다음과 같다.

$$\mathrm{LCM}(6,\ 8) = \mathrm{LCM}(2\cdot 3,\ 2\cdot 4) = \{24,\ -24\}$$

예 7.1.13 [9, Theorem 4] 최대공약수가 존재하지 않는 정역의 예를 들어보자.

정역 $\mathbb{Z}[\sqrt{-3}]$에서 $1 \in \mathrm{GCD}(2,\ 1+\sqrt{-3})$이지만 $\mathrm{GCD}(4,\ 2(1+\sqrt{-3}))$는 존재하지 않는다.

정역에서 최대공약수가 존재하는 경우에 원소를 기약원(소수)으로 인수분해하면 최대공약수와 최소공배수를 구하기 쉽지만 일반적으로 인수분해는 매우 어렵다. 유클리드(Euclid, BC. 325-265)는 인수분해하지 않고 최대공약수를 구하는 방법(유클리드 호제법:정리 7.3.15)을 개발했다.

일반적으로 <u>최대공약수는 유일하지 않다</u>. 하지만 <u>최대공약수들 사이는 동반원관계</u>가 된다.

정리 7.1.14 *정역 D의 두 원소 $a,\ b$의 최대공약수 $d \in \mathrm{GCD}(a,\ b)$에 대하여 다음이 성립.*

(1) $d' \in \mathrm{GCD}(a,\ b) \iff d$와 d'은 동반원

(2) $\mathrm{GCD}(x,\ y)\cap\mathrm{GCD}(x',\ y') \neq \varnothing$이면 $\mathrm{GCD}(x,\ y) = \mathrm{GCD}(x',\ y')$이다.

※ 서로 다른 최대공약수의 개수는 단원의 개수 이다.

(증명) (1) ($\Rightarrow$) d와 d'이 $a,\ b$의 최대공약수이면, 정의에 의하여 $d|d'$이고 $d'|d$가 된다. 그러면 정리 6.1.12(4)에 의하여 d와 d'은 동반원이다.

($\Leftarrow$) d와 d'이 동반원이면, 적당한 단원 $u \in U(D)$에 대하여 $d = ud'$이다. $d|a,\ d|b$이므로

$$d|a,\ d|b \implies ud'|a,\ ud'|b \implies d'|a,\ d'|b$$

이다. 다음에 $e|a,\ e|b$이면,

$$e|d \implies d = ex \implies ud' = ex \implies d' = e(xu^{-1}) \implies e|d'$$

이므로 $d' \in \mathrm{GCD}(a,\ b)$이다.

(2) 원소 $a \in \mathrm{GCD}(x,\ y)\cap\mathrm{GCD}(x',\ y')$에 대하여

$$x = aa_x,\quad y = aa_y,\quad x' = aa_{x'},\quad y' = aa_{y'}.$$

인 원소 a_x, a_y, $a_{x'}$, $a_{y'} \in D$가 존재한다.

임의의 원소 $b \in \text{GCD}(x, y)$에 대하여 $a \in \text{GCD}(x, y)$이므로, (1)에 의하여 $a = bu$인 단원 $u \in D$가 존재한다.

그러면 다음이 성립한다.

$$x' = aa_{x'} = (bu)a_{x'}, \qquad y' = aa_{y'} = (bu)a_{y'}.$$

그러므로

$$b|x', \qquad b|y'$$

이 성립한다. 다음에 적당한 원소 $e \in D$에 대하여 $e|x'$이고 $e|y'$라 하면, $a \in \text{GCD}(x', y')$이므로 $e|a$이다. 따라서 $a = ee'$인 원소 $e' \in D$가 존재한다. 그러므로 다음이 성립한다.

$$bu = a = ee' \quad \Longrightarrow \quad b = (ee')u^{-1} = e(e'u^{-1})$$

즉, $e|b$이고 $b \in \text{GCD}(x', y')$이다. 그러면 $\text{GCD}(x, y) \subset \text{GCD}(x', y')$이다.

위와 같은 방법으로 $\text{GCD}(x', y') \subset \text{GCD}(x, y)$을 증명하면 $\text{GCD}(x', y') = \text{GCD}(x, y)$가 성립한다. ■

정의 7.1.15 *[원시다항식(primitive polynomial, 原始多項式), 내용(content, 内容)]*

정역 D가 UFD일 때, n차 다항식

$$f(x) = a_n x^n + \cdots + a_1 x + a_0 \in D[x],\ n \geq 1$$

에 대하여

$c(f)$는 $f(x)$의 **내용**(content)	$\overset{\text{정의}}{\Longleftrightarrow}$	$c(f) \in \text{GCD}(a_n, \cdots, a_1, a_0)$
$f(x)$는 **원시다항식**(primitive polynomial)	$\overset{\text{정의}}{\Longleftrightarrow}$	$c(f)$가 단원

※ 특히, $f(x)$가 모닉 다항식이면 원시다항식이 된다.

예 7.1.16 정수환 $\mathbb{Z}$ 위의 다항식환 $\mathbb{Z}[x]$에서 $f(x) = 2x + 4 \in \mathbb{Z}[x]$는 기약다항식도 아니고, $f(x)$의 내용도 $c(f) = 2 = \gcd(2, 4) \in \text{GCD}(2, 4)$이므로 원시다항식도 아니다.

반면, $f(x) = x^2 - 1$은 $c(f) = 1$(단원)이므로 원시다항식이지만 기약다항식이 아니다.

정리 7.1.17 *정역 D가 UFD일 때,*

D 위의 1차 이상의 다항식 $f(x) \in D[x]$의 내용 $c(f)$, 원시다항식 $h(x) \in D[x]$와 상수 $b \in D$에 대하여 다음이 성립한다.

$$f(x) = c(f) \cdot g(x) = b \cdot h(x) \quad \Longrightarrow \quad \begin{cases} \text{① } g(x)\text{는 원시다항식} \\ \text{② } c(f)\text{와 } b\text{는 동반원} \\ \text{③ } g(x)\text{와 } h(x)\text{는 동반원} \end{cases}$$

(증명) $f(x)=a_nx^n+\cdots+a_1x+a_0$라 하고 $a=c(f)$라 하면 적당한 원소 $c_1,\ c_2,\ \cdots,\ c_n\in D$에 대하여

$$f(x)=a\cdot c_nx^n+\cdots+a\cdot c_1x+a\cdot c_0=a(c_nx^n+\cdots+c_1x+c_0)$$

이다. 이때 $g(x)=c_nx^n+\cdots+c_1x+c_0\in D[x]$라 하면 분명히 $c(g)$가 단원이 되어 $g(x)$는 원시다항식이다.

다음에 $f(x)=a\cdot g(x)=b\cdot h(x)$이고 $g(x),\ h(x)$가 원시다항식이라 하자. 그러면 $a,\ b\in D$이고 D는 UFD이므로 a의 기약원은 b의 기약원과 동반원이 되어야 한다. 따라서 인수분해의 유일성에 의하여 $a|b,\ b|a$이다. 그러면 정리 6.1.12에 의하여 a와 b는 동반원이다. 그러므로 적당한 단원 $u\in U(D)$가 존재하여 $b=au$이다. 따라서

$$a\cdot g(x)=b\cdot h(x)=(au)\cdot h(x)\quad\Longrightarrow\quad g(x)=u\cdot h(x)$$

가 되어 $g(x)$와 $h(x)$는 동반원이다. ■

예 7.1.18 [원시다항식] 다항식환 $\mathbb{Z}[x]$의 다항식 $f(x)=2x+4\in\mathbb{Z}[x]$에 대하여

$$f(x)=2(x+2)=-2(-x-2)$$

이다. 이때 $c(f)=2=\gcd(2,\ 4)\in \mathrm{GCD}(2,\ 4)$이고 -2와 동반원이다. 또한 $x+2$는 원시다항식이고 $-x-2$와 동반원이다.

정리 7.1.19 (Gauss 보조정리) *정역 D가 UFD일 때, 다음이 성립한다.*

$$f(x),\ g(x)\in D[x]\text{가 원시다항식}\quad\Longrightarrow\quad f(x)g(x)\text{도 원시다항식}$$

(증명) $D[x]$가 원시다항식을

$$\begin{cases} f(x)=a_nx^n+\cdots+a_1x+a_0, & a_n\neq 0,\ n\geq 1\\ g(x)=b_mx^m+\cdots+b_1x+b_0, & b_m\neq 0,\ m\geq 1\end{cases}$$

이라 하자.

임의의 기약원 $p\in D$에 대하여 $f(x),\ g(x)$가 원시다항식이므로

$$\begin{cases} p|a_0,\ \cdots,\ p|a_{r-1},\ p\nmid a_r\ (0\leq r\leq n)\\ p|b_0,\ \cdots,\ p|b_{s-1},\ p\nmid b_s\ (0\leq s\leq m)\end{cases}$$

인 적당한 정수 $r,\ s\in\mathbb{N}\cup\{0\}$가 존재한다. 한편 $f(x)g(x)$의 x^{r+s}항의 계수를 보자.

$$c_{r+s}=(a_0b_{s+r}+\cdots+a_{r-1}b_{s+1})+a_rb_s+(a_{r+1}b_{s-1}+\cdots+a_{r+s}b_0)$$

이다. 여기서

$$p|(a_0b_{s+r}+\cdots+a_{r-1}b_{s+1})$$

이고

$$p|(a_{r+1}b_{s-1}+\cdots+a_{r+s}b_0)$$

이지만 $p\nmid a_rb_s$이므로 $p\nmid c_{r+s}$이다. 따라서 $p\nmid c(fg)$가 되어 $c(fg)\in U(D)$이어야 한다. 즉, $f(x)g(x)$는 원시다항식이다. ■

정리 7.1.20 *정역 D가 UFD일 때,*
D의 분수체 $F(=Q(D))$와 1차 이상의 다항식 $f(x)\in D[x]$에 대하여 다음이 성립한다.

(1) $f(x)$가 $D[x]$에서 기약 $\Longrightarrow$ $f(x)$가 $F[x]$에서 기약
(2) $f(x)$가 $D[x]$에서 원시다항식이고 $F[x]$에서 기약 $\Longrightarrow$ $f(x)$가 $D[x]$에서 기약

(증명) (1) $\deg(f(x))=1$이면 분명히 성립한다.

다음에 $\deg(f(x))\geq 2$라 하고, $f(x)$가 $F[x]$에서 기약이 아니라 하자. 즉, 적당한 다항식 $g(x)$, $h(x)\in F[x]$에 대하여

$$f(x)=g(x)h(x),\quad \deg(g(x)),\ \deg(h(x))\geq 1$$

라 하자. 한편 $g(x)$와 $h(x)$의 계수는 F의 원소이므로 $\frac{a}{b}(a,\ b\in D)$형태이다. 그러면 적당한 원소(모든 분모의 최소공배수) $d\in D$를 곱하면 $g(x)$와 $h(x)$의 계수의 분모를 없앨 수 있다. 즉, $\deg(g(x))=\deg(g_1(x))$, $\deg(h(x))=\deg(h_1(x))$인 다항식 $g_1(x)$, $h_1(x)\in D[x]$가 존재하여

$$d\cdot f(x)=g_1(x)h_1(x)$$

이다. 이때 $f(x)$, $g_1(x)$, $h_1(x)$의 내용을 각각

$$c_0=c(f),\quad c_1=c(g_1),\quad c_2=c(h_1)$$

이라 하면, 원시다항식 $f_1(x)$, $g_2(x)$, $h_2(x)\in D[x]$가 존재하여

$$f(x)=c_0f_1(x),\quad g_1(x)=c_1g_2(x),\quad h_1(x)=c_2h_2(x)$$

이다(정리 7.1.17). 그러면 다음을 얻는다.

$$(dc_0)f_1(x)=(c_1g_2(x))(c_2h_2(x))=(c_1c_2)g_2(x)h_2(x)$$

정리 7.1.17에 의하여 dc_0와 c_1c_2는 동반원 관계이다. 그러면 적당한 단원 $u\in U(D)$에 대하여

$$c_1c_2=dc_0u$$

이다. 따라서

$$(dc_0)f_1(x) = (dc_0u)g_2(x)h_2(x) \quad \Longrightarrow \quad c_0f_1(x) = (c_0u)g_2(x)h_2(x)$$

이다. 한편 $\deg g(x) = \deg g_1(x) = \deg g_2(x) \geq 1$, $\deg h(x) = \deg h_1(x) = \deg h_2(x) \geq 1$이고

$$f(x) = c_0f_1(x) = (c_0u)g_2(x)h_2(x)$$

이므로 $f(x)$가 $D[x]$에서 기약이라는데 모순이다. 그러므로 $f(x)$는 $F[x]$에서 기약이다.

(2) $f(x) \in D[x]$가 $D[x]$에서 원시다항식이고 $F[x]$에서 기약이면, $D[x] \subset F[x]$이므로, $f(x)$는 분명히 $D[x]$에서 기약이다. ■

따름정리 7.1.21 *정역 D가 UFD일 때,*
D의 분수체 $F(= Q(D))$와 1차 이상의 다항식 $f(x) \in D[x]$에 대하여 다음은 동치이다.

$f(x)$가 $F[x]$의 다항식으로 인수분해 $\Longleftrightarrow$ $f(x)$가 $D[x]$의 다항식으로 인수분해

(증명) 정리 7.1.20의 증명에서 보였다. ■

정리 7.1.22 *정역 D에 대하여 다음이 성립한다.*

D가 UFD $\Longrightarrow$ $D[x]$가 UFD

(증명) $D[x]$에서 다항식 $f(x) \in D[x]$에 대하여 $f(x) \neq 0$, $f(x) \notin U(D[x]) = U(D)$라 하자.

먼저 $\deg(f(x)) = 0$이면 $f(x) \in D$이고 D가 UFD이므로 정리가 성립한다.

다음에 $\deg f(x) \geq 1$이라 하자. $f(x)$를 $D[x]$에서 1차 이상의 다항식으로 인수분해한 것 중 최대의 인수로 인수분해한 것을 선택하여

$$f(x) = g_1(x)g_2(x)\cdots g_t(x), \quad g_1(x),\, g_2(x),\, \cdots,\, g_t(x) \in D[x]$$

라 하자. 그러면 $g_i(x) \in D[x]$는 $D[x]$에서 1차 이상의 다항식으로 인수분해할 수 없다. 이제

$$c_1 = c(g_1(x)), \quad c_2 = c(g_2(x)), \quad \cdots, \quad c_t = c(g_t(x))$$

라 하면 원시다항식 $h_1(x), h_2(x), \cdots h_t(x) \in D[x]$가 존재하여

$$g_1(x) = c_1h_1(x), \quad g_2(x) = c_2h_2(x), \quad \cdots, \quad g_t(x) = c_th_t(x)$$

이다. 그러면

$$f(x) = (c_1h_1(x))(c_2h_2(x))\cdots(c_th_t(x)) = (c_1c_2\cdots c_t)(h_1(x)h_2(x)\cdots h_t(x))$$

이다. 그런데 모든 $c_i \in D$는 D에서 기약들의 곱으로 인수분해되고 D에서 기약원은 $D[x]$에서도 기약원이므로, $f(x)$는 $D[x]$의 기약원들의 곱으로 인수분해된다.

한편 D의 분수체를 $F(=Q(D))$라 하자. 그러면 정리 7.1.20에 의하여 $f(x)$는 F의 단원들과 $F[x]$의 기약다항식들의 곱으로 인수분해된다.

$h_i(x)$는 $F[x]$에서 기약이다. 또한 $h_i(x)$는 $D[x]$에서 원시다항식이므로 7.1.20에 의하여 $h_i(x)$는 $D[x]$에서 기약다항식이다.

$$f(x) = (c_1c_2\cdots c_t)(h_1(x)h_2(x)\cdots h_t(x))$$

는 $D[x]$에서 기약인수분해이다.

다음에 기약인수분해의 유일성을 증명하자.

먼저 $\deg(f(x)) = 0$인 경우에는 $f(x) \in D[x]$이고 D가 UFD이므로 동반원을 제외하면 유일하게 표현된다.

다음에 $\deg(f(x)) \geq 1$인 경우에 다음과 같이 인수분해되었다고 하자.

$$f(x) = a\cdot g_1(x)g_2(x)\cdots g_t(x), \quad (a \in D,\ g_i(x) \in D[x] \text{ 기약다항식})$$

이라고 하면, $g_i(x)$는 $D[x]$에서 원시다항식이어야 한다. 이때 D의 분수체를 $F(=Q(D))$라 하면, $g_i(x)$는 $F[x]$에서 기약이다(정리 7.1.20).

한편 $F[x]$가 UFD이므로 동반원을 무시하면 기약원(기약다항식)은 유일하다(정리 5.6.26). 또한 $a \in D$는 기약원들의 곱이고 $f(x)$의 내용 $c(f)$이다. 이 곱들은 정리 7.1.17에 의해 동반원을 무시하면 유일하다.

따라서 $f(x)$는 $D[x]$에서 동반원을 무시하면 기약원의 곱이 유일하게 표현된다. ■

따름정리 7.1.23 *체 F와 부정원 $x_1, \cdots, x_n$에 대하여 다음이 성립한다.*

$F[x_1, \cdots, x_n]$는 UFD이다.

(증명) 정리 5.6.26에 의하여 $F[x_1]$은 UFD 이다. 따라서 정리 7.1.22에 의하여 $(F[x_1])[x_2] = F[x_1, x_2]$도 UFD이다. 이 과정을 귀납적으로 적용하면 $F[x_1, x_2, \cdots, x_n]$도 UFD이다. ■

임용시험 출제 7.1.24 [2010학년도] 정수환 $\mathbb{Z}$에 관련된 다음 명제 중 옳지 <u>않은</u> 것은?

① $\mathbb{Z}$의 부분환은 무한히 많이 존재한다.

② $\mathbb{Z}$와 $\mathbb{Z}$의 부분환 $3\mathbb{Z}$는 환동형(ring homomorphism)이다.

③ $\mathbb{Z}$의 부분환 $17\mathbb{Z}$는 $\mathbb{Z}$의 극대 아이디얼(maximal ideal)이다.

④ $\mathbb{Z}$의 주 아이디얼(principal ideal)은 무한히 많이 존재한다.

⑤ $\mathbb{Z}$의 원소 α가 소원(prime element)이면, α는 기약원(irreducible element)이다.

연 습 문 제 (7.1)

1. 정역 D에서 원소 $a \in D$가 D의 두 기약원 b, c의 곱 $a = bc$일 때, a는 D의 소원도 아니고 기약원도 아니며 아이디얼 $\langle a \rangle'$는 D의 소 아이디얼도 아니고 극대 아이디얼도 아님을 보여라.

2. 정역 D가 UFD이면, D에서 기약원과 소원은 동일한 개념임을 보여라.

3. 정수 계수 다항식환 $\mathbb{Z}[x]$에 대하여 다음을 증명하라.

(1) 다항식 $x^3 - 2$는 $\mathbb{Z}[x]$에서 소원(prime element)이다.

(2) $\mathbb{Z}[x]$의 주 아이디얼 $\langle x \rangle'$는 소 아이디얼(prime ideal)이다.

(3) $\mathbb{Z}[x]$의 아이디얼 $\langle x, 2 \rangle'$는 극대 아이디얼(maximal ideal)이다.

7.2 주 아이디얼 정역(PID)

이 절에서는 정수의 중요한 3가지 성질 중에서 주 아이디얼에 해당하는 성질을 만족하는 정역에 대해 논한다.

정의 7.2.1 [*주 아이디얼 정역(principal ideal domain)*]
정역 D에 대하여

D가 **주 아이디얼 정역** 또는 **단항 아이디얼 정역**	$\overset{\text{정의}}{\Longleftrightarrow}$	D의 모든 아이디얼이 주 아이디얼(단항 아이디얼)

※ 주(단항) 아이디얼 정역을 **PID**(principal ideal domain)라 나타낸다.

정리 7.2.2 *정역 D가 PID일 때, 원소 $a_1, a_2, \cdots, a_n \in D$, $n \geq 2$에 대하여 다음이 성립한다.*

(1) $a_1, a_2, \cdots, a_n$의 최대공약수 $d \in D$가 존재하고, $\langle d \rangle' = \langle a_1, a_2, \cdots, a_n \rangle'$이다.
또, 적당한 $x_1, x_2, \cdots, x_n \in D$에 대하여 $\boxed{d = a_1x_1 + a_2x_2 + \cdots + a_nx_n}$이다.
(2) $a_1, a_2, \cdots, a_n$의 최소공배수 $m \in D$이 존재하고, $\langle m \rangle' = \langle a_1 \rangle' \cap \langle a_2 \rangle' \cap \cdots \cap \langle a_n \rangle'$이다.

※ 일반적으로 최대공약수와 최소공배수는 유일하게 결정되지 않지만 동반원으로 같다(예 8.2.27와 정리 7.1.14).
※ 유클리드 호제법(정리 7.3.15)을 이용하여 구체적인 $x_1, x_2, \cdots, x_n \in D$를 구할 수 있다.

(증명) (1) $N = \langle a_1, a_2, \cdots, a_n \rangle'$이라고 하자. D가 PID이므로 적당한 $d \in D$가 존재하여 $N = \langle d \rangle'$이다. 따라서

$$d \in \langle d \rangle' = N = \langle a_1, a_2, \cdots, a_n \rangle' = \{a_1x_1 + a_2x_2 + \cdots + a_nx_n \mid x_1, x_2, \cdots, x_n \in D\}$$

이다. 그러므로 적당한 $x_1, x_2, \cdots, x_n \in D$에 대하여 $d = a_1x_1 + a_2x_2 + \cdots + a_nx_n$이다.

그리고 $a_1, a_2, \cdots, a_n \in N = \langle d \rangle'$이므로

$$d|a_1, \quad d|a_2, \quad \cdots, \quad d|a_n$$

이다. 또한 $e|a_1, e|a_2, \cdots, e|a_n$이면, $d = a_1x_1 + a_2x_2 + \cdots + a_nx_n$이므로 $e|d$이다. 따라서 d는 $a_1, a_2, \cdots, a_n$의 최대공약수이다.

(2) $M = \langle a_1 \rangle' \cap \langle a_2 \rangle' \cap \cdots \cap \langle a_n \rangle'$이라고 하자. D가 PID이므로 적당한 $m \in D$이 존재하여 $M = \langle m \rangle'$이다. 따라서

$$m \in \langle m \rangle' = M = \langle a_1 \rangle' \cap \langle a_2 \rangle' \cap \cdots \cap \langle a_n \rangle' \implies m \in \langle a_1 \rangle', m \in \langle a_2 \rangle', \cdots m \in \langle a_n \rangle'$$

이다. 따라서

$$a_1|m, \quad a_2|m, \quad \cdots, \quad a_n|m$$

이다. 또한 $a_1|e,\ a_2|e,\ \cdots,\ a_n|e$이면, $e \in \langle a_1\rangle',\ e \in \langle a_2\rangle',\ \cdots,\ e \in \langle a_n\rangle'$이므로

$$e \in \langle a_1\rangle' \cap \langle a_2\rangle' \cap \cdots \cap \langle a_n\rangle' = M = \langle m\rangle'$$

이다. 그러므로 $m|e$이다. 따라서 m은 $a_1,\ a_2,\ \cdots,\ a_n$의 최소공배수이다. ■

정리 7.2.3 *정역 D가 PID일 때, 원소 $a,\ b \in D$에 대하여 다음은 동치명제이다.*

$a,\ b$가 서로소 $\iff$ $ax + by = 1$인 $x,\ y \in D$가 존재

(증명) 연습문제로 남긴다. ■

정리 7.2.4 *정역 D가 PID일 때, 원소 $a,\ b,\ c \in D$에 대하여 다음이 성립한다.*

(1) $1 \in \mathrm{GCD}(a,\ b) \cap \mathrm{GCD}(b,\ c) \iff 1 \in \mathrm{GCD}(ab,\ c)$
(2) $a,\ b$가 서로소이고 $a|bc \implies a|c$
(3) $a,\ b$가 서로소이고 $a|c,\ b|c \implies ab|c$

(증명) 연습문제로 남긴다. 정리 7.2.3 이용 ■

정리 7.2.5 *정역 D가 PID일 때, 원소 $a,\ b \in D$의 최대공약수 $d \in \mathrm{GCD}(a,\ b)$에 대하여 $a = da',\ b = db',\ m = da'b'$이라 할 때, 다음이 성립한다.*

(1) $1 \in \mathrm{GCD}(a',\ b')$
(2) $m \in \mathrm{LCM}(a,\ b)$이고 $ab = dm$

(증명) 연습문제로 남긴다. 정리 7.2.4 이용 ■

정리 7.2.6 *정역 D가 PID일 때,*
$p \neq 0,\ p \notin U(D)$(단원이 아님)인 원소 $p \in D$에 대하여 다음은 동치이다.

(1) p는 D의 기약원이다.
$\Leftrightarrow$ (2) 아이디얼 $\langle p\rangle'$는 D의 극대 아이디얼이다.
$\Leftrightarrow$ (3) 잉여환 $D/\langle p\rangle'$는 체이다.
$\Leftrightarrow$ (4) 잉여환 $D/\langle p\rangle'$는 정역이다.
$\Leftrightarrow$ (5) 아이디얼 $\langle p\rangle'$는 D의 소 아이디얼이다.
$\Leftrightarrow$ (6) p는 D의 소원이다.

(증명) (1) $\Rightarrow$ (2) 원소 p가 기약원이라 하자. D의 아이디얼 N에 대하여 $\langle p\rangle' \subset N \subset D$라 하

면 D가 PID이므로 적당한 원소 $a \in D$에 대하여 $N = \langle a \rangle'$이다. 그러면 정리 7.1.10에 의하여

$$\langle p \rangle' \subset \langle a \rangle' \quad \Longrightarrow \quad \langle a \rangle' = D \text{ 또는 } \langle a \rangle' = \langle p \rangle'$$

이므로 $\langle p \rangle'$는 D에서 극대 아이디얼이다.

(2) ⇔ (3) $\langle p \rangle'$가 D의 극대 아이디얼이라 하자. 정리 6.5.8에 의하여 성립한다.

(3) ⇒ (4) 체는 정역이므로 성립한다.

(4) ⇔ (5) ⇔ (6) 정리 7.1.9에 의하여 성립한다.

(6) ⇒ (1) 정리 7.1.8에 의하여 성립한다. ■

따름정리 7.2.7 *정역 D가 PID일 때, D의 원소 p가 기약이면 다음이 성립한다.*

$$p|ab \quad \Longrightarrow \quad p|a \text{ 또는 } p|b$$

(증명) p가 기약원이면, 정리 7.2.6에 의하여 p는 소원이므로 정리가 성립한다. ■

정리 7.2.8 *환 R의 아이디얼들로 이루어진 열*

$$N_1 \subset N_2 \subset \cdots \subset N_n \subset \cdots$$

에 대하여 다음이 성립한다.

$N = \cup_{i \in \mathbb{N}} N_i$은 R의 아이디얼이다.

(증명) 임의의 원소 $a,\ b \in N = \cup_{i \in \mathbb{N}} N_i$와 $r \in R$에 대하여 적당한 $i,\ j \in \mathbb{N}(i \leq j)$가 존재하여 $a \in N_i,\ b \in N_j$이다. 한편 $N_i \subset N_j$이므로 $a,\ b \in N_j$이다. 따라서

$$a - b \in N_j \subset N, \quad ar,\ ra \in N_j \subset N$$

이므로 N은 R의 아이디얼이다. ■

정리 7.2.9 *주 아이디얼 정역(PID) D의 아이디얼들로 이루어진 열*

$$N_1 \subset N_2 \subset \cdots \subset N_n \subset \cdots$$

에 대하여 다음이 성립한다.

$N_r = N_{r+1} = \cdots$ 인 양의 정수 $r \in \mathbb{N}$이 존재한다.

(증명) $N = \cup_{i \in I} N_i$라 하자. 정리 7.2.8에 의하여 N은 D의 아이디얼이다. 또한 D가 PID이므로, 적당한 원소 $a \in D$에 대하여 $N = \langle a \rangle'$이다.

따라서 $a \in N = \cup_{i\in I} N_i$이므로 적당한 양의 정수 $r \in \mathbb{N}$에 대하여 $a \in N_r$이다. 그러면

$$\langle a\rangle' \subset N_r \subset N_{r+1} \subset \cdots \subset N = \langle a\rangle'$$

이므로 $\langle a\rangle' = N_r = N_{r+1} = \cdots$이다. ■

정리 7.2.10 *정역 D에 대하여 다음이 성립한다.*

D가 주 아이디얼 정역(PID) $\Longrightarrow$ D는 유일 인수분해 정역(UFD)

(증명) D의 원소 $p \in D$가 $p \neq 0$, $p \notin U(D)$(단원이 아님)일 때, 유한 개의 기약원의 곱으로 인수분해됨을 보이자.

p가 유한 개의 기약원의 곱으로 나타낼 수 없다고 하자. 그러면 p가 기약이 아니므로

$$p = a_1 b_1, \quad a_1 \notin U(D),\ b_1 \notin U(D)$$

인 원소 $a_1,\ b_1 \in D$가 존재한다. 그러면 p와 a_1은 동반원이 아니므로 정리 6.1.12에 의하여

$$\langle p\rangle' \subsetneq \langle a_1\rangle'$$

이다. 다음에 p가 유한 개의 기약원의 곱으로 나타낼 수 없으므로 a_1과 b_1 둘 다 기약일 수 없다. 이때 a_1이 기약이 아니라 해도 좋다. 그러면

$$a_1 = a_2 b_2, \quad a_2 \notin U(D),\ b_2 \notin U(D)$$

인 원소 $a_2,\ b_2 \in D$가 존재한다. 따라서 a_1과 a_2는 동반원이 아니므로 정리 6.1.12에 의하여

$$\langle p\rangle' \subsetneq \langle a_1\rangle' \subsetneq \langle a_2\rangle'$$

이다. 위와 같은 방법으로

$$\langle p\rangle' \subsetneq \langle a_1\rangle' \subsetneq \langle a_2\rangle' \subsetneq \cdots \subsetneq \langle a_n\rangle' \subsetneq \cdots$$

인 원소 $a_n \in D$를 계속 선택할 수 있다. 이것은 정리 7.2.9에 의하여 모순이다.

그러므로 D의 원소 p는 유한 개의 기약원의 곱으로 인수분해된다.

다음에 $p \in D$의 인수분해의 유일성을 증명하자.

$$p = a_1 \cdots a_n = b_1 \cdots b_m, \quad (a_1,\ \cdots,\ a_n,\ b_1,\ \cdots,\ b_m\text{은 기약원})$$

이라고 하자. 그러면 $a_1 | b_1 \cdots b_m$이고 a_1이 기약원이므로 필요하면 순서를 바꾸어 $a_1 | b_1$이라 해도 좋다(따름정리 7.2.7). 그러면 $\langle a_1\rangle' \subset \langle b_1\rangle'$이다. 정리 7.2.6에 의하여 $\langle a_1\rangle'$과 $\langle b_1\rangle'$은 극대 아이디얼이므로

$$\langle a_1\rangle' = \langle b_1\rangle'$$

이다. 정리 6.1.12에 의하여 a_1와 b_1은 동반원이다. 그러므로 적당한 단원 $u_1 \in U(D)$에 대하여 $b_1 = a_1u_1$이다. 따라서

$$a_1 \cdots a_n = b_1 \cdots b_m = (a_1u_1)b_2 \cdots b_m \quad \Longrightarrow \quad a_2 \cdots a_n = u_1b_2 \cdots b_m$$

이다. 이와 같은 과정을 반복하면 $n = m$이고 a_i와 b_i는 동반원이다. 따라서 D는 UFD이다. ■

예 7.2.11 [PID가 아닌 예] 정리 7.2.10의 역은 성립하지 않는다. 즉, 정역 D가 UFD이지만 주 아이디얼 정역(PID)가 아니다. 구체적인 예는 정역

$$\mathbb{Z}[x]$$

는 UFD(정리 7.1.22)이지만 PID가 아니다(문제 6.1.18).

임용시험 출제 7.2.12 [2008학년도] 정수 집합 $\mathbb{Z}$ 위의 다항식환(polynomial ring)을 $\mathbb{Z}[x]$라 하자. $\mathbb{Z}[x]$의 두 원소 a, bx에 의해 생성되는 $\mathbb{Z}[x]$의 아이디얼(ideal) $I = (a,\ bx)$에 대하여 다음을 증명하라. (단, a, $b \in \mathbb{Z}$)

> I가 단항이데알(principal ideal)이면, $a = 0$ 또는 a는 b의 약수이다.

임용시험 출제 7.2.13 [2013학년도 2차] 사상 $\Phi : \mathbb{R}[x] \to S$는 실수체 $\mathbb{R}$ 위의 다항식환 $\mathbb{R}[x]$에서 단위원(identity, unity) $1(\neq 0)$을 포함하는 정역(integral domain) S로의 환준동형사상(ring homomorphism)이다. Φ에 대한 다음 명제의 참, 거짓을 판정한 후 참인 명제는 증명하고 거짓인 명제는 거짓인 이유를 설명하시오.[20점]

> 〈 명 제〉
>
> (Ⅰ) $\Phi(\mathbb{R}[x]) = S$이면 S 는 주 아이디얼 정역(integral domain)이다.
>
> (Ⅱ) $\Phi(\mathbb{R}[x]) = S$이고 $I = \langle x^2 + 2x + 2 \rangle$이면 잉여환(factor ring, quotient ring) $S/\Phi(I)$의 아이디얼(ideal)은 3개 존재한다.
> (단, $I = \langle x^2 + 2x + 2 \rangle$는 다항식 $x^2 + 2x + 2$로 생성되는 주 아이디얼(principal ideal)이다.)
>
> (Ⅲ) $S = \mathbb{Z}$이면 잉여환 $\mathbb{R}/\ker\Phi$의 아이디얼은 모두 1개 존재한다. (단, $\mathbb{Z}$는 정수환이고 $\ker\Phi$는 Φ의 핵(kernel)이다.

※ 아래 제시된 성질은 필요하면 증명 없이 사용할 수 있다.

〈 성 질〉

(가) $\mathbb{R}[x]$는 주 아이디얼 정역이다.

(나) S의 아이디얼 J에 대하여 $\Phi^{-1}(J)$는 $\mathbb{R}[x]$의 아이디얼이다.

(다) $p(x) \in \mathbb{R}[x]$가 기약다항식(irreducible polynomial)이면 $\langle p(x) \rangle$는 $\mathbb{R}[x]$의 극대 아이디얼(maximal ideal)이다.

(라) $f(x),\ g(x) \in \mathbb{R}[x]$일 때, $\Phi(f(x))\Phi(g(x)) = 0$이면 $\Phi(f(x)) = 0$ 또는 $\Phi(g(x)) = 0$이다.

연 습 문 제 (7.2)

1. 체 F 위의 다항식환 $F[x,\ y]$는 PID가 아님을 보여라.

2. (정리 7.2.3) 정역 D가 PID일 때, 원소 $a,\ b \in D$에 대하여 다음이 동치임을 보여라.

$$a,\ b\text{가 서로소} \iff ax + by = 1\text{인 } x,\ y \in D\text{가 존재}$$

3. (정리 7.2.4) 정역 D가 PID일 때, 원소 $a,\ b,\ c \in D$에 대하여 다음을 증명하라.

(1) $1 \in \mathrm{GCD}(a,\ b) \cap \mathrm{GCD}(b,\ c) \iff 1 \in \mathrm{GCD}(ab,\ c)$

(2) $a,\ b$가 서로소이고 $a|bc \implies a|c$

(3) $a,\ b$가 서로소이고 $a|c,\ b|c \implies ab|c$

4. (정리 7.2.5) 정역 D가 PID일 때, 0이 아닌 원소 $a,\ b \in D$의 최대공약수를 $d \in \mathrm{GCD}(a,\ b)$라 하고 , $a = da',\ b = db',\ m = da'b'$이라 할 때, 다음을 증명하라.

(1) $1 \in \mathrm{GCD}(a',\ b')$

(2) $m \in \mathrm{LCM}(a,\ b)$이고 $ab = dm$

5. 정수환(PID) $\mathbb{Z}$에서 소수 p에 대하여 아이디얼 $p\mathbb{Z}$는 극대 아이디얼임을 증명하라.

6. 주 아이디얼 가환환 $\mathbb{Z}_{p^a q^b}$ (단, $p,\ q$는 서로 다른 소수이고 $a,\ b \in \mathbb{N}$) 의 모든 극대 아이디얼을 구하라.

7.3 유클리드 정역(ED)

이 절에서는 정수의 중요한 3가지 성질 중에서 나눗셈 알고리즘에 해당하는 성질을 만족하는 정역에 대해 논한다.

정의 7.3.1 [유일 인수분해 정역(unique factorization domain, 有一因數分解整域)]
정역 D에 대하여 $D^* = D - \{0\}$일 때, 함수 $\delta : D^* \longrightarrow \mathbb{Z}_{\geq 0} = \{n \in \mathbb{Z} \mid n \geq 0\}$에 대하여

D가 **유클리드 정역(ED)**, δ가 **유클리드 노름** $\overset{\text{정의}}{\Longleftrightarrow}$
① $a,\ b \in D,\ b \neq 0$에 대하여 원소 $q,\ r \in D$가 존재하여 $a = bq + r, \quad r = 0$ 또는 $\delta(r) < \delta(b)$
② $a,\ b \in D^* \implies \delta(a) \leq \delta(ab)$

※ q와 r을 각각 a를 b로 나눈 **몫**(quotient)과 **나머지**(remainder)라 한다.
※ 유클리드 정역을 **ED**(Euclidean domain)라 나타낸다.
유클리드 노름은 영어로 Euclidean norm이다.

예 7.3.2 [ED] 정수환 $\mathbb{Z}$는 ED이다. 실제로 다음 함수

$$\delta : \mathbb{Z}^* \longrightarrow \mathbb{Z}_{\geq 0}, \quad \delta(n) = |n|$$

은 유클리드 노름이다. 왜냐하면, 두 정수 $a,\ b(\neq 0) \in \mathbb{Z}$에 대하여, 정수의 나눗셈 알고리즘(정리 1.2.3)에 의하여

$$a = bq + r, \quad 0 \leq r < |b|$$

만족하는 정수 $q,\ r \in \mathbb{Z}$가 존재한다. 또한 두 정수 $a(\neq 0),\ b(\neq 0) \in \mathbb{Z}$에 대하여, $|b| \geq 1$이므로

$$\delta(a) = |a| \leq |a||b| = |ab| = \delta(ab)$$

이다.

예 7.3.3 [ED] 체 F는 ED이다. 실제로 다음 함수

$$\delta : F^* \longrightarrow \mathbb{Z}_{\geq 0}, \quad \delta(a) = 1$$

은 유클리드 노름이다. 왜냐하면, 두 원소 $a,\ b(\neq 0) \in F$에 대하여, b가 단원이므로

$$a = b(b^{-1}a) + 0$$

이다. 또한 두 원소 $a(\neq 0),\ b(\neq 0) \in F$에 대하여,

$$\delta(a) = |a| = 1 = |ab| = \delta(ab)$$

이다.

예 7.3.4 [ED] 체 F 위의 다항식환 $F[x]$는 ED이다. 실제로 다음 함수

$$\delta : F[x]^* \longrightarrow \mathbb{Z}_{\geq 0}, \quad \delta(f(x)) = \deg(f(x))$$

는 유클리드 노름이다. 왜냐하면, 두 다항식 $f(x)$, $g(x)(\neq 0) \in F[x]$에 대하여, $F[x]$의 나눗셈 알고리즘(정리 5.5.1) 에 의하여

$$f(x) = g(x)h(x) + r(x), \quad r(x) = 0 \text{ 또는 } 0 \leq \deg(r(x)) < \deg(g(x))$$

인 F 위의 다항식 $h(x)$, $r(x) \in F[x]$가 존재한다. 또한 두 다항식 $f(x)(\neq 0)$, $g(x)(\neq 0) \in F[x]$에 대하여,

$$\delta(f(x)) = \deg(f(x)) \leq \deg(f(x))\deg(g(x)) = \deg(f(x)g(x)) = \delta(f(x)g(x))$$

이다.

예 7.3.5 [이차체] 정수 $m \in \mathbb{Z}$이 완전제곱수가 아닌 정수 ($\sqrt{m} \notin \mathbb{Z}$, $m \neq 0,\ 1,\ 2^2,\ 3^2,\ \cdots$)일 때, 집합

$$\mathbb{Q}(\sqrt{m}) = \{a + b\sqrt{m} \mid a,\ b \in \mathbb{Q}\}$$

의 원소 $\alpha = a + b\sqrt{m} \in \mathbb{Q}(\sqrt{m})$에 대하여

$$\overline{\alpha} = a - b\sqrt{m} \in \mathbb{Q}(\sqrt{m})$$

라 정의하면, $\overline{\alpha}$를 α의 **켤레**(conjugate)라고 하고, 원소 $\beta = c + d\sqrt{m} \in \mathbb{Q}(\sqrt{m})$에 대하여 다음이 성립한다.

$$\begin{aligned}
\alpha + \beta &= (a + b\sqrt{m}) + (c + d\sqrt{m}) = (a + c) + (b + d)\sqrt{m} \in \mathbb{Q}(\sqrt{m}) \\
\alpha\beta &= (a + b\sqrt{m})(c + d\sqrt{m}) = (ac + bdm) + (ad + bc)\sqrt{m} \in \mathbb{Q}(\sqrt{m}) \\
-\alpha &= -(a + b\sqrt{m}) = (-a) + (-b)\sqrt{m} \in \mathbb{Q}(\sqrt{m}) \\
\alpha^{-1} &= \frac{\overline{\alpha}}{\alpha\overline{\alpha}} = \frac{a}{a^2 - b^2m} + \frac{-b}{a^2 - b^2m}\sqrt{m} \in \mathbb{Q}(\sqrt{m}), \quad (\alpha \neq 0) \\
\overline{\alpha + \beta} &= \overline{\alpha} + \overline{\beta}, \qquad \overline{\alpha\beta} = \overline{\alpha}\,\overline{\beta}
\end{aligned}$$

$m > 0$이면 $\mathbb{Q}(\sqrt{m})$은 실수체 $\mathbb{R}$의 부분체이고, $m < 0$이면 $\mathbb{Q}(\sqrt{m})$은 복소수체 $\mathbb{C}$의 부분체이다. 따라서 $\mathbb{Q}(\sqrt{m})$는 ED이다(예 7.3.3). 특히, 유리수체 $\mathbb{Q}$는 체 $\mathbb{Q}(\sqrt{m})$의 부분체이다.

※ 체 $\mathbb{Q}(\sqrt{m})$를 **이차체**(quadratic field, 二次體)라 한다. 그리고 $\mathbb{Q} \subsetneq \mathbb{Q}(\sqrt{m}) \subsetneq \mathbb{C}$이다.

정리 7.3.6 정수 $m \in \mathbb{Z}$이 완전제곱수가 아닌 정수 ($\sqrt{m} \notin \mathbb{Z}$, $m \neq 0, 1, 2^2, 3^2, \cdots$) 일 때, 집합

$$\mathbb{Q}(\sqrt{m}) = \{a + b\sqrt{m} \mid a, b \in \mathbb{Q}\}$$

의 원소 $\alpha = a + b\sqrt{m} \in \mathbb{Q}(\sqrt{m})$에 대하여

$$\boxed{N(\alpha) = \alpha\overline{\alpha} = a^2 - b^2 m \in \mathbb{Q}}$$

라 정의하면, 원소 $\beta = c + d\sqrt{m} \in \mathbb{Q}(\sqrt{m})$에 대하여 다음이 성립한다.

(1) $N(\alpha) = 0 \iff \alpha\overline{\alpha} \iff \alpha = 0 \iff a = 0,\ b = 0$

(2) $\boxed{N(\alpha\beta) = \alpha\beta\overline{\alpha\beta} = \alpha\overline{\alpha}\beta\overline{\beta} = N(\alpha)N(\beta)}$

※ $N(\alpha)$를 α의 **노름**(norm)이라고 한다.

※ (1), (2)가 성립할 때. N을 $\mathbb{Q}(\sqrt{m})$ 위의 **곱셈 노름**(multiplicative norm)이라고 한다.

(증명) 간단한 계산이므로 증명을 생략한다. ■

정리 7.3.7 정수 $m \in \mathbb{Z}$이 완전제곱수가 아닐 때, 이차체 $\mathbb{Q}(\sqrt{m})$의 부분집합

$$\mathbb{Z}[\sqrt{m}] = \{a + b\sqrt{m} \mid a, b \in \mathbb{Z}\}$$

에 대하여 다음이 성립한다.

(1) $\boxed{\alpha \in \mathbb{Z}[\sqrt{m}]\text{가 단원} \iff |N(\alpha)| = 1}$

즉, $U(\mathbb{Z}[\sqrt{m}]) = \{a + b\sqrt{m} \in \mathbb{Z}[\sqrt{m}] \mid a^2 - b^2 m = \pm 1\}$

(2) $\mathbb{Z}[\sqrt{m}]$은 체가 아닌 $\mathbb{Q}(\sqrt{m})$의 부분정역이다.

(3) $\boxed{\mathbb{Z}[i],\ \mathbb{Z}[i\sqrt{2}],\ \mathbb{Z}[\sqrt{2}],\ \mathbb{Z}[\sqrt{3}]\text{은 ED}}$이다.

(증명) (1) $\alpha \in \mathbb{Z}[\sqrt{m}]$가 단원이라 하자. 그러면 적당한 원소 $\beta \in \mathbb{Z}[\sqrt{m}]$에 대하여

$$1 = \alpha\beta$$

이므로 정리 7.3.6의 노름 N을 적용하면, 정수환 $\mathbb{Z}$에서

$$1 = N(1) = N(\alpha\beta) = N(\alpha)N(\beta)$$

이다. 따라서 다음을 얻는다.

$$N(\alpha) = 1 \text{ 또는 } N(\alpha) = -1 \iff |N(\alpha)| = 1$$

역으로 $|N(\alpha)| = 1$이라 하자. 그러면

$$\pm 1 = N(\alpha) = \alpha\overline{\alpha}$$

이므로 α는 단원이다.

(2) $\mathbb{Z}[\sqrt{m}]$은 덧셈과 곱셈에 관하여 닫혀있고

$$\mathbb{Z} \subsetneq \mathbb{Z}[\sqrt{m}] \subsetneq \mathbb{Q}(\sqrt{m}) \subsetneq \mathbb{C}$$

이므로 $\mathbb{Q}(\sqrt{m})$의 부분정역이다.

하지만 원소 $1+2\sqrt{m} \in \mathbb{Z}[\sqrt{m}]$은 단원이 아니다. 왜냐하면, (1)에서

$$\pm 1 = N(1+2\sqrt{m}) = 1-4m$$

이므로

$$1-4m = 1 \quad \text{또는} \quad 1-4m = -1$$

이다. 그러면 $m=0$ 또는 $m=\frac{1}{2}$이 되어 어느 경우에도 모순이다. 따라서 원소 $1+2\sqrt{m}$은 $\mathbb{Z}[\sqrt{m}]$에서 단원이 아니다. 즉, $\mathbb{Z}[\sqrt{m}]$은 체가 아니다.

(3) 실제로 $m=-1,\ -2,\ 2,\ 3$에 대하여 다음 함수

$$\delta : \mathbb{Z}[\sqrt{m}]^* \longrightarrow \mathbb{Z}_{\geq 0}, \quad \delta(a+b\sqrt{m}) = |N(a+b\sqrt{m})| = |a^2-b^2m|$$

은 유클리드 노름이다. 왜냐하면, $\alpha,\ \beta(\neq 0) \in \mathbb{Z}[\sqrt{m}]$에 대하여 분모 유리화하여

$$\frac{\alpha}{\beta} = \frac{\alpha\overline{\beta}}{\beta\overline{\beta}} = a+b\sqrt{m} \in \mathbb{Q}(\sqrt{m})$$

일 때, 정수 $x,\ y \in \mathbb{Z}$를 다음과 같이 선택하자.

$$|a-x| \leq \frac{1}{2}, \quad |b-y| \leq \frac{1}{2}$$

그리고 α를 β로 나눈 몫을 γ, 나머지를 ε이라 하고,

$$\boxed{\gamma = x+y\sqrt{m} \in \mathbb{Z}[\sqrt{m}]}, \quad \boxed{\varepsilon = \alpha-\beta\gamma \in \mathbb{Z}[\sqrt{m}]}$$

라 하면,

$$\alpha = \beta\gamma+\varepsilon$$

이고 나머지 ε의 $\mathbb{Q}(\sqrt{m})$에서 노름값은 정리 7.3.6(2)에 의하여

$$\begin{aligned} N(\varepsilon) = N(\alpha-\beta\gamma) &= N\left(\beta\left(\frac{\alpha}{\beta}-\gamma\right)\right) = N(\beta)N\left(\frac{\alpha}{\beta}-\gamma\right) \\ &= N(\beta)N\left((a+b\sqrt{m})-(x+y\sqrt{m})\right) \\ &= N(\beta)N\left((a-x)+(b-y)\sqrt{m}\right) \\ &= N(\beta)\left((a-x)^2-(b-y)^2m\right) \end{aligned}$$

이다. 이때 $m=-1,\ -2$인 경우에는

$$|(a-x)^2-(b-y)^2m| \leq \left|\frac{1}{4}+(-m)\frac{1}{4}\right| \leq \frac{3}{4}$$

이고, $m=2,\ 3$인 경우에는

$$\left|(a-x)^2-(b-y)^2m\right| = \left|(b-y)^2m-(a-x)^2\right| \le \left|\frac{1}{4}m\right| \le \frac{3}{4}$$

이다. 또한 $\beta \neq 0$에서 $N(\beta) \neq 0$이므로

$$\delta(\varepsilon) = |N(\varepsilon)| \le \frac{3}{4}|N(\beta)| < |N(\beta)| = \delta(\beta)$$

이다. 따라서 δ는 유클리드 노름 조건 ①을 만족한다.

또한 $\alpha(\neq 0),\ \beta(\neq 0) \in \mathbb{Z}[\sqrt{m}]$에 대하여 $N(\beta) \ge 1$이므로 정리 7.3.6(2)에 의하여

$$N(\alpha) \le N(\alpha)N(\beta) = N(\alpha\beta)$$

이다. 그러므로 δ는 유클리드 노름 조건 ②를 만족한다. 따라서 $\mathbb{Z}[i]$, $\mathbb{Z}[\sqrt{2}i]$, $\mathbb{Z}[\sqrt{2}]$, $\mathbb{Z}[\sqrt{3}]$은 ED이다. ■

예 7.3.8 [$\mathbb{Z}[\sqrt{m}]$의 단원] 정역 $\mathbb{Z}[i]$, $\mathbb{Z}[i\sqrt{2}]$, $\mathbb{Z}[\sqrt{2}]$, $\mathbb{Z}[\sqrt{3}]$의 단원을 구해보자.

$$\boxed{U(\mathbb{Z}[i])} = \{a+b\sqrt{-1} \in \mathbb{Z}[\sqrt{-1}] \mid a^2+b^2=1\} = \boxed{\{1,\ -1,\ i,\ -i\}}$$
$$U(\mathbb{Z}[i\sqrt{2}]) = \{a+bi\sqrt{2} \in \mathbb{Z}[i\sqrt{2}] \mid a^2+2b^2=1\} = \{1,\ -1\}$$
$$U(\mathbb{Z}[\sqrt{2}]) = \{a+b\sqrt{2} \in \mathbb{Z}[\sqrt{2}] \mid a^2-2b^2=\pm 1\} = \{(1+\sqrt{2})^n \mid n \in \mathbb{Z}\}$$
$$U(\mathbb{Z}[\sqrt{3}]) = \{a+b\sqrt{3} \in \mathbb{Z}[\sqrt{3}] \mid a^2-3b^2=\pm 1\} = \{(2+\sqrt{3})^n \mid n \in \mathbb{Z}\}$$

유클리드 정역(ED) $\mathbb{Z}[i]$는 Gauss가 정의했으며 자주 활용된다. 수학의 왕자라는 별명을 가진 가우스(독: C. F. Gauss, 1777-1855)는 수학자이자 과학자이다. 정수론·통계학·해석학·미분기하학·측지학·전자기학·천문학·광학 등의 많은 분야들에 크게 기여하였다. 특히, 정수론이 수학에서 중요한 자리를 차지할 수 있도록 큰 공헌을 하였다.

정의 7.3.9 [*Gauss 정수(Gauss integer)*]

유클리드 정역(ED) $\mathbb{Z}[i] = \{a+bi \mid a,\ b \in \mathbb{Z}\}$*를* **Gauss 정수환***(Gauss integer)이라 한다.*

	정의	
$a+bi$는 **Gauss 정수**(Gauss integer)	$\Leftrightarrow$	$a,\ b \in \mathbb{Z}$
$N(a+bi)$는 $a+bi$의 **노름**(norm)	$\Leftrightarrow$	$N(a+bi) = a^2+b^2$

정리 7.3.10 *정역 D에 대하여 다음이 성립한다.*

D가 유클리드 정역(ED) $\Longrightarrow$ D가 PID

(증명) δ를 D의 유클리드 노름이라 하고, N을 D의 아이디얼이라 하자.

$N=\{0\}$이면 $N=\langle 0\rangle'$이므로 주 ideal이다.

$N\neq\{0\}$인 경우에는 N의 0이 아닌 원소 중 $\delta(b)$가 최소인 원소를 $b(\neq 0)\in N$이라 하자. 그러면

$$\langle b\rangle'\subset N$$

이다. 한편 임의의 원소 $a\in N$에 대하여 D가 ED이므로 적당한 원소 $q,\ r\in D$에 대하여

$$a=bq+r,\quad r=0 \text{ 또는 } \delta(r)<\delta(b)$$

이다. 그러면 $r=a-bq\in N$이므로 $\delta(b)$의 최소성에 의해 $r=0$이어야 한다. 그러므로 $a=bq\in\langle b\rangle'$, 즉, $N\subset\langle b\rangle'$이 되어 $N=\langle b\rangle'$은 주 아이디얼이다. ■

따름정리 7.3.11 *정역 D에 대하여 다음이 성립한다.*

D가 유클리드 정역(ED) $\Longrightarrow$ D가 UFD

(증명) D가 유클리드 정역(ED)이면, 정리 7.3.10에 의하여 D가 PID이고, D가 PID이면, 정리 7.2.10에 의하여 D가 UFD이다. 따라서 D가 유클리드 정역(ED)이면, D가 UFD이다. ■

예 7.3.12 [ED가 아닌 예] 정리 7.3.10의 역은 성립하지 않는다. 즉, 정역 D가 PID이지만 유클리드 정역(ED)이 아닌 예는 참고문헌([10])에 있다. 구체적으로, 정역

$$\mathbb{Z}\left[\frac{1+\sqrt{-19}}{2}\right]=\left\{a+b\frac{1+\sqrt{-19}}{2}\ \middle|\ a,\ b\in\mathbb{Z}\right\}$$

은 PID이지만 ED가 아니다.

정리 7.3.13 *유클리드 노름 δ를 갖는 유클리드 정역(ED) D에 대하여 다음이 성립한다.*

(1) 모든 원소 $a\in D,\ a\neq 0$에 대하여 $\delta(1)\leq\delta(a)$
(2) $u\in U(D) \iff \delta(u)=\delta(1)$ 즉 $U(D)=\{u\in D\mid\delta(u)=\delta(1)\}$이다.

(증명) (1) 유클리드 노름 조건 ②에 의하여 모든 원소 $a\in D,\ a\neq 0$에 대하여

$$\delta(1)\leq\delta(1a)=\delta(a)$$

이다.

(2) ($\Rightarrow$) $u\in U(D)$가 단원이라 하자.

$$\delta(u)\leq\delta(uu^{-1})=\delta(1)$$

이다. 또한 (1)에 의해서 $\delta(1) \le \delta(u)$이므로

$$\delta(u) = \delta(1)$$

이다.

($\Leftarrow$) 역으로 $u \in D$, $u \neq 0$에 대하여 $\delta(u) = \delta(1)$이라 하자.

그러면 유클리드 노름 조건 ①에 의하여 적당한 원소 q, $r \in D$에 대하여

$$1 = uq + r, \quad r = 0 \text{ 또는 } \delta(r) < \delta(u)$$

이다. $r \neq 0$이면, $\delta(r) < \delta(u) = \delta(1)$이고 (1)에 의해 $\delta(1)$이 최소이므로 모순이다. 따라서 $r = 0$이어야 한다. 즉,

$$1 = uq$$

이 되어 $u \in U(D)$이다. ■

다음은 유클리드 정역(ED)에서 인수분해하지 않고 최대공약수를 쉽게 구하는 알고리즘에 대하여 알아보자. 정수론의 유클리드 알고리즘과 유사하게 증명할 수 있다.

정리 7.3.14 *정역 D의 원소 a, b, q, $r \in D$에 대하여*

$$a = bq + r$$

일 때, 다음이 성립한다.

$$\mathrm{GCD}(a, b) = \mathrm{GCD}(b, r)$$

(증명) $d \in \mathrm{GCD}(a, b)$, $e \in \mathrm{GCD}(b, r)$라 하자. 그러면

$$d|a, \quad d|b, \quad e|b, \quad e|r$$

이므로 적당한 a', b', b'', $r' \in D$에 대하여

$$a = da', \quad b = db' = eb'', \quad r = er'$$

이다. 가정에서

$$a = bq + r = (eb'')q + er' = e(b''q + r')$$

이므로 $e|a$이다. 또한 $e|b$이므로

$$e|d$$

이다. 그리고

$$r = a - bq = da' - (db')q = d(a' - b'q)$$

이므로 $d|r$이다. 또한 $d|b$이므로

$$d|e$$

이다. 정리 6.1.12에 의하여 d와 e는 동반원이다. 따라서 정리 7.1.14에 의하여 $\mathrm{GCD}(a,\ b) = \mathrm{GCD}(b,\ r)$이다. ■

정리 7.3.15 (유클리드 알고리즘, 유클리드 호제법)

유클리드 노름 δ를 갖는 유클리드 정역(ED) D의 두 원소 $a,\ b \in D,\ b \neq 0$에 대하여 다음을 만족한다고 하자.

$$\begin{aligned} a &= bq_1 + r_1, & 0 < \delta(r_1) < \delta(b) \\ b &= r_1q_2 + r_2, & 0 < \delta(r_2) < \delta(r_1) \\ r_1 &= r_2q_3 + r_3, & 0 < \delta(r_3) < \delta(r_2) \\ &\ \vdots & \\ r_{n-2} &= r_{n-1}q_n + \boxed{r_n}, & 0 < \delta(r_n) < \delta(r_{n-1}) \\ r_{n-1} &= \boxed{r_n}\,q_{n+1} + 0 & \end{aligned}$$

q_1	a	b	q_2
	bq_1	r_1q_2	
q_3	r_1	r_2	q_4
	$\vdots$	$\vdots$	
q_n	r_{n-2}	r_{n-1}	q_{n+1}
	$r_{n-1}q_n$	r_nq_{n+1}	
	$\boxed{r_n}$	0	

그러면 다음이 성립한다.

(1) $\boxed{r_n} \in \mathrm{GCD}(a,\ b)$

(2) $\boxed{r_n = ax + by\text{인 원소 } x,\ y \in D\text{가 존재}}$한다.

(증명) (1) 정리 7.3.14에 의하여 다음이 성립한다.

$$\begin{aligned} \mathrm{GCD}(a,\ b) &= \mathrm{GCD}(b,\ r_1) = \mathrm{GCD}(r_1,\ r_2) = \cdots = \mathrm{GCD}(r_{n-2},\ r_{n-1}) \\ &= \mathrm{GCD}(r_{n-1},\ r_n) = \mathrm{GCD}(r_n,\ 0) \ni r_n \end{aligned}$$

(2) $r_n = r_{n-2} - r_{n-1}q_n$의 식에 $r_{n-1} = r_{n-3} - r_{n-2}q_{n-1}$을 대입한 식을 나머지 항 r_{n-2}과 r_{n-3}에 관하여 정리한 후, $r_{n-2},\ \cdots,\ r_1(= a - bq_1)$을 차례로 다음과 같이 대입하면,

$$\begin{aligned} r_n &= r_{n-2} - r_{n-1}q_n = r_{n-2} - (r_{n-3} - r_{n-2}q_{n-1})q_n \\ &= r_{n-2}(1 + q_{n-1}q_n) - r_{n-3}q_n \\ &= (r_{n-4} - r_{n-3}q_{n-2})(1 + q_{n-1}q_n) - r_{n-3}q_n \\ &= \cdots \\ &= ax + by \end{aligned}$$

인 $x,\ y \in D$를 구할 수 있다. ■

예 7.3.16 [최대공약수] 정수론에서 유클리드 알고리즘과 ED에서 유클리드 알고리즘을 비교해 보면, ED에서 유클리드 알고리즘이 보다 효율적이다.

예를 들어, 정수환(ED) $\mathbb{Z}$의 원소 111과 57의 최대공약수 3, -3을 2가지 방법으로 구하자.

〈정수론 유클리드 호제법〉	〈ED 유클리드 호제법〉
$111 = 57 \cdot 1 + 54$ $57 = 54 \cdot 1 + \boxed{3}$ $54 = 3 \cdot 18 + 0$	$111 = 57 \cdot 2 + \boxed{(-3)}$ $57 = (-3) \cdot (-19) + 0$

예 7.3.17 [최대공약수] 유리수체 $\mathbb{Q}$ 위의 다항식 $f(x) = x^3 - 3x + 2$와 $g(x) = 3x^2 - 3$의 최대공약수 $d(x) \in \mathrm{GCD}(f(x),\ g(x))$와 $d(x) = f(x)r(x) + g(x)s(x)$인 $r(x),\ s(x) \in \mathbb{Q}[x]$를 구하자.

최대공약수를 유클리드 호제법(정리 7.3.15) 으로 구하면 다음과 같다.

$x/3$	$x^3 - 3x + 2$ $x^3 - x$	$3x^2 \quad -3$ $3x^2 - 3x$	$-(3x/2)$
$-(2/3)$	$-2x + 2$ $-2x + 2$	$\boxed{3x - 3}$	
	0		

그러므로 $3x - 3 \in \mathrm{GCD}(f(x),\ g(x))$이다. 정리 7.1.14에 의하여 모든 최대공약수의 집합은 $\mathrm{GCD}(f(x),\ g(x)) = \{a(x-1) \mid a \in \mathbb{Q} - \{0\}\}$이다.

다음에 위 유클리드 호제법을 이용하여 $r(x),\ s(x) \in \mathbb{Q}[x]$을 구하자.

$$x^3 - 3x + 2 = (3x^2 - 3)(x/3) - 2x + 2,$$
$$3x^2 - 3 = (-2x + 2)(-3x/2) + \boxed{3x - 3}$$

에서 역순으로 대입을 하면,

$$\begin{aligned}\boxed{3x - 3} &= 3x^2 - 3 - (-2x + 2)(-3x/2) \\ &= 3x^2 - 3 - (x^3 - 3x + 2 - (3x^2 - 3)(x/3))(-3x/2) \\ &= (3x^2 - 3)(1 - x^2/2) + (x^3 - 3x + 2)(3x/2)\end{aligned}$$

을 얻는다. 따라서 $r(x) = 3x/2,\ s(x) = 1 - x^2/2$이다.

예 7.3.18 [최대공약수] 유클리드 정역 $\mathbb{Z}[\,i\,]$의 원소 $-1 + 5i$와 $7 - 3i$의 최대공약수 d를 모두 구하고, $d = (-1 + 5i)x + (7 - 3i)y$인 $x,\ y \in \mathbb{Z}[\,i\,]$를 구하자.

정리 7.3.7(3)의 증명(몫과 나머지 구하기)과 유클리드 호제법(정리 7.3.15: gcd 구하기)에 따라 $d,\ x,\ y$를 구한다.

먼저 유클리드 노름 δ를 비교하자.

$$\delta(-1 + 5i) = (-1)^2 + 5^2 = 26, \quad \delta(7 - 3i) = 7^2 + (-3)^2 = 58$$

이므로 $7-3i$를 $-1+5i$로 나눈 몫과 나머지를 구하자. 몫을 구하기 위하여 다음을 계산하면,

$$\frac{7-3i}{-1+5i}=\frac{(7-3i)(-1-5i)}{(-1+5i)(-1-5i)}=\frac{-22}{26}+\frac{-32}{26}i\in\mathbb{Q}(\,i\,)$$

이므로 $\mathbb{Z}[\,i\,]$에서 나눈 몫을 가장 가까운 Gauss 정수 $q_1=-1-i$로 선택하면, 나머지 r_1은

$$(*)\ r_1=(7-3i)-(-1+5i)(-1-i)=\boxed{1+i},\quad \delta(1+i)=2<\delta(-1+5i)=26$$

이다. 다음에 $-1+5i$를 $1+i$로 나눈 몫과 나머지를 구하자. 몫을 구하기 위하여

$$\frac{-1+5i}{1+i}=\frac{(-1+5i)(1-i)}{(1+i)(1-i)}=2+3i\in\mathbb{Z}[\,i\,]$$

을 몫 $q_2=2+3i$이라 하면 나머지는 $r_2=0$이다.

$$r_2=(-1+5i)-(1+i)(2+3i)=0$$

그러므로 $-1+5i$와 $7-3i$의 최대공약수는

$$1+i\in\text{GCD}(-1+5i,\ 7-3i)$$

이다. 정리 7.1.14에 의하여 최대공약수는 단원 $\boxed{U(\mathbb{Z}[\,i\,])=\{1,\ -1,\ i,\ -i\}}$의 개수(즉, $1+i$의 동반원)만큼 가지므로 모든 최대공약수 집합은

$$\text{GCD}(-1+5i,\ 7-3i)=\{1+i,\quad -1-i,\quad -1+i,\quad 1-i\}$$

이다.

한편 $(*)$에서

$$1+i=(7-3i)+(-1+5i)(1+i)$$

이므로 $x=1+i,\ y=1$이 된다.

위 과정을 유클리드 호제법 그림으로 나타내 보자. $\boxed{1+i}$가 두 원소의 최대공약수이다.

$$\boxed{\begin{aligned}7-3i&=(-1+5i)(-1-i)+\boxed{1+i}\\-1+5i&=(1+i)(2+3i)+0\end{aligned}}$$

$-1-i$	$7-3i$	$-1+5i$	$2+3i$
	$(-1+5i)(-1-i)$	$(1+i)(2+3i)$	
	$\boxed{1+i}$	0	

예 7.3.19 [최대공약수] 유클리드 정역 $\mathbb{Z}[\,i\,]$의 원소 $-5+10i$와 $6+7i$의 최대공약수 집합 $\text{GCD}(-5+10i,\ 6+7i)$를 구하고, $d\in\text{GCD}(-5+10i,\ 6+7i)$를 선택하여 $d=(-5+10i)x+(6+7i)y$인 $x,\ y\in\mathbb{Z}[\,i\,]$를 구하자.

정리 7.3.7(3)의 증명과 유클리드 호제법(정리 7.3.15)에 따라 d, x, y를 구한다.

먼저 유클리드 노름 δ를 비교하자.

$$\delta(-5+10i) = (-5)^2 + 10^2 = 125, \quad \delta(6+7i) = 6^2 + 7^2 = 85$$

이므로 $-5+10i$를 $6+7i$로 나눈 몫과 나머지를 구하자. 몫을 구하기 위하여 다음을 계산하면,

$$\frac{-5+10i}{6+7i} = \frac{(-5+10i)(6-7i)}{(6+7i)(6-7i)} = \frac{40}{85} + \frac{95}{85}i \in \mathbb{Q}(\,i\,)$$

이므로 $\mathbb{Z}[\,i\,]$에서 나눈 몫을 가장 가까운 Gauss 정수 $q_1 = i$로 선택하면, 나머지 r_1은

$$r_1 = (-5+10i) - (6+7i)i = 2+4i, \quad \delta(2+4i) = 20 < \delta(6+7i) = 85$$

이다. 다음에 $6+7i$를 $2+4i$로 나눈 몫과 나머지를 구하자. 몫을 구하기 위하여

$$\frac{6+7i}{2+4i} = \frac{(6+7i)(2-4i)}{(2+4i)(2-4i)} = 2 + \frac{-1}{2}i \in \mathbb{Q}(\,i\,)$$

을 몫 $q_2 = 2$로 선택하면, 나머지는 r_2은

$$(*)\ r_2 = (6+7i) - (2+4i)2 = \boxed{2-i}, \quad \delta(2-i) = 5 < \delta(2+4i) = 20$$

다음에 $2+4i$를 $2-i$로 나눈 몫과 나머지를 구하자. 몫을 구하기 위하여

$$\frac{2+4i}{2-i} = \frac{(2+4i)(2+i)}{(2-i)(2+i)} = 2i \in \mathbb{Z}[\,i\,]$$

을 몫 $q_3 = 2i$라 하면 나머지는 $r_3 = 0$은

$$r_3 = (2+4i) - (2-i)2i = 0$$

그러므로 $-5+10i$와 $6+7i$의 최대공약수는

$$2-i \in \mathrm{GCD}(-5+10i,\ 6+7i)$$

이다. 정리 7.1.14에 의하여 최대공약수는 단원 $U(\mathbb{Z}[\,i\,]) = \{1,\ -1,\ i,\ -i\}$의 개수(즉, $1+i$의 동반원)만큼 가지므로 모든 최대공약수 집합은

$$\mathrm{GCD}(-5+10i,\ 6+7i) = \{2-i, \quad -2+i, \quad -1-2i, \quad 1+2i\}$$

이다.

한편 $(*)$에서 r_2, r_1을 차례로 대입하면,

$$\begin{aligned} 2-i &= (6+7i) - (2+4i)2 = (6+7i) - [(-5+10i) - (6+7i)i]2 \\ &= (6+7i)(1+2i) + (-5+10i)(-2) \end{aligned}$$

이므로 $x = -2$, $y = 1+2i$가 된다.

위 과정을 유클리드 호제법 그림으로 나타내 보자. $\boxed{2-i}$가 두 원소의 최대공약수이다.

$$\boxed{\begin{aligned}(-5+10i) &= (6+7i)i+(2+4i)\\ (6+7i) &= (2+4i)2+\boxed{(2-i)}\\ (2+4i) &= (2-i)2i+0\end{aligned}}$$

i	$(-5+10i)$	$(6+7i)$	2
	$(6+7i)i$	$(2+4i)2$	
$2i$	$(2+4i)$	$\boxed{(2-i)}$	
	$(2-i)2i$		
	0		

임용시험 출제 7.3.20 [2009학년도] $\mathbb{Z}$가 정수환이고, $\mathbb{Z}[x]$는 $\mathbb{Z}$ 위의 다항식환이며, $\mathbb{Z}[i]=\{a+bi \mid a,\ b\in\mathbb{Z},\ i^2=-1\}$는 복소수체의 부분환이다. 다음 중 옳지 <u>않은</u> 것은?

① $\mathbb{Z}$는 $\mathbb{Z}[i]$의 부분환이다.

② $\mathbb{Z}[x]$와 $\mathbb{Z}[i]$는 서로 환동형이다.

③ $\mathbb{Z}[x]$는 유일인수분해 정역(unique factorization domain)이다.

④ $\mathbb{Z}$의 분수체(field of quotient)는 유리수체 $\mathbb{Q}$와 동형이다.

⑤ $\mathbb{Z}[x]$의 원소 중 곱셈에 대한 역원을 갖는 것은 ±1뿐이다.

연 습 문 제 (7.3)

1. $\mathbb{Q}[x]$에서 x^4-4x^2+3와 x^3+3x^2-x-3의 최대공약수를 구하여라.

2. 유리수체 $\mathbb{Q}$ 위에서 다음 두 다항식 $f(x)$, $g(x)$의 최대공약수 $d(x)$와 최소공배수 $l(x)$를 구하고, 또 $d(x)=f(x)s(x)+g(x)t(x)$인 두 다항식 $s(x),\ t(x)\in\mathbb{Q}[x]$를 구하라.

(1) $f(x)=x^3+4x^2+3x-8,\quad g(x)=x^2+x-2$

(2) $f(x)=x^4-x^3-x^2+1,\quad g(x)=x^3-1$

3. 체 F 위에 다항식 $p(x)\in F[x]$, $\deg(p(x))\geq 1$가 기약다항식일 때, 다항식 $f(x)\in F[x]$에 대하여 다음이 성립함을 보여라.

(1) $p(x)\nmid f(x) \Longleftrightarrow 1\in \mathrm{GCD}(p(x),\ f(x))$

(2) $p(x)\mid f(x) \Longleftrightarrow p(x)\in \mathrm{GCD}(p(x),\ f(x))$

4. 유클리드 정역 $\mathbb{Z}[i]$에서 다음 최대공약수를 구하라.

(1) $\mathrm{GCD}(53+9i,\ 1+7i)$ (2) $\mathrm{GCD}(3+4i,\ 11-2i)$

(3) $\mathrm{GCD}(6-7i,\ -1-8i)$ (4) $\mathrm{GCD}(4+6i,\ 3-5i)$

5. 정수환 $\mathbb{Z}$와 유리수체 $\mathbb{Q}$에 대하여 다음과 같이 정의된 사상이 유클리드 노름인지를 판정하라.

(1) $\delta:\ \mathbb{Z}\longrightarrow\mathbb{Z}_{\geq 0},\ \delta(a)=a^2$

(2) $\delta:\ \mathbb{Q}\longrightarrow\mathbb{Z}_{\geq 0},\ \delta(a)=a^2$

6. 유클리드 정역 D의 유클리드 노름이 δ일 때, 영이 아닌 두 원소 $a,\ b \in D$에 대하여 다음을 증명하라.

(1) $a,\ b$가 동반원이면, $\delta(a) = \delta(b)$이다.

(2) $\delta(a) = \delta(ab)$일 필요충분조건은 $\langle a \rangle' = \langle ab \rangle'$이다.

(3) $b \in U(D)$이기 위한 필요충분조건은 $\delta(a) = \delta(ab)$인 것이다.

(4) δ가 상수함수이면 D는 체이다.

7. 유클리드노름 δ를 가진 유클리드 정역 D에서

$$\delta(x+y) = \delta(x) + \delta(y), \quad \forall x,\ y \in D - \{0\}$$

을 만족하면, $I = \{a \in D \mid \delta(a) > \delta(1)\} \cup \{0\}$은 D의 극대 아이디얼임을 보여라.

8. 이차체 $\mathbb{Q}(\sqrt{m})$에 대하여 환 준동형사상 $f:\ \mathbb{Q}(\sqrt{m}) \to \mathbb{Q}(\sqrt{m})$는 다음 세 가지뿐임을 보여라.

(1) $f_0:\ \mathbb{Q}(\sqrt{m}) \to \mathbb{Q}(\sqrt{m}), \quad f_0(a+b\sqrt{m}) = 0$

(2) $f_1:\ \mathbb{Q}(\sqrt{m}) \to \mathbb{Q}(\sqrt{m}), \quad f_1(a+b\sqrt{m}) = a+b\sqrt{m}$

(3) $f_2:\ \mathbb{Q}(\sqrt{m}) \to \mathbb{Q}(\sqrt{m}), \quad f_2(a+b\sqrt{m}) = a-b\sqrt{m}$

9. 이차체 $\mathbb{Q}(\sqrt{2}),\ \mathbb{Q}(\sqrt{3})$는 서로 환 동형이 아님을 보여라.

7.4 정역에서 곱셈 노름

이 절에서는 노름을 이용하여 정역의 성질을 연구하는 방법을 소개한다.

정의 7.4.1 [곱셈 노름(*multiplicative norm*)]

정역 D에서 정수환 $\mathbb{Z}$로의 다음 함수 N에 대하여

$$N : D \longrightarrow \mathbb{Z}$$

N은 D 위의 **곱셈 노름**(multiplicative norm)	$\overset{\text{정의}}{\Longleftrightarrow}$	① $N(\alpha) = 0 \Longleftrightarrow \alpha = 0$ ② $\alpha,\ \beta \in D$이면 $N(\alpha\beta) = N(\alpha)N(\beta)$

예 7.4.2 [곱셈 노름] 정수 $m \in \mathbb{Z}$이 완전제곱수가 아닌 정수일 때, 집합

$$\mathbb{Z}[\sqrt{m}\,] = \{a + b\sqrt{m} \mid a,\ b \in \mathbb{Z}\}$$

의 원소 $\alpha = a + b\sqrt{m} \in \mathbb{Z}[\sqrt{m}\,]$에 대하여

$$\boxed{N(\alpha) = \alpha\overline{\alpha} = a^2 - b^2 m \in \mathbb{Z}}$$

라 정의하면, 정리 7.3.6에 의하여 N은 곱셈노름이다.

정리 7.4.3 *정역 D가 곱셈 노름 N을 가질 때, 다음이 성립한다.*

(1) $N(1) = 1$

(2) $u \in U(D) \quad \Longrightarrow \quad |N(u)| = 1$

(3) $|N(u)| = 1$을 만족하는 $u \in D$가 항상 D의 단원이라 하자.
  이때 $|N(a)| = p$가 소수인 원소 $a \in D$에 대하여 a는 D의 기약원이다.

(증명) (1) $N(1) = N(1 \cdot 1) = N(1)N(1) \in \mathbb{Z}$이고 $N(1) \neq 0$이므로 $N(1) = 1$이다.

(2) $u \in U(D)$라 하자. 그러면

$$1 = N(1) = N(uu^{-1}) = N(u)N(u^{-1})$$

이므로 $N(u) = \pm 1$이다. 따라서 $|N(u)| = 1$이다.

(3) $a = bc,\ b,\ c \in D$라 하자. 그러면

$$p = |N(a)| = |N(bc)| = |N(b)||N(c)|$$

이고 p가 소수이므로 $|N(b)| = 1$ 또는 $|N(c)| = 1$이어야 한다. 가정에서 $b \in U(D)$ 또는 $c \in U(D)$이므로 a는 D의 기약원이다. ■

따름정리 7.4.4 *정수 $m \in \mathbb{Z}$이 완전제곱수가 아닌 정수일 때, 정역 $\mathbb{Z}[\sqrt{m}]$의 원소 $\alpha \in \mathbb{Z}[\sqrt{m}]$에 대하여 다음이 성립한다.*

$$|N(\alpha)|\text{가 소수} \implies \alpha\text{는 } \mathbb{Z}[\sqrt{m}]\text{의 기약원}$$

(증명) 예 7.4.2에 의하여 $\mathbb{Z}[\sqrt{m}]$은 곱셈 노름 N을 갖는다. 그러면 정리 7.3.7에 의하여 정리 7.4.3(3)의 가정을 만족하므로, $|N(\alpha)|$가 소수이면, α는 $\mathbb{Z}[\sqrt{m}]$의 기약원이다. ■

예 7.4.5 정리 7.4.3(3)의 역은 성립하지 않는다.

예를 들어, ED $\mathbb{Z}[i] = \{a+bi \mid a,\ b \in \mathbb{Z}\}$(정리 7.3.7)의 원소 $a+bi$에 대하여

$$N(a+bi) = a^2 + b^2 \geq 0$$

라 정의하면, 정리 7.3.6에 의하여 N은 곱셈노름이다. 이때 3은 $\mathbb{Z}[i]$의 기약원이지만, $N(3) = 9$가 되어 소수가 아니다. 실제로 원소 $\alpha,\ \beta \in \mathbb{Z}[i]$에 대하여

$$3 = \alpha\beta$$

라 하자. 그러면

$$9 = N(3) = N(\alpha\beta) = N(\alpha)N(\beta)$$

이므로 $N(\alpha) = 1,\ 3,\ 9$이다. 먼저 $N(\alpha) = 3$인 경우 $\alpha = a+bi$이라 하면,

$$3 = N(\alpha) = N(a+bi) = a^2 + b^2$$

인 $a,\ b \in \mathbb{Z}$는 존재하지 않는다. 그러므로 $N(\alpha) = 1$이거나 $N(\alpha) = 9$이다. 즉, $N(\alpha) = 1$이거나 $N(\beta) = 1$이다. 정리 7.3.7(1)에 의하여 α는 단원이거나 β가 단원이다. 따라서 3은 $\mathbb{Z}[i]$의 기약원이다.

예 7.4.6 5는 정수환 $\mathbb{Z}$에서는 기약원(소수)이지만, ED $\mathbb{Z}[i]$에서는 기약원이 아니다.

실제로

$$5 = (1+2i)(1-2i)$$

이고. $1+2i$와 $1-2i$은 $\mathbb{Z}[i]$의 단원이 아니므로 5는 기약원이 아니다. 참고로 $\mathbb{Z}[i]$의 단원은 $1,\ -1,\ i,\ -i$(예 7.3.8)이다.

또한 2도 $\mathbb{Z}[i]$의 기약원이 아니다. 실제로 2는 다음과 같은 두 기약원의 곱

$$2 = (1+i)(1-i)$$

로 인수분해된다.

다음은 유클리드 정역(ED) $\mathbb{Z}[i]$에서 홀수인 소수 중에서 기약원이 아닌 경우를 판별하는 정리이다.

정리 7.4.7 (Fermat) *정수 p, a, $b \in \mathbb{Z}$에 대하여 p가 홀수인 소수일 때, 다음은 동치다.*

$$p = a^2 + b^2 = (a+bi)(a-bi) \iff 4 \mid (p-1)$$

(증명) 증명은 [3, 정리 47.10]을 참조하라. ■

예 7.4.8 UFD가 아닌 정역의 예를 살펴보자. $\boxed{\mathbb{Z}[i\sqrt{5}]\text{는 UFD가 아닌 정역임}}$을 보이자.

$\mathbb{Z}[i\sqrt{5}] = \{a + bi\sqrt{5} \mid a, b \in \mathbb{Z}\} \subset \mathbb{C}$이므로 $\mathbb{Z}[i\sqrt{5}]$는 정역이다. 한편 노름을

$$N: \mathbb{Z}[i\sqrt{5}] \longrightarrow \mathbb{Z}, \quad N(a+bi\sqrt{5}) = a^2 + 5b^2 \geq 0$$

이라 정의하면 N은 곱셈 노름이다(정리 7.3.6). 또한 정리 7.3.7에 의하여 단원 집합은

$$U\left(\mathbb{Z}[i\sqrt{5}]\right) = \left\{a + bi\sqrt{5} \in \mathbb{Z}[i\sqrt{5}] \;\middle|\; a^2 + 5b^2 = 1\right\} = \{1, -1\}$$

이다.

$\mathbb{Z}[i\sqrt{5}]$의 원소 중에서 유일 인수분해가 되지 않는 반례를 들어보자. 예를 들어, 6은 $\mathbb{Z}[i\sqrt{5}]$에서

$$6 = 2 \cdot 3 = (1 + i\sqrt{5})(1 - i\sqrt{5})$$

로 인수분해되지만, 2, 3, $1+i\sqrt{5}$, $1-i\sqrt{5}$가 $\mathbb{Z}[i\sqrt{5}]$의 기약원임을 증명하면 $\mathbb{Z}[i\sqrt{5}]$는 UFD가 아니다. 먼저 2가 기약원임을 보이자. 적당한 원소 α, $\beta \in \mathbb{Z}[i\sqrt{5}]$에 대하여

$$2 = \alpha\beta$$

라 하자. 그러면

$$4 = N(2) = N(\alpha\beta) = N(\alpha)N(\beta)$$

이므로, $N(\alpha) = 1, 2, 4$이다. 이때 $N(\alpha) = 2$인 경우 $\alpha = a + bi\sqrt{5}$이라 하면,

$$2 = N(\alpha) = N(a + bi\sqrt{5}) = a^2 + 5b^2$$

인 a, $b \in \mathbb{Z}$는 존재하지 않는다. 그러므로 $N(\alpha) \neq 2$이다. 그러면 $N(\alpha) = 1$이거나 $N(\alpha) = 4$이다. 즉, $N(\alpha) = 1$이거나 $N(\beta) = 1$이다. 정리 7.3.7(1)에 의하여 α가 단원이거나 β가 단원이다. 따라서 2는 $\mathbb{Z}[i\sqrt{5}]$의 기약원이다.

같은 방법으로 3이 $\mathbb{Z}[i\sqrt{5}]$의 기약원임을 보일 수 있다.

다음에 $1+i\sqrt{5}$, $1-i\sqrt{5}$가 기약원임을 보이자. 적당한 원소 α, $\beta \in \mathbb{Z}[i\sqrt{5}]$에 대하여

$$1 + i\sqrt{5} = \alpha\beta$$

라 하자. 그러면

$$6 = N(1+i\sqrt{5}) = N(\alpha\beta) = N(\alpha)N(\beta)$$

이다. 그러므로 $N(\alpha) = 1, 2, 3, 6$이다. 먼저 $N(\alpha) = 2, 3$인 경우에는 위에서 보인 것처럼 $\alpha \in \mathbb{Z}[i\sqrt{5}]$는 존재하지 않는다. 그러므로 $N(\alpha) = 1$이거나 $N(\alpha) = 6$이다. 즉, $N(\alpha) = 1$이거나 $N(\beta) = 1$이다. 따라서 정리 7.3.7(1)에 의하여 α가 단원이거나 β가 단원이다. 그러므로 $1+i\sqrt{5}$는 $\mathbb{Z}[i\sqrt{5}]$의 기약원이다.

마찬가지 방법으로 $1-i\sqrt{5}$는 $\mathbb{Z}[i\sqrt{5}]$의 기약원이다. 그러므로 $\mathbb{Z}[i\sqrt{5}]$는 UFD가 아니다.

예 7.4.9 정역에 따라 기약원이지만 소원이 아닌 예를 살펴보자.

기약원 3은 $\mathbb{Z}[i]$에서 소원이지만 $\mathbb{Z}[i\sqrt{5}]$에서 소원이 아니다.

왜냐하면 $\mathbb{Z}[i]$는 ED(PID)이고 3은 $\mathbb{Z}[i]$의 기약원(예 7.4.5)이므로 $\mathbb{Z}[i]$의 소원이다(정리 7.2.6). 한편 3은 $\mathbb{Z}[i\sqrt{5}]$에서

$$3|6 \implies 3|(1+i\sqrt{5})(1-i\sqrt{5})$$

이지만, $3, 1+i\sqrt{5}, 1-i\sqrt{5}$은 $\mathbb{Z}[i\sqrt{5}]$의 기약원(예 7.4.8)이므로

$$3\nmid(1+i\sqrt{5}), \quad 3\nmid(1-i\sqrt{5})$$

이다. 따라서 3은 $\mathbb{Z}[i\sqrt{5}]$에서 소원이 아니다.

정리 7.4.10 *ED $\mathbb{Z}[i]$, $\mathbb{Z}[i\sqrt{2}]$의 원소 β에 대하여 다음이 성립한다.*

(1) $\beta \neq 0 \implies$ 잉여환 $\mathbb{Z}[i]/\langle\beta\rangle'$과 $\mathbb{Z}[i\sqrt{2}]/\langle\beta\rangle'$은 유한환

(2) β가 기약원 $\implies$ 잉여환 $\mathbb{Z}[i]/\langle\beta\rangle'$과 $\mathbb{Z}[i\sqrt{2}]/\langle\beta\rangle'$은 유한체

※ $|N(\beta)|$가 소수 $\implies$ 잉여환 $\mathbb{Z}[i]/\langle\beta\rangle'$과 $\mathbb{Z}[i\sqrt{2}]/\langle\beta\rangle'$은 유한체(따름정리 7.4.4).

(증명) $\mathbb{Z}[\sqrt{m}] = \mathbb{Z}[i], \mathbb{Z}[i\sqrt{2}]$이라 하자.

(1) 정리 7.3.7에 의하여 $\mathbb{Z}[\sqrt{m}]$은 ED이다. 유클리드 노름은

$$\delta(a+b\sqrt{m}) = \left|N(a+b\sqrt{m})\right| = a^2 - b^2m \geq 0$$

이다. 그리고 $\beta \neq 0$이므로 $\delta(\beta) > 0$이다. 따라서 임의의 원소 $\alpha \in \mathbb{Z}[\sqrt{m}]$에 대하여 적당한 원소 $\gamma, \varepsilon \in \mathbb{Z}[\sqrt{m}]$에 대하여

$$\alpha = \beta\gamma + \varepsilon, \quad 0 \leq \delta(\varepsilon) < \delta(\beta)$$

이다. 그러므로

$$\alpha - \varepsilon = \beta\gamma \in \langle\beta\rangle' \implies \alpha + \langle\beta\rangle' = \varepsilon + \langle\beta\rangle'$$

이다. 따라서 $0 \le \delta(\varepsilon) < \delta(\beta)$인 원소 $\varepsilon \in \mathbb{Z}[\sqrt{m}]$은 유한 개이므로 $\mathbb{Z}[\sqrt{m}]/\langle\beta\rangle'$은 유한환이다.

(2) 정리 7.3.10에 의하여 $\mathbb{Z}[\sqrt{m}]$은 PID이다. 그러면 β가 기약원이므로 정리 7.2.6에 의하여 잉여환 $\mathbb{Z}[\sqrt{m}]/\langle\beta\rangle'$은 체이다. 그리고 (1)에 의하여 $\mathbb{Z}[\sqrt{m}]/\langle\beta\rangle'$은 유한체이다. ■

예 7.4.11 체로서 $\mathbb{Z}[i]/\langle 1+i\rangle' \cong \mathbb{Z}_2$임을 보이자.

$\mathbb{Z}[i]$는 ED(PID, UFD)이다. 노름을

$$N:\ \mathbb{Z}[i] \longrightarrow \mathbb{Z}, \quad N(a+bi) = a^2+b^2$$

이라 정의하면 N은 곱셈 노름이다(정리 7.3.6). 그러면

$$N(1+i) = 1+1 = 2$$

은 소수이므로 따름정리 7.4.4에 의하여 $1+i$는 $\mathbb{Z}[i]$의 기약원이다. 그러면, 정리 7.4.10에 의하여 잉여환

$$\mathbb{Z}[i]/\langle 1+i\rangle'$$

은 유한체이다. 임의의 원소 $a+bi+\langle 1+i\rangle' \in \mathbb{Z}[i]/\langle 1+i\rangle'$에 대하여

$$\overline{a+bi} = a+bi+\langle 1+i\rangle'$$

라 정의하자. 그러면

$$2 = (1+i)(1-i) \in \langle 1+i\rangle' \quad \Longrightarrow \quad \overline{2} = \overline{0} \in \mathbb{Z}[i]/\langle 1+i\rangle'$$

이다. 그러면

$$\overline{i} = \overline{-1+(1+i)} = \overline{-1} \in \mathbb{Z}[i]/\langle 1+i\rangle'$$

이다. 임의의 원소 $\overline{a+bi} \in \mathbb{Z}[i]/\langle 1+i\rangle'$에 대하여 $\overline{2} = \overline{0}$이므로

$$\overline{a+bi} = \overline{a-b} = [\,\overline{a-b}\,]_2$$

이다. 단, $[\,\overline{a-b}\,]_2$는 $a-b$를 2로 나눈 나머지이다. 그러므로 잉여환은 다음과 같은 2개의 원소를 가진 유한체이다.

$$\mathbb{Z}[i]/\langle 1+i\rangle' = \{\overline{0},\ \overline{1}\}$$

그러므로 $\mathbb{Z}[i]/\langle 1+i\rangle' \cong \mathbb{Z}_2$이다.

예 7.4.12 체로서 $\mathbb{Z}[i]/\langle 3-2i\rangle' \cong \mathbb{Z}_{13}$임을 보이자.

$\mathbb{Z}[i]$는 ED(PID, UFD)이다. 노름을

$$N:\ \mathbb{Z}[i] \longrightarrow \mathbb{Z}, \quad N(a+bi) = a^2+b^2$$

이라 정의하면 N은 곱셈 노름이다(정리 7.3.6). 그러면

$$N(3-2i) = 9+4 = 13$$

은 소수이므로 따름정리 7.4.4에 의하여 $3-2i$는 $\mathbb{Z}[i]$의 기약원이다. 그러면, 정리 7.4.10에 의하여 잉여환

$$\mathbb{Z}[i]/\langle 3-2i\rangle'$$

은 유한체이다. 임의의 원소 $a+bi+\langle 3-2i\rangle' \in \mathbb{Z}[i]/\langle 3-2i\rangle'$에 대하여

$$\overline{a+bi} = a+bi+\langle 3-2i\rangle'$$

라 정의하자. 그러면

$$13 = (3+2i)(3-2i) \in \langle 3-2i\rangle' \implies \overline{13} = \overline{0} \in \mathbb{Z}[i]/\langle 3-2i\rangle'$$

이다. 그러므로 $\overline{-12} = \overline{1}$이다. 그러면

$$\overline{i} = \overline{1}\cdot\overline{i} = \overline{-12}\cdot\overline{i} = \overline{-12i} = \overline{6(3-2i)-18} = \overline{-18} \in \mathbb{Z}[i]/\langle 3-2i\rangle'$$

이다. 임의의 원소 $\overline{a+bi} \in \mathbb{Z}[i]/\langle 3-2i\rangle'$에 대하여 $\overline{13} = \overline{0}$이므로

$$\overline{a+bi} = \overline{a-18b} = [\,\overline{a-18b}\,]_{13} \in \mathbb{Z}[i]/\langle 3-2i\rangle'$$

이다. 단, $[\,\overline{a-18b}\,]_{13}$은 $a-18b$를 13으로 나눈 나머지이다. 그러므로 잉여환은 다음과 같은 13개의 원소를 가진 유한체이다.

$$\mathbb{Z}[i]/\langle 3-2i\rangle' = \{\overline{0},\ \overline{1},\ \cdots,\ \overline{12}\}$$

그러므로 $\mathbb{Z}[i]/\langle 3-2i\rangle' \cong \mathbb{Z}_{13}$이다.

지금까지 논한 대수적 구조에 대한 관계를 요약하면 다음과 같다.

체 $\Rightarrow$ ED $\Rightarrow$ PID $\Rightarrow$ UFD $\Rightarrow$ ID $\Rightarrow$ 1가진 가환환 $\Rightarrow$ 1가진 환 $\Rightarrow$ 환 $\Rightarrow$ 가환군

임용시험 출제 7.4.13 [2012학년도] 복소수체의 부분환 $\mathbb{Z}[i] = \{a+bi \mid a,\ b \in \mathbb{Z}\}$에 대하여 옳은 것을 모두 골라라.

① $\mathbb{Z}[i]$는 주 아이디얼 정역(principal ideal domain)이다.

② $\mathbb{Z}[i]$의 단원(unit)은 모두 6개이다.

③ $\mathbb{Z}[i]$의 주 아이디얼(principal ideal) $\langle 2\rangle$는 극대 아이디얼(maximal ideal)이다.

연 습 문 제 (7.4)

1. 정역 $\mathbb{Z}[\sqrt{2}]$에서 다음 물음에 답하라.

(1) $\sqrt{2}$는 기약원이지만 2는 기약원이 아님을 보여라.

(2) $\mathbb{Z}[\sqrt{2}]/\langle\sqrt{2}\rangle' \cong \mathbb{Z}_2$이지만 $\mathbb{Z}[\sqrt{2}]/\langle 2\rangle'$는 정역이 아님을 보여라.

2. 정역 $\mathbb{Z}[i\sqrt{5}]$의 원소 11과 $-2+i\sqrt{5}$는 기약원(irreducible)임을 증명하라.

3. 정역 $\mathbb{Z}[i\sqrt{7}]$의 가역원(invertible)을 모두 구하라.

4. $\mathbb{Z}[i\sqrt{5}] = \{a+bi\sqrt{5} \mid a,b \in \mathbb{Z}\}$에서 21은 세 가지 방법의 기약원의 곱으로 인수분해됨을 보여라.

5. 정역 $\mathbb{Z}[\sqrt{10}]$에서 다음 물음에 답하라.

(1) $\mathbb{Z}[\sqrt{10}]$의 단원을 모두 구하라.

(2) 2, $4-\sqrt{10}$은 기약임을 보여라.

(3) 2, $4-\sqrt{10}$은 소원이 아님을 보여라.

6. 곱셈노름 N을 갖는 정역 D의 세 원소 α, β, γ에 대하여 $\gamma \in \text{GCD}(\alpha,\ \beta)$이면, $N(\gamma)$는 $\text{GCD}(N(\alpha),\ N(\beta))$의 약수임을 보여라.

7. 유클리드 정역 $\mathbb{Z}[i]$의 잉여환 $\mathbb{Z}[i]/\langle 2\rangle'$는 정역이 아님을 보여라.

8. 유클리드 정역 $\mathbb{Z}[i]$의 잉여환 $\mathbb{Z}[i]/\langle 2+2i\rangle'$의 원소는 몇 개인가?

9. 유클리드 정역 $\mathbb{Z}[i]$에 대하여 다음을 구하라.

(1) $\mathbb{Z}[i]/\langle 1-2i\rangle'$가 체(field)임을 증명하라.

(2) 위 체에서 $1+i+\langle 1-2i\rangle'$의 곱셈에 관한 역원을 구하라.

10. 유클리드 정역 $\mathbb{Z}[i]$의 잉여환 $\mathbb{Z}[i]/\langle 7\rangle'$이 체임을 보이고 위수를 구하라.

11. 유클리드 정역 $\mathbb{Z}[i]$에 대하여 다음 물음에 답하라.

(1) 잉여환 $\mathbb{Z}[i]/\langle 3\rangle'$은 체임을 증명하라.

(2) 유클리드 노름이 4인 원소 $a+bi \in \mathbb{Z}[i]$에 대하여 $a+bi+\langle 3\rangle$는 $\mathbb{Z}[i]/\langle 3\rangle$에서 $1+\langle 3\rangle$, $-1+\langle 3\rangle$, $i+\langle 3\rangle$, $-i+\langle 3\rangle$ 중의 하나와 같음을 보여라.

제 8 장

확대체

Abel(1802-1829)

2000년 이상 인류를 괴롭혀 온 고대 그리스 시대(기원전 1100년경부터 기원전 146년)의 3대 작도 불가능 문제(三大 作圖不可能問題)가 모두 작도가 불가능하다는 것을 기하학적으로 해결하지 못하고, 19세기에 들어와서 주어진 체에 원소를 추가하여 만든 확대체와 그 중간에 있는 중간체를 이용하여 대수적 기법으로 해결한다.

이처럼 체론을 이용한 다양한 시도가 19세기부터 활발하게 시도되고 있다.

유리수나 실수와 같이 사칙연산을 자유롭게 할 수 있는 수들의 집합을 체라고 한다. 체의 개념은 19세기에 주로 유럽의 수학자들에 의하여 정립되었다.

1871년에 디리클레(독: J. P. G. L. Dirichlet, 1805-1859)가 데데킨트(독: J. W. R. Dedekind, 1831-1916)와 함께 출판한 책《Supplement X of his 4th edition of Dirichlet's Vorlesungenueber Zahlentheorie, section 159》에서 무한히 많은 실수나 복소수의 집합으로서 사칙연산에 대하여 닫혀 있는 것을 체(독일어로 Körper)라고 이름지었다. 이로 인하여 체를 주로 'K'로 나타내게 되었다.

또한, 체와 같은 개념을 영어로 'field'라고 하는 것은 1893년에 출판된 무어(미: E. H. Moore, 1862-1932)의 글(the Bulletin of the New York Mathematical Society 3(3))에서 처음으로 알려져 있다. 그는 's개의 원소로 이루어진 체'라는 표현과 같이 원소의 개수를 밝히며 언급하였는데, 이는 유한 개의 원소로 이루어진 체인 유한체를 의미한 것이다.

체의 이론의 기초를 놓은 사람은 아벨(노: N. H. Abel, 1802-1829)과 갈루아(프: E. Galois, 1811-1832)로 알려져 있다. 그들은 둘다 1800년대 초반에 짧은 삶을 산 수학자로서 5차 이상의 다항식으로 이루어진 방정식의 근을 연구하는 가운데 체의 이론에 기여하게 되었다. 특히 갈루아는 하나의 체를 확장하여 다른 체를 만들고 거기에 관한 연구를 많이 하였다. [11, 12]

8.1 확대체와 벡터공간

이 절에서는 주어진 체를 포함하여 확대하는 체에 대하여 논한다.

정의 8.1.1 [*확대체(extension field, 擴大體)*]
체 F가 주어질 때, 체 E와 F'에 대하여

E가 F의 **확대체**(extension field) F'가 F의 **부분체**(subfield)	$\overset{\text{정의}}{\Longleftrightarrow}$	$F' < F < E$

예 8.1.2 [확대체와 부분체] 수체에 대하여

$$\mathbb{Q} \subset \mathbb{R} \subset \mathbb{C}$$

이므로 $\mathbb{R}$과 $\mathbb{C}$는 $\mathbb{Q}$의 확대체이고, $\mathbb{Q}$와 $\mathbb{R}$은 $\mathbb{C}$의 부분체이다. 또한 $\mathbb{Q}$는 $\mathbb{R}$의 부분체이고, $\mathbb{C}$는 $\mathbb{R}$의 확대체이다.

예 8.1.3 [확대체] 체 F의 다항식환 $F[x] = \{a_n x^n + \cdots + a_1 x + a_0 \mid a_0, \cdots, a_n \in F\}$의 분수체(유리식체:rational field)

$$F(x) = Q(F[x]) = \left\{ \frac{g(x)}{f(x)} \,\middle|\, f(x), g(x) \in F[x],\ f(x) \neq 0 \right\}$$

는 체 F의 확대체이다.

예 8.1.4 [확대체] (예 7.3.5 참조) 유리수체 $\mathbb{Q}$와 정수 $m \in \mathbb{Z}$이 완전제곱수가 아닌 정수 $(\sqrt{m} \notin \mathbb{Z},\ m \neq 0,\ 1,\ 2^2,\ 3^2,\ \cdots)$일 때, 이차체

$$\mathbb{Q}\left(\sqrt{m}\right) = \{a + b\sqrt{m} \mid a,\ b \in \mathbb{Q}\}$$

은 $\mathbb{Q}$의 확대체이고 $\mathbb{C}$의 부분체이다.

체 E가 F의 확대체이면 선형대수에서 배웠던 벡터공간을 정의할 수 있다. 체의 연산은 벡터공간의 연산을 모두 만족하므로, 확대체 E는 체 F 위의 벡터공간으로 볼 수 있다. 벡터공간의 정의를 상기해 보자.

정의 8.1.5 [*벡터 공간(Vector space)*] *체 F와 가환군 V에 대하여*
스칼라곱 $\circ : F \times V \longrightarrow V$, $\circ(a,V) = a \circ V$ *가 주어졌을 때,*

V가 체 F**의 벡터공간** 또는 F-**벡터공간**	$\overset{\text{정의}}{\Longleftrightarrow}$	① $\forall u, v, w \in V$, $(u+v)+w = u+(v+w)$ ② $\exists 0 \in V, \forall v \in V$, $v+0 = 0+v = v$ ③ $\forall v \in V, \exists -v \in V$, $v+(-v) = (-v)+v$ ④ $\forall u, v \in V$, $u+v = v+u$ ⑤ $\forall a \in F, \forall u, v \in V$, $a\circ(u+v) = a\circ u + a\circ v$ ⑥ $\forall a, b \in F, \forall v \in V$, $(a+b)\circ v = a\circ v + b\circ v$ ⑦ $\forall a, b \in F, \forall v \in V$, $(a\cdot b)\circ v = a\circ(b\circ v)$ ⑧ $1 \in F, \forall v \in V$, $1\circ v = v$

※ F의 원소 a를 **스칼라**(scalar), V의 원소 v를 **벡터**(vector)라 한다. 스칼라 곱 $\circ$은 생략한다.

정의 8.1.6 [*기저(basis, 基底)*]
체 F 위의 벡터공간 V의 벡터 $\underline{v_1, v_2, \cdots, v_n \in V}$*와 스칼라* $\underline{x_1, x_2, \cdots, x_n \in F}$*에 대하여*

$v \in V$는 F 위에서 $v_1, v_2, \cdots, v_n$의 **1차결합**	$\overset{\text{정의}}{\Longleftrightarrow}$	$v = x_1v_1 + x_2v_2 + \cdots + x_nv_n$
$v_1, \cdots, v_n$이 F 위에서 V를 **생성**	$\overset{\text{정의}}{\Longleftrightarrow}$	$\forall v \in V, \exists y_1, \cdots, y_n \in F, v = y_1v_1 + \cdots + y_nv_n$
$v_1, \cdots, v_n$이 F 위에서 **1차종속**	$\overset{\text{정의}}{\Longleftrightarrow}$	$\exists(0 \neq)x_i \in F, x_1v_1 + \cdots + x_iv_i + \cdots + x_nv_n = \mathbf{0}$
$v_1, \cdots, v_n$이 F 위에서 **1차독립**	$\overset{\text{정의}}{\Longleftrightarrow}$	$x_1v_1 + \cdots + x_nv_n = \mathbf{0} \Longrightarrow \underline{x_1 = \cdots = x_n = 0}$
$v_1, \cdots, v_n$이 F 위에서 V의 **기저**	$\overset{\text{정의}}{\Longleftrightarrow}$	① $v_1, \cdots, v_n$이 F 위에서 V를 생성 ② $v_1, \cdots, v_n$이 F 위에서 1차독립

※ 체 F 위에서 n개의 벡터로 된 기저를 갖는 벡터공간을 n**차원 벡터공간**(finite dimensional vector space)이라 하고, $\boxed{n = \dim_F V}$라 표기한다.

정리 8.1.7 *V가 체 F의 n차원 벡터공간*($\dim_F V = n$) *일 때, 다음이 성립한다.*

(1) $v_1, \cdots, v_r \in V(r<n)$이 F 위에서 1차독립
$\Longrightarrow$ $\exists v_{r+1}, \cdots, v_n \in V$, $v_1, \cdots, v_r, v_{r+1}, \cdots, v_n$이 V의 기저**(기저 확장 정리)**
(2) $A = \{v_1, \cdots, v_n\} \subset V$가 F 위에서 1차독립인 최대집합 $\Longrightarrow$ A는 V의 기저
(3) $A = \{v_1, \cdots, v_n\} \subset V$가 F 위에서 V의 생성원인 최소집합 $\Longrightarrow$ A는 V의 기저

(증명) 참고문헌 [6]에서 정리 3.4.15(기저 확장 정리)와 정리 3.4.11(기저 판정조건) 참조. ■

체 F 위의 1차 이상의 다항식 $f(x)$는 항상 F의 확장된 체 안에서 해를 가진다는 멋진 Kronecker 정리를 소개한다. 크로네커(독: L. Kronecker, 1823-1891)는 수학자이며 논리학자이다.

정리 8.1.8 (Kronecker 정리) *(2002학년도 임용시험 출제)*

체 F 위의 1차 이상의 다항식 $f(x)$, $\deg(f(x)) \geq 1$에 대하여 다음이 성립한다.

$f(\alpha) = 0$인 F의 확대체 E와 원소 $\alpha \in E$가 존재한다.

※ $f(x)$가 기약다항식이면 $E = F[x]/\langle f(x)\rangle'$, $\alpha = x + \langle f(x)\rangle'$라 할 수 있다.

(증명) $F[x]$는 UFD(정리 5.6.26)이므로 기약다항식 $p(x) \in F[x]$와 다항식 $g(x) \in F[x]$가 존재하여

$$f(x) = p(x)g(x), \quad p(x) = a_n x^n + \cdots + a_1 x + a_0 \in F[x], \quad \deg(p(x)) = n \geq 1$$

라 하자. 그러면 $F[x]$는 PID이므로 $\langle p(x)\rangle'$는 $F[x]$에서 극대 아이디얼(정리 6.5.18)이다. 이때 $F[x]$의 $\langle p(x)\rangle'$에 의한 잉여환을

$$E = F[x]/\langle p(x)\rangle'$$

라 하면, E는 체이다(정리 7.2.6).

한편 함수

$$\phi : F \longrightarrow E(= F[x]/\langle p(x)\rangle'), \quad \phi(a) = a + \langle p(x)\rangle'$$

라 정의하자. ϕ가 단사임을 보이자. 원소 $a \in \ker(\phi)$에 대하여

$$0 + \langle p(x)\rangle' = \phi(a) = a + \langle p(x)\rangle' \quad \Longrightarrow \quad a \in \langle p(x)\rangle'$$

이므로 적당한 $h(x) \in F[x]$에 대하여

$$a = p(x)h(x)$$

이다. 그러면 $\deg(p(x)) \geq 1$이므로 $h(x) = 0$이 되어 $a = 0$ 이 되고 ϕ는 단사함수이다. 즉, 체 E를 F의 확대체로 볼 수 있다. 여기서 $\alpha = x + \langle p(x)\rangle' \in E$이라 하면, E에서

$$\begin{aligned} p(\alpha) &= a_n \alpha^n + \cdots + a_1 \alpha + a_0 \\ &= a_n (x + \langle p(x)\rangle')^n + \cdots + a_1 (x + \langle p(x)\rangle') + a_0 \\ &= a_n x^n + \cdots + a_1 x + a_0 + \langle p(x)\rangle' \\ &= p(x) + \langle p(x)\rangle' = 0 + \langle p(x)\rangle' = \bar{0} \end{aligned}$$

이다. 그러면 E에서 $f(\alpha) = p(\alpha)g(\alpha) = \bar{0}g(\alpha) = \bar{0}$이다. ■

예 8.1.9 [확대체] 실수체 $\mathbb{R}$ 위의 다항식 $x^2 + 1 \in \mathbb{R}[x]$의 해를 갖는 확대체를 구하자.

정리 5.6.4에 의하여 $x^2 + 1$은 $\mathbb{R}$ 위에서 기약 다항식이다. 그러면 $\langle x^2 + 1\rangle'$은 $\mathbb{R}[x]$의 극대 아이디얼이고, $\mathbb{R}[x]/\langle x^2 + 1\rangle'$은 체이다. $r \in \mathbb{R}$을 $r + \langle x^2 + 1\rangle' \in \mathbb{R}[x]/\langle x^2 + 1\rangle'$과 일치시키면 $\mathbb{R}[x]/\langle x^2 + 1\rangle'$을 $\mathbb{R}$의 확대체로 볼 수 있다.

이때 $\mathbb{R}[x]/\langle x^2+1\rangle'$에서

$$i = x + \langle x^2+1\rangle' \in \mathbb{R}[x]/\langle x^2+1\rangle'$$

라 하면, 다항식의 나눗셈 알고리즘(5.5.1)을 이용하면,

$$\begin{aligned}\mathbb{R}[x]/\langle x^2+1\rangle' &= \{f(x)+\langle x^2+1\rangle' \mid f(x)\in\mathbb{R}[x]\}\\ &= \{(x^2+1)g(x)+ax+b+\langle x^2+1\rangle' \mid a,\ b\in\mathbb{R},\ g(x)\in\mathbb{R}[x]\}\\ &= \{ax+b+\langle x^2+1\rangle' \mid a,\ b\in\mathbb{R}\}\\ &= \{ai+b \mid a,\ b\in\mathbb{R},\ i^2+1=0\} = \mathbb{R}(i) = \mathbb{C}\end{aligned}$$

이다. 즉, 복소수체 $\mathbb{C}$는 실수체 $\mathbb{R}$의 확대체이다.

예 8.1.10 [확대체] 유리수체 $\mathbb{Q}$ 위의 다항식 $f(x) = x^4 - 5x^2 + 6 = (x^2-2)(x^2-3) \in \mathbb{Q}[x]$의 한 해를 포함하는 확대체를 구해보자.

다항식 $f(x)$는 두 기약다항식 x^2-2와 x^2-3의 곱이다(Eisenstein 기약 판정).

먼저 기약다항식 x^2-2의 해 $\sqrt{2}$를 포함하는 $\mathbb{Q}$의 확대체를 구해보자. Kronecker 정리의 증명처럼 $\alpha = x + \langle x^2-2\rangle'$라 하면 $\mathbb{Q}$의 확대체는

$$\mathbb{Q}[x]/\langle x^2-2\rangle' = \{a\alpha+b \mid a,\ b\in\mathbb{Q},\ \alpha^2=2\} = \{a\sqrt{2}+b \mid a,\ b\in\mathbb{Q}\} = \mathbb{Q}(\sqrt{2})$$

이고 이차체가 된다.

같은 방법으로 기약다항식 x^2-3의 해 $\sqrt{3}$를 포함하는 $\mathbb{Q}$의 확대체를 구해보자. Kronecker 정리의 증명처럼 $\alpha = x + \langle x^2-3\rangle'$라 하면 $\mathbb{Q}$의 확대체는

$$\mathbb{Q}[x]/\langle x^2-3\rangle' = \{a\alpha+b \mid a,\ b\in\mathbb{Q},\ \alpha^2=3\} = \{a\sqrt{3}+b \mid a,\ b\in\mathbb{Q}\} = \mathbb{Q}(\sqrt{3})$$

이고 이차체가 된다.

여기서 $\mathbb{Q}(\sqrt{2}) \not\cong \mathbb{Q}(\sqrt{3})$이다(7.3절 연습문제 9번 참조). 따라서 $\mathbb{Q}(\sqrt{2})$와 $\mathbb{Q}(\sqrt{3})$는 $\mathbb{Q}$의 서로 다른 확대체이다.

정의 8.1.11 *[대수적(algebraic, 代數的), 초월적(transcendental, 超越的)]*

체 F의 확대체 E의 원소 $\alpha\in E$에 대하여

α가 F 위에서 **대수적**(algebraic)	$\overset{\text{정의}}{\Longleftrightarrow}$	$\exists\ (0\neq)f(x)\in F[x],\ f(\alpha)=0$
α가 F 위에서 **초월적**(transcendental)	$\overset{\text{정의}}{\Longleftrightarrow}$	$\forall\ (0\neq)f(x)\in F[x],\ f(\alpha)\neq 0$

※ 특히, 복소수 $\alpha\in\mathbb{C}$가 유리수체 $\mathbb{Q}$ 위에서 대수적일 때, α를 **대수적 수**(algebraic number), 복소수 $\alpha\in\mathbb{C}$가 유리수체 $\mathbb{Q}$ 위에서 초월적일 때, α를 **초월수**(transcendental number)라 함.

일반적으로 대수적 수의 개수보다 초월수의 개수가 훨씬 많다는 것은 칸토어(독: Georg Cantor, 1845-1918)가 증명했다. 하지만 지금까지 알려진 초월수는 많지 않고, 어떤 특정한 수가 초월수임을 증명하는 것은 매우 어렵다.

최초의 초월수는 1844년에 리우빌(프: Joseph Liouville, 1809-1882)이 발견하였다. 그는 초월수의 예로서 다음과 같이 정의되는 리우빌 상수를 제시하였다.

$$\sum_{k=1}^{\infty} 10^{-k!} = 0.110001000000000000000001000\cdots$$

초월수의 존재를 증명하기 위해 특별히 만들어진 수가 아닌 수 중에서 처음으로 초월수임이 증명된 수는 자연현상에서 자주 나타나는 오일러(스: Leonhard Euler 1707-1783)의 수(e)로 알려진 상수

$$e = \lim_{n\to\infty}\left(1+\frac{1}{n}\right)^n = 2.718281828459\cdots$$

로, 에르미트(프: Charles Hermite, 1822-1901)가 1873년에 증명하였다. 1882년에는 린데만(독: Ferdinand von Lindemann, 1852-1939)이 원주율

$$\pi = 3.1415926\cdots$$

또한 초월수임을 증명하였다. 이 수는 원이나 구에서 찾을 수 있는 특별한 값으로, 고대 그리스 시대의 3대 작도 불능문제 중 원과 같은 면적을 갖는 정사각형의 작도 불능을 증명하는데 사용된다(정리 8.3.10 참조).

예 8.1.12 [대수적] 체 F의 모든 원소는 체 F 위에서 대수적이다.
실제로 F의 모든 원소 $\alpha \in F$는 1차 다항식 $x-\alpha \in F[x]$의 해이다.

예 8.1.13 [대수적 수와 초월수] 대수적 수와 초월수를 구하자.

(1) 무리수 $\sqrt{2}\in\mathbb{R}$는 $\mathbb{Q}$ 위에서 대수적이므로, 대수적 수이다.
실제로, 유리수 계수 다항식 $f(x)=x^2-2\in\mathbb{Q}[x]$에 대하여 $f(\sqrt{2})=(\sqrt{2})^2-2=0$이다.

(2) 복소수 $i\in\mathbb{C}$는 $\mathbb{Q}$ 위에서 대수적이므로, 대수적 수이다.
실제로, 유리수 계수 다항식 $f(x)=x^2+1\in\mathbb{Q}[x]$에 대하여 $f(i)=i^2+1=0$이다.

(3) 무리수 $\alpha=\sqrt{2}+\sqrt{3}$은 $\mathbb{Q}$ 위에서 대수적이므로, 대수적 수이다.
실제로, 다음과 같은 계산을 하면,

$$\begin{aligned}\alpha=\sqrt{2}+\sqrt{3} \quad &\Longrightarrow \quad \alpha^2=2+3+2\sqrt{6} \quad \Longrightarrow \quad \alpha^2-5=2\sqrt{6}\\ &\Longrightarrow \quad \alpha^4-10\alpha^2+25=24 \quad \Longrightarrow \quad \alpha^4-10\alpha^2+1=0\end{aligned}$$

이므로 다항식 $f(x)=x^4-10x^2+1\in\mathbb{Q}[x]$에 대하여 $f(\alpha)=\alpha^4-10\alpha^2+1=0$이므로 $\alpha=\sqrt{2}+\sqrt{3}$은 대수적 수이다.

(4) 실수 $e,\ \pi\in\mathbb{R}$는 $\mathbb{Q}$ 위에서 초월적이므로, 초월수이다. 증명은 어려워 생략한다.
하지만 $e,\ \pi$는 $\mathbb{R}$ 위에서 대수적이다. 실제로 $e,\ \pi$는 각각 다항식 $x-e,\ x-\pi\in\mathbb{R}[x]$의 해이다.

다음은 초월적인 원소의 성질에 대하여 알아보자. 이는 부정원과 같은 역할을 한다.

정리 8.1.14 *체 F의 확대체 E의 원소 $\alpha \in E$와 대입준동형사상*

$$\phi_\alpha : F[x] \longrightarrow E, \quad \phi_\alpha(f(x)) = f(\alpha)$$

에 대하여 다음은 동치이다.

$$\alpha\text{가 } F \text{ 위에서 }\underline{\text{초월적}} \iff \phi_\alpha\text{는 단사함수}$$

※ 이때 $\boxed{F[x] \cong \phi_\alpha(F[x]) = F[\alpha] = \{a_n\alpha^n + \cdots + a_1\alpha + a_0 \mid a_n, \cdots, a_1, a_0 \in F\}}$이다.

(증명) ($\Rightarrow$) α가 F 위에서 초월적이라 하자. 원소 $f(x) \in \ker(\phi_\alpha)$에 대하여

$$0 = \phi_\alpha(f(x)) = f(\alpha)$$

이다. α가 초월적이므로 $f(x) = 0$이어야 한다. 따라서 $\ker(\phi_\alpha) = \{0\}$이고 ϕ_α는 단사함수이다.

($\Leftarrow$) ϕ_α가 단사라 하자. 이때 적당한 $(0 \neq)f(x) \in F[x]$에 대하여 $f(\alpha) = 0$이라면,

$$\phi_\alpha(0) = 0 = f(\alpha) = \phi_\alpha(f(x))$$

이다. ϕ_α가 단사이므로 $f(x) = 0$이 되어 모순이다. 따라서 모든 $(0 \neq)f(x) \in F[x]$에 대하여 $f(\alpha) \neq 0$이므로 α는 F 위에서 초월적이다. ■

정리 8.1.15 *체 F의 확대체 E의 원소 $\alpha \in E$가 F 위에서 <u>대수적</u>일 때, 다음이 성립한다.*

(1) $p(\alpha) = 0$인 모닉 기약다항식 $p(x) \in F[x]$가 유일하게 존재한다.
(2) $f(x) \in F[x]$, $f(\alpha) = 0 \implies p(x) \mid f(x)$

※ $p(x) \in F[x]$를 F 위에서 α의 **기약다항식**(irreducible polynomial, 既約多項式)이라 하고, $\boxed{\operatorname{irr}(\alpha, F)}$라 표기한다. 또한 $\operatorname{irr}(\alpha, F)$의 차수를 $\boxed{\deg(\alpha, F)}$라 표기한다.

(증명) (1) 대입준동형사상

$$\phi_\alpha : F[x] \longrightarrow E, \quad \phi_\alpha(f(x)) = f(\alpha)$$

을 생각하자. $F[x]$가 PID이므로 ϕ_α의 핵 $\ker(\phi_\alpha)$은 $F[x]$의 주 아이디얼이다. 즉, 적당한 다항식 $q(x) \in \ker(\phi_\alpha)$에 대하여

$$\ker(\phi_\alpha) = \langle q(x) \rangle'$$

이다. 한편 α가 F 위에서 대수적이므로 적당한 다항식 $(0 \neq)g(x) \in F[x]$, $g(\alpha) = 0$이다. 그러면

$$0 = g(\alpha) = \phi_\alpha(g(x)) \implies g(x) \in \ker(\phi_\alpha) \implies g(x) \in \langle q(x) \rangle'$$

이고, 따라서 $q(x) \neq 0$이다. 또한 $q(\alpha) = 0$이므로 $\deg(q(x)) \geq 1$이다. 다음에 $q(x)$가 기약임을 보이자. 적당한 다항식 $h(x), k(x) \in F[x]$에 대하여 $q(x) = h(x)k(x)$라 하자. 그러면, E에서

$$0 = \phi_\alpha(q(x)) = \phi_\alpha(h(x)k(x)) = h(\alpha)k(\alpha)$$

이다. 따라서 $h(\alpha)=0$이거나 $k(\alpha)=0$이다. 즉, $h(x)\in\ker(\phi_\alpha)$이거나 $k(x)\in\ker(\phi_\alpha)$이다.

먼저 $h(x)\in\langle q(x)\rangle'$인 경우에는 적당한 다항식 $h(x)'\in F[x]$에 대하여 $q(x)\neq 0$이므로

$$q(x)=h(x)k(x)=q(x)h(x)'k(x) \quad\Longrightarrow\quad 1=h(x)'k(x)$$

이다. 따라서 $k(x)$는 단원이다.

다음에 $k(x)\in\ker(\phi_\alpha)$인 경우에는 같은 방법으로 $h(x)$가 단원임을 알 수 있다. 그러므로 $q(x)$는 $F[x]$에서 기약다항식이다.

다음에 $q(x)$를 모닉으로 선택할 수 있음을 보이자. $q(x)$의 최고차 항의 계수를 $a(\neq 0)\in F$라 하고, $p(x)=a^{-1}q(x)$라 하면 $p(x)$는 모닉 기약다항식이다. 또한

$$p(\alpha)=a^{-1}q(\alpha)=a^{-1}0=0$$

이다. 기약다항식의 유일성을 증명하기 위하여 $p_1(\alpha)=0$인 모닉 기약다항식 $p_1(x)\in F[x]$가 존재한다고 하면,

$$p_1(x)\in\ker(\phi_\alpha)=\langle q(x)\rangle'=\langle p(x)\rangle'$$

이고, $p(x)$, $p_1(x)$가 모닉 기약다항식이므로 다음이 성립한다.

$$p_1(x)\in\langle p(x)\rangle' \quad\Longrightarrow\quad p(x)|p_1(x) \quad\Longrightarrow\quad p(x)=p_1(x)$$

(2) $f(x)\in F[x]$, $f(\alpha)=0$이라 하자. 그러면

$$0=f(\alpha)=\phi_\alpha(f(x)) \quad\Longrightarrow\quad f(x)\in\ker(\phi_\alpha)=\langle p(x)\rangle' \quad\Longrightarrow\quad f(x)=p(x)g(x),\ \exists\, g(x)\in F[x]$$

이다. 따라서 $p(x)|f(x)$이다.

(별해) 다항식의 나눗셈 알고리즘(정리 5.5.1)에 의하여

$$f(x)=p(x)g(x)+r(x),\ \exists\, g(x),\ r(x)\in F[x],\ r(x)=0 \text{ 또는 } 0\leq\deg(r(x))<\deg(p(x))$$

이다. 그러면 $0=f(\alpha)=p(\alpha)g(\alpha)+r(\alpha)=0g(\alpha)+r(\alpha)=r(\alpha)$이다. (1)에 의하여 $r(x)=0$이어야 하므로 $f(x)=p(x)g(x)$이다. 따라서 $p(x)|f(x)$이다. ■

예 8.1.16 [기약다항식] (예 8.1.13 참조) 기약다항식의 예를 살펴 보자.

(1) $\mathrm{irr}(\sqrt{2},\ \mathbb{Q})=x^2-2$이고 $\deg(\sqrt{2},\ \mathbb{Q})=2$이다.

(2) $\mathrm{irr}(\sqrt{2}+\sqrt{3},\ \mathbb{Q})=x^4-10x^2+1$. 예 5.6.11에서와 같은 방법으로 기약 판정한다. $\deg(\sqrt{2}+\sqrt{3},\ \mathbb{Q})=4$이다.

(3) $\mathrm{irr}(\sqrt{2},\ \mathbb{R})=x-\sqrt{2}$이고 $\deg(\sqrt{2},\ \mathbb{R})=1$이다.

체 F의 확대체 E의 원소 $\alpha\in E$와 다음 대입준동형사상 ϕ_α에 대하여

$$\phi_\alpha:\ F[x]\longrightarrow E,\ \phi_\alpha(f(x))=f(\alpha)$$

(I) α가 F 위에서 대수적인 경우. Kronecker 정리(정리 8.1.8)에 의하여 $\ker(\phi_\alpha) = \langle \mathrm{irr}(\alpha, F) \rangle'$는 $F[x]$의 극대 아이디얼이다. 따라서 환 제1동형정리에 의하여

$$F[x]/\langle \mathrm{irr}(\alpha, F) \rangle' \cong \phi_\alpha(F[x]) < E$$

은 E의 부분체가 된다. 이 부분체는 F와 α를 포함하는 E의 가장 작은 부분체이다. 이 체를 다음과 같이 표시한다.

$$\boxed{F(\alpha) = F[x]/\langle \mathrm{irr}(\alpha, F) \rangle'}$$

(II) α가 F 위에서 초월적인 경우. 정리 8.1.14에 의하여 ϕ_α는 단사함수이므로

$$F[x] \cong \phi_\alpha(F[x]) = F[\alpha]$$

는 E의 부분정역이다. 정리 5.7.5에 의하여 정역 $F[\alpha]$의 분수체는 E의 부분체이다. 이 부분체는 F와 α를 포함하는 E의 가장 작은 부분체이다. 이 체를 다음과 같이 표시한다.

$$\boxed{F(\alpha) = Q(F[\alpha]) = \left\{ \frac{f(\alpha)}{g(\alpha)} \,\middle|\, f(\alpha),\ g(\alpha) \in F[\alpha],\ g(\alpha) \neq 0 \right\}}$$

이때 위 (I), (II)에서 정의한 $F(\alpha)$를 F의 **단순확대체**(simple extension field, 單純擴大體)라 한다.

정리 8.1.17 *체 F의 확대체 E의 원소 $\alpha \in E$가 F 위에서 대수적일 때, $n = \deg(\alpha, F)$라 하면, 다음이 성립한다.*

(1) $F(\alpha)$는 F-벡터공간이고, $1,\ \alpha,\ \alpha^2,\ \cdots,\ \alpha^{n-1}$은 $F(\alpha)$의 기저이다.
(2) 임의의 원소 $\beta \in F(\alpha)$는 F 위에서 대수적이고, $\deg(\beta, F) \leq \deg(\alpha, F)$이다.

※ $\boxed{\dim_F F(\alpha) = n = \deg(\alpha, F)}$

(증명) (1) $F(\alpha)$는 F의 단순확대체이고

$$p(x) = \mathrm{irr}(\alpha, F) = x^n + a_{n-1}x^{n-1} + \cdots + a_1x + a_0 \in F[x]$$

라 하자. 그러면 다항식의 나눗셈 알고리즘(5.5.1)을 이용하면,

$$\begin{aligned} F(\alpha) = F[x]/\langle p(x) \rangle' &= \{ f(x) + \langle p(x) \rangle' \mid f(x) \in F[x] \} \\ &= \{ p(x)g(x) + b_{n-1}x^{n-1} + \cdots + b_1x + b_0 + \langle p(x) \rangle' \mid b_i \in F,\ g(x) \in F[x] \} \\ &= \{ b_{n-1}x^{n-1} + \cdots + b_1x + b_0 + \langle p(x) \rangle' \mid b_{n-1},\ \cdots,\ b_0 \in F \} \end{aligned}$$

이다. 이때 $\alpha = x + \langle p(x) \rangle'$이므로

$$F(\alpha) = \{ b_{n-1}\alpha^{n-1} + \cdots + b_1\alpha + b_0 \mid b_i \in F,\ \alpha^n = -(a_{n-1}\alpha^n + \cdots + a_1\alpha + \alpha_0) \}$$

이다. 그러면 $F(\alpha)$가 체 F의 확대체이므로 분명히 F-벡터공간이다.

$F(\alpha)$의 정의에 의해 $1,\ \alpha,\ \alpha^2,\ \cdots,\ \alpha^{n-1}$은 $F(\alpha)$를 생성한다. 그러므로 $1,\ \alpha,\ \alpha^2,\ \cdots,\ \alpha^{n-1}$이 1차독립임을 보이면 기저가 된다. 적당한 스칼라 $c_0,\ c_1,\ \cdots,\ c_{n-1} \in F$에 대하여

$$c_0 1 + c_1\alpha + c_2\alpha^2 + \cdots + c_{n-1}\alpha^{n-1} = 0$$

라 하자. 한편 $g(x) = c_0 + c_1x + c_2x^2 + \cdots + c_{n-1}x^{n-1} \in F[x]$라 하면,

$$g(\alpha) = c_0 + c_1\alpha + c_2\alpha^2 + \cdots + c_{n-1}\alpha^{n-1} = 0$$

이다. 그러면, 정리 8.1.15에 의하여

$$p(x) | g(x)$$

이다. 한편 $\deg(p(x)) = n$이고 $\deg(g(x)) \leq n-1$이므로 $g(x) = 0$이어야 한다. 그러므로

$$0 = g(x) = c_0 + c_1x + \cdots + c_{n-1}x^{n-1} \quad \Longrightarrow \quad c_0 = c_1 = \cdots = c_{n-1} = 0$$

이다. 따라서 $1,\ \alpha,\ \alpha^2,\ \cdots,\ \alpha^{n-1}$은 F 위에서 1차독립이므로 $F(\alpha)$의 기저이다.

(2) $F(\alpha)$의 $n+1$개의 벡터 $1,\ \beta,\ \beta^2,\ \cdots,\ \beta^n$은 $\dim_F F(\alpha) = n$이므로 F 위에서 1차종속이다. 따라서 0이 아닌 스칼라 $0 \neq c_i \in F$에 대하여

$$c_0 1 + c_1\beta + \cdots + c_n\beta^n = 0$$

이다. 이때 $f(x) = c_0 1 + c_1x + \cdots + c_nx^n \in F[x]$라 하면, $0 \neq f(x)$이다. 한편

$$f(\beta) = c_0 1 + c_1\beta + \cdots + c_n\beta^n = 0$$

이므로 β는 F 위에서 대수적이다. 또한 $\deg(\beta, F) \leq n = \deg(\alpha, F)$이다. ■

문제 8.1.18 복소수 α가 초월수이면 $\sqrt{\alpha}$도 초월수임을 보여라.

예 8.1.19 [유한체의 구성] 체 $\mathbb{Z}_2$ 위의 다항식 $p(x) = x^2 + x + 1 \in \mathbb{Z}_2[x]$은 $\mathbb{Z}_2$ 위에서 기약이다. 실제로 $p(0) = 1 \neq 0,\ p(1) = 1 \neq 0$이므로 1차인수가 없다. 따라서 $p(x)$는 $\mathbb{Z}_2$ 위에서 기약이다. 그러면 $\alpha = x + \langle x^2 + x + 1 \rangle'$라 하면, $-1 = 1$이므로

$$\begin{aligned} \mathbb{Z}_2(\alpha) &= \mathbb{Z}_2[x]/\langle x^2 + x + 1 \rangle' \\ &= \{a\alpha + b \mid a,\ b \in \mathbb{Z}_2,\ \alpha^2 + \alpha + 1 = 0\} \\ &= \{0,\ 1,\ \alpha,\ \alpha + 1 \mid \alpha^2 = \alpha + 1\} \end{aligned}$$

이다. 그러므로 체 $\mathbb{Z}_2(\alpha)$는 위수 $|\mathbb{Z}_2(\alpha)| = 4$인 $\mathbb{Z}_2$의 확대체이다.

덧셈과 곱셈에 대한 계산은 $\mathbb{Z}_2(\alpha)$의 표수가 2이므로 다음과 같이 한다. 예를 들면,

$$(\alpha + 1) + (\alpha + 1) = 2 \cdot \alpha + 2 \cdot 1 = 0, \quad (\alpha + 1)(\alpha + 1) = \alpha^2 + 1^2 = (\alpha + 1) + 1 = \alpha$$

이다. 다음은 $\mathbb{Z}_2(\alpha)$에서 덧셈과 곱셈에 대한 연산표이다.

$+$	0	1	α	$\alpha+1$
0	0	1	α	$\alpha+1$
1	1	0	$\alpha+1$	α
α	α	$\alpha+1$	0	1
$\alpha+1$	$\alpha+1$	α	1	0

$\cdot$	0	1	α	$\alpha+1$
0	0	0	0	0
1	0	1	α	$\alpha+1$
α	0	α	$\alpha+1$	1
$\alpha+1$	0	$\alpha+1$	1	α

또한 곱셈 역원은 다음과 같다.

$$\alpha^{-1} = \alpha+1, \quad (\alpha+1)^{-1} = \alpha$$

임용시험 출제 8.1.20 [2007학년도] 위수가 9인 체 F_9를 구성하고, F_9를 원소나열법으로 나타내시오.

임용시험 출제 8.1.21 [2009학년도] E는 체 F의 확대체이고, $F[x]$는 F 위의 다항식환이다. $\alpha \in E$가 F 위에서 대수적(algebraic)일 때, 함수 $\phi_\alpha : F[x] \to E$는 $f(x) \in F[x]$에 대하여 $\phi_\alpha(f(x)) = f(\alpha)$로 정의된 환준동형사상이다. 다음에서 참인 것을 모두 골라라.

① $\ker(\phi_\alpha) \neq \{0\}$

② $F[x]/\ker(\phi_\alpha)$는 E와 서로 환동형이다.

③ $\ker(\phi_\alpha)$는 $F[x]$의 소 아이디얼(prime ideal)이다.

연 습 문 제 (8.1)

1. 체 F 위의 유한 차원 벡터공간 V, W에 대하여 $T : V \longrightarrow W$는 동형사상이다. B가 V의 기저이면 $T(B)$는 W의 기저가 됨을 보여라.

2. 체 F 위의 유한차원 벡터공간 V와 V'에 대한 선형변환 $f : V \longrightarrow V'$에 대하여 다음 물음에 답하라.

(1) $f(V)$는 V'의 부분공간임을 보여라.

(2) $\dim V = \dim \ker(f) + \dim f(V)$임을 보여라.
[참조: $\ker(f)$의 기저를 선택하고 V의 기저가 되도록 확장한다(정리 8.1.7)]

3. 주어진 벡터공간의 기저를 하나씩 찾아라.

(1) $\mathbb{Q}$ 위에서 $\mathbb{Q}(\sqrt{2})$의 기저

(2) $\mathbb{Q}$ 위에서 $\mathbb{Q}(\sqrt[3]{2})$의 기저

4. $\sqrt{2+\sqrt{2}}$의 $\mathbb{Q}$ 위에서 기약다항식은 4차임을 보여라.

5. $\mathrm{irr}(i+\sqrt{2},\ \mathbb{Q}(\sqrt{2}))$를 구하라.

6. $\sqrt{3}+i$의 다음 체 위에서의 기약다항식을 구하라.

(1) $\mathbb{R}$　(2) $\mathbb{Q}$　(3) $\mathbb{Q}(i)$　(4) $\mathbb{Q}(\sqrt{3})$

7. 다항식 $p(x)=x^4+1$는 유리수체 $\mathbb{Q}$ 위에서 기약이다. 이때 $p(x)$의 한 근을 $u\in\mathbb{C}$라 할 때, $\mathbb{Q}$의 단순확대체 $\mathbb{Q}(u)=\mathbb{Q}[x]/\langle p(x)\rangle'$에서 다음 각 원소를

$$a_0+a_1u+a_2u^2+a_3u^3(a_0,\ a_1,\ a_2,\ a_3\in\mathbb{Q})$$

의 꼴로 나타내어라.

(1) $u^5+u^6+u^7$　(2) $u+2u^4+3u^5$

(3) $(1+u)^{-1}$　(4) $(1+u^3)^{-1}$

8. 체 $\mathbb{Z}_5$ 위의 다항식 $f(x)=x^3+x+1\in\mathbb{Z}_5[x]$에 대하여 다음 물음에 답하라.

(1) $f(x)$가 체 $\mathbb{Z}_5$ 위에서 기약다항식임을 보여라.

(2) $\mathbb{Z}_5[x]$의 잉여환 $E=\mathbb{Z}_5[x]/\langle f(x)\rangle'$의 원소를 모두 구하고 원소의 개수를 구하라.

(3) $f(x)$의 한 근을 θ라 할 때, $E=\mathbb{Z}_5(\theta)$에서 $(\theta+2)^{-1}$을 구하라.

9. 체 $\mathbb{Z}_2$ 위의 다항식 $f(x)=x^3+x^2+1\in\mathbb{Z}_2[x]$에 대하여 다음 물음에 답하라.

(1) $f(x)$는 $\mathbb{Z}_2$ 위에서 기약임을 보여라.

(2) $f(x)$의 한 근을 θ라 할 때, $\mathbb{Z}_2(\theta)$를 원소나열법으로 구하라.

(3) $f(x)$를 $(\mathbb{Z}_2(\theta))[x]$에서 1차인수의 곱으로 인수분해하라. [참조: 정리 6.3.13]

10. 유리수체 $\mathbb{Q}$ 위의 다항식환$\mathbb{Q}[x]/\langle \frac{1}{3}x^4-x+6\rangle'$이 체임을 보이고, $x+1+\langle \frac{1}{3}x^4-x+6\rangle'$의 곱셈에 대한 역원을 구하라.

11. 유리수체 $\mathbb{Q}$ 위의 다항식 $f(x)=x^3-x+1$이 $\mathbb{Q}$에서 기약임을 보이고, $f(x)$의 한 근을 θ라 할 때, $\mathbb{Q}(\theta)$의 원소 θ^2-2의 곱셈에 대한 역원 $(\theta^2-2)^{-1}$을 구하라.

12. 초월수 π와 e에 대하여 다음 물음에 답하라.

(1) $\deg(\pi,\ F)=3$이 되도록 $\mathbb{R}$의 부분체 F를 만들고 $\mathrm{irr}(\pi,\ F)$를 구하라.

(2) $\deg(e^2,\ F)=5$가 되도록 $\mathbb{R}$의 부분체 F를 만들고 $\mathrm{irr}(e^2,\ F)$를 구하라.

13. 체 E는 체 F의 확대체이고, $\alpha,\ \beta\in E$이다. α가 F 위에서 초월적이지만 $F(\beta)$ 위에서 대수적이면, β는 $F(\alpha)$ 위에서 대수적임을 보여라.

14. 체 E는 체 F의 확대체이고, $\alpha\in E$는 F 위에서 초월적이다. 그러면 F에서 속하지 않는 $F(\alpha)$의 모든 원소는 F 위에서 초월적임을 보여라.

15. E는 $\mathbb{Z}_2$의 확대체이고, $\alpha\in E$는 $\mathbb{Z}_2$ 위에서 기약다항식의 차수가 3인 대수적 원소이다. 유한생성 가환군의 기본정리(정리 3.4.12)를 이용하여 두 군 $(\mathbb{Z}_2(\alpha),+)$와 $(\mathbb{Z}_2(\alpha)^*,\ \cdot)$를 분류하라. $\mathbb{Z}_2(\alpha)^*$는 $\mathbb{Z}_2(\alpha)$의 영이 아닌 원소들의 집합이다.

8.2 대수적 확대체와 대수적 폐포

체 F의 확대체 E의 원소 $\alpha \in E$가 F 위에서 대수적일 때, F의 단순확대체 $F(\alpha)$의 임의의 원소 $\beta \in F(\alpha)$는 F 위에서 대수적이다(정리 8.1.17). 이처럼 모든 확대체의 모든 원소가 대수적인 특수한 확대체에 관한 성질에 관하여 이 절에서 논한다.

정의 8.2.1 *[대수적 확대체(algebraic extension field, 代數的擴大體), 유한 확대체(finite extension field, 有限擴大體)]*

체 F의 확대체 E에 대하여

E가 F의 **대수적 확대체** (algebraic extension field)	$\overset{\text{정의}}{\Leftrightarrow}$	임의의 원소 $\alpha \in E$가 F 위에서 대수적. 즉, $\forall\, \alpha \in E, \exists\, (0 \neq) f(x) \in F[x],\ f(\alpha) = 0$
E가 F의 **유한 확대체** (finite extension field)	$\overset{\text{정의}}{\Leftrightarrow}$	확대체 E가 F-벡터공간으로 유한차원. 즉, $\dim_F E$가 유한. 기호로 $\boxed{\dim_F E = [E:F]}$ 라 쓴다.

※ $[E:F] = 1$이면 $F \subset E$이므로 $E = F(1) = F$이다.

정리 8.2.2 *[2000학년도 임용시험 출제] 체 E가 체 F의 확대체일 때, 다음이 성립한다.*

E가 F의 유한 확대체 $\Longrightarrow$ E는 F의 대수적 확대체

※ 이 정리의 역은 성립하지 않는다. 예를 들어 $E = \langle \alpha \mid \alpha$는 $\mathbb{Q}$ 위에서 대수적$\rangle'$는 $\mathbb{Q}$의 대수적 확대체이지만, $[E:\mathbb{Q}] = \infty$이다.

(증명) $[E:F] = n$이라 하자. 그러면 임의의 원소 $\alpha \in E$에 대하여 $n+1$개의 원소

$$1,\ \alpha,\ \cdots,\ \alpha^n$$

은 F 위에서 1차종속이다. 즉, 적당한 스칼라 $a_i (\neq 0) \in F$에 대하여

$$a_0 1 + a_1\alpha + \cdots + a_i\alpha^i + \cdots + a_n\alpha^n = 0$$

이다. 이때 $0 \neq f(x) = a_0 + a_1 x + \cdots + a_n x^n \in F[x]$라 하면, $f(\alpha) = 0$이다. 따라서 α는 F 위에서 대수적이다. 그러므로 E는 F 위에서 대수적 확대체이다. ■

정리 8.2.3 (차원정리) $\begin{cases} \text{체 } E\text{가 } F\text{의 유한 확대체} \\ \text{체 } K\text{가 } E\text{의 유한 확대체} \end{cases}$ *이면, 다음이 성립한다.*

(1) K가 F의 유한 확대체

(2) $\boxed{[K:F] = [K:E][E:F]}$

※ 중간 부분체의 차원은 항상 <u>큰 체의 차원의 약수</u>이다.

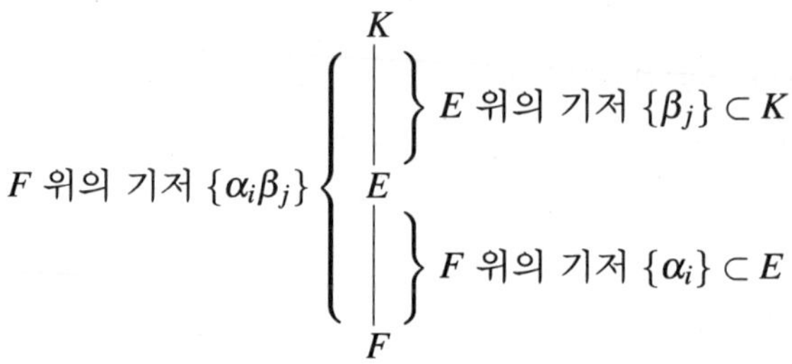

(증명) $[E:F]=n$이고 $[K:E]=m$이라 하자. 그리고

$$\{\alpha_1, \cdots, \alpha_n\}, \quad \{\beta_1, \cdots, \beta_m\}$$

을 각각 F 위에서 E의 기저, E 위에서 K의 기저라하고

$$\{\alpha_i\beta_j \mid i=1, \cdots, n,\ j=1, \cdots, m\}$$

이 F 위에서 K의 기저임을 보이면 정리가 성립한다.

먼저 $\{\alpha_i\beta_j\}$가 F 위에서 K를 생성함을 보이자. $\{\beta_j\}$가 E 위에서 K의 기저이므로, 체 K의 임의의 원소 $\gamma \in K$에 대하여 적당한 $b_j \in E$가 존재하여

$$\gamma = \sum_{j=1}^{m} b_j\beta_j$$

이다. 또한 각 $b_j \in E$에 대하여 $\{\alpha_i\}$는 F 위에서 E의 기저이므로 적당한 $a_{ij} \in F$가 존재하여

$$b_j = \sum_{i=1}^{n} a_{ij}\alpha_i$$

이다. 그러면

$$\gamma = \sum_{j=1}^{m} b_j\beta_j = \sum_{j=1}^{m}\left(\sum_{i=1}^{n} a_{ij}\alpha_i\right)\beta_j = \sum_{i,j} a_{ij}(\alpha_i\beta_j)$$

가 성립하므로 $\{\alpha_i\beta_j\}$는 F 위에서 K를 생성한다.

다음에 $\{\alpha_i\beta_j\}$가 F 위에서 1차독립임을 보이자. $c_{ij} \in F$에 대하여 $\sum_{i,j} c_{ij}(\alpha_i\beta_j) = 0$라 하면

$$\sum_{j=1}^{m}\left(\sum_{i=1}^{n} c_{ij}\alpha_i\right)\beta_j = 0$$

이 되어 $(\sum_{i=1}^{n} c_{ij}\alpha_i) \in E$이고, $\{\beta_j\}$가 E 위에서 1차독립이므로,

$$\sum_{i=1}^{n} c_{ij}\alpha_i = 0$$

이다. 또한 $\{\alpha_i\}$도 F 위에서 1차독립이므로 $c_{ij}=0$이다. 따라서 $\{\alpha_i\beta_j\}$가 F 위에서 1차독립이 되어 $\{\alpha_i\beta_j\}$는 F 위에서 K의 기저이다. 그러므로 $[K:F]=[K:E][E:F]$이다. ■

따름정리 8.2.4 *$F_i(i = 1, \cdots, r)$가 체이고 F_{i+1}이 F_i의 유한 확대체일 때, 다음이 성립한다.*

(1) F_r은 F_1의 유한확대체이다.
(2) $[F_r : F_1] = [F_r : F_{r-1}][F_{r-1} : F_{r-2}] \cdots [F_2 : F_1]$

(증명) 정리 8.2.3과 귀납법을 이용하면 증명된다. ■

따름정리 8.2.5 *체 E가 체 F의 확대체일 때,*
E의 원소 $\alpha \in E$가 F 위에서 대수적이고 $\beta \in F(\alpha)$이면, 다음이 성립한다.

$$\deg(\beta, F) \mid \deg(\alpha, F)$$

(증명) 정리 8.1.17에 의하여 $[F(\alpha) : F] = \deg(\alpha, F)$이고 $[F(\beta) : F] = \deg(\beta, F)$이다. 또한 $F < F(\beta) < F(\alpha)$이므로 정리 8.2.3에 의하여

$$\deg(\alpha, F) = [F(\alpha) : F] = [F(\alpha) : F(\beta)][F(\beta) : F] = [F(\alpha) : F(\beta)] \deg(\beta, F)$$

이므로 $\deg(\beta, F) \mid \deg(\alpha, F)$이다. ■

체 F의 확대체 E의 원소 $\alpha_1, \alpha_2 \in E$(F 위에서 대수적일 필요는 없음)가 있을 때, 정의에 의해 $F(\alpha_1)$은 F와 α_1를 포함하는 F의 가장 작은 확대체이다. 마찬가지로 $(F(\alpha_1))(\alpha_2)$는 F와 α_1, α_2를 포함하는 F의 가장 작은 확대체이다. α_2에서 시작하여 같은 방법으로 체를 확대해나가면 $(F(\alpha_2))(\alpha_1)$은 F와 α_1, α_2를 포함하는 F의 가장 작은 확대체이다. 따라서 $(F(\alpha_1))(\alpha_2) = (F(\alpha_2))(\alpha_1)$이다. 이것을 $F(\alpha_1, \alpha_2)$라 표현하자. 즉,

$$F(\alpha_1, \alpha_2) = (F(\alpha_1))(\alpha_2) = (F(\alpha_2))(\alpha_1)$$

같은 방법으로 $\alpha_1, \cdots, \alpha_n \in E$에 대하여

$$F(\alpha_1, \cdots, \alpha_n)$$

은 모든 $\alpha_1, \cdots, \alpha_n$을 포함하는 F의 가장 작은 확대체이다. 따라서 $F(\alpha_1, \cdots, \alpha_n)$은 F와 $\alpha_1, \cdots, \alpha_n$을 포함하는 모든 확대체의 공통집합이라 할 수 있다. 이 체 $F(\alpha_1, \cdots, \alpha_n)$을 F에 $\alpha_1, \cdots, \alpha_n$을 **첨가하여 얻은 확대체**라 한다.

정리 8.2.3과 따름정리 8.2.5를 이용하면 유한확대체와 관련된 성질을 많이 알 수 있다. 먼저 유한 확대체인 경우 단순확대체의 체인(chain)으로 분해하는 방법에 대해 알아보자.

예 8.2.6 유리수체 $\mathbb{Q}$의 단순확대체 $\mathbb{Q}(\sqrt{2})$, $\mathbb{Q}(\sqrt[3]{2})$에 대하여 다음이 성립한다.

$$\sqrt[3]{2} \notin \mathbb{Q}(\sqrt{2}), \quad \sqrt{2} \notin \mathbb{Q}(\sqrt[3]{2})$$

실제로 Eisenstein 기약 판정에 의하여

$$\mathrm{irr}(\sqrt[3]{2},\ \mathbb{Q}) = x^3 - 2, \quad \mathrm{irr}(\sqrt{2},\ \mathbb{Q}) = x^2 - 2$$

이다. 그러면 정리 8.1.17에 의하여 다음이 성립한다.

$$3 = \deg(\sqrt[3]{2},\ \mathbb{Q}) = [\mathbb{Q}(\sqrt[3]{2}) : \mathbb{Q}], \quad 2 = \deg(\sqrt{2},\ \mathbb{Q}) = [\mathbb{Q}(\sqrt{2}) : \mathbb{Q}]$$

만일 $\sqrt[3]{2} \in \mathbb{Q}(\sqrt{2})$이라면, $\mathbb{Q} < \mathbb{Q}(\sqrt[3]{2}) < \mathbb{Q}(\sqrt{2})$이므로 정리 8.2.3에 의하여

$$2 = [\mathbb{Q}(\sqrt{2}) : \mathbb{Q}] = [\mathbb{Q}(\sqrt{2}) : \mathbb{Q}(\sqrt[3]{2})][\mathbb{Q}(\sqrt[3]{2}) : \mathbb{Q}] = [\mathbb{Q}(\sqrt{2}) : \mathbb{Q}(\sqrt[3]{2})] \cdot 3$$

이다. 그러면 3은 2의 약수가 되어 모순이다.

같은 방법으로 $\sqrt{2} \in \mathbb{Q}(\sqrt[3]{2})$이라면, 2는 3의 약수가 되어 모순이다.

따라서 $\sqrt[3]{2} \notin \mathbb{Q}(\sqrt{2})$이고 $\sqrt{2} \notin \mathbb{Q}(\sqrt[3]{2})$이어야 한다.

예 8.2.7 유리수체 $\mathbb{Q}$의 단순확대체 $\mathbb{Q}(\sqrt{2})$, $\mathbb{Q}(\sqrt{3})$에 대하여 다음이 성립한다.

$$\boxed{\sqrt{3} \notin \mathbb{Q}(\sqrt{2}), \quad \sqrt{2} \notin \mathbb{Q}(\sqrt{3})}$$

실제로 Eisenstein 기약 판정에 의하여

$$\mathrm{irr}(\sqrt{2},\ \mathbb{Q}) = x^2 - 2, \quad \mathrm{irr}(\sqrt{3},\ \mathbb{Q}) = x^2 - 3$$

이다. 그러면 정리 8.1.17에 의하여 다음이 성립한다.

$$2 = \deg(\sqrt{2},\ \mathbb{Q}) = [\mathbb{Q}(\sqrt{2}) : \mathbb{Q}], \quad 2 = \deg(\sqrt{3},\ \mathbb{Q}) = [\mathbb{Q}(\sqrt{3}) : \mathbb{Q}]$$

만일 $\sqrt{3} \in \mathbb{Q}(\sqrt{2})$이라면, $\sqrt{2}+\sqrt{3} \in \mathbb{Q}(\sqrt{2})$이므로 $\mathbb{Q} < \mathbb{Q}(\sqrt{2}+\sqrt{3}) < \mathbb{Q}(\sqrt{2})$이다.

한편 예 8.1.16에 의하여 $\mathrm{irr}(\sqrt{2}+\sqrt{3},\ \mathbb{Q}) = x^4 - 10x^2 + 1$이고 $\deg(\sqrt{2}+\sqrt{3},\ \mathbb{Q}) = 4$이다. 그러면 정리 8.2.3에 의하여

$$2 = [\mathbb{Q}(\sqrt{2}) : \mathbb{Q}] = [\mathbb{Q}(\sqrt{2}) : \mathbb{Q}(\sqrt{2}+\sqrt{3})][\mathbb{Q}(\sqrt{2}+\sqrt{3}) : \mathbb{Q}] = [\mathbb{Q}(\sqrt{2}) : \mathbb{Q}(\sqrt{2}+\sqrt{3})] \cdot 4$$

이다. 그러면 4는 2의 약수가 되어 모순이다.

같은 방법으로 $\sqrt{2} \in \mathbb{Q}(\sqrt{3})$이라면, 4는 2의 약수가 되어 모순이다.

따라서 $\sqrt{3} \notin \mathbb{Q}(\sqrt{2})$이고 $\sqrt{2} \notin \mathbb{Q}(\sqrt{3})$이어야 한다. 또한 $\mathbb{Q}(\sqrt{2}) \ncong \mathbb{Q}(\sqrt{3})$(7.3절 연습문제 9번)이다.

예 8.2.8 [확대체의 기저와 차원] 유리수체 $\mathbb{Q}$의 확대체 $\mathbb{Q}(\sqrt{2},\sqrt{3})$에 대하여 다음을 구하라.

(1) $\mathbb{Q}(\sqrt{2},\sqrt{3})$의 $\mathbb{Q}$ 위에서 차원 $[\mathbb{Q}(\sqrt{2},\sqrt{3}):\mathbb{Q}]$을 구하라.

(2) $\mathbb{Q}(\sqrt{2},\sqrt{3})$는 $\mathbb{Q}$의 단순확대체, 즉, $\boxed{\mathbb{Q}(\sqrt{2},\sqrt{3})=\mathbb{Q}(\sqrt{2}+\sqrt{3})}$ 임을 보여라.

(풀이) (1) (풀이1) 정리 8.1.17에 의하여 $\{1,\ \sqrt{2}\}$는 $\mathbb{Q}$ 위에서 $\mathbb{Q}(\sqrt{2})$의 기저이고, 예 8.2.7에 의하여 $\sqrt{3}\notin\mathbb{Q}(\sqrt{2})$이므로 $\{1,\ \sqrt{3}\}$은 $\mathbb{Q}(\sqrt{2})$ 위에서 $(\mathbb{Q}(\sqrt{2}))(\sqrt{3})=\mathbb{Q}(\sqrt{2},\ \sqrt{3})$의 기저이다. 그러므로

$$\{1,\ \sqrt{2},\ \sqrt{3},\ \sqrt{2}\sqrt{3}\}=\{1,\ \sqrt{2},\ \sqrt{3},\ \sqrt{6}\}$$

은 $\mathbb{Q}$ 위에서 $\mathbb{Q}(\sqrt{2},\sqrt{3})$의 기저이다(정리 8.2.3의 증명). 따라서 $[\mathbb{Q}(\sqrt{2},\sqrt{3}):\mathbb{Q}]=4$이다.

(풀이2) 정리 8.2.3을 사용하여 $[\mathbb{Q}(\sqrt{2},\sqrt{3}):\mathbb{Q}]$를 구해보자.

먼저 $\mathbb{Q}(\sqrt{2})$의 단순 확대체 $(\mathbb{Q}(\sqrt{2}))(\sqrt{3})=\mathbb{Q}(\sqrt{2},\sqrt{3})$의 원소 $\sqrt{3}$의 $\mathbb{Q}(\sqrt{2})$ 위에서 기약다항식 $\mathrm{irr}(\sqrt{3},\ \mathbb{Q}(\sqrt{2}))$을 구하자. 예 8.2.7에 의하여 $\sqrt{3}\notin\mathbb{Q}(\sqrt{2})$이다. 그러므로 인수정리(정리 5.5.4)에 의하여

$$\mathrm{irr}(\sqrt{3},\ \mathbb{Q}(\sqrt{2}))=x^2-3$$

이다. 또한 $\mathrm{irr}(\sqrt{2},\ \mathbb{Q})=x^2-2$이고, $\mathbb{Q}<\mathbb{Q}(\sqrt{2})<\mathbb{Q}(\sqrt{2},\sqrt{3})$이므로 다음이 성립한다.

$$\begin{aligned}[\mathbb{Q}(\sqrt{2},\sqrt{3}):\mathbb{Q}]&=[\mathbb{Q}(\sqrt{2},\sqrt{3}):\mathbb{Q}(\sqrt{2})][\mathbb{Q}(\sqrt{2}):\mathbb{Q}]\\&=\deg(\sqrt{3},\ \mathbb{Q}(\sqrt{2}))\deg(\sqrt{2},\ \mathbb{Q})=\deg(x^2-3)\deg(x^2-2)=4\end{aligned}$$

(2) $\mathbb{Q}(\sqrt{2},\sqrt{3})$이 $\mathbb{Q}$의 단순확대체임을 보이자.

(풀이1) 예 8.1.16에 의하여 $\mathrm{irr}(\sqrt{2}+\sqrt{3},\ \mathbb{Q})=x^4-10x^2+1$이고 $\deg(\sqrt{2}+\sqrt{3},\ \mathbb{Q})=4$이다. 그러면 정리 8.2.3에 의하여

$$\begin{aligned}4&=[\mathbb{Q}(\sqrt{2},\ \sqrt{3}):\mathbb{Q}]\\&=[\mathbb{Q}(\sqrt{2},\ \sqrt{3}):\mathbb{Q}(\sqrt{2}+\sqrt{3})][\mathbb{Q}(\sqrt{2}+\sqrt{3}):\mathbb{Q}]\\&=[\mathbb{Q}(\sqrt{2},\ \sqrt{3}):\mathbb{Q}(\sqrt{2}+\sqrt{3})]\cdot 4\end{aligned}$$

이다. 그러므로 $[\mathbb{Q}(\sqrt{2},\ \sqrt{3}):\mathbb{Q}(\sqrt{2}+\sqrt{3})]=1$이 되어 $\mathbb{Q}(\sqrt{2},\sqrt{3})=\mathbb{Q}(\sqrt{2}+\sqrt{3})$이다.

(풀이2) 분명히

$$\mathbb{Q}(\sqrt{2}+\sqrt{3})\subset\mathbb{Q}(\sqrt{2},\ \sqrt{3})$$

이다. 또한 $\{1,\ \sqrt{2},\ \sqrt{3},\ \sqrt{2}\sqrt{3}\}$이 $\mathbb{Q}(\sqrt{2},\sqrt{3})$의 기저이므로, 생성원 $\sqrt{2},\ \sqrt{3}$이 $\mathbb{Q}(\sqrt{2}+\sqrt{3})$에 속함을 보이면 충분하다.

$$\mathbb{Q}(\sqrt{2}+\sqrt{3})\ni(\sqrt{2}+\sqrt{3})^{-1}=\frac{1}{\sqrt{2}+\sqrt{3}}=\frac{\sqrt{3}-\sqrt{2}}{1}=\sqrt{3}-\sqrt{2}$$

이고 $\sqrt{3}+\sqrt{2}\in\mathbb{Q}(\sqrt{2}+\sqrt{3})$이므로

$$\sqrt{2}=\frac{(\sqrt{3}+\sqrt{2})-(\sqrt{3}-\sqrt{2})}{2}\in\mathbb{Q}(\sqrt{2}+\sqrt{3})$$

$$\sqrt{3}=\frac{(\sqrt{3}+\sqrt{2})+(\sqrt{3}-\sqrt{2})}{2}\in\mathbb{Q}(\sqrt{2}+\sqrt{3})$$

이다. 따라서 $\mathbb{Q}(\sqrt{2}, \sqrt{3}) \subset \mathbb{Q}(\sqrt{2}+\sqrt{3})$이 되어 $\mathbb{Q}(\sqrt{2}+\sqrt{3}) = \mathbb{Q}(\sqrt{2}, \sqrt{3})$이다.

정리 8.2.2에서 유한 확대체는 대수적 확대체임을 보였다. 이때 역은 성립하지 않으나 유한 생성원을 가지면 역도 성립한다.

정리 8.2.9 *체 E는 체 F의 대수적 확대체일 때, 다음은 동치명제이다.*

$\exists\, \alpha_1, \cdots, \alpha_n \in E,\ E = F(\alpha_1, \cdots, \alpha_n) \iff [E:F] < \infty$ (즉, E는 F의 유한확대체)

(증명) ($\Rightarrow$) $E = F(\alpha_1, \cdots, \alpha_n)$이라 하자. 체 E는 체 F의 대수적 확대체이므로 각 원소 $\alpha_1, \cdots, \alpha_n \in E$는 F 위에서 대수적이다. 그러면 분명히 $\alpha_i (i = 1, \cdots, n)$는 $F(\alpha_1, \cdots, \alpha_{i-1})$ 위에서 대수적이다. 그러므로 정리 8.1.17에 의하여 $F(\alpha_1, \cdots, \alpha_i) = (F(\alpha_1, \cdots, \alpha_{i-1}))(\alpha_i)$는 $F(\alpha_1, \cdots, \alpha_{i-1})$ 위에서 유한확대체이다. 따라서 따름정리 8.2.4에 의하여

$$[E:F] = [F(\alpha_1, \cdots, \alpha_n) : F(\alpha_1, \cdots, \alpha_{n-1})] \cdots [F(\alpha_1, \alpha_2) : F(\alpha_1)][F(\alpha_1) : F] < \infty$$

이다.

($\Leftarrow$) 체 E가 체 F의 유한 대수적 확대체라 하자. $[E:F] = m$이라 하고 m에 관한 귀납법을 이용하자.

먼저, $[E:F] = 1$이면 $E = F(1) = F$이므로 정리가 성립한다.

다음에 $n-1$차 이하인 경우에 성립한다고 하자. $[E:F] = m \geq 2$이면, 적당한 원소 $\alpha_1 \in E - F$가 존재하여 $[F(\alpha_1):F] \geq 2$이다. 그러면 $F < F(\alpha_1) < E$이므로

$$m = [E:F] = [E:F(\alpha_1)][F(\alpha_1):F] \implies [E:F(\alpha_1)] < m$$

이다. 귀납 가정에 의해서 적당한 원소 $\alpha_2, \cdots, \alpha_n \in E$이 존재해서

$$E = (F(\alpha_1))(\alpha_2, \cdots, \alpha_n) = F(\alpha_1, \alpha_2, \cdots, \alpha_n)$$

이다. ■

정리 8.2.10 *체 F, E, K가 $F < E < K$를 만족하면, 다음은 동치명제이다.*

K가 F의 대수적 확대체 $\iff$ E가 F의 대수적 확대체이고, K가 E의 대수적 확대체

(증명) ($\Rightarrow$) K가 F의 대수적 확대체라 하자.

이때 $u \in E$이면, $u \in K$이고 K의 모든 원소는 F 위에서 대수적이므로 u는 F 위에서 대수적이다. 따라서 E는 F의 대수적 확대체이다.

다음에 $u \in K$라 하면, u는 F 위에서 대수적이므로 기약다항식

$$p(x) = \mathrm{irr}(u, F) = x^n + a_{n-1}x^{n-1} + \cdots + a_1 x + a_0$$

가 존재하여, $p(x) \in F[x] \subset E[x]$이고 $p(u) = 0$이다. 따라서 u는 E 위에서 대수적이므로 K는 E의 대수적 확대체이다.

($\Leftarrow$) E가 F의 대수적 확대체이고, K가 E의 대수적 확대체라 하고, $u \in K$라 하자. 이때 u는 E 위에서 대수적이므로 영다항식이 아닌 다항식

$$f(x) = a_n x^n + a_{n-1}x^{n-1} + \cdots + a_1 x + a_0 \in E[x]$$

의 근이다. 여기서 E는 F의 대수적 확대체이므로 $a_0, a_1, \cdots, a_n \in E$는 F 위에서 대수적이다. 따라서 정리 8.2.9에 의하여 $F(a_0, a_1, \cdots, a_n)$은 F의 유한확대체이다. 그리고

$$f(x) \in F(a_0, a_1, \cdots, a_n)[x], \quad f(u) = 0$$

이므로

$$[F(a_0, a_1, \cdots, a_n)(u) : F(a_0, a_1, \cdots, a_n)] \le \deg f(x) = n$$

이다. 따라서

$$\begin{aligned}
&[F(a_0, a_1, \cdots, a_n, u) : F] \\
&= [F(a_0, a_1, \cdots, a_n, u) : F(a_0, a_1, \cdots, a_n)][F(a_0, a_1, \cdots, a_n) : F] \\
&\le n[F(a_0, a_1, \cdots, a_n) : F]
\end{aligned}$$

이므로 $F(a_0, a_1, \cdots, a_n, u)$는 F의 유한 확대체이다.

그러므로 u는 F 위에서 대수적이다(정리 8.2.2). 따라서 K는 F의 대수적 확대체이다. ■

정의 8.2.11 [*대수적 폐포(algebraic closure, 代數的閉包)*]

체 F의 확대체 E에 대하여

E_F가 E 안의 F의 **대수적 폐포** $\overset{\text{정의}}{\Longleftrightarrow}$ $E_F = \{\alpha \in E \mid \alpha$는 F 위에서 대수적$\}$

정리 8.2.12 *체 F의 확대체 E에 대하여 다음이 성립한다.*

(1) 원소 $\alpha, \beta \in E$가 F 위에서 대수적

$\Longrightarrow$ $\alpha+\beta, \alpha-\beta, \alpha\beta, \alpha/\beta(\beta \ne 0)$는 F 위에서 대수적

(2) $F < E_F < E$이고, E_F는 F의 대수적 확대체이다.

(3) 원소 $\alpha \in E$가 F 위에서 초월적이고 원소 $\beta \in E$가 F 위에서 대수적

$\Longrightarrow$ $\alpha+\beta, \alpha-\beta, \alpha\beta, \alpha/\beta(\ne 0)$는 F 위에서 초월적

(증명) (1) α, β는 F 위에서 대수적이므로 정리 8.2.9에 의하여 $F(\alpha, \beta)$은 유한확대체이다. 그러면 정리 8.2.2에 의하여 $F(\alpha, \beta)$는 F 위에서 대수적 확대체이다. 따라서 $\alpha+\beta$, $\alpha-\beta$, $\alpha\beta$, $\alpha/\beta(\beta \ne 0)$은 F 위에서 대수적이다.

(2) 위 (1)에 의해서 E 안의 F의 대수적 폐포 E_F가 E의 부분체이다. 분명히 $F < E_F$이고, E_F의 모든 원소는 F 위에서 대수적이므로 E_F는 F의 대수적 확대체이다.

(3) E의 부분체 E_F가 F의 대수적 확대체이므로, $\beta \in E_F$이다. 또한 원소 $\alpha \in E$가 F 위에서 초월적이므로

$$\alpha+\beta, \quad \alpha-\beta, \quad \alpha\beta, \quad \alpha/\beta(\beta \neq 0) \notin E_F$$

가 되어 $\alpha+\beta$, $\alpha-\beta$, $\alpha\beta$, $\alpha/\beta(\beta \neq 0)$는 F 위에서 초월적이다. ■

예 8.2.13 모든 유리수와 $\sqrt{2}$, $\sqrt{3}$은 대수적 수이므로

$$3\sqrt{2}-\sqrt{3}, \quad 5\sqrt{2}\sqrt{3}, \quad \frac{4\sqrt{3}}{\sqrt{2}-\sqrt{3}}$$

은 모두 대수적 수이다.

한편 π는 초월수이므로(예 8.1.13)

$$3\sqrt{2}-\pi, \quad 5\sqrt{\pi}, \quad \frac{\pi}{\sqrt{2}-\sqrt{3}}$$

는 모두 초월수이다(문제 8.1.18).

따름정리 8.2.14 *유리수체 $\mathbb{Q}$와 복소수체 $\mathbb{C}$에 대하여 다음이 성립한다.*

> 대수적 수의 집합 $\mathbb{C}_{\mathbb{Q}}$는 체이다.

(증명) 대수적 수의 정의와 정리 8.2.12(2)에 의하여 정리가 성립한다. ■

예 8.2.15 [대수적 폐포] 유리수체 $\mathbb{Q}$와 실수체 $\mathbb{R}$의 복소수체 $\mathbb{C}$ 안에서의 대수적 폐포는 다음과 같은 관계가 있다.

$$\mathbb{Q} \subsetneqq \mathbb{C}_{\mathbb{Q}} \subsetneqq \mathbb{C}_{\mathbb{R}} = \mathbb{C}$$

이지만 $\mathbb{C}_{\mathbb{Q}} \not\leq \mathbb{R}$이고 $\mathbb{R} \not\leq \mathbb{C}_{\mathbb{Q}}$이다. 왜냐하면 $i \in \mathbb{C}_{\mathbb{Q}}$이지만 $\pi \notin \mathbb{C}_{\mathbb{Q}}$이다.

또한 임의의 복소수 $a+bi \in \mathbb{C}$는 실계수방정식 $x^2-2ax+a^2+b^2 \in \mathbb{R}[x]$의 해이므로, 복소수체 $\mathbb{C}$는 실수체 $\mathbb{R}$의 대수적 확대체이다. 따라서 $\mathbb{C}_{\mathbb{R}} = \mathbb{C}$이다.

정의 8.2.16 *[대수적 폐체(algebraically closed field, 代數的閉體)]*

체 F에 대하여

$\overline{F}$가 F의 **대수적 폐포** (algebraic closure)	$\overset{\text{정의}}{\Longleftrightarrow}$	$\boxed{\overline{F} = \{\alpha \mid f(\alpha)=0,\ 0 \neq f(x) \in F[x]\}}$ 즉, 다항식 $0 \neq f(x) \in F[x]$의 모든 근의 집합.
F가 **대수적 폐체** (algebraically closed field)	$\overset{\text{정의}}{\Longleftrightarrow}$	$\boxed{\overline{F} = F}$ 즉, 다항식 $0 \neq f(x) \in F[x]$의 모든 근이 F에서 존재.

정리 8.2.17 **(대수학의 기본정리, 1799, Gauss)** *복소수체 $\mathbb{C}$에 대하여 다음이 성립한다.*

복소수체 $\mathbb{C}$는 대수적 폐체. 즉, $0 \neq f(x) \in \mathbb{C}[x]$의 복소수 근의 개수는 $\deg(f(x))$개이다.

※ 예 8.2.15에 의하여 $\mathbb{C}_{\mathbb{R}} = \overline{\mathbb{R}} = \mathbb{C} = \overline{\mathbb{C}}$이다(정리 8.2.20 참조).

(증명) [3, 정리 31.18] 참조. ■

예 8.2.18 [대수적 폐포] 유리수체 $\mathbb{Q}$와 실수체 $\mathbb{R}$의 복소수체 $\mathbb{C}$의 대수적 폐포는 대수학의 기본정리에 의하여 다음과 같은 관계가 있다(정리 8.2.20 참조).

$$\mathbb{Q} \lneqq \mathbb{C}_{\mathbb{Q}} = \overline{\mathbb{Q}} \lneqq \mathbb{C}_{\mathbb{R}} = \overline{\mathbb{R}} = \mathbb{C} = \overline{\mathbb{C}}$$

정리 8.2.19 *체 F에 대하여 다음은 동치이다.*

F가 대수적 폐체 $\iff$ $f(x) \in F[x]$, $(\deg(f(x)) \geq 1)$는 $F[x]$에서 1차인수로 인수분해

(증명) ($\Rightarrow$) $\deg(f(x)) = n$에 관한 귀납법을 이용하자.

$\deg(f(x)) = 1$인 경우 분명히 1차인수이다.

다음에 $n-1$차 이하인 경우에 성립한다고 하자. $\deg(f(x)) \geq 2$인 경우에는 F가 대수적 폐체이므로 F에서 한 근 $\alpha_1 \in F$을 갖는다. 인수정리에 의하여 적당한 다항식 $g(x) \in F[x]$가 존재하여

$$f(x) = (x - \alpha_1)g(x) \quad \Longrightarrow \quad \deg(g(x)) = n - 1$$

이다. 따라서 귀납 가정에 의하여 원소 $a_2, \cdots, a_n, \alpha_2, \cdots, \alpha_n \in F$가 존재하여

$$g(x) = (a_2 x - \alpha_2) \cdots (a_n x - \alpha_n)$$

이다. 따라서 $f(x) = (x - \alpha_1)(a_2 x - \alpha_2) \cdots (a_n x - \alpha_n)$로 1차인수로 인수분해된다.

($\Leftarrow$) $f(x) \in F[x]$, $(\deg(f(x)) \geq 1)$가 $F[x]$에서 1차인수로 인수분해된다고 하자. 그러면 $f(x)$의 일차인수가 $ax - b \in F[x]$ $(a \neq 0)$라면, $b/a \in F$는 $f(x)$의 해이다. 따라서 F는 대수적 폐체이다. ■

정리 8.2.20 *대수적 폐체 F에 대하여 다음이 성립한다.*

E가 F의 대수적 확대체 $\Longrightarrow$ $E = F$. 즉, F의 대수적 확대체는 F뿐이다.

(증명) E가 F의 대수적 확대체이므로 $F < E$이다. 한편

$$E = E_F < \overline{F} = F$$

이므로 $F = E$이다. ■

실수체 $\mathbb{R}$의 대수적 폐포는 복소수체 $\mathbb{C}$임을 알았다. 임의의 체 F의 대수적 폐포도 존재한다. 이는 다항식 $f(x) \in F[x]$의 해가 F에서 존재하지 않으면 Kronecker 정리(정리 8.1.8)에 의하여 $f(x)$의 해 α를 갖는 확대체 $F(\alpha)$가 존재한다. 이러한 아이디어를 이용하여 다음 정리를 얻을 수 있다.

정리 8.2.21 *체 F에 대하여 다음이 성립한다.*

F의 대수적 폐포 $\overline{F}$가 존재하고, $\overline{F}$는 대수적 폐체이다.

(증명) [3, 정리 31.22] 참조. ■

다음은 다항식의 형식적인 미분을 이용하여 중근의 존재성을 판정하는 방법에 대하여 알아보자.

정의 8.2.22 [*중복도(multiplicity, 重複度)*] *체 F 위의 $n(\geq 1)$차 다항식 $f(x) \in F[x]$와 F의 대수적 폐포 $\overline{F}$의 원소 $\alpha \in \overline{F}$가 $f(x)$의 해, 즉, $f(\alpha) = 0$일 때,*

r이 α의 **중복도** $\overset{\text{정의}}{\Longleftrightarrow}$ $f(x) = (x-\alpha)^r g(x)$, $g(x) \in \overline{F}[x]$인 최대자연수 $r \in \mathbb{N}$이 존재

정의 8.2.23 [*형식적 미분(formal derivative, 形式的 微分)*]
체 F 위의 다항식 $f(x) = a_n x^n + \cdots + a_1 x + a_0 \in F[x]$에 대하여

$f'(x)$가 $f(x)$의 **형식적 미분** $\overset{\text{정의}}{\Longleftrightarrow}$ $f'(x) = (n \cdot 1)a_n x^{n-1} + \cdots + (2 \cdot 1)a_2 x + a_1 \in F[x]$

※ 이때 간단히 $f'(x) = na_n x^{n-1} + \cdots + 2a_2 x + a_1$이라 표기하고 극한 개념이 없이 정의한다.

정리 8.2.24 *체 F 위의 다항식 $f(x), g(x) \in F[x]$와 원소 $a \in F$에 대하여 다음이 성립한다.*

(1) $(f(x)+g(x))' = f'(x)+g'(x)$, $\quad (af(x))' = af'(x)$
(2) $(f(x)g(x))' = f'(x)g(x)+f(x)g'(x)$

(증명) 5.3절 연습문제 16번. ■

정리 8.2.25 *체 F 위의 다항식 $f(x) \in F[x]$, $\deg(f(x)) = n \geq 1$와 F의 대수적 폐포 $\overline{F}$에 대하여 다음이 성립한다.*

(1) $1 \notin \mathrm{GCD}(f(x), f'(x)) \iff \overline{F}$에서 $f(x)$는 중근 존재

(2) $1 \in \mathrm{GCD}(f(x), f'(x)) \iff \overline{F}$에서 $f(x)$의 근의 중복도는 1

$1 \in \mathrm{GCD}(f(x), f'(x)) \iff \overline{F}$에서 $f(x)$는 서로 다른 n개의 근 존재

(증명) (1) ($\Rightarrow$) $d(x) \in \mathrm{GCD}(f(x), f'(x))$이라 하자. 그러면 $d(x)$는 단원이 아니므로(정리 7.1.14) $\deg(d(x)) \geq 1$이다. 그리고 $\overline{F}$에서 $d(x)$의 근을 $\alpha \in \overline{F}$라 하자. 즉, $d(\alpha) = 0$이다. 여기서 $d(x)|f(x)$이고 $d(x)|f'(x)$이므로

$$f(\alpha) = 0 \quad \text{이고} \quad f'(\alpha) = 0$$

이다. 그러면 $f(\alpha) = 0$이므로 인수정리에 의하여 적당한 다항식 $g(x) \in \overline{F}[x]$에 대하여

$$\begin{aligned} f(x) = (x-\alpha)g(x) \quad &\Longrightarrow \quad f'(x) = g(x) + (x-\alpha)g'(x) \\ &\Longrightarrow \quad 0 = f'(\alpha) = g(\alpha) + (\alpha-\alpha)g'(\alpha) = g(\alpha) \end{aligned}$$

이다. 즉, $g(\alpha) = 0$이므로 적당한 다항식 $h(x) \in \overline{F}[x]$에 대하여 $g(x) = (x-\alpha)h(x)$이다(인수정리). 따라서

$$f(x) = (x-\alpha)g(x) = (x-\alpha)^2 h(x)$$

이므로 α는 $f(x)$의 중근이다.

($\Leftarrow$) $\overline{F}$에서 $f(x)$가 중근 $\alpha \in \overline{F}$를 가진다고 하자. 그러면 적당한 $g(x) \in \overline{F}[x]$에 대하여

$$f(x) = (x-\alpha)^2 g(x)$$

이다. 따라서

$$f'(x) = 2(x-\alpha)g(x) + (x-\alpha)^2 g'(x) = (x-\alpha)(2g(x) + (x-\alpha)g'(x))$$

이다. 그러므로 $(x-\alpha)|f(x)$이고 $(x-\alpha)|f'(x)$이다. 따라서 $d(x) \in \mathrm{GCD}(f(x), f'(x))$라 하면

$$(x-\alpha)|d(x) \quad \Longrightarrow \quad 1 \notin \mathrm{GCD}(f(x), f'(x))$$

이다.

(2)는 (1)의 대우에서

$$1 \in \mathrm{GCD}(f(x), f'(x)) \iff \overline{F}\text{에서 } f(x)\text{의 근의 중복도는 } 1$$

이고, 따름정리 5.5.6에 의하여 다음이 성립한다.

$$\overline{F}\text{에서 } f(x)\text{의 근의 중복도는 } 1 \iff \overline{F}\text{에서 } f(x)\text{는 서로 다른 } n\text{개의 근 존재}$$ ■

예 8.2.26 유리수체 $\mathbb{Q}$ 위의 다항식 $f(x) = x^3 - 3x + 2$이 인수분해하지 않고 중근을 갖는지 판단해 보자.

$$f'(x) = 3x^2 - 3$$

에서 $f(x)$, $f'(x)$의 최대공약수 $\mathrm{GCD}(f(x),\ f'(x))$를 구하자.

최대공약수를 유클리드 호제법(정리 7.3.15)으로 구하면 다음과 같다.

$x/3$	$x^3 - 3x + 2$	$3x^2 \quad -3$	$-(3x/2)$
	$x^3 - x$	$3x^2 - 3x$	
$-(2/3)$	$-2x + 2$	$\boxed{3x - 3}$	
	$-2x + 2$		
	0		

그러므로 정리 7.1.14에 의하여 $1 \notin \mathrm{GCD}(f(x),\ f'(x))$이다. 그러므로 $f(x)$는 중근을 갖는다.

실제로 다음과 같이 인수분해된다.

$$f(x) = (x-1)^2(x+2)$$

예 8.2.27 유리수체 $\mathbb{Q}$ 위의 다항식 $f(x) = x^3 + x - 2$에 대하여

$$f'(x) = 3x^2 + 1$$

에서 $f(x)$, $f'(x)$의 최대공약수 $\mathrm{GCD}(f(x),\ f'(x))$를 구하자.

최대공약수를 유클리드 호제법(정리 7.3.15)으로 구하면 다음과 같다.

$x/3$	$x^3 + x \quad -2$	$3x^2 \quad +1$	$9x/2$
	$x^3 + x/3$	$3x^2 - 9x$	
$2/27$	$2x/3 - 2$	$9x + 1$	
	$2x/3 + 2/27$		
	$\boxed{-(56/27)}$		

그러므로 정리 7.1.14에 의하여 $1 \in \mathrm{GCD}(f(x),\ f'(x)) = \mathbb{Q} - \{0\}$이다.

예 8.2.28 체 F의 표수가 소수 p이면, 다항식 $f(x) = x^p - 1 \in F[x]$에 대하여

$$f'(x) = px^{p-1} = 0$$

이므로 $\mathrm{GCD}(f(x),\ f'(x)) \ni f(x) \neq 1$이다. 따라서 $f(x)$는 F 안에서 중근을 갖는다. 실제로

$$\boxed{f(x) = x^p - 1 = (x-1)^p}$$

이므로 $f(x)$는 F 안에서 p중근 1을 갖는다(정리 6.3.11 증명).

하지만 $f(x) = x^p - x \in F[x]$는 중근을 갖지 않는다. 왜냐하면,

$$f'(x) = px^{p-1} - 1 = -1$$

이므로 $1 \in \mathrm{GCD}(f(x),\ f'(x))$이다. 따라서 정리 8.2.25에 의하여 $f(x)$는 F 안에서 중근을 갖지 않는다. 소체 $\mathbb{Z}_p = \{0,\ 1,\ \cdots,\ p-1\}$는 F의 부분체이다(정리 6.3.8). 그리고 Fermat 정리(정리 1.2.19)에 의하여 임의의 원소 $\alpha \in \mathbb{Z}_p$에 대하여

$$\alpha^p = \alpha \quad \Longrightarrow \quad \alpha^p - \alpha = 0$$

이므로 α는 $f(x) = x^p - x$의 해이다. 따라서 $f(x)$는 F 안에서 다음과 같이 인수분해된다.

$$\boxed{f(x) = x^p - x = x(x-1)\cdots(x-p+1)}$$

임용시험 출제 8.2.29 [2005학년도] 체 K는 체 F의 대수적 확대체(algebraic extension field) 로서 $[K:F] = 10$ (즉, $[K:F] = \dim_F K = 10$)이다. F 위의 기약다항식(irreducible polynomial) $f(x)$의 차수 (degree)가 3일 때, $f(x)$의 어떤 근도 K에 포함되지 않음을 보여라.

임용시험 출제 8.2.30 [2008학년도] 유리수체 $\mathbb{Q}$ 위의 기약다항식(irreducible polynomial) $f(x) = x^3 - 2x + 2$에 대하여 $f(x)$의 한 근(root) θ를 포함하는 $\mathbb{Q}$의 확대체(extension field)를 $\mathbb{Q}(\theta)$라 하자. 이때 $\mathbb{Q}(\theta)$에서 $3+\theta$의 곱셈에 대한 역원을 구하라.

임용시험 출제 8.2.31 [2009학년도 모의] 유리수체를 $\mathbb{Q}$라 할 때,

$$\mathbb{Q}(\sqrt{2},\ \sqrt{3}) = \{a + b\sqrt{2} + c\sqrt{3} + d\sqrt{6} \mid a,\ b,\ c,\ d \in \mathbb{Q}\}$$

는 $\mathbb{Q}$ 위의 유한확대체(finite field)이다.

$\alpha = \sqrt{2} + \sqrt{3}$일 때, 물음에 답하시오.[20 점]

(가) $\mathbb{Q}(\sqrt{2},\ \sqrt{3})$이 체 $\mathbb{Q}$ 위에서의 벡터공간이 되도록 벡터합과 스칼라곱을 정의할 수 있다.

(나) 임의의 $\beta \in \mathbb{Q}(\sqrt{2},\ \sqrt{3})$에 대하여 다음과 같이 정의된 함수 T는 선형변환(linear transformation)이다.

$$T : \mathbb{Q}(\sqrt{2},\ \sqrt{3}) \to \mathbb{Q}(\sqrt{2},\ \sqrt{3}), \quad T(\beta) = \alpha\beta$$

(다) $\mathbb{Q}(\sqrt{2},\ \sqrt{3})$에 속하는 임의의 원소 $\beta = a + b\sqrt{2} + c\sqrt{3} + d\sqrt{6}$을 $[\beta] = \begin{pmatrix} a \\ b \\ c \\ d \end{pmatrix}$와 같이 나타내기로 하자. 4×4 행렬 A를 $A = ([T(1)]\ [T(\sqrt{2})]\ [T(\sqrt{3})]\ [T(\sqrt{6})]\ )$이라 하면, $[T(\beta)] = A[\beta]$로 나타낼 수 있다.

(1) 위에서 제시된 ㈎와 ㈏를 증명하고, ㈐의 행렬 A를 구하라. 또, 선형변환 T의 고윳값(eigenvalue)과 행렬 A의 고윳값이 같다는 사실을 이용하여 $f(\alpha)=0$을 만족시키는 영이 아닌 다항식 $f(x)\in\mathbb{Q}[x]$를 구한 후, 이로부터 $\mathbb{Q}(\sqrt{2},\ \sqrt{3})=\mathbb{Q}(\sqrt{2}+\sqrt{3})$임을 보여라.[14점]

(2) $\alpha=\sqrt{2}+\sqrt{3}$을 $\alpha=1+\sqrt{2}$로 바꾸어, 문항 (1)과 같은 방법으로 $f(\alpha)=0$을 만족시키는 영이 아닌 다항식 $f(x)\in\mathbb{Q}[x]$를 구하고, 이를 이용하여 $\mathbb{Q}(1+\sqrt{2})$가 $\mathbb{Q}(\sqrt{2},\ \sqrt{3})$의 진부분체(proper subfield)임을 보여라. 또, 지금까지의 결과를 종합하여 유한확대체는 대수적 확대체(algebraic extension field)임을 설명하시오.[6점]

임용시험 출제 8.2.32 [2010학년도 2차] 정수환 $\mathbb{Z}$ 위의 다항식환 $\mathbb{Z}[x]$에 속하는 다항식 $f(x)$를 다음과 같이 정의하자.

$$f(x)=x^6+12x^4-3x^3-108x^2+24x-120$$

환 $R_n(n=1,\ 2,\ 3,\ 4)$을 다음과 같이 정의할 때, 잉여환(factor ring, quotient ring) $R_3=\mathbb{Q}/(f(x))$가 유리수체 $\mathbb{Q}$의 확대체의 구조를 갖는다는 것을 증명하고, 각각의 $R_n(n=1,\ 2,\ 3,\ 4)$ 안에서 다항식 $f(x)$의 근의 존재성을 증명하라.[논술형]

① $R_1=\mathbb{Q}$

② $R_2=\mathbb{C}$ (단, $\mathbb{C}$는 복소수체)

③ $R_3=\mathbb{Q}[x]/(f(x))$ (단, $((f(x))$는 $f(x)$에 의하여 생성된 주아이디얼(principal ideal)

④ $R_4=F$ (단, F는 $\mathbb{Z}_2$ 위에서의 차수(degree)가 $[F:\mathbb{Z}_2]=2^{10}$인 체)

임용시험 출제 8.2.33 [2016학년도] 유리수체 $\mathbb{Q}$ 위에서 대수적인 원소 α와 단순확대체(simple extension field) $K=\mathbb{Q}(\alpha)$가 있다. F가 K의 부분체이고

$$\operatorname{irr}(\alpha,\ F)=x^r+a_1x^{r-1}+a_2x^{r-2}+\cdots+a_r\ (a_1,\ a_2,\ \cdots,\ a_r\in F)$$

일 때, $F=\mathbb{Q}(a_1,\ a_2,\ \cdots,\ a_r)$임을 보이시오.

또한 $\alpha=\sqrt{2}+i$이고 $F=\mathbb{Q}(\sqrt{2})$일 때, $\operatorname{irr}(\alpha,\ F)$를 구하라. (단, $i=\sqrt{-1}$이고, $\operatorname{irr}(\alpha,\ F)$는 F 위에서 α의 기약다항식(최소다항식, irreducible polynomial, minimal polynomial)이다.)

연 습 문 제 (8.2)

1. 다음 확대체의 차원과 그 기저를 구하라.

(1) $\mathbb{Q}$ 위의 확대체 $\mathbb{Q}(\sqrt[3]{2},\ \sqrt{3})$ (2) $\mathbb{Q}$ 위의 확대체 $\mathbb{Q}(\sqrt{2},\ \sqrt{3},\ \sqrt{15})$

(3) $\mathbb{Q}$ 위의 확대체 $\mathbb{Q}(\sqrt{2},\ \sqrt[3]{2})$ (4) $\mathbb{Q}$ 위의 확대체 $\mathbb{Q}(\sqrt{2}\sqrt{3})$

(5) $\mathbb{Q}$ 위의 확대체 $\mathbb{Q}(\sqrt{2}+\sqrt{3})$ (6) $\mathbb{Q}$ 위의 확대체 $\mathbb{Q}(\sqrt{2}+\sqrt[3]{4})$

(7) $\mathbb{Q}(\sqrt{3})$ 위의 확대체 $\mathbb{Q}(\sqrt{2},\ \sqrt{6})$ (8) $\mathbb{Q}(\sqrt{3}+\sqrt{5})$ 위의 확대체 $\mathbb{Q}(\sqrt{2},\ \sqrt{6}+\sqrt{10})$

2. 체 $K=\mathbb{Q}(\sqrt[3]{2},\ \sqrt{5})$에 대하여 다음 물음에 답하라.

(1) K의 $\mathbb{Q}(\sqrt[3]{2})$-기저와 K의 $\mathbb{Q}(\sqrt{5})$-기저를 구하라.

(2) K의 $\mathbb{Q}$-기저와 $[K:\mathbb{Q}]$를 구하라.

3. 다음 차원을 구하라.

(1) $[\mathbb{Q}(\sqrt[3]{2},\ i\sqrt{3}):\mathbb{Q}]$ (2) $[\mathbb{Q}(\sqrt[3]{2},\ i\sqrt{3}):\mathbb{Q}(\sqrt[3]{2})]$

(3) $[\mathbb{Q}(\sqrt[3]{2},\ i,\ \sqrt{3}):\mathbb{Q}]$ (4) $[\mathbb{Q}(\sqrt[3]{2},\ \sqrt{2},\ i):\mathbb{Q}]$

4. 다음이 성립함을 밝혀라.

(1) $\mathbb{Z}[\sqrt{12}]\subsetneq\mathbb{Z}[\sqrt{3}]$ (2) $\mathbb{Q}(\sqrt{12})=\mathbb{Q}(\sqrt{3})$

(3) $\sqrt{6}\notin\mathbb{Q}(\sqrt{2})$ (4) $\mathbb{Q}(\sqrt{2})\cap\mathbb{Q}(\sqrt{6})=\mathbb{Q}$

(5) $\mathbb{Q}(\sqrt[4]{8})=\mathbb{Q}(\sqrt[4]{2})$ (6) $\mathbb{Q}(i\sqrt[4]{8})=\mathbb{Q}(i\sqrt[4]{2})$

5. $a,\ b\in\mathbb{R},\ b\neq 0$이면 $\mathbb{C}=\mathbb{R}(a+bi)$임을 보여라.

6. 다음을 증명하라.

(1) x^2-5는 $\mathbb{Q}(\sqrt{3})$ 위에서 기약이다.

(2) x^2-3은 $\mathbb{Q}(\sqrt[3]{2})$ 위에서 기약이다.

7. $f(x)=x^5-4x^4+2x+2\in\mathbb{Q}[x]$의 근을 $r_1,\ r_2,\ \cdots,\ r_5$라고 하자.

(1) $f(x)$는 $\mathbb{Q}[x]$에서 기약임을 보여라.

(2) $f(x)$는 2개의 허근과 3개의 실근을 가짐을 보여라. [참조: 미적분에서 graph 이용]

(3) r_1을 $f(x)$의 실근이라고 하면 $[\mathbb{Q}(r_1):\mathbb{Q}]=5$임을 보여라.

8. 복소수 $\alpha=\dfrac{-1+i\sqrt{3}}{2}$에 대하여 다음이 성립함을 확인하라.

(1) $\mathrm{irr}(\alpha,\ \mathbb{Q})=\mathrm{irr}(\alpha^2,\ \mathbb{Q})=x^2+x+1,\quad \mathbb{Q}(\alpha)=\mathbb{Q}(i\sqrt{3}),\quad \mathbb{Q}(\alpha^2)=\mathbb{Q}(\alpha)$

(2) $\mathrm{irr}(\alpha,\ \mathbb{R})=x^2+x+1,\quad \mathbb{R}(\alpha)=\mathbb{C}$

9. 소수 p에 대하여 $\alpha=\cos\frac{2\pi}{p}+i\sin\frac{2\pi}{p}$이라고 할 때, 다음 물음에 답하라.

(1) $\mathrm{irr}(\alpha,\ \mathbb{Q})$와 $[\mathbb{Q}(\alpha):\mathbb{Q}]$를 구하라.

(2) 모든 정수 $n(1\le n\le p-1)$에 대하여 $\mathbb{Q}(\alpha^n)=\mathbb{Q}(\alpha)$임을 밝혀라.

10. 서로 다른 두 소수 $p,\ q$에 대하여 $\mathbb{Q}(\sqrt{p})\cap\mathbb{Q}(\sqrt{q})=\mathbb{Q}$임을 밝혀라.

11. 다음이 성립함을 보여라.

(1) $\mathbb{Q}(\sqrt{3}+\sqrt{7})=\mathbb{Q}(\sqrt{3},\ \sqrt{7})$ (2) $\mathbb{Q}(\sqrt{2}+\sqrt{3})=\mathbb{Q}(\sqrt{3}-\sqrt{2})$

12. a와 b가 유리수이고 $\sqrt{a}+\sqrt{b}\neq 0$이면, $\mathbb{Q}(\sqrt{a}+\sqrt{b})=\mathbb{Q}(\sqrt{a},\ \sqrt{b})$임을 보여라.

13. 다음 체는 $\mathbb{Q}$의 단순 확대체임을 보여라. 즉, 다음을 만족하는 복소수 c를 구하라.

(1) $\mathbb{Q}(\sqrt{2},\ i\sqrt{3})=\mathbb{Q}(c)$ (2) $\mathbb{Q}(\sqrt{2},\ \sqrt[3]{2})=\mathbb{Q}(c)$

(3) $\mathbb{Q}(\sqrt{3},\ \sqrt[3]{5})=\mathbb{Q}(c)$ (4) $\mathbb{Q}(\sqrt[3]{2},\ i)=\mathbb{Q}(c)$

14. 체 F의 유한확대체 K에 대하여 F 위에서 기약다항식 $p(x) \in F[x]$의 차수가 2 이상이고 $[K:F]$와 서로소일 때, 다음 물음에 답하라.

(1) $p(x)$는 K 안에서 근이 없음을 보여라.

(2) $p(x)$는 K 위에서도 기약임을 보여라. (참조: $\deg(\alpha, K) = [K(\alpha) : K] = [F(\alpha) : F] = \deg p(x)$를 보임)

15. 체 F의 유한확대체 E에 대하여 b가 E 위에서 대수적일 때, 다음을 증명하라.

(1) $[E(b) : E] \leq [F(b) : F]$

(2) $[E(b) : F(b)] \leq [E : F]$

(3) $[F(b) : F] \big| [E(b) : F]$

16. 체 F의 확대체 K에 대하여 $[K : F]$가 소수일 때, 다음을 증명하라.

(1) L이 $F \subseteq L \subset K$인 K의 부분체이면 $L = F$ 또는 $L = K$이다.

(2) 모든 원소 $u \in K - F$에 대하여 $K = F(u)$이다.

(3) 모든 원소 $u \in K - F$와 양의 정수 $n \in \mathbb{Z}$에 대해서 $F(u) = F(u^n)$ 또는 $u^n \in F$이다.

17. 체 F의 확대체 K에서 $u \in K$일 때, 다음이 성립함을 밝혀라.

(1) 임의의 $a,\ b \in F,\ a \neq 0$에 대하여 $F(au + b) = F(u)$이다.

(2) $u \neq 0$일 때, $F(u^{-1}) = F(u)$이다.

18. 체 K가 체 F의 대수적 확대체일 때, 원소 $u \in K$에 대하여 다음이 성립함을 밝혀라.

(1) $F(u^2) = F(u)$ 또는 $[F(u) : F(u^2)] = 2$이다.

(2) $[F(u) : F]$가 홀수이면, $F(u^2) = F(u)$이다.

(3) 위의 (1)에서 두 가지 경우에 대한 예를 들어라.

19. 체 F의 확대체 K에서 K의 부분체 $L_1,\ L_2$가 모두 F의 유한 확대체일 때, 다음이 성립함을 밝혀라.

(1) $L_1 \cap L_2$는 F의 유한 확대체이다.

(2) $[L_1 :\ F]$와 $[L_2 :\ F]$가 서로소이면, $L_1 \cap L_2 = F$이다.

20. 체 F의 확대체 K에서 두 원소 $u,\ v \in K$가 F 위에서 대수적이라고 할 때, $[F(u) :\ F] = m,\ [F(v) :\ F] = n$이면 다음이 성립함을 밝혀라.

(1) $[F(u,\ v) :\ F] \leq mn$

(2) m과 n이 서로소이면, $[F(u,\ v) :\ F] = mn$이다.

21. E는 F의 유한확대체이다. E 위에서 대수적인 원소는 F 위에서도 대수적임을 보여라.

22. 체 E가 체 F의 확대체일 때, E 안의 F의 대수적 폐포 E_F에 대하여 원소 $\alpha \in E - E_F$는 E_F 위에서 초월적임을 보여라.

23. 대수적 폐체 E가 체 F의 확대체이다. E 안의 F의 대수적 폐포 E_F는 대수적 폐체임을 보여라. (이를 $\mathbb{C}$와 $\mathbb{Q}$에 적용하면 모든 대수적 수들의 체는 대수적 폐체임을 알 수 있다.)

24. 체 F 위의 유리식체

$$F(x) = \left\{ \frac{f(x)}{g(x)} \;\middle|\; f(x),\, g(x) \in F[x],\, g(x) \neq 0 \right\}$$

안에서의 F의 대수적 폐포는 F임을 밝혀라.

25. 체 F 위의 다항식환 $F[x]$에서 다음과 같이 정의된 미분 함수

$$D : F[x] \to F[x], \quad D(f(x)) = f'(x)$$

에 대하여 다음 물음에 답하라. 단, $f'(x)$는 $f(x) \in F[x]$의 형식적 미분이다.(5.3절 연습문제 16번 참조)

(1) 체 F의 표수가 0인 경우 D의 핵을 구하라.

(2) 체 F의 표수가 $p(\neq 0)$인 경우 D의 핵을 구하라.

(3) 모든 $f(x) \in F[x]$에 대해, $D((f(x))^m) = (m \cdot 1)f(x)^{m-1}f'(x)$임을 보여라.

26. 체 F 위의 다항식 $f(x) \in F[x]$의 해 $\alpha \in \overline{F}$의 중복도가 m일 때, $m > 1$이기 위한 필요충분조건은 α가 $f'(x)$의 해임을 보여라.

8.3 작도문제

중간 부분체의 차원은 항상 큰 체의 차원의 약수(정리 8.2.3)의 활용으로 2000년 이상 인류가 해결 못한 고대 그리스 시대(BC 1100년경부터 BC 146년)의 다음의 3대 작도 불가능 문제(三大作圖不可能問題)에 대한 해법을 제시한다.

(1) 주어진 정육면체의 2배 부피를 가지는 정육면체를 작도하는 문제(1837), 방첼(프: Pierre-Laurent Wantzel, 1814-1848)

(2) 주어진 각을 삼등분하는 문제(1837), 방첼(프: Pierre-Laurent Wantzel, 1814-1848)

(3) 주어진 원과 같은 넓이를 가지는 정사각형을 작도하는 문제(1882), 린데만(독: Carl Louis Ferdinand von Lindemann, 1852-1939)

작도는 눈금 없는 자와 컴퍼스만을 이용해 여러가지 도형을 그리는 고전 기하학의 여러 가지 문제들을 가리킨다. 이때 자는 직선을 긋는 용도로만 사용되고, 컴퍼스는 원을 그리고 선분의 길이를 옮기는 데에 사용된다.

정의 8.3.1 [*작도가능(constructible, 作圖可能)*] *실수 $\alpha \in \mathbb{R}$에 대하여*

α가 **작도가능** (constructible) $\overset{\text{정의}}{\iff}$
① 단위 길이가 1인 선분,
② 눈금 없는 자(직선),
③ 컴퍼스(원)를 유한 번 사용하여 길이가 $|\alpha|$인 선분을 작도 가능

작도할 때는 다음과 같은 3가지 기본 작도 [I], [II], [III] 을 유한 번 시행한다.

[I] 한 점 P를 지나 주어진 직선 l에 수직인 선분(직선) $\overline{PQ}$를 작도하기

$P \notin l$인 경우

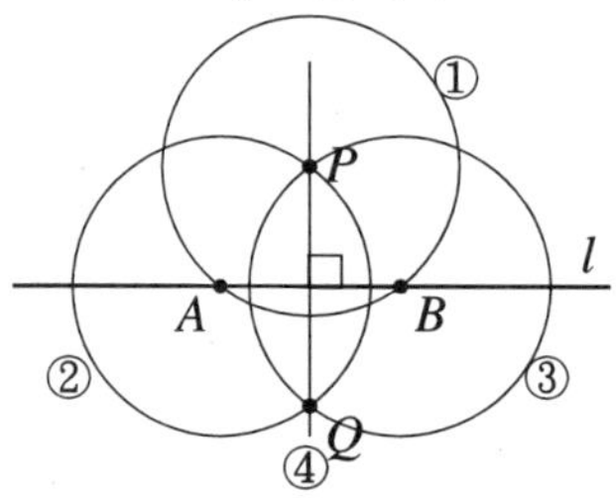

① 점 P를 중심으로 원을 그려 직선 l과의 교점을 A, B라 한다.
② 점 A를 중심으로 반지름이 $\overline{AP}$인 원을 그린다.
③ 점 B를 중심으로 반지름이 $\overline{BP}$인 원을 그린다.
④ 위 ②와 ③의 원의 교점을 Q라 하면, 선분 $\overline{PQ}$가 직선 l에 수직이다.

$P \in l$인 경우

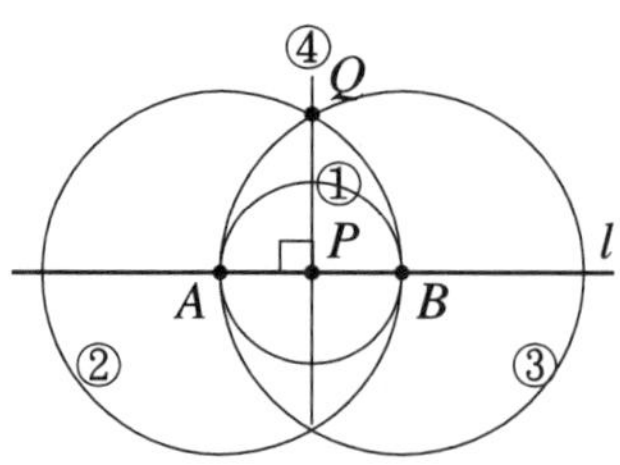

① 점 P를 중심으로 원을 그려 직선 l과의 교점을 A, B라 한다.
② 점 A를 중심으로 반지름이 $\overline{AB}$인 원을 그린다.
③ 점 B를 중심으로 반지름이 $\overline{AB}$인 원을 그린다.
④ 위 ②와 ③의 원의 교점을 Q라 하면, 선분 $\overline{PQ}$가 직선 l에 수직이다.
또한 점 P는 선분 $\overline{AB}$의 중점 도 된다.

[II] 주어진 직선 l에 평행이고, 한 점 P를 지나는 직선 m을 작도하기

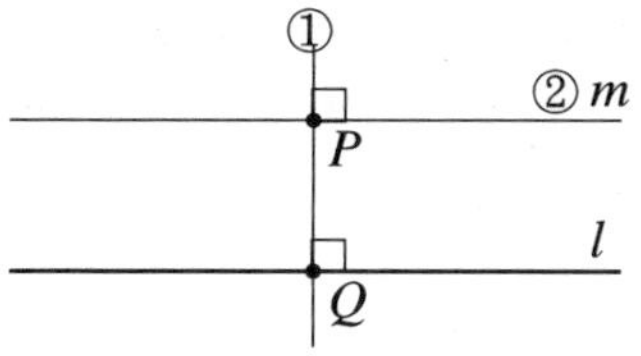

기본 작도 [I] 이용하여 작도

[III] 한 선분 $\overline{AB}$에 대하여 직선 l 위의 점 P에서 $\overline{PQ}=\overline{AB}$인 점 Q를 작도하기

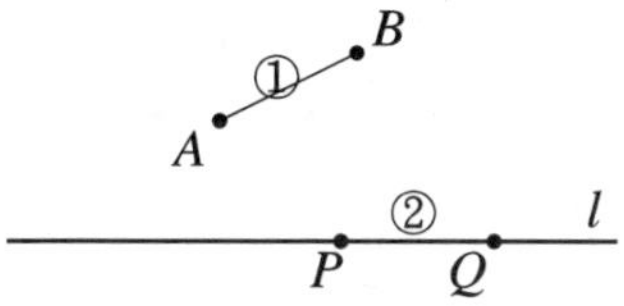

① 컴퍼스로 선분 $\overline{AB}$의 길이 재서
② 직선 l 위의 선분 $\overline{PQ}$로 옮김

정리 8.3.2 *좌표평면 위에서 다음이 성립한다.*

(1) 점 $P(u, 0)$가 작도가능 $\Longrightarrow$ $P'(-u, 0)$과 $Q(0, u)$도 작도가능
(2) 점 $Q(0, u)$가 작도가능 $\Longrightarrow$ $P(u, 0)$과 $Q'(0, -u)$도 작도가능
(3) 점 $P(u, v)$가 작도가능 $\Longleftrightarrow$ 점 $P_1(u, 0)$과 점 $P_2(0, v)$도 작도가능

(증명) (1)과 (2) 아래 그림과 같이 원점을 중심으로 반지름이 u인 원을 그리면 정리가 성립한다.

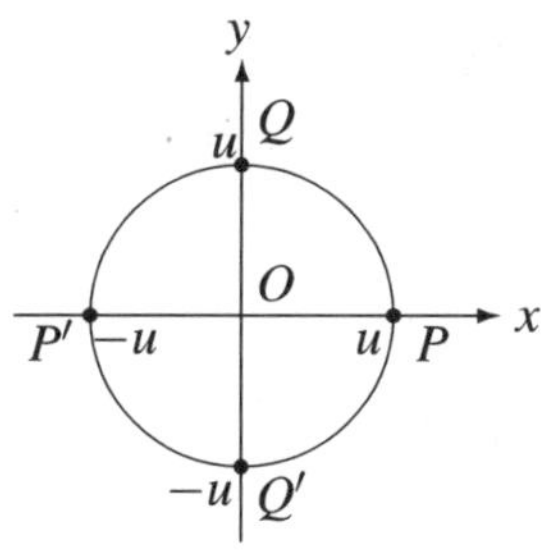

① 점 O를 중심으로 반지름이 u인 원을 그리면,
② x축과의 교점은 $P(u, 0)$, $P'(-u, 0)$
③ y축과의 교점은 $Q(0, u)$, $Q'(0, -u)$
이므로 $P(u, 0)$, $P'(-u, 0)$, $Q(0, u)$, $Q'(0, -u)$ 작도가능

(3)

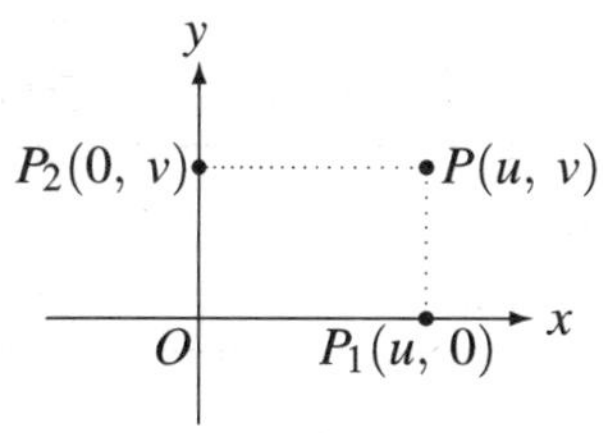

① $P(u, v)$가 작도가능하면 x축과 y축에 평행선을 그리면,
② x축과의 교점은 $P_1(u, 0)$이고 y축과 교점은 $P_2(0, -u)$
③ 역 방향도 같은 방법으로 작도할 수 있다. ■

예 8.3.3 무리수 $\sqrt{2}$는 작도가능하다. 정리 8.3.2에 의하여 $P(1, 1)$가 작도가능하므로 원점 O와의 거리 $\overline{OP}$의 길이 $\sqrt{2}$는 작도가능하다. 이 방법을 계속 사용하면, $\sqrt{3}$, $\sqrt{4}$, $\sqrt{5}$, $\cdots$ 모두 작도가능하다.

정리 8.3.4 *실수 $\alpha, \beta \in \mathbb{R}$에 대하여 다음이 성립한다.*

α, β가 작도가능 $\Longrightarrow$ $\alpha+\beta$, $\alpha-\beta$, $\alpha\beta$, $\alpha/\beta(\beta \neq 0)$도 작도가능

※ 즉, 작도 가능한 실수 전체 집합 F는 실수체 $\mathbb{R}$의 부분체이다.

(증명) α, β가 작도가능하면, 길이가 각각 $|\alpha|$, $|\beta|$인 두 선분이 주어졌음을 의미한다. 다음과 같이 4칙연산에 대한 작도를 하면 된다.

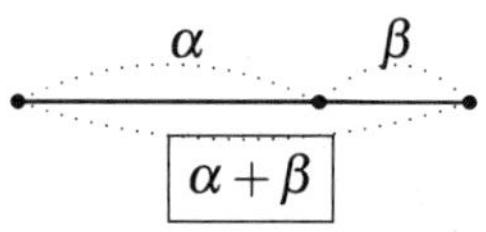

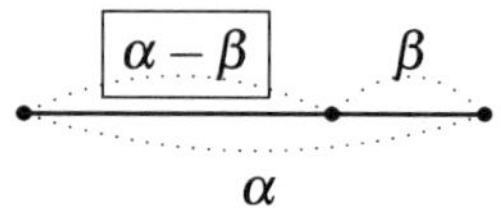

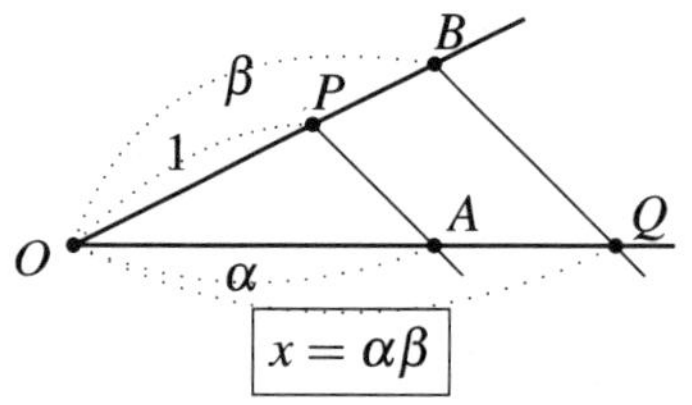

① 두 직선이 예각으로 만나도록 그린다.
② 평행선 $AP//BQ$를 작도한다.
③ 비례식에서 $1:\beta = \alpha : x \Longrightarrow x = \alpha\beta$

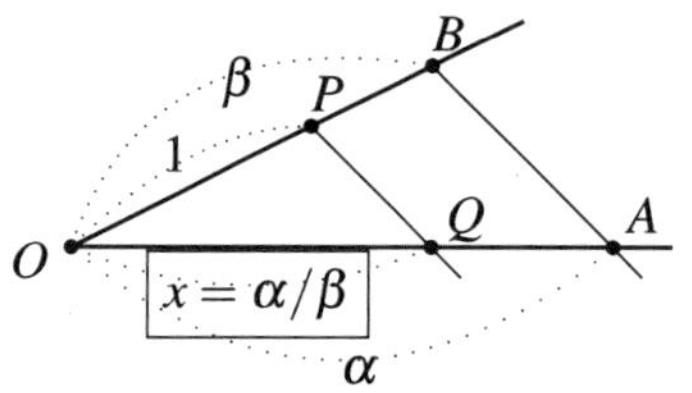

① 두 직선이 예각으로 만나도록 그린다.
② 평행선 $PQ//AB$를 작도한다.
③ 비례식에서 $1:\beta = x:\alpha \Longrightarrow x = \alpha/\beta$

따라서 작도 가능한 실수 전체 집합 F는 실수체 $\mathbb{R}$의 부분체이다. ■

정리 8.3.5 *실수체 $\mathbb{R}$에서 $F = \{\alpha \in \mathbb{R} \mid \alpha$는 작도가능$\}$이라 하면, 다음이 성립한다.*

(1) F는 실수체 $\mathbb{R}$의 부분체이다. 또 $\mathbb{Q} \subset F \subset \mathbb{R}$이다.
(2) $u(\geq 0)$가 작도가능이면, $\sqrt{u}$도 작도가능이다.

(증명) (1) 정리 8.3.4에 의하여 성립한다. 특히 $1 \in F$이고 F가 체이므로 $\mathbb{Q} \subset F \subset \mathbb{R}$이다.

(2) 먼저 $u = 0$이면, $\sqrt{0} = 0$이므로 $\sqrt{u} \in F$이다.

다음에 $u \in F$, $u > 0$이라 하자. 그리고 다음 그림처럼 작도하자.

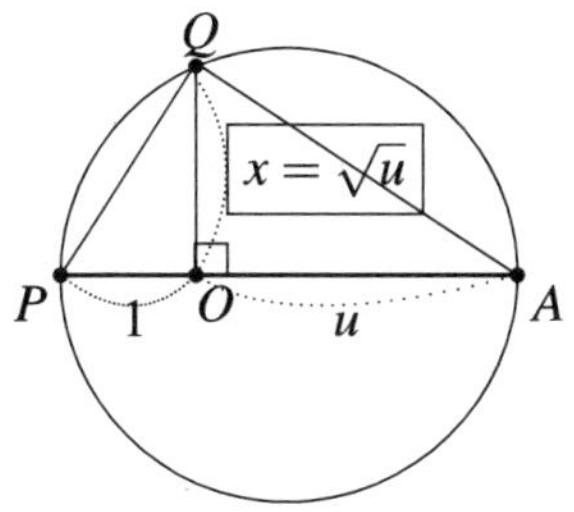

① 선분 $\overline{AP}$를 지름 $1+u$로 하는 원을 그린다.
② $|\overline{PO}|=1$인 점 O에서 수직선 $\overline{OQ}$와 원의 교점을 Q라 한다.
③ 직각 삼각형의 비례식에서 $1:x=x:u \implies x=\sqrt{u}$

위의 작도에서 $\sqrt{u}\in F$이다. ■

정리 8.3.6 *작도가능한 실수들의 체 F에 대하여 다음이 성립한다.*

작도가능한 실수들의 체 F의 원소는 유리수 $\mathbb{Q}$로부터 시작하여 유한 번 양수들의 제곱근을 연속적으로 취하고 유한 번의 체의 연산을 시행하여 얻을 수 있는 모든 실수로 구성된다.

(증명) 정리 8.3.4에 의하여 유리수는 작도가능하다. 따라서 직교좌표에서 유리수 점 $(\alpha,\ \beta)$는 작도가능한 점이다. 또한 기하학적으로 보면 눈금 없는 자는 직선을 그을 수 있으며, 컴퍼스로는 원을 그릴 수 있다. 이를 좌표 평면에서 보면, 자(두 유리수 점을 지나는 직선)는 유리수 계수 1차식으로 나타낼 수 있고, 컴퍼스(유리수 점을 중심으로 하고 반지름이 유리수인 원)는 유리수 계수 원의 방정식으로 나타낼 수 있다.

따라서 작도가능한 유리수 $\alpha,\ \beta\in\mathbb{Q}$를 이용하여 새로운 작도가능한 수 $\gamma\in F$를 찾는 방법은 다음 3가지가 있다. 단, $a,\ b,\ c,\ a',\ b',\ c'\in\mathbb{Q}$이다.

1) 두 직선 ①과 ②의 교점 $P(u,\ v)$를 구하자. 두 직선이 평행이 아니므로 $(ab'-a'b\neq 0)$이고, $u,\ v$는 작도가능하다.

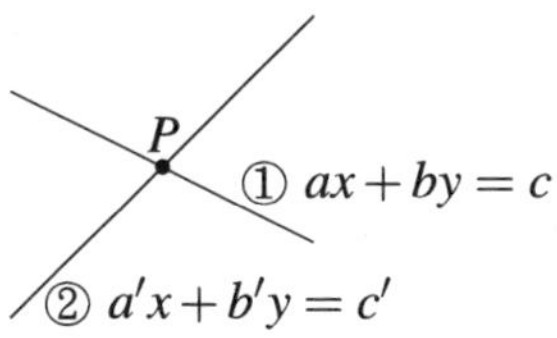

①과 ②의 교점 $P(u,\ v)$를 구하면,
$u=(bc'-b'c)/(ab'-a'b)\in\mathbb{Q}$
$v=(ac'-a'c)/(ab'-a'b)\in\mathbb{Q}$

가 되어 유리수 교점을 갖는다. 그러면 $[\mathbb{Q}(u):\mathbb{Q}]=[\mathbb{Q}(v):\mathbb{Q}]=[\mathbb{Q}:\mathbb{Q}]=1$이다.

2) 직선 ①과 원 ②의 교점 $P(u,\ v)$를 구하자. 직선과 원이 만나므로 실근이 존재하고, $u,\ v$는 작도가능하다. 중심이 유리수 점 $(a,\ b)$이고 반지름이 유리수 r인 원 방정식은 다음과 같은 유리수 계수 방정식으로 표현 가능하다.

$$(x-a)^2+(y-b)^2=r^2 \implies x^2+y^2+a'x+b'y+c'=0\ (a'=-2a,\ b'=-2b,\ c'=a^2+b^2-r^2)$$

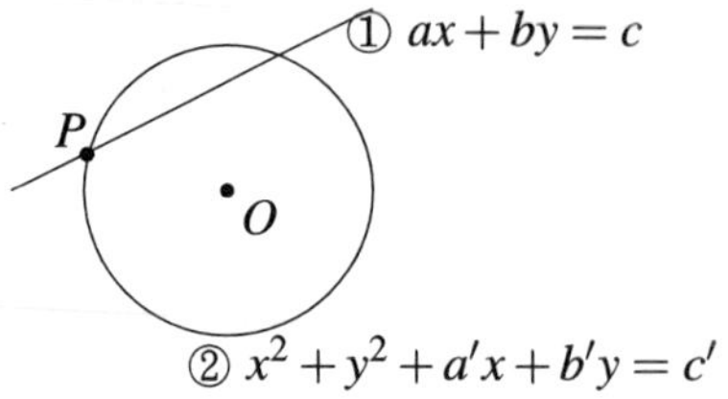

①과 ②의 교점 $P(u,\ v)$를 구하면,
$u=m\pm n\sqrt{q},\ (\exists\, m,\ n,\ q(\geq 0)\in\mathbb{Q})$
$v=m'\pm n'\sqrt{q},\ (\exists\, m',\ n',\ q(\geq 0)\in\mathbb{Q})$

그러면 $\mathbb{Q}(u)=\mathbb{Q}(v)=\mathbb{Q}(\sqrt{q})$이다. 이때 $\sqrt{q}\in\mathbb{Q}$이면, $[\mathbb{Q}(\sqrt{q}):\mathbb{Q}]=[\mathbb{Q}:\mathbb{Q}]=1$이고, $\sqrt{q}\notin\mathbb{Q}$이면, $(\sqrt{q})^2\in\mathbb{Q}$이므로 $[\mathbb{Q}(\sqrt{q}):\mathbb{Q}]=2$이다.

3) 두 원 ①과 ②의 교점 $P(u,\ v)$를 구하자. 두 원이 만나므로 실근이 존재하고, $u,\ v$는 작도 가능하다.

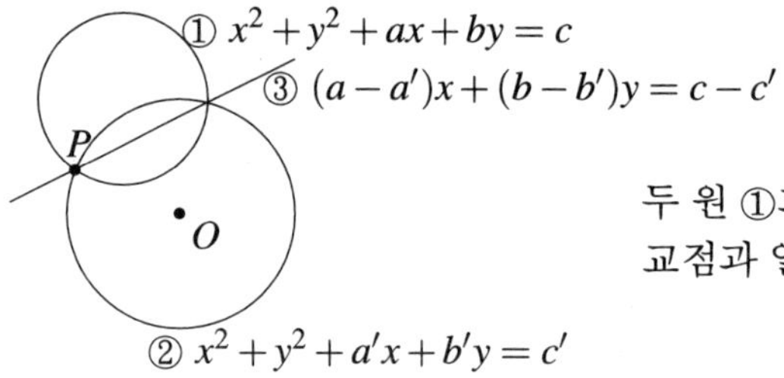

두 원 ①과 ②의 교점은 원 ①과 직선 ③의 교점과 일치하므로 2)의 경우와 같다.

그러므로 작도가능한 실수 α는 $\mathbb{Q}$에서 시작하여 유한 번의 양수의 제곱근을 연속으로 취하고, 체의 유한 번의 연산을 하여 얻을 수 있다. ■

> **정리 8.3.7** *작도가능한 실수 $\gamma\in\mathbb{R}$에 대하여 다음이 성립한다.*
>
> (1) γ는 대수적인 수이다.
>
> (2) $[\mathbb{Q}(\gamma):\mathbb{Q}]=\deg(\gamma,\ \mathbb{Q})=2^m$ $(\exists\, m\geq 0)$

(증명) 정리 8.3.6에 의하여 γ가 유리수에서 출발하여 유한 번의 작도하여 $\alpha_1,\ \cdots,\ \alpha_n=\gamma$인 대수적 수 α_i가 존재하므로 γ는 대수적인 수이다. 또한 $[\mathbb{Q}(\alpha_1,\ \cdots,\ \alpha_i):\mathbb{Q}(\alpha_1,\ \cdots,\ \alpha_{i-1})]=1$ 또는 2이다. 그리고 $\mathbb{Q}<\mathbb{Q}(\gamma)<\mathbb{Q}(\alpha_1,\ \cdots,\ \alpha_n)$이다.

한편 정리 8.2.3에 의하여 적당한 음이 아닌 정수 k에 대하여

$$\begin{aligned}&[\mathbb{Q}(\alpha_1,\cdots,\alpha_n):\mathbb{Q}(\gamma)][\mathbb{Q}(\gamma):\mathbb{Q}]\\=&[\mathbb{Q}(\alpha_1,\cdots,\alpha_n):\mathbb{Q}]\\=&[\mathbb{Q}(\alpha_1,\cdots,\alpha_n):\mathbb{Q}(\alpha_1,\cdots,\alpha_{n-1})]\cdots[\mathbb{Q}(\alpha_1):\mathbb{Q}]\\=&2^k\end{aligned}$$

이므로, $[\mathbb{Q}(\gamma):\mathbb{Q}]=2^m$ $(m\geq 0)$이다. ■

예 8.3.8 정리 8.3.7의 역은 성립하지 않는다. 예를 들어, 유리수체 $\mathbb{Q}$ 위에서 기약인 4차 방정식 $x^4-x-1=0$의 근 γ를 구할 때, '세제곱근'이 필요하며 제곱근으로 표현할 수 없어 작도 불가능하다(정리 8.3.6). 즉,

$$[\mathbb{Q}(\gamma):\mathbb{Q}] = \deg(\gamma, \mathbb{Q}) = 2^2$$

이지만, γ는 작도 불가능하다. $x^4-x-1=0$는 두 실근과 두 허근을 가진다.

실제로 두 실근은 다음과 같다. $\alpha = \sqrt[3]{\frac{9+\sqrt{849}}{18}}$, $\beta = \sqrt[3]{\frac{2}{3(9+\sqrt{849})}}$ 일 때,

$$x = \frac{1}{2}\left(\sqrt{\alpha-4\beta} \pm \sqrt{4\beta-\alpha+\frac{2}{\sqrt{\alpha-4\beta}}}\right)$$

또한 두 허근은 다음과 같다.

$$x = \frac{1}{2}\left(\pm\sqrt{\alpha-4\beta} - \sqrt{4\beta-\alpha-\frac{2}{\sqrt{\alpha-4\beta}}}\right)$$

따라서 γ는 대수적 수이지만 작도불가능하다.

앞의 사실을 이용하여 3대 작도불능문제를 대수적으로 해결하여 보자.

3대 작도불가능 문제 중 2문제(2배의 부피를 갖는 정육면체 작도와 임의각의 3등분 문제)는 프랑스의 방첼(프: Pierre-Laurent Wantzel, 1814-1848)이 1837년에 해결하였고, 나머지 문제인 원과 같은 면적을 갖는 정사각형 작도문제는 1882년에 π가 초월수라는 것을 증명한 독일의 린데만(독: Carl Louis Ferdinand von Lindemann, 1852-1939)에 의해 해결되었다.

정리 8.3.9 *(1837, 방첼: Wantzel) 정6면체에 대하여 다음이 성립한다.*

> 정육면체의 2배의 부피를 갖는 정육면체 작도는 불가능하다.

(증명) 작도한 정육면체의 한변의 길이를 x라 하면 $x^3=2$인 $x=\sqrt[3]{2}$를 구하는 것과 같다. $\sqrt[3]{2}$가 작도가능하면, 정리 8.3.7에 의하여 $[\mathbb{Q}(\sqrt[3]{2}):\mathbb{Q}] = 2^m$이다. 하지만 x^3-2는 $p=2$일 때, Eisenstein 기약 판정에 의해 $\mathbb{Q}$ 위에서 기약이다. 따라서

$$3 = \deg(\sqrt[3]{2}, \mathbb{Q}) = [\mathbb{Q}(\sqrt[3]{2}):\mathbb{Q}] = 2^m$$

이다. 이것에서 $3|2^m$이므로 모순이다. 따라서 $\sqrt[3]{2}$은 작도불가능하다. ■

정리 8.3.10 *(1882, 린데만: Lindemann) 원과 정사각형에 대하여 다음이 성립한다.*

> 원과 같은 면적을 가진 정사각형의 작도는 불가능하다.

(증명) 원의 반지름이 1인 원은 작도가능하고 면적은 π이다. 따라서 같은 면적을 갖는 정사각형을 작도하려면 한 변이 $\sqrt{\pi}$인 정사각형을 작도해야 한다. 즉, $\sqrt{\pi}$가 작도가능해야만 하고 $\sqrt{\pi}$는 대수적 수이어야 한다. 하지만, $\sqrt{\pi}$는 초월수이므로 작도불가능하다(문제 8.1.18). ■

정리 8.3.11 *(1837, 방첼: Wantzel) 각의 분할에 대하여 다음이 성립한다.*

3등분이 불가능한 각이 존재한다.

(증명) $60°$가 3등분 불가능함을 보이자. 즉, $20°$가 작도불가능함을 보이자.

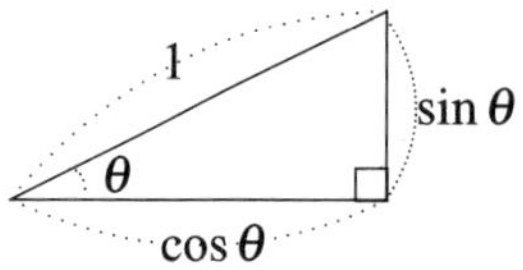

θ가 작도가능할 필요충분조건은
$\cos\theta$가 작도가능할 때이다.
($\sin\theta$도 작도가능하다).

$\alpha = 20°$가 작도불가능하면 $\cos 20°$도 작도불가능하므로, $\cos 20°$가 작도불가능함을 보이자.

$$\begin{aligned}\frac{1}{2} &= \cos 60° = \cos 3\alpha = \cos(\alpha + 2\alpha) \\ &= \cos\alpha\cos 2\alpha - \sin\alpha\sin 2\alpha \\ &= \cos\alpha(\cos\alpha\cos\alpha - \sin\alpha\sin\alpha) - \sin\alpha(\sin\alpha\cos\alpha + \cos\alpha\sin\alpha) \\ &= \cos^3\alpha - 3\sin^2\alpha\cos\alpha \\ &= 4\cos^3\alpha - 3\cos\alpha\end{aligned}$$

이므로 $\cos\alpha$는 $4x^3 - 3x - \frac{1}{2} = 0$의 해이다. 즉, $8x^3 - 6x - 1 = 0$의 해이다.

한편 ± 1, $\pm\frac{1}{2}$, $\pm\frac{1}{4}$, $\pm\frac{1}{8}$은 이 방정식의 해가 되지 않으므로 $\mathbb{Q}$ 위에서 기약다항식이다(정리 5.6.4). 그러면 정리 8.1.17에 의하여

$$3 = \deg(\cos\alpha, \mathbb{Q}) = [\mathbb{Q}(\cos\alpha) : \mathbb{Q}]$$

이므로 정리 8.3.7에 의하여 $\cos\alpha$는 작도불가능하다. 따라서 $\alpha = 20°$가 작도불가능하므로 $60°$의 3등분하는 작도는 불가능하다. ■

정리 8.3.12 *정수 $n(\geq 3)$에 대하여 다음은 동치이다.*

정n각형이 작도가능 $\Longleftrightarrow$ $\begin{cases} ① \ n = 2^m \ (m \geq 2) & \text{또는} \\ ② \ n = 2^k p_1 \cdots p_r \ (k \geq 0) & (p_1, \cdots, p_r\text{은 서로 다른 Fermat 소수}) \end{cases}$

(증명) 정리 9.5.16에서 증명한다.

Fermat 소수는 $F_r = 2^{2^r} + 1$ $(r \geq 0)$ 형태로, 현재까지 알려진 Fermat 소수는 3, 5, 17, 257, 65537뿐이다. ■

임용시험 출제 8.3.13 [1997학년도] 고대 그리스의 3대 작도 문제가 근대에 와서야 작도 불가능한 것으로 알려지게 되었다. 3대작도 문제가 무엇인지 쓰고(2점), 각각에 대해서 작도가 불가능한 이유를 갈루아(Galois) 이론의 입장에서 간략히 서술하시오.(3점)

연 습 문 제 (8.3)

1. 다음 실수는 작도가능한 실수임을 밝혀라.

(1) $\sqrt{2}+\sqrt{3}$ (2) $\sqrt[4]{3}$ (3) $\sqrt{3+\sqrt[4]{2}}$

2. 자연수 n중에서 가장 작은 작도가능한 각 $n°$를 구하라. [참조: 각 1°를 작도한다는 것은 정360각형을 작도하는 것과 같다.]

3. 정9각형은 작도가능하지 않음을 정리 8.3.11을 이용하여 보여라.

4. 30°는 작도가능함을 대수적으로 보여라.

5. 원에 내접하는 정육각형과 정삼각형을 작도하는 방법을 이용하여 그 크기가 90°인 각과 45°인 각을 삼등분할 수 있음을 밝혀라.

6. 양의 실수 a, b가 작도가능이면 $\sqrt{ab}$도 작도가능임을 보여라.

7. $\omega = \cos\frac{2\pi}{5} + i\sin\frac{2\pi}{5}$에 대하여 다음 물음에 답하라.

(1) ω는 x^5-1의 근임을 보여라.

(2) ω는 $p(x) = x^4+x^3+x^2+x+1$의 근임을 보여라.

(3) $\omega^2+\omega+1+\omega^{-1}+\omega^{-2}=0$임을 보여라.

(4) $\cos\frac{2\pi}{5}$는 $4x^2+2x-1$의 근임을 보여라.

(5) 정5각형은 작도가능함을 보여라.

8. x^4-3x^2+1의 근은 모두 작도 가능함을 보여라.

9. 차수가 $\deg(p(x)) \neq 2^n$인 기약다항식 $p(x) \in \mathbb{Q}[x]$의 근 a는 작도불가능함을 보여라.

8.4 유한체

이 절에서는 유한체의 구조에 관해 논한다. 본질적으로 원소수가 같은 유한체는 모두 동형이 되어 대수적 구조로서는 한 가지 종류밖에 없다.

유한체 F의 표수는 소수 $\operatorname{char}(F) = p$이며(정리 6.3.7, 예 6.3.10), 소체 $\mathbb{Z}_p < F$을 부분체로 가지고 있다(정리 6.3.8). 또한 정리 5.5.8에 의하여 $(F^*, \cdot)$는 곱셈 순환군이다.

보조정리 8.4.1 *체 F의 표수가 p이면, 모든 $\alpha, \beta \in F$에 대하여 다음이 성립한다.*

모든 양의 정수 n에 대하여 $(\alpha+\beta)^{p^n} = \alpha^{p^n} + \beta^{p^n}$

(증명) 정리 5.6.18의 증명에서

$$p \left| \binom{p^n}{i} \right. \ (1 \leq i < p^n)$$

이므로

$$(\alpha+\beta)^{p^n} = \alpha^{p^n} + \binom{p^n}{1}\alpha^{p^n-1}\beta + \cdots + \binom{p^n}{p^n-1}\alpha\beta^{p^n-1} + \beta^{p^n} = \alpha^{p^n} + \beta^{p^n}$$

이다. ■

정리 8.4.2 *위수 q인 유한체 F의 유한 확대체 E에 대하여 다음이 성립한다.*

$$[E:F] = n \implies |E| = q^n = |F|^n$$

(증명) 체 E는 F 위의 n차원 벡터공간이므로 E의 기저를 $\{\alpha_1, \cdots, \alpha_n\}$이라 하면,

$$E = \{x_1\alpha_1 + \cdots + x_n\alpha_n \mid x_1, \cdots, x_n \in F\}$$

이다. 따라서 $|E| = q^n$이다. ■

정리 8.4.3 *유한체 F의 표수가 p이면 다음이 성립한다.*

$|F| = p^n$인 양의 정수 $n \in \mathbb{N}$이 존재한다.

(증명) 체 F의 표수가 p이므로, 정리 6.3.8에 의하여 소체 $\mathbb{Z}_p < F$가 존재한다. 그러면 체 F가 유한체이므로 $[F:\mathbb{Z}_p] = n$인 양의 정수 $n \in \mathbb{N}$이 존재한다. 따라서 정리 8.4.2에 의하여 $|F| = p^n$이다. ■

정의 8.4.4 [*Galois 체(Galois field)*]

유한체 F의 표수 p와 양의 정수 n에 대하여 $q = p^n$이라 할 때,

F가 위수 q인 **Galois 체**(Galois field), $\mathbb{F}_q$ 또는 GF(q)라 표기	$\overset{\text{정의}}{\Longleftrightarrow}$	$\lvert F\rvert = q = p^n$

※ $\mathbb{F}_p = \mathbb{Z}_p = \{0, 1, \cdots, p-1\}$이고 $\mathbb{F}_p \subset \mathbb{F}_q$이다(정리 6.3.8).

정리 8.4.5 *유한체 $\mathbb{F}_{p^n}$과 소체 $\mathbb{Z}_p$의 대수적 폐포 $\overline{\mathbb{Z}_p}$에 대하여 다음이 성립한다.*

(1) $\mathbb{F}_{p^n} \subset \overline{\mathbb{Z}_p}$

(2) $\mathbb{F}_{p^n} = \{\alpha \in \overline{\mathbb{Z}_p} \mid \alpha$는 $x^{p^n} - x \in \mathbb{Z}_p[x]$의 근$\}$

(증명) (1) $\mathbb{F}^*_{p^n} = \mathbb{F}_{p^n} - \{0\}$ 이라 하자. 그러면 곱셈군 $(\mathbb{F}^*_{p^n}, \cdot)$은 위수 $\lvert\mathbb{F}^*_{p^n}\rvert = p^n - 1$인 순환군이다(정리 5.5.8). 그러면 Lagrange 정리에 의하여 모든 원소 $\alpha \in \mathbb{F}^*_{p^n}$에 대하여

$$|\alpha| \mid (p^n-1) \implies \alpha^{p^n-1} = 1 \implies \alpha^{p^n} = \alpha \implies \alpha^{p^n} - \alpha = 0$$

이다. 따라서 α는 $x^{p^n} - x \in \mathbb{Z}_p[x]$의 근이다.

(2) 0은 $x^{p^n} - x$의 근이다. 그러므로 (1)에 의하여

$$\mathbb{F}_{p^n} \subset \{\alpha \in \overline{\mathbb{Z}_p} \mid \alpha\text{는 } x^{p^n} - x\text{의 근}\}$$

이다. 한편 $x^{p^n} - x$의 해의 개수는 p^n개 이하이다(따름정리 5.5.6). 따라서

$$p^n = |\mathbb{F}_{p^n}| \le \left|\{\alpha \in \overline{\mathbb{Z}_p} \mid \alpha\text{는 } x^{p^n} - x\text{의 근}\}\right| \le p^n$$

이다. 그러므로 $\mathbb{F}_{p^n} = \{\alpha \in \overline{\mathbb{Z}_p} \mid \alpha$는 $x^{p^n} - x$의 근$\}$이다. ■

정의 8.4.6 [*원시원소(primitive element, 原始元素)*]

유한체 $\mathbb{F}_{p^n}$과 원소 $\alpha \in \mathbb{F}_{p^n}$과 소체 $\mathbb{Z}_p$ 위의 n차 다항식 $f(x) \in \mathbb{Z}_p[x]$에 대하여

α가 $\mathbb{F}_{p^n}$의 **원시원소**(primitive element)	$\overset{\text{정의}}{\Longleftrightarrow}$	$\mathbb{F}^*_{p^n} = \langle\alpha\rangle = \{1, \alpha, \cdots, \alpha^{p^n-2}\}$, $\alpha^{p^n-1} = 1$
$f(x)$가 $\mathbb{F}_p(=\mathbb{Z}_p)$ 위의 n차 **원시다항식** (primitive polynomial, 原始多項式)	$\overset{\text{정의}}{\Longleftrightarrow}$	체 $\mathbb{F}_q$의 원시원소 α에 대하여 $f(x)$가 $f(\alpha) = 0$인 모닉 기약다항식

예 8.4.7 [원시원소] 예 8.1.19에서 논한 위수 $4 = 2^2$인 유한체에 대해 생각하자.

$$\mathbb{F}_{2^2} = \{a\alpha + b \mid a,\ b \in \mathbb{Z}_2,\ \alpha^2 + \alpha + 1 = 0\} = \{0, 1, \alpha, \alpha + 1 \mid \alpha^2 = \alpha + 1\}$$

$$\mathbb{F}^*_{2^2} = \{1, \alpha, \alpha^2\} = \langle\alpha\rangle = \langle\alpha^2\rangle,\ \alpha^3 = \alpha^2 + \alpha = 1$$

체 $\mathbb{F}_{2^2}$의 두 원소 α, α^2은 $\mathbb{F}_{2^2}$의 원시원소이고, $f(x) = x^2 + x + 1 \in \mathbb{Z}_2[x]$는 체 $\mathbb{F}_2(=\mathbb{Z}_2)$ 위의 2차 원시다항식이다.

또한 $\mathbb{Z}_2$ 위에서 기약인 3차 다항식

$$f(x) = x^3 + x + 1 \in \mathbb{Z}_2[x]$$

의 한 해를 α라 하면 예 8.1.19에서와 같이 위수 8인 유한체 $\mathbb{F}_{2^3}$을 구할 수 있다. 즉,

$$\begin{aligned}\mathbb{F}_{2^3} &= \{a\alpha^2 + b\alpha + c \mid a,\ b,\ c \in \mathbb{Z}_2,\ \alpha^3 + \alpha + 1 = 0\} \\ &= \{0,\ 1,\ \alpha,\ \alpha+1,\ \alpha^2,\ \alpha^2+1,\ \alpha^2+\alpha,\ \alpha^2+\alpha+1 \mid \alpha^3 = \alpha+1\} \\ \mathbb{F}_{2^3}^* &= \{1,\ \alpha,\ \alpha+1,\ \alpha^2,\ \alpha^2+1,\ \alpha^2+\alpha,\ \alpha^2+\alpha+1\} \\ &= \langle\alpha\rangle = \langle\alpha^2\rangle = \langle\alpha^3\rangle = \langle\alpha^4\rangle = \langle\alpha^5\rangle = \langle\alpha^6\rangle,\ \alpha^3 = \alpha+1\end{aligned}$$

체 $\mathbb{F}_{2^3}$의 여섯 원소 $\alpha,\ \alpha^2,\ \cdots,\ \alpha^6$은 $\mathbb{F}_{2^3}$의 원시원소이고, $f(x) = x^3 + x + 1 \in \mathbb{Z}_2[x]$는 체 $\mathbb{F}_2(=\mathbb{Z}_2)$ 위의 3차 원시다항식이다.

정의 8.4.8 [*원시 n제곱근(primitive n-th root)*]

체 F의 원소 $\alpha \in F$와 양의 정수 n에 대하여

α가 1(단위원)의 n**제곱근**(n-th root)	$\overset{\text{정의}}{\Longleftrightarrow}$	$\alpha^n = 1$ 즉 α가 $x^n - 1$의 근
α가 1(단위원)의 **원시** n**제곱근**(primitive n-th root)	$\overset{\text{정의}}{\Longleftrightarrow}$	$\lvert\alpha\rvert = n$

※ 유한체 $\mathbb{F}_q$의 0이 아닌 모든 원소는 1의 $(q-1)$제곱근이고(Lagrange 정리),
유한체 $\mathbb{F}_q$의 원시원소는 1의 원시 $(q-1)$제곱근이다.

※ 원시 n제곱근은 정수론에서 법 n에 관한 **원시근**(primitive root, 原始根)을 일반화한 개념

정리 8.4.9 *체 F에서 단위원 1의 n**제곱근** 전체 집합*

$$U_n = \{u \in F \mid u^n = 1\} = \{u \in F \mid u\text{는 } x^n - 1 = 0\text{의 근}\}$$

에 대하여 다음이 성립한다.

U_n은 $1 \le |U_n| \le n$인 곱셈 순환군. 즉, $U_n = \langle\alpha\rangle$, $|\alpha|\,\big|\,n$인 $\alpha \in F$가 존재.

(증명) 분명히 $1 \in U_n$이고, 따름정리 5.5.6에 의하여 n개 이하의 근을 갖는다. 따라서 $1 \le |U_n| \le n$이다.

한편 임의의 $u,\ v \in U_n$에 대하여

$$(uv^{-1})^n = u^n(v^n)^{-1} = 1 \cdot 1^{-1} = 1$$

이므로 $uv^{-1} \in U_n$이고 따라서 U_n은 곱셈군 F^*의 유한 부분군이다.

그러므로 정리 5.5.8(2)에 의하여 U_n은 순환군이 된다. 또한 $\alpha^n = 1$이므로 $|\alpha|\,\big|\,n$이다(정리 2.3.3). ■

예 8.4.10 [원시 제곱근] 다항식 $x^n - 1 \in \mathbb{Q}[x]$에 대하여 다음이 성립한다.

(1) 복소수체 $\mathbb{C}$ 안에서

$$\alpha = e^{\frac{2\pi i}{n}} = \cos\frac{2\pi}{n} + i\sin\frac{2\pi}{n}$$

은 단위원 1의 **원시 n제곱근**이다.

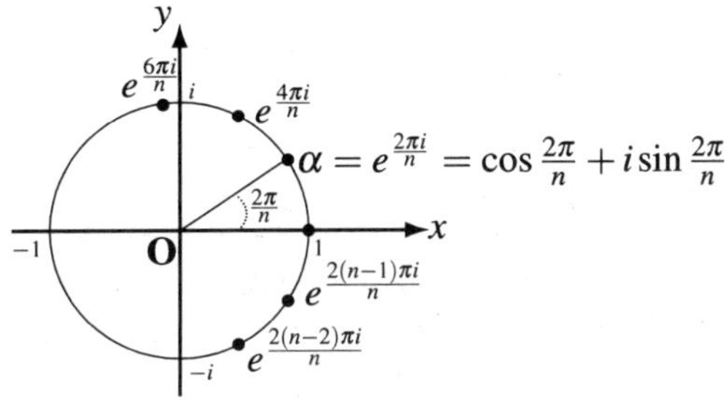

실제로 $e^{\frac{2\pi i}{n}}$은 다항식 $x^n - 1$의 근이고 복소소체 $\mathbb{C}$ 안에서 단위원 1의 n제곱근 전체 집합을

$$U_n = \{u \in \mathbb{C} \mid u^n = 1\} = \{u \in \mathbb{C} \mid u\text{는 } x^n - 1 = 0\text{의 근}\}$$

이라 하면, 다음이 성립한다.

$$U_n = \langle \alpha \rangle = \{1,\ \alpha,\ \cdots,\ \alpha^{n-1}\}, \quad |\alpha| = n$$

(2) 실수체 $\mathbb{R}$ 안에서 1의 3제곱근은 1이고, 4제곱근은 ± 1이다. 따라서 실수체 $\mathbb{R}$ 안에서 1의 원시 3제곱근과 원시 4제곱근은 존재하지 않는다.

하지만, $\mathbb{Q}$의 대수적 폐포 $\overline{\mathbb{Q}}$ 안에서는 1의 원시 3제곱근과 원시 4제곱근은 존재한다.

(3) 표수 p(소수)인 체 위의 다항식 $x^p - 1 = (x-1)^p \in F[x]$의 p제곱근은 1뿐이므로 F의 대수적 폐포 $\overline{F}$에서 원시 p제곱근은 존재하지 않는다.

정리 8.4.11 *체 F 안에서 1의 원시 n제곱근 $\alpha \in F$가 존재할 때, 다음이 성립한다.*

(1) 체 F에서 단위원 1의 n제곱근 전체 집합 U_n은 다음과 같다. 즉, U_n은 곱셈 순환군이다.

$$U_n = \langle \alpha \rangle = \{1,\ \alpha,\ \cdots,\ \alpha^{n-1}\}, \quad |\alpha| = n, \quad |U_n| = n$$

(2) 체 F에서 단위원 1의 원시 n제곱근 전체 집합 P_n은 다음과 같다.

$$P_n = \{\alpha^i \mid \gcd(n,\ i) = 1,\ 0 \le i \le n-1\}, \quad |P_n| = \varphi(n)$$

(3) n의 임의의 양의 약수 d에 대하여 $\alpha^{\frac{n}{d}}$은 F 안에서 단위원 1의 원시 d 제곱근이고, F 안에서 단위원 1의 d제곱근 전체의 집합 U_d는 다음과 같다.

$$U_d = \langle \alpha^{\frac{n}{d}} \rangle = \{1,\ \alpha^{\frac{n}{d}},\ \cdots,\ \alpha^{\frac{n}{d}(d-1)}\}, \quad |U_d| = d$$

(증명) (1) α가 1의 원시 n제곱근이면, $\langle \alpha \rangle \subset U_n$이고 $n = |\langle \alpha \rangle| \le |U_n| \le n$(정리 8.4.9)이므로, 다음이 성립한다.

$$\langle \alpha \rangle = U_n, \quad |\alpha| = n, \quad |U_n| = n$$

(2) α^i가 1의 원시 n제곱근일 필요충분조건은 $|\alpha^i| = n$인 것이다. 이 조건은 따름정리 2.3.12에 의하여 $\gcd(n, i) = 1$이므로 (2)가 성립한다.

(3) 정리 2.3.4에 의하여

$$\left|\alpha^{\frac{n}{d}}\right| = \frac{|\alpha|}{\gcd\left(n, \frac{n}{d}\right)} = \frac{n}{\frac{n}{d}} = d$$

이므로 $\alpha^{\frac{n}{d}}$은 1의 원시 d제곱근이고, 따라서 (1)에 의하여 (3)이 성립한다. ■

정리 8.4.12 *유한체 F에 대하여 다음이 성립한다.*

$(F^*, \cdot) = \langle \alpha \rangle$가 곱셈 순환군이 되는 원시원소(생성원) $\alpha \in F$가 존재

(증명) 정리 5.5.8 참조. ■

정리 8.4.13 *유한체 F의 유한 확대체 E에 대하여 다음이 성립한다.*

E는 F의 단순 확대체, 즉, $E = F(\alpha)$인 원시원소 $\alpha \in E$가 존재

(증명) $\alpha \in E$가 순환군 E^*의 생성원(정리 8.4.12)이면, $E = F(\alpha)$가 성립한다. ■

정리 8.4.14 *유한체 $\mathbb{F}_{p^n}$의 원시원소 α와 정수 i에 대하여 다음이 성립한다.*

(1) α^i가 $\mathbb{F}_{p^n}$의 원시원소 $\iff$ $\gcd(i, p^n - 1) = 1$

(2) α가 $\mathbb{F}_p$ 위의 n차 원시다항식 $f(x) \in \mathbb{F}_p[x]$의 해라 하면,
$f(x)$는 $\mathbb{F}_{p^n}$ 안에서 서로 다른 n개의 원시원소인 해 $\alpha, \alpha^p, \alpha^{p^2}, \cdots, \alpha^{p^{n-1}}$이 존재

(3) 체 $\mathbb{F}_{p^n}$ 위의 원시원소의 전체의 개수는 $\phi(p^n - 1)$개이고,
또, $\mathbb{F}_{p^n}$ 위의 n차 원시다항식의 전체의 개수는 $\dfrac{\phi(p^n-1)}{n}$개이다.

(증명) (1) α가 체 $\mathbb{F}_{p^n}$의 원시원소이므로 정리 8.4.12에 의하여 $\mathbb{F}_{p^n}^* = \langle \alpha \rangle$이다. 그러면 따름정리 2.3.12에 의하여 $\mathbb{F}_{p^n}^* = \langle \alpha^i \rangle \iff \gcd(i, p^n - 1) = 1$이 성립한다.

(2) $\mathrm{char}(\mathbb{F}_{p^n}) = p$이므로 정리 6.3.13에 의하여 $\alpha, \alpha^p, \alpha^{p^2}, \cdots, \alpha^{p^{n-1}}$도 $f(x)$의 해이다. 또한 $\gcd(p^i, p^n - 1) = 1$이므로 (1)에 의하여 이 해 모두 $\mathbb{F}_{p^n}$의 원시원소이다. 한편 $0 \le i \le j \le n-1$일 때, 정리 2.3.4에 의하여

$$\begin{aligned}
\alpha^{p^i} = \alpha^{p^j} \quad &\iff \quad (p^n - 1)\big|(p^j - p^i) \\
&\iff \quad (p^n - 1)\big|p^i(p^{j-i} - 1) \\
&\iff \quad (p^n - 1)\big|(p^{j-i} - 1) \\
&\iff \quad p^{j-i} = 1 \quad \iff \quad i = j
\end{aligned}$$

이므로 $\alpha,\ \alpha^p,\ \alpha^{p^2},\ \cdots,\ \alpha^{p^{n-1}}$은 모두 다르다. 또한 $\deg(f(x))=n$이므로 $f(x)$는 n개 이하의 해를 가지므로 $\alpha,\ \alpha^p,\ \alpha^{p^2},\ \cdots,\ \alpha^{p^{n-1}}$은 $f(x)$의 모든 해이다.

(3) 위 (1)에 의하여 체 $\mathbb{F}_{p^n}$ 위의 원시원소의 전체의 개수는 $\phi(p^n-1)$개이다.

또한 (2)에 의하여 $\mathbb{F}_{p^n}$ 위의 n차 원시다항식은 서로 다른 n개의 원시원소를 근으로 가지므로 n차 원시다항식의 전체의 개수는 $\dfrac{\phi(p^n-1)}{n}$개이다. ■

예 8.4.15 [원시원소] 유한체 $\mathbb{Z}_{11}$의 원시 10 제곱근(원시원소, 원시근)을 구하라.

$(\mathbb{Z}_{11}^*,\ \cdot\ )$는 순환군이다(정리 8.4.12). $|\mathbb{Z}_{11}^*|=10$이므로 위수 10인 원시근을 구하자.

현재까지 원시근을 찾는 효율적인 방법이 없다. 따라서 작은 수부터 일일이 확인하자. 일단 한 개만 구하면 나머지는 쉽게 구할 수 있다(따름정리 2.3.12).

먼저 2부터 확인하자. Lagrange 정리에 의하여 2의 위수는 10의 약수 2, 5, 10에서 존재한다.

$$2^2=4,\quad 2^5=2^4\cdot 2=4^2\cdot 2=5\cdot 2=10=-1$$

이므로 2의 위수는 10이 되어 2가 $\mathbb{Z}_{11}^*$의 생성원이고 $\mathbb{Z}_{11}$에서 1의 원시 10제곱근(원시근)이다.

$\mathbb{Z}_{11}$에서 또 다른 원시 10제곱근은 따름정리 2.3.12에 의하여 2^n 중에서 $\gcd(n,\ 10)=1$인 n을 선택하면 된다. 따라서

$$2^1=2,\quad 2^3=8,\quad 2^7=7,\quad 2^9=6\in\mathbb{Z}_{11}$$

이 1의 원시 10제곱근이고, $\mathbb{Z}_{11}^*$의 4개의 생성원이다.

또한 2^n 중에서 $\gcd(n,\ 10)=2$인 2^n은 $\mathbb{Z}_{11}$에서 1의 원시 5제곱근이다. 즉,

$$2^2=4,\quad 2^4=5,\quad 2^6=9,\quad 2^8=3\in\mathbb{Z}_{11}$$

이 1의 원시 5제곱근이다. 그리고 1의 원시 제곱근은 $2^5=10=-1$뿐이다. 또한 3은 10의 약수가 아니므로 1의 원시 3제곱근은 없다.

예 8.4.16 [원시다항식] $\mathbb{Z}_3$ 위의 원시다항식에 대하여 알아 보자.

(1) $\mathbb{Z}_3$ 위의 기약다항식 $f(x)=x^3+x^2-1\in\mathbb{Z}_3[x]$는 $\mathbb{Z}_3$ 위의 원시다항식이 아님을 보이고, $\overline{\mathbb{Z}_3}[x]$에서 인수분해하라.

(2) $f(x)$의 한 근을 $\alpha\in\overline{\mathbb{Z}_3}$라 할 때, $\mathbb{Z}_3(\alpha)$에서 근을 갖는 $\mathbb{Z}_3$ 위의 3차 원시다항식을 구하라.

(3) $\mathbb{Z}_3$ 위의 기약다항식 $g(x)=x^3-x^2+1\in\mathbb{Z}_3[x]$는 $\mathbb{Z}_3$ 위의 원시다항식임을 보이고, $\overline{\mathbb{Z}_3}[x]$에서 인수분해하라.

(풀이) (1) $f(x)$가 $\mathbb{Z}_3$ 위에서 기약다항식이므로 $f(\alpha)=\alpha^3+\alpha^2-1=0$인 유한체

$$\mathbb{F}_{3^3}=\mathbb{Z}_3(\alpha)=\mathbb{Z}_3[x]/\langle f(x)\rangle'$$

가 존재한다.

$$\mathbb{F}_{27}=\{a\alpha^2+b\alpha+c\mid a,\ b,\ c\in\mathbb{Z}_3,\ \alpha^3+\alpha^2-1=0\}$$

에서 $\mathbb{F}_{27}$의 원시원소를 찾자. 먼저 $\mathbb{F}_{27}^*$의 위수는 26이므로 원소의 위수는 1, 2, 13, 26 중에서 나온다. 먼저 α의 위수를 계산해 보자. $\alpha^3 = -\alpha^2+1$이므로 다음 계산을 하면,

$$\begin{array}{llll} \alpha^1 = \alpha, & \alpha^2 = \alpha^2, & \alpha^3 = -\alpha^2+1, & \alpha^4 = \alpha^2+\alpha-1, \\ \alpha^5 = -\alpha+1, & \alpha^6 = -\alpha^2+\alpha, & \alpha^7 = -\alpha^2-1, & \alpha^8 = \alpha^2-\alpha-1, \\ \alpha^9 = \alpha^2-\alpha+1, & \alpha^{10} = \alpha^2+\alpha+1, & \alpha^{11} = \alpha+1, & \alpha^{12} = \alpha^2+\alpha, \\ \alpha^{13} = 1 & & & \end{array}$$

이다. 따라서 α는 위수가 13이 되어 $\mathbb{F}_{27}$의 원시원소가 아니다. 그러므로 $\langle\alpha\rangle$의 모든 원소가 원시원소가 아니다. 또한 정리 8.4.14(2)에 의하여 $f(x)$ 의 나머지 두 근 α^3, α^9(정리 6.3.13)도 원시원소가 아니다. 하지만 $f(x)$는 $\overline{\mathbb{Z}_3}[x]$에서 다음과 같이 인수분해된다.

$$f(x) = (x-\alpha)(x-\alpha^3)(x-\alpha^9) = (x-\alpha)(x+\alpha^2-1)(x-\alpha^2+\alpha-1)$$

(2) $\mathbb{Z}_3(\alpha)$에서 원시 26제곱근을 찾자. 즉, $\mathbb{F}_{27}$의 원시원소를 찾기 위하여 $\alpha-1 \notin \langle\alpha\rangle$을 선택하여 $\beta = \alpha-1$이라 하고 β의 위수를 구하자.

$$\begin{aligned} \beta^3 &= (\alpha-1)^3 = \alpha^3-1 = -\alpha^2, \\ \beta^{12} &= (\beta^3)^4 = \alpha^8 = \alpha^2-\alpha-1, \\ \beta^{13} &= \beta^{12}\beta = (\alpha^2-\alpha-1)(\alpha-1) = -1, \end{aligned}$$

이므로 β는 위수가 26이 되어 $\mathbb{F}_{27}$의 원시원소이다. 즉,

$$\mathbb{F}_{27}^* = \langle\beta\rangle = \langle\alpha-1\rangle$$

이고, 정리 8.4.14(1)에 의하여 다음과 같은 12개의 원시원소가 존재한다.

$$\beta,\ \beta^3,\ \beta^5,\ \beta^7,\ \beta^9,\ \beta^{11},\ \beta^{15},\ \beta^{17},\ \beta^{19},\ \beta^{21},\ \beta^{23},\ \beta^{25}$$

한편 β를 근으로 갖는 $\mathbb{Z}_3$ 위의 3차 원시다항식(모닉)을 구하기 위해

$$\beta = \alpha-1, \quad \beta^2 = \alpha^2+\alpha+1, \quad \beta^3 = -\alpha^2$$

의 1차결합 $\beta^3+b\beta^2+c\beta+d$이 0인 원소 $b,\ c,\ d \in \mathbb{Z}_3$을 구하자.

$$0 = \beta^3+b\beta^2+c\beta+d = (-1+b)\alpha^2+(b+c)\alpha+(b-c+d)$$

에서 $b=1,\ c=-1,\ d=1$을 선택하여

$$h(x) = x^3+x^2-x+1 \in \mathbb{Z}_3[x]$$

라 하면 $h(x)$는 $\mathbb{F}_{27}$의 원시원소 $\beta = \alpha-1$을 근으로 갖는 $\mathbb{Z}_3$ 위의 3차 원시다항식이다.

(3) $g(x)$가 $\mathbb{Z}_3$ 위에서 기약다항식이므로 적당한 원소 $\alpha \in \overline{\mathbb{Z}_3}$에 대하여 $g(\alpha) = \alpha^3-\alpha^2+1 = 0$인 유한체

$$\mathbb{F}_{3^3} = \mathbb{Z}_3(\alpha) = \mathbb{Z}_3[x]/\langle g(x)\rangle'$$

가 존재한다.

$$\mathbb{F}_{27} = \{a\alpha^2 + b\alpha + c \mid a,\ b,\ c \in \mathbb{Z}_3,\ \alpha^3 - \alpha^2 + 1 = 0\}$$

에서 $\mathbb{F}_{27}$의 원시원소를 찾자. 먼저 $\mathbb{F}_{27}^*$의 위수는 26이므로 원소의 위수는 1, 2, 13, 26 중에서 나온다. 먼저 α의 위수를 계산해 보자. $\alpha^3 = \alpha^2 - 1$이므로 다음 계산을 하면,

$$\begin{array}{llll} \alpha^1 = \alpha, & \alpha^2 = \alpha^2, & \alpha^3 = \alpha^2 - 1, & \alpha^4 = \alpha^2 - \alpha - 1, \\ \alpha^5 = -\alpha - 1, & \alpha^6 = -\alpha^2 - \alpha, & \alpha^7 = \alpha^2 + 1, & \alpha^8 = \alpha^2 + \alpha - 1, \\ \alpha^9 = -\alpha^2 - \alpha - 1, & \alpha^{10} = \alpha^2 - \alpha + 1, & \alpha^{11} = \alpha - 1, & \alpha^{12} = \alpha^2 - \alpha, \\ \alpha^{13} = -1 & & & \end{array}$$

이므로 α는 위수가 26이 되어 $\mathbb{F}_{27}$의 원시원소이다. 따라서 정리 8.4.14(1)에 의하여 다음과 같은 12개의 원시원소가 존재한다.

$$\alpha,\ \alpha^3,\ \alpha^5,\ \alpha^7,\ \alpha^9,\ \alpha^{11},\ \alpha^{15},\ \alpha^{17},\ \alpha^{19},\ \alpha^{21},\ \alpha^{23},\ \alpha^{25}$$

따라서 $g(x) = x^3 - x^2 + 1 \in \mathbb{Z}_3[x]$라 하면 $g(x)$는 $\mathbb{F}_{27}$의 원시원소 α를 근으로 갖는 $\mathbb{Z}_3$ 위의 3차 원시다항식이다.

그리고 정리 8.4.14(2)에 의하여 $g(x)$의 나머지 두 근은 α^3, α^9(정리 6.3.13)이고 $\mathbb{F}_{27}$의 원시원소(정리 8.4.14)이다. 그러므로 $g(x)$는 $\overline{\mathbb{Z}_3}[x]$에서 다음과 같이 인수분해된다.

$$g(x) = (x - \alpha)(x - \alpha^3)(x - \alpha^9) = (x - \alpha)(x - \alpha^2 + 1)(x + \alpha^2 + \alpha + 1)$$

예 8.4.17 [원시다항식] (예 8.4.7 참조) 소체 $\mathbb{Z}_2$ 위의 3차 기약다항식 $p(x) = x^3 + x + 1$에 대하여 다음을 구하자.

(1) $p(x)$가 $\mathbb{Z}_2$ 위의 원시다항식임을 보여라.

(2) $p(x)$의 한 근을 α라 할 때, $\mathbb{Z}_2(\alpha)[x]$에서 인수분해를 하라.

(3) $\mathbb{Z}_2$ 위의 3차 기약다항식(예 5.6.5) $q(x) = x^3 + x^2 + 1$을 $\mathbb{Z}_2(\alpha)[x]$에서 인수분해를 하라.

(풀이) (1) Kronecker 정리(정리 8.1.8)에 의하여 다음과 같은 Galois 체 $\mathbb{F}_{2^3}$을 얻는다.

$$\mathbb{F}_{2^3} = \{a\alpha^2 + b\alpha + c \mid a,\ b,\ c \in \mathbb{Z}_2\}, \quad p(\alpha) = \alpha^3 + \alpha + 1 = 0 \quad \text{즉} \quad \alpha^3 = \alpha + 1$$

이다. 이때 원소 α는 $\mathbb{F}_{2^3}$의 원시원소이므로

$$\mathbb{F}_{2^3}^* = \langle \alpha \rangle = \{1,\ \alpha,\ \alpha^2,\ \cdots,\ \alpha^6\}, \quad \alpha^7 = 1$$

이고 $p(x) = x^3 + x + 1$는 체 $\mathbb{F}_2$ 위의 3차 원시다항식이다.

(2) 6개의 원소 $\alpha,\ \alpha^2,\ \cdots,\ \alpha^6$은 $\mathbb{F}_{2^3}$의 원시원소이다(정리 8.4.14(1)). 이 중에서 α, α^2, α^4이 $p(x)$의 해이다(정리 8.4.14(2)). 실제로 $\alpha^7 = 1$, $\alpha^6 = \alpha^{-1} = \alpha^2 + 1$이므로 다음이 성립한다(보

조정리 8.4.1).

$$\begin{aligned} p(\alpha) &= \alpha^3+\alpha+1=0, \\ p(\alpha^2) &= (\alpha^2)^3+\alpha^2+1=\alpha^{-1}+\alpha^2+1=(\alpha^2+1)+\alpha^2+1=0, \\ p(\alpha^4) &= (\alpha^4)^3+\alpha^4+1=\alpha^{-2}+\alpha^4+1=(\alpha^{-1})^2+\alpha^4+1 \\ &= (\alpha^2+1)^2+\alpha^4+1=\alpha^4+1+\alpha^4+1=0 \end{aligned}$$

그러므로 $p(x)$는 $\mathbb{F}_8[x]$에서 다음과 같이 인수분해된다.

$$p(x)=(x-\alpha)(x-\alpha^2)(x-\alpha^4)=(x-\alpha)(x-\alpha^2)(x-\alpha^2-\alpha)$$

(3) $q(x)$는 3차 원시다항식이고 $\mathbb{F}_{2^3}$의 원시원소 중에서 α^3, $(\alpha^3)^2$, $(\alpha^3)^4(=\alpha^5)$이 $q(x)$의 해이다(정리 8.4.14(2)). 실제로 다음이 성립한다.

$$\begin{aligned} q(\alpha^3) &= (\alpha^3)^3+(\alpha^3)^2+1=\alpha^2+\alpha^{-1}+1 \\ &= \alpha^2+(\alpha^2+1)+1=0, \\ q((\alpha^3)^2) &= (\alpha^6)^3+(\alpha^6)^2+1=\alpha^4+(\alpha^2+1)^2+1 \\ &= \alpha^4+(\alpha^4+1)+1=0, \\ q((\alpha^3)^4) &= (\alpha^{12})^3+(\alpha^{12})^2+1=\alpha+\alpha^3+1 \\ &= \alpha+(\alpha+1)+1=0 \end{aligned}$$

그러므로 $q(x)$는 $\mathbb{F}_8[x]$에서 다음과 같이 인수분해된다.

$$q(x)=(x-\alpha^3)(x-\alpha^6)(x-\alpha^{12})=(x-\alpha-1)(x-\alpha^2-1)(x-\alpha^2-\alpha-1)$$

정리 8.4.18 *체 F의 표수가 소수 p이고 $\overline{F}$가 F의 대수적 폐포일 때, 다음이 성립한다.*

$x^{p^n}-x\in F[x]$의 해는 $\overline{F}$에서 정확히 p^n개 존재

(증명) $f(x)=x^{p^n}-x\in F[x]$라 하자. 이때 $1\in \mathrm{GCD}(f(x),\ f'(x))$임을 보이면, 정리 8.2.25에 의하여 $f(x)$는 $\overline{F}$에서 서로 다른 p^n개 이하의 근을 갖는다. 한편

$$f'(x)=p^nx^{p^n-1}-1=-1$$

이므로, $1\in \mathrm{GCD}(f(x),\ f'(x))$이다. 따라서 $f(x)$는 $\overline{F}$에서 서로 다른 p^n개의 근을 갖는다. ■

정리 8.4.19 *소수 p와 양의 정수 n일 때, p^n에 대하여 다음이 성립한다.*

유한체 $\mathbb{F}_{p^n}$이 항상 존재

(증명) 소체 $\mathbb{Z}_p$의 대수적 폐포 $\overline{\mathbb{Z}_p}$를 생각하자.

$$F = \{\alpha \in \overline{\mathbb{Z}_p} \mid \alpha\text{는 } x^{p^n} - x \in \mathbb{Z}_p[x]\text{의 근}\}$$

이라 하자. 그러면 정리 8.4.18에 의하여 $|F| = p^n$이다. 다음에 F가 체임을 보이자. 임의의 원소 $\alpha, \beta \in F$에 대하여 $\alpha \pm \beta$, $\alpha\beta$, $\dfrac{\alpha}{\beta}(\beta \neq 0) \in F$임을 보이면 체가 된다. 보조정리 8.4.1에 의하여

$$(\alpha+\beta)^{p^n} = \alpha^{p^n} + \beta^{p^n} = \alpha + \beta, \quad (\alpha-\beta)^{p^n} = \alpha^{p^n} + (-1)^{p^n}\beta^{p^n} = \alpha^{p^n} - \beta^{p^n} = \alpha - \beta$$

이므로 $\alpha+\beta$, $\alpha-\beta \in F$이다.

또한

$$(\alpha\beta)^{p^n} = \alpha^{p^n}\beta^{p^n} = \alpha\beta, \quad \left(\frac{\alpha}{\beta}\right)^{p^n} = \frac{\alpha^{p^n}}{\beta^{p^n}} = \frac{\alpha}{\beta}\ (\beta \neq 0)$$

이므로 $\alpha\beta$, $\dfrac{\alpha}{\beta} \in F$이다. 따라서 F는 위수 p^n인 유한체이다. ■

정리 8.4.20 *유한체 F와 양의 정수 n에 대하여 다음이 성립한다.*

> F 위에서 n차 기약다항식 $p(x) \in F[x]$가 존재

(증명) 체 F의 표수를 p라 하고 $|F| = p^r$이라 하자. 그리고

$$E = \{\alpha \in \overline{F} \mid \alpha\text{는 } x^{p^{rn}} - x \in F[x]\text{의 근}\}$$

라 하자. 정리 8.4.19에 의하여 E는 $|E| = p^{rn}$인 체이다. 또한 $\mathbb{Z}_p < E < \overline{F}$이다. $F < E$임을 보이면 $[E:F] = n$이 되고 정리 8.4.13에 의하여 적당한 $\alpha \in E$에 대하여 $E = F(\alpha)$이다. 그러면

$$\deg(\alpha,\ F) = [F(\alpha):F] = [E:F] = n$$

이므로 $\mathrm{irr}(\alpha,\ F) \in F[x]$가 차수가 n인 $F[x]$의 기약다항식이다.

임의의 원소 $\beta \in F$는 정리 8.4.5에 의하여

$$x^{p^r} - x\text{의 해} \quad \Longrightarrow \quad \beta^{p^r} = \beta$$

이다. 그러면

$$\beta^{p^{rn}} = \left(\beta^{p^r}\right)^{p^{r(n-1)}} = \beta^{p^{r(n-1)}} = \beta^{p^{r(n-2)}} = \cdots = \beta^{p^r} = \beta$$

이므로 $F < E$이다. ■

정리 8.4.21 *두 유한체 F, F'에 대하여 다음이 성립한다.*

> $|F| = |F'| = p^n \quad \Longrightarrow \quad F \cong F'$

(증명) $|F| = |F'| = p^n$이므로 두 유한체의 표수는 p이고 소체 $\mathbb{Z}_p$를 부분체로 갖는다. 그리고 $[F : \mathbb{Z}_p] = [F' : \mathbb{Z}_p] = n$이다. 그러면 정리 8.4.13에 의하여 F, F'은 $\mathbb{Z}_p$의 단순확대체이다. 그러므로 기약다항식 $f(x) \in \mathbb{Z}_p[x]$가 존재하여

$$F \cong \mathbb{Z}_p[x]/\langle f(x)\rangle'$$

이다. 또한 F의 원소는 $x^{p^n} - x$의 해이므로 $f(x)$의 해는 F의 원소이다. 따라서 $f(x)$는 $x^{p^n} - x$의 인수이다.

한편 F'의 원소도 $x^{p^n} - x$의 해이므로 F' 역시 $f(x)$의 해를 포함해야 한다. 그러므로 $f(x)$의 근은 F의 원소이고, F'의 원소이다.

하지만 $|F| = |F'| = p^n$이므로

$$F' \cong \mathbb{Z}_p[x]/\langle f(x)\rangle' \cong F$$

이어야 한다. 따라서 $F \cong F'$이다. ■

임용시험 출제 8.4.22 [2002학년도] $G = \mathbb{Z}_{11} - \{0\}$은 곱셈에 대하여 순환군(cyclic group)이 된다.

이 사실을 이용하여 단위 원시 10-제곱근(법 11에 관한 원시근, primitive 10-th root of unity)을 모두 구하라.

임용시험 출제 8.4.23 [2012학년도] 체 $\mathbb{Z}_2$ 위의 유한확대체(finite extension field) F가 $[F : \mathbb{Z}_2] = 6$을 만족시키고, $\alpha \in F$에 대하여 함수

$$\varphi_\alpha : \mathbb{Z}_2[x] \longrightarrow F, \quad \varphi_\alpha(f(x)) = f(\alpha)$$

는 대입준동형사상(evaluation homomorphism)이다. 옳지 <u>않은</u> 것은?

① 체 F는 위수(order)가 64인 유한체이다.

② φ_α의 핵 $\ker(\varphi_\alpha)$는 $\mathbb{Z}_2[x]$의 주 아이디얼(principal ideal)이다.

③ α의 기약다항식 $\operatorname{irr}(\alpha, \mathbb{Z}_2)$는 $\mathbb{Z}_2[x]$에서 다항식 $x^{64} - x$를 나눈다.

④ 기약다항식 $\operatorname{irr}(\alpha, \mathbb{Z}_2)$의 차수(degree)가 4인 $\alpha \in F$가 존재한다.

⑤ φ_α의 상 $\operatorname{Im}(\varphi_\alpha)$는 F의 부분체(sub field)이다.

임용시험 출제 8.4.24 [2013학년도] 실수 $\alpha = \frac{1+\sqrt{5}}{2}$일 때 환 $\mathbb{Z}[\alpha] = \{a + b\alpha \mid a,\, b \in \mathbb{Z}\}$와 행렬환 $M_2(\mathbb{Z}_3)$에 대하여 환준동형사상(ring homomorphism) $\phi : \mathbb{Z}[\alpha] \to M_2(\mathbb{Z}_3)$을 다음과 같이 정의하자.

$$\phi(a + b\alpha) = \begin{pmatrix} [a+b]_3 & [b]_3 \\ [b]_3 & [a]_3 \end{pmatrix}$$

(단, $[k]_3$은 $\mathbb{Z}$에서 법 3에 대한 k의 합동류이다.)

ϕ의 핵(kernel) $\ker(\phi)$와 ϕ의 상 $\mathrm{im}(\phi)$에 대하여 옳은 것은? (단, $\langle a\rangle$는 a로 생성되는 주 아이디얼(principal ideal)이고, F_n은 위수가 n인 유한체이다.)

① $\ker(\phi) = \langle 3\rangle$이고, $\mathrm{im}(\phi)$는 F_9와 환동형이다.

② $\ker(\phi) = \langle 3\rangle$이고, $\mathrm{im}(\phi)$는 $\mathbb{Z}_3 \times \mathbb{Z}_3$과 환동형이다.

③ $\ker(\phi) = \langle 9\rangle$이고, $\mathrm{im}(\phi)$는 F_{27}과 환동형이다.

④ $\ker(\phi) = \langle 9\rangle$이고, $\mathrm{im}(\phi)$는 $\mathbb{Z}_9 \times \mathbb{Z}_3$과 환동형이다.

⑤ $\ker(\phi) = \langle 9\rangle$이고, $\mathrm{im}(\phi)$는 $\mathbb{Z}_{27}$과 환동형이다.

임용시험 출제 8.4.25 [2013학년도] F는 체 $\mathbb{Z}_2$의 유한확대체(finite extension field)이다. $[F : \mathbb{Z}_2] = 60$일 때, 아래에서 옳은 것만 골라라.

① K가 F의 부분체(subfield)이면 $\mathbb{Z}_2 \subset K$이다.

② F의 두 부분체 K_1과 K_2가 $[F : K_1] = 5$, $[F : K_2] = 10$을 만족하면 $K_2 \subset K_1$이다.

③ F의 두 부분체 K_1과 K_2가 $[F : K_1] = 6$, $[F : K_2] = 10$을 만족하면 $K_2 \cap K_1 = \mathbb{Z}_2$이다.

연 습 문 제 (8.4)

1. $\mathbb{Z}_3$ 위의 다항식 $p(x) = x^2 + 1$의 한 근을 α라 할 때, 다음 물음에 답하라.

(1) $p(x)$가 $\mathbb{Z}_3$ 위에서 기약다항식임을 보여라.

(2) 유한 단순확대체 $\mathbb{Z}_3(\alpha)$의 모든 원소를 원소나열법으로 써라.

(3) $\mathbb{Z}_3(\alpha)$에서 1(단위원)의 원시 8제곱근을 모두 구하라.

2. 각 유한체의 가역원들의 곱셈순환군의 생성원을 모두 구하라.

(1) $\mathbb{Z}_5$ (2) $\mathbb{Z}_{13}$

3. 다음 유한체에 대한 물음에 답하라.

(1) $\mathbb{F}_9$에서 1의 원시 8제곱근의 개수를 구하라.

(2) $\mathbb{F}_{17}$에서 1의 원시 16제곱근의 개수를 구하라.

(3) $\mathbb{F}_{23}$에서 1의 원시 11제곱근의 개수를 구하라.

4. $\omega(\neq 1)$는 $x^3 - 1 \in \mathbb{Q}[x]$의 근일 때, 다음 물음에 답하라.

(1) $[\mathbb{Q}(\omega, \sqrt[3]{2}) : \mathbb{Q}]$를 구하라.

(2) $\mathbb{Q}(\omega, \sqrt[3]{2}) = \mathbb{Q}(\sqrt[3]{2}, i\sqrt{3})$임을 보여라.

5. 체 $\mathbb{F}_3 = \{0, 1, 2\}$ 위에서 $p(x) = x^2 + x + 2$는 기약다항식이다. Galois 체 $\mathbb{F}_9$ 안에서 $p(x)$의 한 근을 α라고 할 때, 다음 물음에 답하라.

(1) $\mathbb{F}_9^* = \langle\alpha\rangle = \{1, \alpha, \alpha^2, \cdots, \alpha^7\}$, $\alpha^8 = 1$임을 밝혀라.

(2) 체 $\mathbb{F}_9$의 원시원소를 모두 구하고, 각 원시원소를 근으로 갖는 원시다항식을 구하라.

6. 체 $\mathbb{F}_3$ 위에서 $f(x)=x^9-x$가

$$f(x)=x(x-1)(x+1)(x^2+1)(x^2+x+2)(x^2+2x+2)$$

와 같이 기약다항식의 곱으로 인수분해됨을 확인하라.

7. 체 $\mathbb{Z}_2$상의 4차 기약다항식 $f(x)$에 대한 잉여환 $\mathbb{Z}_2[x]/\langle f(x)\rangle$'를 E라 할 때, 곱셈에 대한 군 $E^*=E-\{0\}$의 원소 중 위수가 3인 것의 개수는?

8. 체 $\mathbb{Z}_2$의 대수적 폐포를 $\overline{\mathbb{Z}_2}$라 하고, $\alpha,\ \beta\in\overline{\mathbb{Z}_2}$는 각각 x^3+x^2+1과 x^3+x+1의 해라고 하자. 이 절의 결과를 이용하여 $\mathbb{Z}_2(\alpha)\cong\mathbb{Z}_2(\beta)$임을 보여라.

9. 위수가 p^n인 유한체는 n의 각각의 약수 d에 대하여 위수가 p^d인 부분체를 오직 하나만을 가짐을 보여라.

10. 유한체 F에 대하여 $|F|=m$이고 $f(x)\in F[x]$는 F 위에서 기약이다. 이때 $f(x)\big|x^{m^n}-x$일 필요충분조건은 $\deg(f(x))$가 n의 약수임을 보여라.

11. 소수 p는 홀수일 때, 다음 물음에 답하라.

(1) $a\in\mathbb{Z}$이고 $a\not\equiv 0(\text{mod } p)$이면 $x^2\equiv a(\text{mod } p)$가 해를 갖기 위한 필요충분조건은 $a^{(p-1)/2}\equiv 1(\text{mod } p)$임을 보여라.
[참조: 유한군 $\mathbb{Z}_p$에서 동치인 공식을 유도하고 순환군의 이론을 이용하라.]

(2) (1)을 이용하여 x^2-6이 $\mathbb{Z}_{17}[x]$에서 기약인지 아닌지 판단하라.

12. 표수가 2인 체 F 위의 다항식 $f(x)$의 한 근이 $\alpha\in F$일 때, F에서 $f(x)$를 인수분해하라.

(1) $f(x)=x^3+x^2+1$ (2) $f(x)=x^3+x+1$

13. 표수가 3인 체 F 위의 다항식 $f(x)=x^3-x^2+1$의 한 근이 $\alpha\in F$일 때, F에서 $f(x)$를 인수분해하라.

14. 위수 p^n인 유한체 F에서는 단 한 개의 p-제곱근을 가짐을 보여라.

15. Galois 체 $\mathbb{F}_q$ 위의 모닉 기약다항식 $f(x)=x^2+ax+b$ 중에서 기약인 다항식 전체의 개수는 $\frac{q(q-1)}{2}$임을 밝혀라.

16. F는 위수가 q인 체이고 K는 F의 확대체이다.

(1) 임의의 $a\in F$에 대해서 $pa=0$인 소수 p가 존재함을 보여라.

(2) $q=p^n$인 양의 정수 n이 존재함을 보여라.

(3) $a\in F$이면 $a^q=a$임을 보여라.

(4) $b\in K$가 F 위에서 대수적이면 $b^{q^m}=b$인 정수 m이 존재함을 보여라.

17. 체 $\mathbb{F}_3$ 위의 원시다항식 $p(x)=x^2+x+2$를 이용하여 Galois 체 $\mathbb{F}_{3^2}$를 만들고 이 체의 원시원소를 모두 구하라.

제 9 장

자기동형사상과 Galois 이론

Galois(1811-1832)

갈루아(프: E. Galois, 1811-1832)는 군이라는 이름을 처음으로 사용하고, 오늘날에 정규부분군으로 불리는 군을 정의하였다. 또한, Galois 체(Galois field)라고도 불리는 유한체를 처음으로 도입하였다.

추상대수학에서, Galois 이론(Galois theory, -理論: 정리 9.4.11)은 체의 확대를 그 자기동형군을 통해 연구하는 이론이다. 체의 확대 가운데 Galois 확대들은 그 자기동형군에 의하여 완전히 결정되며, 이 경우 자기동형군을 Galois 군(Galois group)이라고 한다.

Galois 군은 다항방정식의 근이 가지는 구조를 보여주는 수학적 개념으로, 방정식이 정의되는 기저체(base field)와 여기에 방정식의 근을 추가하여 생성되는 분해체(splitting field, 分解體) 사이의 관계를 군의 구조로 바꾼 것이다.

방정식의 근을 직접 구하거나 그 성질을 연구하는 것은 쉽지 않지만, Galois 군은 보통 유한군이므로 그 구조를 파악하기가 비교적 쉽다. Abel(노: N. H. Abel, 1802-1829)이 5차 방정식의 근의 공식이 없다는 사실을 증명한 것도 잘 분석하면 Galois 군의 구조를 이용한 것이라고 할 수 있으며, 고차방정식이 언제 근의 공식이 가지느냐의 여부도 Galois 군의 구조가 결정한다. Galois 군은 분해체와 Galois 군 사이의 관계를 규명한 Galois 의 이름을 따서 명명되었다.

Galois는 유한 차원 Galois 확대의 경우, 치환군을 이용해서 주어진 방정식의 다양한 해들이 서로 어떻게 대응되는가를 기술하였고, 이 과정에서 군의 개념을 도입하였다.

이후 Galois 이론은 데데킨트(독: J. W. R. Dedekind, 1831-1916), 크로네커(독: L. Kronecker, 1823-1891), 아르틴(오: E. Artin, 1898-1962) 등에 의해 추상화되었고, 무한 차원의 Galois 확대의 경우는 사유한군(profinite group, 射有限群) 이론의 도입으로 완성되었다. 그로텐디크(독: A. Grothendieck, 1928-2014)는 Galois 이론을 대수기하학을 사용하여 임의의 스킴(Scheme)의 에탈 기본군(étale fundamental group)에 대한 이론으로 일반화시켰다. [11, 12]

9.1 자기동형사상

체 F의 대수적 폐포 $\overline{F}$는 F의 대수적 확대체이고 대수적 폐체이다(정리 8.2.21). 이때 체 F의 대수적 확대체 E는 $\overline{F}$의 부분체이다. 체 F의 대수적 원소 $\alpha,\ \beta \in E$에 대하여

$$F(\alpha) \cong F(\beta) \quad \Longleftrightarrow \quad \operatorname{irr}(\alpha,\ F) = \operatorname{irr}(\beta,\ F)$$

임을 보인다. 이때 동형 $F(\alpha) \cong F(\beta)$을 증명할 때 사용하는 사상이 $\psi_{\alpha,\beta}$이다(정리 9.1.3).

이 절에서는 대입준동형사상 ϕ_α(정리 5.4.4)를 대신하는 새로운 동형사상 $\psi_{\alpha,\beta}$에 대해 논한다. 동형사상 $\psi_{\alpha,\beta}$가 대수적 확대체의 구조를 연구하는 아주 중요한 도구이다.

정의 9.1.1 [*대수적 켤레원소(algebraic conjugate element)*]
체 F의 대수적 확대체 E의 원소 $\alpha,\ \beta \in E$에 대하여

$\alpha,\ \beta$가 F 위의 **대수적 켤레원소**(algebraic conjugate element)	$\overset{\text{정의}}{\Longleftrightarrow}$	$\operatorname{irr}(\alpha,\ F) = \operatorname{irr}(\beta,\ F)$

예 9.1.2 [켤레원소] 유리수체 $\mathbb{Q}$ 위의 대수적 켤레원소에 대한 예를 살펴 보자.

(1) $\sqrt{2}$와 $-\sqrt{2}$는 $\mathbb{Q}$ 위의 대수적 켤레원소이다.
실제로 $\operatorname{irr}(\sqrt{2},\ \mathbb{Q}) = \operatorname{irr}(-\sqrt{2},\ \mathbb{Q}) = x^2 - 2$이다.

하지만, $\sqrt{2}$와 $-\sqrt{2}$는 실수체 $\mathbb{R}$ 위의 대수적 켤레원소가 아니다.
왜냐하면, $\operatorname{irr}(\sqrt{2},\ \mathbb{R}) = x - \sqrt{2} \neq \operatorname{irr}(-\sqrt{2},\ \mathbb{R}) = x + \sqrt{2}$이기 때문이다.

(2) 허수 i와 $-i$는 $\mathbb{Q}$ 위의 대수적 켤레원소이다. 실제로 $\operatorname{irr}(i,\ \mathbb{Q}) = \operatorname{irr}(-i,\ \mathbb{Q}) = x^2 + 1$이다.

(3) $\sqrt[3]{2}$와 $\sqrt[3]{2}\frac{(-1\pm i\sqrt{3})}{2}$는 $\mathbb{Q}$ 위의 대수적 켤레원소이다.
실제로 $\operatorname{irr}(\sqrt[3]{2},\ \mathbb{Q}) = \operatorname{irr}(\sqrt[3]{2}\frac{(-1\pm i\sqrt{3})}{2},\ \mathbb{Q}) = x^3 - 2$이다.

(4) 복소수 $a+bi$와 켤레 복소수 $a-bi$는 실수체 $\mathbb{R}$ 위의 대수적 켤레원소이다.
실제로 $\operatorname{irr}(a+bi,\ \mathbb{R}) = \operatorname{irr}(a-bi,\ \mathbb{R}) = x^2 - 2ax + a^2 + b^2$이다.

정리 9.1.3 (켤레 동형사상) *체 F 위의 대수적 원소 $\alpha,\ \beta$에 대하여 $\deg(\alpha,\ F) = n$일 때,*

$$\psi_{\alpha,\beta} : F(\alpha) \longrightarrow F(\beta), \quad \psi_{\alpha,\beta}(a_0 + a_1\alpha + \cdots + a_{n-1}\alpha^{n-1}) = a_0 + a_1\beta + \cdots + a_{n-1}\beta^{n-1}$$

에 대하여 다음은 동치이다.

$$\text{함수 } \psi_{\alpha,\beta}\text{가 동형사상 (즉 } F(\alpha) \cong F(\beta)) \quad \Longleftrightarrow \quad \operatorname{irr}(\alpha,\ F) = \operatorname{irr}(\beta,\ F)$$

(증명) ($\Rightarrow$) 함수 $\psi_{\alpha,\beta}$가 동형사상이라 하자. 그리고 F 위에서 α의 기약다항식을

$$p(x) = \operatorname{irr}(\alpha,\ F) = x^n + b_{n-1}x^{n-1} + \cdots + b_1x + b_0 \in F[x]$$

라 하자. 그러면 $p(\alpha) = \operatorname{irr}(\alpha,\ F)(\alpha) = 0$이므로

$$\begin{aligned} 0 = \psi_{\alpha,\beta}(p(\alpha)) &= \psi_{\alpha,\beta}(\alpha^n + b_{n-1}\alpha^{n-1} + \cdots + b_1\alpha + b_0) \\ &= \beta^n + b_{n-1}\beta^{n-1} + \cdots + b_1\beta + b_0 = p(\beta) \end{aligned}$$

이므로 $p(\beta)=0$이다. 따라서 정리 8.1.15에 의하여

$$\operatorname{irr}(\beta,\ F)\big|p(x) \quad\Longrightarrow\quad \operatorname{irr}(\beta,\ F)\big|\operatorname{irr}(\alpha,\ F)$$

이다. 한편 $\psi_{\alpha,\beta}$가 동형사상이므로 역함수 $\psi_{\alpha,\beta}^{-1}: F(\beta)\longrightarrow F(\alpha)$가 존재한다. 그러면 $\operatorname{irr}(\beta,\ F)(\beta)=0$이므로

$$0=\psi_{\alpha,\beta}^{-1}(\operatorname{irr}(\beta,\ F)(\beta))=\operatorname{irr}(\beta,\ F)(\alpha)$$

이다. 그러므로 정리 8.1.15에 의하여

$$\operatorname{irr}(\alpha,\ F)\big|\operatorname{irr}(\beta,\ F)$$

이다. 따라서 $\operatorname{irr}(\alpha,\ F)=\operatorname{irr}(\beta,\ F)$이다.

($\Leftarrow$) $\operatorname{irr}(\alpha,\ F)=\operatorname{irr}(\beta,\ F)$라 하자. 그러면 Kronecker 정리 8.1.8에 의하여

$$F(\alpha)\cong F[x]/\langle\operatorname{irr}(\alpha,\ F)\rangle'=F[x]/\langle\operatorname{irr}(\beta,\ F)\rangle'\cong F(\beta)$$

이다. 그러므로 $F(\alpha)\cong F(\beta)$이다. 실제로 다음 동형사상 ψ_β와 ψ_α의 합성함수 $\psi_\beta\circ\psi_\alpha$를 생각하자.

$$\begin{aligned}
&\psi_\alpha: F(\alpha)\longrightarrow F[x]/\langle\operatorname{irr}(\alpha,\ F)\rangle',\\
&\qquad\psi_\alpha(a_0+a_1\alpha+\cdots+a_{n-1}\alpha^{n-1})=a_0+a_1x+\cdots+a_{n-1}x^{n-1}+\langle\operatorname{irr}(\alpha,\ F)\rangle',\\
&\psi_\beta: F[x]/\langle\operatorname{irr}(\alpha,\ F)\rangle'\longrightarrow F(\beta),\\
&\qquad\psi_\beta(a_0+a_1x+\cdots+a_{n-1}x^{n-1}+\langle\operatorname{irr}(\alpha,\ F)\rangle')=a_0+a_1\beta+\cdots+a_{n-1}\beta^{n-1}
\end{aligned}$$

그러면

$$\begin{aligned}
&\psi_\beta\circ\psi_\alpha(a_0+a_1\alpha+\cdots+a_{n-1}\alpha^{n-1})\\
&=\psi_\beta(a_0+a_1x+\cdots+a_{n-1}x^{n-1}+\langle\operatorname{irr}(\alpha,\ F)\rangle')\\
&=a_0+a_1\beta+\cdots+a_{n-1}\beta^{n-1}\\
&=\psi_{\alpha,\beta}(a_0+a_1\alpha+\cdots+a_{n-1}\alpha^{n-1})
\end{aligned}$$

이다. 따라서 동형사상 ψ_β와 ψ_α의 합성 $\psi_\beta\circ\psi_\alpha=\psi_{\alpha,\beta}$는 동형사상이다. ■

따름정리 9.1.4 *체 F의 대수적 폐포 $\overline{F}$의 대수적 원소 α, β와 $\overline{F}$의 부분체 E에 대하여 다음이 성립한다.*

(1) 체 F를 고정하는 동형사상

$$\phi : F(\alpha) \longrightarrow E,\ \phi(a) = a\ (a \in F)$$

에 대하여, 원소 $\phi(\alpha)$는 α와 대수적 켤레원소이다. 즉, $\mathrm{irr}(\alpha, F) = \mathrm{irr}(\phi(\alpha), F)$이다.

(2) 원소 α, β가 F 위에서 대수적 켤레원소(즉, $\mathrm{irr}(\alpha, F) = \mathrm{irr}(\beta, F)$)이고 $\beta \in E$일 때, 체 F를 고정하는 동형사상

$$\phi : F(\alpha) \longrightarrow E,\ \phi(a) = a\ (a \in F),\ \phi(\alpha) = \beta$$

은 유일하다. 즉, $\phi = \psi_{\alpha,\beta}$이다.

※ 함수 ϕ가 임의의 원소 $a \in F$에 대하여 $\phi(a) = a$일 때, F를 **고정**(fixed, 固定)한다고 한다.

(증명) (1) 체 F 위에서 α의 기약다항식을

$$p(x) = \mathrm{irr}(\alpha, F) = x^n + a_{n-1}x^{n-1} + \cdots + a_1x + a_0 \in F[x]$$

라 하자. 그러면 $\alpha^n + a_{n-1}\alpha^{n-1} + \cdots + a_1\alpha + a_0 = 0$이므로

$$\begin{aligned} 0 &= \phi(\alpha^n + a_{n-1}\alpha^{n-1} + \cdots + a_1\alpha + a_0) \\ &= \phi(\alpha)^n + \phi(a_{n-1})\phi(\alpha)^{n-1} + \cdots + \phi(a_1)\phi(\alpha) + \phi(a_0) \\ &= \phi(\alpha)^n + a_{n-1}\phi(\alpha)^{n-1} + \cdots + a_1\phi(\alpha) + a_0 \\ &= p(\phi(\alpha)) \end{aligned}$$

이다. 즉, $p(\phi(\alpha)) = 0$이므로 $\mathrm{irr}(\phi(\alpha), F) | \mathrm{irr}(\alpha, F)$이다.

한편 ϕ가 동형사상이므로 $\phi^{-1}(\phi(\alpha)) = \alpha$ 이다. 위와 같은 방법으로 $\mathrm{irr}(\alpha, F) | \mathrm{irr}(\phi(\alpha), F)$임을 알 수 있어 $\mathrm{irr}(\alpha, F) = \mathrm{irr}(\phi(\alpha), F)$이다.

(2) 원소 α, β가 대수적 켤레원소라 하자. 정리 9.1.3에 의하여 켤레 동형사상 $\psi_{\alpha,\beta}$는 따름정리를 만족하는 동형사상이다. 그리고 $\psi_{\alpha,\beta}(\alpha) = \beta = \phi(\alpha)$이다.

그러면 임의의 원소 $\alpha^n + a_{n-1}\alpha^{n-1} + \cdots + a_1\alpha + a_0 \in F(\alpha)$에 대하여

$$\begin{aligned} &\phi(\alpha^n + a_{n-1}\alpha^{n-1} + \cdots + a_1\alpha + a_0) \\ &= \phi(\alpha)^n + a_{n-1}\phi(\alpha)^{n-1} + \cdots + a_1\phi(\alpha) + a_0 \\ &= \beta^n + a_{n-1}\beta^{n-1} + \cdots + a_1\beta + a_0 \\ &= \psi_{\alpha,\beta}(\alpha^n + a_{n-1}\alpha^{n-1} + \cdots + a_1\alpha + a_0) \end{aligned}$$

이므로 $\phi = \psi_{\alpha,\beta}$이다. ■

따름정리 9.1.5 *실계수 다항식 $f(x) \in \mathbb{R}[x]$와 복소수 $a + bi \in \mathbb{C}$에 대해 다음이 성립한다.*

$$f(a+bi) = 0 \quad \Longrightarrow \quad f(a-bi) = 0$$

(증명) (풀이1) 복소수 켤레의 성질에 의하여 다음이 성립한다.

$$f(a+bi)=0 \quad \Longrightarrow \quad \overline{f(a+bi)}=\overline{0} \quad \Longrightarrow \quad f(\,\overline{a+bi}\,)=0 \quad \Longrightarrow \quad f(a-bi)=0$$

(풀이2) $\mathbb{C}=\mathbb{R}(i)$(예 8.1.9)이고 $\text{irr}(i,\ \mathbb{R})=\text{irr}(-i,\ \mathbb{R})=x^2+1$이다. 켤레 동형사상(정리 9.1.3)을 생각하자.

$$\psi_{i,-i}:\mathbb{R}(i)\longrightarrow\mathbb{R}(-i)=\mathbb{R}(i)$$

그러면 $\psi_{i,-i}(a+bi)=a-bi$이다. 따라서

$$0=\psi_{i,-i}(f(a+bi))=f(a-bi)$$

이다. 그러므로 $a-bi$는 $f(x)$의 근이다. ■

예 9.1.6 [켤레 동형사상] 유리수체 $\mathbb{Q}$의 단순확대체 $\mathbb{Q}(\sqrt{2})$를 생각하자.
$\text{irr}(\sqrt{2},\ \mathbb{Q})=x^2-2=\text{irr}(-\sqrt{2},\ \mathbb{Q})$이므로, 다음 켤레 동형사상(정리 9.1.3)이 존재한다.

$$\psi_{\sqrt{2},-\sqrt{2}}:\mathbb{Q}(\sqrt{2})\longrightarrow\mathbb{Q}(\sqrt{2}),\quad \psi_{\sqrt{2},-\sqrt{2}}(a+b\sqrt{2})=a-b\sqrt{2}$$

한편

$$\text{irr}(\sqrt{2},\ \mathbb{Q})=x^2-2\neq x^2-3=\text{irr}(\sqrt{3},\ \mathbb{Q})$$

이므로, 켤레 동형사상 정리(정리 9.1.3)에 의하여

$$\mathbb{Q}(\sqrt{2})\not\simeq\mathbb{Q}(\sqrt{3})$$

이다.

정의 9.1.7 [*자기동형사상(automorphism, 自己準同型寫像)*]
체 F 위의 함수 $\sigma:F\longrightarrow F$에 대하여

σ가 F의 **자기동형사상**(automorphism)	$\overset{\text{정의}}{\Longleftrightarrow}$	σ는 환 동형사상

※ F의 자기동형사상 전체 집합을 $\text{Aut}(F)=\{\sigma\mid\sigma:F\longrightarrow F\text{는 환 동형사상}\}$이라 표기

문제 9.1.8 다음을 증명하라. 단, id는 항등사상(identity function, 恒等寫像)이다.

$$\text{Aut}(\mathbb{Q})=\{id\}(\text{예 } 5.3.12),\quad \text{Aut}(\mathbb{R})=\{id\},\quad \text{Aut}(\mathbb{C})=\{id,\ \psi_{i,-i}\}$$

[연습문제 12번 참조: $\sigma\in\text{Aut}(\mathbb{R})$일 때, 양의 실수 $a>0$에 대하여 $\sigma(a)=\sigma((\sqrt{a})^2)=(\sigma(\sqrt{a}))^2>0$과 유리수의 조밀성을 이용]

예 9.1.9 [자기동형사상] $\mathbb{Q}(\sqrt{2})$의 자기동형사상을 모두 구하라.

문제 9.1.8에 의하여 $\mathbb{Q}(\sqrt{2})$의 자기동형사상은 $\mathbb{Q}$를 고정한다. 따라서 켤레 동형사상 정리(정리 9.1.3)에 의하여 $\mathbb{Q}(\sqrt{2})$의 자기동형사상은 $\sqrt{2}$와 대수적 켤레원소인 $\sqrt{2}$, $-\sqrt{2}$에 대응하는 함수만 가능하다. 따라서 다음 집합이 켤레 동형사상 집합이다.

$$\mathrm{Aut}(\mathbb{Q}(\sqrt{2})) = \{\psi_{\sqrt{2},\sqrt{2}}(=id),\ \psi_{\sqrt{2},-\sqrt{2}}\} \cong \mathbb{Z}_2$$

여기서 $\psi_{\sqrt{2},\sqrt{2}}(a+b\sqrt{2}) = a+b\sqrt{2}$은 항등사상이고 $\psi_{\sqrt{2},-\sqrt{2}}(a+b\sqrt{2}) = a-b\sqrt{2}$이다.

정의 9.1.10 [*고정(fixed, 固定), Galois 군(Galois group)*]

체 E의 자기동형사상 전체 $\mathrm{Aut}(E)$와 $a \in E$, $\sigma \in \mathrm{Aut}(E)$, $S \subset \mathrm{Aut}(E)$, 부분체 F에 대하여

a가 σ에 의해 **고정된 원소**(left fixed element)	$\overset{\text{정의}}{\Longleftrightarrow}$	$\sigma(a) = a$
S가 F를 **고정한다**(fix)	$\overset{\text{정의}}{\Longleftrightarrow}$	$\forall\, \sigma \in S, \forall\, a \in F,\ \sigma(a) = a$ 즉, $\sigma\|_F = id_F$(F 위의 항등사상)

※ 한 원소 집합 $S = \{\sigma\}$인 경우에는 'σ가 F를 **고정한다**'고 한다.

$G(E/F)$가 F 위에서의 E의 **Galois 군**(Galois group),
σ가 E의 F-**자기동형사상**(F-automorphism)

$\overset{\text{정의}}{\Longleftrightarrow}$ $G(E/F) = \{\sigma \in \mathrm{Aut}(E) \mid \sigma$는 F를 고정$\} = \{\sigma \in \mathrm{Aut}(E) \mid \sigma|_F = id_F\}$

※ $\sigma|_F$는 σ의 정의역을 F(공역: $\sigma(F)$)로 제한한 사상 $\sigma|_F : F \longrightarrow F,\ \sigma|_F(a) = \sigma(a),\ a \in F$

※ **주의**: Galois 군 $G(E/F)$에서 E/F의 의미는 잉여군 또는 잉여환이 아니다.
단지 E/F는 E는 F의 확대체라는 의미이다.

정리 9.1.11 *체 E의 부분체 F에 대하여 다음이 성립한다.*

(1) $(\mathrm{Aut}(E), \circ)$은 함수의 합성 $\circ$에 대하여 군이다.
(2) $G(E/F) < \mathrm{Aut}(E)$

※ $\mathrm{Aut}(E)$를 **자기동형군**(automorphism group, 自己同型群)이라 한다.

(증명) (1) 따름정리 3.2.20 참조.

(2) 임의의 원소 σ, $\tau \in G(E/F)$라 하자. 그러면 $\sigma \circ \tau$와 σ^{-1}은 자기동형사상이다(정리 3.2.19). 다음에 임의의 원소 $a \in F$에 대하여

$$\sigma \circ \tau(a) = \sigma(\tau(a)) = \sigma(a) = a, \quad \sigma^{-1}(a) = a$$

이므로 $\sigma \circ \tau$, $\sigma^{-1} \in G(E/F)$이다. 따라서 $G(E/F) < \mathrm{Aut}(E)$이다(정리 2.2.3). ∎

정리 9.1.12 *체 E가 체 F의 확대체일 때,*
$\sigma \in G(E/F)$, 다항식 $f(x) \in F[x]$와 $\alpha \in E$에 대하여 다음이 성립한다.

(1) $f(\alpha)=0 \implies f(\sigma(\alpha))=0$ 즉, $\sigma(\alpha)$는 $f(x)$의 근
(2) α가 F 위에서 대수적 $\implies$ $\sigma(\alpha)$는 α와 대수적 켤레원소이고 F 위에서 대수적

(증명) (1) 다항식 $f(x) = a_nx^n + a_{n-1}x^{n-1} + \cdots + a_1x + a_0 \in F[x]$라 하면, $f(\alpha)=0$이므로

$$\begin{aligned} 0 = \sigma(f(\alpha)) &= \sigma(a_n\alpha^n + a_{n-1}\alpha^{n-1} + \cdots + a_1\alpha + a_0) \\ &= \sigma(a_n)\sigma(\alpha^n) + \sigma(a_{n-1})\sigma(\alpha^{n-1}) + \cdots + \sigma(a_1)\sigma(\alpha) + \sigma(a_0) \\ &= a_n(\sigma(\alpha))^n + a_{n-1}(\sigma(\alpha))^{n-1} + \cdots + a_1\sigma(\alpha) + a_0 \\ &= f(\sigma(\alpha)) \end{aligned}$$

이다. 즉, $f(\sigma(\alpha))=0$이다.

(2) α가 F 위에서 대수적이라 하고, $p(x) = \mathrm{irr}(\alpha, F)$라 하자. 그러면 α는 $p(x)$의 근이므로 (1)에 의하여 $\sigma(\alpha)$도 $p(x)$의 근이다. 즉, $p(\sigma(\alpha))=0$이다. 따라서 $\mathrm{irr}(\sigma(\alpha), F) = p(x)$이다(정리 8.1.15). 또한 $\sigma(\alpha)$는 F 위에서 대수적이다. ■

예 9.1.13 [Galois군] $\mathbb{Q}$ 위에서 $\mathbb{Q}(\sqrt{2})$의 Galois 군 $G(\mathbb{Q}(\sqrt{2})/\mathbb{Q})$을 구하자.
예 9.1.9에 의하여 $\mathbb{Q}(\sqrt{2})$의 자기동형군은

$$\mathrm{Aut}(\mathbb{Q}(\sqrt{2})) = \{\psi_{\sqrt{2},\sqrt{2}}(=id),\ \psi_{\sqrt{2},-\sqrt{2}}\}$$

이다. 그리고 두 원소 모두 $\mathbb{Q}$를 고정하므로 $\mathbb{Q}(\sqrt{2})$의 Galois 군은 다음과 같다.

$$\mathrm{Aut}(\mathbb{Q}(\sqrt{2})) = G(\mathbb{Q}(\sqrt{2})/\mathbb{Q}) = \{id,\ \psi_{\sqrt{2},-\sqrt{2}}\} \cong \mathbb{Z}_2$$

예 9.1.14 [Galois군] $\mathbb{Q}$ 위에서 $\mathbb{Q}(\sqrt[3]{2})$의 Galois 군 $G(\mathbb{Q}(\sqrt[3]{2})/\mathbb{Q})$을 구하자.
실수 $\sqrt[3]{2}$에 대하여 다음이 성립한다.

$$p(x) = \mathrm{irr}(\sqrt[3]{2},\ \mathbb{Q}) = x^3 - 2,$$
$$\mathbb{Q}(\sqrt[3]{2}) = \{a + b\sqrt[3]{2} + c(\sqrt[3]{2})^2 \mid a,\ b,\ c \in \mathbb{Q}\}$$

다음에 $\sigma \in G(\mathbb{Q}(\sqrt[3]{2})/\mathbb{Q})$라 하면,

$$\sigma(a + b\sqrt[3]{2} + c(\sqrt[3]{2})^2) = a + b\sigma(\sqrt[3]{2}) + c(\sigma(\sqrt[3]{2}))^2 \in \mathbb{Q}(\sqrt[3]{2})$$

이다. 따름정리 9.1.4에 의하여 $\sigma(\sqrt[3]{2})$는 $\sqrt[3]{2}$와 대수적 켤레원소, 즉, $p(x)$의 근이어야 한다. 하지만 $p(x)$의 세 근 $\sqrt[3]{2}$와 $\sqrt[3]{2}\frac{(-1\pm i\sqrt{3})}{2}$ 중에서 $\mathbb{Q}(\sqrt[3]{2})$에 속하는 것은 $\sqrt[3]{2}$뿐이다. 따라서 $\sigma(\sqrt[3]{2}) = \sqrt[3]{2}$이어야 한다. 그러므로

$$\sigma(a + b\sqrt[3]{2} + c(\sqrt[3]{2})^2) = a + b\sigma(\sqrt[3]{2}) + c(\sigma(\sqrt[3]{2}))^2 = a + b\sqrt[3]{2} + c(\sqrt[3]{2})^2$$

이 되어 σ는 항등사상이다. 그러므로 $\boxed{G(\mathbb{Q}(\sqrt[3]{2})/\mathbb{Q}) = \{id\}}$ 이다.

이때 $\boxed{1 = \left|G(\mathbb{Q}(\sqrt[3]{2})/\mathbb{Q})\right| < [\mathbb{Q}(\sqrt[3]{2}) : \mathbb{Q}] = 3}$ 임을 기억하라(정리 8.1.17). 다음 8.2절 분해체에서 이에 대한 설명을 하겠다.

이제까지 단순확대체에 대한 Galois 군의 예를 살펴보았다. 다음 예는 유한 확대체의 Galois 군을 구하는 예이므로 잘 기억하기 바란다.

예 9.1.15 [Galois군] $\mathbb{Q}$ 위에서 $\mathbb{Q}(\sqrt{2},\ \sqrt{3})$의 Galois 군 $G(\mathbb{Q}(\sqrt{2},\ \sqrt{3})/\mathbb{Q})$를 구하자.

먼저 $G(\mathbb{Q}(\sqrt{2},\ \sqrt{3})/\mathbb{Q})$의 모든 자기동형사상은 $\mathbb{Q}$를 고정한다.

예 8.2.8에서 $[\mathbb{Q}(\sqrt{2}, \sqrt{3}) : \mathbb{Q}] = 4$이고 $\mathbb{Q}(\sqrt{2},\ \sqrt{3})$의 $\mathbb{Q}$-기저는 다음과 같다.

$$\{1,\ \sqrt{2},\ \sqrt{3},\ \sqrt{2}\sqrt{3}\}$$

그러므로 $\mathbb{Q}(\sqrt{2},\ \sqrt{3})$의 생성원은 $\sqrt{2},\ \sqrt{3}$이다. 한편 자기동형사상은 생성원 $\sqrt{2},\ \sqrt{3}$에 관한 대응관계만 알면 유일하게 결정된다(연습문제 4번).

그러면 $\sigma \in G(\mathbb{Q}(\sqrt{2},\ \sqrt{3})/\mathbb{Q})$일 때, 정리 9.1.12에 의하여, σ에 대한 $\sqrt{2}$의 상은 $\sqrt{2}$의 대수적 켤레원소는 $\pm\sqrt{2}$이므로

$$\sigma(\sqrt{2}) = \sqrt{2} \quad \text{또는} \quad \sigma(\sqrt{2}) = -\sqrt{2}$$

에서 결정되고, σ에 대한 $\sqrt{3}$의 상은 $\sqrt{3}$의 대수적 켤레원소는 $\pm\sqrt{3}$이므로

$$\sigma(\sqrt{3}) = \sqrt{3} \quad \text{또는} \quad \sigma(\sqrt{3}) = -\sqrt{3}$$

에서 결정된다. 따라서 σ는 다음과 같은 4가지 형태가 존재한다.

$$① \begin{cases} \sigma(\sqrt{2}) = \sqrt{2} \\ \sigma(\sqrt{3}) = \sqrt{3} \end{cases} \quad ② \begin{cases} \sigma(\sqrt{2}) = -\sqrt{2} \\ \sigma(\sqrt{3}) = \sqrt{3} \end{cases} \quad ③ \begin{cases} \sigma(\sqrt{2}) = \sqrt{2} \\ \sigma(\sqrt{3}) = -\sqrt{3} \end{cases} \quad ④ \begin{cases} \sigma(\sqrt{2}) = -\sqrt{2} \\ \sigma(\sqrt{3}) = -\sqrt{3} \end{cases}$$

이때 ①$= id$, ②$= \psi_{\sqrt{2},-\sqrt{2}}$, ③$= \psi_{\sqrt{3},-\sqrt{3}}$이라 하면, ④$= \psi_{\sqrt{2},-\sqrt{2}}\psi_{\sqrt{3},-\sqrt{3}}$이 된다. 그러면 다음이 성립한다. 단, $\sqrt{6} = \sqrt{2}\sqrt{3}$이고 $a,\ b,\ c,\ d \in \mathbb{Q}$이다.

$$\begin{aligned}
① \ id &: \mathbb{Q}(\sqrt{2},\ \sqrt{3}) \longrightarrow \mathbb{Q}(\sqrt{2},\ \sqrt{3}), \\
&\quad id(a + b\sqrt{2} + c\sqrt{3} + d\sqrt{6}) = a + b\sqrt{2} + c\sqrt{3} + d\sqrt{6}, \\
② \ \psi_{\sqrt{2},-\sqrt{2}} &: \mathbb{Q}(\sqrt{2},\ \sqrt{3}) \longrightarrow \mathbb{Q}(\sqrt{2},\ \sqrt{3}), \\
&\quad \psi_{\sqrt{2},-\sqrt{2}}(a + b\sqrt{2} + c\sqrt{3} + d\sqrt{6}) = a - b\sqrt{2} + c\sqrt{3} - d\sqrt{6}, \\
③ \ \psi_{\sqrt{3},-\sqrt{3}} &: \mathbb{Q}(\sqrt{2},\ \sqrt{3}) \longrightarrow \mathbb{Q}(\sqrt{2},\ \sqrt{3}), \\
&\quad \psi_{\sqrt{3},-\sqrt{3}}(a + b\sqrt{2} + c\sqrt{3} + d\sqrt{6}) = a + b\sqrt{2} - c\sqrt{3} - d\sqrt{6}, \\
④ \ \psi_{\sqrt{2},-\sqrt{2}}\psi_{\sqrt{3},-\sqrt{3}} &: \mathbb{Q}(\sqrt{2},\ \sqrt{3}) \longrightarrow \mathbb{Q}(\sqrt{2},\ \sqrt{3}), \\
&\quad \psi_{\sqrt{2},-\sqrt{2}}\psi_{\sqrt{3},-\sqrt{3}}(a + b\sqrt{2} + c\sqrt{3} + d\sqrt{6}) = a - b\sqrt{2} - c\sqrt{3} + d\sqrt{6},
\end{aligned}$$

따라서 $\mathbb{Q}(\sqrt{2},\ \sqrt{3})$의 자기동형사상 id, $\psi_{\sqrt{2},-\sqrt{2}}$, $\psi_{\sqrt{3},-\sqrt{3}}$, $\psi_{\sqrt{2},-\sqrt{2}}\psi_{\sqrt{3},-\sqrt{3}}$의 성질은 다음과 같다.

$$id\text{는 } \mathbb{Q}(\sqrt{2},\ \sqrt{3})\text{을 고정하고 위수가 } |id| = 1\text{이다.}$$

$$\psi_{\sqrt{2},-\sqrt{2}}\text{는 } \mathbb{Q}(\sqrt{3})\text{을 고정하고 위수가 } |\psi_{\sqrt{2},-\sqrt{2}}| = 2\text{이다.}$$

$$\psi_{\sqrt{3},-\sqrt{3}}\text{은 } \mathbb{Q}(\sqrt{2})\text{를 고정하고 위수가 } |\psi_{\sqrt{3},-\sqrt{3}}| = 2\text{이다.}$$

$$\psi_{\sqrt{2},-\sqrt{2}}\psi_{\sqrt{3},-\sqrt{3}}\text{은 } \mathbb{Q}(\sqrt{6})\text{을 고정하고 위수가 } |\psi_{\sqrt{2},-\sqrt{2}}\psi_{\sqrt{3},-\sqrt{3}}| = 2\text{이다.}$$

그러므로 $\mathbb{Q}$ 위에서 $\mathbb{Q}(\sqrt{2},\ \sqrt{3})$의 Galois 군은 위수가 4인 Klein 4군 V와 동형이다.

$$G(\mathbb{Q}(\sqrt{2},\ \sqrt{3})/\mathbb{Q}) = \{id,\ \psi_{\sqrt{2},-\sqrt{2}},\ \psi_{\sqrt{3},-\sqrt{3}},\ \psi_{\sqrt{2},-\sqrt{2}}\psi_{\sqrt{3},-\sqrt{3}}\} \cong V$$

이때 $\boxed{|G(\mathbb{Q}(\sqrt{2},\ \sqrt{3})/\mathbb{Q})| = [\mathbb{Q}(\sqrt{2}, \sqrt{3}) : \mathbb{Q}] = 4}$ 임을 기억하라. 다음 8.2절 분해체에서 이에 대한 설명을 하겠다.

문제 9.1.16 예 9.1.15의 $\mathbb{Q}(\sqrt{2},\ \sqrt{3})$ 위에서 다음과 같이 정의된 함수

$$f : \mathbb{Q}(\sqrt{2},\ \sqrt{3}) \longrightarrow \mathbb{Q}(\sqrt{2},\ \sqrt{3}), \quad f(a+b\sqrt{2}+c\sqrt{3}+d\sqrt{6}) = a-b\sqrt{2}-c\sqrt{3}-d\sqrt{6}$$

는 자기동형사상이 되지 않음을 보여라.

정리 9.1.17 *체 E의 자기동형군 $\mathrm{Aut}(E)$의 부분집합 $S \subset \mathrm{Aut}(E)$에 대해 다음이 성립한다.*

$$E_S = \{a \in E \mid \forall\, \sigma \in S,\ \sigma(a) = a\} < E$$

※ E_S를 S의 **고정체**(fixed field, 固定體) 또는 **불변체**라 하고, $E_{\{\sigma\}}$를 σ의 **고정체**라 한다.

(증명) 임의의 원소 $a,\ b \in E_S$와 $\sigma \in S$에 대하여

$$\sigma(a \pm b) = \sigma(a) \pm \sigma(b) = a \pm b$$

이고

$$\sigma(ab) = \sigma(a)\sigma(b) = ab$$

이다. 또한 $b \neq 0$이면,

$$\sigma(a/b) = \sigma(a)/\sigma(b) = a/b$$

이다. 따라서 $a \pm b,\ ab,\ a/b \in E_S$이므로 E_S는 E의 부분체이다. ■

예 9.1.18 [고정체] 예 9.1.9의 $\mathbb{Q}(\sqrt{2})$의 자기동형사상 $\psi_{\sqrt{2},\sqrt{2}}$, $\psi_{\sqrt{2},-\sqrt{2}}$의 고정체를 구하자.

유리수 $a,\ b \in \mathbb{Q}$에 대하여

$$\psi_{\sqrt{2},\sqrt{2}}(a+b\sqrt{2}) = a+b\sqrt{2}, \quad \psi_{\sqrt{2},-\sqrt{2}}(a+b\sqrt{2}) = a-b\sqrt{2}$$

이므로 $\psi_{\sqrt{2},\sqrt{2}}$의 고정체는 $\mathbb{Q}(\sqrt{2})_{\{\psi_{\sqrt{2},\sqrt{2}}\}} = \mathbb{Q}(\sqrt{2})$이다. 한편

$$a+b\sqrt{2} = \psi_{\sqrt{2},-\sqrt{2}}(a+b\sqrt{2}) = a-b\sqrt{2} \quad \Longrightarrow \quad b=0$$

이어야 하므로 $\psi_{\sqrt{2},-\sqrt{2}}$의 고정체는 $\mathbb{Q}(\sqrt{2})_{\{\psi_{\sqrt{2},-\sqrt{2}}\}} = \mathbb{Q}$이다.

예 9.1.19 [고정체] $\mathrm{Aut}(\mathbb{Q}(\sqrt{2},\ \sqrt{3}))$의 모든 부분군의 고정체를 구하자.

예 9.1.15의 유리수체 $\mathbb{Q}$ 위에서 $\mathbb{Q}(\sqrt{2},\ \sqrt{3})$의 Galois 군은 자기동형군과 일치한다.

$$\mathrm{Aut}(\mathbb{Q}(\sqrt{2},\ \sqrt{3})) = G(\mathbb{Q}(\sqrt{2},\ \sqrt{3})/\mathbb{Q}) = \{id,\ \psi_{\sqrt{2},-\sqrt{2}},\ \psi_{\sqrt{3},-\sqrt{3}},\ \psi_{\sqrt{2},-\sqrt{2}}\psi_{\sqrt{3},-\sqrt{3}}\}$$

모든 부분군의 고정체를 구하면 다음과 같다. 부분군의 고정체는 $\mathbb{Q}(\sqrt{2},\ \sqrt{3})$의 부분체(정리 9.1.17)가 되며 이는 Galois 군의 부분군의 개수와 일치한다(연습문제 3번과 정리 9.4.11 참조).

$$\begin{aligned}
\mathbb{Q}(\sqrt{2},\ \sqrt{3})_{\{id\}} &= \mathbb{Q}(\sqrt{2},\ \sqrt{3})\\
\mathbb{Q}(\sqrt{2},\ \sqrt{3})_{\{\psi_{\sqrt{2},-\sqrt{2}}\}} &= \mathbb{Q}(\sqrt{3})\\
\mathbb{Q}(\sqrt{2},\ \sqrt{3})_{\{\psi_{\sqrt{3},-\sqrt{3}}\}} &= \mathbb{Q}(\sqrt{2})\\
\mathbb{Q}(\sqrt{2},\ \sqrt{3})_{\{\psi_{\sqrt{2},-\sqrt{2}}\psi_{\sqrt{3},-\sqrt{3}}\}} &= \mathbb{Q}(\sqrt{6})\\
\mathbb{Q}(\sqrt{2},\ \sqrt{3})_{\{\mathrm{Aut}(\mathbb{Q}(\sqrt{2},\ \sqrt{3}))\}} &= \mathbb{Q}
\end{aligned}$$

정리 9.1.20 (Frobenius 자기동형사상)

유한체 F의 표수가 p일 때, 함수

$$\sigma_p : F \longrightarrow F, \quad \sigma_p(a) = a^p$$

에 대하여 다음이 성립한다.

(1) σ_p는 자기동형사상

(2) $F_{\{\sigma_p\}} \cong \mathbb{Z}_p$

※ σ_p를 **Frobenius 자기동형사상**이라 한다.

(증명) (1) 임의의 원소 $a,\ b \in F$에 대하여

$$\sigma_p(a+b) = a^p + b^p = \sigma_p(a) + \sigma_p(b), \quad \sigma_p(ab) = (ab)^p = a^p b^p = \sigma_p(a)\sigma_p(b)$$

이므로 σ는 환 준동형사상이다.

다음에 F가 유한체이므로 단사만 보이면 동형사상이 된다(정리 1.4.5). 임의의 원소 $a \in \ker(\sigma_p)$에 대하여

$$0 = \sigma_p(a) = a^p = a \cdots a$$

이므로 $a=0$이다. 따라서 $\ker(\sigma_p)=\{0\}$이므로 σ_p는 단사함수이다. 그러므로 σ_p는 동형사상이다.

(2) 체 F의 표수가 p이므로 소체 $\mathbb{Z}_p$를 포함한다. 그러면 Frobenius 자기동형사상 σ_p의 고정체는 Fermat 정리(정리 1.2.19)에 의하여

$$F_{\{\sigma_p\}}=\{a\in F \mid \sigma_p(a)=a\}=\{a\in F \mid a^p=a\}\supset\mathbb{Z}_p$$

이다. 한편 원소 $a\in F_{\{\sigma_p\}}$는 x^p-x의 근이다. 따라서

$$p=\left|\mathbb{Z}_p\right|\leq\left|F_{\{\sigma_p\}}\right|\leq p$$

이므로 $\left|\mathbb{Z}_p\right|=\left|F_{\{\sigma_p\}}\right|$이다. 그러므로 $F_{\{\sigma_p\}}\cong\mathbb{Z}_p$이다. ■

문제 9.1.21 (일반화된 Frobenius 자기동형사상) 유한체 F의 위수가 $|F|=p^n(n\geq 2)$이고 d가 n의 약수일 때, 함수

$$\sigma_{p^d}:F\longrightarrow F,\quad \sigma_{p^d}(a)=a^{p^d}$$

이면, σ_{p^d}는 자기동형사상이고 $F_{\{\sigma_{p^d}\}}\cong\mathbb{F}_{p^d}$임을 보여라. [참조: 정리 8.4.18를 이용하라.]

임용시험 출제 9.1.22 [2009학년도 2차] 다음은 곱셈순환군의 생성원(generator)과 소체(prime field) 위의 다항식의 근 사이의 관계에 대한 명제와 한 학생의 증명이다. 다음을 읽고 물음에 답하시오.[논술형]

〈 명제〉

소수 p와 양의 정수 $n(\geq 2)$에 대하여 체 F를 소체 $\mathbb{Z}_p=\{0,\ 1,\ 2,\ \cdots,\ p-1\}$을 포함하고 위수가 p^n인 체라 하고, 곱셈순환군 $F^*=F-\{0\}$의 생성원을 α라고 하자.

소체 $\mathbb{Z}_p$ 위의 n차 다항식 $f(x)$가 α를 근으로 가지면, $f(x)$는 F^*의 생성원 중에서 서로 다른 n개의 근으로 갖는다.

〈민주의 증명〉

F^*는 α에 의하여 생성된 곱셈순환군이므로

$$F^*=\langle\alpha\rangle=\{1,\ \alpha,\ \alpha^2,\ \cdots,\ \alpha^{p^n-2}\},\quad \alpha^{p^n-1}=1$$

로 나타낼 수 있다.

한편 ㉠ $\sigma_p:F\longrightarrow F,\ \sigma_p(x)=x^p$는 환동형사상이고,
㉡ 모든 $x\in\mathbb{Z}_p$에 대하여 $\sigma_p(x)=x^p=x$이므로 모든 $x\in F$에 대하여 $\sigma_p(x)=x$이다.

$$f(x)=a_nx^n+a_{n-1}x^{n-1}+\cdots+a_1x+a_0\in\mathbb{Z}_p$$

로 놓으면, ㉢ $f(\alpha)=0$이므로 $f(\alpha^p)=0$이다.
따라서 ㉣ F^*의 생성원 중 서로 다른 n개의 생성원 $\alpha,\ \alpha^p,\ \alpha^{p^2},\ \cdots,\ \alpha^{p^{n-1}}$이 $f(x)$의 근이다.

(1) ⟨민주의 증명⟩의 밑줄 친 부분 ㉠~㉣에서 옳은 것은 증명하고, 옳지 않은 것은 증명의 흐름에 맞도록 옳게 고친 다음 증명하라.[20점]

(2) 윤교수는 민주와 면담을 하여 ⟨민주의 증명⟩에서 나타난 오류가 다른 영역의 문제를 풀거나 증명을 할 때에도 반복적으로 나타남을 확인하였다. 그 오류의 원인을 ⟨민주의 증명⟩과정과 관련하여 설명하시오. 그리고 같은 원인을 가지는 오류의 사례를 중·고등학교 수학 수준에서 제시하고, 그 오류를 교정할 수 있는 교수·학습 방법을 설명하시오.[10점]

연 습 문 제 (9.1)

1. 주어진 체 위에서 각 원소의 모든 대수적 켤레원소를 $\mathbb{C}$에서 구하라.

(1) $\mathbb{Q}$ 위에서 $3+\sqrt{2}$　　(2) $\mathbb{Q}$ 위에서 $\sqrt{2}+i$

(3) $\mathbb{R}$ 위에서 $\sqrt{2}+i$　　(4) $\mathbb{Q}$ 위에서 $\sqrt[4]{2}$

2. 체 $E=\mathbb{Q}(\sqrt{2},\ \sqrt{3},\ \sqrt{5})$에 대하여 $[E:\mathbb{Q}]=8$이다. 이때 정리 9.1.3의 표현을 사용하면 (E의 자기동형사상이 되는) 켤레 동형사상을 다음과 같이 얻는다.

$$\psi_{\sqrt{2},-\sqrt{2}}:(\mathbb{Q}(\sqrt{3},\ \sqrt{5}))(\sqrt{2})\longrightarrow(\mathbb{Q}(\sqrt{3},\ \sqrt{5}))(-\sqrt{2})$$

$$\psi_{\sqrt{3},-\sqrt{3}}:(\mathbb{Q}(\sqrt{2},\ \sqrt{5}))(\sqrt{3})\longrightarrow(\mathbb{Q}(\sqrt{2},\ \sqrt{5}))(-\sqrt{3})$$

$$\psi_{\sqrt{5},-\sqrt{5}}:(\mathbb{Q}(\sqrt{2},\ \sqrt{3}))(\sqrt{5})\longrightarrow(\mathbb{Q}(\sqrt{2},\ \sqrt{3}))(-\sqrt{5})$$

이때 $\sigma_2=\psi_{\sqrt{2},-\sqrt{2}}$, $\sigma_3=\psi_{\sqrt{3},-\sqrt{3}}$, $\sigma_5=\psi_{\sqrt{5},-\sqrt{5}}$라 하고, 다음 E의 원소들을 계산하라.

(1) $\sigma_5(\sqrt{2}+\sqrt{5})$　　(2) $(\sigma_3\sigma_2)(\sqrt{2}+3\sqrt{5})$

(3) $(\sigma_5\sigma_3)\left(\dfrac{\sqrt{2}-3\sqrt{6}}{3\sqrt{2}+\sqrt{3}}\right)$　　(4) $\sigma_3[\sigma_5[\sqrt{2}-\sqrt{5}+(\sigma_5\sigma_2)(\sqrt{30})]]$

3. 체 E는 체 F의 대수적 확대체일 때, Galois 군 $G(E/F)$의 부분집합 S에 의해 생성되는 $G(E/F)$의 부분군 $\langle S\rangle$에 대하여 $E_S=E_{\langle S\rangle}$ 임을 보여라.

4. $F(\alpha_1,\cdots,\alpha_n)$은 F의 확대체이다. F를 고정하는 $F(\alpha_1,\cdots,\alpha_n)$의 자기 동형사상 σ는 n개의 값 $\sigma(\alpha_i)$에 의해 완전히 결정됨을 보여라.

5. 체 $E=\mathbb{Q}(\sqrt{3},\ \sqrt{5})$ 안에서 다음 고정체를 구하라.
단, $\sigma_3=\psi_{\sqrt{3},-\sqrt{3}}$, $\sigma_5=\psi_{\sqrt{5},-\sqrt{5}}$, $\sigma_{15}=\psi_{\sqrt{3},-\sqrt{3}}\psi_{\sqrt{5},-\sqrt{5}}$이다.

(1) $E_{\{\sigma_3\}}$　　(2) $E_{\langle\sigma_5\rangle}$

(3) $E_{\{\sigma_{15}\}}$　　(4) $E_{\langle\sigma_3,\sigma_5\rangle}$

(5) $E_{\{\sigma_3,\sigma_{15}\}}$　　(6) $E_{\langle\sigma_5,\sigma_{15}\rangle}$

6. 체 $K=\mathbb{Q}(\sqrt{2},\ \sqrt[3]{2})$의 Galois 군 $G(K/\mathbb{Q})$의 모든 원소 σ의 고정체 $K_{\{\sigma\}}$를 모두 구하라.

7. 체 $\mathbb{Q}(\sqrt{2})$와 체 $\mathbb{Q}(3+\sqrt{2})$는 같은 체이다. $\alpha = 3+\sqrt{2}$라 할 때, 다음 물음에 답하라.

(1) $\mathbb{Q}$ 위에서 α의 대수적 켤레원소인 $\beta(\neq \alpha)$를 구하라.

(2) $\mathbb{Q}(\sqrt{2})$의 켤레 자기 동형사상 $\psi_{\sqrt{2},-\sqrt{2}}$와 $\psi_{\alpha,\beta}$는 같은 함수인가?

8. 체 F는 표수가 $p \neq 0$이다. F가 무한체인 경우 $a \in F$일 때 $\sigma_p(a) = a^p$인 사상 $\sigma_p : F \longrightarrow F$는 자기동형사상일 필요가 없음을 예를 들어 설명하라. 어떤 점이 성립하지 않는가?

9. 정리 9.1.3은 α와 β가 F 위의 대수적 켤레원소일 때 켤레 동형사상에 대해 기술하였다. α와 β가 둘 다 F 위에서 초월적인 경우에도 $F(\alpha)$와 $F(\beta)$ 사이에 유사한 동형사상이 존재하는가?

10. 체 K가 유리수체 $\mathbb{Q}$의 확대체일 때, $G(K/\mathbb{Q}) = \mathrm{Aut}(K)$임을 증명하여라.

11. $d(>0) \in \mathbb{Q}$이면 $G(\mathbb{Q}(\sqrt{d})/\mathbb{Q}) = \{id\}$ 또는 $\mathbb{Z}_2$와 동형임을 보여라.

12. 실수체 $\mathbb{R}$에 대하여 다음을 증명하라.

(1) 실수체 $\mathbb{R}$의 자기동형사상은 양수를 양수로 보낸다.

(2) σ가 $\mathbb{R}$의 자기동형사상이고 $a,\ b \in \mathbb{R}$에 대하여 $a < b$이면, $\sigma(a) < \sigma(b)$이다.

(3) 실수체 $\mathbb{R}$의 자기동형사상은 항등사상뿐이다. [참조: 유리수의 조밀성 이용]

(4) Galois 군 $G(\mathbb{R}/\mathbb{Q})$와 Galois 군 $G(\mathbb{C}/\mathbb{R})$은 $\{id\}$ 또는 $\mathbb{Z}_2$와 동형이다.

13. 따름정리 5.6.17에서 p가 소수이면 원분 다항식

$$\Phi_p(x) = \frac{x^p - 1}{x-1} = x^{p-1} + x^{p-2} + \cdots + x + 1$$

는 $\mathbb{Q}$ 위에서 기약임을 보았다. 복소수 α가 $\Phi_p(x)$의 해일 때, 체 $\mathbb{Q}(\alpha)$를 생각하자.

(1) $\alpha,\ \alpha^2,\ \cdots,\ \alpha^{p-1}$은 $\Phi_p(x)$의 서로 다른 해이고, 또 $\Phi_p(x)$의 모든 해임을 보여라.

(2) 따름정리 9.1.4와 (1)로부터 $G(\mathbb{Q}(\alpha)/\mathbb{Q})$는 위수가 $p-1$인 가환군임을 보여라.

(3) $G(\mathbb{Q}(\alpha)/\mathbb{Q})$의 고정체는 $\mathbb{Q}$임을 보여라.
[참조: $\{\alpha,\ \alpha^2,\ \cdots,\alpha^{p-1}\}$은 $\mathbb{Q}$ 위에서 $\mathbb{Q}(\alpha)$의 기저임을 보이고, $G(\mathbb{Q}(\alpha)/\mathbb{Q})$의 모든 원소들에 의해 고정되는 일차결합을 찾아라.]

14. 유리수체 $\mathbb{Q}$ 위의 다항식 $f(x) = x^3 + 2x + 2$의 한 근을 θ라 할 때, 다음을 구하여라.

(1) $\mathbb{Q}$의 대수적 확대체 $\mathbb{Q}(\theta)$를 집합으로 나타내라.

(2) 곱셈역원 $(\theta+2)^{-1}$를 구하라.

(3) θ가 실근일 때, $\mathbb{Q}$를 고정하는 자기동형군 $G(\mathbb{Q}(\theta)/\mathbb{Q})$의 위수를 구하여라.

15. 체 $K = \mathbb{Q}(\sqrt[3]{2},\ \sqrt{3})$에 대하여 다음 물음에 답하라.

(1) $[K:\mathbb{Q}]$를 구하고, K의 $\mathbb{Q}$-기저를 하나만 구하라.

(2) $G(K/\mathbb{Q}) = G(K/\mathbb{Q}(\sqrt[3]{2}))$임을 밝히고 $G(K/\mathbb{Q})$를 구하라.

16. 유리수체 $\mathbb{Q}$ 위의 확대체 $\mathbb{Q}(\sqrt[3]{3})$에 대해 $|G(\mathbb{Q}(\sqrt[3]{3})/\mathbb{Q})|$와 $[\mathbb{Q}(\sqrt[3]{3}):\mathbb{Q}]$를 구하라.

17. 다음 Galois 군의 원소를 구하고 동형인 군을 찾아라.

(1) $G(\mathbb{Q}(i,\ \sqrt{2})/\mathbb{Q}))$ (2) $G(\mathbb{Q}(\sqrt[3]{2},\ \sqrt{2},\ i)/\mathbb{Q}(\sqrt{2}))$

18. 체 $\mathbb{Q}(\sqrt[3]{2},\ i\sqrt{3})$에 대하여 다음 물음에 답하라.

(1) $G(\mathbb{Q}(\sqrt[3]{2},\ i\sqrt{3})/\mathbb{Q}(\sqrt[3]{2}))$와 $G(\mathbb{Q}(\sqrt[3]{2},\ i\sqrt{3})/\mathbb{Q}(i\sqrt{3}))$의 위수(order)를 구하라.

(2) $G(\mathbb{Q}(\sqrt[3]{2},\ i\sqrt{3})/\mathbb{Q}) \cong S_3$ 임을 보여라.

19. 체 $F < E < K$이다. $G(K/E) = \{\phi \in G(K/F) \mid$ 모든 $x \in E$에 대해서 $\phi(x) = x\}$는 $G(K/F)$의 부분군임을 보여라.

9.2 분해체

이 절에서는 다항식의 모든 근을 포함하는 특정한 확대체에 관한 성질을 다룬다.

정의 9.2.1 [*분해체(splitting field, 分解體)*]
체 F의 대수적 폐포 $\overline{F}$의 부분체 $E < \overline{F}$와 다항식 $f(x) \in F[x]$, $\deg(f(x)) = n \geq 1$에 대하여 $F[x]$의 부분집합 $B \subset F[x]$를 생각하자.

E가 F 위에서 B의 **분해체** $E = S_F(B)$	$\overset{\text{정의}}{\Leftrightarrow}$	E는 F와 $f(x) \in B$의 모든 근을 포함하는 $\overline{F}$의 최소 부분체

※ $B = \{(f(x)\}$이면 $E = S_F(f(x))$라 표기한다. 한편 $a \in F,\ u_1, \cdots, u_n \in \overline{F}$일 때, $S_F(a(x-u_1)\cdots(x-u_n)) = F(u_1, \cdots, u_n)$이다. 그리고 $S_F(F[x]) = \overline{F}$이다.

※ 유한 개의 다항식 $f_1(x), \cdots, f_r(x)$의 분해체 $S_F(f_1(x), \cdots, f_r(x))$의 정의도 다항식을 모두 곱하여, 한 개의 다항식 $f_1(x)\cdots f_r(x)$의 분해체 $S_F(f_1(x)\cdots f_r(x))$로 정의할 수 있다.

E가 F 위의 **분해체**(splitting field)	$\overset{\text{정의}}{\Leftrightarrow}$	$E = S_F(B)$인 부분집합 $B \subset F[x]$가 존재
$f(x)$가 E에서 **분해된다**(split in E)	$\overset{\text{정의}}{\Leftrightarrow}$	$f(x) = a(x-u_1)\cdots(x-u_n)$ 인 원소 $a,\ u_1, \cdots, u_n \in E$가 존재

※ 즉, $f(x) \in F[x]$의 모든 근은 E에서 존재

예 9.2.2 [분해체] 유리수체 $\mathbb{Q}$ 위의 다항식에 대한 분해체를 구해보자.

(1) 유리수체 $\mathbb{Q}$ 위의 $\{x^2-2,\ x^2-3\}$의 분해체는 $\mathbb{Q}$ 위의 $(x^2-2)(x^2-3)$의 분해체와 일치한다. 그러므로 $\mathbb{Q}$ 위의 $(x^2-2)(x^2-3) = x^4-5x^2+6$의 분해체는 다음과 같다.

$$S_{\mathbb{Q}}(x^4-5x^2+6) = \mathbb{Q}(\sqrt{2},\ -\sqrt{2},\ \sqrt{3},\ -\sqrt{3}) = \mathbb{Q}(\sqrt{2},\ \sqrt{3})$$

(2) 유리수체 $\mathbb{Q}$ 위의 x^3-2의 분해체를 구하기 위해 세 근을 구하면, 근은 $\sqrt[3]{2}$와 $\sqrt[3]{2}\frac{(-1\pm i\sqrt{3})}{2}$이다. 한편

$$\frac{(-1\pm i\sqrt{3})}{2} = \sqrt[3]{2}\frac{(-1\pm i\sqrt{3})}{2}\cdot(\sqrt[3]{2})^{-1} \in \mathbb{Q}\left(\sqrt[3]{2},\ \sqrt[3]{2}\frac{(-1\pm i\sqrt{3})}{2}\right)$$

이므로 $\mathbb{Q}\left(\sqrt[3]{2},\ \sqrt[3]{2}\frac{(-1\pm i\sqrt{3})}{2}\right) = \mathbb{Q}\left(\sqrt[3]{2},\ \frac{-1\pm i\sqrt{3}}{2}\right)$이고,

$$i\sqrt{3} = 2\cdot\frac{(-1+i\sqrt{3})}{2}+1 \in \mathbb{Q}\left(\sqrt[3]{2},\ \frac{(-1\pm i\sqrt{3})}{2}\right)$$

이므로 $\mathbb{Q}\left(\sqrt[3]{2},\ \frac{-1\pm i\sqrt{3}}{2}\right) = \mathbb{Q}(\sqrt[3]{2},\ i\sqrt{3})$이 되어 x^3-2의 분해체는 다음과 같다.

$$S_{\mathbb{Q}}(x^3-2) = \mathbb{Q}\left(\sqrt[3]{2},\ \sqrt[3]{2}\frac{(-1\pm i\sqrt{3})}{2}\right) = \mathbb{Q}\left(\sqrt[3]{2},\ \frac{-1\pm i\sqrt{3}}{2}\right) = \mathbb{Q}(\sqrt[3]{2},\ i\sqrt{3})$$

그러므로 $\boxed{\mathbb{Q}(\sqrt[3]{2},\ i\sqrt{3})\text{은 } \mathbb{Q} \text{ 위의 } x^3-2\text{의 분해체}}$ 이다.

(3) 유리수체 $\mathbb{Q}$ 위의 x^2+1의 분해체는 다음과 같다.

$$S_{\mathbb{Q}}(x^2+1) = \mathbb{Q}(i,\ -i) = \mathbb{Q}(i) = \{a+bi \mid a,\ b \in \mathbb{Q}\}$$

(4) 실수체 $\mathbb{R}$ 위의 x^2+1의 분해체는 다음과 같다.

$$S_{\mathbb{R}}(x^2+1) = \mathbb{R}(i,\ -i) = \mathbb{R}(i) = \{a+bi \mid a,\ b \in \mathbb{R}\} = \mathbb{C}$$

예 9.2.3 [분해] 유리수체 $\mathbb{Q}$ 위의 다항식이 분해되는 확대체를 알아보자.

(1) 다항식 $f(x) = x^2-2 \in \mathbb{Q}[x]$의 근이 $\pm\sqrt{2}$이므로 $\mathbb{Q}(\sqrt{2})$에서 분해된다.

(2) 다항식 $f(x) = x^3-2 \in \mathbb{Q}[x]$의 근은 $\sqrt[3]{2}$와 $\sqrt[3]{2}\frac{(-1\pm i\sqrt{3})}{2}$이므로 $\sqrt[3]{2}\frac{(-1\pm i\sqrt{3})}{2} \notin \mathbb{Q}(\sqrt[3]{2})$이 되어 $f(x)$는 $\mathbb{Q}(\sqrt[3]{2})$에서 분해되지 않는다.

그러므로 $\mathbb{Q}(\sqrt[3]{2})$는 $\mathbb{Q}$ 위의 분해체가 아니다.

정리 9.2.4 *유한체 $\mathbb{F}_{p^n}$에 대하여 다음이 성립한다.*

$\boxed{\mathbb{F}_{p^n} = S_{\mathbb{Z}_p}(x^{p^n}-x)}$ 즉 유한체 $\mathbb{F}_{p^n}$은 $\mathbb{Z}_p$ 위에서 $x^{p^n}-x$의 분해체

(증명) 정리 8.4.5에 의하여 성립한다. ■

정리 9.2.5 *체 F 위의 다항식 $f(x) \in F[x]$, $\deg(f(x)) = n \geq 1$의 분해체 $S_F(f(x))$의 F 위의 차원에 대해 다음이 성립한다.*

$$[S_F(f(x)) : F] \leq n!$$

(증명) 다항식 $f(x)$는 $\overline{F}[x]$의 다항식이기도 하므로 F의 대수적 폐포 $\overline{F}$ 안에서 1차인수로 인수분해된다(정리 8.2.21와 정리 8.2.19). 즉, 적당한 원소 $a \in F$, $\alpha_1,\ \cdots,\ \alpha_n \in \overline{F}$가 존재하여

$$f(x) = a(x-\alpha_1)\cdots(x-\alpha_n) \in F[x]$$

라 하자. 그러면 F 위의 $f(x)$의 분해체는 다음과 같다.

$$S_F(f(x)) = F(\alpha_1,\ \cdots,\ \alpha_n)$$

한편 $f(\alpha_1) = 0$이므로 정리 8.1.15에 의하여

$$\mathrm{irr}(\alpha_1,\ F) \,\big|\, f(x) \quad \Longrightarrow \quad \deg(\alpha_1,\ F) \leq \deg(f(x)) = n$$

이다. 또한 $f(x) \in F(\alpha_1)[x]$이고 $f(\alpha_1) = 0$이므로, 인수정리(정리 5.5.4)에 의하여 적당한 다항식 $g(x) \in F(\alpha_1)[x]$에 대하여

$$f(x) = (x - \alpha_1)g(x) \quad \Longrightarrow \quad g(x) = a(x - \alpha_2)\cdots(x - \alpha_n) \in F(\alpha_1)[x]$$

이다. 그러면 $g(\alpha_2) = 0$이므로 $\text{irr}(\alpha_2,\, F(\alpha_1))\big|g(x)$이다. 따라서 다음이 성립한다.

$$\deg(\alpha_2,\, F(\alpha_1)) \le \deg(g(x)) = \deg(a(x - \alpha_2)\cdots(x - \alpha_n)) = n - 1$$

위와 같은 방법을 계속 사용하면, 다음이 성립한다.

$$\begin{aligned}
&[S_F(f(x)) : F] = [F(\alpha_1, \cdots, \alpha_n) : F] \\
&= [F(\alpha_1, \cdots, \alpha_n) : F(\alpha_1, \cdots, \alpha_{n-1})] \ \cdots \ [F(\alpha_1,\, \alpha_2) : F(\alpha_1)][F(\alpha_1) : F] \\
&= \deg(\alpha_n,\, F(\alpha_1, \cdots, \alpha_{n-1}))\deg(\alpha_{n-1},\, F(\alpha_1, \cdots, \alpha_{n-2})) \ \cdots \ \deg(\alpha_2,\, F(\alpha_1))\deg(\alpha_1,\, F) \\
&\le \deg(a(x - \alpha_n))\deg(a(x - \alpha_{n-1})(x - \alpha_n)) \ \cdots \ \deg(a(x - \alpha_2)\cdots(x - \alpha_n))\deg(f(x)) \\
&= 1 \cdot 2 \ \cdots \ (n-1)n = n!
\end{aligned}$$

즉, $[S_F(f(x)) : F] \le n!$이다. ■

예 9.2.6 [분해체 차원] 유리수체 $\mathbb{Q}$ 위에서 다항식 $f(x) = x^4 - 5x^2 + 6 \in \mathbb{Q}[x]$의 분해체 $S_{\mathbb{Q}}(f(x)) = \mathbb{Q}(\sqrt{2}, \sqrt{3})$ 의 $\mathbb{Q}$ 위에서 차원은 다음과 같다.

$$[S_{\mathbb{Q}}(f(x)) : \mathbb{Q}] = [\mathbb{Q}(\sqrt{2}, \sqrt{3}) : \mathbb{Q}] = 4 = \deg(f(x))$$

예 9.2.7 [분해체 차원] (예 9.2.2(2) 참조) 유리수체 $\mathbb{Q}$ 위에서 다항식 $f(x) = x^3 - 2 \in \mathbb{Q}[x]$의 분해체 $S_{\mathbb{Q}}(f(x)) = \mathbb{Q}(\sqrt[3]{2},\, i\sqrt{3})$의 $\mathbb{Q}$ 위에서 차원을 구하자.

$$[S_{\mathbb{Q}}(f(x)) : \mathbb{Q}] = [\mathbb{Q}(\sqrt[3]{2},\, i\sqrt{3}) : \mathbb{Q}] = [\mathbb{Q}(\sqrt[3]{2},\, i\sqrt{3}) : \mathbb{Q}(\sqrt[3]{2})][\mathbb{Q}(\sqrt[3]{2}) : \mathbb{Q}]$$

이므로 $[\mathbb{Q}(\sqrt[3]{2},\, i\sqrt{3}) : \mathbb{Q}(\sqrt[3]{2})]$와 $[\mathbb{Q}(\sqrt[3]{2}) : \mathbb{Q}]$을 구하면 된다.

먼저 $[\mathbb{Q}(\sqrt[3]{2}) : \mathbb{Q}] = \deg(\sqrt[3]{2},\, \mathbb{Q}) = \deg(x^3 - 2) = 3$이다.

다음에 $[\mathbb{Q}(\sqrt[3]{2},\, i\sqrt{3}) : \mathbb{Q}(\sqrt[3]{2})]$를 구하자. $\pm i\sqrt{3} \notin \mathbb{Q}(\sqrt[3]{2})$이므로 인수정리(정리 5.5.4)에 의하여 $\text{irr}(i\sqrt{3},\, \mathbb{Q}(\sqrt[3]{2})) = x^2 + 3$ 이다. 따라서

$$[\mathbb{Q}(\sqrt[3]{2},\, i\sqrt{3}) : \mathbb{Q}(\sqrt[3]{2})] = \deg(i\sqrt{3},\, \mathbb{Q}(\sqrt[3]{2})) = \deg(x^2 + 3) = 2$$

이다. 그러므로

$$\begin{aligned}
[S_{\mathbb{Q}}(f(x)) : \mathbb{Q}] &= [\mathbb{Q}(\sqrt[3]{2},\, i\sqrt{3}) : \mathbb{Q}] \\
&= [\mathbb{Q}(\sqrt[3]{2},\, i\sqrt{3}) : \mathbb{Q}(\sqrt[3]{2})][\mathbb{Q}(\sqrt[3]{2}) : \mathbb{Q}] \\
&= \deg(x^2 + 3) \cdot \deg(x^3 - 2) \\
&= 3!
\end{aligned}$$

(풀이2) 다음과 같이 중간체를 $\mathbb{Q}(i\sqrt{3})$로 하는 방법으로 $\mathbb{Q}$ 위의 차원을 구할 수 있다. 각자 왜 그런지 확인해 볼 것!

$$\begin{aligned}[S_{\mathbb{Q}}(f(x)):\mathbb{Q}] &= [\mathbb{Q}(\sqrt[3]{2},\ i\sqrt{3}):\mathbb{Q}] \\ &= [\mathbb{Q}(\sqrt[3]{2},\ i\sqrt{3}):\mathbb{Q}(i\sqrt{3})][\mathbb{Q}(i\sqrt{3}):\mathbb{Q}] \\ &= \deg(x^3-2)\cdot\deg(x^2+3) \\ &= 3!\end{aligned}$$

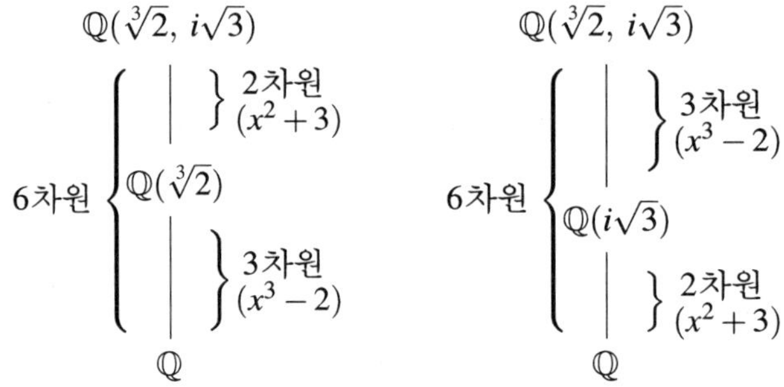

※ 참고: $\mathbb{Q}(\sqrt[3]{2},\ i\sqrt{3}) \neq \mathbb{Q}(\sqrt[3]{2},\ \sqrt{3},\ i)$이다. 왜냐하면, 다음이 성립한다.

$$\begin{aligned}[\mathbb{Q}(\sqrt[3]{2},\ \sqrt{3},\ i):\mathbb{Q}] &= [\mathbb{Q}(\sqrt[3]{2},\ \sqrt{3},\ i):\mathbb{Q}(\sqrt[3]{2},\ \sqrt{3})][\mathbb{Q}(\sqrt[3]{2},\ \sqrt{3}):\mathbb{Q}(\sqrt[3]{2})][\mathbb{Q}(\sqrt[3]{2}):\mathbb{Q}] \\ &= \deg(x^2+1)\deg(x^2-3)\deg(x^3-2) = 12\end{aligned}$$

정리 9.2.8 *체 F 위의 다항식 $f(x)\in F[x]$, $\deg(f(x)) = n \geq 1$에 대하여 체 K가 F 위의 다항식 $f(x)$의 분해체이고 체 E가 $F < E < K$일 때, 다음이 성립한다.*

K는 E 위에서 $f(x)$의 분해체이다

(증명) 체 K가 F 위에서 다항식 $f(x)$의 분해체이면, K 안에서 1차인수로 인수분해된다. 즉, 적당한 원소 $a\in F$, $\alpha_1, \cdots, \alpha_n \in K$가 존재하여

$$f(x) = a(x-\alpha_1)\cdots(x-\alpha_n)$$

이고,

$$K = F(\alpha_1, \cdots, \alpha_n)$$

이다.

한편 체 E가 $F < E < K$이므로 $f(x)\in E[x]$이고 K에서 같은 근을 갖는다. 따라서

$$K = F(\alpha_1, \cdots, \alpha_n) < E(\alpha_1, \cdots, \alpha_n) < K$$

가 되어 $K = E(\alpha_1, \cdots, \alpha_n)$이므로 K는 E 위에서 $f(x)$의 분해체이다. ■

예 9.2.9 $F < E < K$가 체일 때, 일반적으로

$$|G(K/F)| \neq |G(K/E)||G(E/F)|$$

이다. 예를 들어, $\mathbb{Q} < \mathbb{Q}(\sqrt[3]{2}) < \mathbb{Q}(\sqrt[3]{2},\ i\sqrt{3})$을 생각하자.

예 9.1.14에 의하여 $1 = \left|G(\mathbb{Q}(\sqrt[3]{2})/\mathbb{Q})\right|$임을 알았다.

다음에 $\left|G(\mathbb{Q}(\sqrt[3]{2},\ i\sqrt{3})/\mathbb{Q}(\sqrt[3]{2}))\right| = 2$임을 보이자. 복소수 $i\sqrt{3}$에 대하여 다음이 성립한다.

$$p(x) = \mathrm{irr}(i\sqrt{3},\ \mathbb{Q}(\sqrt[3]{2})) = x^2 + 3,$$
$$\mathbb{Q}(\sqrt[3]{2},\ i\sqrt{3}) = \{a + bi\sqrt{3} \mid a,\ b \in \mathbb{Q}(\sqrt[3]{2})\}$$

이때 $\sigma \in G(\mathbb{Q}(\sqrt[3]{2},\ i\sqrt{3})/\mathbb{Q}(\sqrt[3]{2}))$라 하면,

$$\sigma(a + bi\sqrt{3}) = a + b\sigma(i\sqrt{3})$$

이다. 정리 9.1.12에 의하여 $\sigma(i\sqrt{3})$는 $i\sqrt{3}$와 대수적 켤레원소, 즉, $p(x)$의 두 근 $i\sqrt{3}$와 $-i\sqrt{3}$ 중에서 선택되어야 한다. 따라서 다음 2가지 경우가 존재한다.

$$\sigma(i\sqrt{3}) = i\sqrt{3}, \quad \sigma(i\sqrt{3}) = -i\sqrt{3}$$

그러므로 $\left|G(\mathbb{Q}(\sqrt[3]{2},\ i\sqrt{3})/\mathbb{Q}(\sqrt[3]{2}))\right| = 2$이다.

다음으로 $\left|G(\mathbb{Q}(\sqrt[3]{2},\ i\sqrt{3})/\mathbb{Q})\right| = 6$임을 보이자. 체 $\mathbb{Q}(\sqrt[3]{2}, i\sqrt{3})$은 $\mathbb{Q}$ 위에서 다항식 $x^3 - \sqrt{2}$의 분해체이다(예 9.2.2(2)). $\mathbb{Q}(\sqrt[3]{2},\ i\sqrt{3})$의 $\mathbb{Q}$-기저는 다음과 같다.

$$\{1,\ \sqrt[3]{2},\ \sqrt[3]{2^2},\ i\sqrt{3},\ \sqrt[3]{2}\, i\sqrt{3},\ \sqrt[3]{2^2}\, i\sqrt{3}\}$$

그러므로 $\mathbb{Q}(\sqrt[3]{2},\ i\sqrt{3})$의 생성원은 $\sqrt[3]{2},\ i\sqrt{3}$이다. 한편 $\mathbb{Q}(\sqrt[3]{2},\ i\sqrt{3})$의 자기동형사상은 생성원 $\sqrt[3]{2},\ i\sqrt{3}$에 관한 대응관계만 알면 유일하게 결정된다(9.1절의 연습문제 4번).

그러면 $\sigma \in G(\mathbb{Q}(\sqrt[3]{2},\ i\sqrt{3})/\mathbb{Q})$일 때, 따름정리 9.1.4에 의하여, σ는 $\sqrt[3]{2},\ i\sqrt{3}$의 상(대수적 켤레원소)에 의하여 결정된다.

$\sqrt[3]{2}$의 대수적 켤레원소는 $\sqrt[3]{2}$와 $\sqrt[3]{2}\frac{(-1\pm i\sqrt{3})}{2}$이다. 한편 $\omega = \frac{-1+i\sqrt{3}}{2}$라면 $\omega^2 = \frac{-1-i\sqrt{3}}{2}$이므로 σ에 대한 $\sqrt[3]{2}$의 상은

$$\sigma(\sqrt[3]{2}) = \sqrt[3]{2} \quad \text{또는} \quad \sigma(\sqrt[3]{2}) = \sqrt[3]{2}\omega \quad \text{또는} \quad \sigma(\sqrt[3]{2}) = \sqrt[3]{2}\omega^2$$

에서 결정되고, σ에 대한 $i\sqrt{3}$의 상은 $i\sqrt{3}$의 대수적 켤레원소는 $\pm i\sqrt{3}$이므로

$$\sigma(i\sqrt{3}) = i\sqrt{3} \quad \text{또는} \quad \sigma(i\sqrt{3}) = -i\sqrt{3}$$

에서 결정된다. 따라서 σ는 다음과 같은 6가지 형태가 존재한다.

σ	σ_1	σ_2	σ_3	σ_4	σ_5	σ_6
$\sigma(\sqrt[3]{2})$	$\sqrt[3]{2}$	$\sqrt[3]{2}\omega$	$\sqrt[3]{2}\omega^2$	$\sqrt[3]{2}$	$\sqrt[3]{2}\omega$	$\sqrt[3]{2}\omega^2$
$\sigma(i\sqrt{3})$	$i\sqrt{3}$	$i\sqrt{3}$	$i\sqrt{3}$	$-i\sqrt{3}$	$-i\sqrt{3}$	$-i\sqrt{3}$

따라서 $|G(\mathbb{Q}(\sqrt[3]{2},\ i\sqrt{3})/\mathbb{Q})| = 6$이다.

그러므로 $6 = |G(\mathbb{Q}(\sqrt[3]{2},\ i\sqrt{3})/\mathbb{Q})| \neq |G(\mathbb{Q}(\sqrt[3]{2},\ i\sqrt{3})/\mathbb{Q}(\sqrt[3]{2}))||G(\mathbb{Q}(\sqrt[3]{2})/\mathbb{Q})| = 2$이다.

문제 9.2.10 예 9.2.9에서 Galois 군 $G(\mathbb{Q}(\sqrt[3]{2},\ i\sqrt{3})$의 각 원소 $\sigma_1 \sim \sigma_6$의 위수를 구하여 $G(\mathbb{Q}(\sqrt[3]{2},\ i\sqrt{3})/\mathbb{Q}) \cong D_3$임을 증명하라.

다음은 다항식의 분해체에 대한 여러가지 정리를 알아보자.

정리 9.2.11 *체 F에서 체 F'으로의 동형사상 $\sigma : F \longrightarrow F'$일 때, 환 $F[x]$에서 환 $F'[x]$로의 함수 ϕ_σ를 다항식 $f(x) = a_0 + a_1x + \cdots + a_nx^n \in F[x]$에 대하여*

$$\phi_\sigma : F[x] \longrightarrow F'[x], \quad \phi_\sigma(f(x)) = \boxed{f_\sigma(x) = \sigma(a_0) + \sigma(a_1)x + \cdots + \sigma(a_n)x^n} \in F'[x]$$

이라 정의하면, 체 F 위의 다항식 $p(x) \in F[x]$, $\deg(p(x)) \geq 1$에 대하여 다음이 성립한다.

(1) 함수 ϕ_σ는 환 동형사상이다.

(2) 다항식 $p(x) \in F[x]$가 F 위에서 기약 $\iff$ 다항식 $p_\sigma(x) \in F'[x]$가 F' 위에서 기약

(3) 체 E를 F 위에서 $p(x)$의 분해체, 체 E'을 F' 위에서 $p_\sigma(x)$의 분해체라 하면, 다음과 같은 E에서 E'으로의 동형사상이 존재한다.

$$\overline{\sigma} : E \longrightarrow E', \quad \overline{\sigma}(a) = \sigma(a)\ (a \in F) \text{ 즉 } \overline{\sigma}|_F = \sigma$$

(4) 특히, 체 E와 E'을 F 위에서 $p(x)$의 분해체라 하면, $E \cong E'$

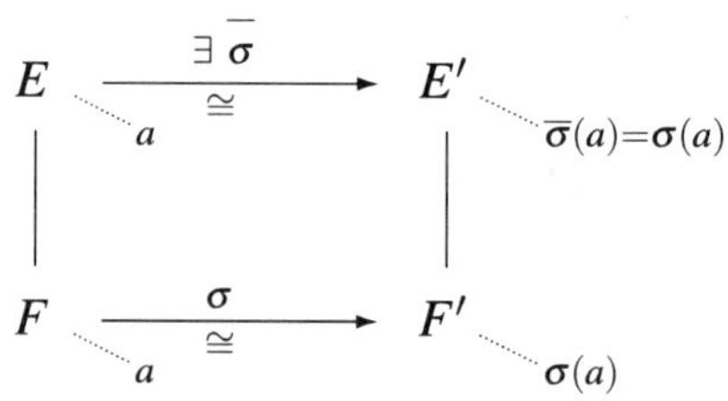

(증명) (1) 임의의 다항식 $f(x)$, $g(x) \in F[x]$에 대하여

$$\phi_\sigma(f(x) + g(x)) = f_\sigma(x) + g_\sigma(x) = \phi_\sigma(f(x)) + \phi_\sigma(g(x))$$
$$\phi_\sigma(f(x)g(x)) = f_\sigma(x)g_\sigma(x) = \phi_\sigma(f(x))\phi_\sigma(g(x))$$

이므로 ϕ_σ는 환 준동형사상이다. 그리고 분명히 전단사함수이므로 ϕ_σ는 환 동형사상이다.

(2) 임의의 다항식 $p(x) \in F[x]$에 대하여

$$p(x) = g(x)h(x) \iff \phi_\sigma(p(x)) = \phi_\sigma(g(x)h(x)) \iff p_\sigma(x) = g_\sigma(x)h_\sigma(x)$$

이므로 $p(x)$가 F 위에서 기약일 필요충분조건은 $p_\sigma(x)$가 F' 위에서 기약이다.

(3) (4) [2, 정리 5.4.7] 참조. ■

정리 9.2.12 (동형 확장 정리) *체 F에서 체 F'으로의 동형사상 $\sigma : F \longrightarrow F'$일 때, $\overline{F}$가 F의 대수적 폐포이고 체 $E(<\overline{F})$가 체 F의 대수적 확대체이면, 다음이 성립한다.*

> 동형사상 σ를 확장하는 체 E에서 $\overline{F'}$의 부분체 E'으로의 동형사상
> $\tau : E \longrightarrow E'$, $\tau(a) = \sigma(a)$ $(a \in F)$가 존재한다.

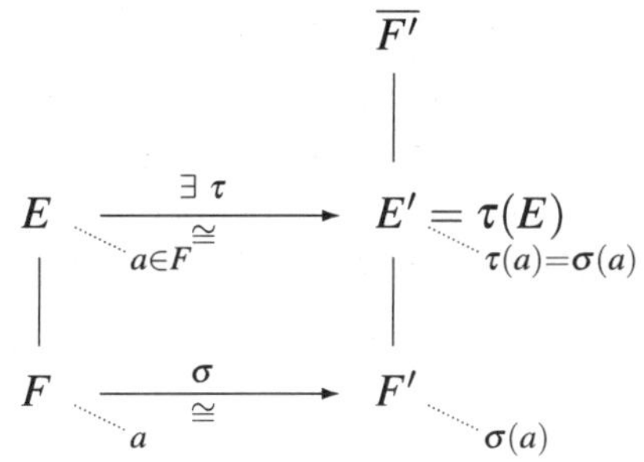

(증명) [3, 정리 49.3] 참조. ■

따름정리 9.2.13 *체 $F < E < \overline{F}$는 대수적 확대체이고 α, $\beta \in E$가 체 F 위에서 대수적 켤레원소이면, 켤레 동형사상 $\psi_{\alpha,\beta} : F(\alpha) \longrightarrow F(\beta)$, $\psi_{\alpha,\beta}(\alpha) = \beta$에 대하여 다음이 성립한다.*

> $\psi_{\alpha,\beta}$를 확장하는 동형사상 $\tau : E \longrightarrow E' < \overline{F}$, $\tau|_{F(\alpha)} = \psi_{\alpha,\beta}$가 존재한다.

(증명) $\sigma : F(\alpha) \longrightarrow F(\beta)$라 하면, 동형확장정리(9.2.12)에 의하여 따름정리가 성립한다. ■

따름정리 9.2.14 *$\overline{F}$와 $\overline{F'}$가 체 F의 대수적 폐포이면, 다음이 성립한다.*

> F를 고정하는 동형사상 $\tau : \overline{F} \longrightarrow \overline{F'}$, $\tau(a) = a$ $(a \in F)$가 존재한다.

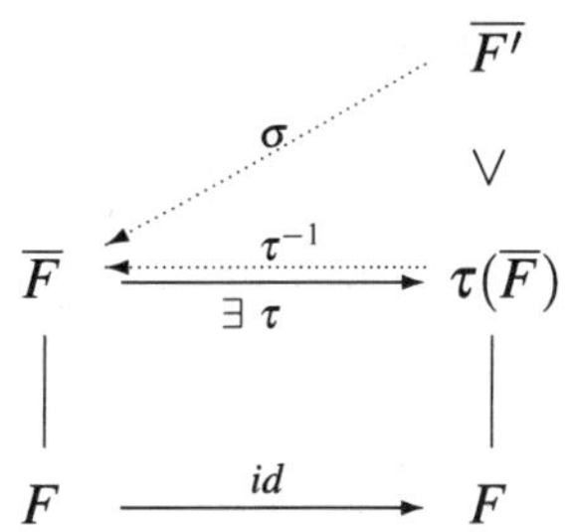

(증명) F 위에서의 항등사상 $id : F \longrightarrow F$은 동형확장정리(정리 9.2.12)에 의하여 F를 고정하는 $\overline{F}$에서 $\overline{F'}$의 부분체로의 동형사상 $\tau : \overline{F} \longrightarrow \tau(\overline{F}) < \overline{F'}$가 존재한다. 이제 τ가 전사임을 보이

면 된다.

동형사상 $\tau^{-1} : \tau(\overline{F}) \longrightarrow \overline{F}$을 다시 동형확장정리(정리 9.2.12)를 이용하여 $\overline{F'}$에서 $\overline{F}$의 부분체로의 동형사상 σ로 확장되는데, τ^{-1}는 전단사함수이므로 $\tau(\overline{F}) = \overline{F'}$이어야 한다. 따라서 τ는 전사함수가 되어 $\overline{F}$에서 $\overline{F'}$으로의 동형사상이 된다. ■

정리 9.2.15 *체 F에서 체 F'으로의 동형사상 $\sigma : F \longrightarrow F'$일 때, $\overline{F'}$가 F'의 대수적 폐포이고 체 $E(<\overline{F})$가 체 F의 유한 확대체이면, 다음이 성립한다.*

(1) 동형사상 σ를 확장하는 체 E에서 $\overline{F'}$의 부분체 $\tau(E)$으로의 동형사상

$$\tau : E \longrightarrow \tau(E) < \overline{F'}, \quad \tau(a) = \sigma(a)\ (a \in F)$$

가 유한 개(r개) 존재한다.

(2) r의 개수는 F', $\overline{F'}$, σ에 상관없이 유일하게 결정된다.

※ 이때 r을 F 위에서 E의 **지표**(index, 指標)라 하고, $r = \{E : F\}$라 표현한다.

※ 정의에 의하여 $|G(E/F)| \leq \{E : F\}$이다.

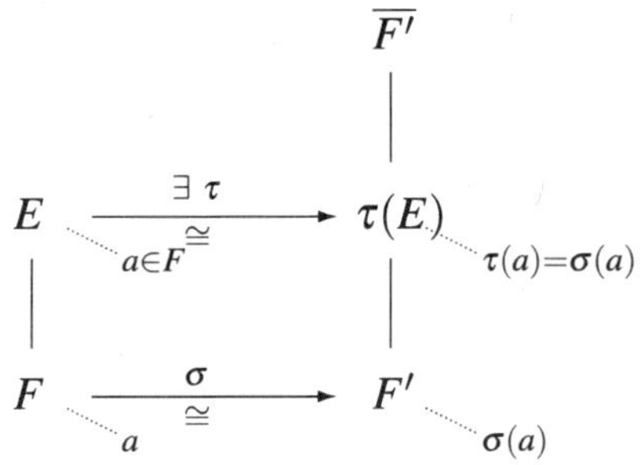

(증명) [3, 정리 49.7] 참조. ■

따름정리 9.2.16 *체 K가 F의 유한 확대체 이고 $F < E < K$이면, 다음이 성립한다.*

$$\{K : F\} = \{K : E\}\{E : F\}$$

(증명) 정리 9.2.15에 의하여 F를 고정하는 E에서 $\overline{F}$의 부분체로의 동형사상은 $\{E : F\}$개 있고 이 동형사상의 각각은 K 위로 $\{K : F\}$개 확장된다. ■

체 F의 단순확대체 $F(\alpha)$에 대한 지표의 경우는 항등사상 $id : F \longrightarrow F$을 확장하는 F 위에서 $F(\alpha)$의 지표 $\{F(\alpha) : F\}$는 켤레 동형사상 정리에 의하여 α의 대수적 켤레원소의 개수이다(정리 9.2.15). 따라서 $\{F(\alpha) : F\}$는 $\mathrm{irr}(\alpha, F)$의 서로 다른 근의 개수와 일치한다.

정리 9.2.17 *$F < E < \overline{F}$인 체에 대하여 다음은 동치이다.*

E가 체 F의 분해체 $\Longleftrightarrow$ 모든 동형사상 $\sigma : \overline{F} \longrightarrow \overline{F}$에 대하여 자기동형사상 $\sigma|_E$가 존재

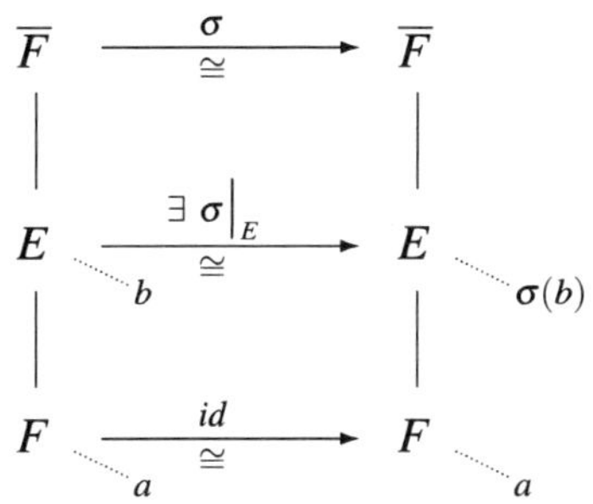

(증명) [3, 정리 50.3] 참조. ■

정리 9.2.18 *체 $E(<\overline{F})$가 체 F의 분해체일 때,*
기약다항식 $p(x) \in F[x]$, $\deg(p(x)) \geq 1$의 한 해 α가 E에서 존재하면 다음이 성립한다.

$$p(\beta) = 0, \quad \beta \in \overline{F} \quad \Longrightarrow \quad \beta \in E$$

(증명) [3, 따름정리 50.6] 참조. ■

따름정리 9.2.19 *체 $E(<\overline{F})$가 체 F의 분해체이면, 다음이 성립한다.*

(1) F를 고정하는 모든 동형사상 $\sigma : E \longrightarrow \sigma(E) < \overline{F} \quad \Longrightarrow \quad \sigma(E) = E$
(2) E가 체 F의 유한 확대체이면, $|G(E/F)| = \{E : F\}$

(증명) [3, 따름정리 50.7] 참조. ■

예 9.2.20 [지표] 유리수체 $\mathbb{Q}$ 위에서 다항식 $f(x) = x^4 - 5x^2 + 6 \in \mathbb{Q}[x]$의 분해체 $S_{\mathbb{Q}}(f(x)) = \mathbb{Q}(\sqrt{2}, \sqrt{3})$의 $\mathbb{Q}$ 위에서 Galois 군, 지표, 차원의 관계는 다음과 같다.

$$\left|G(\mathbb{Q}(\sqrt{2}, \sqrt{3})/\mathbb{Q}\right| = \{\mathbb{Q}(\sqrt{2}, \sqrt{3}) : \mathbb{Q}\} = [\mathbb{Q}(\sqrt{2}, \sqrt{3}) : \mathbb{Q}] = 4$$

하지만, $\mathbb{Q}$의 단순 확대체 $\mathbb{Q}(\sqrt[3]{2})$에 대해서는 다음이 성립한다.

$$1 = \left|G(\mathbb{Q}(\sqrt[3]{2})/\mathbb{Q})\right| < \{\mathbb{Q}(\sqrt[3]{2}) : \mathbb{Q}\} = [\mathbb{Q}(\sqrt[3]{2}) : \mathbb{Q}] = 3$$

임용시험 출제 9.2.21 [2010학년도] 체 $\mathbb{Q}$는 유리수체이고 $\mathbb{Q}[x]$는 다항식환이다. 체 E를 다항식 $f(x) = (x^2-2)(x^2-11) \in \mathbb{Q}[x]$의 분해체(splitting field)라 하자. 체 E의 부분체와 관련된 다음 명제에서 옳은 것을 모두 골라라.

① 원소 $\alpha \in E$를 첨가한 단순확대체(simple extension field) $\mathbb{Q}(\alpha)$에 속하는 모든 원소는 $\mathbb{Q}$ 위에서 대수적(algebraic)이다.

② 체 $\mathbb{Q}(\beta^2)$ 위에서 체 $\mathbb{Q}(\beta)$의 차수(degree) $[\mathbb{Q}(\beta) : \mathbb{Q}(\beta^2)]$가 1보다 큰 홀수가 되는 원소 $\beta \in E$가 존재한다.

③ 차수 $[E : \mathbb{Q}(\gamma)]$가 1인 원소 $\gamma \in E$가 존재한다.

임용시험 출제 9.2.22 [2014학년도] 유리수체 $\mathbb{Q}$ 위에서 다항식 $x^6 + 3 \in \mathbb{Q}[x]$의 분해체를 K라 할 때, Galois 군 $G(K/\mathbb{Q})$의 위수는 6임을 증명하라.

임용시험 출제 9.2.23 [2015학년도] 실수 $\sqrt[3]{2} - \sqrt[3]{3}$을 근으로 가지는 다항식 $f(x) = x^9 + 3x^6 + 165x^3 + 1$은 13을 법으로 하여 $f_{13}(x) = x^9 + 3x^6 + 9x^3 + 1$과 합동이고, $f_{13}(x)$는 $\mathbb{Z}_{13}[x]$에서 기약다항식임이 알려져 있다.

이를 이용하여, $f(x)$가 $\mathbb{Q}[x]$에서 기약임을 보이시오. 그리고 $K = \mathbb{Q}(\sqrt[3]{2}, \sqrt[3]{3})$라 할 때, 차수(degree) $[K : \mathbb{Q}]$의 값을 풀이 과정과 함께 쓰고, 다항식 $g(x) = (x^3 - 2)(x^3 - 3) \in \mathbb{Q}[x]$의 분해체(splitting field) E에 대하여 Galois 군 $G(E/\mathbb{Q})$의 위수(order)를 풀이 과정과 함께 쓰시오.[논술형]

연 습 문 제 (9.2)

1. 다음 다항식의 유리수체 $\mathbb{Q}$ 위에서의 분해체 K와 $[K : \mathbb{Q}]$를 구하라.

(1) $x^2 + 3$ (2) $x^3 - 3$

(3) $x^3 - 1$ (4) $x^4 - 1$

(5) $x^3 + 5$ (6) $x^3 - 7x + 6$

(7) $(x^2 - x)(x^3 - 2)$ (8) $(x^2 - 3)(x^3 - 1)$

2. $\mathbb{Q}(\sqrt{3}, i)$는 $(x^2 - 2x - 2)(x^2 + 1) \in \mathbb{Q}[x]$의 분해체임을 보여라.

3. $\mathbb{Q}(i, \sqrt{2})$는 $x^2 - 2\sqrt{2}x + 3 \in \mathbb{Q}(\sqrt{2})[x]$의 분해체임을 보여라.

4. 유리수체 $\mathbb{Q}$ 위의 다항식 $x^2 - 3$과 $x^2 - 2x - 2 \in \mathbb{Q}[x]$의 분해체는 같음을 보여라.

5. 분해체 $S_{\mathbb{Q}}(x^4 - 9)$와 $S_{\mathbb{R}}(x^4 - 9)$를 구하라.

6. 유리수체 $\mathbb{Q}$ 위의 다항식 $x^2 - 3$의 분해체의 모든 원소는 작도가능함을 보여라.

7. 유리수체 $\mathbb{Q}$ 위의 기약다항식 $p(x) = x^4 - 10x^2 + 1$에 대하여 $\mathbb{Q}$ 위에서의 $p(x)$의 분해체 K와 Galois 군 $G(K/\mathbb{Q})$를 구하라.

8. 다항식 $f(x) = (x^2+1)(x^2-2) \in \mathbb{Q}[x]$의 분해체 K에 대하여 다음 물음에 답하라.

(1) $[K:\mathbb{Q}]$를 구하라.

(2) Galois 군 $G(K/\mathbb{Q})$의 부분군의 개수를 구하여라.

9. 유리수체 $\mathbb{Q}$ 위의 다항식 $f(x) = x^4 - 8x^2 + 15$의 분해체 K에 대하여 다음 물음에 답하라.

(1) K는 $\mathbb{Q}$ 위에서 단순확대체임을 보여라.

(2) $\mathbb{Q}$ 위에서 차원$[K:\mathbb{Q}]$를 구하라.

10. 다항식 $f(x) = (x^2-2)(x^2-3)(x^2-5)$의 $\mathbb{Q}$ 위에서의 분해체 $K = \mathbb{Q}(\sqrt{2}, \sqrt{3}, \sqrt{5})$에 대하여 다음 물음에 답하라.

(1) $[K:\mathbb{Q}]$, $[K:\mathbb{Q}(\sqrt{2})]$, $[K:\mathbb{Q}(\sqrt{2}, \sqrt{3})]$를 구하고 K의 $\mathbb{Q}$-기저를 하나만 구하라.

(2) Galois 군 $G(K/\mathbb{Q})$를 구하라.

(3) $G(K/\mathbb{Q})$와 동형인 군을 구하라.

11. 유리수체 $\mathbb{Q}$ 위의 다항식 $f(x) = x^3 - 5 \in \mathbb{Q}[x]$의 분해체 K에 대하여 다음 물음에 답하라.

(1) $f(x)$의 두 복소수 근을 α, β라고 하면, $f(x)$의 분해체는

$$\mathbb{Q}(\sqrt[3]{5}, \alpha, \beta) = \mathbb{Q}(\sqrt[3]{5}, \alpha) = \mathbb{Q}(\sqrt[3]{5}, i\sqrt{3})$$

임을 보여라.

(2) $\mathbb{Q}(\sqrt[3]{5})$의 자기동형사상은 항등사상뿐임을 보여라.

(3) $G(K/\mathbb{Q})$의 위수를 구하라. [참조: 예 9.2.9]

(4) Galois 군 $G(K/\mathbb{Q})$의 원소 중 위수가 2인 것의 개수를 구하라.

(5) $G(K/\mathbb{Q}) \cong S_3$임을 보여라. [참조: (3)을 이용한다.]

12. $\mathbb{Q}$ 위의 다항식 x^3+2의 $\mathbb{Q}$ 위에서 분해체를 K라 할 때 다음을 구하라.

(1) $G(K/\mathbb{Q})$의 모든 원소의 위수를 구하라.

(2) Galois 군 $G(K/\mathbb{Q})$와 동형인 군을 구하여라.

13. (예 9.2.9 참조) 다음을 보여라.

$$G(\mathbb{Q}(\sqrt[3]{2}, i\sqrt{3})/\mathbb{Q}(i\sqrt{3})) \cong (\mathbb{Z}_3, +)$$

14. 유리수체 $\mathbb{Q}$ 위에서의 다항식 $f(x) = x^3 - 10$에 대하여 다음 물음에 답하라.

(1) 체 $\mathbb{Q}$ 위의 $f(x)$의 분해체의 Galois 군을 구하라.

(2) 체 $\mathbb{Q}(\sqrt{3})$ 위의 $f(x)$의 분해체의 Galois 군와 동형인 군을 구하라.

15. 다항식 $p(x) = x^3 + x^2 - 2x - 1 \in \mathbb{Q}[x]$에 대하여 다음 물음에 답하라.

(1) 다항식 $p(x)$는 유리수체 $\mathbb{Q}$ 위에서 기약임을 밝혀라.

(2) 복소수체 $\mathbb{C}$ 안에서 u가 $p(x)$의 한 근이면, $v = u^2 - 2$도 $p(x)$의 근임을 확인하고, $p(x)$의 나머지 한 근 ω를 u로 나타내어라.

(3) $K = \mathbb{Q}(u)$는 유리수체 $\mathbb{Q}$ 위의 $p(x)$의 분해체임을 밝히고, $G(K/\mathbb{Q})$를 구하라.

16. $\mathbb{Q}$의 항등사상이 $\mathbb{Q}(\sqrt[3]{2},\ \sqrt{3})$에서 $\overline{\mathbb{Q}}$의 부분체 위로 확장되는 동형사상을 모두 구하고, $G(\mathbb{Q}(\sqrt[3]{2},\ \sqrt{3})/\mathbb{Q})$를 구하라.

17. (예 9.2.9 참조) 유한 확대체 $F \le E \le K$들의 관계에서 각각의 체가 바로 아래 체의 분해체일 때, 다음이 성립함을 증명하라.

$$|G(K/F)| = |G(K/E)||G(E/F)|$$

18. 체 F의 확대체 E가 $[E:F]=2$이면, E는 F의 분해체임을 보여라.

19. 체 $\mathbb{Z}_3$ 위의 다항식 $x^2+1 \in \mathbb{Z}_3[x]$의 분해체를 구하여라.

20. 체 $\mathbb{Z}_2$ 위의 다항식 $f(x)=x^3+x^2+1$의 해를 α라 할 때, 다음 물음에 답하라.

(1) $f(x)$는 $\mathbb{Z}_2(\alpha)$에서 분해됨을 보여라.
[참조: $\mathbb{Z}_2(\alpha)$의 원소 8개 중에서 나머지 두 해를 찾아라.]

(2) $f(x)$의 분해체 K를 구하고, K의 $\mathbb{Z}_2$ 위의 차원을 구하라.

21. $\mathbb{Z}_3 < E$일 때, $\alpha \in E$는 $f(x)=x^3+2x+1 \in \mathbb{Z}_3[x]$의 근일 때, 다음 물음에 답하라.

(1) $\alpha+1,\ \alpha+2 \in E$도 $f(x)$의 근임을 보여라.

(2) $f(x)$의 분해체 K를 구하고, K의 $\mathbb{Z}_3$ 위의 차수를 구하라.

22. 체 $\mathbb{F}_2=\{0,\ 1\}$의 확대체 $\mathbb{F}_4$에 대하여 다음 물음에 답하라.

(1) $\mathbb{F}_4$는 $\mathbb{F}_2$ 위에서 x^2+x+1의 분해체임을 밝혀라.

(2) $\mathbb{F}_4$는 $\mathbb{F}_2$ 위에서 x^4-x의 분해체임을 밝혀라.

9.3 분리확대체

이 절에서는 체 F 위의 다항식 $f(x)$의 분해체 안에서 그의 해의 중복도가 1인 체에 대하여 논한다.

정리 9.3.1 *다항식 $f(x) \in F[x]$가 체 F 위에서 기약다항식이면, 다음이 성립한다.*

$\overline{F}$ 안에서 $f(x)$의 모든 근의 중복도가 같다.

(증명) $f(x)$의 서로 다른 근을 $\alpha,\ \beta \in \overline{F}$라 하고, 각각의 중복도를 $r_\alpha,\ r_\beta$라 하자. 그러면 적당한 다항식 $g(x) \in \overline{F}[x]$에 대하여 다음이 성립한다.

$$f(x) = (x-\alpha)^{r_\alpha}(x-\beta)^{r_\beta} g(x)$$

원소 $\alpha,\ \beta$는 대수적 켤레원소이므로 F를 고정하는 동형사상

$$\psi_{\alpha,\beta} : F(\alpha) \longrightarrow F(\beta)$$

가 존재한다(정리 9.1.3). 그러면 동형 확장 정리(정리 9.2.12)에 의하여 $\psi_{\alpha,\beta}$를 확장하는 동형사상

$$\sigma : \overline{F} \longrightarrow \overline{F}, \quad \sigma\big|_{F(\alpha)} = \psi_{\alpha,\beta}$$

가 존재한다.

한편 함수

$$\phi_\sigma : \overline{F}[x] \longrightarrow \overline{F}[x], \quad \phi_\sigma(f(x)) = f_\sigma(x)$$

라 정의하면 정리 9.2.11에 의하여 ϕ_σ는 동형사상이다. 그러면

$$\phi_\sigma(x) = x, \quad \phi_\sigma(\alpha) = \sigma(\alpha) = \psi_{\alpha,\beta}(\alpha) = \beta$$

이고, 특히, $\psi_{\alpha,\beta}$는 F를 고정하므로 $\sigma\big|_F = id_F$이고, 따라서 $\phi_\sigma(f(x)) = f_\sigma(x) = f(x)$이다. 그러면 다음이 성립한다.

$$\begin{aligned}(x-\alpha)^{r_\alpha}(x-\beta)^{r_\beta} g(x) = f(x) &= \phi_\sigma(f(x)) \\ &= \phi_\sigma((x-\alpha)^{r_\alpha}(x-\beta)^{r_\beta} g(x)) \\ &= (\phi_\sigma(x)-\phi_\sigma(\alpha))^{r_\alpha}(\phi_\sigma(x)-\phi_\sigma(\beta))^{r_\beta}\phi_\sigma(g(x)) \\ &= (x-\beta)^{r_\alpha}(x-\phi_\sigma(\beta))^{r_\beta} g_\sigma(x)\end{aligned}$$

그러면 β의 중복도 정의에 의하여

$$r_\alpha \le r_\beta$$

이다. 같은 방법으로 $\psi_{\beta,\alpha} : F(\beta) \longrightarrow F(\alpha)$를 생각하면 $r_\beta \le r_\alpha$이다. 따라서 $r_\alpha = r_\beta$이다. ■

따름정리 9.3.2 *체 F 위의 기약다항식 $f(x) \in F[x]$에 대하여 다음이 성립한다.*

$$f(x) = a((x-\alpha_1)\cdots(x-\alpha_n))^r, \quad a \in F,\ \alpha_1, \cdots, \alpha_n \in \overline{F}(\text{서로 다른 근})$$

(증명) 정리 9.3.1에 의하여 성립한다. ■

정리 9.3.3 *체 E가 체 F의 유한 확대체이면, 다음이 성립한다.*

$$\{E:F\} \big| [E:F]$$

(증명) 체 E가 체 F의 유한 확대체이면, 정리 8.2.9에 의하여 적당한 원소 $\alpha_1, \cdots, \alpha_n \in E$에 대하여 $E = F(\alpha_1, \cdots, \alpha_n)$이다. 정리 9.3.1에 의하여 $\operatorname{irr}(\alpha_i,\ F(\alpha_1, \cdots, \alpha_{i-1}))$는 같은 중복도 r_i를 갖는 서로 다른 n_i개의 근을 갖는다고 하자. $F_i = F(\alpha_1, \cdots, \alpha_i)$라 하면, $E = F_n$이고 다음이 성립한다.

$$[F_i : F_{i-1}] = n_i r_i = \{F_i : F_{i-1}\} r_i$$

그러면 정리 8.2.3와 따름정리 9.2.16에 의하여

$$\begin{aligned}
[E:F] &= [F_n : F_{n-1}] \cdots [F_2 : F_1][F_1 : F] \\
&= (n_n r_n) \cdots (n_2 r_2)(n_1 r_1) \\
&= \{F_n : F_{n-1}\} \cdots \{F_2 : F_1\}\{F_1 : F\}(r_n \cdots r_2 r_1) \\
&= \{E:F\}(r_n \cdots r_2 r_1)
\end{aligned}$$

이므로 $\{E:F\} \big| [E:F]$이다. ■

예 9.3.4 [중복도] x, y가 부정원일 때, $\mathbb{Z}_p(y)$를 정역 $\mathbb{Z}_p[y]$의 분수체라 하자. 그리고 $\mathbb{Z}_p[y]$의 부분정역 $\mathbb{Z}_p[y^p]$의 분수체를 $\mathbb{Z}_p(y^p)$라 하면, $\mathbb{Z}_p(y^p)$는 $\mathbb{Z}_p(y)$의 부분체가 된다.

$$\begin{array}{c} \mathbb{Z}_p(y) \\ | \\ \mathbb{Z}_p(y^p) \\ | \\ \mathbb{Z}_p \end{array}$$

다항식 $f(x) = x^p - y^p \in \mathbb{Z}_p(y^p)[x]$는 $\mathbb{Z}_p(y^p)$ 위에서 기약다항식이다. (연습문제 7번).

$f(y) = y^p - y^p = 0$이므로 $\mathbb{Z}_p(y)$는 $\mathbb{Z}_p(y^p)$ 위에서 단순확대체이다.

그리고 $f(x)$는 다음과 같이 한 개의 근 y를 갖고 중복도는 p이다.

$$f(x) = x^p - y^p = (x-y)^p$$

또한 다음이 성립한다.

$$1 = \left|G(\mathbb{Z}_p(y)/\mathbb{Z}_p(y^p))\right| \neq [\mathbb{Z}_p(y) : \mathbb{Z}_p(y^p)] = \deg(f(x)) = p$$

특히, $1 = \left|G(\mathbb{Z}_p(y)/\mathbb{Z}_p(y^p))\right| = \{\mathbb{Z}_p(y) : \mathbb{Z}_p(y^p)\} \neq [\mathbb{Z}_p(y) : \mathbb{Z}_p(y^p)] = \deg(f(x)) = p$이다.

정의 9.3.5 [*분리가능한 확대체(separable extension field, 分離可能擴大體)*]

체 F 위의 다항식 $f(x) \in F[x]$, $\deg(f(x)) = n \geq 1$에 대하여

$f(x)$가 F 위의 **분리다항식** 또는 **분리가능한 다항식**(separable polynomial)

$\overset{\text{정의}}{\Longleftrightarrow}$ 체 F 위의 다항식 $f(x)$의 분해체 $S_F(f(x))$ 안에서 $f(x)$의 모든 해의 중복도가 1

$\alpha \in \overline{F}$가 F 위의 **분리원소** 또는 **분리가능한 원소**(separable element)

$\overset{\text{정의}}{\Longleftrightarrow}$ 기약다항식 $\mathrm{irr}(\alpha, F)$가 F 위의 분리다항식. 즉, $\mathrm{irr}(\alpha, F)$의 해의 중복도가 1

E가 F의 **분리확대체** 또는 **분리가능한 확대체**(separable extension field)

$\overset{\text{정의}}{\Longleftrightarrow}$ 체 E가 F의 대수적 확대체이고, 모든 원소 $\alpha \in E$가 F 위의 분리원소

정리 9.3.6 *체 E가 체 F의 대수적 확대체일 때, 다음은 동치이다.*

E가 F의 분리확대체 $\Longleftrightarrow$ 모든 원소 $\alpha \in E$에 대하여 $\{F(\alpha) : F\} = [F(\alpha) : F]$

(증명) ($\Rightarrow$) E가 F의 분리확대체라 하면 모든 원소 $\alpha \in E$가 F 위에서 대수적이고 기약다항식 $\mathrm{irr}(\alpha, F)$의 해의 중복도가 1이다. $\{F(\alpha) : F\}$는 α의 대수적 켤레원소의 개수와 일치하므로 $\{F(\alpha) : F\} = \deg(\alpha, F)$이 되어 다음이 성립한다(정리 9.2.15).

$$\{F(\alpha) : F\} = \deg(\alpha, F) = [F(\alpha) : F]$$

($\Leftarrow$) 모든 원소 $\alpha \in E$에 대하여 $\{F(\alpha) : F\} = [F(\alpha) : F]$이라 하면, α가 F 위에서 대수적이므로 정리 8.1.17에 의하여

$$\deg(\alpha, F) = [F(\alpha) : F] = \{F(\alpha) : F\}$$

이다. 따라서 $\mathrm{irr}(\alpha, F)$의 해의 중복도는 1이다. 따라서 E는 F의 분리확대체이다. ■

문제 9.3.7 원소 α가 체 F 위에서 대수적일 때, 다음은 동치임을 증명하여라.

α가 F의 분리원소 $\Longleftrightarrow$ $[F(\alpha) : F] = \{F(\alpha) : F\}$

정리 9.3.8 *체 E가 체 F의 유한 확대체일 때, 다음은 동치이다.*

E가 F의 분리확대체 $\Longleftrightarrow$ $\{E : F\} = [E : F]$

(증명) ($\Rightarrow$) 체 E의 F 위의 차원 $[E : F] = n$에 관한 귀납법으로 증명하자.

먼저 $n = 1$이면, $E = F$이므로 $\{E : F\} = \{F : F\} = 1 = [F : F] = [E : F]$이 성립한다.

다음에 $n \geq 2$이라고 하자. 그러면 원소 $u \in E - F$가 존재한다. 이때 u는 F 위에서 대수적이고 $\deg(u, F) = [F(u) : F] = d \geq 2$이다. 그러면

$$n = [E : F] = [E : F(u)][F(u) : F] \quad \Longrightarrow \quad [E : F(u)] = \frac{[E : F]}{[F(u) : F]} = \frac{n}{d} < n$$

이다. 그러면 귀납가정에 의하여

$$\{E : F(u)\} = [E : F(u)]$$

이다. 또한 E가 F의 분리확대체이므로 정리 9.3.6에 의하여 $\{F(u) : F\} = [F(u) : F]$이다. 그러면 정리 8.2.3와 따름정리 9.2.16에 의하여

$$[E : F] = [E : F(u)][F(u) : F] = \{E : F(u)\}\{F(u) : F\} = \{E : F\}$$

이다.

($\Leftarrow$) $\{E : F\} = [E : F]$이라 하자. 임의의 원소 $u \in E$에 대하여

$$\{E : F(u)\}\{F(u) : F\} = \{E : F\} = [E : F] = [E : F(u)][F(u) : F]$$

이다. 한편 정리 9.3.3에 의하여 $\{E : F(u)\} \,|\, [E : F(u)]$이고 $\{F(u) : F\} \,|\, [F(u) : F]$이므로

$$\{F(u) : F\} = [F(u) : F]$$

이어야 한다. 그리고 체 E가 체 F의 유한 확대체이면, E가 F의 대수적 확대체(정리 8.2.2)이므로, 정리 9.3.6에 의하여 E는 F의 분리확대체이다. ■

정리 9.3.9 *체 F 위의 다항식 $f(x) \in F[x]$, $\deg(f(x)) \geq 1$의 분해체를 K라 할 때, $f(x)$가 F 위의 분리다항식이면, 다음이 성립한다.*

(1) $|G(K/F)| = [K : F]$
(2) $K = S_F(f(x))$는 F의 분리확대체이다.
(3) 특히, $f(x)$가 F 위의 기약다항식 $\Longrightarrow$ $\deg(f(x)) \,\big|\, |G(K/F)|$

(증명) (1) 정리 9.2.5에 의하여 $[K : F] \leq n!$이므로 K는 F의 유한 확대체이다.

정리를 $[K : F] = d$에 관한 귀납법으로 증명하자.

먼저 $d = 1$인 경우에는 $[K : F] = 1$이면 $K = F$이므로 $|G(K/F)| = 1 = [K : F]$이다.

다음에 $d \geq 2$라고 하자. 이때 $f(x)$의 기약인수 중 가장 큰 차수를 갖는 다항식을 $p(x)$라 하자. 그러면 $\deg(p(x)) = r \geq 2$이고 $p(x)$의 근은 모두 $f(x)$의 근이므로 $p(x)$는 K 안에서 서로 다른 r개의 근

$$u = u_1,\ u_2,\ \cdots,\ u_r$$

을 가진다.

한편 $[F(u):F]=r\geq 2$이므로

$$[K:F(u)]=\frac{[K:F]}{[F(u):F]}=\frac{d}{r}<d$$

이다. 또한 정리 9.2.8에 의하여 K는 $F(u)$의 분해체이다. 따라서 귀납 가정에 의하여 다음이 성립한다.

$$|G(K/F(u))|=[K:F(u)]$$

다음에 $G=G(K/F)$, $A=\{u_1, \cdots, u_r\}$이라고 하자. 그리고

$$H=\{\sigma\in G \mid \sigma(u)=u\},\quad B=\{\sigma H \mid \sigma\in G\}$$

라 하면, $H<G$이고, G에서 B의 지수는 $|B|=|G:H|$이다(정의 3.1.8). 따라서 다음이 성립한다(정리 3.1.10).

$$|G|=|G:H||H|=|B||H|$$

다음과 같이 함수 ϕ를 정의하자.

$$\phi:B\longrightarrow A,\quad \phi(\sigma H)=\sigma(u)$$

함수 ϕ가 잘 정의됨을 보이자.

$\sigma(u)$는 $p(x)$의 근(정리 9.1.12)이므로 $\sigma(u)\in A$이다. 그리고 σH, $\tau H\in B$에 대하여

$$\begin{aligned}\sigma H=\tau H &\Longleftrightarrow \sigma^{-1}\circ\tau\in H\\ &\Longleftrightarrow (\sigma^{-1}\circ\tau)(u)=u\\ &\Longleftrightarrow \sigma(u)=\tau(u)\end{aligned}$$

이므로, ϕ는 단사이고 잘 정의된다. 또한 임의의 원소 $u_i\in A$에 대하여 u와 u_i는 F 위에서 대수적 켤레원소이고 K가 F 위의 분해체이므로, 따름정리 9.2.13와 정리 9.2.17에 의하여 $\sigma(u)=u_i$인 $\sigma\in G$가 존재한다. 그러므로

$$\phi(\sigma H)=\sigma(u)=u_i$$

이므로 ϕ는 전사함수이다. 따라서 ϕ는 전단사함수이다. 그러므로 $|B|=|A|=r$이다. 그러면 다음이 성립한다.

$$|G|=|G:H||H|=|B||H|=r|H|=[F(u):F]|H|$$

다음에 $G(K/F(u))=H$임을 보이자.

임의의 원소 $\sigma\in G(K/F(u))$는 u를 고정시키므로 $\sigma\in H$이다. 따라서 $G(K/F(u))\subset H$이다.

그리고 임의의 원소 $\sigma\in H$와 $v\in F(u)=\{a_0+a_1u+\cdots+a_{r-1}u^{r-1} \mid a_0, a_1, \cdots, a_{r-1}\in F\}$에 대하여 $v=a_0+a_1u+\cdots+a_{r-1}u^{r-1}$라 하면, 다음이 성립한다.

$$\begin{aligned}\sigma(v)&=\sigma(a_0+a_1u+\cdots+a_{r-1}u^{r-1})\\ &=\sigma(a_0)+\sigma(a_1)\sigma(u)+\cdots+\sigma(a_{r-1})\sigma(u)^{r-1}\\ &=a_0+a_1u+\cdots+a_{r-1}u^{r-1}=v\end{aligned}$$

따라서 $\sigma \in G(K/F(u))$이다. 그러므로 $H \subset G(K/F(u))$가 되어 $H = G(K/F(u))$이다. 그러면 귀납 가정을 이용하면

$$|H| = |G(K/F(u))| = [K : F(u)]$$

이므로 다음이 성립한다.

$$|G(K/F)| = [F(u) : F]|H| = [K : F(u)][F(u) : F] = [K : F]$$

(2) 정리 9.2.15와 정리 9.3.3에 의하여 $|G(K/F)| \leqq \{K : F\} \leqq [K : F]$이므로 (1)에 의하여

$$\{K : F\} = [K : F]$$

이다. 그러면 정리 9.3.8에 의하여 K는 F의 분리확대체이다.

(3) 위 (1)의 증명에서

$$|G(K/F) : H| = |B| = |A| = \deg(f(x))$$

이고

$$|G(K/F)| = |G(K/F) : H||H| = \deg(f(x))|H|$$

이므로 $\deg(f(x)) \,\big|\, |G(K/F)|$이다. ■

정리 9.3.10 *체 $F < E < K$에 대하여 K가 F의 유한 확대체라 하면, 다음이 성립한다.*

K가 F의 분리확대체 $\iff$ K가 E의 분리확대체이고, E가 F의 분리확대체

(증명) ($\Rightarrow$) K가 F의 분리확대체라하자. K가 F의 대수적 확대체이므로, K가 E의 대수적 확대체이고, E가 F의 대수적 확대체이다(정리 8.2.10).

한편 K가 F의 유한 확대체이므로 정리 9.3.8에 의하여 $[K : F] = \{K : F\}$이다. 즉, 다음이 성립한다.

$$\{K : E\}\{E : F\} = \{K : F\} = [K : F] = [K : E][E : F]$$

정리 9.3.3에 의하여 $\{K : E\} \,\big|\, [K : E]$이고 $\{E : F\} \,\big|\, [E : F]$이므로

$$\{K : E\} = [K : E] \quad \text{이고} \quad \{E : F\} = [E : F]$$

이어야 한다. 따라서 K가 E의 분리확대체이고, E가 F의 분리확대체이다(정리 9.3.8).

($\Leftarrow$) K가 E의 분리확대체이고, E가 F의 분리확대체라하자. K가 F의 유한 확대체이므로 K가 E 위의 유한 확대체이고 E는 F 위의 유한 확대체이다. 그러면 정리 9.3.8에 의하여 $\{K : E\} = [K : E]$이고 $\{E : F\} = [E : F]$이다. 그러므로

$$\{K : F\} = \{K : E\}\{E : F\} = [K : E][E : F] = [K : F]$$

이 되어 K는 F의 분리확대체이다(정리 9.3.8). ■

예 9.3.11 [분리다항식] 유리수체 $\mathbb{Q}$ 위의 다항식 $f(x) = (x^2+1)^2$는 $\mathbb{Q}$ 위의 분리다항식이 아니다. 하지만 $p(x) = x^2+1$은 $\mathbb{Q}$ 위의 분리다항식이다.

예 9.3.12 [분리다항식] 예 9.3.4에서의 다항식 $f(x) = x^p - y^p \in \mathbb{Z}_p(y^p)[x]$는 $\mathbb{Z}_p(y^p)$ 위에서 기약다항식이지만, p중근을 가지므로 $\mathbb{Z}_p(y^p)$ 위에서 분리다항식이 아니다.

$\mathbb{Z}_p$ 위의 다항식 $f(x) = x^p - 1 \in \mathbb{Z}_p[x]$에 대하여

$$\boxed{f(x) = x^p - 1 = (x-1)^p}$$

이므로 $f(x)$는 $\mathbb{Z}_p$ 위에서 p중근 1을 갖는다(예 8.2.28). 그러므로 $f(x)$는 $\mathbb{Z}_p$ 위에서 기약다항식이 아니고 분리다항식도 아니다.

하지만, $g(x) = x^p - x \in \mathbb{Z}_p[x]$는 $\mathbb{Z}_p$ 위에서 다음과 같이 인수분해된다(예 8.2.28).

$$\boxed{g(x) = x^p - x = x(x-1)\cdots(x-p+1)}$$

그러므로 $g(x)$는 $\mathbb{Z}_p$ 위에서 기약다항식이 아니지만 분리다항식이다.

정리 9.3.13 *체 $F < E < K$에 대하여 다음이 성립한다.*

K가 F의 분리확대체 $\iff$ K가 E의 분리확대체이고, E가 F의 분리확대체

(증명) ($\Rightarrow$) K가 F의 분리확대체라하자. 그러면 K는 F 위의 대수적 확대체이고, 따라서 정리 8.2.10에 의하여 E는 F 위의 대수적 확대체이고, K는 E 위의 대수적 확대체이다. 그리고 모든 원소 $\alpha \in K$가 F 위의 분리원소이다.

그러면 모든 원소 $\alpha \in E$는 $\alpha \in K$이므로 F 위의 분리 원소이다. 따라서 E는 F의 분리확대체이다.

다음에 K가 E의 분리확대체임을 보이자. 모든 원소 $\alpha \in K$가 F 위의 분리원소이므로 $p(x) = \mathrm{irr}(\alpha, F)$는 F 위의 분리다항식이고 또

$$p(x) \in F[x] \subset E[x]$$

이고 $p(\alpha) = 0$이므로 α는 E 위에서 대수적이다.

여기서 $q(x) = \mathrm{irr}(\alpha, E)$라고 하면, $E[x]$에서 $q(x) | p(x)$이므로 $q(x)$는 F 위에서 분리다항식이다. 따라서 K는 E의 분리확대체이다.

($\Leftarrow$) K가 E의 분리확대체이고, E가 F의 분리확대체라 하자. 그러면 E는 F 위의 대수적 확대체이고, K는 E 위의 대수적 확대체이다. 정리 8.2.10에 의하여 K는 F 위의 대수적 확대체이다.

다음에 모든 원소 $\alpha \in K$가 F 위의 분리원소임을 보이자. 모든 원소 $\alpha \in K$가 E 위의 분리원소이므로

$$\mathrm{irr}(\alpha, E) = x^n + \alpha_{n-1}x^{n-1} + \cdots + \alpha_1 x + \alpha_0 \in E[x]$$

는 E 위의 분리다항식이다. 또한 $F(\alpha_0, \alpha_1, \cdots, \alpha_{n-1})$ 위의 분리다항식이다. 그러므로 $F(\alpha_0, \alpha_1, \cdots, \alpha_{n-1}, \alpha)$는 $F(\alpha_0, \alpha_1, \cdots, \alpha_{n-1})$의 분리확대체이다(문제 9.3.7과 정리 9.3.8).

또한 원소 $\alpha_0, \alpha_1, \cdots, \alpha_{n-1}, \alpha \in K$는 F 위에서 대수적 원소이므로 정리 8.2.9에 의하여 $F(\alpha_0, \alpha_1, \cdots, \alpha_{n-1}, \alpha)$는 F의 유한 확대체이다. 따라서 정리 9.3.10를 귀납적으로 적용하면 $F(\alpha_0, \alpha_1, \cdots, \alpha_{n-1}, \alpha)$는 F의 분리확대체임을 증명할 수 있다. 특히, α가 F 위에서 분리원소이다. 따라서 K는 F의 분리확대체이다. ■

정의 9.3.14 [*완전체(perfect field, 完全體)*] *체 F에 대하여*

체 F가 **완전체**(perfect field)	$\overset{\text{정의}}{\Longleftrightarrow}$	F 위의 모든 기약다항식이 모두 F 위의 분리다항식

정리 9.3.15 *체 F 위의 다항식 $f(x) \in F[x]$, $\deg(f(x)) \geq 1$에 대하여 다음이 성립한다.*

(1) $f(x)$가 F 위의 분리다항식 $\Longleftrightarrow$ $1 \in \mathrm{GCD}(f(x),\ f'(x))$ (즉, 단원)

(2) $f(x)$가 F 위의 기약다항식일 때,

$f(x)$가 F 위의 분리다항식 $\Longleftrightarrow$ $f'(x) \neq 0$

(증명) (1) 정리 8.2.25에 의하여 성립한다.

(2) ($\Rightarrow$) $f(x)$가 분리다항식이라 하자. 그러면 (1)에 의하여

$$1 \in \mathrm{GCD}(f(x),\ f'(x))$$

이므로 $f'(x) \neq 0$이다.

($\Leftarrow$) $f'(x) \neq 0$이라 하자. $f(x)$가 F 위의 기약다항식이므로

$$1 \in \mathrm{GCD}(f(x),\ f'(x)) \quad \text{또는} \quad f(x) \in \mathrm{GCD}(f(x),\ f'(x))$$

이다. 만약 $f(x) \in \mathrm{GCD}(f(x),\ f'(x))$이면, $f(x) \mid f'(x)$이 되어 모순이다.
따라서 $1 \in \mathrm{GCD}(f(x),\ f'(x))$이어야 하고, 위 (1)에 의해 $f(x)$는 F 위에서 분리다항식이다. ■

정리 9.3.16 *표수 0인 체 F에 대하여 다음이 성립한다.*

(1) F 위의 모든 기약다항식 $f(x) \in F[x]$ $\Longrightarrow$ $f(x)$는 F 위의 분리다항식

(2) F는 완전체이다.

(3) F의 대수적 확대체 E는 모두 F의 분리확대체이다.

※ 유리수체 $\mathbb{Q}$는 표수가 0이므로 완전체이다. $\mathbb{Q}$ 위의 기약다항식은 분리다항식이고 $\mathbb{Q}$의 대수적 확대체는 모두 $\mathbb{Q}$의 분리확대체이다.

(증명) (1) 다항식 $f(x)$가 F 위에서 기약다항식이면 $\deg(f(x)) = n \geq 1$이다.

$$f(x) = a_n x^n + \cdots + a_1 x + a_0 \in F[x], \quad a_n \neq 0$$

라 하면,

$$f'(x) = na_nx^{n-1} + \cdots + a_2x + a_1$$

이다. 이때 F의 표수가 0이므로 $na_n \neq 0$이다. 따라서 $f'(x) \neq 0$이다. 그러므로 정리 9.3.15에 의하여 $f(x)$는 F 위의 분리다항식이다.

(2) 위 (1)에 의하여 F는 완전체이다.

(3) 모든 원소 $\alpha \in E$에 대하여 기약다항식 $\mathrm{irr}(\alpha, F)$는 (1)에 의하여 F 위의 분리다항식이다. 즉, α는 F 위의 분리원소이다. 따라서 E는 F의 분리확대체이다. ■

정리 9.3.17 *표수 p인 체 F와 F의 유한확대체 E에 대하여 다음이 성립한다.*

(1) F 위의 모든 기약다항식 $f(x) \in F[x]$, $p \nmid \deg(f(x)) \implies f(x)$는 F 위의 분리다항식
(2) $[E:F] = n$, $p \nmid n \implies E$는 F 위에서 분리확대체

(증명) (1) $f(x) = a_nx^n + \cdots + a_1x + a_0 \in F[x]$라 하면,

$$f'(x) = na_nx^{n-1} + \cdots + a_1$$

이다. 이때 $p \nmid n$이므로 $na_n \neq 0$이다. 따라서 $f'(x) \neq 0$이다. 그러면 정리 9.3.15에 의하여 $f(x)$는 분리다항식이다.

(2) 모든 원소 $\alpha \in E$에 대하여 α는 F 위에서 대수적이므로 기약다항식 $p(x) = \mathrm{irr}(\alpha, F)$가 존재한다. 그리고

$$n = [E:F] = [E:F(\alpha)][F(\alpha):F] = [E:F(\alpha)]\deg(\alpha, F)$$

이다. 이때 $p \nmid [E:F]$이므로 $p \nmid \deg(p(x))$이다. 그러므로 (1)에 의해 $p(x)$는 F 위에서 분리다항식이다. 따라서 E는 F 위에서 분리확대체이다. ■

정리 9.3.18 *표수 p인 유한체 F에 대하여 다음이 성립한다.*

(1) F 위의 n차 다항식 $f(x) \in F[x]$일 때,

$$f'(x) = 0 \iff f(x) = \{g(x)\}^p,\ g(x) \in F[x]$$

(2) F 위의 모든 기약다항식 $f(x) \in F[x] \implies f(x)$는 F 위의 분리다항식
(3) F는 완전체이다.
(4) F의 대수적 확대체 E는 모두 F의 분리확대체이다.

(증명) (1) ($\Rightarrow$) $f(x) = a_nx^n + \cdots + a_1x^1 + a_0 \in F[x]$라 하자. 그러면

$$0 = f'(x) = na_nx^{n-1} + \cdots + pa_px^{p-1} + \cdots + a_1$$

에서 $i = 1, 2, \cdots, n$에 대하여 $ia_i = 0$이다. 표수가 p이므로

$$p \nmid i \implies a_i = 0$$

이다. 그러므로 Gauss 정수 $j = \left[\frac{n}{p}\right]$라 하면

$$f(x) = a_{jp}x^{jp} + a_{(j-1)p}x^{(j-1)p} + \cdots + a_{2p}x^{2p} + a_p x^p + a_0$$

이다. 한편 Frobenius 자기동형사상(정리 9.1.20)에 의하여 $F = \{a^p \mid a \in F\}$이므로

$$a_{kp} = b_k^p,\ k = 0,\ 1,\ \cdots,\ j$$

인 원소 $b_k \in F$가 존재한다. 따라서

$$f(x) = b_j^p x^{jp} + b_{j-1}^p x^{(j-1)p} + \cdots + b_1^p x^p + b_0^p = (b_j x^j + b_{j-1}x^{j-1} + \cdots + b_1 x + b_0)^p$$

이다(보조정리 8.4.1).

($\Leftarrow$) $f(x) = \{g(x)\}^p$이면 $f'(x) = p\{g(x)\}^{p-1}g'(x) = 0$이다.

(2) $f(x)$가 F 위에서 기약다항식이라 하자. 만약 $f'(x) = 0$이면 (1)에 의해 $f(x) = \{g(x)\}^p$인 1차 이상의 다항식 $g(x) \in F[x]$가 존재하므로 $f(x)$가 기약다항식이라는데 모순이다. 따라서 $f'(x) \neq 0$이다. 그러므로 정리 9.3.15에 의하여 $f(x)$는 분리다항식이다.

(3) 위 (2)에 의하여 성립한다.

(4) 모든 원소 $\alpha \in E$에 대하여 α는 F 위에서 대수적이므로 기약다항식 $p(x) = \mathrm{irr}(\alpha,\ F)$가 존재한다. 그러므로 (2)에 의하여 성립한다. ■

예 9.3.19 체 $\mathbb{Z}_3$ 위의 다항식 $f(x) = ax^3 + bx^2 + cx + d \in \mathbb{Z}_3[x]$에 대하여 Fermat 정리에 의하여 $a = a'^3$, $d = d'^3$인 원소 a', $d' \in \mathbb{Z}_3$가 존재하므로 다음이 성립한다.

$$0 = f'(x) = 2bx^2 + c \iff b = c = 0 \iff f(x) = ax^3 + d = (a'x + d')^3$$

위 정리 9.3.16와 정리 9.3.18에 의하여 표수가 0인 체와 유한체는 모두 완전체이다. 하지만 표수가 소수 p이고 무한체인 체는 완전체가 아닌 경우가 있다. 완전체가 아닌 체는 예 9.3.4와 예 9.3.12의 체 $\mathbb{Z}_p(y^p)$ 이다.

정리 9.3.20 (원시원소 정리) *체 E가 체 F의 유한 분리확대체일 때, 다음이 성립한다.*

(1) 두 분리원소 $u,\ v \in E$에 대하여

$$F(u,\ v) = F(w)$$

인 원소 $w = u + av$, $a \in F$가 존재한다. 즉, $F(u,\ v)$는 단순확대체이다.

(2) $E = F(\alpha)$인 $\alpha \in E$가 존재한다. 즉, E는 F의 단순확대체

※ 이때 α를 E의 **원시원소**(primitive element)라 한다.

(증명) (1) 체 F가 유한체인 경우에는 정리 8.4.13에 의하여 정리가 성립한다.

이제 F가 무한체라 가정하고,

$$p(x) = \mathrm{irr}(u,\ F),\ \deg(p(x)) = n, \quad q(x) = \mathrm{irr}(v,\ F),\ \deg(q(x)) = m$$

라 하자. 그러면 두 원소 $u,\ v \in E$가 분리원소이므로 $\overline{F}$에서 $p(x)$는 n개의 서로 다른 해

$$u = u_1,\ u_2,\ \cdots,\ u_n$$

이 존재하고, $q(x)$는 m개의 서로 다른 해

$$v = v_1,\ v_2,\ \cdots,\ v_m$$

이 존재한다. 이때 F가 무한체이므로 모든 i와 모든 $j(\neq 1)$에 대하여

$$a \neq \frac{u_i - u}{v - v_j}$$

인 원소 $a \in F$가 존재한다. 즉, 모든 i와 모든 $j(\neq 1)$에 대하여

$$u_i - u \neq a(v - v_j)$$

이다. 이제 $w = u + av \in F(u,\ v)$라 하면,

$$F(w) \subset F(u,\ v)$$

이고, 모든 i와 모든 $j(\neq 1)$에 대하여 $w = u + av \neq u_i + av_j$이므로

$$w - av_j \neq u_i$$

이다. 한편

$$h(x) = p(w - ax) \in (F(w))[x]$$

라 하면, $h(v) = p(w - av) = p(u + av - av) = p(u) = 0$이다. 그러면 $h(x)$와 $q(x)$는 $F(w)[x]$에서 공통인수 $\mathrm{irr}(v,\ F(w))$를 가져야 한다(정리 8.1.15). 따라서

$$\mathrm{irr}(v,\ F(w)) \big| h(x), \quad \mathrm{irr}(v,\ F(w)) \big| q(x)$$

이다. 즉, $\mathrm{irr}(v,\ F(w))$의 모든 해는 $h(x)$와 $q(x)$의 공통해가 된다.

한편 $j(\neq 1)$에 대해서는 모든 i에 대하여 $w - av_j \neq u_i$이고 $p(x)$의 해는 u_i뿐이므로

$$h(v_j) = p(w - av_j) \neq p(u_i) = 0$$

이다. 그러므로 $h(x)$와 $q(x)$는 유일한 공통해 v만 가지므로 $\mathrm{irr}(v,\ F(w))$는 1차식이어야 한다. 즉,

$$\mathrm{irr}(v,\ F(w)) = x - v \in F(w)[x] \quad \Longrightarrow \quad v \in F(w)$$

이고 $u = w - av \in F(w)$가 되어 $F(u,\ v) \subset F(w)$이므로 $F(u,\ v) = F(w)$이다.

(2) 체 $E = F(\alpha_1,\ \cdots,\ \alpha_r)$, $\alpha_1,\ \cdots,\ \alpha_r \in E$이므로 (1)과 귀납법에 의해 성립한다. ■

예 9.3.21 [원시원소 정리의 예] 유리수체 $\mathbb{Q}$의 유한 분리확대체에서 다음이 성립한다.

$$\mathbb{Q}(\sqrt[3]{2},\ \sqrt{3}i) = \mathbb{Q}(\sqrt[3]{2}+\sqrt{3}i) = \mathbb{Q}(\sqrt[3]{2}\sqrt{3}i),\quad \mathbb{Q}(\sqrt{2},\ \sqrt{3}) = \mathbb{Q}(\sqrt{2}+\sqrt{3})(\text{예 } 8.2.8)$$

연 습 문 제 (9.3)

1. 주어진 체가 $\mathbb{Q}$ 위의 단순 확대체 $\mathbb{Q}(\alpha)$가 되는 α를 구하라.

(1) $\mathbb{Q}(\sqrt{2}, \sqrt[3]{2})$　　(2) $\mathbb{Q}(\sqrt{2}, \sqrt{3})$

(3) $\mathbb{Q}(i, \sqrt[3]{2})$

2. 체 F의 대수적 확대체 E와 대수적 폐포 $\overline{F}$에 대하여 다음 물음에 답하라.

(1) $\alpha,\ \beta \in \overline{F}$가 F 위에서 분리가능하면, $\alpha \pm \beta,\ \alpha\beta,\ \alpha/\beta(\beta \neq 0)$도 F 위에서 분리가능함을 보여라. [참조: 정리 9.3.10]

(2) F 위에서 분리가능한 E의 모든 원소들의 집합은 E의 부분체가 됨을 보여라. 이 부분체를 E 안에 F의 **분리가능 폐포**(separable closure)라 한다.

3. 위수가 p^n인 유한체 E에 대하여 다음 물음에 답하라.

(1) E에서 Frobenius 자기동형사상 $\sigma_p : E \longrightarrow E,\ \sigma_p(a) = a^p$은 위수가 n임을 보여라.

(2) $G(E/\mathbb{Z}_p)$는 σ_p로 생성되는 위수가 n인 순환군임을 보여라.
[참조: (1)과 E가 F 위에서 분리가능한 유한 분해 확대체이면

$$|G(E/F)| = \{E : F\} = [E : F]$$

임을 이용]

4. 표수가 $p(\neq 0)$인 F 위의 모든 기약 다항식 $q(x)$가 분리가능하지 않을 필요충분조건은 $q(x)$의 각 항의 지수가 p로 나뉘는 것임을 보여라.

5. y가 부정원일 때, $x^p - y^p$는 $\mathbb{Z}_p(y^p)$ 위에서 기약임을 보여라. 또한 $\{1,\ y,\ \cdots,\ y^{p-1}\}$은 $\mathbb{Z}_p(y^p)$ 위에서 $\mathbb{Z}_p(y)$의 기저임을 보여라. [참조: 예 9.3.12]

6. 체 F의 표수 0일 때, 다항식 $f(x) \in F[x]$, $\deg(f(x)) \geq 1$에 대하여

$$d(x) \in \mathrm{GCD}(f(x),\ f'(x)),\quad f(x) = d(x)g(x),\ g(x) \in F[x]$$

이라고 하면, F 위에서의 $f(x)$의 분해체 K 안에서 $f(x)$와 $g(x)$는 동일한 근을 가지며 $g(x)$는 단근(중복도가 1)만을 가짐을 밝혀라.

9.4 Galois 이론

이 절에서는 주어진 체의 확대체에 대한 Galois 군과 체와의 관계에 대해 논한다.

정리 9.4.1 *체 $F < E < K$일 때,*
F 위에서의 K의 Galois 군 $G(K/F)$에 대하여 다음이 성립한다.

(1) $G(K/E) < G(K/F)$

(2) 군 $G(K/F)$의 부분군 H에 대하여

$$K_H = \{u \in K \mid \text{모든 } \sigma \in H\text{에 대하여 } \sigma(u) = u\} \implies K_H < K$$

(3) 자기동형사상 σ, $\tau \in G(K/F)$에 대하여 다음이 성립한다.

$$\sigma|_E = \tau|_E \iff \sigma G(K/E) = \tau G(K/E).$$ 즉, 좌잉여류가 같다.

※ E를 F와 K의 **중간체**(intermediate field, 中間體)라 한다.

※ K_H를 K에서의 H의 **고정체** 또는 **불변체**(fixed field, 固定體, 不變體)라 한다.

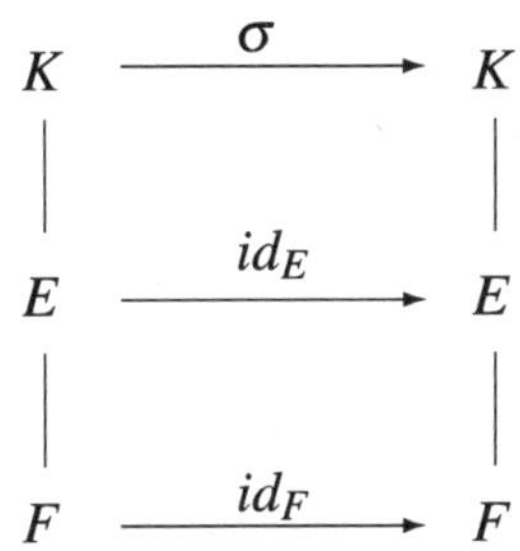

(증명) (1) (9.1)절의 연습문제 19번이다.

(2) 임의의 u, $v \in K_H$이라 하면, 모든 $\sigma \in H$에 대하여

$$\sigma(u-v) = \sigma(u) - \sigma(v) = u - v, \quad \sigma(uv^{-1}) = \sigma(u)\sigma(v)^{-1} = uv^{-1} (v \neq 0)$$

이므로 $u - v$, $uv^{-1} \in K_H$이다. 분명히 0, $1 \in K_H$이므로 정리 5.2.15에 의하여 $K_H < K$이다.

(3) ($\Rightarrow$) $\sigma|_E = \tau|_E$라 하자. 그러면 임의의 원소 $u \in E$에 대하여 $\sigma(u) = \tau(u)$이다. 이때 $\sigma^{-1}\tau \in G(K/E)$임을 보이면 된다(정리 3.1.7).

임의의 원소 $u \in E$에 대하여

$$\sigma^{-1}\tau(u) = \sigma^{-1}\sigma(u) = u$$

이므로 $\sigma^{-1}\tau \in G(K/E)$이다. 그러므로 $\sigma G(K/E) = \tau G(K/E)$이다.

($\Leftarrow$) $\sigma G(K/E) = \tau G(K/E)$라 하자. 그러면 $\sigma^{-1}\tau \in G(K/E)$이다(정리 3.1.7). 따라서 임의의 원소 $u \in E$에 대하여 $\sigma^{-1}\tau(u) = u$ 이다. 그러면 다음이 성립한다.

$$\sigma\sigma^{-1}\tau(u) = \sigma(u) \implies \tau(u) = \sigma(u)$$

그러므로 $\sigma|_E = \tau|_E$이다. ■

예 9.4.2 [고정체] (예 9.1.15 참조) $\mathbb{Q}$ 위에서 $\mathbb{Q}(\sqrt{2},\ \sqrt{3})$의 Galois 군 $G(\mathbb{Q}(\sqrt{2},\ \sqrt{3})/\mathbb{Q})$의 부분군에 대한 $\mathbb{Q}(\sqrt{2},\ \sqrt{3})$의 고정체를 구하자(예 9.1.19 참조).

Galois 군 $G(\mathbb{Q}(\sqrt{2},\ \sqrt{3})/\mathbb{Q})$은 위수가 4인 Klein 4군 V와 동형이다.

$$G(\mathbb{Q}(\sqrt{2},\ \sqrt{3})/\mathbb{Q}) = \{id,\ \psi_{\sqrt{2},-\sqrt{2}},\ \psi_{\sqrt{3},-\sqrt{3}},\ \psi_{\sqrt{2},-\sqrt{2}}\psi_{\sqrt{3},-\sqrt{3}}\} \cong V$$

따라서 5개의 부분군 $\{id\}$, $\langle\psi_{\sqrt{2},-\sqrt{2}}\rangle$, $\langle\psi_{\sqrt{3},-\sqrt{3}}\rangle$, $\langle\psi_{\sqrt{2},-\sqrt{2}}\psi_{\sqrt{3},-\sqrt{3}}\rangle$, $G(\mathbb{Q}(\sqrt{2},\ \sqrt{3})/\mathbb{Q})$이 존재하고, 각 부분군의 고정체는 다음과 같다.

$$\begin{aligned}
\mathbb{Q}(\sqrt{2},\ \sqrt{3})_{\{id\}} &= \mathbb{Q}(\sqrt{2},\ \sqrt{3}) = \{a+b\sqrt{2}+c\sqrt{3}+d\sqrt{6} \mid a,\ b,\ c,\ d \in \mathbb{Q}\},\\
\mathbb{Q}(\sqrt{2},\ \sqrt{3})_{\langle\psi_{\sqrt{2},-\sqrt{2}}\rangle} &= \mathbb{Q}(\sqrt{3}) = \{a+b\sqrt{3} \mid a,\ b \in \mathbb{Q}\},\\
\mathbb{Q}(\sqrt{2},\ \sqrt{3})_{\langle\psi_{\sqrt{3},-\sqrt{3}}\rangle} &= \mathbb{Q}(\sqrt{2}) = \{a+b\sqrt{2} \mid a,\ b \in \mathbb{Q}\},\\
\mathbb{Q}(\sqrt{2},\ \sqrt{3})_{\langle\psi_{\sqrt{2},-\sqrt{2}}\psi_{\sqrt{3},-\sqrt{3}}\rangle} &= \mathbb{Q}(\sqrt{6}) = \{a+b\sqrt{6} \mid a,\ b \in \mathbb{Q}\},\\
\mathbb{Q}(\sqrt{2},\ \sqrt{3})_{G(\mathbb{Q}(\sqrt{2},\ \sqrt{3})/\mathbb{Q})} &= \mathbb{Q}
\end{aligned}$$

정리 9.4.3 *체 K가 체 F의 확대체 일 때,*
F와 K의 중간체와 Galois 군 $G = G(K/F)$의 부분군 사이에 다음이 성립한다.

(1) $\{id\} < A < B < G$인 G의 부분군 A, B에 대하여 다음이 성립한다.

$$F < K_G < K_B < K_A < K_{\{id\}} = K$$

(2) $F < L < M < K$인 K의 부분체 L, M에 대하여 다음이 성립한다.

$$\{id\} = G(K/K) < G(K/M) < G(K/L) < G(K/F) = G$$

(3) $F < L < K$인 K의 부분체 L에 대하여 $L < K_{G(K/L)}$이다.

(4) $A < G$인 G의 부분군 A에 대하여 $A < G(K/K_A)$이다.

(5) $\boxed{G(K/K_G) = G(K/F) = G}$

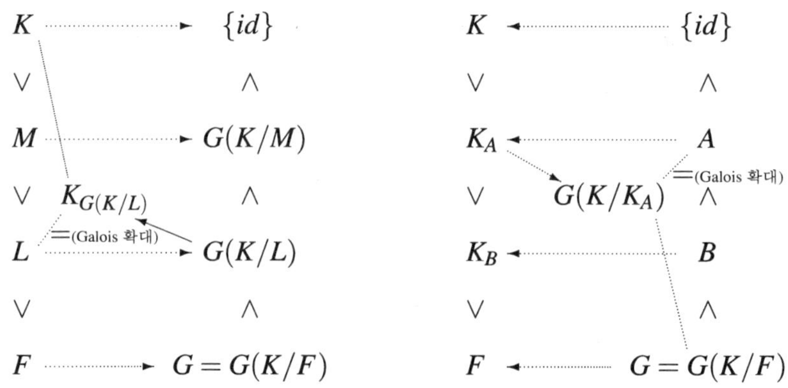

(증명) (1) 정의에 의하여 $K_{\{id\}} = K$, $F < K_G$이다.

그리고 $A < B$라 하자. 정리 9.4.1(2)에 의하여 A, B의 고정체 K_A, K_B는 K의 부분체이다. 다음에 임의의 원소 $u \in K_B$와 임의의 원소 $\sigma \in B$에 대하여 $\sigma(u) = u$이다. 특히, 모든 원소 $\sigma \in A$에 대하여 $\sigma(u) = u$이므로, $u \in K_A$이다. 따라서 $K_B < K_A$이다.

(2) 정의에 의하여 $\{id\} = G(K/K)$, $G(K/F) = G$이다.

그리고 $L < M$라 하자. 그러면 정리 9.4.1(1)에 의하여 $G(K/M) < G(K/L)$이다.

(3) L이 $F < L < K$인 K의 부분체이면, 모든 원소 $\sigma \in G(K/L)$와 모든 원소 $u \in L$에 대하여 $\sigma(u) = u$이므로 $u \in K_{G(K/L)}$이다. 그러므로 $L < K_{G(K/L)}$이다.

(4) A가 $A < G$인 G의 부분군이면, 모든 원소 $\sigma \in A$와 모든 원소 $u \in G(K/K_A)$에 대하여 $\sigma(u) = u$이므로 $\sigma \in G(K/K_A)$이다. 그러므로 $A < G(K/K_A)$이다.

(5) 위 (1)에서 $F < K_G$이므로 (2)에 의하여 $G(K/K_G) \subset G(K/F)$임을 보였다.

다음에 모든 원소 $\sigma \in G(K/F) = G$와 모든 원소 $u \in K_G$에 대하여 $\sigma(u) = u$이므로 $\sigma \in G(K/K_G)$이다. 그러므로 $G(K/F) \subset G(K/K_G)$이다. 따라서 $G(K/K_G) = G(K/F)$이다. ■

정의 9.4.4 [*Galois 확대체(Galois extension field)*]

체 F의 확대체 K의 Galois *군 $G = G(K/F)$에 대하여*

K가 F의 **Galois 확대체**(Galois extension field)	$\overset{\text{정의}}{\Longleftrightarrow}$	$K_G = K_{G(K/F)} = F$

예 9.4.5 [Galois 확대체] 유리수체 $\mathbb{Q}$의 확대체에 대한 예를 살펴보자.

(1) 예 9.1.13에서 $\mathbb{Q}(\sqrt{2})_{G(\mathbb{Q}(\sqrt{2})/\mathbb{Q})} = \mathbb{Q}$이므로 $\mathbb{Q}(\sqrt{2})$는 $\mathbb{Q}$ 위에서 Galois 확대체

(2) 예 9.4.2에서 $\mathbb{Q}(\sqrt{2}, \sqrt{3})_{G(\mathbb{Q}(\sqrt{2}, \sqrt{3})/\mathbb{Q})} = \mathbb{Q}$이므로 $\mathbb{Q}(\sqrt{2}, \sqrt{3})$는 $\mathbb{Q}$의 Galois 확대체

(3) 예 9.1.14에서 $G(\mathbb{Q}(\sqrt[3]{2})/\mathbb{Q}) = \{id\}$이고, 따라서

$$\mathbb{Q}(\sqrt[3]{2})_{G(\mathbb{Q}(\sqrt[3]{2})/\mathbb{Q})} = \mathbb{Q}(\sqrt[3]{2}) \neq \mathbb{Q}$$

이므로 $\mathbb{Q}(\sqrt[3]{2})$는 $\mathbb{Q}$의 Galois 확대체가 아니다.

문제 9.4.6 복소수체 $\mathbb{C}$는 실수체 $\mathbb{R}$의 Galois 확대체임을 보여라.

정의 9.4.7 [*정규 확대체(normal extension, 正規擴大)*]

체 K가 체 F의 확대체일 때,

K가 F의 **정규 확대체**(normal extension)	$\overset{\text{정의}}{\Longleftrightarrow}$	K가 F의 분리가능한 분해체

※ 정규 확대체 K가 F의 유한 확대체일 때는 K가 F의 **유한 정규 확대체**(finite normal extension)라 한다.

예 9.4.8 [유한 확대체] 유리수체 $\mathbb{Q}$ 위의 다항식 $f(x) = (x^2-2)(x^2-3) \in \mathbb{Q}[x]$의 분해체는 $\mathbb{Q}(\sqrt{2}, \sqrt{3})$이고 표수가 0이므로 분리확대체이다(정리 9.3.16). 또한 $[\mathbb{Q}(\sqrt{2}, \sqrt{3}) : \mathbb{Q}] = 4$이므로 $\mathbb{Q}(\sqrt{2}, \sqrt{3})$는 $\mathbb{Q}$의 유한 정규확대체이다.

정리 9.4.9 *체 K가 F의 유한 정규 확대체일 때, 다음이 성립한다.*

(1) $|G(K/F)| = [K:F]$이다.
(2) $\boxed{K\text{는 } F\text{의 Galois 확대체}}$ 이다.
(3) $F < L < K$인 K의 부분체 L에 대하여 $|G(K/L)| = [K:L]$이고, $\boxed{K\text{는 } L\text{의 Galois 확대체}}$

(증명) (1) 따름정리 9.2.19에 의하여 $|G(K/F)| = \{K:F\}$이고, 정리 9.3.8에 의하여 $\{K:F\} = [K:F]$이므로 $|G(K/F)| = [K:F]$이다.

(2) 정리 9.4.3(5)에 의하여 $G = G(K/K_G) = G(K/F)$이고 $F < K_G < K$이므로 정리 9.2.8에 의하여 K는 K_G의 분해체이다. 또한 정리 9.3.10에 의하여 K는 K_G의 분리확대체이다. 그러므로 K는 K_G의 유한 정규 확대체이다. 따라서 (1)에 의하여

$$|G(K/K_G)| = [K:K_G]$$

이다. 그러면 (1)에 의하여

$$[K:K_G] = |G(K/K_G)| = |G(K/F)| = [K:F] = [K:K_G][K_G:F]$$

이다. 따라서 $[K_G:F] = 1$이고 $K_G = F$가 되어 K는 F의 Galois 확대체이다.

(3) L을 $F < L < K$인 K의 부분체라 하면, 정리 9.2.8에 의하여 K는 L의 분해체이다. 또한 정리 9.3.10에 의하여 K는 L의 분리확대체이다. 그러므로 K는 L의 유한 정규 확대체이다. 그러면 (1)과 (2)에 의하여 $|G(K/L)| = [K:L]$이고, K는 L의 Galois 확대체이다. ■

따름정리 9.4.10 *체 F의 표수가 0이거나 유한체일 때,*
F 위의 다항식 $f(x) \in F[x]$, $\deg(f(x)) \geq 1$의 분해체를 K라 하면, 다음이 성립한다.

$|G(K/F)| = [K:F]$이고, K는 F의 Galois 확대체이다.

(증명) 분해체 K는 F의 대수적 확대체이고 유한 확대체이다(정리 8.2.9). 그러면 F의 표수가 0(정리 9.3.16) 또는 F가 유한체(정리 9.3.18)이므로 K는 F의 분리확대체이다. 그러므로 K는 F의 유한 정규 확대체이다.

따라서 정리 9.4.9에 의하여 $|G(K/F)| = [K:F]$이고, K는 F의 Galois 확대체이다. ■

정리 9.4.11 (Galois 이론의 기본정리) *체 K가 F의 유한차원 Galois 확대체일 때,*

$$\mathscr{A} = \{L \mid F < L < K\}, \quad \mathscr{B} = \{H \mid H < G(K/F)\}$$

라 하고, 다음 두 함수를

$$\Phi : \mathscr{A} \longrightarrow \mathscr{B}, \quad \Phi(L) = G(K/L)$$
$$\Psi : \mathscr{B} \longrightarrow \mathscr{A}, \quad \Psi(H) = K_H$$

라 정의하면, 다음이 성립한다.

(1) Φ와 Ψ는 전단사함수이고, $\Phi^{-1} = \Psi, \Phi = \Psi^{-1}$이다. 즉, 모든 중간체 $L < K$에 대하여 $\boxed{K_{G(K/L)} = \Psi(G(K/L)) = \Phi^{-1}(G(K/L)) = L}$ 이므로 K는 L의 Galois 확대체이고, 모든 부분군 $H < G(K/F)$에 대하여 $\boxed{G(K/K_H) = \Phi(K_H) = \Psi^{-1}(K_H) = H}$ 이다.

(2) 두 중간체 $L, M < K$에 대하여

$$L < M \iff G(K/M) < G(K/L)$$

이고, 또 $F < L < M < K$일 때 다음이 성립한다.

$$[M : L] = |G(K/L) : G(K/M)|, \quad \boxed{[K : L] = |G(K/L) : G(K/K)| = |G(K/L)|}$$

(3) 두 부분군 $A, B < G(K/F)$에 대하여

$$A < B \iff K_B < K_A$$

이고, 또 $\{id\} < A < B < G(K/F)$일 때, 다음이 성립한다.

$$|B : A| = [K_A : K_B], \quad \boxed{|B| = |B : \{id\}| = [K : K_B]}$$

(4) 체 $F < L < K$에 대하여

$$L\text{이 } F\text{의 Galois 확대체} \iff G(K/L) \lhd G(K/F)$$

이고, 또 다음이 성립한다.

$$G(L/F) \cong \frac{G(K/F)}{G(K/L)}$$

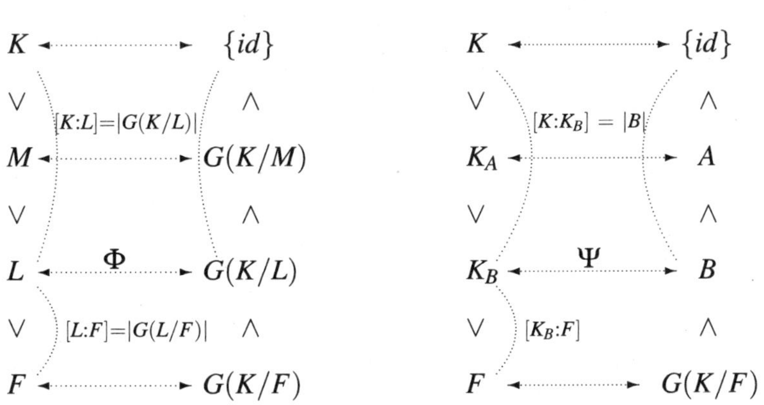

(증명) [3]의 정리 53.6 참조. ■

※ Galois 확대체의 중간체와 Galois 군의 부분군은 순서가 역으로 1:1 대응됨을 기억하라. 그리고 중간체의 개수는 정확히 Galois 군의 부분군의 수와 일치한다.

정리 9.4.12 *체 K가 체 F의 유한 확대체일 때, 다음은 동치이다.*

$$K\text{가 } F\text{의 정규 확대체} \iff K\text{가 } F\text{의 Galois 확대체}$$

(증명) ($\Rightarrow$) K가 F의 정규 확대체라 하자. 그러면 K는 F의 유한 정규 확대체이므로 정리 9.4.9에 의하여 K는 F의 Galois 확대체이다.

($\Leftarrow$) K가 F의 유한차원 Galois 확대체라 하자. 그러면 Galois 이론의 기본 정리(정리 9.4.11 (2))에 의하여

$$[K:F] = |G(K/F):G(K/K)| = |G(K/F)|$$

이다.

정리 9.2.15에 의하여 $|G(K/F)| \leq \{K:F\}$이다. 또한 $\{K:F\} \leq [K:F]$(정리 9.3.3)이므로

$$|G(K/F)| = \{K:F\} = [K:F]$$

이다. 그러면 $\{K:F\} = [K:F]$이고 정리 9.3.8에 의하여 K는 F의 분리확대체이다.

또한 $|G(K/F)| = \{K:F\}$이므로 정리 9.2.17에 의하여 K는 F의 분해체이다. 그러므로 K는 F의 정규 확대체이다. ■

예 9.4.13 [Galois 이론] (예 9.1.15 참조) 유리수체 $\mathbb{Q}$ 위의 다항식 $f(x) = (x^2-2)(x^2-3) \in \mathbb{Q}[x]$의 분해체 $K = S_{\mathbb{Q}}(f(x))$의 모든 부분체를 구하라.

(풀이) $f(x)$의 근은 $\pm\sqrt{2}$, $\pm\sqrt{3}$이므로 $f(x)$의 분해체는

$$K = \mathbb{Q}(\sqrt{2},\ \sqrt{3}) = \{a+b\sqrt{2}+c\sqrt{3}+d\sqrt{6} \mid a,\ b,\ c,\ d \in \mathbb{Q}\}$$

이므로(예 9.2.2), K의 기저는 $\{1,\ \sqrt{2},\ \sqrt{3},\ \sqrt{6}\}$이다. 또한 $[K:\mathbb{Q}] = [\mathbb{Q}(\sqrt{2},\sqrt{3}):\mathbb{Q}] = 4$이다(예 8.2.8). 그러므로 $G(\mathbb{Q}(\sqrt{2},\ \sqrt{3})/\mathbb{Q})$는 $\mathbb{Z}_4$ 또는 $\mathbb{Z}_2 \times \mathbb{Z}_2 (\cong V_4)$와 동형이다.

또한 char K = char $\mathbb{Q} = 0$이므로 K는 $\mathbb{Q}$의 유한 Galois 확대체이고, $|G(K/\mathbb{Q})| = [K:\mathbb{Q}]$이다(따름정리 9.4.10).

Galois 군 $G(\mathbb{Q}(\sqrt{2},\ \sqrt{3})/\mathbb{Q}) = \{id,\ \psi_{\sqrt{2},-\sqrt{2}},\ \psi_{\sqrt{3},-\sqrt{3}},\ \psi_{\sqrt{2},-\sqrt{2}}\psi_{\sqrt{3},-\sqrt{3}}\}$의 각 원소의 위수를 구하자.

$G(K/\mathbb{Q})$의 원소	위수	고정 기저
$\sigma_0 = id$	1	$1, \sqrt{2}, \sqrt{3}, \sqrt{6}$
$\sigma_1 = \psi_{\sqrt{2},-\sqrt{2}}$	2	$1, \sqrt{3}$
$\sigma_2 = \psi_{\sqrt{3},-\sqrt{3}}$	2	$1, \sqrt{2}$
$\sigma_3 = \psi_{\sqrt{2},-\sqrt{2}}\psi_{\sqrt{3},-\sqrt{3}}$	2	$1, \sqrt{6}$

그러면 원소의 위수가 4인 것이 없어 순환군이 아니므로 $G = G(K/\mathbb{Q}) \cong \mathbb{Z}_2 \times \mathbb{Z}_2 (\cong V_4)$이다. 따라서 5개의 부분군 $\{\sigma_0\}$, $\langle\sigma_1\rangle$, $\langle\sigma_2\rangle$, $\langle\sigma_3\rangle$, G가 존재하고, Galois 이론의 기본정리(정리 9.4.11)에 의하여 분해체 K는 5개의 부분체를 갖는다.

각 부분군의 고정체는 다음과 같다(예 9.4.2).

$$K_{\{\sigma_0\}} = \mathbb{Q}(\sqrt{2},\, \sqrt{3}), \quad K_{\langle\sigma_1\rangle} = \mathbb{Q}(\sqrt{3}), \quad K_{\langle\sigma_2\rangle} = \mathbb{Q}(\sqrt{2}), \quad K_{\langle\sigma_3\rangle} = \mathbb{Q}(\sqrt{6}), \quad K_G = \mathbb{Q}$$

그러므로 K의 모든 부분체는 $K = \mathbb{Q}(\sqrt{2}, \sqrt{3})$, $\mathbb{Q}(\sqrt{2})$, $\mathbb{Q}(\sqrt{3})$, $\mathbb{Q}(\sqrt{6})$, $\mathbb{Q}$이다.

이 부분군과 부분체들을 Hasse의 다이어그램으로 나타내면 다음과 같다.

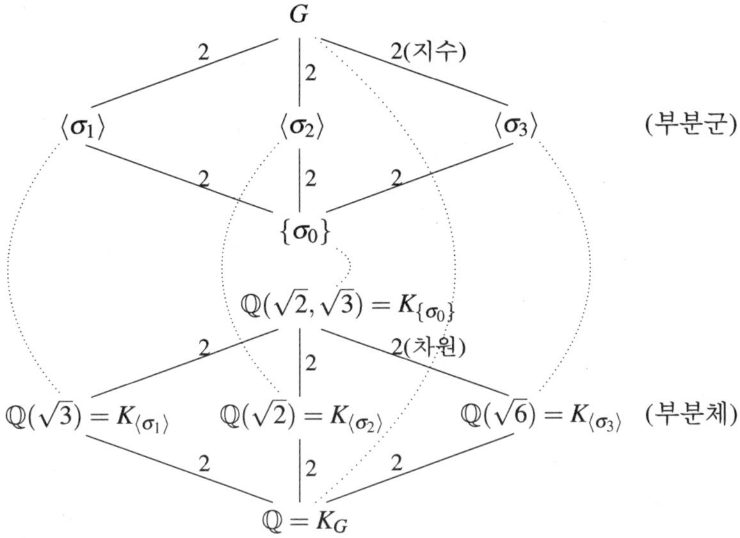

정리 9.4.14 *유한체 F의 유한 확대체 K가 $|F| = p^r$, $[K:F] = n$일 때, 다음이 성립한다.*

$$\boxed{G(K/F) = \langle\sigma_{p^r}\rangle \cong (\mathbb{Z}_n,\, +)} \qquad \sigma_{p^r} : K \longrightarrow K,\ \sigma_{p^r}(u) = u^{p^r},\ u \in K$$

(증명) σ_{p^r}가 고정하는 K의 원소의 집합을 $\{u \in K \mid \sigma_{p^r}(u) = u^{p^r} = u\}$라 하자. 그러면

$$\{u \in K \mid u\text{는 } x^{p^r} - x\text{의 근}\} = \mathbb{F}_{p^r} = F$$

이다(정리 8.4.5). 따라서 σ_{p^r}이 F를 고정하므로 $\sigma_{p^r} \in G(K/F)$이다.

한편 K는 유한체이고 F 위의 분해체(정리 9.2.4)이므로 따름정리 9.4.10에 의하여 K는 F의 갈로아 확대체이고, $|G(K/F)| = [K:F] = n$이다.

여기서 $|\sigma_{p^r}| = m$이라 하자. 그러면 $m|n$이다(Lagrange 정리). 즉, $m \leq n$이다. 그러면 임의의 원소 $u \in K$에 대하여 다음이 성립한다.

$$u = \sigma_{p^r}^m(u) = u^{p^{rm}} \implies u\text{는 } x^{p^{rm}} - x\text{의 근} \implies K \subset \{u \in \overline{\mathbb{Z}_p} \mid u\text{는 } x^{p^{rm}} - x\text{의 근}\}$$

한편 가정에서 $[K:F] = n$이므로 $|K| = p^{rn}$이다(정리 9.2.4). 따라서 다음이 성립한다.

$$p^{rn} = |K| \leq \left|\{u \in \overline{\mathbb{Z}_p} \mid u\text{는 } x^{p^{rm}} - x\text{의 근}\}\right| = p^{rm} \implies p^{rn} \leq p^{rm} \implies n \leq m$$

그러므로 $m = n$이 되어 $|\sigma_{p^r}| = n$ 즉, $G(K/F)$는 위수 n인 원소 σ_{p^r}로 생성되는 순환군이다. ■

예 9.4.15 [유한체의 Galois 확대체] $\mathbb{Z}_p$ 위의 유한 확대체 $K = \mathbb{F}_{p^{12}}$의 모든 부분체를 구하라.

(풀이) $[K : \mathbb{Z}_p] = 12$이므로 정리 9.4.14에 의하여

$$G(K/\mathbb{Z}_p) = \langle \sigma_p \rangle \cong (\mathbb{Z}_{12}, +), \quad |\sigma_p| = 12$$

이다. 위수 12인 순환군의 부분군은 12의 약수 1, 2, 3, 4, 6, 12인 것이 각각 1개씩 모두 6개 존재(정리 2.3.11)하므로, Galois 이론의 기본정리(정리 9.4.11)에 의하여 K의 부분체도 6개 존재한다.

Galois 이론의 기본정리(정리 9.4.11)에 의하여 Galois 군 $G(K/\mathbb{Z}_p)$의 부분군과 K의 부분체의 관계는 아래 도표와 같다. 예를 들어, 위수 6인 부분군 $\langle \sigma_p^2 \rangle$에 대응하는 K의 부분체 E는 $[\mathbb{F}_{p^{12}} : \mathbb{F}_{p^2}] = 6$가 되는 $E = K_{\langle \sigma_p^2 \rangle} = \mathbb{F}_{p^2}$이고, $[\mathbb{F}_{p^2} : \mathbb{Z}_p] = 2$이다.

따라서 $\mathbb{F}_{p^{12}}$의 6개의 부분체는 $\mathbb{F}_{p^{12}}$, $\mathbb{F}_{p^6}$, $\mathbb{F}_{p^4}$, $\mathbb{F}_{p^3}$, $\mathbb{F}_{p^2}$, $\mathbb{F}_p$이다.

이 부분군과 부분체들을 Hasse의 다이어그램으로 나타내면 다음과 같다.

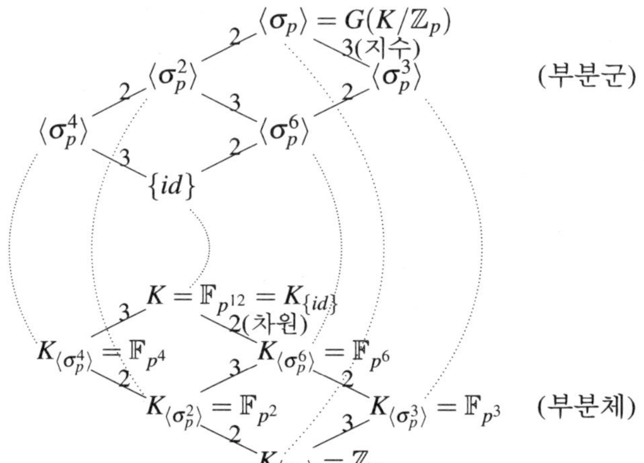

예 9.4.16 [부분체] 유리수체 $\mathbb{Q}$ 위의 다항식의 분해체의 모든 부분체를 구하라.

(1) $f(x) = x^4 - 1 \in \mathbb{Q}[x]$의 분해체를 K라 할 때, K의 모든 부분체를 구하라.

(2) $f(x) = x^4 - 2 \in \mathbb{Q}[x]$의 분해체를 K라 할 때, K의 모든 부분체를 구하라.

(풀이) (1) $x^4 - 1$의 근은 ± 1, $\pm i$이므로 분해체는 $K = \mathbb{Q}(\pm 1, \pm i) = \mathbb{Q}(i)$이다.

$[K : \mathbb{Q}] = [\mathbb{Q}(i) : \mathbb{Q}] = 2$이고, $\text{char}\ K = \text{char}\ \mathbb{Q} = 0$이므로 K는 $\mathbb{Q}$ 위에서 유한 정규 확대체이다. 그러면

$$|G(K/\mathbb{Q})| = [K : \mathbb{Q}] = 2, \quad G(K/\mathbb{Q}) \cong \mathbb{Z}_2$$

이다. 또한 $G(K/\mathbb{Q})$의 부분군은 $\{id\}$, $\langle \psi_{i,-i} \rangle$뿐이다.

갈로아 이론의 기본 정리에 의해 K의 부분체는 $K_{\{id\}} = K = \mathbb{Q}(i)$, $K_{\langle \psi_{i,-i} \rangle} = \mathbb{Q}$뿐이다.

(2) $x^4-2=(x^2+\sqrt{2})(x^2-\sqrt{2})$의 근은 $x=\pm\sqrt[4]{2},\ \pm\sqrt[4]{2}i$이므로 분해체는

$$K=\mathbb{Q}(\pm\sqrt[4]{2},\ \pm\sqrt[4]{2}i)=\mathbb{Q}(\sqrt[4]{2},\ i)$$

이다. 그리고 $\mathbb{Q}(\sqrt[4]{2})$와 $\mathbb{Q}(i)$는 K의 부분체이다. 또한 x^4-2는 $\mathbb{Q}$ 위에서 기약다항식(Eisenstein 기약 판정: 정리 5.6.12)이므로

$$\operatorname{irr}(\sqrt[4]{2},\ \mathbb{Q})=x^4-2,\quad [\mathbb{Q}(\sqrt[4]{2}):\mathbb{Q}]=4$$

이다. 또한 $i\notin\mathbb{Q}(\sqrt[4]{2})$이므로 인수정리에 의하여 $\mathbb{Q}(\sqrt[4]{2})$ 위에서 1차인수를 갖지 않는다. 따라서

$$\operatorname{irr}(i,\ \mathbb{Q}(\sqrt[4]{2}))=x^2+1,\quad [K:\mathbb{Q}(\sqrt[4]{2})]=2$$

이다(정리 5.6.4). 따라서

$$[K:\mathbb{Q}]=[K:\mathbb{Q}(\sqrt[4]{2})][\mathbb{Q}(\sqrt[4]{2}):\mathbb{Q}]=\deg(x^2+1)\deg(x^4-2)=8$$

이다. 또한 $\operatorname{char} K=0$이므로 K는 $\mathbb{Q}$ 위에서 유한 정규 확대체이다. 그러므로

$$|G(K/\mathbb{Q})|=[K:\mathbb{Q}]=8$$

이다. 그러면 $G(K/\mathbb{Q})$는 위수 8인 군 $\mathbb{Z}_8,\ \mathbb{Z}_4\times\mathbb{Z}_2,\ \mathbb{Z}_2\times\mathbb{Z}_2\times\mathbb{Z}_2,\ Q_8,\ D_4$ 중의 하나와 동형이다. $G(K/\mathbb{Q})$의 각 원소의 위수를 구하여 동형인 군을 찾자.

먼저 $\alpha=\sqrt[4]{2}$라 하면, $K=\mathbb{Q}(\sqrt[4]{2},\ i)$의 기저는

$$\{1,\ \alpha,\ \alpha^2,\ \alpha^3,\ i,\ i\alpha,\ i\alpha^2,\ i\alpha^3\}$$

이다. 그러므로 $K=\mathbb{Q}(\sqrt[4]{2},\ i)$의 생성원은 $\alpha,\ i$이다.

$G(K/\mathbb{Q})$의 원소 자기동형사상을 구하기 위해 α의 대수적 켤레원소 $\pm\alpha,\ \pm\alpha i$를 구하고, i의 대수적 켤레원소 $\pm i$를 구하면((9.1)절 연습문제 4번과 정리 9.1.12), 다음과 같은 표를 얻을 수 있다. 원소의 위수는 예를 들어 σ_2와 σ_3의 위수는 다음과 같이 구할 수 있다.

$$\sigma_2^2(\alpha)=\sigma_2(-\alpha)=-(-\alpha)=\alpha,\quad \sigma_2^2(i)=\sigma_2(i)=i$$

이므로 σ_2의 위수는 2이다. 한편

$$\begin{aligned}\sigma_3^2(\alpha)&=\sigma_3(\alpha i)=(\alpha i)i=-\alpha, & \sigma_3^2(i)&=\sigma_3(i)=i,\\ \sigma_3^4(\alpha)&=\sigma_3^2(-\alpha)=-\sigma_3(\alpha i)=-(\alpha i)i=\alpha, & \sigma_3^4(i)&=\sigma_3^2(i)=i\end{aligned}$$

이므로 σ_3의 위수는 4이다. 아래표에서 사각형 은 자기동형사상에 의해 고정되는 기저의 원소이다.

$G(K/\mathbb{Q})$의 원소	α	α^2	α^3	i	αi	$\alpha^2 i$	$\alpha^3 i$	위수	고정체K_{σ_i}
$\sigma_1(\psi_{\alpha,\alpha}\psi_{i,i}=id)$	$\boxed{\alpha}$	$\boxed{\alpha^2}$	$\boxed{\alpha^3}$	$\boxed{i}$	$\boxed{\alpha i}$	$\boxed{\alpha^2 i}$	$\boxed{\alpha^3 i}$	1	$K_{\sigma_1}=K$
$\sigma_2(\psi_{\alpha,-\alpha}\psi_{i,i})$	$-\alpha$	$\boxed{\alpha^2}$	$-\alpha^3$	$\boxed{i}$	$-\alpha i$	$\boxed{\alpha^2 i}$	$-\alpha^3 i$	2	$\mathbb{Q}(\alpha^2,\ i)$
$\sigma_3(\psi_{\alpha,\alpha i}\psi_{i,i})$	αi	$-\alpha^2$	$-\alpha^3 i$	$\boxed{i}$	$-\alpha$	$-\alpha^2 i$	α^3	4	$\mathbb{Q}(i)$
$\sigma_4(\psi_{\alpha,-\alpha i}\psi_{i,i})$	$-\alpha i$	$-\alpha^2$	$\alpha^3 i$	$\boxed{i}$	α	$-\alpha^2 i$	$-\alpha^3$	4	$\mathbb{Q}(i)$
$\sigma_5(\psi_{\alpha,\alpha}\psi_{i,-i})$	$\boxed{\alpha}$	$\boxed{\alpha^2}$	$\boxed{\alpha^3}$	$-i$	$-\alpha i$	$-\alpha^2 i$	$-\alpha^3 i$	2	$\mathbb{Q}(\alpha)$
$\sigma_6(\psi_{\alpha,-\alpha}\psi_{i,-i})$	$-\alpha$	$\boxed{\alpha^2}$	$-\alpha^3$	$-i$	$\boxed{\alpha i}$	$-\alpha^2 i$	$\boxed{\alpha^3 i}$	2	$\mathbb{Q}(\alpha i)$
$\sigma_7(\psi_{\alpha,\alpha i}\psi_{i,-i})$	$\underline{\underline{\alpha i}}$	$-\alpha^2$	$-\alpha^3 i$	$-i$	$\underline{\underline{\alpha}}$	$\boxed{\alpha^2 i}$	$-\alpha^3$	2	$\mathbb{Q}(\alpha^2 i)$??
$\sigma_8(\psi_{\alpha,-\alpha i}\psi_{i,-i})$	$-\alpha i$	$-\alpha^2$	$\underline{\underline{\alpha^3 i}}$	$-i$	$-\alpha$	$\boxed{\alpha^2 i}$	$\underline{\underline{\alpha^3}}$	2	$\mathbb{Q}(\alpha^2 i)$??

그러면 위수 4인 원소가 2개뿐이므로 비가환군이고, $G(K/\mathbb{Q})\cong D_4$이다.

한편 예 2.4.19에서 알 수 있듯이 D_4의 부분군은 위수가 1인 것이 1개, 위수가 2인 것이 5개, 위수가 4인 것이 3개, 위수가 8인 것이 1개로 모두 10개 존재한다.

이를 참조하여 Galois 군 $G(K/\mathbb{Q})$의 모든 부분군을 구해보자.

$G(K/\mathbb{Q})$의 부분군은 위수가 1인 부분군은 $\{id\}$로 1개, 위수가 2인 부분군은

$$\langle\sigma_2\rangle,\quad \langle\sigma_5\rangle,\quad \langle\sigma_6\rangle,\quad \langle\sigma_7\rangle,\quad \langle\sigma_8\rangle$$

로 5개가 있고, 위수가 4인 부분군 중에서 순환부분군(위 표에서 i를 고정하는 원소)은

$$A=\langle\sigma_3\rangle=\langle\sigma_4\rangle=\{\sigma_1,\ \sigma_2,\ \sigma_3,\ \sigma_4\}$$

로 1개이고, 비순환부분군은 위수 2인 원소가 3개이고 위 표에서 α^2와 $\alpha^2 i$를 각각 고정하는 원소를 주목하면

$$B=\{\sigma_1,\ \sigma_2,\ \sigma_5,\ \sigma_6\},\quad C=\{\sigma_1,\ \sigma_2,\ \sigma_7,\ \sigma_8\}$$

로 2개가 존재한다. 따라서 위수 4인 부분군은 모두 3개가 존재한다. 위수가 8인 부분군은 $G(K/\mathbb{Q})$로 1개가 되어, $G(K/\mathbb{Q})$의 부분군은 모두 10개가 존재한다.

위수 1인 부분군의 고정체는 다음과 같다.

$$K_{\{id\}}=K=\mathbb{Q}(\alpha,\ i),\quad [\mathbb{Q}(\alpha,\ i):\mathbb{Q}]=8$$

위수 2인 부분군의 고정체는 다음과 같다.

$$\begin{aligned}
K_{\langle\sigma_2\rangle}&=\mathbb{Q}(\alpha^2,\ \alpha^2 i)=\mathbb{Q}(\sqrt{2},\ i), && [\mathbb{Q}(\sqrt{2},\ i):\mathbb{Q}]=4,\\
K_{\langle\sigma_5\rangle}&=\mathbb{Q}(\alpha,\ \alpha^2,\ \alpha^3)=\mathbb{Q}(\sqrt[4]{2}), && [\mathbb{Q}(\sqrt[4]{2}):\mathbb{Q}]=4,\\
K_{\langle\sigma_6\rangle}&=\mathbb{Q}(\alpha^2,\ \alpha i,\ \alpha^3 i)=\mathbb{Q}(\sqrt[4]{2}i), && [\mathbb{Q}(\sqrt[4]{2}i):\mathbb{Q}]=4
\end{aligned}$$

하지만 위수 2인 원소 중에서

$$\begin{aligned}
K_{\langle\sigma_7\rangle}&=\mathbb{Q}(\alpha^2 i)=\mathbb{Q}(i\sqrt{2})??, && [\mathbb{Q}(\sqrt{2}i):\mathbb{Q}]=2(\neq 4),\\
K_{\langle\sigma_8\rangle}&=\mathbb{Q}(\alpha^2 i)=\mathbb{Q}(i\sqrt{2})??, && [\mathbb{Q}(\sqrt{2}i):\mathbb{Q}]=2(\neq 4)
\end{aligned}$$

이 되어 Galois 이론의 기본정리(정리 9.4.11)를 만족하지 않는다. 그러므로 $\mathbb{Q}(i\sqrt{2})$는 $\langle\sigma_7\rangle$과 $\langle\sigma_8\rangle$의 고정체가 되지 못한다.

따라서 고정되는 원소를 새로 찾아야 한다. 위 표의 밑줄 친 원소(교차하며 같아짐)를 살펴보자.

$$\begin{aligned}
\sigma_7(\alpha+\alpha i) &= \sigma_7(\alpha)+\sigma_7(\alpha i) = \alpha i+\alpha = \alpha+\alpha i,\\
\sigma_8(\alpha^3+\alpha^3 i) &= \sigma_8(\alpha^3)+\sigma_8(\alpha^3 i) = \alpha^3 i+\alpha^3 = \alpha^3+\alpha^3 i \text{ 또는}\\
\sigma_8(\alpha-\alpha i) &= \sigma_8(\alpha)-\sigma_8(\alpha i) = -\alpha i-(-\alpha i)(-i) = \alpha-\alpha i
\end{aligned}$$

이므로 σ_7은 원소 $\alpha+\alpha i$를 고정하고, σ_8은 원소 $\alpha^3+\alpha^3 i$와 $\alpha-\alpha i$를 고정한다. 이 중에서 $\alpha-\alpha i$를 σ_8이 고정하는 원소로 선택하자. 그러면

$$\begin{aligned}
K_{\langle\sigma_7\rangle} &= \mathbb{Q}(\alpha+\alpha i) = \mathbb{Q}(\sqrt[4]{2}(1+i)), \quad [\mathbb{Q}(\sqrt[4]{2}(1+i)):\mathbb{Q}] = 4\\
K_{\langle\sigma_8\rangle} &= \mathbb{Q}(\alpha-\alpha i) = \mathbb{Q}(\sqrt[4]{2}(1-i)), \quad [\mathbb{Q}(\sqrt[4]{2}(1-i)):\mathbb{Q}] = 4
\end{aligned}$$

이 되어 Galois 이론의 기본정리를 만족하므로, $\mathbb{Q}(\sqrt[4]{2}(1+i))$와 $\mathbb{Q}(\sqrt[4]{2}(1-i))$는 $\langle\sigma_7\rangle$ 과 $\langle\sigma_8\rangle$의 고정체가 된다.

다음에 위수 4인 부분군의 고정체를 구하자.

$$\begin{aligned}
K_A &= K_{\{\sigma_1,\,\sigma_2,\,\sigma_3,\,\sigma_4\}} = \mathbb{Q}(i), && [\mathbb{Q}(i):\mathbb{Q}] = 2\\
K_B &= K_{\{\sigma_1,\,\sigma_2,\,\sigma_5,\,\sigma_6\}} = \mathbb{Q}(\alpha^2) = \mathbb{Q}(\sqrt{2}), && [\mathbb{Q}(\sqrt{2}):\mathbb{Q}] = 2\\
K_C &= K_{\{\sigma_1,\,\sigma_2,\,\sigma_7,\,\sigma_8\}} = \mathbb{Q}(\alpha^2 i) = \mathbb{Q}(i\sqrt{2}), && [\mathbb{Q}(i\sqrt{2}):\mathbb{Q}] = 2
\end{aligned}$$

가 위수 4인 부분군에 대한 고정체이다. 마지막으로 위수 8인 부분군의 고정체는

$$K_{G(K/\mathbb{Q})} = \mathbb{Q}, \quad [\mathbb{Q}:\mathbb{Q}] = 1$$

이다.

이 부분군과 고정체들을 Hasse의 다이어그램으로 나타내면 다음과 같다.

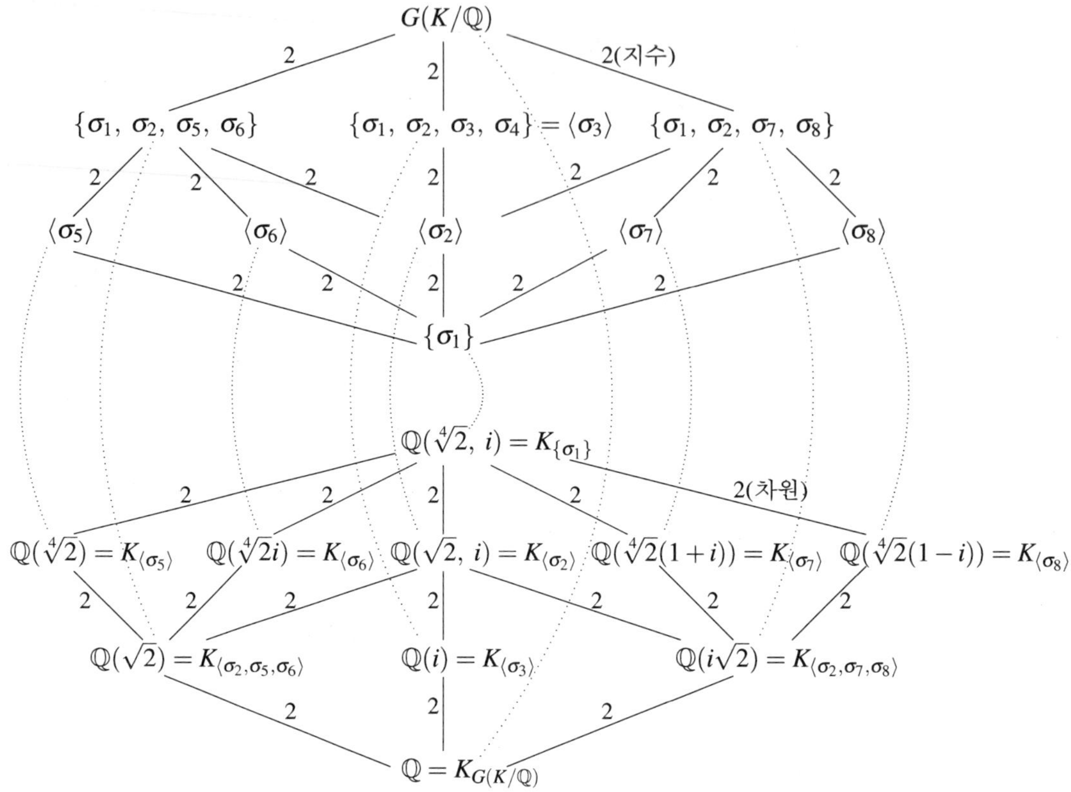

문제 9.4.17 유리수체 $\mathbb{Q}$ 위의 다항식 $f(x) = x^3 - 2 \in \mathbb{Q}[x]$의 분해체를 K라 할 때, $K \cong D_3$이다(문제 9.2.10). 이때 K의 모든 부분체를 구하라.

예 9.4.18 [부분체] 유리수체 $\mathbb{Q}$ 위의 다항식 $f(x) = x^4 + 1 \in \mathbb{Q}[x]$의 분해체를 K라 할 때, K의 모든 부분체를 구하라.

(풀이) $K = S_{\mathbb{Q}}(x^4+1) = S_{\mathbb{Q}}(x^8-1)$이다(연습문제 2번).

그리고 원분 다항식 $x^8 - 1 = 0$의 한 근을

$$\alpha = e^{\frac{2\pi i}{8}} = e^{\frac{\pi i}{4}} = \cos\frac{\pi}{4} + i\sin\frac{\pi}{4} = \frac{1+i}{\sqrt{2}}$$

라 하면, $x^8 - 1$의 모든 근은

$$\alpha, \quad \alpha^2, \quad \alpha^3, \quad \alpha^4, \quad \alpha^5, \quad \alpha^6, \quad \alpha^7, \quad \alpha^8(=1)$$

이다(예 1.1.1 참조). 그 중에서 $f(x) = x^4 + 1$의 4개의 근은

$$\alpha = \frac{1+i}{\sqrt{2}}, \quad \alpha^3 = \frac{-1+i}{\sqrt{2}}, \quad \alpha^5 = \frac{-1-i}{\sqrt{2}}, \quad \alpha^7 = \frac{1-i}{\sqrt{2}}$$

이다. 그러므로 $f(x)$의 분해체는

$$K=\mathbb{Q}(\alpha,\ \alpha^3,\ \alpha^5,\ \alpha^7)=\mathbb{Q}(\alpha)$$

이다.

한편 $f(x)=x^4-1$의 4개의 근은

$$\alpha^2=i,\quad \alpha^4=-1,\quad \alpha^6=-i,\quad \alpha^8=1$$

이다. 그리고 $x^8-1=0$의 8개의 근은 복소수 좌표에서는 다음과 같이 나타난다.

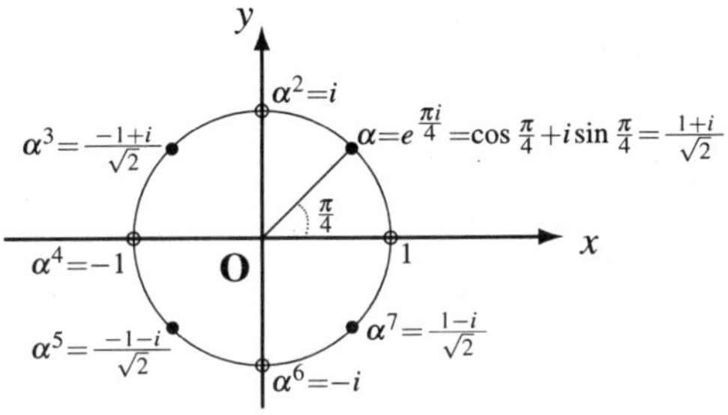

다음에 x^4+1은 유리수체 $\mathbb{Q}$ 위에서 기약다항식이다($(x+1)^4+1$가 기약). 또한 K의 표수가 0이므로 $\mathbb{Q}$의 Galois 확대체이다. 그러므로

$$|G(K/\mathbb{Q})|=[\mathbb{Q}(\alpha):\mathbb{Q}]=\deg(x^4+1)=4$$

이다. 그러면 $G(K/\mathbb{Q})\cong\mathbb{Z}_4$ 또는 $\mathbb{Z}_2\times\mathbb{Z}_2(\cong V_4)$이다.

또한 $K=\mathbb{Q}(\alpha)$의 기저는 $\{1,\alpha,\alpha^2,\alpha^3\}$을 이용하여 $G(K/\mathbb{Q})$의 4개의 원소를 찾자.

α의 대수적 켤레원소는 α, α^3, α^5, α^7이므로 Galois 군 $G(K/\mathbb{Q})$의 원소의 위수는 다음과 같다. 단, $\alpha^4=-1$이다.

$G(K/\mathbb{Q})$의 원소	α	α^2	α^3	위수	고정체K_{σ_i}
$\sigma_1=\psi_{\alpha,\alpha}$	α	α^2	α^3	1	$\mathbb{Q}(\alpha)$
$\sigma_3=\psi_{\alpha,\alpha^3}$	α^3	$-\alpha^2$	α	2	??
$\sigma_5=\psi_{\alpha,\alpha^5}$	$-\alpha$	α^2	$-\alpha^3$	2	$\mathbb{Q}(\alpha^2)$
$\sigma_7=\psi_{\alpha,\alpha^7}$	$-\alpha^3$	$-\alpha^2$	$-\alpha$	2	??

위수가 2인 원소가 3개이므로

$$G(K/\mathbb{Q})\cong\mathbb{Z}_2\times\mathbb{Z}_2\cong V_4$$

이다. 그러면 $G(K/\mathbb{Q})$의 부분군은 위수가 1인 부분군은 $\{id\}$이고, 위수가 2인 부분군은

$$\langle\sigma_3\rangle,\quad \langle\sigma_5\rangle,\quad \langle\sigma_7\rangle$$

이다. 위수 2인 부분군의 고정체를 구하자. 위 표에서 자기동형사상 σ_3과 σ_7의 고정 원소가 없으므로 밑줄 친 원소(교차하며 같아짐)를 이용하여 고정된 원소를 찾자.

$$\sigma_3(\alpha+\alpha^3)=\sigma_3(\alpha)+\sigma_3(\alpha^3)=\alpha^3+\alpha=\alpha+\alpha^3,$$

$$\sigma_7(\alpha-\alpha^3)=\sigma_3(\alpha)-\sigma_3(\alpha^3)=-\alpha^3-(-\alpha)=\alpha-\alpha^3$$

이므로 σ_3은 $\alpha+\alpha^3$을 고정하고, σ_7은 $\alpha-\alpha^3$을 고정한다.

위수 1인 부분군의 고정체는 다음과 같다.

$$K_{\{\sigma_1\}} = K = \mathbb{Q}(\alpha), \quad [\mathbb{Q}(\alpha):\mathbb{Q}] = 4$$

위수 2인 부분군의 고정체는 다음과 같다.

$$\begin{aligned} K_{\langle\sigma_3\rangle} &= \mathbb{Q}(\alpha+\alpha^3) = \mathbb{Q}(\sqrt{2}i), & [\mathbb{Q}(\sqrt{2}i):\mathbb{Q}] &= 2, \\ K_{\langle\sigma_5\rangle} &= \mathbb{Q}(\alpha^2) = \mathbb{Q}(i), & [\mathbb{Q}(i):\mathbb{Q}] &= 2, \\ K_{\langle\sigma_7\rangle} &= \mathbb{Q}(\alpha-\alpha^3) = \mathbb{Q}(\sqrt{2}), & [\mathbb{Q}(\sqrt{2}):\mathbb{Q}] &= 2 \end{aligned}$$

그러므로 $K = \mathbb{Q}\left(\frac{1+i}{\sqrt{2}}\right)$의 부분체는 $\mathbb{Q}$, $\mathbb{Q}(\sqrt{2})$, $\mathbb{Q}(i)$, $\mathbb{Q}(i\sqrt{2})$, $\mathbb{Q}\left(\frac{1+i}{\sqrt{2}}\right)$이다.

이 부분군과 부분체들을 Hasse의 다이어그램으로 나타내면 다음과 같다.

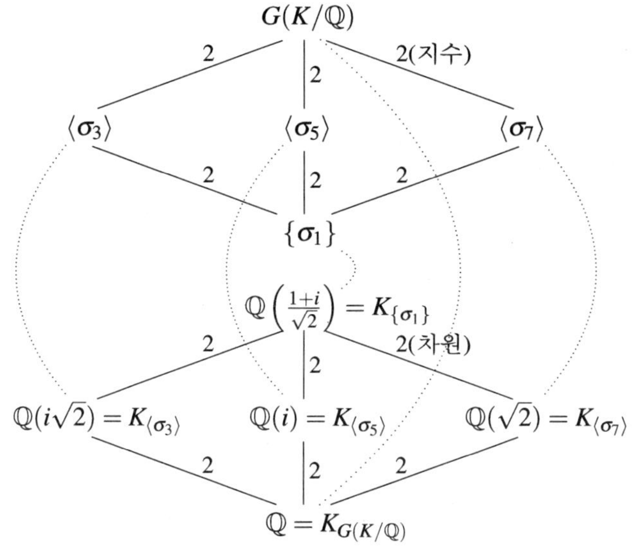

임용시험 출제 9.4.19 [2009학년도] 체 K가 체 F 위의 확대체이고 $\mathrm{Aut}(K)$를 K에서 K로의 자기동형사상(automorphism) 전체의 집합이라 할 때, $\mathrm{Aut}(K)$의 부분군 $G(K/F)$를

$$G(K/F) = \{\sigma \in \mathrm{Aut}(K) \mid \text{모든 } a \in F\text{에 대하여 } \sigma(a) = a\}$$

로 정의하자.

체 K가 체 $\mathbb{Z}_3 = \{0,\ 1,\ 2\}$ 위의 차수(degree) 6인 유한확대체일 때, 다음에서 옳은 것을 모두 골라라.

① 체 K는 $\mathbb{Z}_3$ 위의 분해체(splitting field)이다.

② 체 K는 $\mathbb{Z}_3$ 위의 분리확대체(separable extension field)이다.

③ $\mathbb{Z}_3$와 K 사이에는 $G(K/F)$의 위수가 2가 되는 체 E가 3개 존재한다.

임용시험 출제 9.4.20 [2011학년도]유한체(finite field) $\mathbb{Z}_p$(p는 소수) 위의 다항식

$$f(x) = x^{p^4} - x \in \mathbb{Z}_p[x]$$

에 대하여 체 K가 $\mathbb{Z}_p$ 위에서의 $f(x)$의 분해체(spitting field)일 때, 다음에서 옳은 것을 모두 골라라.

① 임의의 원소 $\alpha \in K$에 대하여 $\alpha^{p^4} = \alpha$이다.

② $\mathbb{Z}_p \subsetneq L \subsetneq K$를 만족시키는 중간체(intermediate field) L은 오직 한 개 존재한다.

③ Galois 군(Galois group) $\text{Gal}(K/\mathbb{Z}_p)$는 위수(order)가 4인 순환군(cycle group)이다.

임용시험 출제 9.4.21 [2011학년도 2차] 유한체 $\mathbb{Z}_p = \{0, 1, \cdots, p-1\}$($p$는 소수) 위의 다항식환 $\mathbb{Z}_p[x]$에 속하는 다항식 $f(x) = x^p - x - a(a \neq 0)$에 대하여 K는 $f(x)$의 $\mathbb{Z}_p$ 위에서의 분해체(splitting field), $G(K/\mathbb{Z}_p)$는 K의 $\mathbb{Z}_p$ 위에서의 Galois 군(Galois group)이라 하자.

$f(x)$의 한 근 α와 모든 $\sigma \in G(K/\mathbb{Z}_p)$에 대하여 $\psi_\alpha(\sigma) = \sigma(\alpha) - \alpha$일 때, 다음 세 명제가 참임을 증명하라.[20점]

(1) $\psi_\alpha(\sigma) \in \mathbb{Z}_p$이고 $K = \mathbb{Z}_p(\alpha)$이다.

(2) 함수 $\psi_\alpha : G(K/\mathbb{Z}_p) \to (\mathbb{Z}_p, +)$는 군 동형사상이다. (단, $(\mathbb{Z}_p, +)$는 덧셈군이다.)

(3) $f(x)$의 두 근 α, β에 대하여 $\psi_\alpha = \psi_\beta$이다.

임용시험 출제 9.4.22 [2016학년도] 체 K는 유리수체 $\mathbb{Q}$ 위에서 차수(degree)가 $[K : \mathbb{Q}] = 270$인 Galois 확대체(정규 확대체, Galois extension field, normal extension field)이고, Galois 군(Galois group) $G(K/\mathbb{Q})$는 순환군(cyclic group)이다. $\sqrt{2}$가 K의 원소일 때, $\sqrt{2}$를 포함하는 K의 부분체의 개수를 풀이 과정과 함께 쓰시오.

임용시험 출제 9.4.23 [2017학년도] 유리수체 $\mathbb{Q}$ 위에서 대수적인 원소 α에 대하여 단순확대체(simple extension field) $K = \mathbb{Q}(\alpha)$는 $\mathbb{Q}$ 위의 Galois 확대체(정규 확대체, Galois extension field, normal extension field)이고 차수(degree)는 $[K : \mathbb{Q}] = 100$이다. Galois 군(Galois group) $G(K/\mathbb{Q})$가 $\sigma(\alpha) = \alpha^{-1}$을 만족시키는 자기동형사상(automorphism) σ를 가질 때, K의 부분체 $F = \mathbb{Q}(\alpha + \alpha^{-1})$의 $\mathbb{Q}$ 위의 차수 $[F : \mathbb{Q}]$를 풀이 과정과 함께 쓰시오.(연습문제 17 번 참고)

임용시험 출제 9.4.24 [2018학년도] 유리수체 $\mathbb{Q}$ 위의 기약다항식(irreducible polynomial) $f(x)$의 $\mathbb{Q}$ 위의 분해체(splitting field) K에 대하여 Galois 군(Galois group) $G(K/\mathbb{Q})$가 Abel 군(abelian group)이다.

이때 $G(K/\mathbb{Q})$의 위수(order)가 $f(x)$의 차수 $\deg(f(x))$와 같음을 보여라. 또 $\deg(f(x)) = 2018$일 때 K의 모든 부분체(subfield)의 개수를 풀이 과정과 함께 쓰시오. (참고: $2018 = 2 \times 1009$이고 1009는 소수이다.)

연 습 문 제 (9.4)

1. 체 $K = \mathbb{Q}(\sqrt{2},\ \sqrt{3},\ i)$가 $\mathbb{Q}$의 유한 정규 확대체이다. 정리 9.4.11의 기호를 참조하여, 다음을 구하라.

(1) $[K : \mathbb{Q}]$ (2) $|G(K/\mathbb{Q})|$

(3) $|\Phi(\mathbb{Q})|$ (4) $|\Phi(\mathbb{Q}(\sqrt{2},\ \sqrt{3}))|$

(5) $|\Phi(\mathbb{Q}(\sqrt{6}))|$ (6) $|\Phi(\mathbb{Q}(\sqrt{6}\,i))|$

2. 다항식 $f(x) = x^8 - 1$에 대하여 유리수체 $\mathbb{Q}$ 위에서의 $f(x)$의 분해체 K와 Galois 군 $G(K/\mathbb{Q})$를 구하라.

3. $\mathbb{Q}$ 상의 다항식 $f(x) = x^4 - x^2 - 2 \in \mathbb{Q}[x]$에 대해 다음 물음에 답하라.

(1) $\mathbb{Q}$ 상에서 $f(x)$의 분해체 K를 구하라.

(2) Galois 군 $G(K/\mathbb{Q})$와 동형인 군을 구하여라.

(3) Galois 군을 이용하여 $\mathbb{Q}$를 포함하는 K의 모든 부분체를 구하라.

4. $\mathbb{Q}$ 상의 다항식 $f(x) = x^4 - 4x^2 - 1$에 대해 다음 물음에 답하라.

(1) $\mathbb{Q}$ 상에서 $f(x)$의 분해체 K를 구하라.

(2) Galois 군 $G(K/\mathbb{Q})$와 동형인 군을 구하여라.

5. 다음 물음에 답하라.

(1) $\mathbb{Q}(\sqrt[4]{8}) = \mathbb{Q}(\sqrt[4]{2})$, $\mathbb{Q}(\sqrt[4]{8}i) = \mathbb{Q}(\sqrt[4]{2}i)$ 임을 밝혀라.

(2) 체 $\mathbb{Q}(i)$ 위에서의 다항식 $f(x) = x^4 - 2$의 분해체의 Galois 군을 구하라.

(3) 체 $\mathbb{Q}(\sqrt{2})$ 위에서의 다항식 $f(x) = x^4 - 2$의 분해체의 Galois 군을 구하라.

(4) $K = \mathbb{Q}(\sqrt[4]{2},\ i)$는 $\mathbb{Q}$ 위에서의 $f(x) = x^4 + 2$의 분해체임을 밝혀라.

6. 유리수체 $\mathbb{Q}$ 상에서 $\sqrt[3]{5}$을 포함하는 최소 Galois 확대체(정규확대체)를 K라 할 때, Galois 군 $G(K/\mathbb{Q})$의 모든 부분군의 개수를 구하여라.

7. p가 소수이고, 소체 $\mathbb{Z}_p$의 유한확대체 $K = \mathbb{F}_{p^8}$에 대한 다음 물음에 답하라.

(1) Galois 군 $G(K/\mathbb{Z}_p)$의 모든 부분군을 구하라.

(2) K의 모든 부분체를 구하라.

8. Galois 체 $\mathbb{F}_{2^{30}}$의 Galois 군 $G(\mathbb{F}_{2^{30}}/\mathbb{F}_2)$의 부분군 전체와 이들 부분군의 고정체를 구하라.

9. 위수가 256인 유한체 F의 부분체 ($\mathbb{F}_{p^n}$ 형태)를 모두 구하라.

10. 체 F의 Galois 확대체 K의 Galois 군 $G(K/F)$가 순환군(K를 F의 **순환 확대체**(cyclic extension)라 함)이고 $F < E < K$일 때, 다음을 증명하거나 구하라.

(1) E가 F의 정규확대체이면, E는 F의 순환 확대체이고 K는 E의 순환 확대체이다.

(2) $d \,\big|\, |G(K/F)|$이면, $[E : F] = d$인 중간체 E가 단 한 개 존재한다.

(3) $|G(K/F)| = 10$일 때, 중간체 E 전체의 개수를 구하라.

11. 체 F의 두 개의 유한 정규 확대체 K_1과 K_2는 동형은 아니지만 $G(K_1/F) \cong G(K_2/F)$인 예를 들어라.

12. 표수가 0이거나, n의 약수가 아닌 체 F의 대수적 폐포의 원소 $\alpha \in \overline{F}$는 단위원의 원시 n제곱근이다. 이때 다음 물음에 답하라.

(1) $F(\alpha)$는 F의 정규 확대체임을 보여라.

(2) $G(F(\alpha)/F)$는 가환군임을 보여라.
[참조: 각 원소 $\sigma \in G(F(\alpha)/F)$는 $\sigma(\alpha) = \alpha^r$인 r이 유일하게 존재함을 보여라.]

13. 체 K는 체 F의 유한 정규 확대체일 때, 다음 물음에 답하라.

(1) $\alpha \in K$에 대하여

$$f(x) = \prod_{\sigma \in G(K/F)} (x - \sigma(\alpha))$$

는 $F[x]$에 속함을 보여라.

(2) (1)을 이용하여 $f(x)$는 $\mathrm{irr}(\alpha, F)$의 적당한 거듭제곱임을 보여라.

(3) $f(x) = \mathrm{irr}(\alpha, F)$이기 위한 필요충분조건은 $K = F(\alpha)$임을 보여라.

14. 체 F 위의 n차 모닉다항식 $f(x) \in F[x]$의 모든 기약 인수가 F 위에서 분리가능하고, F 위에서 $f(x)$의 분해체 K 위의 다항식환 $K[x]$에서

$$f(x) = \prod_{i=1}^{n} (x - \alpha_i)$$

로 인수분해되었다고 하자. 이때

$$\Delta(f) = \prod_{i<j} (\alpha_i - \alpha_j)$$

라 하면 $(\Delta(f))^2$를 $f(x)$의 **판별식**(discriminant)이라 부른다. 다음 물음에 답하라.

(1) $\Delta(f) = 0$이기 위한 필요충분조건은 $f(x)$가 $F[x]$의 어떤 기약 다항식의 제곱을 인수로 가지는 것임을 보여라.

(2) $(\Delta(f))^2 \in F$임을 보여라.

(3) $G(K/F)$는 치환군 $S_n = \{\alpha_i \mid i = 1, \cdots, n\}$의 부분군으로 볼 때,
$G(K/F)$가 교대군 A_n의 부분군이기 위한 필요충분조건은 $\Delta(f) \in F$임을 보여라.

15. [2017학년도 임용시험 출제] 유리수체 $\mathbb{Q}$ 위에서 대수적인 원소 α에 대하여 단순확대체 $K = \mathbb{Q}(\alpha)$는 Galois 확대체(정규확대체)이고 차수는 $[K : \mathbb{Q}] = 100$이다. Galois 군 $G(K/\mathbb{Q})$가 $\sigma(\alpha) = \alpha^{-1}$을 만족시키는 자기동형사상 σ를 가질 때, K의 부분체 $F = \mathbb{Q}(\alpha + \alpha^{-1})$의 $\mathbb{Q}$ 위의 차수 $[F : \mathbb{Q}]$를 다음 과정에 따라 구하라.

(1) $\mathbb{Q}(\alpha + \alpha^{-1}) < \mathbb{Q}(\alpha)$임을 보여라.

(2) σ의 위수를 구하라.

(3) $\alpha+\alpha^{-1}$는 σ에 의하여 고정됨을 보여라.

(4) $[K:K_{\{\sigma\}}]$를 구하라.

(5) $[K:F]=\deg(\alpha,\ \mathbb{Q}(\alpha+\alpha^{-1}))\le 2$임을 보여라.

(6) $F=K_{\{\sigma\}}$임을 보여라.

(7) $[F:\mathbb{Q}]$를 구하라.

9.5 원분 확대체

이 절에서는 체 F 위의 다항식 x^n-1과 $x^n-a \in F[x]$의 분해체 K와 Galois 군 $G(K/F)$에 대하여 논한다. 이 절에서 n은 양의 정수이다. 유한체의 경우에는 8.4절에서 다루었으므로 이 절에서는 주로 무한체인 경우를 다룬다.

F 위의 다항식 $x^n-1 \in F[x]$은 char $F=0$(정리 9.3.16) 또는 char $F \nmid n$(정리 9.3.17)이면, x^n-1은 F 위의 분리다항식이다. 그러면 x^n-1의 분해체 $K=S_F(x^n-1)$은 F의 유한 정규 확대체(Galois 확대체)이다.

이때 체 K에서 단위원 1의 **n제곱근** 전체 집합을 U_n이라 하면,

$$U_n = \{u \in K \mid u^n = 1\} = \{u \in K \mid u\text{는 } x^n - 1 = 0\text{의 근}\}$$

U_n은 $|U_n| = n$이고, 곱셈 순환군이 되므로(정리 8.4.9), $U_n = \langle \alpha \rangle$, $\alpha^n = 1$인 $\alpha \in K$가 존재한다. 이때 α는 K 안에서 단위원 1의 **원시 n제곱근**이다.

순환군 $U_n = \langle \alpha \rangle$의 서로 다른 생성원(단위원 1의 원시 n제곱근)은 $\varphi(n)$개이다(따름정리 2.3.12). 여기서 U_n의 생성원을

$$\alpha_1, \quad \alpha_2, \quad \cdots, \quad \alpha_{\varphi(n)}$$

이라 하면, 이들은 모두 단위원 1의 원시 n제곱근이 된다.

예 9.5.1 [원시 p제곱근] 체 $\mathbb{Z}_p$(p는 소수)에 대하여 다항식

$$f(x) = x^p - 1 = (x-1)^p$$

는 원시 p제곱근이 존재하지 않는다.

정의 9.5.2 [원분다항식(*cyclotomic polynomial*, 圓分多項式)]

체 F의 대수적 폐포 $\overline{F}$에서 단위원 1의 원시 n제곱근이 존재한다고 하자(예 8.4.10 참조). 이때 $\overline{F}$에서 모든 단위원 1의 원시 n제곱근(정리 8.4.11(2))이 다음과 같으면,

$$\alpha_1, \quad \cdots \quad , \quad \alpha_{\varphi(n)}$$

$\Phi_n(x)$가 F 위의 **제n원분다항식**	$\overset{\text{정의}}{\Longleftrightarrow}$	$\Phi_n(x) = (x-\alpha_1)\cdots(x-\alpha_{\varphi(n)}) = \prod_{i=1}^{\varphi(n)}(x-\alpha_i)$

예 9.5.3 [원분다항식] 유리수체 $\mathbb{Q}$ 위의 원분다항식을 구하자.

(1) 유리수체 $\mathbb{Q}$ 위의 8차 다항식 $x^8 - 1 \in \mathbb{Q}[x]$의 근

$$\alpha = e^{\frac{2\pi i}{8}} = \cos\frac{\pi}{4} + i\sin\frac{\pi}{4} = \frac{1+i}{\sqrt{2}}$$

는 $\mathbb{Q}$의 대수적 폐포 $\overline{\mathbb{Q}}$ 안에서 안에서 단위원 1의 원시 8제곱근이다. 그러면 정리 8.4.11에 의하여 $\overline{\mathbb{Q}}$ 안에서 모든 단위원 1의 원시 8제곱근은

$$\alpha = \frac{1+i}{\sqrt{2}}, \quad \alpha^3 = \frac{-1+i}{\sqrt{2}}, \quad \alpha^5 = \frac{-1-i}{\sqrt{2}}, \quad \alpha^7 = \frac{1-i}{\sqrt{2}}$$

이다(예 9.4.18 참조). 그러면 유리수체 $\mathbb{Q}$ 위의 제8원분다항식 $\Phi_8(x)(\varphi(8)=4$차)는 다음과 같다.

$$\Phi_8(x) = (x-\alpha)(x-\alpha^3)(x-\alpha^5)(x-\alpha^7) = x^4+1$$

(2) 유리수체 $\mathbb{Q}$ 위의 3차 다항식 $x^3-1 \in \mathbb{Q}[x]$의 근

$$\alpha = e^{\frac{2\pi i}{3}} = \cos\frac{2\pi}{3} + i\sin\frac{2\pi}{3} = \frac{-1+i\sqrt{3}}{2}$$

은 $\overline{\mathbb{Q}}$ 안에서 단위원 1의 원시 3제곱근이다. 그러면 정리 8.4.11에 의하여 $\overline{\mathbb{Q}}$ 안에서 모든 단위원 1의 원시 3제곱근은

$$\alpha = \frac{-1+i\sqrt{3}}{2}, \quad \alpha^2 = \frac{-1-i\sqrt{3}}{2}$$

이다. 그러면 유리수체 $\mathbb{Q}$ 위의 제3원분다항식 $\Phi_3(x)(\varphi(3)=2$차)는 다음과 같다.

$$\Phi_3(x) = (x-\alpha)(x-\alpha^2) = x^2+x+1$$

정리 9.5.4 *체 F의 다항식 $x^n-1 \in F[x]$의 분해체 $K = S_F(x^n-1)$와 F 위의 제n원분다항식 $\Phi_n(x) \in \overline{F}[x]$이 존재할 때, 다음이 성립한다. (따름정리 5.6.17 참조)*

(1) $\Phi_n(x) \in F[x]$
(2) $F = \mathbb{Q} \implies \Phi_n(x) \in \mathbb{Z}[x]$
(3) $F = \mathbb{Q}$, p가 소수 $\implies \Phi_p(x) = x^{p-1}+x^{p-2}+\cdots+x+1$이고, $\mathbb{Q}$ 위에서 기약

※ 일반적으로 $\Phi_n(x)$는 $\mathbb{Q}$ 위에서 기약임이 알려져 있다.

(증명) (1) 분해체 K 안에서 단위원 1의 원시 n제곱근 전체집합을 $A = \{\alpha_1, \cdots, \alpha_{\varphi(n)}\}$이라 하자. 그러면 정리 9.2.17에 의하여 임의의 원소 $\sigma \in G(K/F)$에 대하여

$$\sigma(\alpha_i) \in K, \quad |\sigma(\alpha_i)| = n, \quad 1 \le i \le \varphi(n)$$

이므로 $\sigma(\alpha_1), \cdots, \sigma(\alpha_{\varphi(n)})$은 K에서 단위원 1의 원시 n제곱근이다. 따라서

$$\{\sigma(\alpha_1), \cdots, \sigma(\alpha_{\varphi(n)}\} = A = \{\alpha_1, \cdots, \alpha_{\varphi(n)}\}$$

이고, F 위의 제n원분다항식은 곱의 순서를 잘 조정하면

$$\Phi_n(x) = (x-\alpha_1)\cdots(x-\alpha_{\varphi(n)}) = (x-\sigma(\alpha_1))\cdots(x-\sigma(\alpha_{\varphi(n)}))$$

이다. 양변의 계수를 비교하면

$$\alpha_1+\cdots+\alpha_{\varphi(n)}=\sigma(\alpha_1+\cdots+\alpha_{\varphi(n)}),\quad \cdots,\quad \alpha_1\cdots\alpha_{\varphi(n)}=\sigma(\alpha_1\cdots\alpha_{\varphi(n)})$$

이므로, $\Phi_n(x)$의 모든 계수가 σ에 의해 고정되므로 모든 계수는 F의 원소이어야만 한다. 그러므로 $\Phi_n(x)\in F[x]$이다.

(2) $\Phi_n(x)|(x^n-1)$이다. (1)에 의해 $\Phi_n(x)\in\mathbb{Q}[x]$이므로 정리 5.6.7에 의하여 $\Phi_n(x)\in\mathbb{Z}[x]$이다.

(3) $\alpha\in\mathbb{C}$가 1의 원시 p제곱근이라 하자. 그러면 p가 소수이므로, 정리 8.4.11(2)에 의하여 유리수체 $\mathbb{Q}$에서 단위원 1의 원시 p제곱근 전체는 다음과 같다.

$$\alpha,\quad \alpha^2,\quad \cdots\quad ,\quad \alpha^{p-1}$$

그러므로

$$(x-1)(x^{p-1}+\cdots+x+1)=x^p-1=(x-1)(x-\alpha)(x-\alpha^2)\cdots(x-\alpha^{p-1})=(x-1)\Phi_p(x)$$

이고, 따라서 $\Phi_p(x)=x^{p-1}+\cdots+x+1$이다. 그러면 따름정리 5.6.17에 의하여 $\Phi_p(x)$는 $\mathbb{Q}$ 위에서 기약이다. ■

예 9.5.5 [원분다항식] (예 9.5.3과 예 9.4.18 참조) 유리수체 $\mathbb{Q}$ 위의 다항식 $f(x)=x^8-1\in\mathbb{Q}[x]$의 분해체를 K라 할 때, 8차 다항식 $x^8-1=0$의 한 근을

$$\alpha=e^{\frac{2\pi i}{8}}=e^{\frac{\pi i}{4}}=\cos\frac{\pi}{4}+i\sin\frac{\pi}{4}=\frac{1+i}{\sqrt{2}}$$

라 하면, 단위원의 원시 8제곱근은

$$\alpha,\quad \alpha^3,\quad \alpha^5,\quad \alpha^7$$

이다. Galois 군 $G(K/\mathbb{Q})=\{\sigma_1=\psi_{\alpha,\alpha},\ \sigma_3=\psi_{\alpha,\alpha^3},\ \sigma_5=\psi_{\alpha,\alpha^5},\ \sigma_7=\psi_{\alpha,\alpha^7}\}$이므로

$$\begin{cases}\sigma_1(\alpha)=\alpha,\ \sigma_1(\alpha^3)=\alpha^3,\ \sigma_1(\alpha^5)=\alpha^5,\ \sigma_1(\alpha^7)=\alpha^7,\\ \sigma_3(\alpha)=\alpha^3,\ \sigma_3(\alpha^3)=\alpha,\ \sigma_3(\alpha^5)=\alpha^7,\ \sigma_3(\alpha^7)=\alpha^5,\\ \sigma_5(\alpha)=\alpha^5,\ \sigma_5(\alpha^3)=\alpha^7,\ \sigma_5(\alpha^5)=\alpha,\ \sigma_5(\alpha^7)=\alpha^3,\\ \sigma_7(\alpha)=\alpha^7,\ \sigma_7(\alpha^3)=\alpha^5,\ \sigma_7(\alpha^5)=\alpha^3,\ \sigma_7(\alpha^7)=\alpha\end{cases}$$

이다. 그리고 유리수체 $\mathbb{Q}$ 위의 제8원분다항식 $\Phi_8(x)(\varphi(8)=4$차)는 다음과 같다.

$$\begin{aligned}\Phi_8(x)=&(x-\alpha)(x-\alpha^3)(x-\alpha^5)(x-\alpha^7)\\ =&(x-\sigma_3(\alpha))(x-\sigma_3(\alpha^3))(x-\sigma_3(\alpha^5))(x-\sigma_3(\alpha^7))\\ =&(x-\sigma_5(\alpha))(x-\sigma_5(\alpha^3))(x-\sigma_5(\alpha^5))(x-\sigma_5(\alpha^7))\\ =&(x-\sigma_7(\alpha))(x-\sigma_7(\alpha^3))(x-\sigma_7(\alpha^5))(x-\sigma_7(\alpha^7))\\ =&x^4+1\end{aligned}$$

정의 9.5.6 [*원분 확대체(cyclotomic extension, 圓分 擴大體)*]
체 F의 확대체 K에 대하여

체 K는 F의 **제n원분 확대체**	$\overset{\text{정의}}{\Longleftrightarrow}$	K는 $x^n - 1 \in F[x]$의 분해체. 즉, $K = S_F(x^n - 1)$

정리 9.5.7 *체 F의 표수가 0이거나 n의 약수가 아닐 때,*
K를 제n원분 확대체$(K = S_F(x^n - 1))$라 하면, 다음이 성립한다.

(1) K 안에서 1의 원시 n제곱근이 존재한다.
(2) $x^n - 1 = \prod_{d|n} \Phi_d(x)$ 단, d는 n의 양의 약수이다.
(3) 특히, char $F = 0$이면, $\Phi_n(x) \in \mathbb{Z}[x]$이고 $\deg(\Phi_n(x)) = \varphi(n)$이다.

(증명) (1) F의 표수가 0(정리 9.3.16)이거나 n의 약수가 아니면(정리 9.3.17), $x^n - 1$은 F 위의 분리다항식이다.

따라서 $x^n - 1$은 K에서 n개의 서로 다른 근을 갖는다. 그러므로 K에서 1의 원시 n제곱근을 갖는다(정리 8.4.9).

(2) K에서 1의 n제곱근 전체 집합을 U_n이라 하자. 그러면

$$x^n - 1 = \prod_{\alpha \in U_n} (x - \alpha)$$

이다. 이때 $|\alpha|\,|\,n$이다(정리 8.4.9). 또한 n의 양의 약수 d에 대하여 α가 1의 원시 d제곱근이기 위한 필요충분조건은 $|\alpha| = d$이다. 따라서

$$\Phi_d(x) = \prod_{\substack{\alpha \in U_n \\ |\alpha| = d}} (x - \alpha)$$

이므로 다음이 성립한다.

$$x^n - 1 = \prod_{\alpha \in U_n} (x - \alpha) = \prod_{d|n} \left(\prod_{\substack{\alpha \in U_n \\ |\alpha| = d}} (x - \alpha) \right) = \prod_{d|n} \Phi_d(x)$$

(3) n에 관한 귀납법을 이용하다.

먼저 $n = 1$인 경우에는 $\Phi_1(x) = x - 1$이므로 성립한다.

다음에 $n \geq 2$인 경우에 $k < n$인 양의 정수 k에 대하여 $\Phi_k(x) \in \mathbb{Z}[x]$라 가정하자. 그리고 다항식 $g(x)$를 다음과 정의하자.

$$g(x) = \prod_{\substack{d|n \\ d<n}} \Phi_d(x)$$

그러면 char $F = 0$이므로, 귀납 가정에 의하여 $g(x) \in \mathbb{Z}[x] \subset \mathbb{Q}[x] \subset F[x]$이다. 또한 (2)에 의하여 다음이 성립한다.

$$x^n - 1 = g(x)\Phi_n(x)$$

다항식의 나눗셈 알고리즘(정리 5.5.1)에 의하여 $\Phi_n(x)$는 $F[x]$에서 유일하게 결정된다. 그러면 x^n-1과 $g(x)$는 정수 계수 모닉다항식이므로 $\Phi_n(x)\in\mathbb{Z}[x]$이어야 한다(정리 5.6.7). 그리고 분명히 $\deg(\Phi_n(x))=\varphi(n)$이다. ■

예 9.5.8 [원분다항식] 소수 p와 양의 정수 k에 대하여 유리수체 $\mathbb{Q}$ 위의 제p^k원분다항식을 구하자.

$\Phi_1(x)=(x-1)$이므로 정리 9.5.7(2)에 의하여 다음이 성립한다.

$$
\begin{aligned}
x^p-1&=\Phi_1(x)\Phi_p(x)=(x-1)\Phi_p(x)\\
&\Longrightarrow \boxed{\Phi_p(x)=\frac{x^p-1}{x-1}=x^{p-1}+\cdots+x+1},\\
x^{p^2}-1&=\Phi_1(x)\Phi_p(x)\Phi_{p^2}(x)=(x^p-1)\Phi_{p^2}(x)\\
&\Longrightarrow \Phi_{p^2}(x)=\frac{x^{p^2}-1}{x^p-1}=x^{p(p-1)}+\cdots+x^p+1,\\
x^{p^k}-1&=\Phi_1(x)\Phi_p(x)\cdots\Phi_{p^k}(x)=(x^{p^{k-1}}-1)\Phi_{p^k}(x)\\
&\Longrightarrow \Phi_{p^k}(x)=\frac{x^{p^k}-1}{x^{p^{k-1}}-1}=x^{p^{k-1}(p-1)}+\cdots+x^{p^{k-1}}+1,
\end{aligned}
$$

또한 정리 5.6.18에 의하여 $\Phi_{p^k}(x)$는 유리수체 $\mathbb{Q}$ 위에서 기약다항식이다.

그리고 다음이 성립한다.

$$
\begin{aligned}
x^4-1&=\Phi_1(x)\Phi_2(x)\Phi_4(x)=(x-1)(x+1)\Phi_4(x)\\
&\Longrightarrow \Phi_4(x)=\frac{x^4-1}{x^2-1}=x^2+1,\\
x^6-1&=\Phi_1(x)\Phi_2(x)\Phi_3(x)\Phi_6(x)=(x-1)(x+1)(x^2+x+1)\Phi_6(x)\\
&\Longrightarrow \Phi_6(x)=\frac{x^6-1}{(x^3-1)(x+1)}=x^2-x+1,\\
x^{10}-1&=\Phi_1(x)\Phi_2(x)\Phi_5(x)\Phi_{10}(x)=(x-1)(x+1)(x^4+x^3+x^2+x+1)\Phi_{10}(x)\\
&\Longrightarrow \Phi_{10}(x)=\frac{x^{10}-1}{(x^5-1)(x+1)}=x^4-x^3+x^2-x+1,\\
x^{12}-1&=\Phi_1(x)\Phi_2(x)\Phi_3(x)\Phi_4(x)\Phi_6(x)\Phi_{12}(x)=(x^6-1)(x^2+1)\Phi_{12}(x)\\
&\Longrightarrow \Phi_{12}(x)=\frac{x^{12}-1}{(x^6-1)(x^2+1)}=x^4-x^2+1
\end{aligned}
$$

정리 9.5.9 *체 K를 체 F의 제n원분 확대체($K = S_F(x^n - 1)$)라 할 때, K 안에 1의 원시 n제곱근 α가 존재하면, 다음이 성립한다.*

(1) $K = F(\alpha)$, $|G(K/F)| = [K:F]$이고 K는 F의 Galois 확대체이다.

(2) $G(K/F) \cong A < \mathbb{Z}_n^* = \{a \in \mathbb{Z}_n \mid \gcd(n, a) = 1\}$인 곱셈 가환군 $\mathbb{Z}_n^*$의 부분군 A가 존재하고, $|G(K/F)| \,|\, \varphi(n)$이다.

(증명) (1) 다항식 $x^n - 1$은 서로 다른 n개의 근 $1, \alpha, \cdots, \alpha^{n-1}$을 가지므로 정리 8.4.11(1)에 의하여 다음이 성립한다.

$$K = F(1, \alpha, \cdots, \alpha^{n-1}) = F(\alpha)$$

그리고 $x^n - 1$은 F 위의 분리다항식이므로 K는 F의 유한 정규 확대체이다. 따라서 정리 9.4.9에 의하여 $|G(K/F)| = [K:F]$이고 K는 F의 Galois 확대체이다.

(2) 각 자기동형사상 $\sigma \in G(K/F)$에 대하여 α는 K의 원시원소이므로 σ는 α에 의하여 완전히 결정된다(정리 3.2.25). 또한 $|\sigma(\alpha)| = n$이므로 $\sigma(\alpha)$는 1의 원시 n제곱근이다. 따라서 $\sigma(\alpha)$는

$$\sigma(\alpha) = \alpha^i, \quad \gcd(n, i) = 1$$

인 i가 유일하게 결정되므로, 다음 함수 ϕ는 잘 정의된다.

$$\phi : G(K/F) \longrightarrow \mathbb{Z}_n^*, \quad \phi(\sigma) = i, \quad \text{단, } \phi(\sigma) = i \iff \sigma(\alpha) = \alpha^i$$

ϕ가 단사 준동형사상임을 보이자. 임의의 원소 $\sigma, \tau \in G(K/F)$에 대하여

$$\sigma(\alpha) = \alpha^i, \quad \tau(\alpha) = \alpha^j$$

라 하자. 그러면

$$(\sigma \circ \tau)(\alpha) = \sigma(\tau(\alpha)) = \sigma(\alpha^j) = \sigma(\alpha)^j = (\alpha^i)^j = \alpha^{ij}$$

이므로

$$\phi(\sigma \circ \tau) = ij = \phi(\sigma)\phi(\tau)$$

이다. 따라서 ϕ는 군 준동형사상이다. 다음에 $\sigma \in \ker(\phi)$라 하자. 그러면

$$\phi(\sigma) = 1 \implies \sigma(\alpha) = \alpha^1 = \alpha \implies \sigma = id \implies \ker(\phi) = \{id\}$$

이므로 ϕ는 단사함수이다. 그러므로 군에 대한 제1동형정리에 의하여

$$G(K/F) \cong \mathrm{Im}(\phi) < \mathbb{Z}_n^*$$

이다. 또한 Lagrange 정리에 의하여 $|G(K/F)| \,|\, |\mathbb{Z}_n^*| = \varphi(n)$이다. ■

정리 9.5.10 *체 K를 $\mathbb{Q}$의 제n원분 확대체($K = S_{\mathbb{Q}}(x^n - 1)$)라 하면, 다음이 성립한다.*

(1) K 안에 1의 원시 n제곱근 α가 존재한다.
(2) $K = \mathbb{Q}(\alpha)$, $|G(K/\mathbb{Q})| = [K : \mathbb{Q}]$이고 K는 $\mathbb{Q}$의 Galois 확대체이다.
(3) $G(K/\mathbb{Q}) \cong \mathbb{Z}_n^* = \{a \in \mathbb{Z}_n \mid \gcd(n, a) = 1\}$이고 $|G(K/\mathbb{Q})| = \varphi(n)$이다.
(4) $n = 2, 4, p^k, 2p^k$ ($p(\geq 3)$는 소수, k는 양의 정수) $\Longrightarrow$ $G(K/\mathbb{Q}) \cong \mathbb{Z}_n^*$는 순환군

(증명) (1) K의 표수가 0이므로 정리 9.5.7에 의하여 K 안에 1의 원시 n제곱근 α가 존재한다.

(2) (1)과 정리 9.5.9에 의하여 (2)가 성립한다.

(3) $K = S_{\mathbb{Q}}(x^n - 1)$에서 1의 원시 n제곱근을 α라 하자. 그러면 정리 8.4.11(1)에 의하여 단위원 1의 n제곱근 전체 집합 U_n은 다음과 같다.

$$U_n = \langle\alpha\rangle = \{1, \alpha, \cdots, \alpha^{n-1}\}, \quad |\alpha| = n, \quad |U_n| = n$$

또한 임의의 원소 $\sigma \in G(K/\mathbb{Q})$에 대하여

$$\sigma(\alpha) \in K, \quad |\sigma(\alpha)| = n$$

이므로 $\sigma(\alpha)$는 K에서 단위원 1의 원시 n제곱근이다. 그리고 정리 8.4.11(2)에 의하여 U_n의 원소 중에서 1의 원시 n제곱근은 $\varphi(n)$개 존재한다. 그러면 적당한 i, $\gcd(n, i) = 1$에 대하여

$$\sigma(\alpha) = \alpha^i$$

이어야 한다. 이때 각 원소 $\sigma \in G(K/\mathbb{Q})$에 대하여 $\sigma(\alpha)$가 α^i로 대응하는 자기동형사상을 $\sigma = \sigma_i$라 정의하면

$$\sigma_i(\alpha) = \alpha^i, \quad \gcd(n, i) = 1$$

이다. 그러면 다음 함수 ϕ는 잘 정의된다.

$$\phi : G(K/\mathbb{Q}) \longrightarrow \mathbb{Z}_n^*, \quad \phi(\sigma_i) = i, \quad \sigma_i(\alpha) = \alpha^i, \quad \gcd(n, i) = 1$$

ϕ가 동형사상임을 보이자.

임의의 원소 $\sigma_i, \sigma_j \in G(K/\mathbb{Q})$에 대하여

$$\gcd(n, i) = 1, \gcd(n, j) = 1 \quad \Longrightarrow \quad \gcd(n, ij) = 1$$

이고,

$$\sigma_i\sigma_j(\alpha) = \sigma_i(\alpha^j) = \alpha^{ij} = \sigma_{ij}(\alpha) \quad \Longrightarrow \quad \sigma_i\sigma_j = \sigma_{ij}$$

이므로

$$\phi(\sigma_i\sigma_j) = \phi(\sigma_{ij}) = ij = \phi(\sigma_i)\phi(\sigma_j)$$

이 성립한다. 따라서 ϕ는 준동형사상이다.

다음에 $\sigma_i \in \ker(\phi)$라 하자. 그러면

$$\phi(\sigma_i) = 1 \quad \Longrightarrow \quad \sigma_i(\alpha) = \alpha^1 = \sigma_1(\alpha) \quad \Longrightarrow \quad \sigma_i = \sigma_1 = id \quad \Longrightarrow \quad \ker(\phi) = \{id\}$$

이므로 ϕ는 단사함수이다.

또한 임의의 $i \in \mathbb{Z}_n^*$에 대하여 $|\sigma_i(\alpha)| = |\alpha^i| = n$이므로 ϕ는 전사함수이다. 따라서 군에 대한 제1동형정리에 의하여

$$G(K/\mathbb{Q}) \cong \mathbb{Z}_n^*$$

이다. 또한 $|G(K/\mathbb{Q})| = |\mathbb{Z}_n^*| = \varphi(n)$이다.

(4) [7, 정리 5.3.11]에 의하여 $n = 2,\ 4,\ p^k,\ 2p^k$이면, 위수 $|\mathbb{Z}_n^*| = \varphi(n)$인 원소 $a \in \mathbb{Z}_n^*$(원시근)가 존재하므로, $\mathbb{Z}_n^*$는 순환군이다. ■

예 9.5.11 [원분확대체] (예 9.4.18 참조) 유리수체 $\mathbb{Q}$ 위의 제8원분확대체를 K라 할 때, Galois 군 $G(K/\mathbb{Q})$와 동형인 군을 찾아라.

(풀이) $K = S_{\mathbb{Q}}(x^8 - 1)$이다. 그리고 원분 다항식 $x^8 - 1 = 0$의 한 근을

$$\alpha = e^{\frac{2\pi i}{8}} = e^{\frac{\pi i}{4}} = \cos\tfrac{\pi}{4} + i\sin\tfrac{\pi}{4} = \frac{1+i}{\sqrt{2}}$$

라 하면, α는 1의 원시 8제곱근이고 $K = \mathbb{Q}(\alpha)$이다. 그리고 1의 원시 8제곱근 전체는

$$\alpha, \quad \alpha^3, \quad \alpha^5, \quad \alpha^7$$

이다(정리 8.4.11(2)).

한편 α는 $\Phi_8(x) = x^4 + 1$의 근이고 $\mathbb{Q}$ 위에서 기약이다(정리 5.6.18). 그러면 다음이 성립한다.

$$\begin{aligned}
\operatorname{irr}(\alpha,\ \mathbb{Q}) &= \Phi_8(x) = x^4 + 1 = (x-\alpha)(x-\alpha^3)(x-\alpha^5)(x-\alpha^7),\\
K &= \mathbb{Q}(\alpha) = \{a + b\alpha + c\alpha^2 + d\alpha^3 \mid a,\ b,\ c,\ d \in \mathbb{Q}\}\\
&= \{a + b\alpha + ci + d\alpha i \mid a,\ b,\ c,\ d \in \mathbb{Q},\ \alpha^2 = i\},\\
G(K/\mathbb{Q}) &= \{\sigma_1,\ \sigma_3,\ \sigma_5,\ \sigma_7\},\\
&\text{단, } \sigma_1(\alpha) = \alpha, \quad \sigma_3(\alpha) = \alpha^3, \quad \sigma_5(\alpha) = \alpha^5, \quad \sigma_7(\alpha) = \alpha^7
\end{aligned}$$

그러면 다음 함수 ϕ는 동형사상이다.

$$\phi : G(K/\mathbb{Q}) \longrightarrow \mathbb{Z}_8^* = \{1,\ 3,\ 5,\ 7\}$$

$$\phi(\sigma_1) = 1, \quad \phi(\sigma_3) = 3, \quad \phi(\sigma_5) = 5, \quad \phi(\sigma_7) = 7$$

$$|\sigma_1| = |1| = 1, \quad |\sigma_3| = |3| = 2, \quad |\sigma_5| = |5| = 2, \quad |\sigma_7| = |7| = 2$$

즉, $G(K/\mathbb{Q}) \cong \mathbb{Z}_8^* \cong V$이다.

예 9.5.12 [원분확대체] 유리수체 $\mathbb{Q}$ 위의 제5원분확대체를 K라 할 때, Galois 군 $G(K/\mathbb{Q})$와 동형인 군을 찾아라.

(풀이) $K = S_{\mathbb{Q}}(x^5-1)$이다. 그리고 원분 다항식 $x^5-1=0$의 한 근을

$$\alpha = e^{\frac{2\pi i}{5}} = \cos\tfrac{2\pi}{5} + i\sin\tfrac{2\pi}{5}$$

라 하면, α는 1의 원시 5제곱근이고 $K=\mathbb{Q}(\alpha)$이다. 그리고 1의 원시 5제곱근 전체는

$$\alpha,\quad \alpha^2,\quad \alpha^3,\quad \alpha^4$$

이다(정리 8.4.11(2)).

한편 α는 $\Phi_5(x)=x^4+x^3+x^2+x+1$의 근이고 $\mathbb{Q}$ 위에서 기약이다(정리 5.6.18). 그러면 다음이 성립한다.

$$\begin{aligned}
\mathrm{irr}(\alpha,\ \mathbb{Q}) &= \Phi_5(x) = x^4+x^3+x^2+x+1 = (x-\alpha)(x-\alpha^2)(x-\alpha^3)(x-\alpha^4)\\
K &= \mathbb{Q}(\alpha) = \{a+b\alpha+c\alpha^2+d\alpha^3 \mid a,\ b,\ c,\ d\in\mathbb{Q},\ \alpha^5=1\}\\
G(K/\mathbb{Q}) &= \{\sigma_1,\ \sigma_2,\ \sigma_3,\ \sigma_4\},\\
&\text{단, } \sigma_1(\alpha)=\alpha,\ \sigma_2(\alpha)=\alpha^2,\ \sigma_3(\alpha)=\alpha^3,\ \sigma_4(\alpha)=\alpha^4=-\alpha^3-\alpha^2-\alpha-1
\end{aligned}$$

그러면 다음 함수 ϕ는 동형사상이다.

$$\phi : G(K/\mathbb{Q}) \longrightarrow \mathbb{Z}_5^* = \{1,\ 2,\ 3,\ 4\}$$
$$\phi(\sigma_1)=1,\quad \phi(\sigma_2)=2,\quad \phi(\sigma_3)=3,\quad \phi(\sigma_4)=4$$
$$|\sigma_1|=|1|=1,\quad |\sigma_2|=|2|=4,\quad |\sigma_3|=|3|=4,\quad |\sigma_4|=|4|=2$$

즉, $G(K/\mathbb{Q}) \cong \mathbb{Z}_5^* \cong (\mathbb{Z}_4,\ +)$(순환군)이다.

한편 Galois 군 $G(K/\mathbb{Q})$의 부분군의 고정체를 구해 보자. $G(K/\mathbb{Q})$의 부분군은 다음 3가지뿐이다(정리 2.3.11).

$$\{\sigma_1\},\quad \langle\sigma_4\rangle,\quad \langle\sigma_2\rangle=\langle\sigma_3\rangle=G(K/\mathbb{Q})$$

먼저 σ_4가 고정하는 원소를 구하자.

$$\begin{aligned}
\sigma_4(\alpha) &= \alpha^4 = -\alpha^3-\alpha^2-\alpha-1,\\
\sigma_4(\alpha^2) &= (\alpha^2)^4 = \alpha^3,\\
\sigma_4(\alpha^3) &= (\alpha^3)^4 = \alpha^2
\end{aligned}$$

이다. 그러면

$$\sigma_4(\alpha^2+\alpha^3) = \sigma_4(\alpha^2)+\sigma_4(\alpha^3) = \alpha^3+\alpha^2 = \alpha^2+\alpha^3$$

이므로 σ_4는 $\alpha^2+\alpha^3=\alpha^2+\alpha^{-2}=2\cos\frac{4\pi}{5}\,(\alpha^3=\alpha^{-2})$를 고정한다.

또한 $\mathbb{Q} \subsetneq \mathbb{Q}(\alpha^2+\alpha^3) = \mathbb{Q}\left(2\cos\frac{4\pi}{5}\right) \subsetneq \mathbb{Q}(\alpha)$이므로 $[\mathbb{Q}\left(2\cos\frac{4\pi}{5}\right) : \mathbb{Q}] = 2$ 이다. 따라서 각 부분군의 고정체는 다음과 같다.

$$K_{\{\sigma_1\}} = K,\quad K_{\langle\sigma_4\rangle} = \mathbb{Q}\left(2\cos\tfrac{4\pi}{5}\right),\quad K_{G(K/\mathbb{Q})} = \mathbb{Q}$$

정의 9.5.13 [*n제곱근(n-th root)*]

체 K의 원소 a, $\alpha \in K$와 양의 정수 n에 대하여

α가 K에서의 a의 n**제곱근**(n-th root)	$\overset{\text{정의}}{\Longleftrightarrow}$	$\alpha^n = a$ 즉 α가 $x^n - a$의 근

※ $n = 1, 2, 3, \cdots$에 대한 a의 거듭제곱근을 통틀어 a의 **거듭제곱근**(radical)이라 한다.

정리 9.5.14 *체 F 위의 n차 다항식 $f(x) = x^n - a \in F[x] (a \neq 0)$의 F 위에서 분해체 $K = S_F(x^n - a)$에서 단위원 1의 원시 n제곱근 α가 존재($x^n - 1$의 근)하면, 다음이 성립한다.*

(1) $u \in K$가 $f(x) = x^n - a$의 근, 즉, $u^n = a$이면, $f(x) \in F[x]$는 K 안에서 서로 다른 n개의 근 $u, u\alpha, \cdots, u\alpha^{n-1}$을 가진다.

(2) $\alpha \in F \implies K = F(u)$, $|G(K/F)| = [K : F]$이고 K는 F의 Galois 확대체이다.

(3) $\alpha \in F \implies$ $G(K/F)$는 순환군이고, $|G(K/F)| \mid \deg(f(x))$이다.

(증명) (1) α가 $K = S_F(x^n - a)$에서 1의 원시 n제곱근이므로, 정리 8.4.11(1)에 의하여 단위원 1의 n제곱근 전체 집합 U_n은 위수 n인 순환군이고 다음과 같다.

$$U_n = \langle\alpha\rangle = \{1, \alpha, \cdots, \alpha^{n-1}\}, \quad |\alpha| = n$$

그러면 각 $\alpha^i \in U_n$에 대하여

$$(u\alpha^i)^n = u^n(\alpha^i)^n = a \cdot 1 = a$$

이므로 $u, u\alpha, \cdots, u\alpha^{n-1} \in K$은 $f(x)$의 근이다. $|\alpha| = n$이므로 $f(x)$는 서로 다른 n개의 근을 가진다.

(2) 가정에서 $\alpha \in F$이므로 위 (1)에 의하여

$$K = F(u, u\alpha, \cdots, u\alpha^{n-1}) = F(u)$$

이다. 또한 $f(x)$는 F 위의 분리다항식이다. 그러면 정리 9.3.9에 의하여

$$|G(K/F)| = [K : F]$$

이고 K는 F의 분리확대체이다. 그러므로 K는 F의 유한 정규 확대체가 되어 정리 9.4.9에 의하여 K는 F의 Galois 확대체이다.

(3) 다음 함수 ϕ를 다음과 같이 정의하자.

$$\phi : G(K/F) \longrightarrow U_n, \quad \phi(\sigma_i) = \alpha^i, \quad \sigma_i(\alpha) = u\alpha^i \ (0 \leq i \leq n-1)$$

함수 ϕ가 잘 정의되었음을 보이자. 원소 $\sigma \in G(K/F)$에 대하여 $K = F(u)$이므로 σ는 u에 의하여 완전히 결정된다. 그리고

$$(\sigma(u))^n = \sigma(u^n) = \sigma(a) = a$$

이므로 $\sigma(u)$는 $f(x)$의 근이다. 따라서 각 $\sigma \in G(K/F)$에 대하여 $\sigma(u) = u\alpha^i$인 $\alpha^i \in U_n$이 유일하게 존재한다. 이때 $\sigma = \sigma_i$라 정의하면, ϕ는 잘 정의된다.

다음에 원소 $\sigma_i,\ \sigma_j \in G(K/F)$에 대하여 $\alpha^j \in F$이므로

$$(\sigma_i \circ \sigma_j)(u) = \sigma_i(\sigma_j(u)) = \sigma_i(u\alpha^j) = \sigma_i(u)\sigma_i(\alpha^j) = \sigma_i(u)\alpha^j = u\alpha^i\alpha^j$$

이다. 따라서

$$\phi(\sigma_i \circ \sigma_j) = \alpha^i\alpha^j = \phi(\sigma_i)\phi(\sigma_j)$$

가 되어 ϕ는 준동형사상이다.

한편 원소 $\sigma_i \in \ker(\phi)$에 대하여

$$1 = \phi(\sigma_i) = \alpha^i \quad \Longrightarrow \quad i = 0 \quad \Longrightarrow \quad \sigma_i = \sigma_0 = id$$

이므로 $\ker(\phi) = \{id\}$가 되어 ϕ는 단사함수이다. 따라서 군의 제1동형정리에 의하여

$$G(K/F) \cong \mathrm{Im}(\phi) < U_n$$

이다. 그러면 U_n이 순환군이므로 $G(K/F)$도 순환군(정리 2.3.5)이다.

또한 $|U_n| = \deg(f(x))$이므로 Lagrange 정리에 의하여 $|G(K/F)|\,\big|\,\deg(f(x))$이다. ■

예 9.5.15 [거듭제곱근] 유리수체 $\mathbb{Q}$ 위의 다항식 $f(x) = x^3 - 2 \in \mathbb{Q}[x]$는 $\mathbb{Q}$ 위에서 기약이다. 이때 $x^3 - 1$의 한 해를 $w = \dfrac{-1 + i\sqrt{3}}{2}$라 하면 복소수체 $\mathbb{C}$ 안에서 $f(x) = x^3 - 2$는 세 근

$$\sqrt[3]{2}, \quad \sqrt[3]{2}\,w, \quad \sqrt[3]{2}\,w^2,$$

를 가진다. 그리고 K를 $\mathbb{Q}$ 위에서 $f(x)$의 분해체라 하면, 다음이 성립한다.

$$\begin{aligned}
K &= \mathbb{Q}(\sqrt[3]{2},\ w) = \mathbb{Q}(\sqrt[3]{2},\ i\sqrt{3}) \\
[K:\mathbb{Q}] &= [\mathbb{Q}(\sqrt[3]{2},\ i\sqrt{3}) : \mathbb{Q}(\sqrt[3]{2})][\mathbb{Q}(\sqrt[3]{2}) : \mathbb{Q}] = 2 \cdot 3 = 6 \\
|G(K/\mathbb{Q})| &= [K:\mathbb{Q}] = 6 \\
G(K/\mathbb{Q}) &\cong D_3 \text{ (문제 9.4.17)}
\end{aligned}$$

$G(K/\mathbb{Q})$는 순환군이 아니므로 $w \notin \mathbb{Q}$이다(정리 9.5.14(3)). 그러므로 $\mathbb{Q}$ 안에서 원시 3제곱근이 없다.

하지만, $F = \mathbb{Q}(w)$라 하면, 체 F 안에 원시 3제곱근 w가 존재한다. 따라서 $1,\ w,\ w^2 \in F$이고, K는 F 위에서 $f(x)$의 분해체이고 다음이 성립한다.

$$\begin{aligned}
K &= \mathbb{Q}(\sqrt[3]{2},\ w) = F(\sqrt[3]{2}) \\
|G(K/F)| &= [K:F] = 3 \\
G(K/F) &= \{\sigma_0,\ \sigma_1,\ \sigma_2\} \cong U_3 = \{1,\ w,\ w^2\}
\end{aligned}$$

F 안에서 원시 3제곱근이 존재하므로 $G(K/F)$는 순환군이다.

정리 9.5.16 *정수 $n(\geq 3)$에 대하여 다음은 동치이다.*

정n각형이 작도가능 $\Longleftrightarrow \begin{cases} ① \ n = 2^a \ (a \geq 2) & \text{또는} \\ ② \ n = 2^a p_1 \cdots p_r \ (a \geq 0) & (p_1, \cdots, p_r\text{은 서로 다른 Fermat 소수}) \end{cases}$

(증명) 정n각형이 작도가능하기 위한 필요충분조건은 $\cos(2\pi/n)$가 작도가능한 실수인 것이다(정리 8.3.11). 이제 $\alpha = e^{\frac{2\pi i}{n}} = \cos\frac{2\pi}{n} + i\sin\frac{2\pi}{n}$라 하면

$$\alpha^{-1} = \frac{1}{\cos\frac{2\pi}{n} + i\sin\frac{2\pi}{n}} = \frac{\cos\frac{2\pi}{n} - i\sin\frac{2\pi}{n}}{\cos^2\frac{2\pi}{n} + i\sin^2\frac{2\pi}{n}} = \cos\frac{2\pi}{n} - i\sin\frac{2\pi}{n}$$

이므로 다음이 성립한다.

$$\alpha + \alpha^{-1} = 2\cos\frac{2\pi}{n}$$

($\Rightarrow$) 정n각형이 작도가능하다고 하자. 그러면 실수 $\alpha + \alpha^{-1} = 2\cos\frac{2\pi}{n}$가 작도가능하므로 정리 8.3.7에 의하여 적당한 정수 $t \geq 0$가 존재하여 다음이 성립한다.

$$[\mathbb{Q}(\alpha + \alpha^{-1}) : \mathbb{Q}] = 2^t$$

다항식 $x^n - 1$의 $\mathbb{Q}$ 위에서 분해체를 K라 하면, 정리 9.5.10에 의하여 α는 1의 원시 n제곱근이고 $K = \mathbb{Q}(\alpha)$이다. 또한 $|G(K/\mathbb{Q})| = [K : \mathbb{Q}] = \varphi(n)$이고 K는 $\mathbb{Q}$의 Galois 확대체이다. 이때 $[K : \mathbb{Q}\left(\alpha + \alpha^{-1}\right)]$을 구하자.

$\alpha + \alpha^{-1} = 2\cos\frac{2\pi}{n}$이고 $\alpha\alpha^{-1} = 1$이므로 α는 다항식

$$p(x) = (x - \alpha)(x - \alpha^{-1}) = x^2 - 2\cos\tfrac{2\pi}{n}x + 1 \in \mathbb{Q}\left(\cos\tfrac{2\pi}{n}\right)[x]$$

의 근이고 $\alpha \in \mathbb{C} - \mathbb{R}$이므로 $\alpha \notin \mathbb{Q}\left(\cos\frac{2\pi}{n}\right) \subset \mathbb{R}$이다. 따라서 $p(x)$는 체 $\mathbb{Q}\left(\cos\frac{2\pi}{n}\right)$ 위에서 기약이므로

$$p(x) = \mathrm{irr}\left(\alpha,\ \mathbb{Q}\left(\cos\tfrac{2\pi}{n}\right)\right)$$

이다. 그리고 $\cos\frac{2\pi}{n} = \frac{1}{2}(\alpha + \alpha^{-1}) \in \mathbb{Q}(\alpha) = K$이므로

$$K = \mathbb{Q}(\alpha) = (\mathbb{Q}(\alpha))\left(\cos\tfrac{2\pi}{n}\right) = \mathbb{Q}\left(\alpha,\ \cos\tfrac{2\pi}{n}\right)$$

이다. 따라서

$$[K : \mathbb{Q}\left(\cos\tfrac{2\pi}{n}\right)] = [\mathbb{Q}\left(\alpha,\ \cos\tfrac{2\pi}{n}\right) : \mathbb{Q}\left(\cos\tfrac{2\pi}{n}\right)] = \deg(p(x)) = 2$$

이고 다음이 성립한다.

$$\varphi(n) = [K : \mathbb{Q}] = [K : \mathbb{Q}\left(\cos\tfrac{2\pi}{n}\right)][\mathbb{Q}\left(\cos\tfrac{2\pi}{n}\right) : \mathbb{Q}] = 2[\mathbb{Q}\left(\cos\tfrac{2\pi}{n}\right) : \mathbb{Q}]$$

그러므로 $2^t = [\mathbb{Q}\left(\cos\frac{2\pi}{n}\right) : \mathbb{Q}] = \frac{\varphi(n)}{2}$이다.

한편 n의 소인수분해를

$$n=2^a p_1^{b_1}\cdots p_r^{b_r},\ p_1,\ \cdots,p_r \text{는 서로 다른 홀수인 소수}$$

라 하면 Euler 함수 φ의 성질(정리 1.2.15)에 의하여

$$\varphi(n)=\varphi(2^a p_1^{b_1}\cdots p_r^{b_r})=2^{a-1}p_1^{b_1-1}\cdots p_r^{b_r-1}(p_1-1)\cdots(p_r-1)$$

이다. 여기서 $\varphi(n)=2^{t+1}$이므로 적당한 정수 c_i가 존재하여

$$b_1=1,\cdots,\ b_r=1 \quad \text{이고} \quad p_1=2^{c_1}+1,\ \cdots,\ p_r=2^{c_r}+1$$

이어야 한다. 이때 [7, 정리 2.4.10]에 의하여 p_i는 Fermat 소수여야 한다. 따라서 $n=2^a p_1\cdots p_r$ $(a\geq 0)(p_1,\cdots,p_r$은 서로 다른 Fermat 소수)이다.

($\Leftarrow$) 정수 n이 $n=2^a$ $(a\geq 2)$ 또는 $n=2^a p_1\cdots p_r$ $(a\geq 0)(p_1,\cdots,p_r$은 서로 다른 Fermat 소수)라 하자. 그러면 n의 Euler 함숫값은 $\varphi(n)=2^s(s\geq 1)$이라 할 수 있다.

위 ($\Rightarrow$)의 증명에서 다음을 알고 있다.

$$|G(K/\mathbb{Q})|=[K:\mathbb{Q}]=\varphi(n)=2^s,\quad K=\mathbb{Q}(\alpha)$$

$$[\mathbb{Q}(\alpha+\alpha^{-1}):\mathbb{Q}]=[\mathbb{Q}\left(\cos\tfrac{2\pi}{n}\right):\mathbb{Q}]=\frac{\varphi(n)}{2}$$

한편 Sylow 정리에 의하여

$$\{id\}=H_0<H_1<\cdots<H_s=G(\mathbb{Q}(\alpha)/\mathbb{Q}),\quad |H_i|=2^i,\ i=0,\ 1,\ \cdots,\ s$$

인 $H_i<G(\mathbb{Q}(\alpha)/\mathbb{Q})$가 존재한다. 그러면 Galois 이론의 기본정리에 의하여

$$\mathbb{Q}=K_{H_s}<K_{H_{s-1}}<\cdots<K_{H_1}=\mathbb{Q}(\alpha+\alpha^{-1})<K_{H_0}=\mathbb{Q}(\alpha),\quad [K_{H_{i-1}}:K_{H_i}]=2$$

이다. 한편 $\alpha+\alpha^{-1}=2\cos\frac{2\pi}{n}\in\mathbb{R}$이므로 $\mathbb{Q}(\alpha+\alpha^{-1})\subset\mathbb{R}$이다. 그리고 각 $i(2\leq i\leq s)$에 대하여 $[K_{H_{i-1}}:K_{H_i}]=2$이므로, 임의의 $u_i\in K_{H_{i-1}}-K_{H_i}$에 대하여 $u_i\in\mathbb{R}$이고

$$K_{H_{i-1}}=K_{H_i}(u_i)\quad\Longrightarrow\quad \deg(u_i,\ K_{H_i})=2$$

이다. 따라서 u_i는 $\mathrm{irr}(u_i,\ K_{H_i})=x^2+ax+b\in K_{H_i}[x]$의 근이다. 즉, $u_i=\frac{-a+\sqrt{a^2-4b}}{2}$이다. 그리고 $\alpha+\alpha^{-1}=2\cos\frac{2\pi}{n}\in K_{H_1}$이므로, 정리 8.3.6에 의하여 $2\cos\frac{2\pi}{n}$는 작도 가능하다. 따라서 $\cos\frac{2\pi}{n}$도 작도 가능하다. 그러므로 정n각형은 작도 가능하다. ■

연 습 문 제 (9.5)

1. 체 $\mathbb{Z}_3$ 위에서 $\Phi_8(x)$를 구하라.

2. 유리수체 $\mathbb{Q}$ 위에서 $\Phi_{12}(x)$가 기약임을 증명하라.

3. 다항식 x^7-1의 유리수체 $\mathbb{Q}$ 위에서의 분해체를 K라 할 때, 다음 물음에 답하라.

(1) $[K:\mathbb{Q}]=6$임을 증명하라.

(2) $G(K/\mathbb{Q})$는 순환군임을 보여라.

4. 다항식 x^p-1의 유리수체 $\mathbb{Q}$ 위에서의 분해체를 K라 할 때, $[K:\mathbb{Q}]$와 $G(K/\mathbb{Q})$를 구하라. 단, p는 소수이다. [참조: 따름정리 5.6.17]

5. K를 $x^6-1\in\mathbb{Q}[x]$의 분해체라 할 때, $[K:\mathbb{Q}]=2$임을 증명하라.

6. E를 $x^6-2\in\mathbb{Q}[x]$의 분해체라 할 때, $G(E/\mathbb{Q})$의 위수를 구하라.

7. 체 $\mathbb{Z}_3$ 위에서 x^6-1의 분해체의 위수를 구하라.

8. 자연수 n, m이 서로소이면 $\mathbb{Q}$ 위에서 $x^{nm}-1$의 분해체는 $\mathbb{Q}$ 위에서 $(x^n-1)(x^m-1)$의 분해체와 같음을 보여라.

9. 체 K는 $\mathbb{Q}$ 위에서 $x^{12}-1$의 분해체일 때, 다음 물음에 답하라.

(1) $[K:\mathbb{Q}]$를 구하라.

(2) $\sigma\in G(K/\mathbb{Q})$이면 σ^2은 항등사상임을 보여라.

(3) $G(K/\mathbb{Q})$와 동형인 군을 구하라.

10. 다음 물음에 답하라.

(1) 체 $\mathbb{Q}$ 위에서의 다항식 $x^{20}-1$의 Galois 군을 구하라.

(2) 체 $\mathbb{Q}$ 위에서의 다항식 x^4-5의 Galois 군을 구하라.

(3) 체 $\mathbb{Q}(\sqrt{5})$ 위에서의 다항식 x^4-5의 Galois 군을 구하라.

11. 다음 물음에 답하라.

(1) 체 $\mathbb{Q}$ 위에서의 다항식 x^4+2의 Galois 군을 구하라.

(2) 체 $\mathbb{Q}$ 위에서의 다항식 x^8-4의 Galois 군을 구하라.

12. 복소수 α가 단위원의 원시 5제곱근일 때, 다음 물음에 답하라.

(1) 체 $\mathbb{Q}(\alpha)$ 위의 다항식 $x^5-7\in\mathbb{Q}(\alpha)[x]$의 분해체 K를 구하라.

(2) Galois 군 $G(K/\mathbb{Q}(\alpha))$와 동형인 군을 구하라.

13. 복소수 ω가 단위원의 원시 n제곱근일 때,

(1) $\mathbb{Q}(\omega,\sqrt[n]{a})$는 $x^n-a\in\mathbb{Q}[x]$의 분해체임을 보여라.

(2) n이 소수인 경우에 Galois 군의 위수 $|G(\mathbb{Q}(\omega,\sqrt[n]{a})/\mathbb{Q})|$를 구하라.

연습문제 풀이

연습문제 풀이 및 교재의 정오표는 정상조 홈페이지 (http://www.cnu.ac.kr/∼scchung) 또는 경문사 홈페이지(http://www.kyungmoon.com)에서 구할 수 있습니다. 연습문제는 풀기전에 보지 말고 어디까지나 참고용으로만 활용하세요. 수시로 업데이트됩니다. 그리고 연습문제 풀이 및 교재의 정오에 대한 문의와 교재 구성에 대한 건의는 저자의 메일(math888@naver.com)로 문의해 주세요.

참고 문헌

[1] Thomas w. Hungerford, *Algebra*, 탑출판사, (1891).

[2] 김응태·박승안, *현대대수학 제8판*, 경문사, (2013).

[3] John B. Fraleigh 저/ 강영욱·가병련 공역, *현대대수학 제7판*, (주)피어슨에듀케이션코리아, (2009).

[4] 김주필, *알기 쉬운 대수학 풀이*, 대선, (2004).

[5] 윤희, *학교 수학에서 변수 개념 지도에 관한 고찰- 제7 차 교육과정 7-단계를 중심으로-*, 석사학위 논문, (2007).

[6] 정상조, *사범대생을 위한 선형대수 제2판*, 교우사, (2018).

[7] 정상조, *사범대생을 위한 정수론*, 교우사, (2016).

[8] K. Devlin, *The Joy of Sets-Fundamentals of Contemporary Set Theory 2nd Edt*, Springer, (1993).

[9] D. Khurana, *On GCD and LCM in domains: A Conjecture of Gauss*, Resonance **8** (2003), 72–79.

[10] Wilson, J.C., *A principal ideal ring that is not a Euclidean ring*, Math. Mag., 46 (1973), 34-38.

[11] http://ko.wikipedia.org/wiki/

[12] 네이버 지식 백과 사전

[13] 두산백과

[14] 교육부, *교육부 고시 제 2015호 [별책 3] 기본 교육과정*, (2015)

찾아보기

[영어]

[ㅇ]

사범대생을 위한

대수학

지은이 정상조
펴낸이 조경희
펴낸곳 경문사
펴낸날 2018년 3월 5일 1판 1쇄
등 록 1979년 11월 9일 제313–1979–23호
주 소 04057, 서울특별시 마포구 와우산로 174
전 화 (02)332–2004 팩스 (02)336–5193
이메일 kyungmoon@kyungmoon.com
facebook facebook.com/kyungmoonsa

값 28,000원

ISBN 979–11–6073–108–8

★ 경문사 홈페이지에 오시면 즐거운 일이 생깁니다.
http://www.kyungmoon.com

한국과학기술출판협회 회원사